工业和信息化部“十四五”规划教材
普通高等教育电子科学与技术特色专业系列教材

半导体集成电路

（第二版）

余宁梅　杨　媛　郭仲杰　主编

科学出版社
北　京

内 容 简 介

本书在简述半导体集成电路的基本概念、发展和面临的主要问题后，以"器件-工艺-电路-应用"为主线，首先介绍半导体集成电路的主要制造工艺、基本元器件的结构和工作原理，然后重点讨论数字集成电路中组合逻辑电路、时序逻辑电路、存储器、逻辑功能部件，最后介绍模拟集成电路中的关键电路和数-模、模-数转换电路。

本书以问题为导向，在每一章节开始设置了启发性问题，并以二维码方式给出了关键章节的预习教学视频。全书内容系统全面，叙述深入浅出，易于自学。配备了器件彩色三维结构图，读者可以通过扫描二维码进行查看。

本书可作为普通高等学校电子科学与技术、微电子科学与工程和集成电路设计与集成系统等相关专业的专业课教材，也可作为相关领域研究生及工程技术人员的参考书。

图书在版编目(CIP)数据

半导体集成电路 / 余宁梅，杨媛，郭仲杰主编. —2 版. —北京：科学出版社，2023.8

工业和信息化部"十四五"规划教材 · 普通高等教育电子科学与技术特色专业系列教材

ISBN 978-7-03-075958-0

Ⅰ. ①半… Ⅱ. ①余… ②杨… ③郭… Ⅲ. ①半导体集成电路－高等学校－教材 Ⅳ. ①TN43

中国国家版本馆 CIP 数据核字(2023)第 123810 号

责任编辑：潘斯斯 / 责任校对：王 瑞
责任印制：赵 博 / 封面设计：马晓敏

科学出版社 出版
北京东黄城根北街 16 号
邮政编码：100717
http://www.sciencep.com

北京华宇信诺印刷有限公司印刷
科学出版社发行 各地新华书店经销

*

2011 年 7 月第 一 版 开本：787×1092 1/16
2023 年 8 月第 二 版 印张：20
2025 年 1 月第十三次印刷 字数：475 000

定价：69.00 元

(如有印装质量问题，我社负责调换)

序

半导体集成电路是信息社会的基石，小至手机、电脑、家用电器等与生活密切相关的电子产品，大到卫星、导弹、雷达、通信、电子对抗等现代国防依靠的高端电子装备都离不开集成电路科技的进步。集成电路技术已经改变并将继续深刻改变我们的世界，其发展水平和产业规模，已成为衡量一个国家经济实力和科技实力的重要标志。半导体集成电路发展的关键是高质量的人才，学习和掌握半导体集成电路知识对于电子信息类相关专业的学生是非常必要的。

正是出于此目的，余宁梅、杨媛、郭仲杰三位教授主编了《半导体集成电路》这本教材。作者们在国外知名大学学习和工作多年，并有国内或国外公司从事集成电路设计的实际工作经验，熟悉半导体集成电路的设计、制造工艺。他们科研成果卓著，并且从事集成电路课程教学多年，经验丰富。该书以他们长期从事集成电路研究开发工作的经验为基础，并总结在大学的授课经验编写而成。内容以当今主流的CMOS集成电路技术为重点，兼顾双极型集成电路的相关基础，从集成电路的基础知识到应用技术，对集成电路技术的本质做出深入浅出、简明易懂、全面系统的阐述。特别值得一提的是，该书的内容体系经过多届学生使用，收到较好效果，相应课程"半导体集成电路"获得了国家精品课程、国家级精品资源共享课、国家级一流本科课程建设资助，也是半导体集成电路课程内容改革的成果之一。

该书从半导体集成电路的角度描述电路系统，突出"集成"特色，以"器件-工艺-电路-应用"为主线对半导体集成电路的知识体系进行了重构。不仅讨论电路工作原理，更重要的是分析电路性能及实现方法对性能的影响。该书首先对集成电路的整体概念做出描述，在此基础上，分别对数字集成电路及模拟集成电路进行讲解。教材形态丰富，纸质版教材与线上资源结合，支持线上线下混合式教学，实现了知识、能力、素质的有机融合；教材配套的线上资源不断更新，教学内容与时俱进，融入了先进的纳米集成电路技术，对我国集成电路人才培养具有重要的意义。该书可作为电子科学与技术、微电子科学与工程、集成电路设计与集成系统等专业本科生的半导体集成电路课程教材，亦可作为电气工程及其自动化、电子信息工程、通信工程、物理学等专业学生或者微电子行业技术人员的自学书籍。希望该书能够成为半导体集成电路课程教学的一本精品教材。

郝跃

中国科学院院士　郝跃

2023年6月

序

前　　言

半导体集成电路作为微电子学的核心，是电子科学与技术、微电子科学与工程和集成电路设计与集成系统等相关专业的重要专业基础课程。

半导体集成电路具有知识点多、涵盖面宽、集成性强的特点，是模电、数电、半导体材料、器件、工艺及电路设计等多门知识的综合运用和提升。课程的集成性决定了相关知识点的重复性、关联性及延伸性；在教学过程中，相关学科知识点的简单重复，会占用大量课时，在学习过程中极易给学生造成认知疲劳，注意力分散，从而忽视课程本质；如果完全抛开相关知识点的重复性，单纯讲述延伸性，又会使学生难以理解各知识点的关联性，同样不能达到理想的效果。因此，把握知识点的重复性、关联性及延伸性三者之间的权重尺度，从半导体集成电路的视角去理解、分析相关知识内容是课程教学中需要注意的问题。

根据课程特点，结合技术发展现状，在总结编者多年课程讲义的基础上，本书第一版于 2011 年出版。10 多年来，国内有 20 余所高校将本书应用于教学中，授课教师和学生都对本书给予好评，同时也提出了很多宝贵的修改建议。

集成电路技术发展日新月异，有限的课堂学时难以满足课程不断进阶的要求；高等教育发展现状和学情现状，也对教材提出新的要求。另一方面，如何在教材中凸显价值引领也是需要重点考虑的问题。本次教材修订，在第一版的基础上，结合 OBE(基于学习产出的教育模式)理念和“金课”建设要求，将知识、能力和素质的培养有机融合。教材对集成电路的整体概念做出描述，结合集成电路的最新发展及特点，阐述实际应用对集成电路的性能需求。在此基础上，分别对数字集成电路及模拟集成电路进行讲解。在数字集成电路部分，简单讲述目前在集成电路中应用的双极晶体管的基本原理、制作工艺、寄生效应及典型电路，重点介绍 CMOS 集成电路的相关内容。结合最新的技术发展，详细分析目前主流产品中 CMOS 数字集成电路的基本单元结构、实现工艺、基本逻辑单元构成及特性、系统构成。力求引入最新的相关知识，追随学科前沿。在模拟电路部分，分别讨论 MOS 及双极型的电路特性，旨在帮助学生掌握基本的模拟电路结构及各自的特点，进而促进学生对 Bi-CMOS 电路原理及应用的理解。

本书采用问题导向思路，根据不同章节知识特点，在每章开头增加启发性问题，给出了关键章节的预习要求和教学视频。在每章最后以阅读材料的形式给出技术拓展，并附基础习题和高阶习题。建立素质教育案例库，可以通过二维码扫描进入案例库学习。本书教学视频课程已在爱课程平台上线，网址为 https://www.icourses.cn/sCourse/course_6214.html，方便读者学习。

本书可作为教材，也可作为科研参考书。建议教学时数为 64 学时，教师也可根据专业需求，适当选取内容进行安排。全书共 12 章，第 1、3、5、8、10 章由余宁梅编写，第 2、6、7、9 章由杨媛编写，第 4、11、12 由郭仲杰编写。感谢西安电子科技大学郝跃院士在百忙之中为本书作序；西安工程大学高勇教授抽出宝贵时间对全书进行了仔细审阅，并提出有益的修改意见。

在书稿的制图、审阅、排版等工作中，得到西安理工大学电子工程系多位研究生的大力支持，由于篇幅有限，不能一一列举，在此，对所有为本书出版提供了帮助的人们表示诚挚的谢意！

由于时间有限，不妥之处在所难免，恳请读者批评指正。

编　者

2023 年 6 月

目　　录

第 1 章　绪论 …… 1
1.1　半导体集成电路的概念 …… 1
1.1.1　半导体集成电路的基本概念 …… 1
1.1.2　半导体集成电路的分类 …… 2
1.2　半导体集成电路的发展过程 …… 4
1.3　半导体集成电路的发展规律 …… 5
1.4　半导体集成电路面临的问题 …… 6
1.4.1　深亚微米集成电路设计面临的问题与挑战 …… 7
1.4.2　深亚微米集成电路性能面临的问题与挑战 …… 8
1.4.3　深亚微米集成电路工艺面临的问题与挑战 …… 8
技术拓展：Chiplet（芯粒） …… 8
基础习题 …… 9
高阶习题 …… 9
第 2 章　双极集成电路中的元件形成及其寄生效应 …… 10
2.1　双极集成电路的制造工艺 …… 10
2.1.1　双极型晶体管的单管结构和工作原理 …… 10
2.1.2　双极集成晶体管的结构与制造工艺 …… 13
2.2　集成双极晶体管的有源寄生效应 …… 20
技术拓展：BCD 工艺 …… 21
基础习题 …… 22
高阶习题 …… 22
第 3 章　MOS 集成电路中晶体管的形成及其寄生效应 …… 23
3.1　MOSFET 晶体管的结构及制造工艺 …… 23
3.1.1　MOSFET 晶体管器件结构与工作原理 …… 23
3.1.2　MOSFET 晶体管的制造工艺 …… 25
3.2　CMOS 集成电路的制造工艺 …… 27
3.2.1　n 阱 CMOS 工艺 …… 28
3.2.2　p 阱 CMOS 工艺 …… 36
3.2.3　双阱 CMOS 工艺 …… 37
3.3　MOS 集成电路中的有源寄生效应 …… 37
3.3.1　场区寄生 MOSFET …… 37
3.3.2　寄生双极型晶体管 …… 38
3.3.3　CMOS 集成电路中的闩锁效应 …… 38

3.4　深亚微米 CMOS 集成电路工艺 …… 40
技术拓展:绝缘体上硅技术 …… 43
基础习题 …… 44
高阶习题 …… 44

第 4 章　集成电路中的无源元件 …… 45
4.1　集成电阻器 …… 45
4.1.1　双极集成电路中常用的电阻 …… 46
4.1.2　MOS 集成电路中常用的电阻 …… 55
4.2　集成电容器 …… 58
4.2.1　双极集成电路中常用的集成电容器 …… 58
4.2.2　MOS 集成电路中常用的电容器 …… 60
4.3　互连线 …… 62
4.3.1　多晶硅互连线 …… 62
4.3.2　扩散层连线 …… 63
4.3.3　金属互连线 …… 63
技术拓展:修调技术 …… 65
基础习题 …… 66
高阶习题 …… 66

第 5 章　MOS 晶体管基本原理与 MOS 反相器电路 …… 67
5.1　MOS 晶体管的电学特性 …… 67
5.1.1　MOS 晶体管基本电流方程的导出 …… 67
5.1.2　MOS 晶体管的 *I-V* 特性 …… 69
5.1.3　MOS 晶体管的阈值电压和导电特性 …… 71
5.1.4　MOS 晶体管的衬底偏压效应 …… 73
5.1.5　MOS 晶体管的二级效应 …… 74
5.1.6　MOS 晶体管的电容 …… 78
5.2　MOS 反相器 …… 82
5.2.1　反相器的基本概念 …… 82
5.2.2　E/R 型 nMOS 反相器 …… 84
5.2.3　E/E 型 nMOS 反相器 …… 85
5.2.4　E/D 型 nMOS 反相器 …… 87
5.2.5　CMOS 反相器 …… 89
技术拓展:3D 晶体管 …… 103
基础习题 …… 104
高阶习题 …… 105

第 6 章　CMOS 静态门电路 …… 106
6.1　基本 CMOS 静态门 …… 106
6.1.1　CMOS 与非门 …… 106
6.1.2　CMOS 或非门 …… 107

6.2 CMOS复合逻辑门 …… 109
6.2.1 异或门 …… 110
6.2.2 其他复合逻辑门 …… 111
6.3 MOS管的串并联特性 …… 111
6.3.1 晶体管串联的情况 …… 111
6.3.2 晶体管并联的情况 …… 112
6.3.3 晶体管尺寸的设计 …… 113
6.4 CMOS静态门电路的延迟 …… 115
6.4.1 延迟时间的估算方法 …… 115
6.4.2 缓冲器最优化设计 …… 120
6.5 CMOS静态门电路的功耗 …… 121
6.5.1 CMOS静态门电路功耗的组成 …… 121
6.5.2 降低电路功耗的方法 …… 125
6.6 功耗和延迟的折中 …… 128
技术拓展:门控时钟技术 …… 129
基础习题 …… 130
高阶习题 …… 131
第7章 传输门逻辑和动态逻辑电路 …… 132
7.1 基本的传输门 …… 132
7.1.1 nMOS传输门 …… 133
7.1.2 pMOS传输门 …… 134
7.1.3 CMOS传输门 …… 135
7.2 传输门逻辑电路 …… 135
7.2.1 传输门逻辑电路举例 …… 135
7.2.2 传输门逻辑的特点 …… 137
7.3 基于二叉判决图BDD的传输门逻辑生成方法 …… 138
7.4 基本CMOS动态逻辑电路 …… 142
7.4.1 基本CMOS动态逻辑电路的工作原理 …… 143
7.4.2 动态逻辑电路的优缺点 …… 144
7.5 传输门隔离动态逻辑电路 …… 145
7.5.1 传输门隔离动态逻辑电路工作原理 …… 145
7.5.2 传输门隔离多级动态逻辑电路的时钟信号 …… 146
7.5.3 多米诺逻辑 …… 148
7.6 动态逻辑电路中存在的问题及解决方法 …… 151
7.6.1 电荷泄漏 …… 151
7.6.2 电荷共享 …… 152
7.6.3 时钟馈通 …… 153
7.6.4 体效应 …… 153
技术拓展:如何选择逻辑类型 …… 154
基础习题 …… 155
高阶习题 …… 157

第 8 章 时序逻辑电路……158
8.1 电荷的存储机理……158
8.1.1 静态存储机理……158
8.1.2 动态存储机理……159
8.2 电平敏感锁存器……160
8.2.1 CMOS 选择器型锁存器……160
8.2.2 基于传输门多选器的 D 锁存器……162
8.2.3 动态锁存器……163
8.3 边沿触发寄存器……163
8.3.1 寄存器的几个重要参数……164
8.3.2 CMOS 静态主从结构寄存器……164
8.3.3 传输门多路开关型寄存器……165
8.3.4 C^2MOS 寄存器……170
8.4 其他类型寄存器……172
8.4.1 脉冲触发锁存器……172
8.4.2 灵敏放大器型寄存器……173
8.4.3 施密特触发器……174
8.5 带复位及使能信号的 D 寄存器……176
8.5.1 同步复位 D 寄存器……176
8.5.2 异步复位 D 寄存器……177
8.5.3 带使能信号的同步复位 D 寄存器……178
8.6 寄存器的应用及时序约束……179
8.6.1 计数器……179
8.6.2 时序电路的时序约束……181
技术拓展:异步数字系统……184
基础习题……184
高阶习题……185
第 9 章 MOS 逻辑功能部件……186
9.1 多路开关……186
9.2 加法器和进位链……188
9.2.1 加法器定义……188
9.2.2 全加器电路设计……190
9.2.3 进位链……193
9.3 算术逻辑单元……198
9.3.1 以传输门逻辑电路为主体的算术逻辑单元……198
9.3.2 以静态逻辑门电路为主体的算术逻辑单元……199
9.4 移位器……200
9.5 乘法器……203
技术拓展:片上系统技术……207
基础习题……208

高阶习题…… 210

第 10 章　半导体存储器 …… 211

10.1　半导体存储器概述…… 211

10.1.1　半导体存储器的分类…… 211

10.1.2　半导体存储器的相关性能参数…… 212

10.1.3　半导体存储器的结构…… 213

10.2　非挥发性只读存储器…… 214

10.2.1　ROM 的基本存储单元 …… 214

10.2.2　MOS-OR 和 NOR 型 ROM …… 215

10.2.3　MOS-NAND 型 ROM …… 220

10.2.4　预充式 ROM …… 222

10.2.5　一次性可编程 ROM …… 223

10.3　非挥发性读写存储器…… 223

10.3.1　可擦除可编程 ROM …… 223

10.3.2　电可擦除可编程 ROM …… 227

10.3.3　FLASH 存储器 …… 231

10.4　随机存取存储器…… 233

10.4.1　SRAM …… 233

10.4.2　DRAM …… 238

10.5　存储器外围电路…… 240

10.5.1　地址译码单元…… 240

10.5.2　灵敏放大器…… 243

10.5.3　时序和控制电路…… 244

技术拓展:高密度存储器 …… 245

基础习题…… 246

高阶习题…… 247

第 11 章　模拟集成电路基础 …… 248

11.1　模拟集成电路中的特殊元件…… 248

11.1.1　MOS 可变电容 …… 249

11.1.2　集成双极型晶体管…… 252

11.1.3　集成 MOS 管 …… 253

11.2　MOS 晶体管及双极晶体管的小信号模型 …… 254

11.2.1　MOS 晶体管的小信号模型 …… 255

11.2.2　双极晶体管的小信号模型…… 256

11.3　恒流源电路…… 257

11.3.1　电流源…… 258

11.3.2　电流基准电路…… 262

11.4　基准电压源电路…… 264

11.4.1　基准电压源的主要性能指标…… 264

11.4.2　带隙基准电压源的基本原理…… 265

11.5　单级放大器 …… 268
11.5.1　MOS 集成电路中的单级放大器 …… 268
11.5.2　双极集成电路中的单级放大器 …… 272
11.6　差动放大器 …… 277
11.6.1　MOS 差动放大器 …… 277
11.6.2　双极晶体管差动放大器 …… 283
技术拓展:亚阈值设计 …… 285
基础习题 …… 286
高阶习题 …… 287
第 12 章　D/A 及 A/D 变换器 …… 288
12.1　D/A 变换器基本概念 …… 288
12.1.1　D/A 变换器基本原理 …… 288
12.1.2　D/A 变换器的分类 …… 290
12.1.3　D/A 变换器的主要技术指标 …… 290
12.2　D/A 变换器的基本类型 …… 291
12.2.1　电流定标 D/A 变换器 …… 292
12.2.2　电压定标 D/A 变换器 …… 295
12.2.3　电荷定标 D/A 变换器 …… 296
12.3　A/D 变换器的基本概念 …… 297
12.3.1　A/D 变换器基本原理 …… 297
12.3.2　A/D 变换器的分类 …… 297
12.3.3　A/D 变换器的主要技术指标 …… 298
12.4　A/D 变换器的常用类型 …… 299
12.4.1　积分型 A/D 变换器 …… 299
12.4.2　逐次逼近式 A/D 变换器 …… 301
12.4.3　Σ-ΔA/D 变换器 …… 302
12.4.4　全并行 A/D 变换器 …… 303
12.4.5　流水线 A/D 变换器 …… 304
技术拓展:A/D 变换器的发展方向 …… 305
基础习题 …… 305
高阶习题 …… 306
参考文献 …… 307

第1章 绪 论

现代社会是高度电子化、信息化和智能化的社会，其发展离不开融合了计算机、电子和网络通信等先进技术的电路系统。构成电路系统的基本元素为电阻、电容、晶体管等元器件。早期的电路系统是将分立的元器件按照电路要求，在印刷电路板(printer circuit broad，PCB)上通过导线连接实现的。由于分立元件的尺寸限制，在一块 PCB 上可容纳的元器件数量有限。因此，由分立元器件在 PCB 上构成的电路系统的规模受到限制。同时，还存在体积大、可靠性低及功耗高等问题。

半导体集成电路是通过一系列特定的半导体加工工艺，将晶体管、二极管等有源器件和电阻、电容等无源器件，按照一定的电路构成规则，互连“集成”在一块半导体单晶片上，封装在一个外壳内，执行特定的电路或系统功能。与印刷电路板上电路系统的集成不同，在半导体集成电路中，构成电路系统的所有元器件是采用相同工艺制作在同一块半导体晶片上，并利用绝缘介质将其隔离，通过芯片上的金属布线层将它们相互连接形成的。与分立元件相比，其尺寸和布线从毫米级减小为微米、纳米级，所以工作速度变快，功耗降低。由于所有布线是在超净环境中通过淀积和光刻工艺实现与晶体管的连接，与 PCB 板级系统中元件连接靠焊接相比，连接点的可靠性大幅提升。加之芯片表面使用氮化硅等绝缘介质进行保护，能够有效防止外部水分等的浸入，即使器件非常微细，它的性能也几乎不会发生变化。基于以上特点，使得由集成电路构成的电路系统在规模、速度、可靠性和功耗等性能上具有其他方式不可比拟的优点，已经广泛应用于日常生活及工业、国防领域。集成电路作为支撑经济社会运转和保障国家安全的战略性、基础性和先导性产业，已经成为我国建设现代化产业体系的核心枢纽和战略支柱。

1.1 半导体集成电路的概念

任何一种物质，都有对应的外貌特征和性能特点。因此，学习半导体集成电路，必须掌握它的相关基本概念。

1.1.1 半导体集成电路的基本概念

(1)形状尺寸。半导体集成电路(semiconductor integrated circuit，简称 IC)也被称作芯片(chip)，其外形一般为正方形或长方形，单芯片尺寸从几个平方毫米到几百个平方毫米，常被称为芯片尺寸 (diesize)。图 1.1 所示为典型的半导体集成电路外形图。如此小的芯片如果一片一片加工，效率将会非常低下。因此，在实际进行芯片加工时是在一个大的硅片上通过图形复制重复加工大量相同的单元，然后通过划片再进行分割。硅片尺寸在一定程度上代表了半导体集成电路的加工水平，硅片的直径是度量生产线加工能力的基准之一。例如，8 英寸(1 英寸＝25.4mm，8 英寸≈200mm)生产线、12 英寸生产线就表示生产线可以加工直径最大为 8 英寸(200mm)或是 12 英寸(300mm)的硅片。能够加工的硅片直径越大，对设备的要求就越高，对应的工艺水平也越高。目前，12 英寸工艺已经成为主流。图 1.2 所示为硅片尺寸与芯片尺寸的概念图。

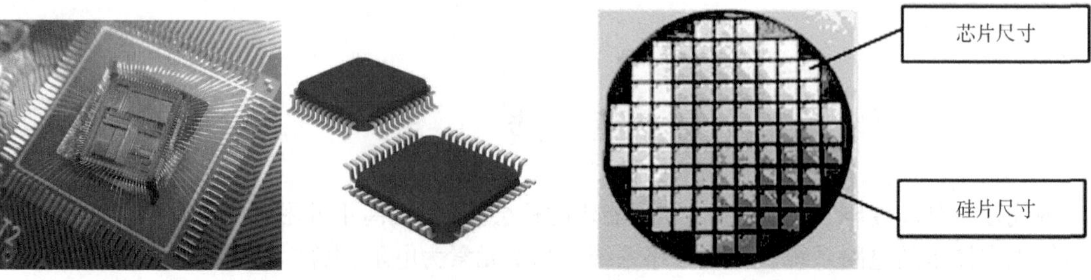

图 1.1　半导体集成电路外形图　　图 1.2　硅片尺寸与芯片尺寸的概念图

(2)集成度。集成度是表述半导体集成电路性能的另一个重要参数。集成度表示在 1 个硅片上电路所包含的器件的数量,通常用等效逻辑门数或是晶体管数来度量。1 个等效逻辑门为 2 输入的与非门(由 4 个晶体管构成)。

(3)特征尺寸。特征尺寸是集成电路中器件最细线条的宽度,对 MOS 器件而言,常指栅极所决定的沟道几何长度,是工艺线中能加工的最小尺寸。它反映了集成电路版图图形的精细程度。特征尺寸的减少主要取决于光刻技术的改进(光刻最小特征尺寸与曝光所用波长)。

1.1.2　半导体集成电路的分类

从不同的角度出发,半导体集成电路有不同的分类方法,通常从以下几方面对半导体集成电路进行分类。

1. 按电路处理信号的方式分类

如图 1.3 所示,按电路处理信号的方式,可将半导体集成电路分为以下几种。

(1)数字集成电路。在数字集成电路中,信号的运算是以布尔代数为基础的,所有的输入输出信号均为二进制的量,通常低电平表示二进制数的"0",高电平表示二进制数的"1"。在数字集成电路中,电平量的具体数值没有实际的意义,只代表高电平、低电平两种状态。

(2)模拟集成电路。模拟集成电路的信号是以 10 进制的模拟运算为基础,输入输出量为连续变化的模拟量。信号的电平值,具有实际的含义,代表电路中信号的具体数值。

(3)数模混合集成电路。数模混合电路是指在一个系统中两种信号处理方式混合存在。

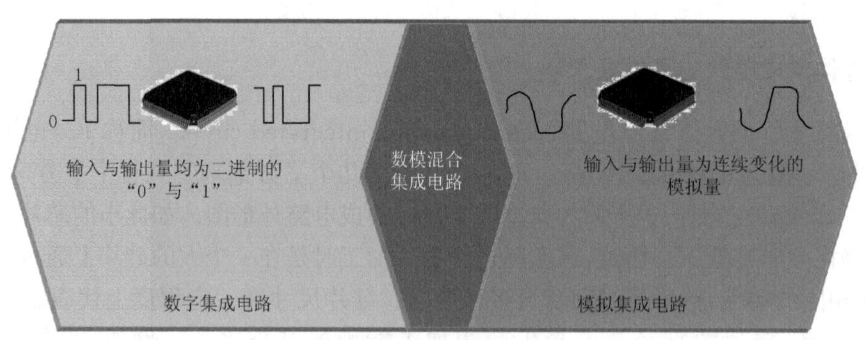

图 1.3　按电路处理信号的方式分类

2. 按器件类型或实现工艺分类

图 1.4 给出了按器件类型或实现工艺分类的情况。如图 1.4 所示,按构成半导体集成电路的有源器件类型的不同,可将半导体集成电路分为以下几种。

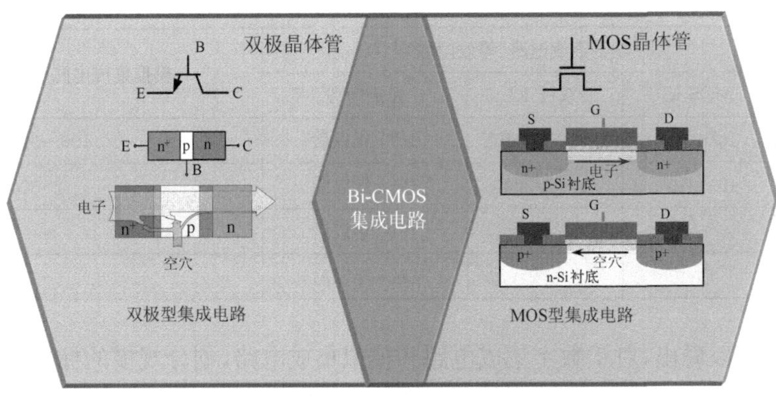

图 1.4　按器件类型或实现工艺分类

(1)双极型(bipolar)集成电路。构成集成电路的基本有源器件是 npn 或 pnp 结构的晶体管，这类晶体管中参与导电的载流子既有电子又有空穴，所以又称为双极型晶体管(bipolar junction transistor,BJT)。双极型集成电路是电流驱动型的电路，具有较大的电流驱动能力。早期的 TTL、ECL 和较大功率模拟集成电路都是双极型集成电路。

(2)MOS 型集成电路。构成集成电路的基本有源器件是 MOS 晶体管。nMOS 晶体管参与导电的载流子是电子，pMOS 晶体管参与导电的载流子是空穴，因此也称 MOS 晶体管为单极型晶体管。MOS 晶体管是电压驱动型晶体管，具有较高的输入阻抗。由 nMOS 晶体管和 pMOS 晶体管构成的互补型 CMOS 集成电路有集成度高、功耗低的特点，是当前集成电路的主流技术。

(3)Bi-CMOS 集成电路。构成集成电路的有源器件既有 MOS 晶体管，又有双极型晶体管，可以兼顾 CMOS 集成电路的低功耗、高集成度及双极型集成电路的大驱动能力，某些有特殊要求的集成电路会采用这种工艺实现。

3. 按电路规模分类

按 1 个芯片上集成的晶体管的数目，可将半导体集成电路分为以下几种。

(1)小规模集成电路 (small scale integrated circuit,SSI)。

(2)中规模集成电路 (medium scale integrated circuit,MSI)。

(3)大规模集成电路 (large scale integrated circuit,LSI)。

(4)超大规模集成电路 (very large scale integrated circuit,VLSI)。

(5)特大规模集成电路 (ultra large scale integrated circuit,ULSI)。

(6)巨大规模集成电路 (gigantic scale integrated circuit,GSI)。

表 1.1 给出按电路规模对半导体集成电路进行分类时的划分标准。

表 1.1　集成电路规模划分标准

类别	数字集成电路(等效门数)			模拟集成电路(晶体管数目)
	MOS IC	双极 IC	发展阶段	
SSI	$<10^2$	100	1966 年以前	<30
MSI	$10^2\sim10^3$	100～500	1966 年以后	30～100

续表

类别	数字集成电路(等效门数)			模拟集成电路(晶体管数目)
	MOS IC	双极 IC	发展阶段	
LSI	10^3～10^5	500～2000	1971 年以后	100～300
VLSI	10^6～10^7	>2000	1980 年以后	>300
ULSI	10^7～10^9	—	1990 年以后	—
GSI	>10^9	—	2000 年以后	—

从表 1.1 中可以看出,对于数字集成电路和模拟集成电路,划分规模的标准是不同的。数字集成电路的集成度在 2000 年已经达到单芯片上包含 10 亿逻辑门,最新的工艺单芯片上集成电路逻辑门数已达几百亿。而模拟集成电路中的晶体管数目达到 300 以上就算是超大规模了。

4. 按生产目的分类

按电路的生产目的及用途,可将半导体集成电路分为以下几种。

(1)通用集成电路。通用集成电路是遵循一定的标准和规范设计的,具有通用功能,可以在不同场合应用,如 CPU、存储器、DSP 等。通用集成电路对电路的性能和芯片利用率要求很高,而对设计成本和周期的要求可以放宽。

(2)专用集成电路。专用集成电路是针对某些用户的特别用途和要求而专门设计制造的芯片,具有特定电路功能,如图像压缩芯片、卫星通信芯片等。其特点与通用芯片正好相反,对设计成本和设计周期要求较高。

5. 按设计方法分类

按设计方法,可将半导体集成电路分为以下几种。

(1)全定制集成电路。全定制集成电路是指按照芯片的性能要求,从晶体管极开始设计的集成电路,电路中的所有器件和互连线的版图都是人工按照最优方案设计的,要尽可能达到高密度、高速度、小面积和低功耗的要求。因此,设计成本和周期长,适用于芯片用量很大的通用集成电路和有特殊要求的集成电路设计。

(2)半定制集成电路。半定制集成电路中的全部逻辑单元是预先设计好的,可以从单元库中调用所需单元的掩膜图形(标准单元方法和门阵列),可使用相应的 EDA 软件,自动布局布线。

(3)可编程集成电路。可编程集成电路中的全部逻辑单元都已预先制成,不需要任何掩膜,利用开发工具对器件进行编程,以实现特定的逻辑功能,分为可编程逻辑器件和现场可编程逻辑器件。

1.2　半导体集成电路的发展过程

半导体集成电路是 20 世纪最伟大的发明之一。1958 年 12 月,德州仪器的杰克 · 基尔比(Jack Kilby)采用刻蚀的方法在一块锗晶片上分别形成了台面型 pnp 晶体管、电容器和电阻器区域,并用细的金线将这些区域连接起来,制作了世界上第一块集成电路,如图 1.5 所示。这个电路看起来非常粗糙,在同一晶片上制作的几个元件之间是用零乱的金属线连接在一起的。但是,“元器件在同一半导体材料上的集成”这一突破性概念的首次实现，为集成电路的迅猛发展拉开了序幕。杰克·基尔比也因此获得了诺贝尔物理学奖。随着平面工艺和蒸镀铝金属线工艺的发明，飞兆半导体公司的创立者之一杰伊·拉斯特(Jay Last)在1960年成功研发了如图1.6所示的世界上第一块商用集成电路，它仅由4个晶体管和5个电阻组成。

图1.5　世界上第一块集成电路

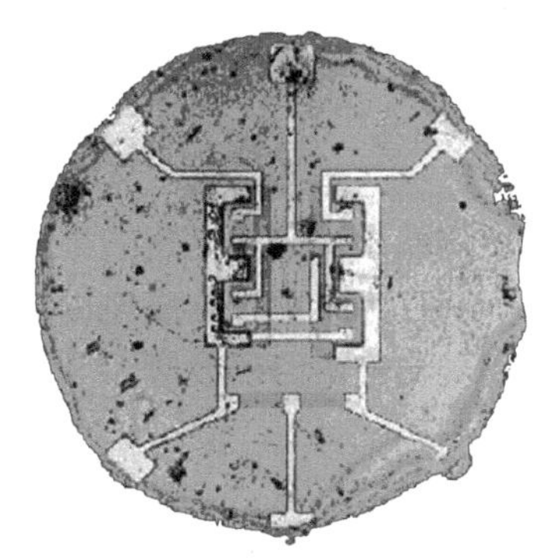

图1.6　世界上第一块商用集成电路

此后，半导体集成电路开始进入快速成长期，1967年出现了大规模集成电路，集成度迅速提高；1971年，将存储器和逻辑电路集成于一体的微处理器诞生；1977年超大规模集成电路面世，一个硅晶片中已经可以集成15万个以上的晶体管；1988年，16M DRAM问世，1平方厘米大小的硅片上集成有3500万个晶体管，标志着进入极大规模集成电路(ULSI)阶段；1997年，奔腾Ⅱ问世，采用0.25 μm工艺，工作频率300MHz，集成的晶体管数目为550万；2009年，英特尔公司推出酷睿i系列，采用32nm工艺，最高工作频率可达3.3GHz，集成的晶体管数目达到7.3亿个；2011年，采用22nm工艺的FPGA已经量产。目前，3nm工艺芯片已经量产，单芯片可集成的晶体管数目已达千亿。

1.3　半导体集成电路的发展规律

1965年，英特尔公司主要创始人戈登·摩尔(Gordon Moore)根据1959～1964年已经开发的5组产品数据，将芯片的集成度和单个器件的最低成本整理做成图表。戈登·摩尔发现每过18～24个月，就会有一款新的芯片诞生，而且新芯片上集成的晶体管的数目通常是前一款的两倍。因此，摩尔大胆预测：随着芯片上电路复杂度的提高，晶体管数目必将增加，每个芯片上的元件数目每隔18个月将增加一倍，性能也将提升一倍。随后几十年，集成电路技术神奇地追随这一被称作摩尔定律的预测发展，至今为止，摩尔定律依然是指导集成电路技术发展的最终法则。表1.2给出集成电路工艺参数及成本随时间的变化。正如表1.2中数据所示，经过60多年的发展，单片集成电路中可集成的晶体管数目已经达到300亿，单个晶体管的价格也从开始的10美元下降到1×10^{-8}美元以下。

表1.2　集成电路工艺参数及成本随时间的变化

年代	1959年	1971年	2000年	2010年	2020年	比率
特征尺寸/μm	25	8	0.18	0.032	0.007	>3500↓
电源电压/V	5	5	1.5	1.0	0.65	>7↓

续表

年代	1959 年	1971 年	2000 年	2010 年	2020 年	比率
硅片直径/mm	5	30	300	300	300	60↑
集成度(晶体管数目/die)	6	2×10^3	2×10^9	7×10^9	3×10^{11}	5×10^{10}↑
DRAM 密度/bit	—	1k	1G	4G	16G	$>10^7$↑
处理器时钟/Hz	—	750k	1G	3.3G	5.8G	$>10^3$↑
平均晶体管价格/$	10	0.3	10^{-6}	10^{-7}	4×10^{-9}	$>10^{-8}$↓

摩尔定律给出了集成电路的集成度和单个晶体管的平均价格随时间的变化趋势。这种“按比例缩小”的趋势,改善了集成电路的工作速度、功耗,最为重要的是降低了芯片单位功能的成本。为了指导集成电路研发项目沿着摩尔定律推进,美国半导体行业协会(Semiconductor Industry Association,SIA)发起编写了美国国家半导体技术发展路线图(National Technology Roadmap for Semiconductor,NTRS),共发表了 1992 年、1994 年和 1997 年三个版本。1998 年,由美国半导体行业协会提议,邀请了欧洲、日本、韩国和台湾等国家和地区的人士参加,对路线图进行了更新,最终形成了 1999 年的第一版国际半导体技术发展路线图(International Technology Roadmap for Semiconductors,ITRS)。在此之后,国际半导体技术发展路线图在每偶数年份进行更新,每单数年份进行全面修订。如图 1.7 所示,2009 年的 ITRS 已经对单纯的摩尔定律(Moore's law),沿着按比例缩小的后摩尔定律(More Moore's law)和功能多样化的超越摩尔定律(More than Moore's law) 二维方向进行了补充和扩展。在后摩尔定律方向上,诸如碳纳米电子器件、自旋器件、铁磁逻辑器件、原子开关等超越 CMOS 器件将得到应用;在超越摩尔定律的方向上,射频、传感器和生物芯片等多功能芯片概念被引入。将以上技术及片上系统(system on chip,SoC)、系统级封装(system in package,SIP)等技术融合在一起,可以实现更高价值的系统。

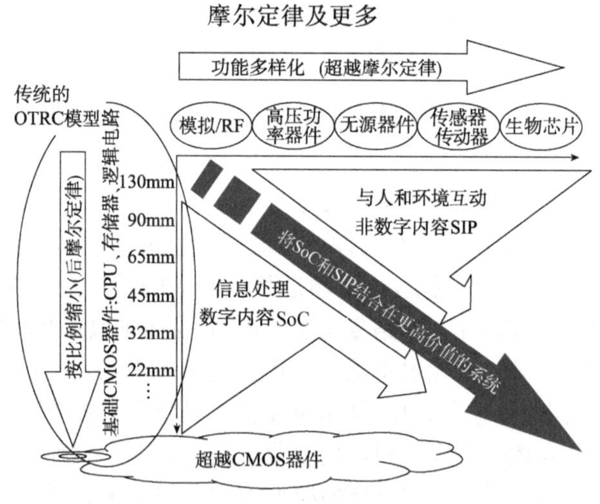

图 1.7　摩尔定律的扩展(来自 2009 年 ITRS)

1.4　半导体集成电路面临的问题

随着半导体集成电路特征尺寸的减小,芯片规模越来越大,集成电路在设计、性能、工艺加工等方面存在的问题制约了集成电路技术的进一步发展。因此,充分认识面临的问题,寻求解决方法,是进一步推进技术发展的关键。

1.4.1 深亚微米集成电路设计面临的问题与挑战

深亚微米集成电路技术的发展,促进了芯片集成度的提高,芯片所能完成的功能越来复杂,特别是SoC技术的广泛运用,为芯片设计提出了新的要求。SoC的软硬件协同设计、设计阶段的仿真和验证、高密度集成电路的可测性设计、深亚微米低功耗设计技术和低互连延迟的物理设计,是深亚微米集成电路设计面临的主要问题。

1. SoC的软硬件协同设计

SoC芯片中不仅包含复杂的硬件结构,也需要与之配合的软件算法。这些硬件与软件相互依赖共同完成系统功能。为了能提高设计效率,尽早发现设计中可能存在的问题,当系统的高层模型确定后,需要对系统进行软硬件划分,确定软硬件间的接口,设计两者之间的通信协议。这就要求设计者具有丰富的设计经验,能够在芯片性能与代价之间作出合理的折中。同时,为了降低设计成本,缩短设计周期,必须研究软件模块重用技术和基于硬件/软件重用的设计方法。

2. 设计阶段的仿真和验证

设计正确性验证对保证大规模集成电路设计工作的成功、缩短上市时间、降低开发成本非常重要。因此对验证在速度、效率、完善程度等方面提出了很高的要求。大规模集成电路将数字逻辑、混合信号和存储器模块集成于一体,需要根据这些模块的不同特点采用不同的验证方法。因为难以提供适当的控制和观察手段,对它们进行仿真验证比对独立模块进行验证要困难得多,所以,深亚微米大规模集成电路的仿真验证工作成为一种新的技术挑战。

3. 高密度集成电路的可测试性设计

由于目前设计复杂度不断提高,因此必须采用可测性设计技术来支持对复杂大规模集成电路的测试。以SoC芯片为例,除了以往针对一般集成电路的可测性设计问题之外,由于使用了不同的IP核(包括数字电路、存储器、混合信号模块等),每个IP核可能完成一个传统ASIC的功能,它们有不同的用途和特性,而且可能来自不同的厂家,因此其故障模型和采用的测试方法都是不同的。另外SoC中还有开发人员自己设计的逻辑以及这些逻辑与IP核相互之间的连接,所以为了进行SoC测试,需要考虑的问题要复杂得多。

4. 深亚微米低功耗设计技术

功耗是芯片设计时需要考虑的首要问题之一。集成度及工作频率的提高,使得单位面积的功耗不断提高。大的功耗不仅会过快消耗电池,影响便携性,散热问题还会对电路的封装形式、使用寿命、可靠性等性能都带来不利影响,因此低功耗设计技术一直是设计者所关注的重要领域之一。更重要的是,如果局部功耗过大,会引起大功耗区域温度上升,轻则芯片性能下降,重则可能导致芯片失效。另外,在深亚微米工艺下,芯片的静态功耗在整体功耗中所占比例增大,漏电流功耗包括它的离散性,成为未来显著的长期威胁和关注焦点。为了降低功耗,门控时钟、异步电路设计方法、多电源域及亚阈值工作状态的利用等技术成为研究热点。

5. 低互连延迟的物理设计

集成电路特征尺寸的不断缩小，使得芯片在物理设计领域也产生了很多新的问题。互连线延迟、信号完整性、寄生参数的提取、时序收敛、可修正版图设计等是深亚微米物理设计中亟须解决的关键问题。

1.4.2　深亚微米集成电路性能面临的问题与挑战

随着工艺的微细化进程，芯片的电源电压在 2001 年之前一直按照 ITRS 的预测顺利下降到 1.2V，但是从 2001 年至今，芯片的工作电压却偏离 ITRS 的预测，一直停留在 1.1～1.2V。电源电压没有进一步下降的原因，主要是为了避免漏电流的增大，在晶体管特征尺寸减小的同时，晶体管的阈值电压并没有随之减小。在阈值电压保持不变的情况下，降低电源电压会使当前结构 CMOS 电路的延迟时间急剧增加，因而限制了电源电压的下降。同时，阈值电压不变，工作电压下降，也会使 CMOS 电路中的晶体管的工作状态进入亚阈值状态。工艺及温度偏差会使芯片中晶体管性能出现较大波动偏差，从而影响芯片性能。研究解决工作在亚阈值区域的电路受阈值电压和环境温度等影响造成的性能偏差变化，探讨对偏差不敏感的电路结构，是目前提高深亚微米集成电路性能亟须解决的关键问题。

1.4.3　深亚微米集成电路工艺面临的问题与挑战

随着器件尺寸不断按比例缩小，栅关键尺寸控制水平降低到 1.5 nm，由于酸扩散长度的问题，化学放大的光刻胶敏感度会达到极限。未来几年中，线条宽度缩窄都将会达到小于 1.4 nm 的水平，因此，需要具有敏感度和分辨率更高、线宽粗糙度(LWR)可控制和低缺陷密度的新的光刻胶材料。同时，CMOS 集成电路的金属层数达到 8～9 层，芯片表面的平坦化技术是改善芯片性能的有效方法之一。

技术拓展：Chiplet(芯粒)

自集成电路技术诞生以来，摩尔定律一直是半导体行业发展的灯塔。新的硅工艺节点被不断推出，集成电路中的晶体管密度不断提升，单位面积成本不断下降。但当工艺节点推进到 3nm 程度时，半导体行业面临芯片开发周期更长、设计和制造复杂度增加、工艺成本增高等诸多问题。在此背景下，Chiplet(芯粒)作为一种可以延续摩尔定律的解决方案受到半导体产业的关注。该技术将传统的系统级芯片划分为多个单功能或多功能组合的“芯粒”，然后在一个封装内通过基板互连成为一个完整的复杂功能芯片。图 1.8 给出了 Chiplet 技术的概念图。如图 1.8 所示，可以将构成系统的 CPU、存储器、GPU、硬件加速器、高速互连接口、ADC/DAC 等芯粒采用各自最适合的工艺制备，再采用 Chiplet 技术将这些芯粒快速集成在一起。由于以上不同芯片功能的芯片工艺缩小的速度存在差异，Chiplet 技术满足了这些模块在不同工艺下的异构集成需求。同时，由于单颗芯片面积减小，且大多有成熟技术积累，良率可以得到较好控制，加快了开发周期，降低了开发成本。

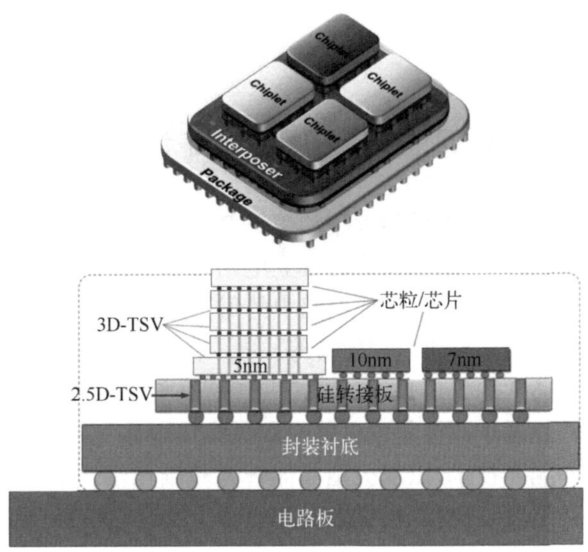

图 1.8 Chiplet 技术的概念图

基础习题

1-1 名词解释:集成度、特征尺寸、硅片尺寸、芯片尺寸、摩尔定律、ASIC、LSI。

1-2 简述什么是集成电路？其与 PCB 板级电路的本质区别是什么？

1-3 集成电路是如何分类的？

1-4 集成电路的发明为人类微电子技术的进步起了什么样的作用？

高阶习题

1-5 请查阅相关资料，阐述 Chiplet 技术的引入，给半导体产业的发展带来了什么变化。

素质教育案例

第 2 章　双极集成电路中的元件形成及其寄生效应

在半导体集成电路问世以前，各种门电路和逻辑部件都是由电阻器、晶体管等分立元件通过导线或印制电路板连接成的，这样的电路称为分立电路。半导体集成电路的所有元件都是制作在同一块基片上的。这一特点，决定了集成电路中的每一元件除了我们所需要的功能外，还附加有寄生效应，如寄生晶体管效应、寄生电容效应等。

双极集成电路是指以通常的 npn 或 pnp 型双极型晶体管为基础的单片集成电路，1958 年世界上最早制成的集成电路就属于双极集成电路。双极集成电路主要以硅材料为衬底，在平面工艺基础上采用埋层工艺和隔离技术，以双极型晶体管为基础元件。本章先从双极集成电路的具体元件结构以及制造工艺出发，分析双极集成电路的寄生效应，然后介绍减小乃至消除这些寄生效应的方法。

问题引入

第 2 章预习

1. 双极晶体管具有什么样的结构特点和工作原理？
2. 基于平面工艺的双极晶体管如何制造？
3. 集成电路中的双极晶体管具有什么样的结构特点？与单管结构有什么不同？
4. 双极集成电路的工艺流程是什么？
5. 双极集成电路会带来什么样的寄生效应？

2.1　双极集成电路的制造工艺

双极集成电路中的基本元件为双极型晶体管，其基本工作原理与分立元件中的双极型晶体管相同，但由于集成电路是基于平面工艺的，所以两者在结构和工艺上有所区别。

2.1.1　双极型晶体管的单管结构和工作原理

双极型晶体管分为 npn 晶体管和 pnp 晶体管，其结构和符号如图 2.1 所示。下面重点以 npn 晶体管为例讲解双极型晶体管的单管结构和工作原理。

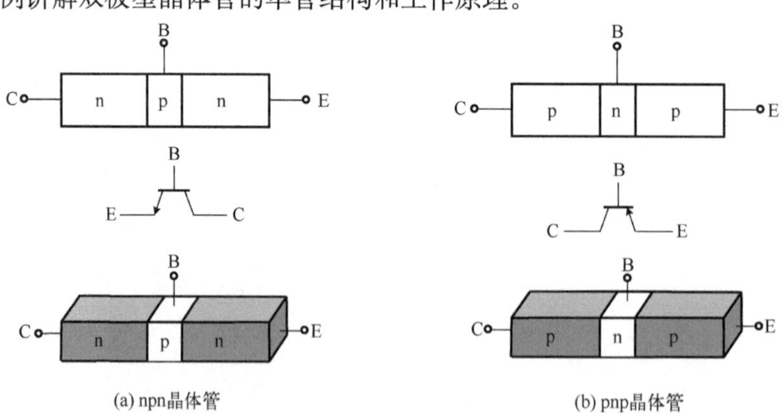

图 2.1　双极型晶体管的结构和符号

双极型晶体管可以看成两个背靠背连接起来的 pn 结。晶体管的基区非常薄(大约 1～12 μm)。双极型器件中的两种载流子(电子和空穴)同时参与导电,它是一种流控元件。双极型 npn 晶体管的单管结构示意图如图 2.2 所示,它由三个区(发射区、基区和集电区)和两个结(发射结和集电结)构成。在三个区中,发射区掺杂浓度最大,基区次之,集电区最小,并且基区宽度很窄。三个区各自的引出端子构成了双极型晶体管的三个电极:发射极、基极和集电极。

双极型晶体管正常工作时分为四个工作区域:正向放大区、饱和区、反向工作区和截止区。通过在双极晶体管的三个电极施加不同的电压,可以控制其工作在不同的工作区域。

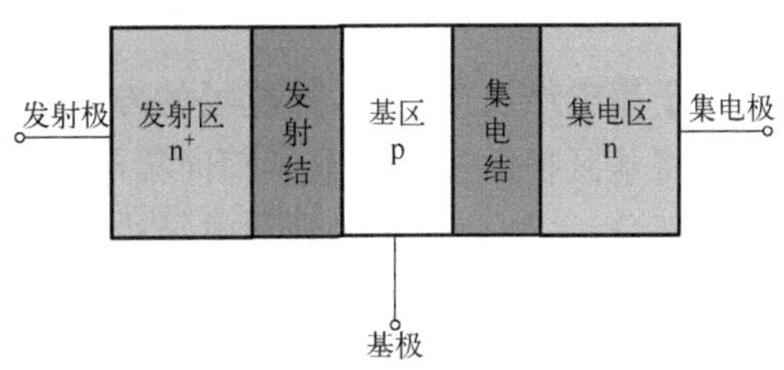

图 2.2　双极型 npn 晶体管的单管结构示意图

图 2.3 所示为正向放大区工作状态,当发射结正偏($V_{BE}>0$)、集电结反偏($V_{BC}<0$)时,发射结发射电子,在基区中扩散前进,大部分的电子被集电结反偏收集,此时晶体管工作在正向放大区。

晶体管正常工作时发射结要正偏,集电结要反偏。发射结加正向电压 U_E,才能使发射区的多数载流子注入基区,形成发射电流;给集电结加上较大的反向电压 U_C,才能保证发射区注入基区并扩散到集电结边缘的载流子,被集电区收集形成集电极电流。图 2.4 所示为晶体管工作在该区域时的电流传输示意图,从发射区、基区、集电区的载流子传输过程可见,载流子的运动分为以下三个过程。

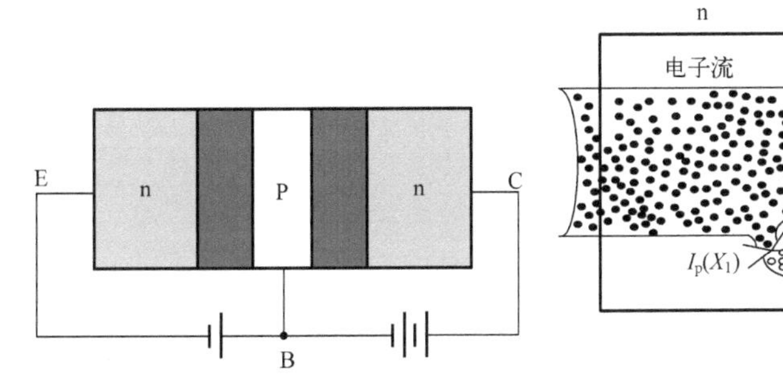

图 2.3　正向放大区工作状态

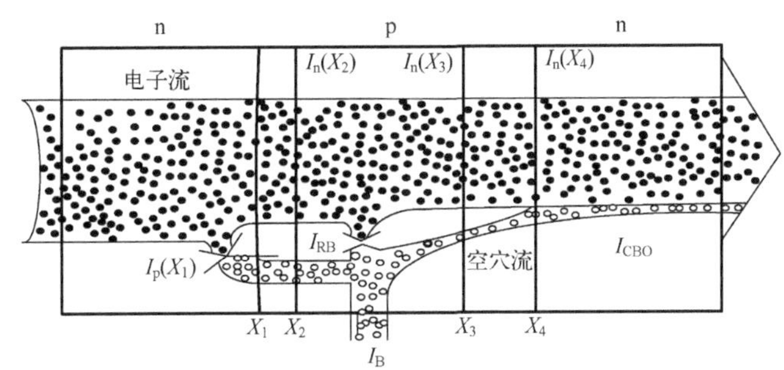

图 2.4　电流传输示意图

1. 发射结正向偏置——发射电子

由于发射结正向偏置,外加电场有利于多数载流子的扩散运动,高掺杂发射区的多数载流子(电子)将向基区扩散(或注入);同时,基区中的多数载流子(空穴)也向发射区扩散并与发射区中的部分电子复合。因此,发射极的正向电流 I_E 是由两部分电流组成的:一部分是注入基区的电子扩散电流 $I_n(X_2)$,这股电流大部分能够传输到集电极,成为集电极电流 I_C 的主要部分;另一部分是注入发射区的空穴扩散电流 $I_p(X_1)$,这股电流对集电极电流 I_C 无贡献,并且还是基极电流的 I_B 一部分,所以有

$$I_E = I_p(X_1) + I_n(X_2) \tag{2.1}$$

2. 载流子在基区的传输与复合

到达基区的一部分电子将与 p 型基区的多数载流子(空穴)复合。但是,由于低掺杂基区的空穴浓度比较低,而且基区很薄,因此到达基区的电子与空穴复合的机会很少,大多数电子在基

区继续传输，到达靠近集电结的一侧。因此，基极电流 I_B 是由三部分电流构成的：一部分是基区复合电流 I_{RB}，它代表进入基区的电子与空穴复合形成的电流；另一部分是发射结正偏，由基区注入发射区的空穴扩散电流 $I_p(X_1)$；还有一部分是集电结反偏的反向饱和电流 I_{CBO}，所以有

$$I_B = I_p(X_1) + I_{RB} - I_{CBO} \tag{2.2}$$

3. 集电结反向偏置——收集电子

由于集电结反向偏置，外电场的方向将阻止集电区中的多数载流子(电子)向基区运动，但是有利于将基区扩散过来的电子扫向集电区，被集电极收集。因此，通过集电结和集电区的电流主要有两部分：一部分是扩散到集电结边界 X_3 的电子扩散电流 $I_n(X_3)$，这些电子在集电结电场作用下漂移，通过集电结空间电荷区，变为电子漂移电流 $I_n(X_4)$，$I_n(X_4)=I_n(X_3)$，它是一股反向大电流，是集电结电流 I_C 的主要部分；另一部分是集电结反向漏电流 I_{CBO}。因此，集电极电流为

$$I_C = I_n(X_4) + I_{CBO} \tag{2.3}$$

从上面对电流传输机理的分析，可得

$$I_n(X_2) = I_{RB} + I_n(X_3) = I_{RB} + I_n(X_4) \tag{2.4}$$

将式(2.4)代入式(2.1)可得

$$I_E = I_p(X_1) + I_{RB} + I_n(X_4) \tag{2.5}$$

将式(2.2)、式(2.3)代入式(2.5)可得

$$I_E = I_C + I_B$$

所以总的发射极电流 I_E 等于到达集电极的电子电流 I_C 和通过基极流入的空穴电流 I_B 之和。设

$$I_C = \alpha I_E + I_{CBO} \approx \alpha I_E$$

式中，α 称为共基极短路电流增益，接近于 1。

令

$$\beta = \frac{\alpha}{1-\alpha}$$

则

$$I_C \approx \beta I_B \tag{2.6}$$

式中，β 为共发射极短路电流增益。

晶体管工作在正向工作区时，具有电流放大作用，因此正向工作区也叫放大区。图 2.5 所示为晶体管共发射区的直流特性曲线，也就是双极晶体管的输出特性曲线，从图中可看出，在输出曲线放大区，对应不同的控制电流，各条曲线几乎均匀地分布在图中。这说明晶体管有一定的线性特性，晶体管作为放大器工作时大都工作于放大区的线性部分。

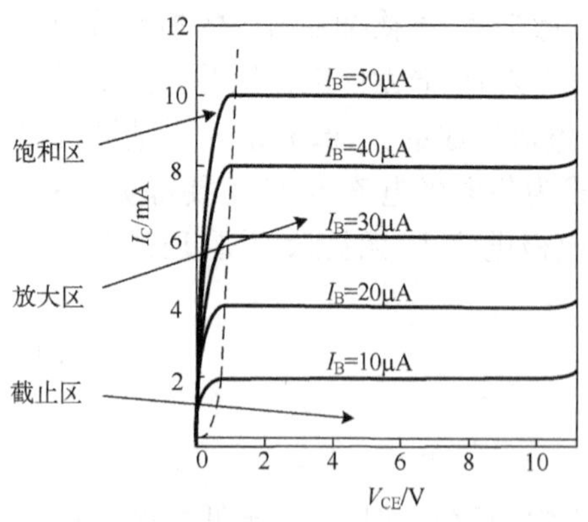

图 2.5　晶体管共发射区的直流特性曲线

当晶体管发射结正偏($V_{BE}>0$)，集电结也正偏($V_{BC}>0$)(但 V_{CE} 仍大于 0)时，晶体管工作于饱和区，如图 2.6 所示。

发射结正偏会向基区注入电子，集电结由于正偏也会向基区注入电子(远小于发射区注入的电子浓度)，基区电荷明显增加，存在少子存储效应，从发射极到集电极

仍存在电子扩散电流，但明显下降。此时，晶体管不再同在正向工作区时一样具有电流放大作用，即 $I_C \approx \beta I_B$ 不再成立。

对应饱和条件的 V_{CE} 值称为饱和电压 V_{CES}，其值约为 0.3V，深饱和时的 V_{CES} 达到 0.1～0.2V。

当 $V_{BC}>0$，$V_{BE}<0$ 时，晶体管工作在反向工作区，如图 2.7 所示。这时，晶体管的工作原理类似于正向工作区，只是此时充当发射区角色的是集电区。但是集电区掺杂浓度低，因此其发射效率低，β_R 很小，大约为 0.02。

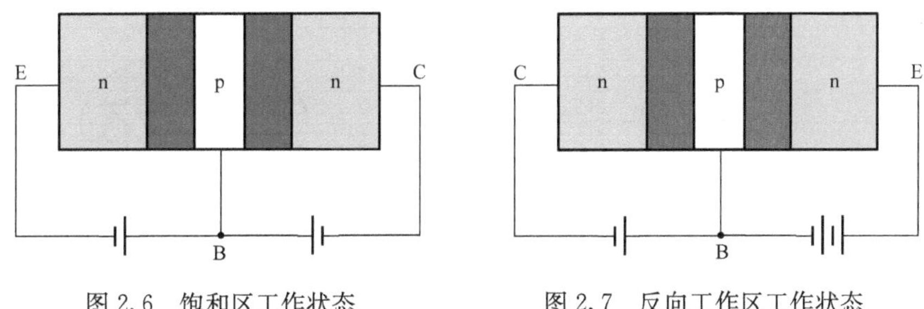

图 2.6　饱和区工作状态　　图 2.7　反向工作区工作状态

当发射结反偏（$V_{BE}<0$），集电结也反偏（$V_{BC}<0$）时，晶体管工作在截止区，这时基极的注入电流 $I_B<0$，即输入回路接成反向状态，集电极电流 I_C 很小。在此区域内，晶体管承受的电压很大，电流很小，相当于一个开关的断开状态。

2.1.2　双极集成晶体管的结构与制造工艺

由于集成电路往往采用平面工艺，因此集成电路中用到的元件结构与分立元件中的单管结构有所不同。例如，具有单向导电性的二极管（pn 结），其符号、结构和平面工艺如图 2.8 中所示；双极 npn 晶体管的符号和单管的平面工艺结构图如图 2.9 所示。

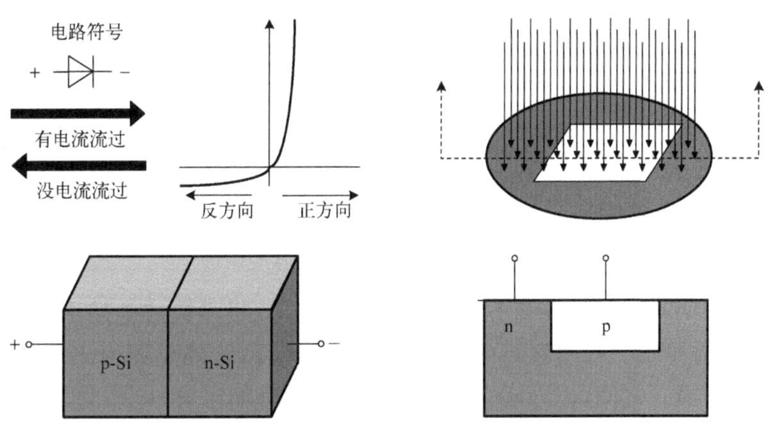

图 2.8　pn 结的符号、结构和平面工艺

在一块集成电路中含有百万乃至千万个二极管、晶体管以及电阻、电容等元件，而且它们都是做在一个硅片上，即共有同一个硅片衬底。因此，如果不把它们在电学上一一隔离起来，那么各个元器件就会通过半导体衬底相互影响和干扰，导致整个芯片无法正常工作，这是集成电路设计和制造时首先要考虑的问题。为此要引入隔离技术，然后在隔离的基础上根据要求把相关的各元器件端口连接起来，以实现电路的功能。

图 2.9 给出了双极 npn 晶体管符号和单管的平面工艺结构图。若电路中有两个如图 2.9 所示的 npn 型双极晶体管，则两个平面双极晶体管的结构如图 2.10所示。由图 2.10 可以看出，这种结构将会导致两晶体管的集电极相连，因此将器件单管结构用到集成电路中时需要解决元器件之间的隔离问题。在现代集成电路技术中，通常采用以下两种电学隔离方法：①采用介质隔离(通常为二氧化硅)；②通过反向 pn 结隔离。这两种方法能较好地实现直流隔离，其缺点是都会增加芯片的面积并引入附加的电容。

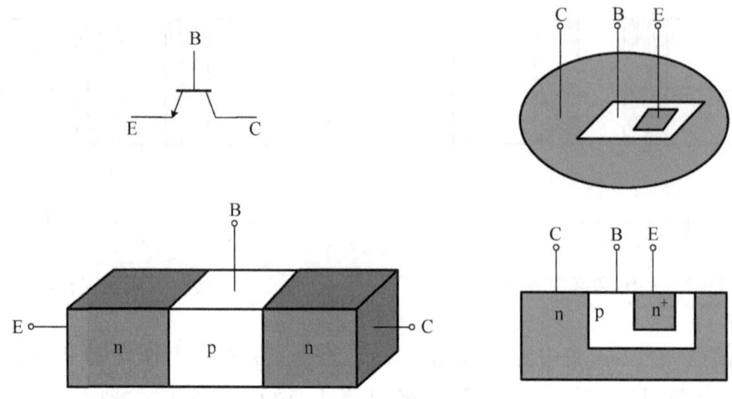

图 2.9　双极 npn 晶体管的符号和单管的平面工艺结构图

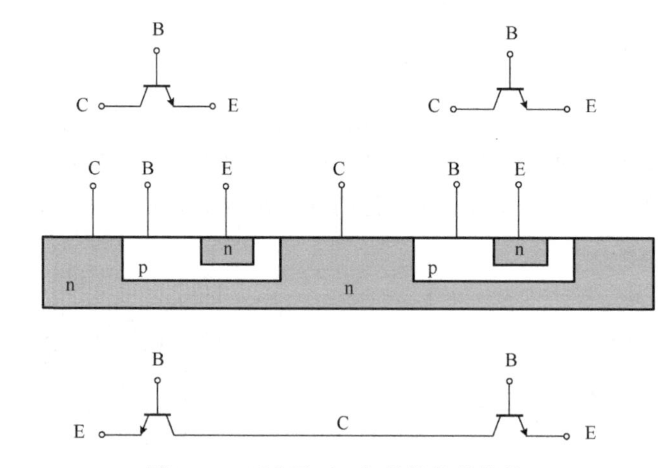

图 2.10　两个平面双极晶体管的结构

下面简要说明这两种常用的隔离方法。①介质隔离：双极型集成电路中的介质隔离常采用氧化物隔离方法，即在形成三极管区域的四周构筑一隔离环，该隔离环为二氧化硅绝缘体，因而集成电路中的各个三极管之间，以及各三极管与其他元件(如电容、电阻等)之间是完全电隔离的。双极型集成电路中的介质隔离如图 2.11 所示，图中有两个三极管，三极管之间被二氧化硅完全隔离。②pn 结隔离：如图 2.12 所示，图中两个晶体管分别做在两个隔离区内，它们的集电区

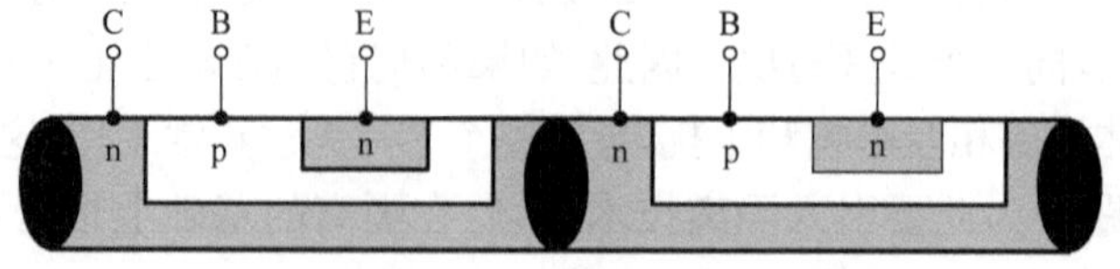

图 2.11　双极型集成电路中的介质隔离

是 n 型外延层，两个晶体管的集电区之间隔着两个背靠背的 pn 结，只要使 p 型衬底的电位比晶体管的集电区的电位低，两个晶体管就被反向偏置的 pn 结的直流高阻所隔开，实现所谓的电学隔离目的。

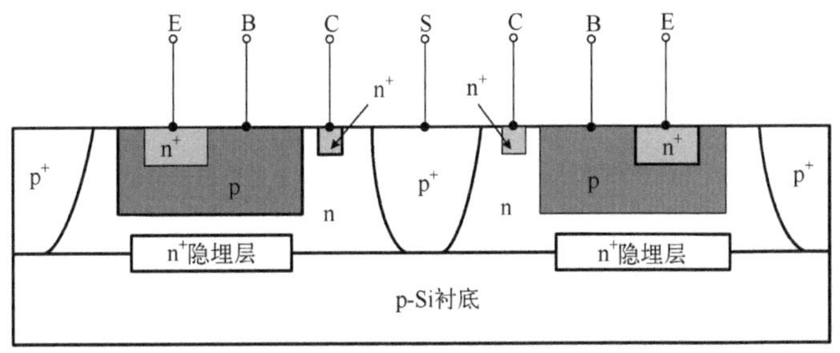

图 2.12　双极型集成电路中的 pn 结隔离

采用 pn 结隔离技术的双极型集成 npn 晶体管的横截面如图 2.13 所示，它是一个四层三结结构，即发射区（n^+ 型）、基区（p 型）、集电区（n 型外延层）、衬底（p 型）四层，以及发射结、集电结、隔离结（或衬底结）三结。图 2.13 可用图 2.14 所示的等效电路表示。可以看到，npn 管为主要晶体管，而 pnp 管则是由 npn 管的基区、集电区和衬底所构成的寄生晶体管。因此，集成电路中的晶体管包含有寄生晶体管，这是和分立晶体管的主要区别。

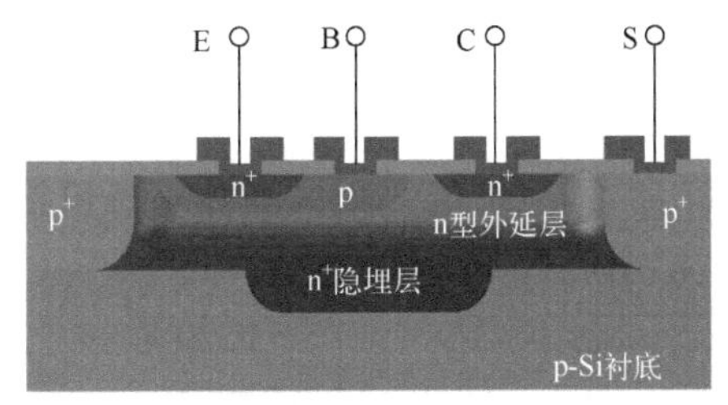

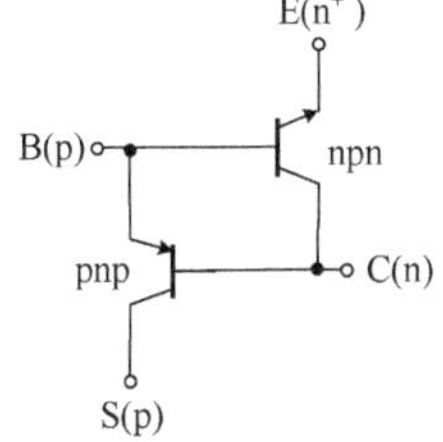

图 2.13　四层三结结构的双极型集成 pnp 晶体管横截面

图 2.14　四层三结结构的双极型晶体管等效电路

下面结合双极集成晶体管的主要制造工艺来说明双极型集成电路中元器件的形成过程。

1. 衬底选择

对于典型的 pn 结隔离双极型集成电路，衬底一般选用 p 型硅。为了提高隔离结的击穿电压而又不使外延层在后续工艺中下推的距离太多，衬底电阻率通常选择 $\rho \approx 10\Omega \cdot cm$。为了获得良好的 pn 结面，减少外延层的缺陷，选用(111)晶向，稍偏离 2°～5°。

2. 第一次光刻——n^+ 隐埋层扩散孔光刻

一般来讲，由于双极型集成电路中各元器件均从上表面实现互连，所以为了减少寄生的集电极串联电阻效应，减小寄生 pnp 管的影响，在制作元器件的外延层和衬底之间需要作 n^+ 隐埋层。隐埋层杂质的选择原则如下：①杂质固溶度大，以使集电极串联电阻降低；②高温时在硅中的扩散系数要小，以减小外延时隐埋层杂质上推到外延层的距离；③与硅衬底的晶格匹配好，以减小应力。因此最理想的隐埋层杂质是砷（As）。n 隐埋层扩散孔光刻对应的版图和器件截面图如图 2.15 所示。

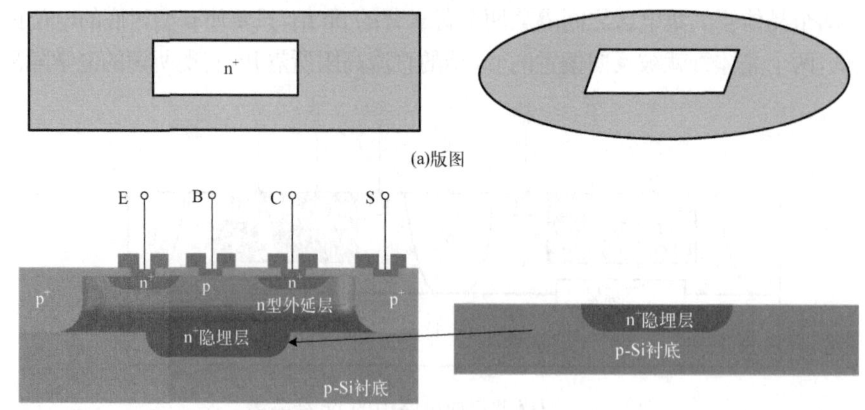

图 2.15　n^+隐埋层扩散孔光刻对应的版图和器件截面图

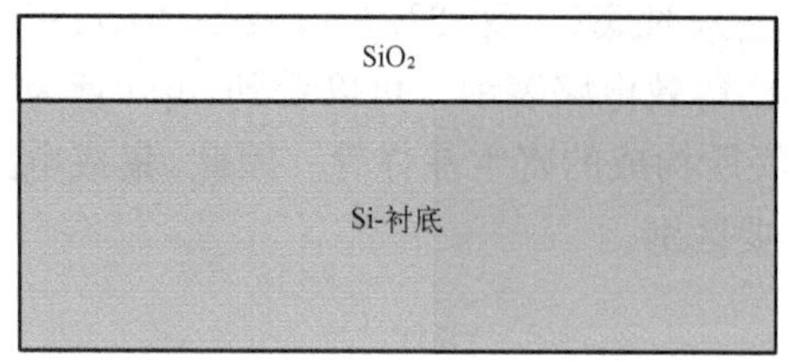

图 2.16　生长二氧化硅示意图

n^+隐埋层扩散孔光刻的具体步骤如下。

1)生长二氧化硅

如图 2.16 所示,采用湿法氧化的方法在 Si 衬底上生长二氧化硅,形成二氧化硅发生的反应过程为

$$Si + 2H_2O \xlongequal{\text{高温}} SiO_2 + 2H_2$$

2)隐埋层光刻

如图 2.17 所示,隐埋层光刻的具体步骤包括涂胶、掩模对准、曝光、显影、刻蚀、去胶等。光刻之后将隐埋层图形刻在 SiO_2 上。

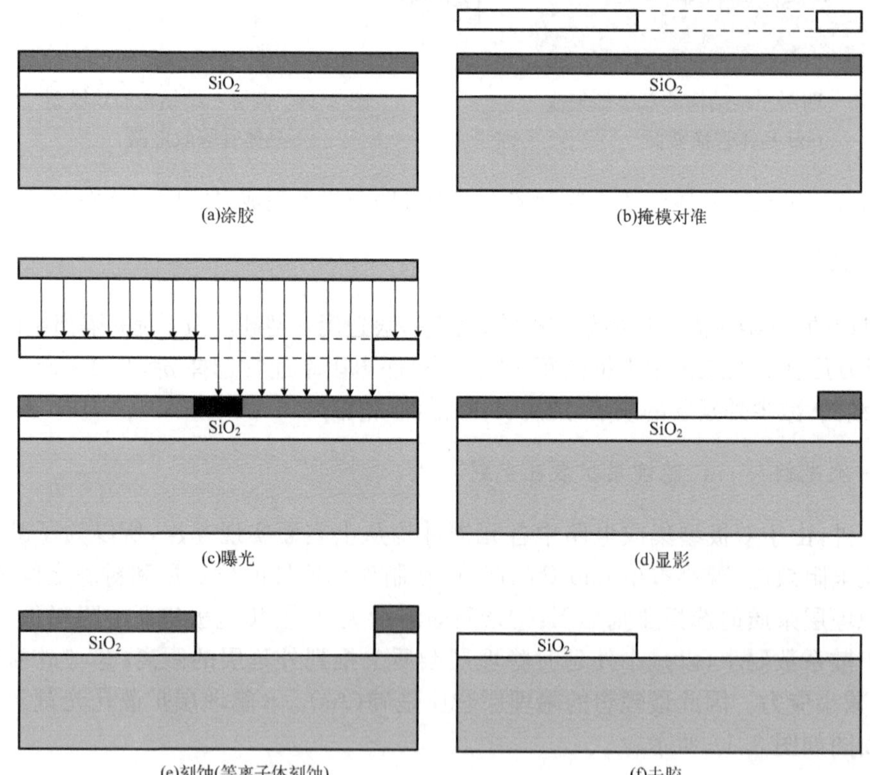

图 2.17　隐埋层光刻的具体步骤

3)n^+掺杂

完成 As 离子掺杂后图形如图 2.18 所示。

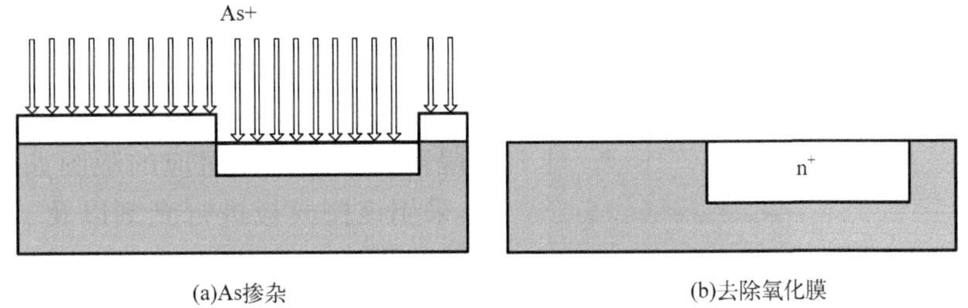

图 2.18　As 离子掺杂后图形

3. 外延层淀积

外延层淀积时应该考虑的设计参数主要有:外延层电阻率 ρ_{epi} 和外延层厚度 T_{epi}。

为了使结电容 C_{js}、C_{jc}小,击穿电压 BV_{CBO}高,以及在以后的热处理过程中外延层下推距离小,ρ_{epi}应选得高一点;为了使集电极串联电阻 r_{CS}小以及饱和压降 V_{CES}小,又希望 ρ_{epi}低一些。这两者是矛盾的,需要折中考虑。对于 TTL 电路,电源电压取 $V_{CC}=5V$,所以对 BV_{CBO}的要求不高,但对 r_{CS}、V_{CES}的要求高,所以可以选取 $\rho_{epi}\approx 0.2\Omega\cdot cm$,相应的厚度也要较小,通常取 $T_{epi}=3\sim 7\mu m$;而对于模拟电路,主要考虑工作电压,工作电压越高,ρ_{epi}也相应越高,相应的 T_{epi}也较大,模拟电路中一般取 $\rho_{epi}=0.5\sim 5\Omega\cdot cm$,厚度 T_{epi}为 7～17 μm。

确定外延层厚度 T_{epi}时应满足

$$T_{epi}>x_{jc}+x_{mc}+T_{BL\text{-}up}+t_{epi\text{-}ox}$$

式中,x_{mc}为基区扩散的结深;x_{jc}为集电结耗尽区的宽度;$T_{BL\text{-}up}$为隐埋层上推的距离;$t_{epi\text{-}ox}$为外延淀积后各道工序生成的氧化层所消耗的外延层厚度,如图 2.19 所示。

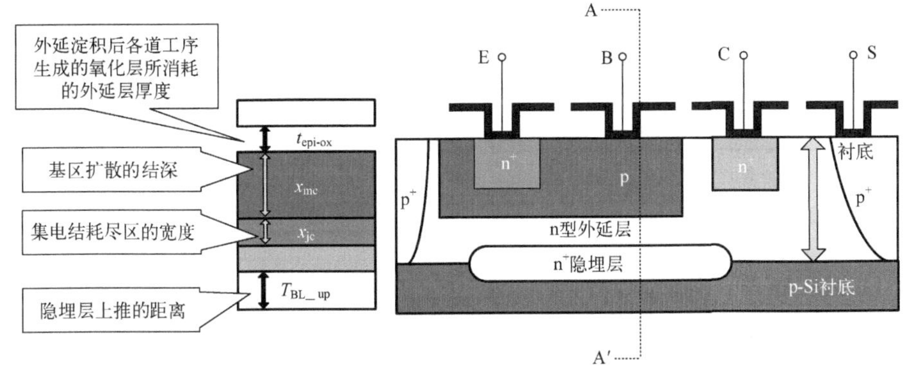

图 2.19　典型 pn 结隔离双极集成电路中元件形成过程

4. 第二次光刻——p^+隔离扩散孔光刻

隔离扩散的目的是在硅衬底上形成许多孤立的外延层岛,以实现各器件间的电绝缘,如图 2.20(a)所示。实现隔离的方法很多,有反偏 pn 结隔离、介质隔离、pn 结-介质混合隔离等。各种隔离方法各有优缺点。反偏 pn 结隔离由于其工艺简单,与器件制作工艺基本相兼容,因此成为目前最常用的隔离方法。但此方法的隔离扩散温度高(T=1175℃),时间长(t=2.5～

3h)，结深可达 5～7 μm，所以外推较大。此工艺称为标准隐埋集电极(standard buried collector，SBC)隔离工艺。在集成电路中，p 型衬底接最负电位，以使隔离结处于反偏，达到各岛间电学隔离的目的。以一个双极型 npn 晶体管为例，p^+隔离扩散孔光刻对应的版图如图 2.20(b)所示，采用该掩模板进行光刻以及 p^+ 扩散后的截面图如图 2.20(c)所示。

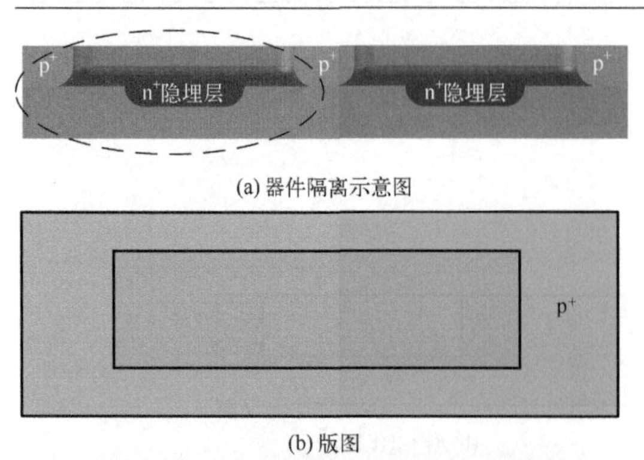

(a) 器件隔离示意图

(b) 版图

(c) 光刻后截面图

图 2.20　p^+隔离扩散孔光刻

5. 第三次光刻——p 型基区扩散孔光刻

此次光刻决定 npn 管的基区以及基区扩散电阻的图形。基区扩散孔的掩模版图形如图 2.21(a)所示，光刻前后的截面图如图 2.21(b)、(c)所示。

6. 第四次光刻——n^+ 发射区扩散孔光刻

此次光刻还包括集电极、n 型电阻的接触孔和外延层的反偏孔。由于 Al 和 n-Si 的接触，只有当 n 型的杂质浓度 $N_D \geqslant 10^{19}\ cm^{-3}$ 时，才能形成欧姆接触，所以必须进行集电极接触孔 n^+ 扩散。

n^+ 发射区扩散孔的掩模图形及 n^+ 发射区扩散前后的器件截面图如图 2.22 所示。

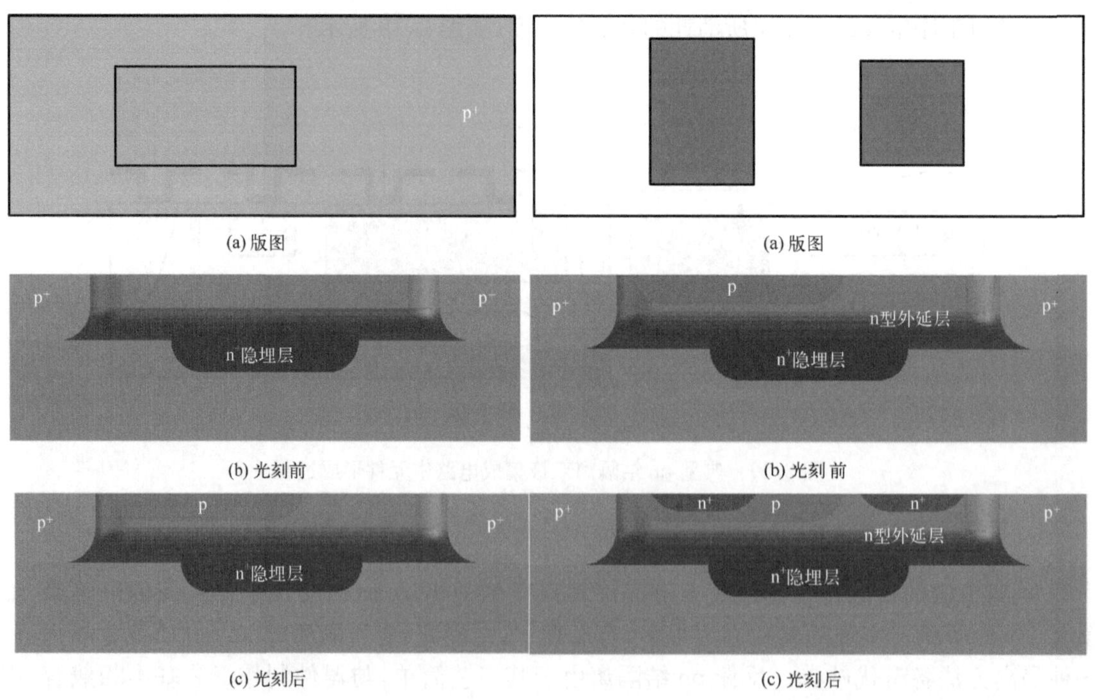

图 2.21　p 型基区扩散孔光刻

图 2.22　n^+ 发射区扩散孔光刻

7. 第五次光刻——引线接触孔光刻

要实现各区域电极的引出，必须先进行引线接触孔的光刻，此次光刻的掩模版图如图 2.23(a)所示，光刻前后的器件截面图如图 2.23(b)、(c)所示。

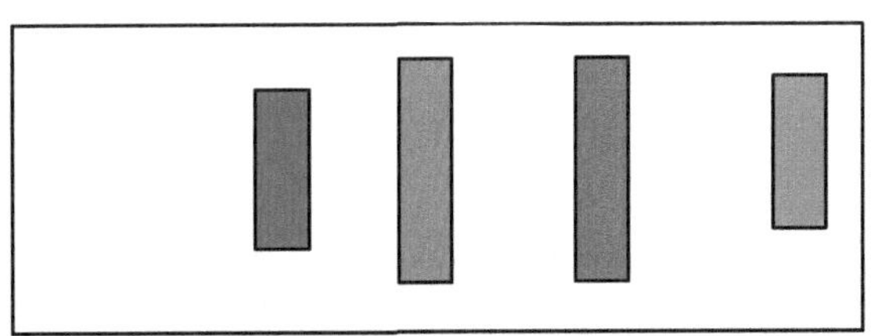

(a) 版图

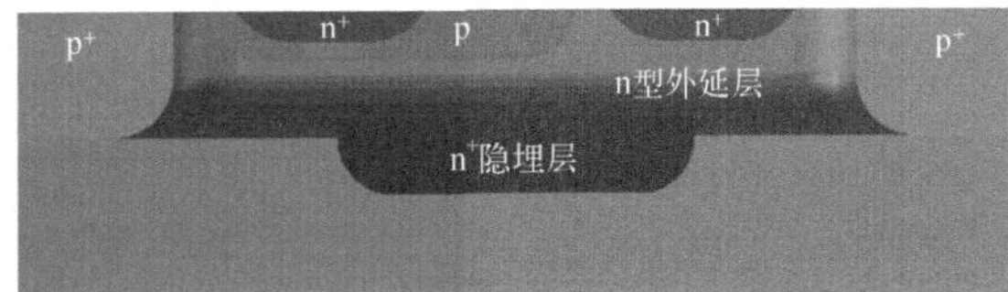

(b) 光刻前

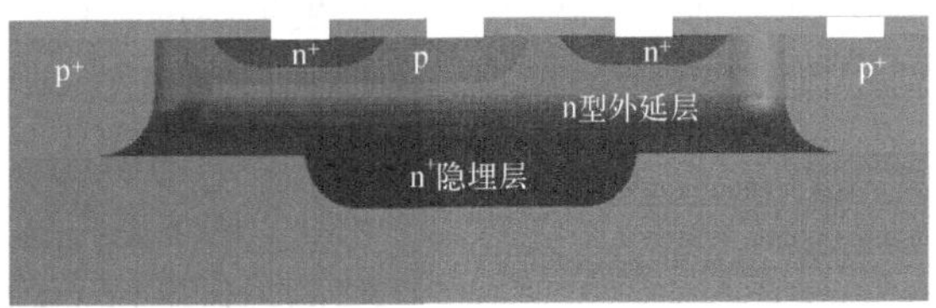

(c) 光刻后

图 2.23　引线接触孔光刻

8. 铝淀积

在光刻完接触孔后，若采用金属铝作为电极引线，则需要进行铝的淀积。铝淀积后的截面图如图 2.24 所示。

9. 第六次光刻——反刻铝

此次反刻铝的目的是在不需要铝线的地方将上步工艺中淀积的铝刻蚀掉，形成金属化内连线后的芯片截面图如图 2.25 所示。至此，一个完整的双极型晶体管已经形成。

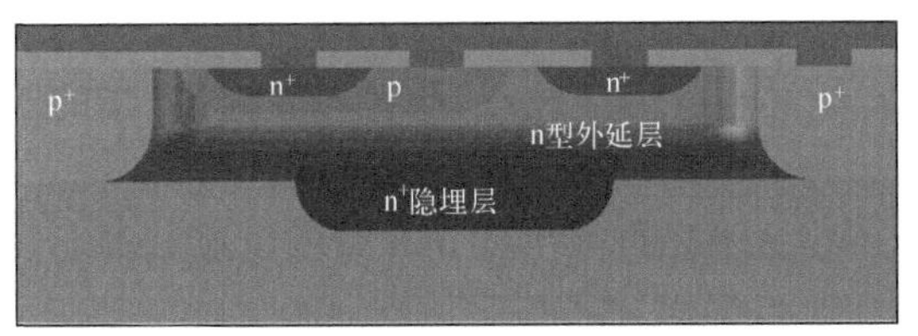

图 2.24　铝淀积后的截面图

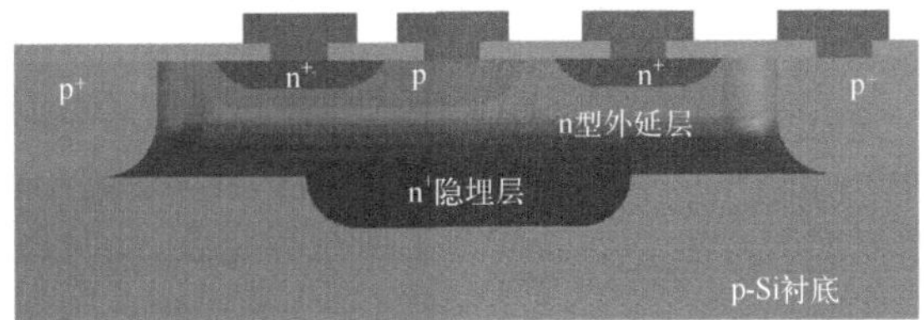

图 2.25　反刻铝后的截面图

一个完整的双极晶体管版图和对应的截面图如图 2.26 所示。

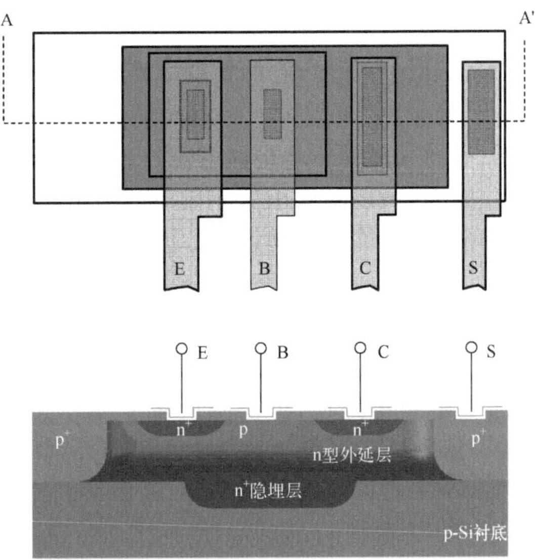

图 2.26　晶体管版图和对应的截面图

2.2 集成双极晶体管的有源寄生效应

在前面介绍集成双极晶体管结构时，我们已经看到，在集成双极型 npn 晶体管结构中由于隔离结的引入，寄生了一个 pnp 晶体管。本节主要讨论当 npn 晶体管工作在各种工作状态下时寄生 pnp 管的工作状态。

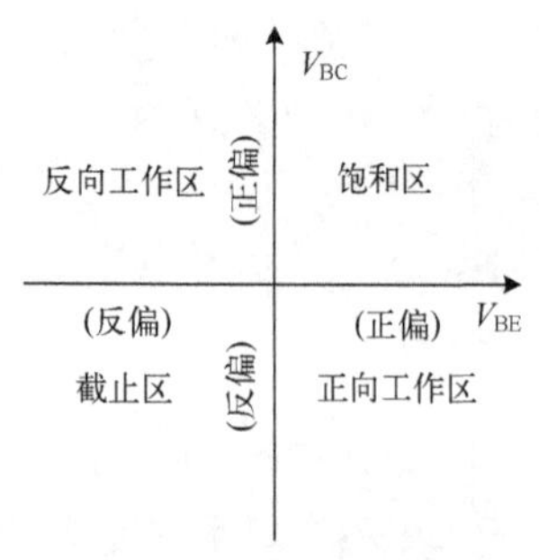

图 2.27 npn 晶体管的四种工作状态

如图 2.27 所示，将 V_{BE}和 V_{BC}的偏压值分别作为 x 轴和 y 轴，则对应坐标系的四个象限，npn 晶体管有四种工作状态，即饱和区、反向工作区、截止区和正向工作区。除了 2.1.1 节介绍的三种工作状态外，第二象限对应的工作区域为反向工作区，该区域工作原理与正向工作区（正向放大区）类似，只是相当于将 npn 管的集电结当作发射结用，但由于集电区的掺杂浓度很低，因此其发射效率会远低于正向放大区。

从前面图 2.14 集成双极晶体管的等效电路可以看出，寄生 pnp 管的集电结就是隔离结，由于在实际电路中，衬底总是接在电路的最低电位上，因此该结总是反偏。而寄生 pnp 管的发射结就是 npn 管的集电结，该结的偏置情况较为复杂，与 npn 管的工作状态紧密相关。

1. npn 管工作于正向工作区和截止区的情况

npn 管工作于正向工作区和截止区时，对应图 2.27 中的第 3、4 象限，此时 npn 管 BC 结的压降 $V_{BC\text{-}npn}<0$，即 pnp 管 EB 结的压降 $V_{EB\text{-}pnp}<0$，因为 pnp 管的 CB 结压降 $V_{CB\text{-}pnp}=V_{SC}<0$，所以此时寄生 pnp 晶体管工作在截止区，此时寄生 pnp 晶体管的存在对 npn 管的电流基本上没有影响。

在模拟集成电路中，npn 管一般工作在正向工作区，所以寄生 pnp 晶体管对模拟集成电路的影响几乎可以忽略。

2. npn 管工作于反向工作区和饱和区的情况

当 npn 管工作于反向工作区和饱和区时，它的集电结处于正偏，对应图 2.27 中的第 1、2 象限，即 $V_{BC\text{-}npn}>0$。而对于 pnp 管来说，即 $V_{EB\text{-}pnp}>0$，而 $V_{CB\text{-}pnp}<0$，寄生 pnp 的发射结处于正向，寄生 pnp 就处于正向有源区，这将严重影响电路的工作。在双极型数字集成电路中，npn 管经常可能处于饱和或反向工作状态，所以对双极数字集成电路来说，减少乃至消除寄生 pnp 管的影响特别重要。目前在实际应用中，单纯的数字集成电路已不再采用双极型工艺。

3. 降低 pnp 管寄生效应的方法

从前面的分析可以看出，当 npn 管工作于反向工作区和饱和区时，寄生 pnp 管将工作在正向有源区，而要减小寄生 pnp 管的寄生效应，就要降低寄生 pnp 管的电流增益 α_{SF}，为此可采用掺金工艺和埋层工艺。掺金后因为增加大量复合中心而使外延层少子寿命 τ_P 大大下降，这既减小了 α_{SF}，也可使 npn 管的少子存储时间明显下降；隐埋层的作用是使寄生 pnp 管的基区宽度 W_B 大大增加，且由于埋层是重掺杂的，相当于增加了 pnp 晶体管基区的掺杂浓度，使其注射效率降低，两者的共同作用都是使 α_{SF} 大大下降。在双极数字集成电路（TTL 电路）中，用

此方法可使 $\alpha_{SF} \leqslant 0.01$，这时 pnp 管的有源寄生效应就可以忽略不计，只需考虑隔离结势垒电容的影响。

技术拓展：BCD 工艺

目前，在实际应用中，单纯的数字集成电路已不再使用双极工艺。双极型集成晶体管多用于模拟集成电路，它可与第三章介绍的 CMOS 器件集成，构成 BiCMOS 工艺。另一种常用的技术是将高精度的双极型器件同时与高集成度的 CMOS 器件、大功率 DMOS 器件集成在同一芯片，如图 2.28所示，构成 BCD 工艺。该工艺由意法半导体公司于 1986 年率先研制出来，该工艺目前是功率集成电路领域应用广泛的一种技术，它极大地降低了功率集成电路的设计和制造成本。

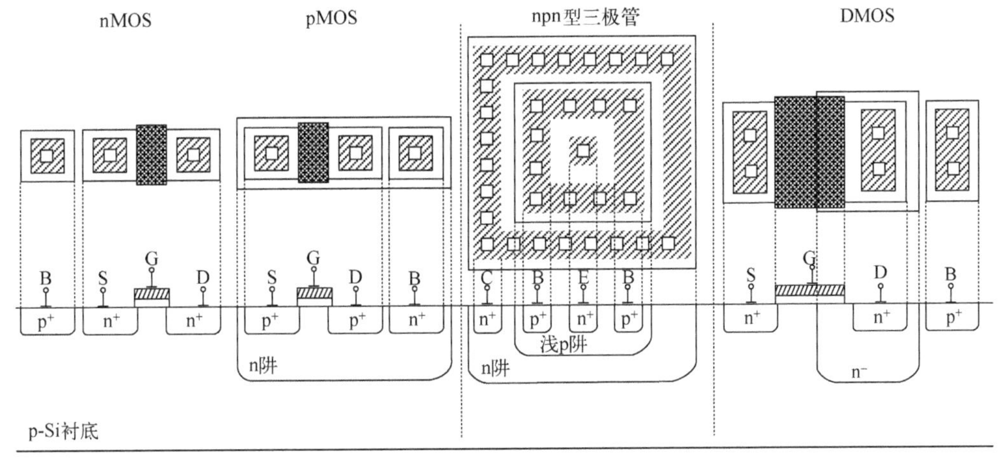

图 2.28　BCD 工艺集成器件剖面图

Bipolar、CMOS 和 DMOS 器件特点如表 2.1 所述，BCD 工艺结合了双极型晶体管精度高且负载驱动能力强、CMOS 集成度高且功耗低以及 DMOS 可以承受高压、大电流的特性，综合利用三种器件的优点，使 BCD 工艺能够有效地降低功率损耗，提高系统性能和器件的电学可靠性，节省电路工艺制备和封装费用。BCD 工艺器件主要包括横向和垂直型双极型晶体管、低压 CMOS 晶体管、双扩散金属氧化物晶体管、结型场效应管、肖特基二极管、阱电阻、金属电阻等。由于 BCD 工艺比标准 CMOS 工艺复杂，经过 40 多年的发展，最新的 BCD 工艺趋于采用先进的 CMOS 工艺平台，但其并未遵循摩尔定律向更小线宽发展，而是朝着高压、高功率、高密度三个方向发展。因此，BCD 工艺线宽一般不是基于最先进的 CMOS 工艺，而是比其落后 2～3 代。同时，BCD 工艺与 SOI(silicon on insulator)技术相结合也是一种非常重要的发展趋势。

表 2.1　Bipolar、CMOS 和 DMOS 器件特点

器件类别	器件特点	应用
Bipolar	两种载流子均参加导电，驱动能力强，工作频率高，集成度低	模拟电路对性能要求较高部分(高速、强驱动、高精度)
CMOS	集成度高，功耗低	适合做数字逻辑电路，也可作为输出驱动
DMOS	高压大电流驱动(器件结构决定漏端能承受高压，高集成度可在小面积内做超大 W/L)	模拟电路和驱动，尤其是高压功率部分，不适合做逻辑处理

基 础 习 题

2-1 请描述双极型晶体管的结构和工作原理。

2-2 请描述双极型晶体管的输出特性曲线。

2-3 请描述四层三结结构的双极型晶体管中隐埋层的作用。

2-4 在制作晶体管的时候,衬底材料电阻率的选取对器件有何影响?

2-5 简单叙述一下 pn 结隔离的 npn 晶体管的光刻步骤。

2-6 请画出 npn 晶体管的版图,并且标注各层掺杂区域类型,写出实现该 npn 晶体管至少需要多少次光刻以及每次光刻的目的。

2-7 集成双极晶体管的有源寄生效应在其各工作区能否忽略?为什么?

2-8 名词解释:隐埋层、寄生晶体管、介质隔离、pn 结隔离。

2-9 画出图 2.29 示例在 A-A′、B-B′、C-C′处的断面图。

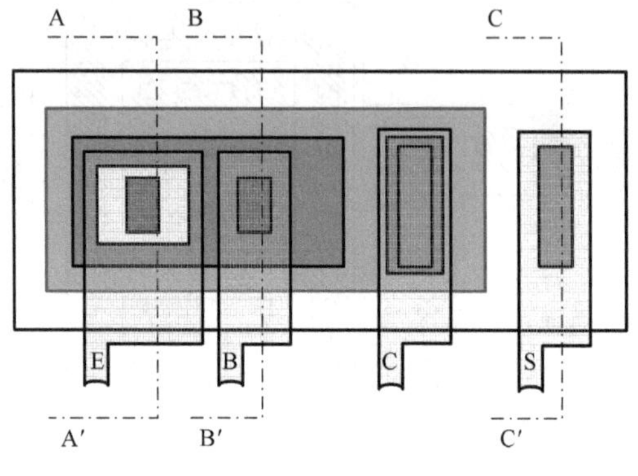

图 2.29

2-10 一个双极晶体管的剖面图如图 2.30 所示,请分析该晶体管有什么缺点?如何改进?并设计出改进后的必要光刻工艺流程。

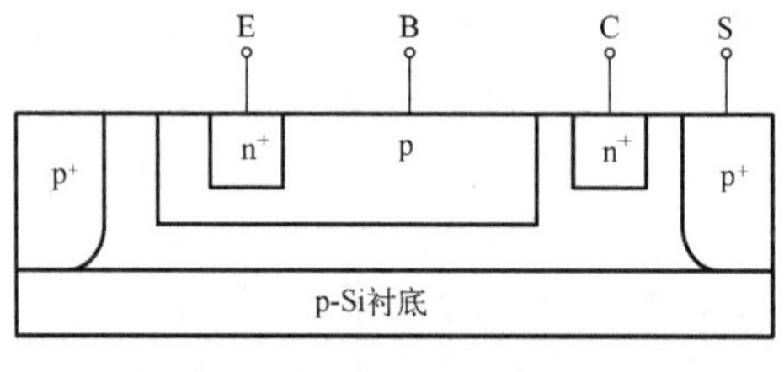

图 2.30

高 阶 习 题

2-11 双极工艺主要应用在模拟集成电路中,请以你的理解列举实际应用中哪些系统会用到模拟集成电路?

第 3 章　MOS 集成电路中晶体管的形成及其寄生效应

根据 MOSFET 晶体管导电沟道的不同，MOS 集成电路可以分为 nMOS 集成电路、pMOS 集成电路和 CMOS 集成电路。MOS 集成电路的制作过程，就是在硅基片上经过一系列特定半导体工艺加工完成 MOS 器件结构的制备，利用金属薄膜导线将其按照一定的连接关系连接形成电路的过程。本章主要介绍 MOSFET 晶体管的制造工艺、CMOS 集成电路的制造工艺、MOS 集成电路中的有源寄生效应和深亚微米 CMOS 集成电路工艺。

第 3 章预习

问题引入

1. MOS 晶体管的结构有什么特点？器件具有什么结构？在半导体基片上是如何形成的？与双极晶体管有什么不同？
2. MOS 晶体管（n 型、p 型）如何在硅片上集成？MOS 晶体管的实现过程需要用到什么工艺？与单器件有什么不同？
3. CMOS 集成电路是如何在硅片上实现的？CMOS 集成电路的实现过程与 nMOS（或 pMOS）工艺的实现有什么不同？
4. CMOS 集成电路有哪些寄生效应？寄生效应对器件性能有哪些影响？如何减小寄生效应的影响？

3.1　MOSFET 晶体管的结构及制造工艺

MOS 场效应晶体管（MOSFET，后续简称为 MOS）是金属-氧化物-半导体场效应晶体管的简称，它是一种表面场效应器件，是靠多数载流子传输电流的单极型器件。MOS 晶体管可以以半导体材料 Ge、Si 为材料，也可以用化合物半导体 GaAs、InP 等材料制作，在集成电路中，硅基 MOS 晶体管应用最为广泛。

3.1.1　MOSFET 晶体管器件结构与工作原理

MOS 场效应晶体管是一个四端子器件。图 3.1 和图 3.2 分别给出了 nMOS 晶体管和 pMOS 晶体管的电路符号和结构示意图。如图 3.1 所示，在 p 型硅衬底上有两个重掺杂的 n^+

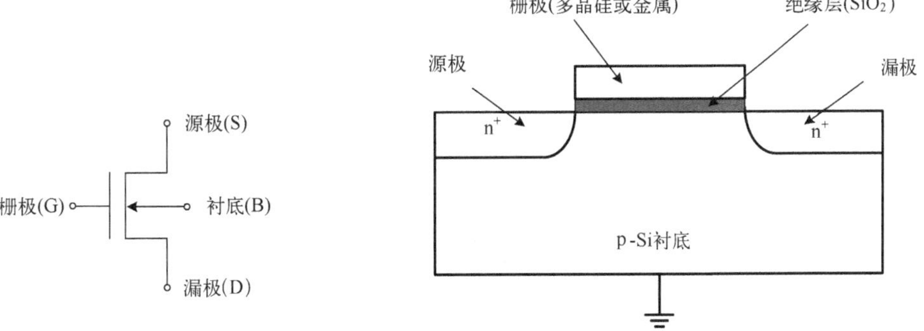

图 3.1　nMOS 晶体管的电路符号和结构示意图

区,在 n^+ 区之间是由金属-绝缘体-半导体组成的 MOS 电容结构。绝缘层上的金属电极称为栅极 G,MOS 电容两侧的 n^+ 区分别称为源极 S 和漏极 D,衬底为 B。

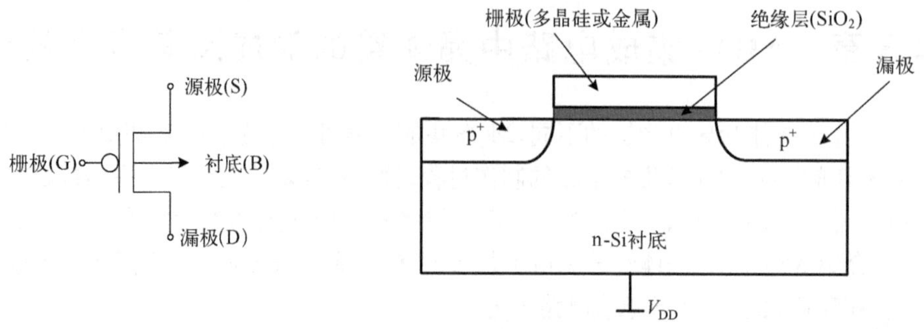

图 3.2　pMOS 晶体管的电路符号和结构示意图

在 nMOS 结构中,存在源(n^+)/衬底(p)、漏(n^+)/衬底(p)两个二极管,如果将 p 型衬底接低电位,就形成了两个背靠背的反偏二极管,无论源漏之间是否施加电压,除了反偏漏电流,没有导通电流流过。如果给各电极施加如图 3.3 所示的电压时,在栅极和衬底之间形成一个垂直向下的电场。在这个电场作用下,p 型硅表面层的空穴受到电场排斥力的作用,会向 p 型衬底内部移动,于是在栅极下方的 p 型硅表面形成图 3.3(a)所示的带负电荷的耗尽层。如果继续增加栅极和衬底之间的电压,则栅极下方氧化层和衬底表面的电场更强。这时,除了有更多的空穴被赶走之外,p 型硅中的少数载流子即电子会向栅极下方的硅表面移动,最终在 p 型硅表面形成反型层。由于反型层只存在于源、漏之间的表面区域,这就相当于在源、漏之间形成 n 型的导电沟道。如图 3.3(b)所示,当沟道两端存在电压差时,源漏之间就会有电流 I_{D_S} 流过。同理,如果在 n 型硅片衬底之上扩散两个 p^+ 区,覆盖二氧化硅层及金属电极,也可以制造出 p 型沟道的 MOS 管,如图 3.4 所示。工作时,栅、源极之间和源、漏之间电压的极性刚好与 nMOS 管相反。

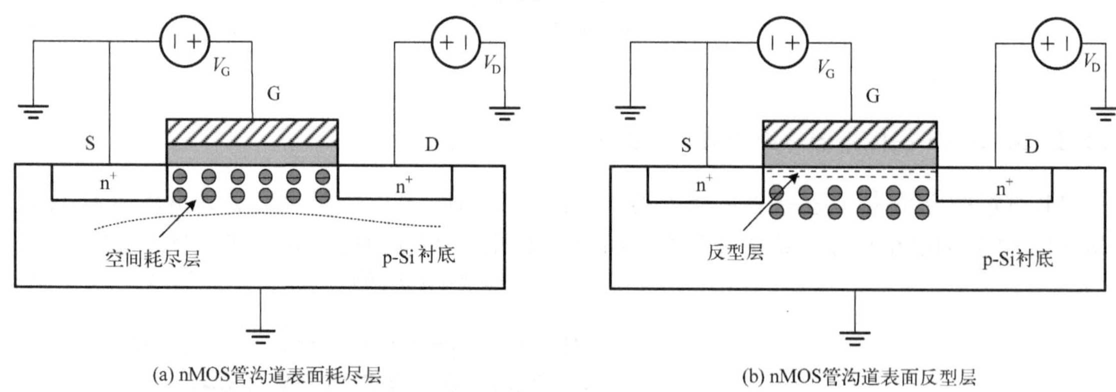

图 3.3　nMOS 管沟道表面耗尽层和反型层

不论是 pMOS 管,还是 nMOS 管,其基本工作原理都是通过在栅极施加电压,在半导体表面形成反型层,构成导电沟道,而栅极电压起到调制沟道导电能力的作用。因此,MOS 晶体管实质上是一种电压控制的使电流时而流过时而断开的开关。

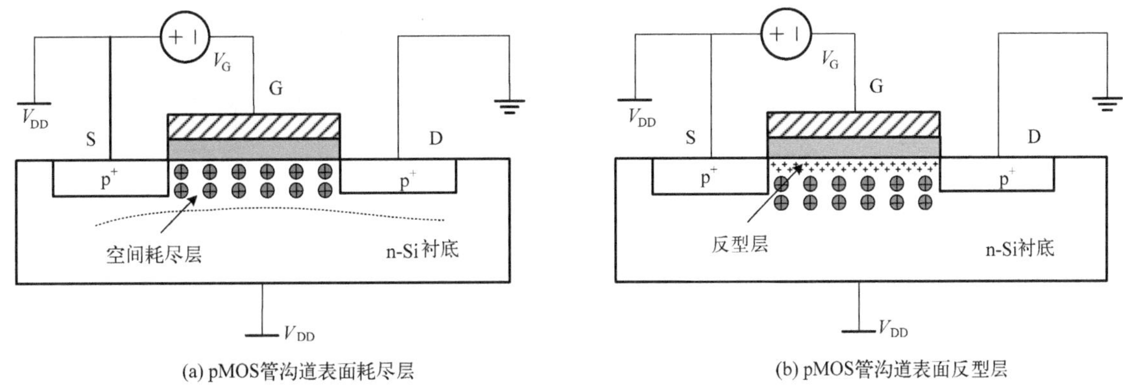

(a) pMOS管沟道表面耗尽层

(b) pMOS管沟道表面反型层

图 3.4 pMOS管沟道表面耗尽层和反型层

3.1.2 MOSFET晶体管的制造工艺

以上所述MOS晶体管结构是如何在硅片上制备的呢？下面以nMOS管的生产工艺流程为例来介绍基于平面工艺的完整MOS晶体管的典型形成过程，如图3.5所示。

(1)衬底选择。对于nMOS工艺来说，通常选择大约300mm厚的p型Si材料作为衬底，电阻率取0.7～1Ω·cm，如图3.5(a)所示。

(2)生长二氧化硅。形成有源区掩膜氧化层，如图3.5(b)所示。

(3)有源区光刻。采用掩膜版对准曝光，显影后将需要做器件的区域(有源区)暴露出来，刻蚀掉该区域的隔离氧化层，去胶后的图形如图3.5(c)所示。

(4)多晶硅栅极光刻。生长栅氧化层，淀积多晶硅，之后用栅极掩膜板对准曝光，显影后刻蚀掉其余地方的多晶硅和栅氧化层，如图3.5(d)所示。

(5)源漏区掺杂。进行As离子注入，形成nMOS的n^+型源漏区，如图3.5(e)所示。

(6)生长磷硅玻璃(PSG)，如图3.5(f)所示。

(7)接触孔光刻。涂胶后进行接触孔掩膜对准，曝光显影后刻蚀掉接触孔部位的PSG，去胶后的图形如图3.5(g)所示。

(8)金属线光刻。淀积铝，进行铝引线光刻，去胶后的图形如图3.5(h)所示。

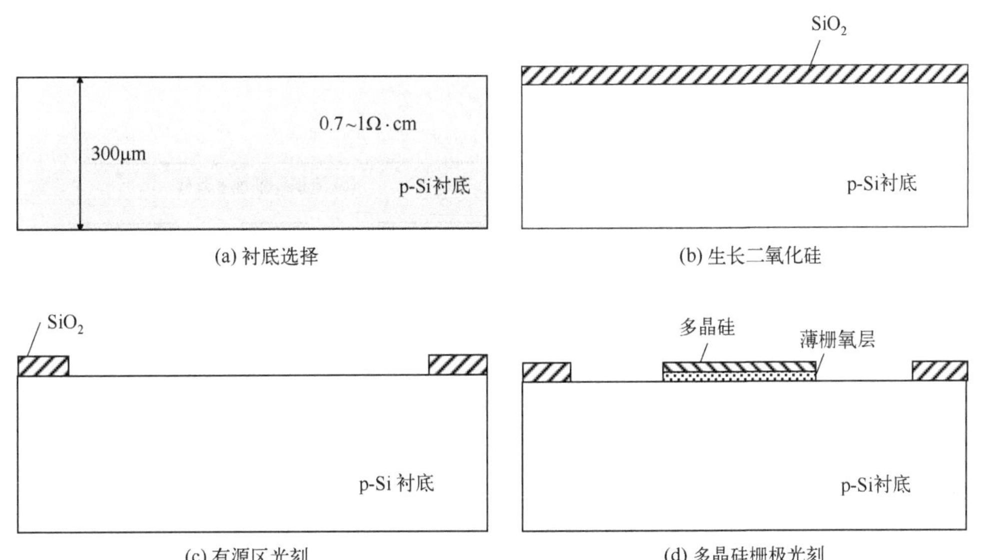

(a) 衬底选择

(b) 生长二氧化硅

(c) 有源区光刻

(d) 多晶硅栅极光刻

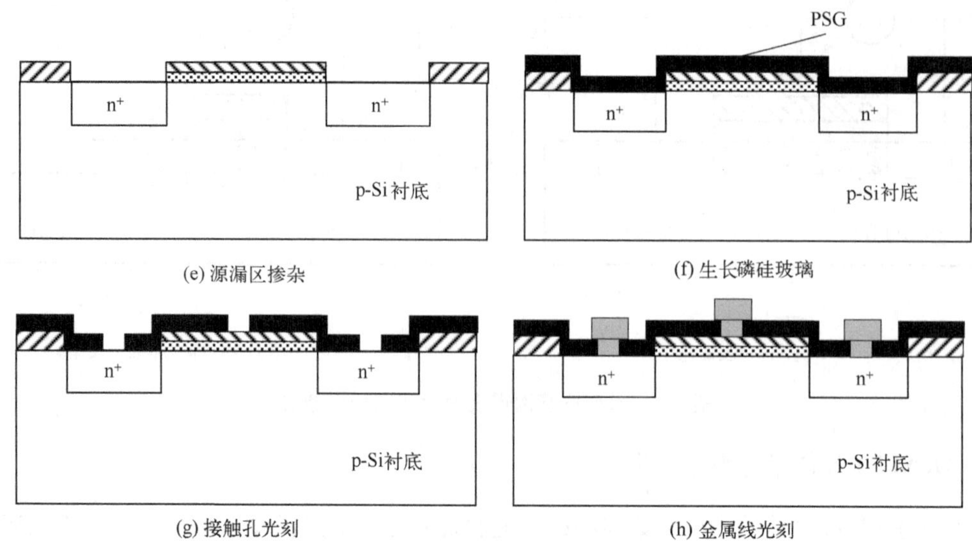

图 3.5　nMOS 管的生产工艺流程

pMOS 管的生产工艺流程和 nMOS 完全相同，只要选用 n 型硅单晶作为衬底，源漏区扩散为硼扩散区。其他过程完全相同。

在硅栅 MOS 工艺中，p^+ 或者 n^+ 区形成时用到自对准工艺。自对准工艺的主要工序是：用通常方法完成有源区光刻即场区氧化层的生长后，在硅片上淀积一层薄的栅氧化层和多晶硅，在形成源漏区域时不需要单独提供源漏区域的光刻板，在整个 nMOS 或 pMOS 的有源区域进行离子注入时栅区利用多晶硅作为掩蔽，这一方法称为硅栅自对准工艺。硅栅自对对准工艺的具体步骤如下。

(1)长栅氧。在有源区上覆盖一层薄氧化层，如图 3.6(a)所示。

(2)淀积、刻蚀多晶硅。用多晶硅栅极版图刻蚀多晶硅，如图 3.6(b)所示。

(3)刻蚀栅极氧化膜。以多晶硅栅极图为掩膜版，刻蚀氧化膜，如图 3.6(c)所示。

(4)源漏区离子注入。利用多晶硅栅极做掩蔽，通过自对准工艺形成源漏区，如图 3.6(d)所示。

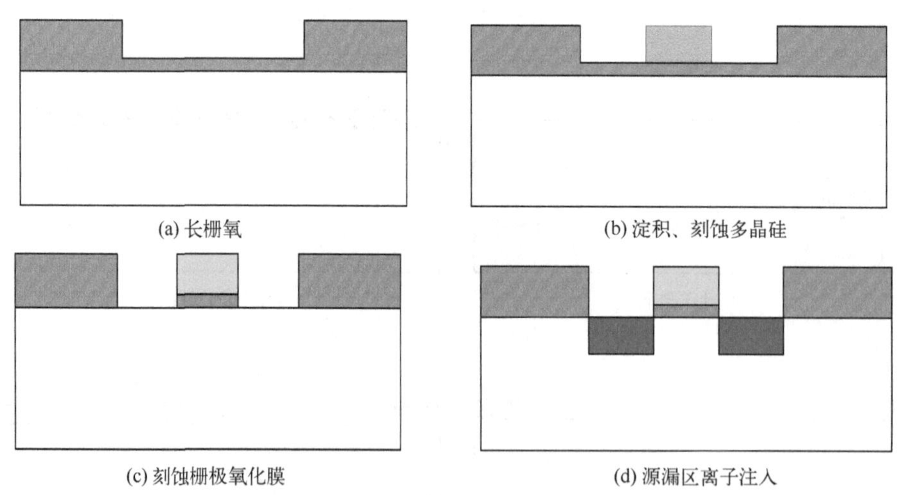

图 3.6　自对准工艺

通过以上工艺，制备完成的 MOS 晶体管的 3D 结构及其截面图如图 3.7 所示。

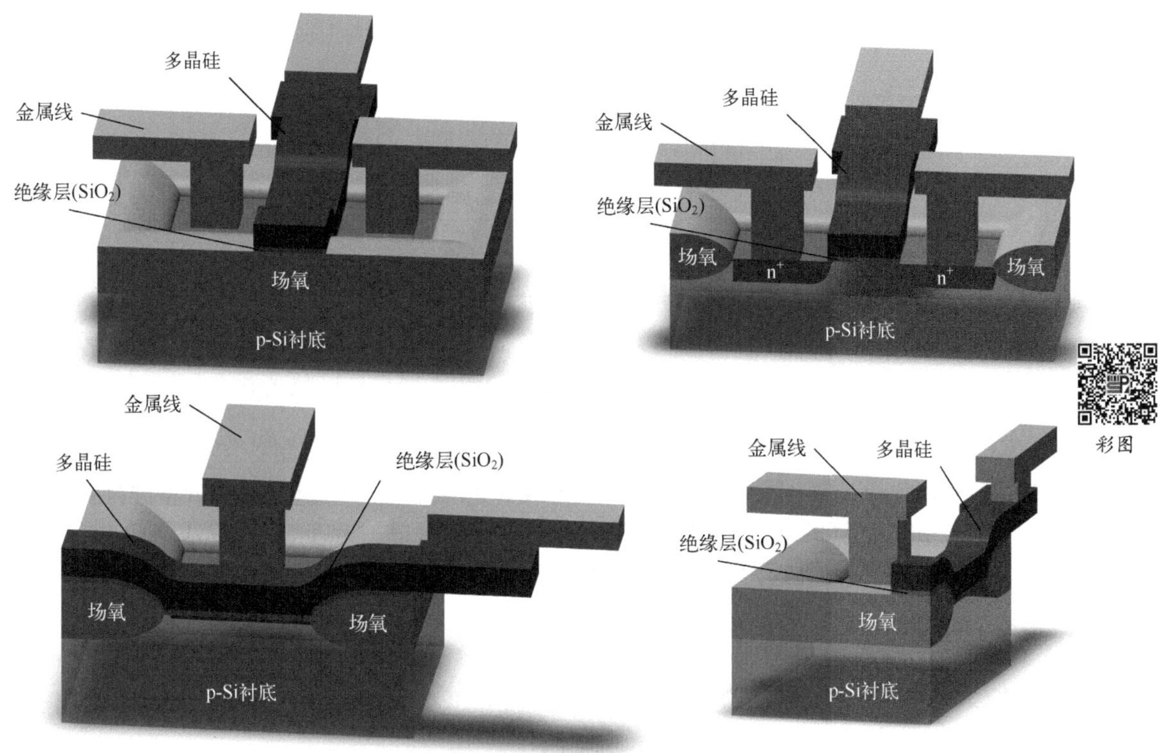

图 3.7　MOS 晶体管的 3D 结构及其截面图

3.2　CMOS 集成电路的制造工艺

由 pMOS 和 nMOS 所组成的互补型电路称为 CMOS(Complementary MOS)。在 CMOS 集成电路中，既有 pMOS 晶体管，又有 nMOS 晶体管，这就要求在同一个衬底上需要同时制备 nMOS 管和 pMOS 管。所以必须把一种 MOS 晶体管做在衬底上，而另一种 MOS 管需要做在与衬底导电类型相反的阱中。根据阱的导电类型，CMOS 电路又可分为 p 阱 CMOS 电路、n 阱 CMOS 电路和双阱 CMOS 电路，对应的制备工艺分别称为 p 阱工艺、n 阱工艺和双阱工艺。图 3.8给出了以 CMOS 反相器为例的三种工艺对应的电路及器件结构图。

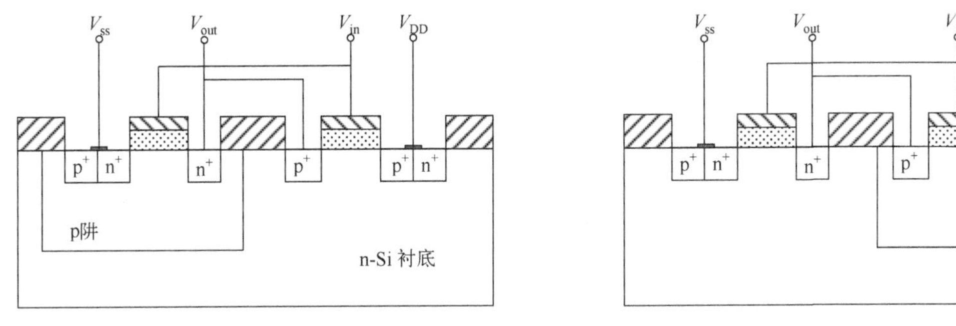

(a) p阱工艺　　(b) n阱工艺

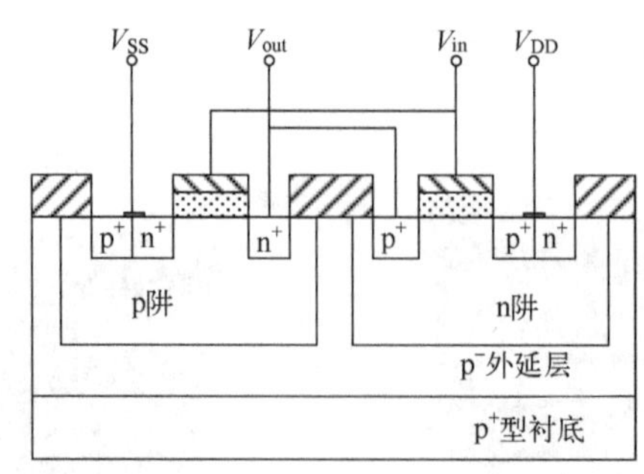

(c) 双阱工艺

图 3.8　以 CMOS 反相器为例的三种工艺对应的电路及器件结构图

由图 3.8 可以看出，n 阱工艺的单晶硅衬底为 p 型，nMOS 可以直接制备在衬底上。而制作 pMOS 的区域，则需要通过向 p 型硅衬底中掺入磷形成 n 型阱区。p 阱工艺则是向 n 型硅衬底掺入硼，形成一个制作 nMOS 管的 p 型阱区。双阱工艺是在高阻的硅衬底上，同时形成 p 阱和 n 阱，nMOS 管和 pMOS 管分别做在这两个阱中。下面分别介绍这几种 CMOS 集成电路的工艺流程。

3.2.1　n 阱 CMOS 工艺

在 n 阱 CMOS 工艺中，nMOS 直接做在衬底上，而 pMOS 则是做在 n 阱中。图 3.9 给出了 n 阱 CMOS 工艺的主要流程。

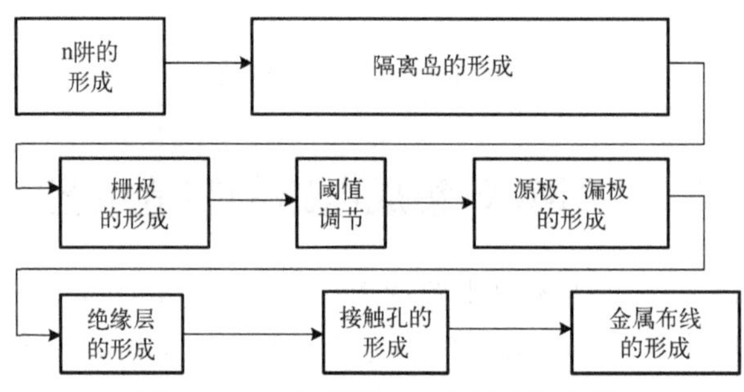

图 3.9　n 阱 CMOS 工艺的主要流程

下面以 CMOS 反相器电路为例来说明 CMOS 集成电路的具体工艺流程。CMOS 反相器的晶体管级电路结构如图 3.10 所示。电路由 pMOS 和 nMOS 串联而成，pMOS 的源极接电源电压 V_{DD}，nMOS 的源极接地。输入端加在 pMOS 和 nMOS 的栅极，pMOS 和 nMOS 的漏极相连作为反相器的输出端，关于 CMOS 反相器的工作原理在后面的章节中讨论，在此不做叙述。

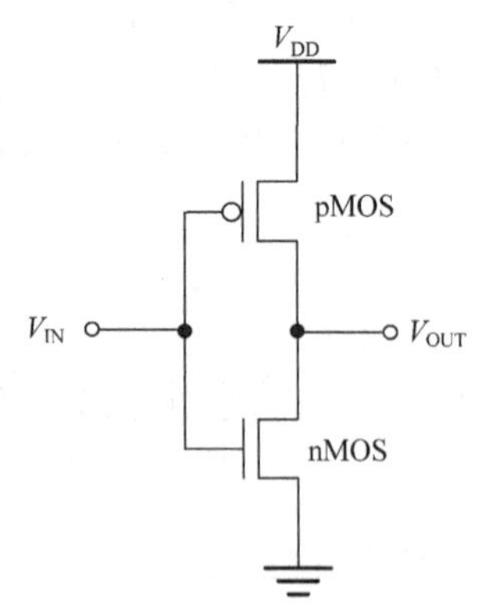

图 3.10　CMOS 反相器的晶体管级电路结构图

为了更好地理解 CMOS 工艺的流程，图 3.11 给出 CMOS 反相器的三维器件级结构图，图 3.12 为沿 A-A′的切开的截面图。

下面根据光刻步骤分步介绍工艺的具体流程。

1. 第一次光刻——n 阱光刻

此次光刻目的是形成用来制作 pMOS 的 n 阱区，对应的掩膜版图形及硅片上形成的横截面如图 3.13 所示，具体工艺步骤如下。

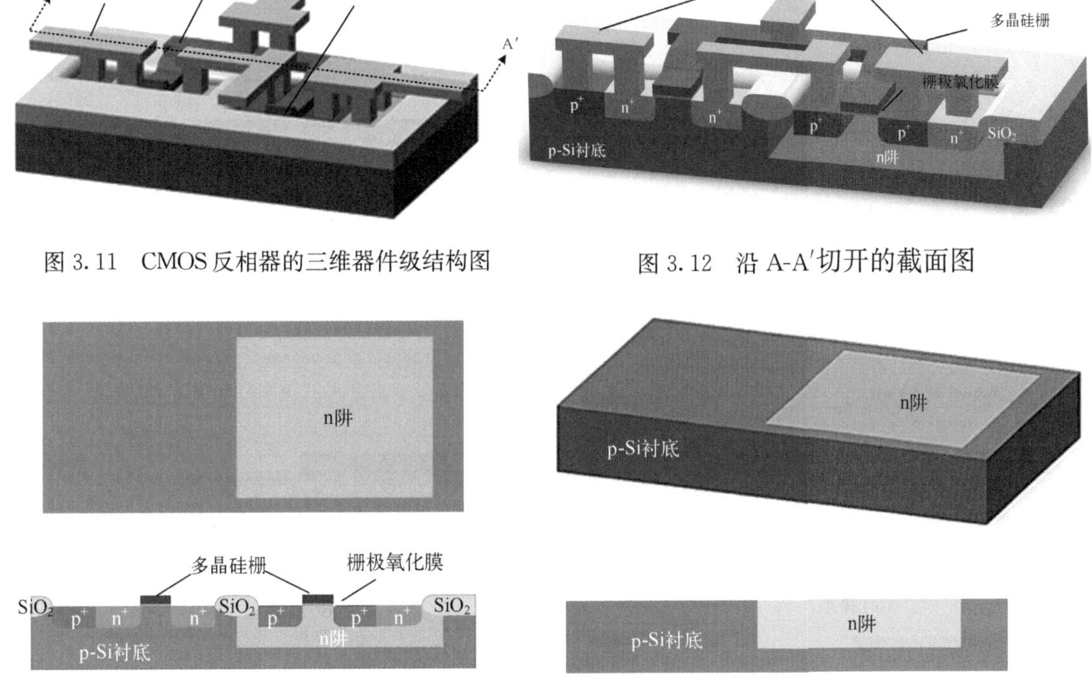

图 3.11　CMOS 反相器的三维器件级结构图

图 3.12　沿 A-A′切开的截面图

图 3.13　n 阱光刻对应的掩膜版图形及在硅片上形成的横截面图

(1)生长二氧化硅(湿法氧化)。通过湿法热氧化,在硅衬底的表层形成氧化层。湿法氧化的化学反应式为

$$Si + 2H_2O \xlongequal{\text{高温}} SiO_2 + 2H_2$$

图 3.14 给出了氧化后硅衬底的截面结构。

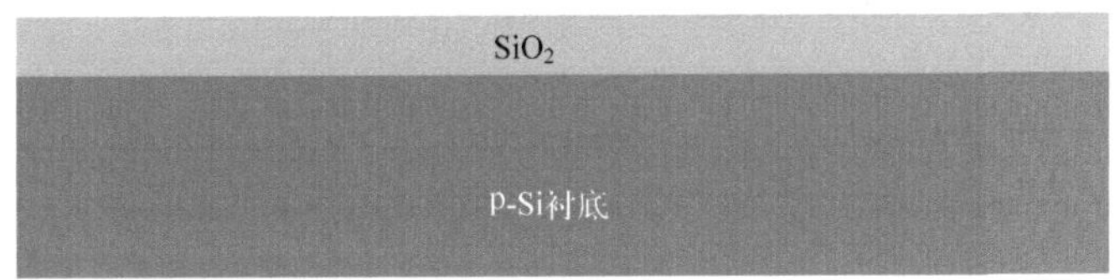

图 3.14　生长二氧化硅

(2)n 阱光刻。n 阱光刻的流程如图 3.15 所示。首先进行涂胶,在氧化层表面涂覆一层光刻胶,如图 3.15(a)所示。光刻胶又称光致抗蚀剂,是指通过紫外光、电子束、离子束、X 射线等的照射或辐射,其溶解度发生变化的耐蚀刻薄膜材料。光刻胶按其形成的图像分类有正性和负性两大类。在光刻过程中,利用掩膜版对涂层进行曝光、显影后,曝光部分被溶解,未曝光部分留下来,该涂层材料为正性光刻胶。如果曝光部分被保留下来,而未曝光被溶解,该涂层材料为负性光刻胶。在 n 阱光刻工艺中,需要将制备 n 阱区域的光刻胶溶解,因此选用正性光刻胶。为了有选择地进行曝光,曝光过程必须在光刻胶上方覆盖具有图形的掩膜,如图 3.15(b)所示。光线照在具有图形的掩膜版上,图形区域透光,其他区域不透光。透光区域的光刻胶因受到光照而变得可溶,如图 3.15(c)所示。曝光之后,n 阱区域光刻胶被显影液溶解,如图 3.15(d)所示。显影后未被光刻胶覆盖的二氧化硅的部分通过等离子刻蚀进行去除。这一步结束后,可以得到一个深达

硅表层的氧化物窗口，如图 3.15(e)所示。通过去胶工艺，就留下了图 3.15(f)所示的二氧化硅图案。

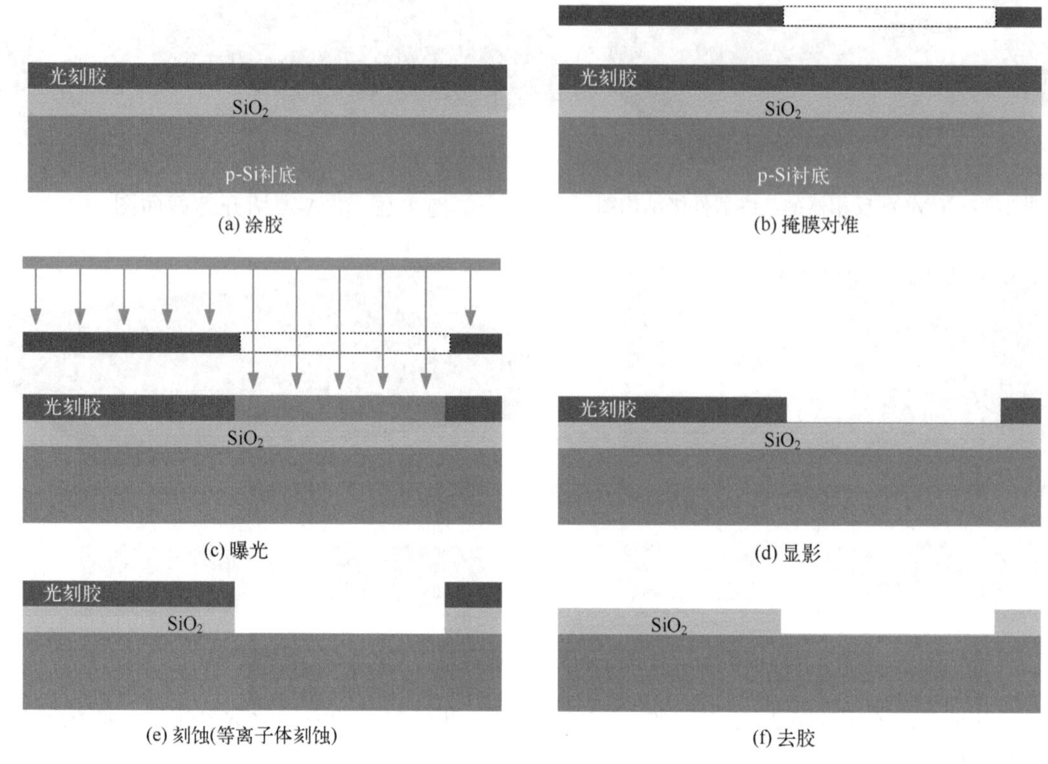

图 3.15 n 阱光刻

(3)n 阱掺杂。将施主杂质(如磷)通过离子注入掺入开了窗口的 n 阱区域，形成较高浓度的 n 型阱区，如图 3.16(a)所示。再去掉覆盖在硅上的二氧化硅，就完成了 n 阱的制备。

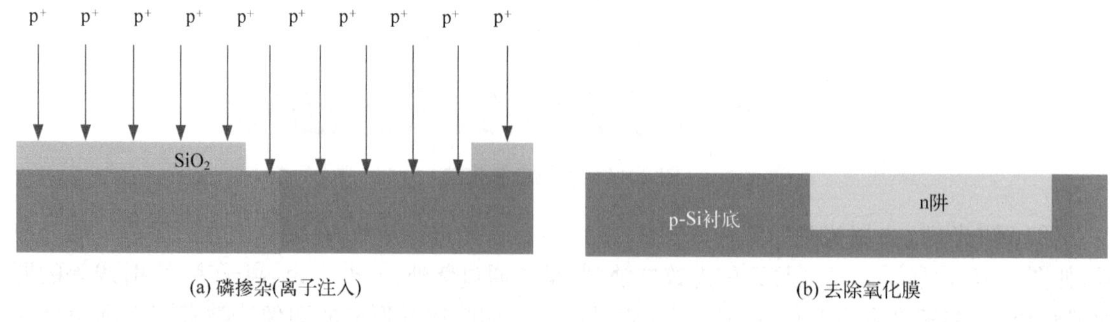

图 3.16 n 阱掺杂

2. 第 2 次光刻——有源区光刻

制备 nMOS、pMOS 晶体管及需要进行离子注入的区域称为有源区。此次光刻的目的是形成硅片上的有源区域，在不需要做器件的区域生长隔离氧化层(也叫场氧层)。加上了有源区光刻图形后的版图如图 3.17(a)所示，图 3.17(b)为生长隔离场氧后硅片三维结构图。从图示 A-A′位置剖开对应的硅片截面图如图 3.17(c)所示。

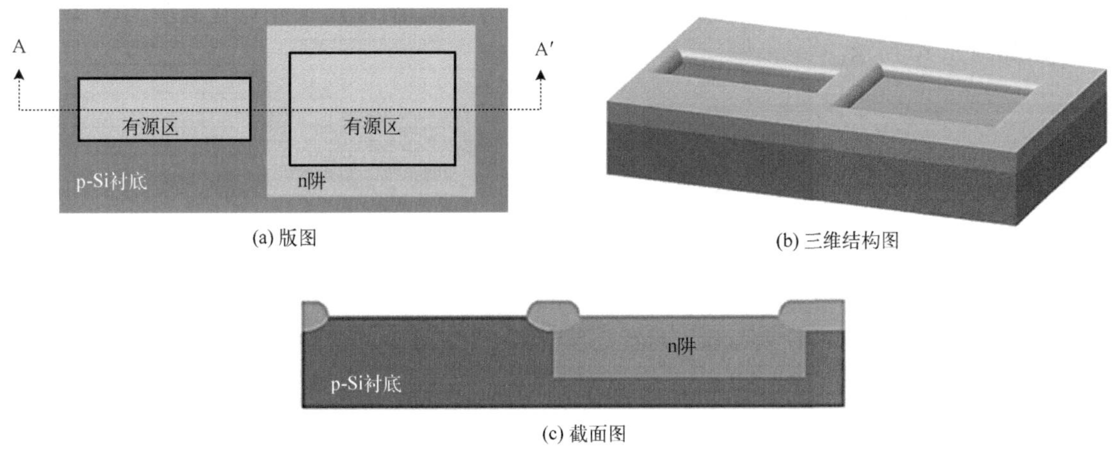

图 3.17　有源区示意图

有源区光刻具体步骤如下。

(1)淀积氮化硅。通常采用氮化硅膜作为生长场氧层的掩蔽物,在硅片上生长完氧化硅后,淀积氮化硅膜,如图 3.18 所示。

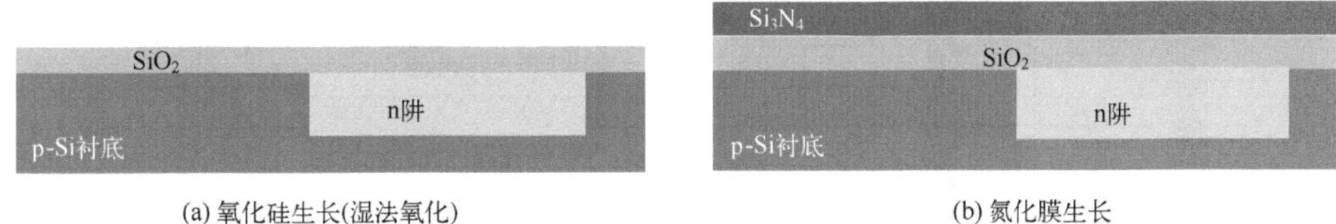

图 3.18　淀积氮化硅

(2)光刻有源区。跟前面所述光刻步骤相同,依次在硅片上进行涂胶、对版光刻、显影、氮化硅刻蚀、去胶,如图 3.19所示。在需要做器件的区域盖上了 Si_3N_4,将其余的场区暴露出来供下步进行场区氧化。因此,此次光刻采用负性光刻胶。

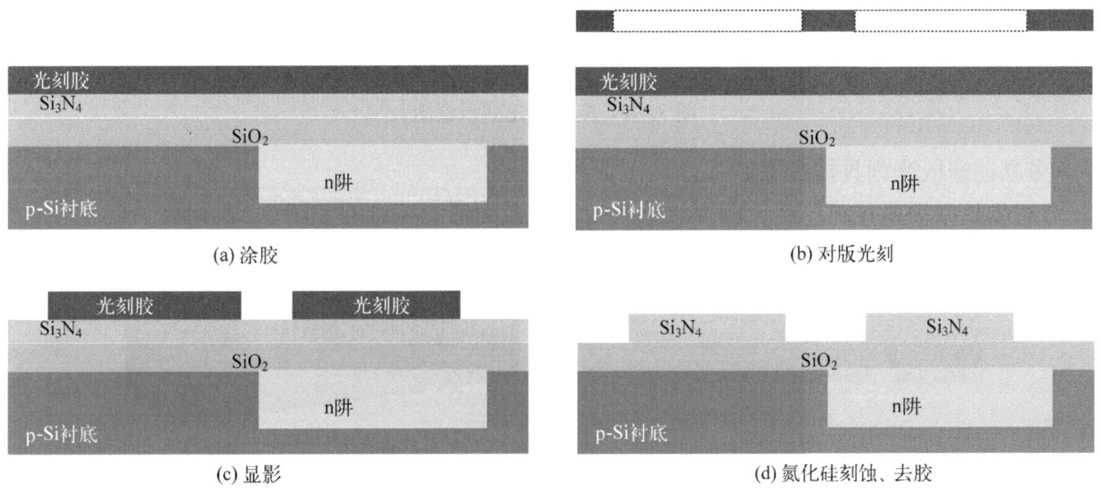

图 3.19　光刻有源区

(3)场区氧化。光刻之后，用湿法氧化方法进行场区氧化，之后去除氮化硅膜及有源区的 SiO_2 膜，如图 3.20 所示。

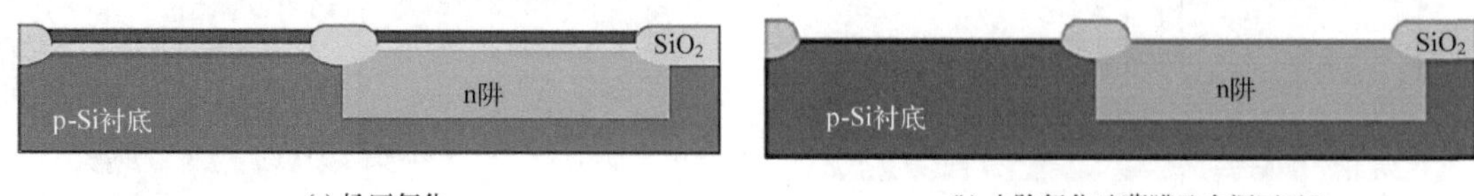

(a) 场区氧化　　(b) 去除氮化硅薄膜及有源区 SiO_2

图 3.20　场区氧化

经过以上工艺步骤，硅片表面除了后续需要制备 MOS 器件和接触孔重掺杂的区域以外，都被用于隔离的场氧覆盖。

3. 第 3 次光刻——多晶硅光刻

此次光刻目的是形成 CMOS 器件的多晶硅栅极，对应的多晶硅版图如图 3.21(a)所示，光刻完多晶硅后对应三维结构图和硅片截面图分别如图 3.21(b)、(c)所示。

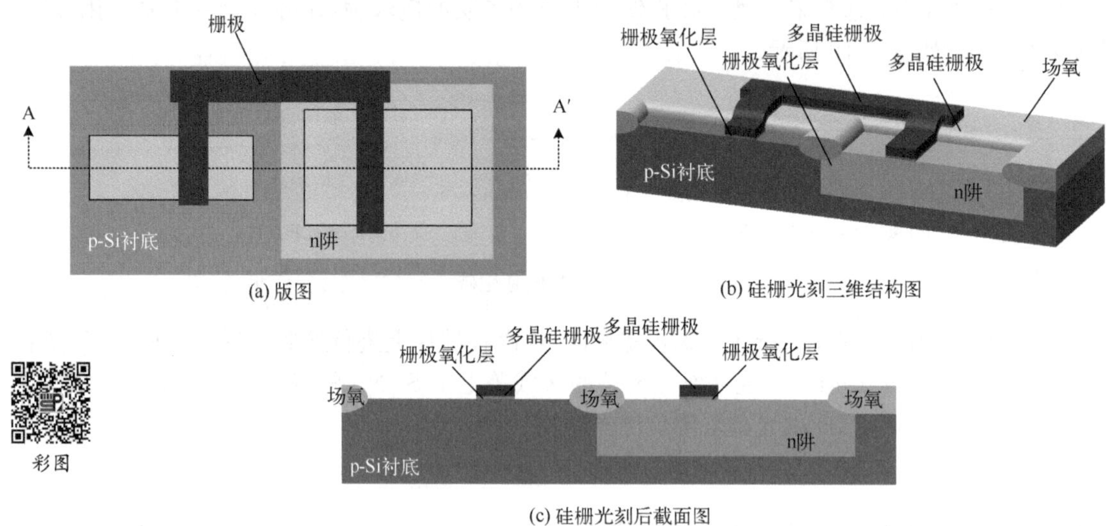

(a) 版图　　(b) 硅栅光刻三维结构图

(c) 硅栅光刻后截面图

图 3.21　多晶硅光刻示意图

多晶硅栅极光刻具体步骤如下。

(1)生长栅极氧化膜。生长栅极氧化膜后器件截面图和三维图如图 3.22 所示。

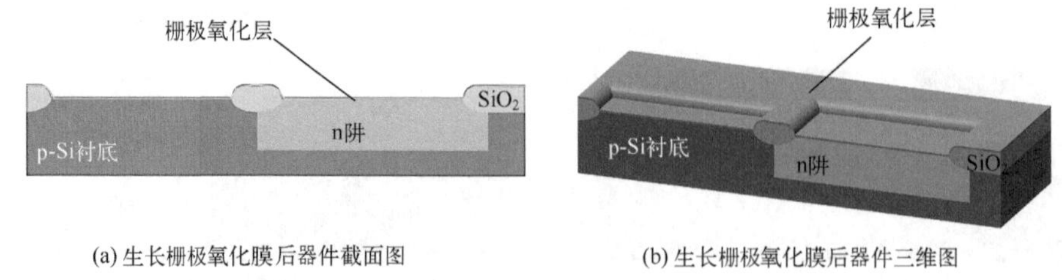

(a) 生长栅极氧化膜后器件截面图　　(b) 生长栅极氧化膜后器件三维图

图 3.22　生长栅极氧化膜

(2)淀积多晶硅。流程及结构如图 3.23 所示。

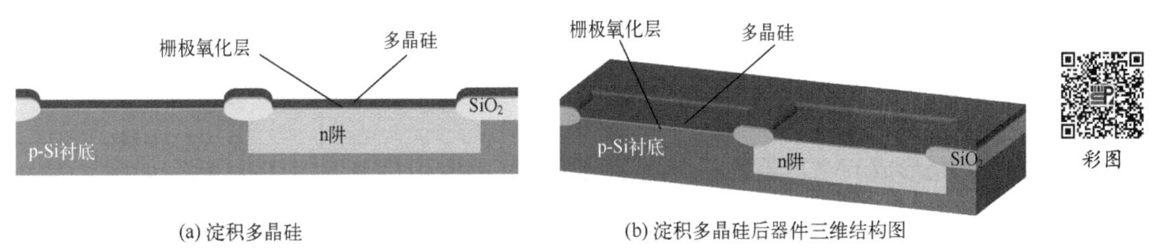

(a) 淀积多晶硅　　(b) 淀积多晶硅后器件三维结构图

图 3.23　淀积多晶硅

(3)采用栅极版图进行多晶硅栅和栅极氧化膜进行光刻，形成沟道处的 MOS 结构，同时形成源区和漏区自对准掩膜版。光刻过程及多晶硅、栅氧化层刻蚀后器件截面结构如图 3.24 所示。

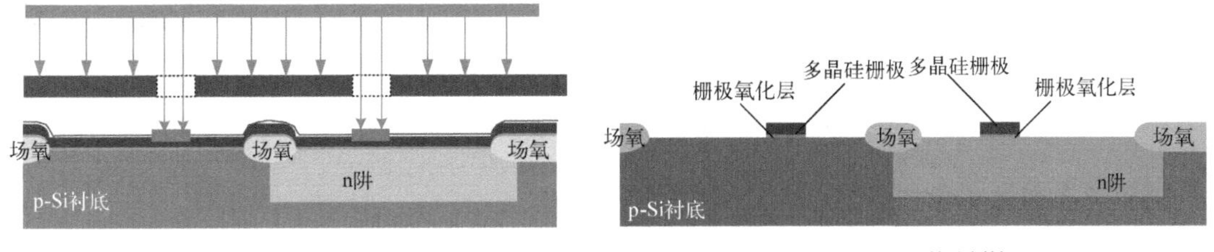

(a) 涂胶光刻　　(b) 多晶硅刻蚀

图 3.24　光刻多晶硅过程

4. 第 4 次光刻——n^{+} 区光刻

此次光刻目的是形成 nMOS 晶体管的源漏区域及 n 阱区的欧姆接触区，对应的版图如图 3.25(a)所示，光刻完 n^{+} 区后对应的硅片三维结构图如图 3.25(b)所示。

彩图

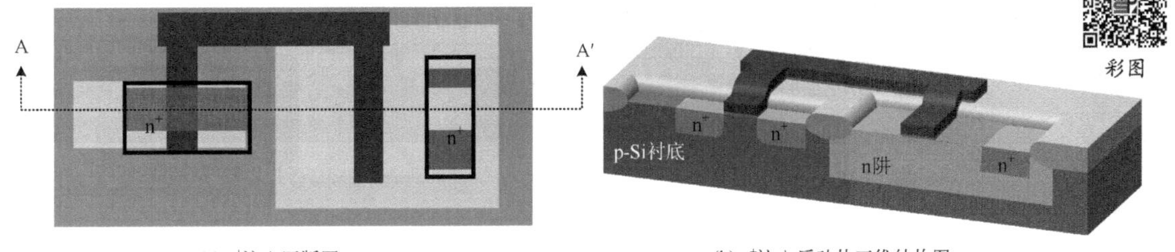

(a) n^{+}注入区版图　　(b) n^{+}注入后硅片三维结构图

图 3.25　n^{+} 区光刻示意图

n^{+} 区光刻具体步骤如下。

(1)n^{+} 区光刻。

(2)离子注入 p^{+}，栅区有多晶硅做掩蔽，通过硅栅自对准工艺，完成 n^{+} 区注入。形成 nMOS 管的源、漏区及 n 阱的欧姆接触，如图 3.26(a)所示。

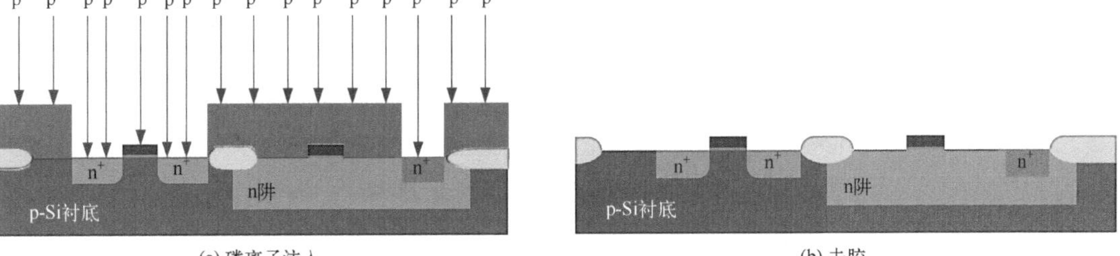

(a) 磷离子注入　　(b) 去胶

图 3.26　n^{+} 区光刻过程示意图

(3)去胶,如图 3.26(b)所示。

5. 第 5 次光刻——p^+ 区光刻

此次光刻目的是形成 pMOS 器件的源漏区域及衬底的欧姆接触区,对应的版图如图 3.27(a)所示,光刻完后对应的硅片三维结构截面图如图 3.27(b)所示。

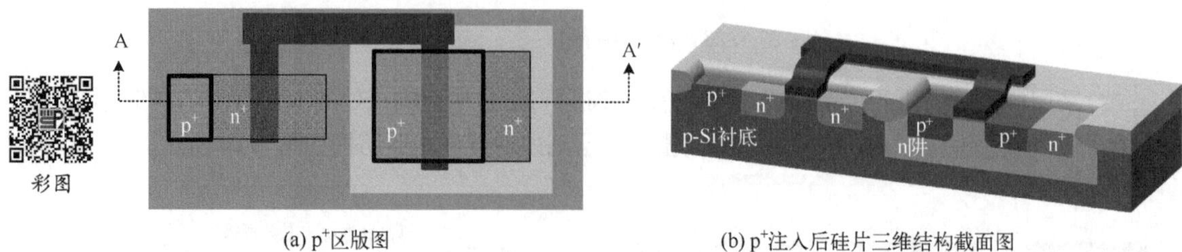

(a) p^+区版图　(b) p^+注入后硅片三维结构截面图

图 3.27　p^+ 区光刻后示意图

p^+ 区光刻具体步骤如下。

(1)p^+ 区光刻。

(2)离子注入 B^+,栅区有多晶硅做掩蔽,通过硅栅自对准工艺,完成 p^+ 区注入。形成 pMOS 管的源、漏区及衬底的欧姆接触,如图 3.28(a)所示。

(3)去胶,如图 3.28(b)所示。

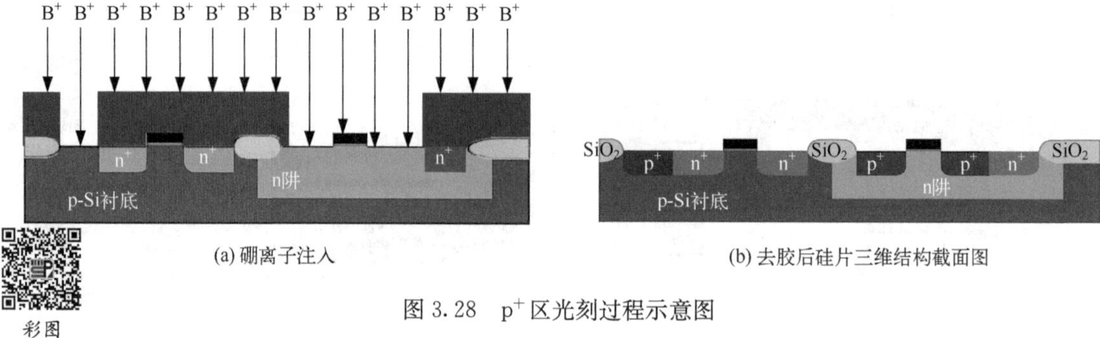

(a) 硼离子注入　(b) 去胶后硅片三维结构截面图

图 3.28　p^+ 区光刻过程示意图

6. 第 6 次光刻——接触孔光刻

此次光刻目的是形成 CMOS 器件的各引线孔,对应的版图如图 3.29(a)所示,光刻后对应的硅片截面图如图 3.29(b)所示。

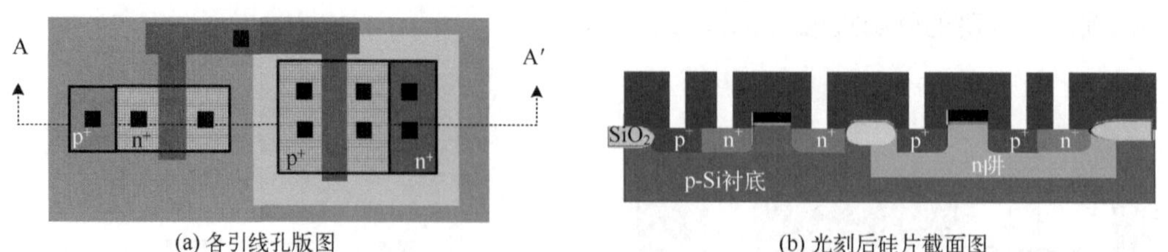

(a) 各引线孔版图　(b) 光刻后硅片截面图

图 3.29　光刻接触孔后示意图

光刻接触孔具体步骤分为淀积 PSG、光刻接触孔、刻蚀接触孔和去胶,如图 3.30 所示。

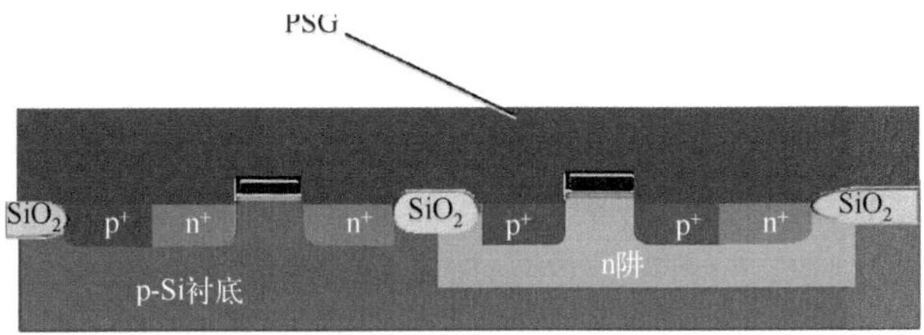

(a) 淀积PSG

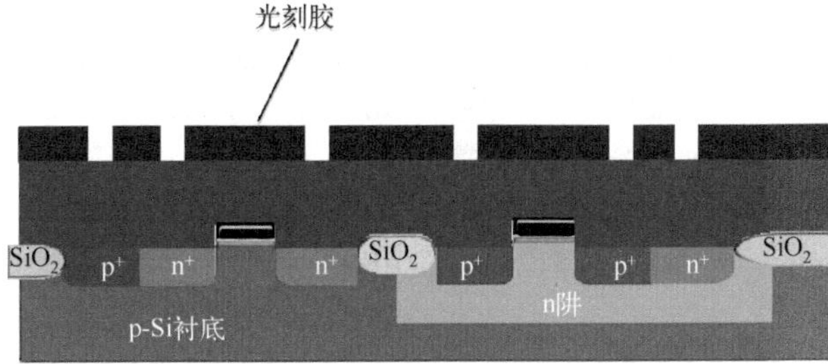

(b) 光刻接触孔

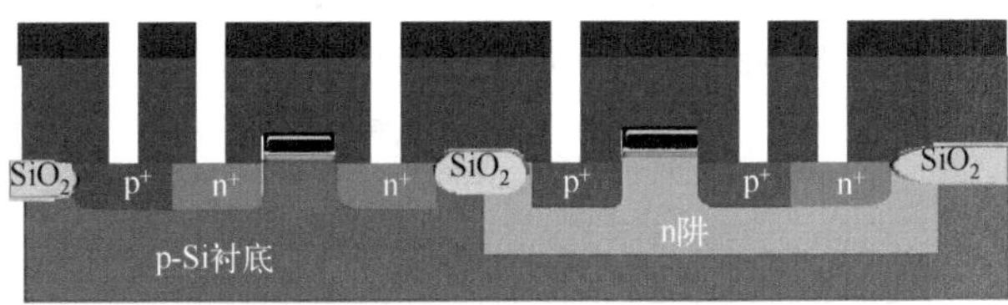

(c) 刻蚀接触孔

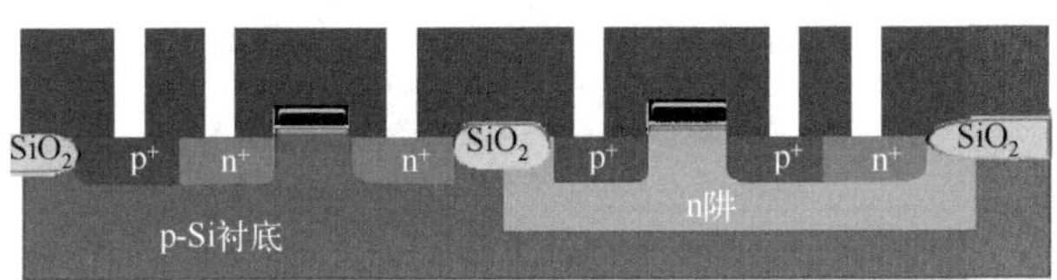

(d) 去胶

图 3.30　光刻接触孔过程

光刻接触孔工艺完成后，将进行金属铝淀积工艺，铝淀积后硅片截面图如图 3.31 所示。

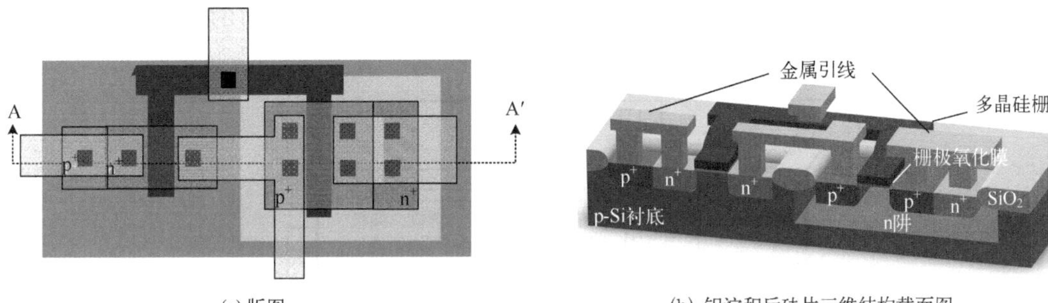

(a) 版图　　(b) 铝淀积后硅片三维结构截面图

图 3.31　光刻铝线后示意图

彩图

7. 第 7 次光刻——金属互连线光刻

此次光刻目的是形成 CMOS 电路需要的金属互连线，对应的版图如图 3.31(a)所示，光刻完之后的三维结构如图 3.31(b)所示。若采用铝线作为金属互连线，则此次光刻的步骤为先淀积铝(图 3.32)，之后进行反刻铝，形成图 3.32(b)所示截面图。

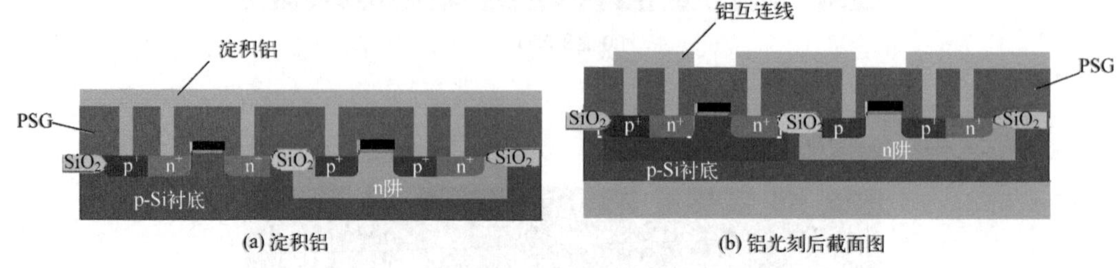

图 3.32　淀积铝工艺

8. 第 8 次光刻——钝化孔光刻

在电路做好后，需要进行最后一次光刻，即光刻钝化孔，对核心电路进行钝化保护，将封装时芯片需要跟引脚相连的焊盘(PAD)部分暴露出来，如图 3.33 所示。

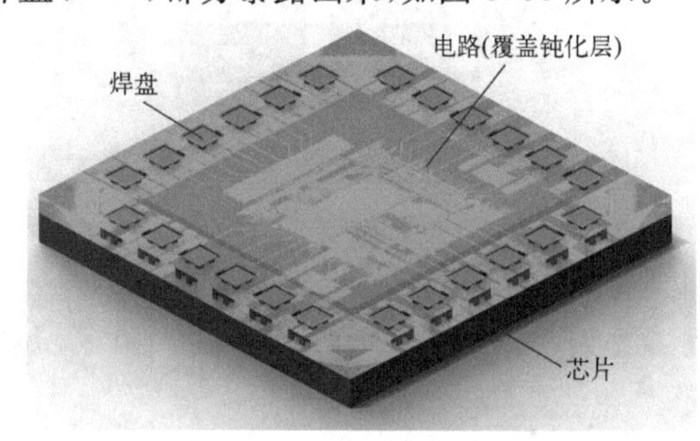

彩图

图 3.33　光刻钝化孔后芯片示意图

3.2.2　p 阱 CMOS 工艺

p 阱 CMOS 工艺与 n 阱工艺不同之处是将 pMOS 直接做在高阻的 n 型硅衬底上，而 nMOS 做在 p 阱中。p 阱工艺的流程与 n 阱工艺相似，只是将 n 阱的制作改成 p 阱的制作，工艺步骤流程如图 3.34 所示。

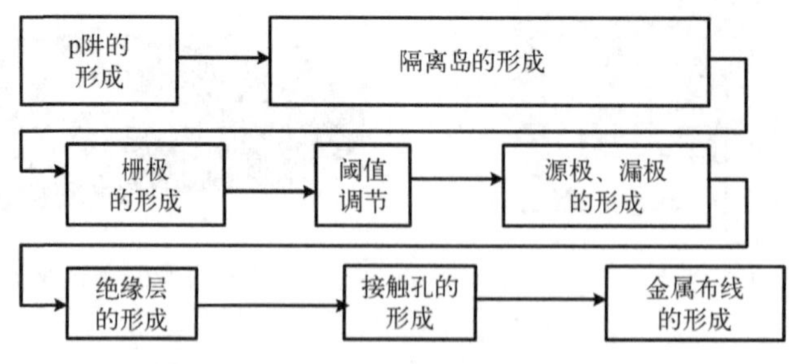

图 3.34　p 阱 CMOS 工艺步骤流程

3.2.3　双阱 CMOS 工艺

双阱 CMOS 工艺是在高阻的硅衬底上，同时形成具有较高杂质浓度的 p 阱和 n 阱，nMOS 管和 pMOS 管分别做在这两个阱中。这样，可以独立调节两种沟道 MOS 管的参数，以使 CMOS 电路达到最优的特性。

双阱 CMOS 工艺采用的原始材料是在 n 型或 p 型衬底上外延一层轻掺杂的外延层，以防止闩锁效应。其工艺流程，除了阱的形成要分别形成 n 阱和 p 阱外，其余和 n 阱工艺完全类似，在此不再叙述。双阱标准 CMOS 反相器剖面图如图 3.35 所示。

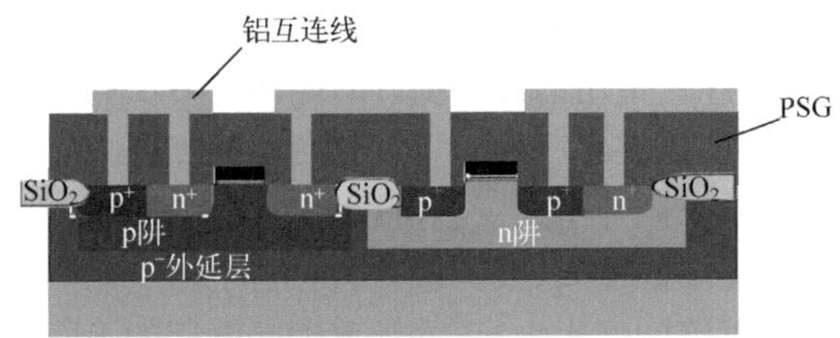

图 3.35　双阱标准 CMOS 反相器剖面图

3.3　MOS 集成电路中的有源寄生效应

MOS 集成电路中的有源寄生效应是指在 MOS 集成电路中寄生的有源晶体管。在 MOS 集成电路中存在寄生双极型晶体管和寄生 MOS 管，若这些寄生晶体管导通了，就会影响电路的正常工作。下面分别讨论这些寄生晶体管的结构、导通条件以及防止寄生效应的方法。

3.3.1　场区寄生 MOSFET

在 MOS 集成电路工艺中存在两种场区寄生 MOSFET 结构。一种是以金属连线为栅极的寄生 MOSFET，另一种则是以多晶硅连线为栅极的寄生 MOSFET。

如图 3.36(a)所示，如果一条金属连线 C 跨接在两个同类型掺杂区域 A 和 B 的上方，则会形成以金属连线 C 为栅极，A 和 B 为源、漏区域的第一种场区寄生 MOSFET 结构。

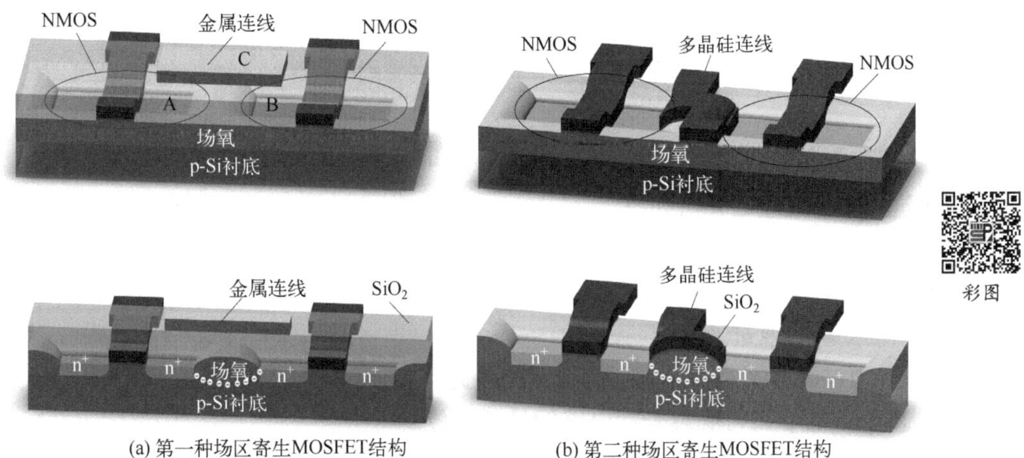

(a) 第一种场区寄生MOSFET结构　(b) 第二种场区寄生MOSFET结构

图 3.36　两种场区寄生 MOSFET 结构

这时，如果金属连线 C 上的电压足以使其下面的衬底反型形成沟道，则场区寄生 MOSFET 会导通，致使 A、B 间有电流流过，从而使电路性能变差或失效。

第二种场区寄生 MOSFET 结构发生在硅栅 MOS 电路中，如图 3.36(b)所示，如果由于设计不当或者光刻对准误差导致一条多晶硅连线跨接在两个同类型的掺杂区域上方，则形成了以多晶硅为栅极，掺杂区域为源、漏的场区寄生 MOSFET。因为硅栅 MOS 工艺中，多晶硅光刻之后还要生长一层氧化层，导致多晶硅下的场氧化层要比金属线下的场氧化层薄，所以相对而言，第二种以多晶硅为栅的场区寄生 MOSFET 结构比第一种以金属连线为栅的场区寄生 MOSFET 结构对电路的影响更为严重。

为了防止场区寄生 MOSFET 在电路正常工作时导通，必须提高场区寄生 MOSFET 的开启电压，这种电压称为场开启电压。常用的提高场开启电压的方法有以下两种。

(1)增加场氧化层的厚度。但实际应用中场氧化层不能加厚太多，因为场氧化层太厚对后续工艺如刻孔、布线等会有影响，采用等平面工艺可以改善这些影响。

(2)增加场区注入工序，在场区注入(或扩散)与衬底同型的杂质，以提高衬底表面浓度。但因为掺杂浓度的提高会增加电路的寄生电容，并导致击穿电压的下降，所以在满足场开启要求的前提下，尽量减少掺杂的量，以防止其产生的负面效应。

3.3.2 寄生双极型晶体管

在 MOS 集成电路中的 MOS 晶体管以及上面讲述的场区寄生 MOS 晶体管结构本身就存在寄生的双极型晶体管，如图 3.37 所示。在寄生的双极型晶体管中，只要有一个或多个 pn 结正偏，那么此时即使相应的 MOSFET 未导通，也可能由于寄生三极管的导通或衬底注入而产生寄生电流，导致电路性能的衰退或电路失效。若 n^+ 源极电压比 p 型衬底还要低，就会有电子注入衬底，当有效基区也就是 MOSFET 的有效沟道长度足够窄，且漏端的电压高于衬底时，这些电子就被 n^+ 漏区收集，于是寄生 npn 管导通。在动态 nMOS 电路中，这种寄生 npn 管会使存储在图 3.38 所示电路 B 点上的正电荷泄漏掉，引起电路参数退化或电路失效。

图 3.37　寄生双极型晶体管示意图

防止这种寄生效应的办法如下。

(1)寄生双极型晶体管的“基区宽度”不要太小，但随着深亚微米工艺的推进，沟道长度不断减小，因此需要从工艺结构上进行改进。

(2)使 p 型衬底保持在负电位或零电位，因此在集成电路中 nMOS 的 p 型衬底总是接电路的最低电位。

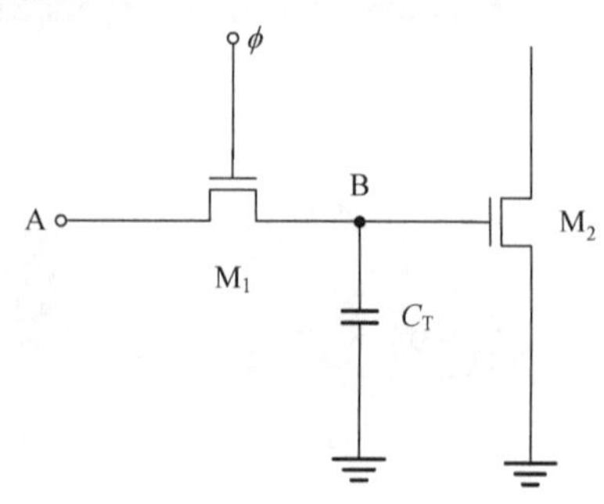

图 3.38　动态 nMOS 电路原理图

3.3.3 CMOS 集成电路中的闩锁效应

在 CMOS 集成电路中，最典型的寄生效应是闩锁效应(latch-up 效应)。它是由 CMOS 器件结构中固有的 pnpn 晶闸管结构产生的,因此也叫闸流效应或自锁效应。下面以 p 阱 CMOS 工艺为例来分析其闩锁效应。如图 3.39 所示,在 p 阱 CMOS 器件结构中,以 p 阱为集电区、n 型衬底为基区、p^+ 源区或漏区为发射区形成一个横向寄生 pnp 三极管,而以 n 型衬底为集电区、p 阱为基区、n^+ 源区或漏区为发射区又形成一个纵向寄生 npn 三极管。同时,衬底和 p 阱的半导体材料存在寄生电阻,分别对应图中的 R_S 和 R_w。这就形成了 pnpn 晶闸管结构,其等效电路图如图 3.39(b)所示。

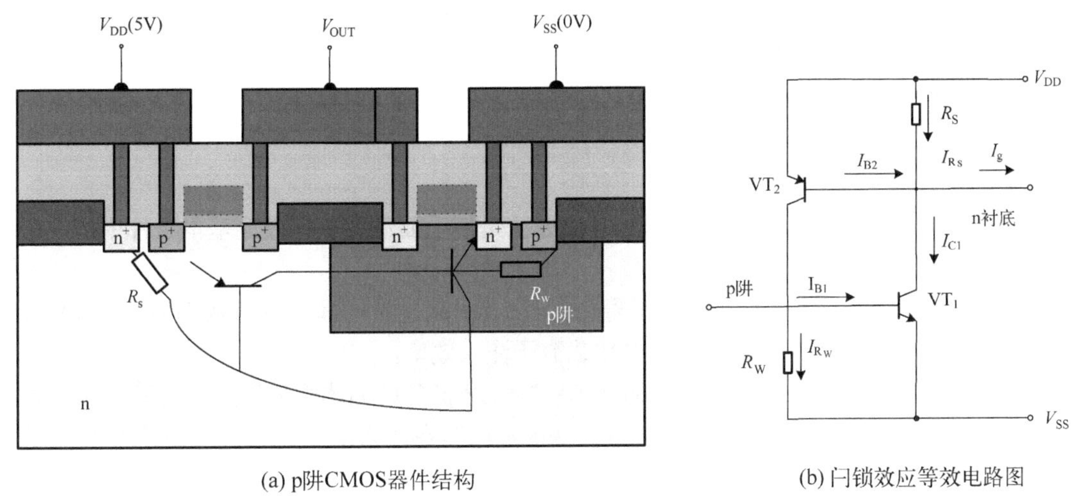

(a) p阱CMOS器件结构　　(b) 闩锁效应等效电路图

图 3.39　CMOS 集成电路中的闩锁效应

1. 闩锁效应产生条件

在 CMOS 集成电路上电之后,如果存在一定的外界因素如静电放电(electrostatic discharge,ESD)或电源脉冲干扰,向 n 型衬底注入了电子,在衬底就会存在一个横向的电流 I_{R_S}。由于衬底电阻 R_S 的存在,使得 pMOS 源极 p^+ 周围的 n 衬底电位低于 p^+ 源区。当这个电位差大于 pn 的开启电压时,会导致 p^+-衬底结正偏,p^+ 源区中的空穴就会注入衬底,若注入衬底的空穴扩散到 p 阱附近,则这部分空穴被 n 型衬底-p 阱的反偏结收集,寄生的横向 pnp 管导通。导通的 pnp 管电流在 p 阱中流动,由于阱电阻 R_W 的存在,使得 p 阱中 nMOS 源区 n^+ 附近的 p 阱电位高于 n^+ 源区,当该电位达到一定程度后,导致 p 阱-n^+ 结导通,n^+ 源区中的电子注入 p 阱中最终导致寄生的纵向 npn 管导通。导通的 npn 管又会向衬底注入电子,在两个寄生的三极管之间形成了一个正反馈通路。这时,即使外界的触发因素消失,pnpn 晶闸管仍然维持导通,它具有如图 3.40 所示负阻电流特性。因此,这种效应称为闩锁效应或自锁效应。外界干扰导致的闩锁效应是半导体器件失效的主要原因之一,严重的情况下甚至会烧毁芯片。

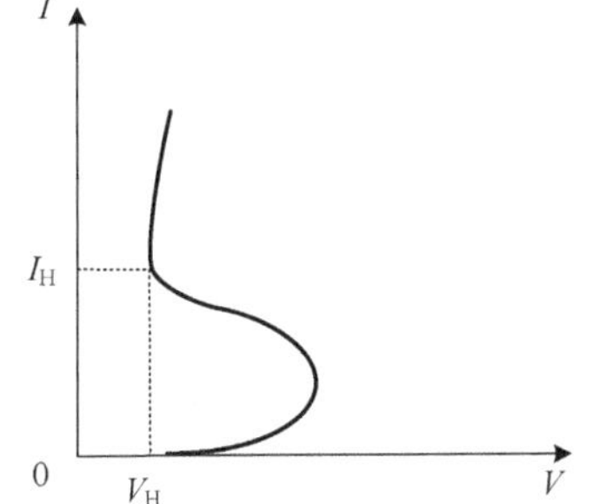

图 3.40　CMOS 电路中的负阻电流特性

下面分析闩锁效应产生的条件。在图 3.39(b)所示的电路中,设外界触发电流 I_g 使 VT_2 发射结正偏。则由等效电路可知

$$I_g = I_{R_S} + I_{B2}$$

$$I_{C2} = \beta_2 I_{B2}$$

$$I_{C2} = I_{R_W} + I_{B1}$$

$$I_{C1} = \beta_1 I_{B1}$$

所以

$$I_{C1} = \beta_1(I_{C2} - I_{R_W}) = \beta_1[(I_g - I_{R_S})\beta_2 - I_{R_W}]$$

式中，I_{R_W}和 I_{R_S}较小，所以 $I_{C1} \approx \beta_1\beta_2 I_g$ 。

若 $\beta_1\beta_2 > 1$ ，则 I_g 的反馈量 $I_{C1} > I_g$ 。这样两个寄生三极管同时工作，形成正反馈回路，加深了寄生晶闸管的导通，最终因电流过大而烧毁管芯。

由以上的分析可见，产生自锁的基本条件有以下三个。

(1)外界因素使两个寄生三极管的 EB 结处于正向偏置。

(2)两个寄生三极管的电流放大倍数 $\beta_1\beta_2 > 1$ 。

(3)电源所提供的最大电流大于寄生晶闸管导通所需要的维持电流 I_H，如图 3.40 所示。

2. 消除闩锁现象的几项措施

由上面的分析可见，要消除闩锁现象，解决办法是使上面产生自锁效应基本条件中的一个或几个不成立，其具体措施如下。

(1)通过掺金降低衬底的少子载流子寿命(但没有引起过量的漏电流)，减小 BJT 的增益，或用肖特基源漏接触法，减小 BJT 发射极少数载流子注入效率。

(2)对 nMOS 晶体管采用连接到地的 p^+ 保护环，对 pMOS 晶体管采用连接到 V_{DD}的 n^+ 保护环。降低 R_W 和 R_S ，增加寄生晶体管的“有效基区宽度”，在注入的少数载流子到达寄生 BJT 基极前将其捕获。

(3)使衬底和阱与 MOS 晶体管的源极尽可能地靠近，以此降低 R_W 和 R_S 的值。

(4)用最小的 p 阱面积(在用双阱工艺或 n 型衬底的情况下)，此时 p 阱的镜像电流在瞬时脉冲时可达最小值。

(5)在 n 沟道或 p 沟道晶体管的版图中，使所有的 nMOS 晶体管放在靠近 V_{SS}的地方，pMOS 晶体管放在靠近 V_{DD}的地方。同时使 pMOS 和 nMOS 晶体管之间有足够的空间。

(6)增加电源和地接触孔的数目，加粗电源和地线。

(7)采用双阱 CMOS 工艺。

3.4 深亚微米 CMOS 集成电路工艺

前面介绍的各种典型 CMOS 工艺流程都是基于特征尺寸较大的传统工艺，属于 CMOS 基本工艺流程。事实上，随着集成电路的发展，当器件特征尺寸进入到深亚微米级以后，对应的器件结构和工艺流程都有所变化。相对于前几代 MOS 制造工艺，深亚微米器件结构的主要变化是浅沟槽隔离(STI)、沟道注入工艺以及使用硅化物材料降低阻抗等。图 3.41 所示为一个典型深亚微米 CMOS 晶体管结构。为了避免 CMOS 器件闩锁效应，同时提高器件集成度，在深亚微米 CMOS 器件结构通常采用双阱结构将 n 沟道和 p 沟道器件分别放置在隔离的阱中。

在传统的 CMOS 工艺中，器件之间的隔离采用局部氧化(local oxidation of silicon，LOCOS)技术，LOCOS 工艺的缺点是会形成“鸟嘴”，造成场氧层区域对有源区的侵蚀，从而使有源区之间的距离增加。为了提高器件的集成度，通常在 0.25 μm 及以下尺寸的工艺中，隔离技术采用浅槽隔离 (shallow trench isolation，STI)工艺。STI 技术是在硅片中刻蚀出浅沟槽，之后在浅沟槽中淀积氧化物材料起到器件之间的隔离作用。采用 STI 技术可以避免 LOCOS 隔离引起的鸟嘴效应，有效提高集成度，同时还具有良好的平面度，也可以防止闩锁效应的产生。

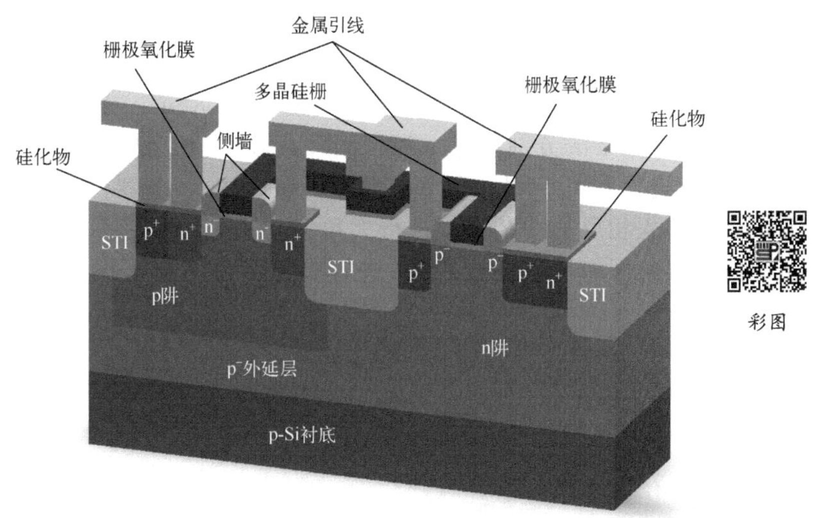

图 3.41　深亚微米 CMOS 晶体管结构

为了调节 CMOS 器件的阈值电压并降低短沟道效应，在深亚微米器件的沟道区往往需要采用多种注入。随着器件尺寸的减小，源漏之间的距离缩短，器件工作时的电场强度增加，为了降低结击穿和热载流子效应的可能性，通常在源和漏区增加一个称为源漏扩展区的轻掺杂区域。对于 nMOS 器件，为了形成轻掺杂的区域，需要首先注入磷并使其自对准多晶硅栅的边缘。然后，在多晶硅栅的两边生长侧墙(spacer)形成后续重掺杂区域的“隔离物”。接着进行砷注入以形成重掺杂的区域。对于 pMOS 器件，可以使用硼重复上述过程。因此，在深亚微米器件结构中，除重掺杂的源漏区域外，多了源漏扩展区，并且多晶硅栅及其薄氧化物的每个侧面都有隔离物，称为侧墙。源漏间距的减小和电场强度的增加带来的另一个小尺寸效应是可能导致源漏穿通，因此，为了防止源漏穿通，通常在 100nm 及以下尺寸的工艺中，还需要增加一道沟道注入工艺，称为冠状(halo 或 pocket)注入。冠状注入是指采用大角度注入的方法在靠近源端和漏端的沟道处进行重掺杂以防止源漏穿通。

随着特征尺寸的减小，栅极和源漏区的串联电阻严重影响器件的特性。为了减小栅极和源漏区的串联电阻，通常在器件各区域完成后要增加一道硅化工艺，在栅和源漏区的表面使用硅化物材料，如 $TiSi_2$、WSi_2、PtSi、$CoSi_2$或 $TaSi_2$等，以降低接触电阻。因此，多晶硅和源/漏区的顶部都可以看到硅化物材料。形成硅化物的过程通常是将 Ti(Co 或 Ni)淀积在暴露的源漏区和栅区，在随后的加热过程中 Ti 同硅的表面发生反应生成 $TiSi_2$，多晶硅栅同它反应会生成多晶硅硅化物。

在深亚微米工艺中特殊的工艺还有栅氧化层的高 K 栅电介质工艺。传统 MOS 器件的栅氧化层介质采用的是二氧化硅，其相对介电常数 K 大约是 4。随着工艺的等比缩小，氧化物越来越薄，以至于电流很可能隧道击穿过栅节点。为了避免这种情况的发生，在纳米级器件结构中采用高 K 栅电介质。

在前面传统 CMOS 工艺中，是以一层铝布线为例来讲的，但在大规模集成电路工艺中通常都是采用多层布线。随着特征尺寸的减小，器件的速度越来越高。金属线条变细带来的结果是使得连线电阻带来的电路延迟与器件的延迟相比越来越明显。因此，为了减小连线带来的电路延迟，在 0.18 μm 及以下尺寸的工艺中，金属互连线工艺为铜布线工艺。铜布线与铝布线工艺流程的差异在于，铜布线工艺是在淀积完氧化层后先进行通孔和金属线的光刻刻蚀，在需要通孔和布线的区域刻蚀出浅槽，之后进行铜金属淀积，最后进行机械化平坦工艺。

形成深亚微米 CMOS 器件的典型工艺流程如图 3.42 所示。先进行浅沟槽隔离（STI）工艺，之后采用离子注入方法分别形成 n 阱和 p 阱，然后生长栅极氧化层和多晶硅，进行多晶硅光刻，接着分别进行 nMOS 和 pMOS 的源漏扩展区注入；若器件采用 halo 结构，则之后采用与源漏扩展区注入相反的掺杂类型进行大角度的注入，形成 halo 结构，然后形成侧墙，作为下一步源漏重掺杂区域注入的掩蔽层；进行完源漏重掺杂区域注入后，则进行硅化工艺，形成硅化物。

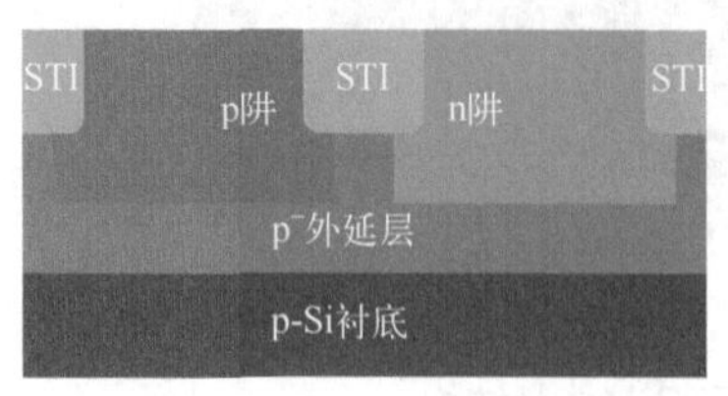

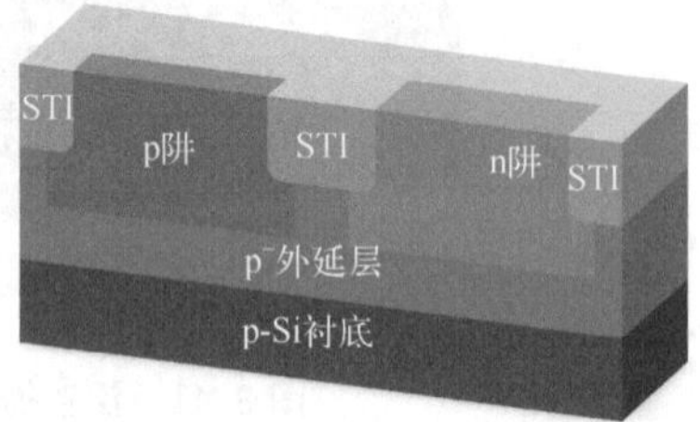

(a)双阱形成及浅沟槽隔离

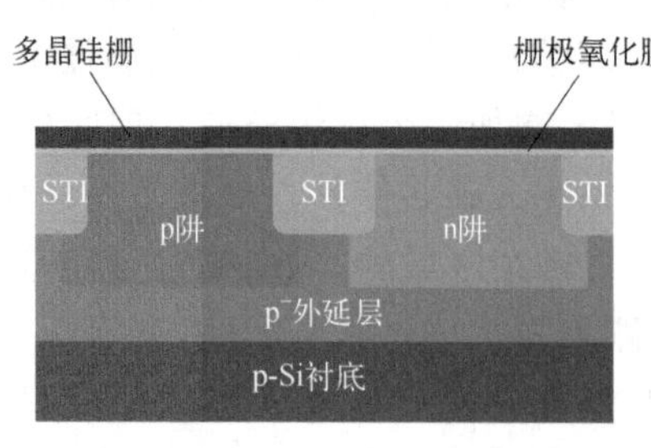

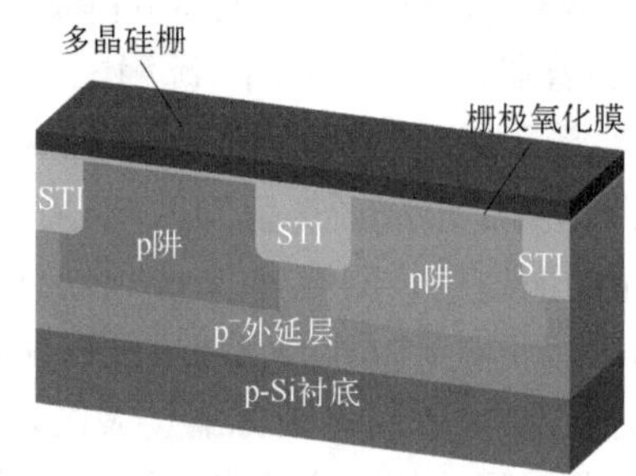

(b)生长栅极氧化层，淀积多晶硅

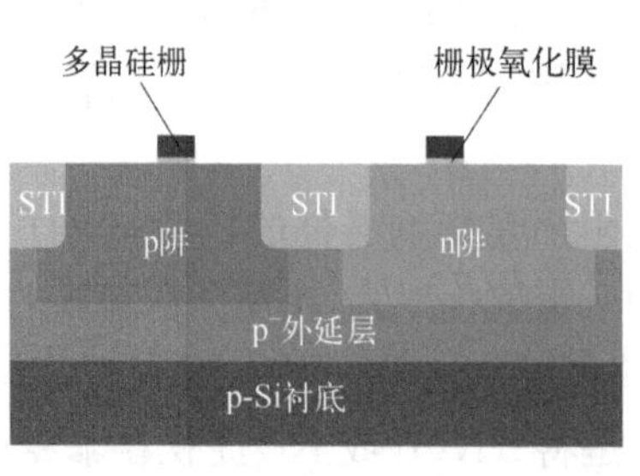

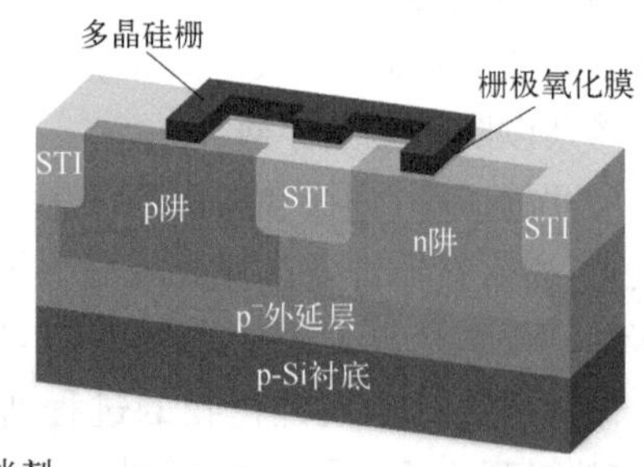

(c)栅极光刻

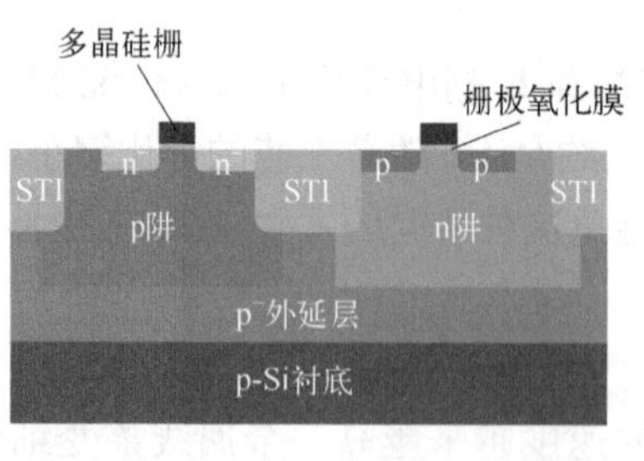

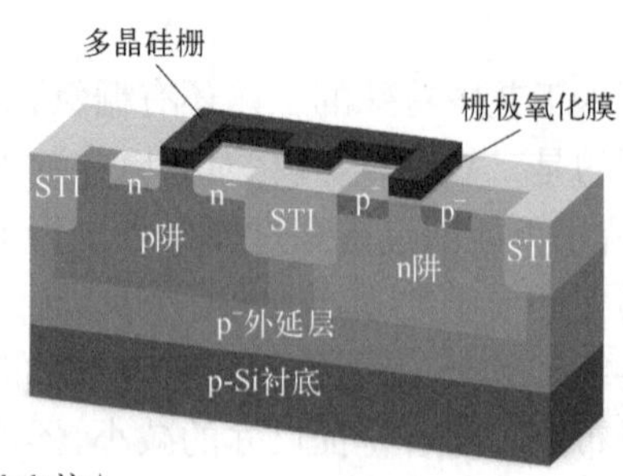

(d)源漏扩展区及halo注入

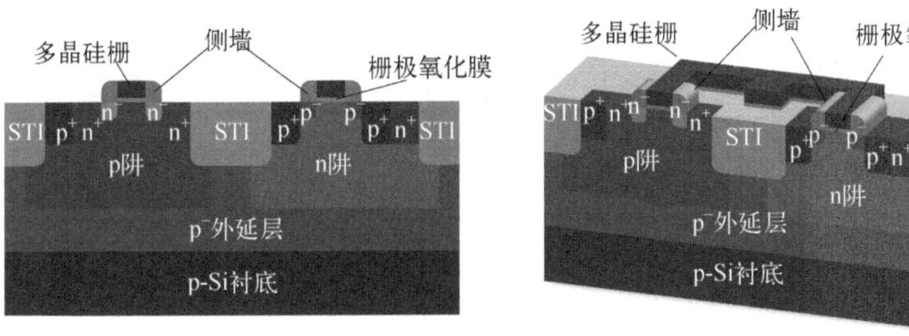

(e)多晶硅栅侧墙形成

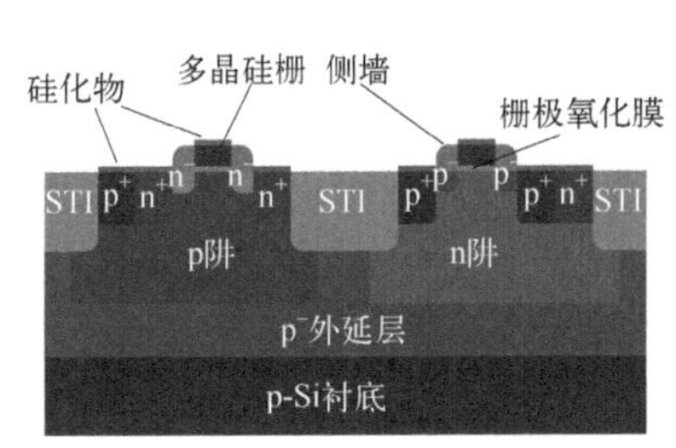

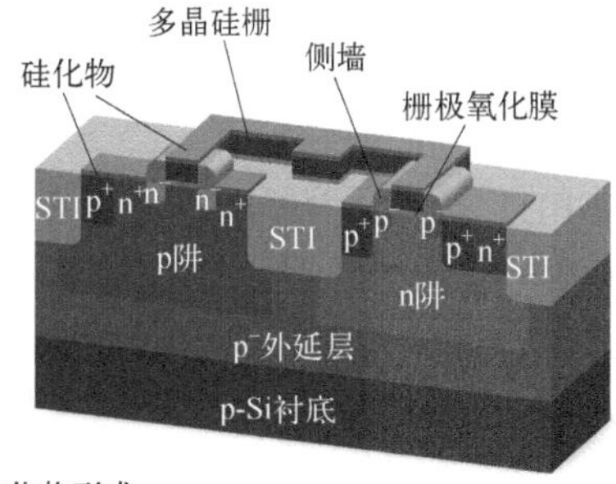

彩图

(f)源漏注入及硅化物形成

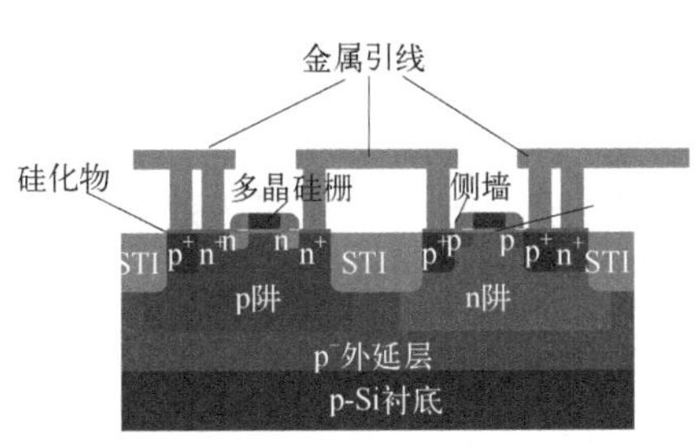

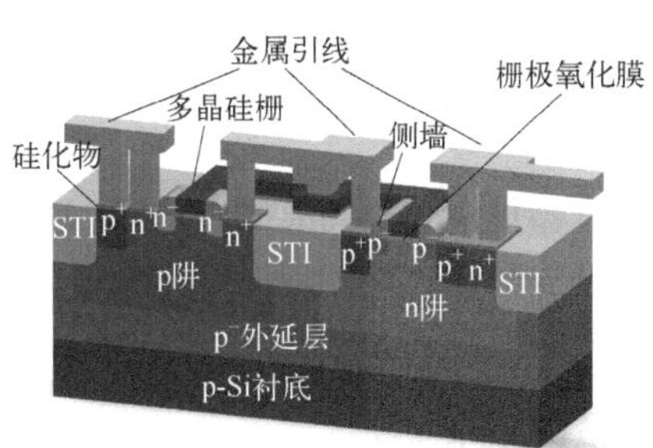

(g)接触孔及金属连线

图 3.42　深亚微米CMOS器件的典型工艺流程

技术拓展:绝缘体上硅技术

在体硅MOS集成电路高速发展的同时,其各种寄生效应也日益明显。为此,研究者正在开发一些性能更优越的CMOS技术,如绝缘体上硅(silicon on insulator,SOI)技术。SOI技术指的是在绝缘层上形成具有一定厚度的单晶半导体硅薄膜层的材料制备技术及在薄膜层上制造半导体器件的工艺技术。与体硅技术相比,SOI技术具有无闩锁、高速率、低功耗、集成度高、耐高温、耐辐射等优点。

基于SOI工艺的CMOS基本结构如图3.43所示。器件被制作在顶层很薄的硅膜中,器件与衬底之间由一层隐埋氧化层隔开。正是这种结构使得SOI MOS器件具有功耗低等众多优点。相对于体硅MOS器件,SOI MOS器件的优点如下。

1) 无"闩锁效应"

SOI MOS器件中由于介质隔离结构的存在,因此没有到衬底的电流通道,闩锁效应的通路被切断,并且各器件间在物理上和电学上互相隔离,改善了电路的可靠性。

2)结构简单,工艺简单,集成密度高

SOI MOS器件结构简单,不需要制备体硅MOS电路的阱等复杂隔离工艺,集成密度大幅

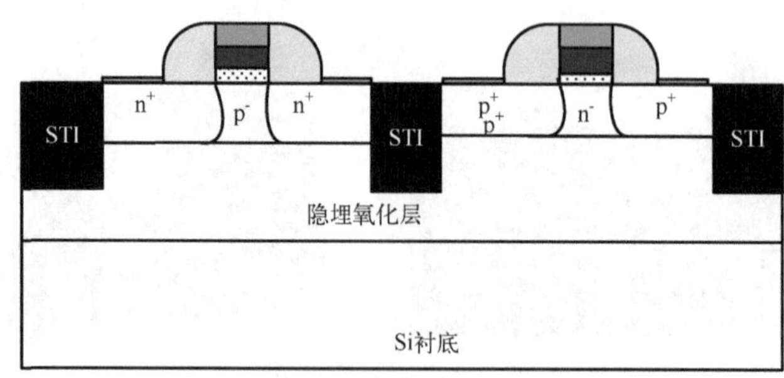

图 3.43 基于 SOI 工艺的 CMOS 基本结构

度提高。

3)寄生电容小,工作速度快

体硅 MOSFET 器件的主要电容为晶体管源漏区以及源漏扩展区和衬底之间的电容,这将增大电路的负载电容,影响电路的工作速度;在 SOI MOS 器件中,由于隐埋氧化层的存在,源漏区和衬底无法形成 pn 结电容。取而代之的是隐埋氧化层电容,该电容值远小于体硅中源漏区与衬底的 pn 结寄生电容。

4)功耗低

由于 SOI MOS 器件的源漏区与衬底通过隐埋氧化层隔开,其漏电流比体硅 MOS 器件小,且寄生电容小,所以其静态功耗和动态功耗都比体硅 MOS 低。

5)抗辐照性能好

SOI MOS 器件全介质隔离的结构,彻底消除了体硅 MOS 电路的闩锁效应,在同样的辐射剂量下,产生的少数载流子相应减少了三个数量级,提高了器件的抗辐射能力。

基础习题

3-1 名词解释:MOS、nMOS、pMOS、CMOS、STI、场氧、有源区、硅栅自对准工艺。

3-2 什么是平面工艺?集成 MOS 晶体管的制备工艺与单管 MOS 制备工艺最大的不同是什么?

3-3 nMOS 晶体管和 pMOS 晶体管的衬底分别接什么电位?为什么?

3-4 请给出硅栅 p 阱 CMOS 的光刻步骤,并画出相应步骤的器件结构截面图。

3-5 MOS 晶体管的掩模沟道长度和实际沟道长度是否相等?如果不相等,它们之间有什么关系?

3-6 请画出 CMOS 反相器的版图,并标注各层掺杂类型和输入输出端子。

3-7 CMOS 集成电路中的闩锁效应是如何产生的?其对电路性能有什么影响?

3-8 MOS 器件的场区寄生 MOSFET 是如何形成的?其对电路性能有什么影响?如何消除 MOS 器件的场区寄生 MOSFET 效应?

3-9 以 p 阱 CMOS 工艺为基础的 BiCMOS 的有哪些不足?

3-10 以 n 阱 CMOS 工艺为基础的 BiCMOS 的有哪些优缺点?并请提出改进方法。

高阶习题

3-11 通过查找资料,给出 CMOS 集成电路中铜互连线工艺形成过程。

3-12 如在 CMOS 制备工艺中需要对 MOS 晶体管的阈值电压进行调整,应该在哪一步工艺中进行?需要用什么版图?

第 4 章　集成电路中的无源元件

集成电路中的无源元件包括电阻、电容和电感，但是对于一般低频集成电路而言，常用的无源元件是电阻和电容。因其是在制作有源晶体管的同时完成制备的，所以需要它们的制作工艺与 npn 管或 MOS 管兼容。由于集成电阻、电容是在相同工艺条件下制备的，因此元件间的性能匹配较好，但是受限于工艺波动，单个元件值的精度并不高。因此在电路设计时应充分利用该特点，使电路的性能不是依赖于单个元件的特性，而是与元件的比值有关。在集成电路中，电阻器和电容器占用的芯片面积大，成本高，因此在集成电路设计时应尽量多用有源元件，少用无源元件。本章简要介绍双极集成电路和 MOS 集成电路中常用的电阻器和电容器，并简要介绍集成电路中的互连线。

问题引入

第 4 章预习

1. 集成电路中的电阻如何实现？与器件的实现有什么不同？
2. 集成电路中的电容如何实现？与器件的实现有什么不同？
3. 如何控制集成电阻、电容的精度？
4. 有哪些方法可以实现集成电路中的器件互连？

4.1　集成电阻器

电阻是电路中的一个重要组成部分，它在电路设计中的作用主要为限流和分压。

半导体集成电路中电阻的制作机理通常是通过改变半导体材料中的掺杂浓度来改变材料的电阻率，从而制作出不同阻值范围的电阻，同时电阻器的制作通常要与集成电路中的主要器件——晶体管同时制作，因此制备工艺需要与对应的集成电路工艺兼容。为了减少工艺步骤，一般都是利用集成晶体管的某些层来形成电阻。

图 4.1 分别给出了双极及 CMOS 集成电路的结构断面图。

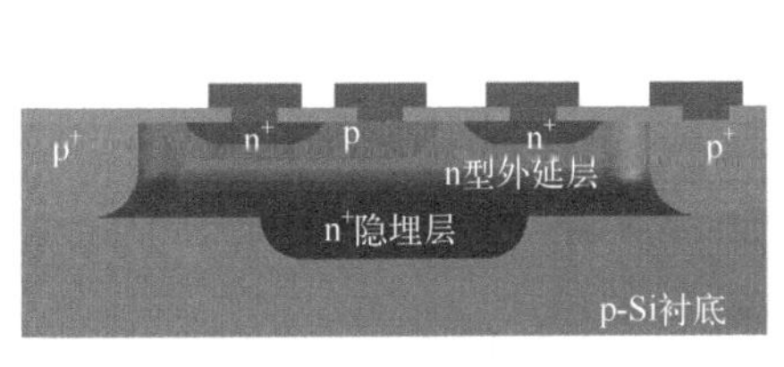

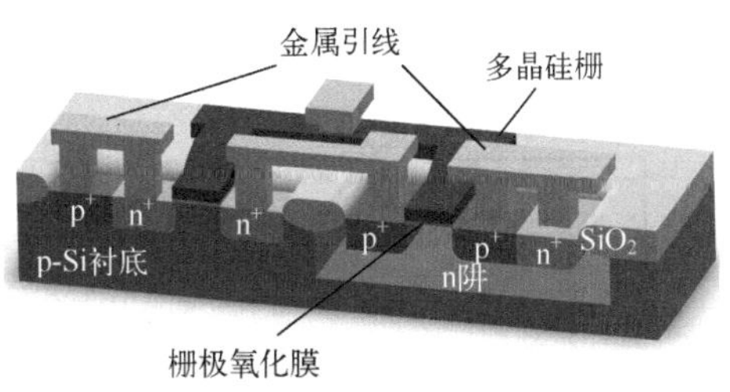

彩图

图 4.1　双极及 CMOS 集成电路的结构断面图

由图 4.1 可以看出，双极晶体管包括衬底、埋层、外延层、基区、发射区、欧姆接触掺杂区、隔离结的 p^+ 区。MOS 集成电路包括衬底、阱、n^+ 有源区、p^+ 有源区、栅极多晶硅及隔离区。在集成电路中，电阻形成的条件如下。

(1)形成电阻的区域具有导电性。

(2)该区域应与其他区域电隔离。

(3)该区域电位不能固定。

下面将分别讨论双极型集成电路中常用的电阻和 MOS 集成电路中常用的电阻。

4.1.1　双极集成电路中常用的电阻

通过分析可知，在双极集成电路中，基区、发射区、埋层、基区沟道夹层、外延层都可以制备电阻。由于不同区域具有不同的掺杂浓度，因此可以根据电阻阻值目标，选择合适的区域设计电阻。

在双极集成电路中用得最多的是基区扩散电阻，其方块电阻 $R_{SB}=100\sim200\Omega/\square$，阻值范围在 $50\Omega\sim50\text{k}\Omega$，电阻精度 $\Delta R/R\leqslant20\%$，电阻温度系数为 2000×10^{-6} ppm/℃。因此本节主要详细介绍基区扩散电阻。除此之外，还简要介绍以下几类电阻。

(1)低阻类电阻。这类电阻有发射区扩散电阻、隐埋层电阻等，其中发射区电阻的方块电阻 $R_{SE}\approx5\Omega/\square$，隐埋层电阻的方块电阻 $R_{S\text{-}BL}\approx20\Omega/\square$。

(2)高阻类电阻。基区沟道电阻和外延层电阻等属于此类电阻，基区沟道电阻的方块电阻 $R_{SB1}\approx5\sim15\Omega/\square$，外延层电阻的方块电阻 $R_{S\text{-}epi}=2\text{k}\Omega/\square$。

双极集成电路中最常用的电阻是基区扩散电阻，下面重点介绍该类电阻，在此基础上简单介绍发射区扩散电阻、基区沟道电阻、外延层电阻、离子注入电阻等。

1. 基区扩散电阻

基区扩散电阻是利用双极集成晶体管的基区扩散层做成的，其典型结构如图 4.2 所示。它是在被隔离的 n 型外延层上进行一次 p 型基区扩散而形成的。图 4.2 中 n 型外延层接电路的最高电位，或接至电阻器两端中电位较高的一端。因为衬底接电路的最低电位，这样就保证隔离 p^+ 层与此处的 n 型外延层之间形成的 pn 结是反偏的，实现了各电阻之间的电学隔离。

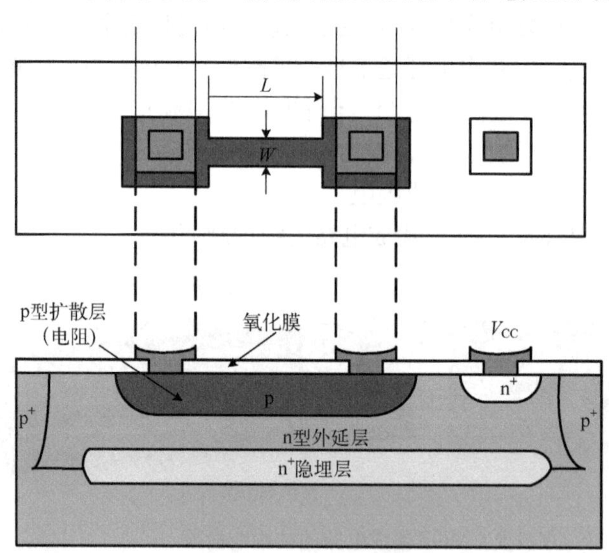

图 4.2　基区扩散电阻

常用基区扩散电阻形状有短胖型、瘦长型和折叠型三种，图 4.3 示出了不同图形和端头形状的电阻。对于阻值较小的电阻可采用短胖型，对于一般阻值的电阻通常采用瘦长型，而对于一些大电阻，为了充分利用芯片面积或布图方便，常将它们设计成图 4.3(f)所示的折叠型。

电阻的阻值正比于它的长度 L 而反比于它的截面积 A。对于理想矩形电阻可以表示为

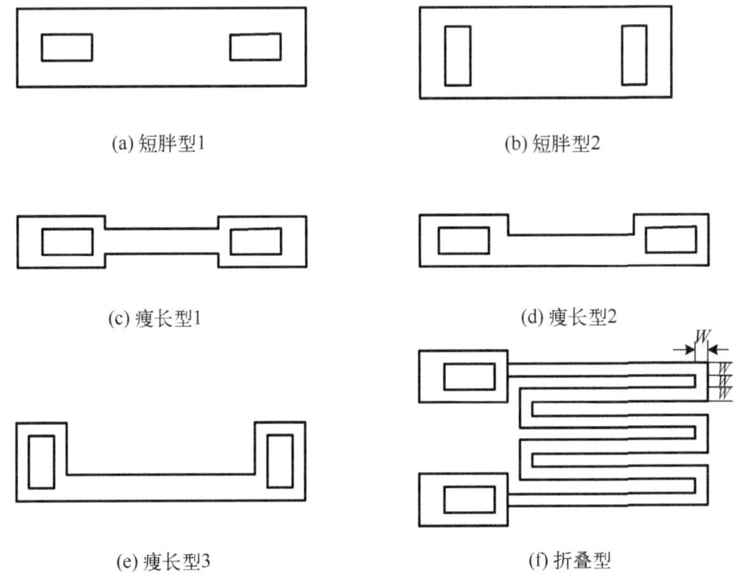

图 4.3　不同图形和端头形状的电阻

$$R \approx \frac{\rho L}{A} = \frac{\rho L}{TW} \tag{4.1}$$

式中，ρ 为材料的电阻率，单位为 Ω · cm；T 为基区扩散层的厚度；L 为电阻器的长度；W 为电阻器的宽度。对于给定的工艺，基区扩散层厚度 T 是一个常数，所以式(4.1)可以表示成

$$R \approx R_S \frac{L}{W} \tag{4.2}$$

式中

$$R_S = \frac{\rho}{T} \tag{4.3}$$

R_S 称为基区扩散层的方块电阻。长度和宽度之比 L/W 称为电阻器的长宽比，也叫电阻器的“方数”。因为基区扩散层的方块电阻由 npn 管的设计决定，所以基区扩散电阻的设计，就是在一定的方块电阻 R_S 下，根据 R 的阻值及精度、电流等要求来确定电阻的几何图形(W,L)。

式(4.2)是一个理想长方形电阻的计算公式。正如图 4.3 所示，实际的基区扩散电阻的图形并非这么简单，通常会有引出端，如果是大电阻则还会有拐角。另外，还有一些影响阻值的其他因素存在，如基区杂质的横向扩散会引起电阻条宽的增大等。因此，电阻值的计算要根据实际情况加以修正。

1)端头修正

当电阻上有电流流过时，因为在电阻的端头处电力线发生弯曲，而且从引线孔流入的电流，绝大部分是从引线孔正对着电阻条的一边流入的，只有极少部分从引线孔侧面和背面流入，所以在计算端头处的电阻值时需要引入端头修正因子 k_1 进行端头修正。端头修正因子 k_1 常采用经验的办法确定，它表示整个端头对总电阻方数的贡献。根据不同的电阻条宽和端头形状，其修正因子也不同，图 4.4 为电阻的端头修正，给出了不同电阻条宽和端头形状对应的端头修正因子。对于大电阻 $L \gg W$，端头修正因子 k_1 可忽略不计。

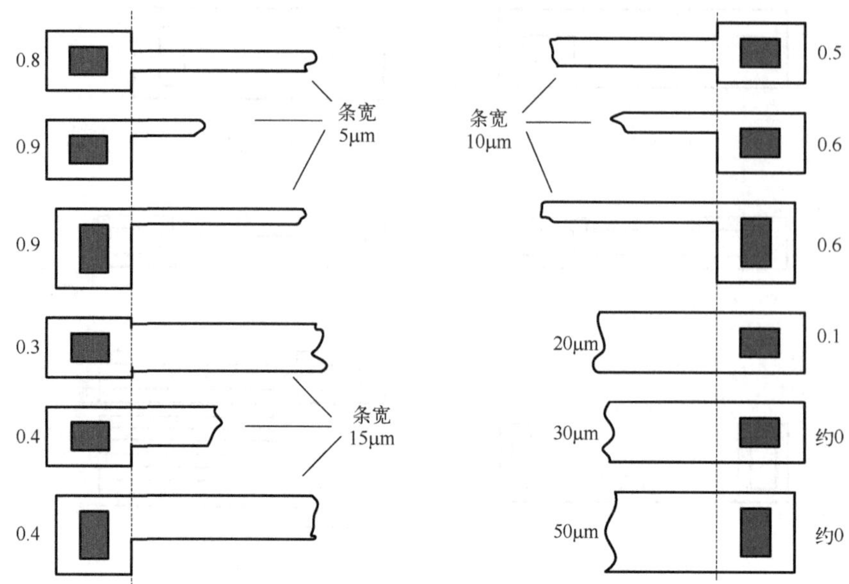

图 4.4　电阻的端头修正

2)拐角修正因子

正如前面所述,当电阻值较大时常采用折叠型的电阻。在折叠型电阻中,在其拐角处电力线是不均匀的,因此需要引进拐角修正因子。实测表明,对于图 4.3(f)所示的那种直角弯头,每个拐角对电阻的贡献相当于 0.5 方数,即拐角修正因子 k_2 等于 0.5 方数。

3)横向扩散修正因子

由于基区掺杂时存在横向扩散,若扩散时的版图设计宽度为 W,扩散后实际宽度 W_s 大于设计宽度 W,其实际横截面如图 4.5 所示,在表面处最宽。另外,基区电阻的杂质浓度在横向扩散区表面与扩散窗口正下方的表面区域不同,其浓度由扩散窗口处的 $N_S(\approx 6\times10^{18}\mathrm{cm^{-3}})$逐步降低到外延层的杂质浓度 $N_{epi}(10^{15}\sim10^{16}\mathrm{cm^{-3}})$。考虑了这些因素后,基区扩散电阻的有效宽度 W_{eff} 通常可表示为

$$W_{eff}=W+0.55x_{jc} \tag{4.4}$$

即横向扩散修正因子 $m=0.55$。

在考虑了端头修正因子 k_1、拐角修正因子 k_2 以及横向扩散修正因子 m 三项修正后,基区扩散电阻的计算公式变为

$$R\approx R_S\left(\frac{L}{W+0.55x_{jc}}+2k_1+nk_2\right) \tag{4.5}$$

上式括号中的第二项 $2k_1$ 表示考虑 2 个端头的修正,第三项 nk_2 表示考虑拐角为 n 个的情况。在实际计算时,若 $L\gg W$,可不考虑端头修正因子 k_1;当 $W\gg x_{jc}$,可不考虑横向扩散修正因子 m。此时,上式可近似为

$$R\approx R_S\left(\frac{L}{W}+0.5n\right) \tag{4.6}$$

式中,n 为拐角数目。

对图 4.3 中的短胖型电阻的阻值可采用计算电阻公式(4.2)近似估算,对瘦长型则需要增加端头修正因子,最后一种折叠图形电阻阻值的计算是各段相加,同时对端头电阻和拐角电阻要采

用式(4.4)进行修正。

4)方块电阻 R_S 的修正

通常情况下，为了检测扩散工艺的质量，厂方提供的基区方块电阻值 R_S 是在硼再分布以后测量的。但是，在双极集成电路工艺中基区扩散后还有多道高温处理工序，如氧化、扩磷等，所以杂质会进一步向里推进，同时表面的硅会进一步氧化，因此做成芯片后，实际的基区方块电阻值 R'_S 比原来测量的 R_S 要高，需要进行修正，其经验公式为

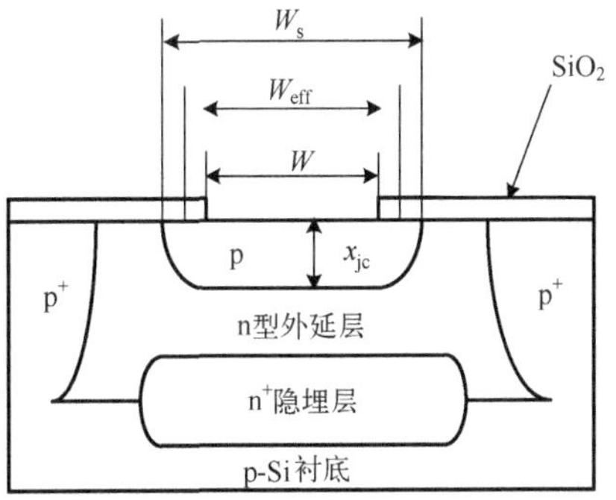

图 4.5　基区扩散电阻的横截面

$$R'_S = K_a R_S \tag{4.7}$$

式中，K_a 为一常数，由工艺确定，一般在 1.06～1.25 之间。

5)基区扩散电阻最小条宽 $W_{R,min}$ 的设计

一旦双极集成电路工艺确定，则其基区扩散方块电阻 R_S 就确定了，此时对基区扩散电阻图形的设计，实际上是根据需要的阻值 R 和其他性能、工艺参数设计电阻的方数(L/W)、形状和最小条宽。

在方块电阻一定的前提下，电阻的阻值由方数(L/W)决定，电阻的宽度越大，则占用的面积越大，因此如何设计满足电路性能的电阻最小条宽就显得很重要。基区扩散电阻的最小条宽受三个因素的影响：设计规则、工艺水平和电阻精度要求、流经电阻的最大电流。在设计电阻最小条宽 $W_{R,min}$ 时，应取上述三个因素确定的最小电阻条宽中最大的一种。下面分别对它们作简单的介绍。

1)设计规则决定的最小扩散条宽 $W_{R,min}$

设计规则是流片厂商为保证成品率，提供给用户在设计时使用的一组最小尺寸。这些规则是从实际工艺中提取的，主要考虑了制版、光刻等工艺可实现的最小线条宽度、最小图形间距、最小可开孔、最小套刻精度等。所以在设计扩散电阻的最小扩散条宽时，必须符合设计规则。

2)工艺水平和电阻精度要求所决定的最小电阻条宽 $W_{R,min}$

电路工作时，电阻的精度可能会影响电路的某些性能，因此通常电路设计时对电阻精度会提出要求，而电阻的精度与工艺水平和电阻条宽有关。由电阻的近似估算式(4.2)

$$R \approx R_S \frac{L}{W}$$

并根据误差理论，有

$$\frac{\Delta R}{R} \approx \frac{\Delta R_S}{R_S} + \frac{\Delta L}{L} + \frac{\Delta W}{W} \tag{4.8}$$

通常 $\Delta R_S/R_S$ 可控制在(5～10)%以内，而 ΔL 和 ΔW 主要来自制版、光刻过程中的随机误差。在实际工艺中一般 $\Delta L = \Delta W$，该偏差值由工艺水平确定。对于大阻值电阻，$L \gg W$，所以可忽略 $\Delta L/L$，于是有

$$\frac{\Delta R}{R} \approx \frac{\Delta R_S}{R_S} + \frac{\Delta W}{W} \tag{4.9}$$

式(4.9)表明，电阻精度要求($\Delta R/R$)确定后，在一定的工艺控制水平(ΔW)下，对扩散电阻的最小条宽 $W_{R,min}$ 也就提出了要求。换句话说，在一定的工艺控制水平(ΔW)下，如果电阻的最小条宽发生变化，制造出的电阻精度也就不一样。例如，假设工艺控制水平可使 $|\Delta W| = 0.5\ \mu m$，要求由线宽变化(ΔW)所引入的电阻相对误差 $|\eta| \leqslant 10\%$，则要求电阻的最小条宽

$W_{R,min}$ 为

$$W_{R,min}=\frac{|\Delta W|}{|\eta|}\geqslant 5\ \mu m \tag{4.10}$$

如果电阻精度要求不高，$|\eta|=12.5\%$，而 $|\Delta W|=0.5\ \mu m$，则由线宽变化所要求的电阻最小条宽就可降为 4 μm 。

由上面的分析可以看出，在一定的工艺水平下，要提高电阻的精度，可以通过选取较大的电阻条宽 W 来实现。但是，如果电阻的阻值一定，那么条宽 W 的增加意味着电阻的长度 L 必然增加，这会导致芯片面积和电路的寄生电容增加，所以，在电阻精度和芯片面积两者之间要进行折中考虑。

通常来说，单个基区扩散电阻的相对误差较大，一般在±(10～20)%。但是，正如本章开头所说，在通过一定的设计技巧后，可以使电阻间的匹配性能很好。根据误差理论，电阻及 R_1 和 R_2 的匹配误差可表示为

$$\begin{aligned}\frac{\Delta(R_1/R_2)}{(R_1/R_2)}&\approx\frac{\Delta R_1}{R_1}-\frac{\Delta R_2}{R_2}\\&\approx\left(\frac{\Delta R_{S1}}{R_{S1}}+\frac{\Delta W_1}{W_1}\right)-\left(\frac{\Delta R_{S2}}{R_{S2}}+\frac{\Delta W_2}{W_2}\right)\end{aligned} \tag{4.11}$$

如果将两个电阻做在同一个隔离岛上，相互紧挨着，并使它们的条宽相等、方向相同，则其匹配误差将尽可能小。如果电路中的两个电阻具有相同的连接点，甚至可按如图 4.6 所示，让它们做在一个扩散条上，在中间做引出端将它们分为两个电阻。由于在一般情况下相邻两电阻的方块电阻的变化($\Delta R_S/R_S$)和线宽变化(ΔW)是相等的，即

$$(\Delta R_{S1}/R_{S1})\approx(\Delta R_{S2}/R_{S2})\ ,\ \Delta W_1\approx\Delta W_2$$

所以

$$\frac{\Delta(R_1/R_2)}{R_1/R_2}\approx\Delta W\left(\frac{1}{W_1}-\frac{1}{W_2}\right) \tag{4.12}$$

当 $W_1=W_2$ 时，两电阻比的精度可以做得很高，最小达到±0.2 %以内。

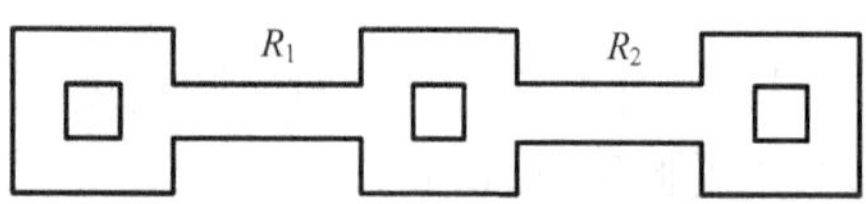

图 4.6　要求匹配的电阻图形结构

(3)流经电阻的最大电流决定的 $W_{R,min}$ 。

电阻单位面积的最大功耗和流经它的最大电流也限制了电阻的最小条宽。通常，对于扁平封装或 TO 型封装的集成电路，在室温下要求电阻的单位面积最大功耗为

$$P_{A,max}\leqslant 5\times 10^{-6}W/\mu m^2 \tag{4.13}$$

而电阻单位面积的功耗为

$$P_A=\frac{I^2R}{WL}=\frac{I^2R_S}{W^2} \tag{4.14}$$

由上式可见，$P_{A,max}$ 对单位电阻条宽可流过的最大电流 $I_{R,max}$ 有一个限制，或者说，如果流过电阻的最大电流一定，那么 $P_{A,max}$ 对电阻的最小条宽 $W_{R,min}$ 有一个限制。由式(4.14)可得电阻最小条宽

$$W_{R,min}=I_{max}\sqrt{\frac{R_s}{P_{A,max}}} \tag{4.15}$$

式中，$W_{R,min}$ 的单位为 μm ；R_s 单位为 Ω/□ ；I 的单位为 mA ；$P_{A,max}$ 的单位为 10^{-6}W/ μm² 。

例如，当 $R_S=200\Omega/□$ ，$I_{max}=6mA$，则由 P_{max} 限制所决定的最小电阻条宽 $W_{R,min}$ 为

$$W_{R,min} = 6\sqrt{\frac{200}{5}} \approx 38(\mu m)$$

由式(4.13)可以得到单位电阻条宽可流过的最大电流 $I_{R,max}$ 为

$$I_{R,max} = \frac{I_{max}}{W_{R,min}} = \sqrt{\frac{P_{A,max}}{R_S}} = \sqrt{\frac{5\times 10^{-6}(W/\mu m^2)}{R_S(\Omega/\square)}}(A/\mu m)$$

对于不同的 R_S，单位电阻条宽可以流过最大的 $I_{R,max}$ 是不同的，对应于一些典型的 $I_{R,max}$ 如表 4.1 所示。

表 4.1　单位扩散电阻条宽的最大工作电流

R_S /(Ω/□)	5	10	100	200
$I_{R,max}$ /mA	1.0	0.71	0.22	0.16

假如 R_S 为固定值，设 R_S =100 Ω/□，则由流经电阻的最大电流所决定的电阻的最小条宽 $W_{R,min}$，见表 4.2 所示。

表 4.2　对应于 I_{max} 的电阻最小条宽 $W_{R,min}$

I_{max} /mA	1	2	4	5
$W_{R,min}$ / μm	4.47	8.94	17.89	22.36

以上分析了对电阻最小条宽的三种限制，在设计扩散电阻的最小条宽时，应取其中最大的一个。

2. 发射区扩散电阻

由于发射区扩散层的表面浓度高，因此其方块电阻较小，通常 R_S = 2～10Ω/□，故该类电阻只能制作小电阻。

发射区(磷)扩散电阻可以做成两种结构。一种是一个电阻做在一个单独的隔离区中，该结构如图 4.7 所示，它是通过直接在外延层上扩散 n^+ 层来形成的。实际上这时外延层电阻并联在发射区扩散电阻上，但由于外延层的电阻率远高于 n^+ 扩散层，所以外延层电阻对发射区扩散电阻的影响可忽略不计。这种结构的发射区扩散电阻不存在寄生效应，所以不需要隐埋层。另一种发射区扩散电阻则是多个电阻共用一个隔离区的结构，如图 4.8 所示。由于多个电阻做在一个隔离区中，因此一个发射区扩散电阻要做在一个单独的 p 型扩散区中，并如图中所示，要使三个 pn 结都处于反偏。由于这种结构有寄生 pnp 效应，因此需要隐埋层。

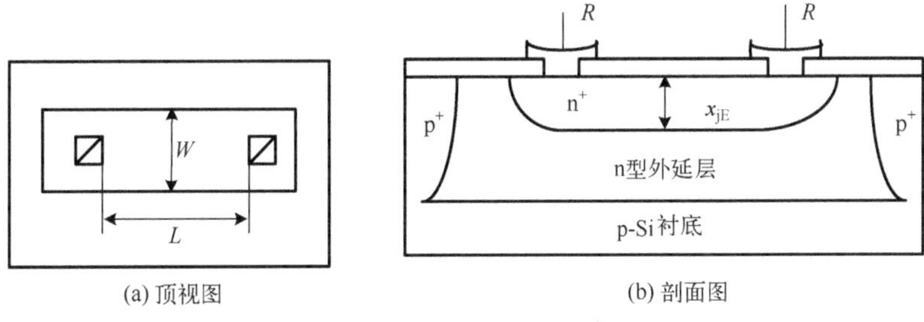

图 4.7　一个电阻做在一个单独的隔离中的发射区扩散电阻结构图

发射区扩散电阻的主要用途有两个，一是用来作小阻值电阻，二是在连线交叉时作“磷桥”

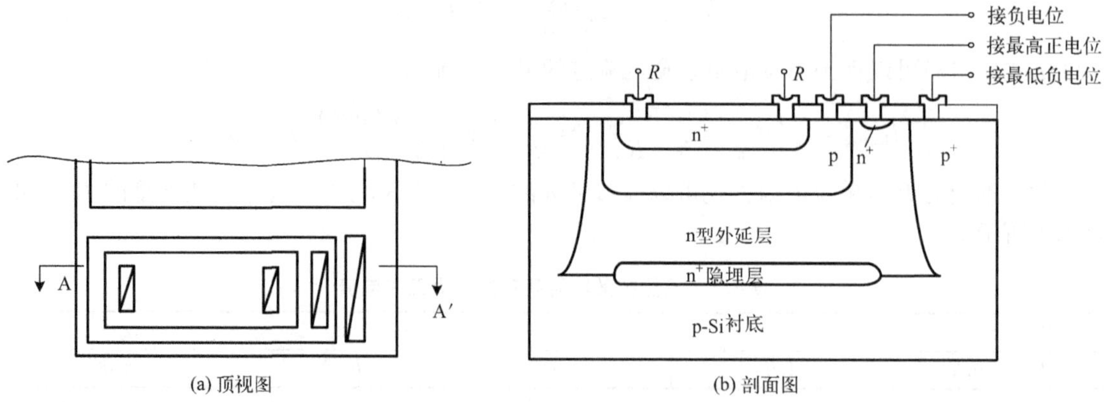

(a) 顶视图　　(b) 剖面图

图 4.8　多个电阻共用一个隔离区的发射区扩散电阻结构图

用，以实现交叉连线之间的隔离，而低阻值的“磷桥”则作为某条连线的一部分。如图 4.9 所示为发射区扩散电阻作“磷桥”的示例，图中在 A-B 连线和 C-D 连线交叉的地方采用高浓度磷扩散形成低阻区作为 A-B 连线的一段。发射区扩散电阻阻值的计算方法和基区扩散电阻类似。

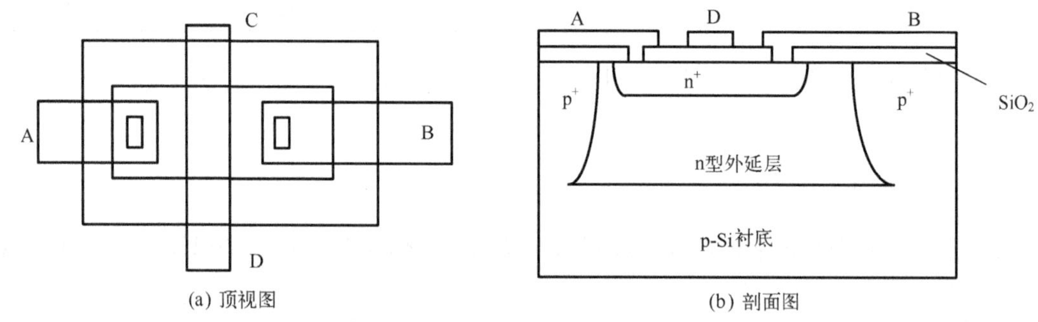

(a) 顶视图　　(b) 剖面图

图 4.9　发射区扩散电阻作“磷桥”的示例

3. 基区沟道电阻

在基区扩散层上再覆盖一层发射区扩散层，利用两次扩散所形成的薄基区扩散层所制作的电阻称为基区沟道电阻，它的结构如图 4.10 所示。基区沟道区的厚相当于晶体管有效基区宽度 W_B，其值一般小于 1 μm，而晶体管有效基区内的平均电阻率 $\bar{\rho}_B$ 也较高，因此，其方块电阻 $R_{SB}=\rho_B/(x_{jc}-x_{jE})=\bar{\rho}_B/W_B$ 也较大，可达 5～15kΩ/□，所以可做的阻值范围为几千欧到几兆欧。

由于基区沟道电阻的结构特点，它除了具有方块电阻大的特性外，还具有以下特点。

(1)电阻值与偏置电压 V_R有关，其线性区很小，因此只有当 V_R很小时(1～2V)，阻值 R 才近似为常数。

(2)为了防止 JFET 进入非线性区，要求电压很小，其阻值又很高，所以基区沟道电阻只能用于小电流、小电压情况，多数用作基区偏置电阻或泄放电阻。

(3)基区沟道电阻的精度很低，因为 W_B完全由 npn 管的基区宽度决定，而没有电阻独立的控制因素，其电阻值的相对误差 $\Delta R/R=\pm(50\sim100)\%$。

(4)由于有大面积的 n^+p 结，因此寄生电容较大；又因为其方块电阻 R_{SB}较大，所以基区沟道电阻的温度系数较大，为(0.3～0.5)%ppm/℃。

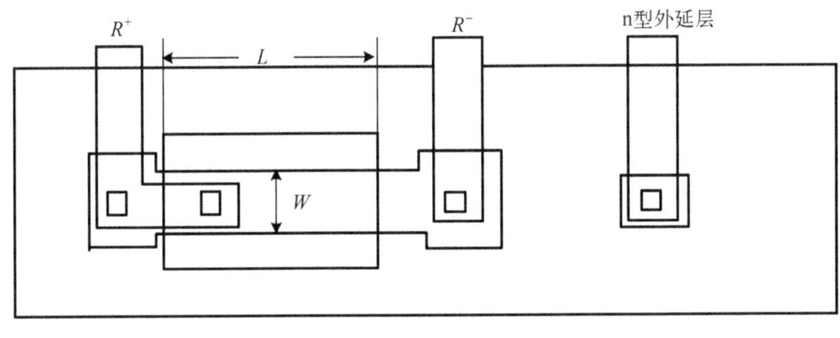

(a)顶视图

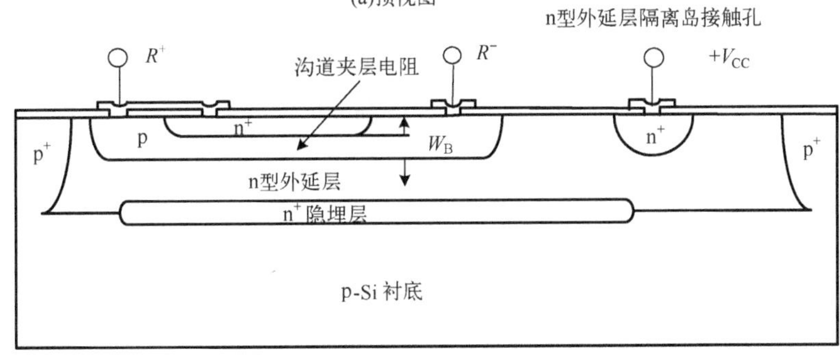

(b)剖面图

图 4.10　基区沟道电阻的结构

基区沟道电阻的阻值计算仍可利用式(4.2)

$$R \approx R_S \frac{L}{W}$$

式中，L 为 n^+ 扩散区的长度。在 n^+ 扩散区覆盖外的 p 区的方块电阻 R_{SB}很小，这部分 p 区的阻值比基区沟道电阻小 1～2 个数量级，故可忽略不计。

4. 外延层电阻

外延层电阻(体电阻)是直接利用外延层做成的电阻，所以又称为体电阻，其结构如图 4.11 所示，两端的 n^+ 扩散区是电极的接触区。由于外延层电阻率高，且其击穿电压为隔离结击穿电压，BV_{CSO}较高，因此它是一种能够承受较高电压的高阻值电阻。从图 4.11 可见，外延层电阻结构中不存在寄生 pnp 效应，所以不需要隐埋层。

由于横向扩散的存在，在进行阻值设计时，要注意横向修正。即应如图 4.12 所示那样，电阻宽度 W 应是扣除隔离结横向扩散后电阻区的实际宽度。

假设横向扩散量 $\approx x_{jI} \approx T_{epi}$ (x_{jI} 为隔离结扩散结深)，隔离结结面为 1/4 圆柱面，则

$$R \approx R_S \frac{L}{W - 1.57x_{jI}} \tag{4.16}$$

外延层电阻阻值的控制主要是通过外延工艺(决定 ρ_{epi} 和 T_{epi})和隔离扩散工艺(决定 x_{jI})来进行的，这两道工艺本身就较难控制，况且后续工艺对外延层电阻阻值的影响也较大。所以，外延层电阻的相对误差 $\Delta R/R$ 大，大约为 ±(30～50)%。

如果需要更高阻值的电阻，则可在外延层上再覆盖一层 p 型扩散层，做成类似基于沟道电阻的外延层沟道电阻，如图 4.13 所示。此时其阻值 R 为

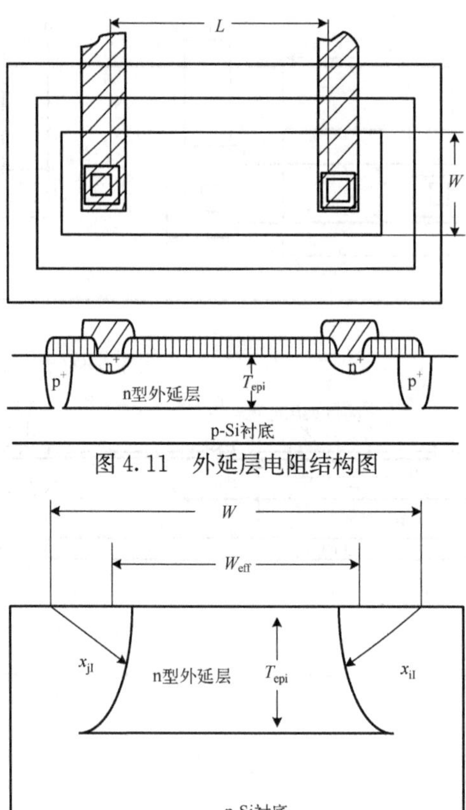

图 4.11　外延层电阻结构图

图 4.12　外延层电阻的横截面

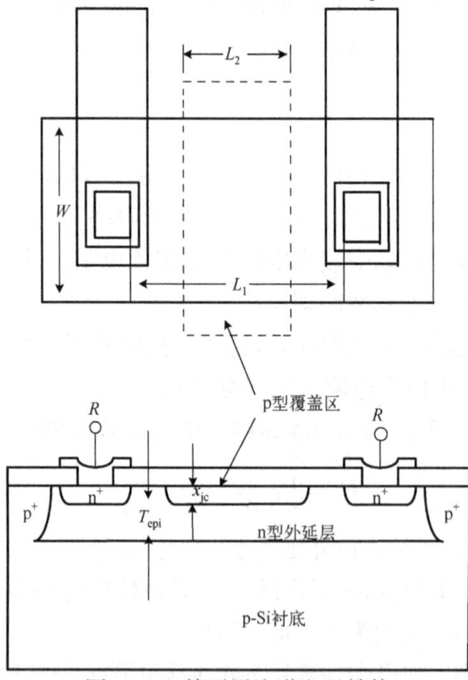

图 4.13　外延层沟道电阻结构

$$R \approx R'_S \frac{L'}{W} = \frac{\rho_{epi}}{T_{epi} - x_{jc}} \frac{L'}{W} \tag{4.17}$$

式中，R'_S 为沟道区方块电阻；L' 为 p 型扩散区长度；W 为外延层宽度。

5. 离子注入电阻

离子注入电阻通常采用硼离子注入形成。其是在 n 型外延层上注入硼离子形成电阻区，在电阻区的两端进行 p 型杂质扩散，以获得欧姆接触，作为电阻的引出端。硼离子注入电阻结构示意图如图 4.14 所示，这种电阻具有控制精度高、方块电阻大、温度系数小等优点。其方块电阻值可由注入剂量和退火条件进行控制，控制范围较大，其范围一般为 0.1～20 kΩ/□，所以可以做的阻值范围较大。

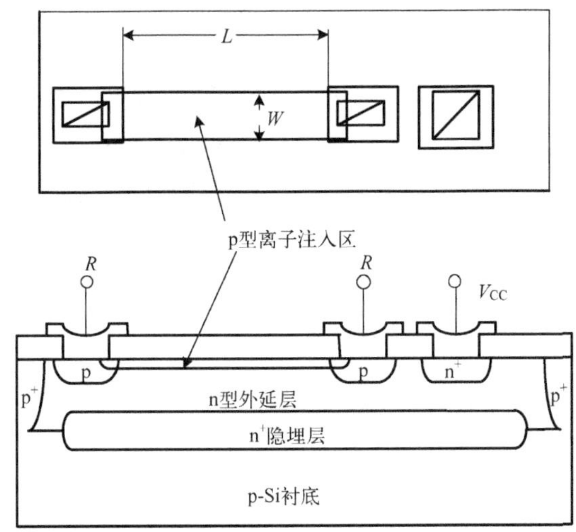

图 4.14　硼离子注入电阻结构示意图

离子注入电阻的横向扩散很小，因此其实际尺寸 W 和 L 可由注入掩膜窗口精确确定。这类电阻的缺点是由于注入结深 x_j 较小（0.1～0.8 μm），因此注入层的厚度受耗尽层的影响较大，导致电阻的阻值随电阻两端电压的增加而变大。

4.1.2　MOS 集成电路中常用的电阻

在 MOS 集成电路中的电阻主要有多晶硅电阻、n 阱电阻、n^+ 或 p^+ 电阻和用 MOS 管形成的电阻。多晶硅电阻是 MOS 集成电路工艺中用得较多的一类电阻，n 阱电阻用来实现较大电阻，而 n^+ 或 p^+ 电阻则用来实现小电阻，用 MOSFET 形成的电阻是占芯片面积较小的一类非线性电阻。

1. 多晶硅电阻

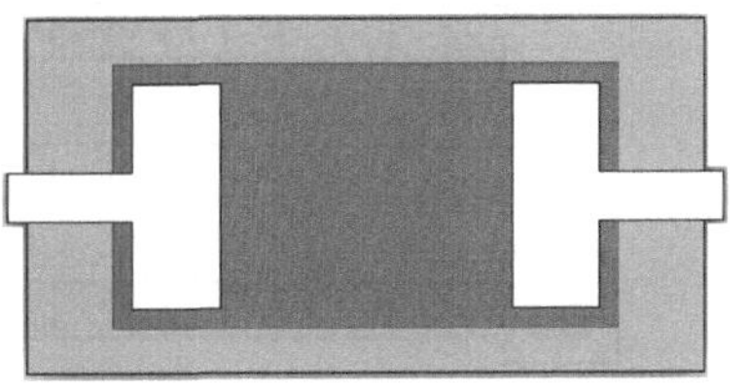

图 4.15　多晶硅电阻版图

在硅栅 MOS 集成电路中常用的一类电阻是多晶硅电阻，其结构如图 4.15 所示。顶视图中最外面白色矩形部分为场区氧化层，也就是说多晶硅电阻是做在场区氧化层上面的。

制作多晶硅电阻时，先对多晶硅进行离子注入，使其方块电阻达到要求。然后将淀积在场区上方的多晶硅光刻成电阻条形状，其光刻版图如图 4.15 所示。随后在多晶硅电阻条上生成氧化层，用来掩蔽源漏区离子注入时掺杂可能对电阻条的影响，避免方块电阻的变化。

多晶硅电阻的阻值由掺杂浓度和电阻的形状决定。多晶硅电阻通常被设计成图 4.15 所示长条形，在电阻的两端开接触孔与金属连接，接触孔之间的长度就是多晶硅电阻的长度 L，宽度为 W，多晶硅方块电阻为 $R_{S,poly\text{-}Si}$，则该多晶硅电阻可近似为

$$R = R_{S,poly\text{-}si}\frac{L}{W} \tag{4.18}$$

图 4.16 给出了多晶硅电阻 3D 结构及截面图。

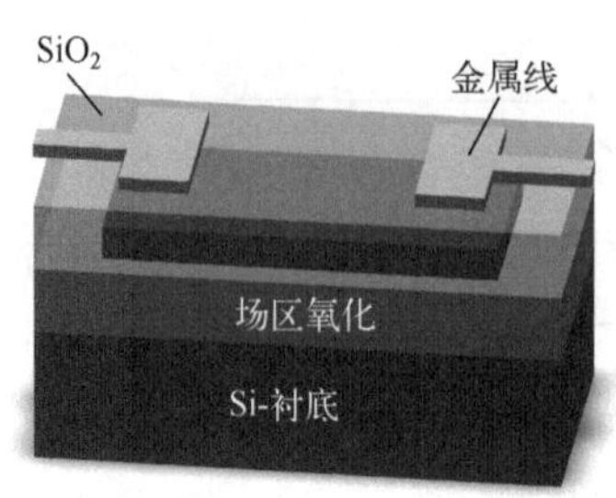

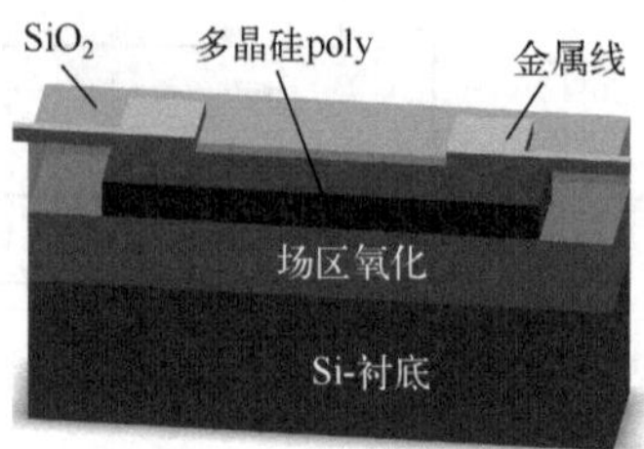

图 4.16　多晶硅电阻 3D 结构及截面图

在实际应用时，如果需要设计阻值较大的电阻，可以通过增加电阻条的方块数来实现。图 4.17 给出了一种狗骨头形状多晶硅电阻结构。在图 4.17 中，两个接触孔之间的多晶硅变窄，为了满足设计规则对接触孔的要求，电阻的端头并没有缩小。由于其形状特点，将这种结构称为狗骨头型或者哑铃型电阻。

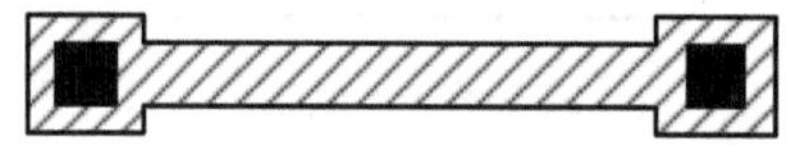

图 4.17　狗骨头形状多晶硅电阻示意图

如果需要更大的电阻，可以通过进一步增加电阻条的方块数来实现。在集成电路中，由于又直又长的电阻条不利于排版，同时由于应力影响会使长条型薄膜材料发生翘曲或者断裂，导致电阻失效，因此，通过采用如图 4.18 所示的蛇形（或弯折型）电阻结构来实现大电阻。

在图 4.18 中，电阻的方块数较多，电阻值大，而且结构为正方形，有利于电路的布局，减少占用的面积。蛇形结构电阻阻值的计算方法如图 4.18 所示，直接将其分成多个方块的串联。需要注意的是，如图 4.19 所示，在电阻的拐角电子的流动只利用了半个拐角，因此拐角处需要进行拐角修正。

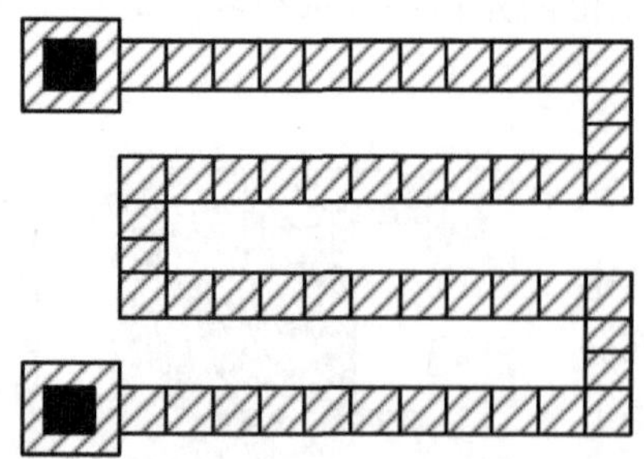

图 4.18　蛇形（或弯折型）电阻结构

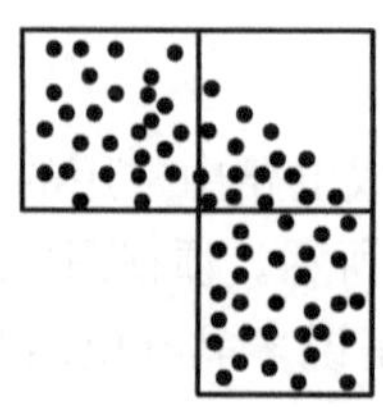

图 4.19　电阻拐角处电阻折半处理

2. n 阱电阻

在 CMOS 工艺中，不同区域的掺杂浓度不同，就会形成方块电阻不同的电阻区域。利用这一特点，可以实现不同量级的电阻。因为 MOS 集成电路工艺中的 n 阱、p 阱区电阻率较大，所以可以利用这一层形成较大阻值的电阻，其结构如图 4.20 所示。由于阱区掺杂浓度较低，为了形成欧姆接触，在电阻的两个引出端头处需要进行 n^+ 层掺杂，其他区域则为场氧区。

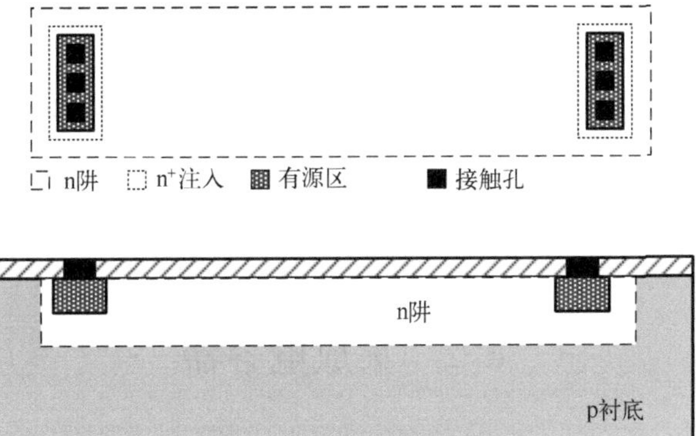

图 4.20　n 阱电阻结构

在制备阱区电阻时，一定要保证电阻图形的尺寸（长度或者宽度）至少是阱深的两倍，否则阱将不能达到全部结深。

3. n^+ 或 p^+ 电阻

如果需要制作小阻值的电阻，则可以利用 MOS 集成电路工艺中的源漏区域 n^+ 或 p^+ 来实现。图 4.21 所示为 p^+ 电阻结构示意图，p^+ 电阻做在 n 阱区内。其阻值计算方法仍然与式(4.18)相同，但因为该区域的电阻率 ρ 较小，因此电阻阻值也较小。

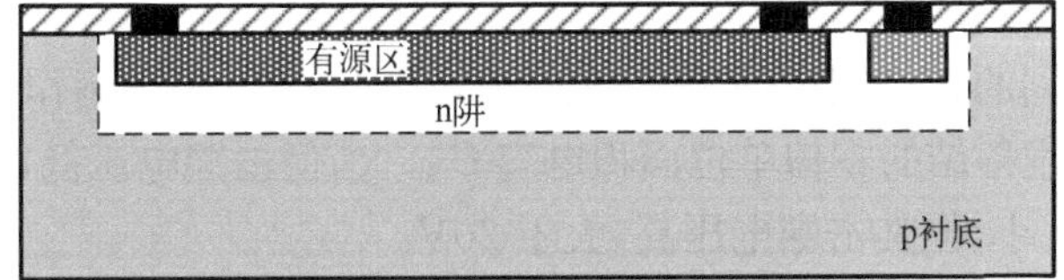

图 4.21　p^+ 电阻结构示意图

由于有源区电阻制备阱上，必须考虑阱的电位分布。要保证电阻可以正常工作，有源区和衬底的之间的 pn 结必须保证反偏。在 n 阱上制备 p^+ 有源区电阻，n 阱必须接高电位。因此，电阻条两端的接触孔，在阱区需要设置接触孔，保证 n 阱电位为高。

另一方面，MOS 集成电阻最小线宽的设计与双极一样，要考虑精度、设计规则及电阻的通流能力。

4. 用 MOS 管形成的电阻

由于 MOS 管工作在非饱和区时，其导通电阻可近似为一个线性电阻，因此，在 MOS 电路中经常使用 MOS 管形成的电阻，它所占的芯片面积要比其他电阻小很多，但它是一个非线性电阻。在后面关于 MOSFET 的电学特性介绍可以了解到，它工作在非饱和区时的等效导通电阻为

$$R_C = \frac{\partial V_{DS}}{\partial I_{DS}} = [2K(V_{GS} - V_T) - V_{DS}]^{-1} \tag{4.19}$$

式中，K 称为 MOSFET 的导电因子；V_{GS}为 MOSFET 栅极和源极之间的电压；V_{DS} 为漏极和源极之间的电压。

当 V_{DS} 很小时，可得

$$R_C = [2K(V_{GS} - V_T)]^{-1} \tag{4.20}$$

4.2 集成电容器

在集成电路中，电容也是一种重要的无源元件。但因为电容器占面积大，所以集成电路中应尽量避免使用电容器。在双极型模拟集成电路中，常用集成电容器进行电路的频率补偿以改善其频率特性。双极集成电路中的电容有普通 pn 结电容和 MOS 电容两种结构。普通 pn 结电容的容量较小，有较大的温度系数和寄生效应等缺点，故应用不多，但其优点是与双极工艺兼容；MOS 电容在其氧化层厚度大于 1000Å 时具有容量近似固定、击穿电压高的优点，因而应用较多，但是需要在 npn 管工艺基础上额外增加氧化层的制作工艺。MOS 模拟集成电路中，由于在工艺上制造电容器相对比双极型工艺容易，并且容易与 MOS 器件相匹配，故集成电容器得到较广泛的应用。MOS 集成电路中常用的电容有双层多晶硅（金属）电容、MOS 电容和多层金属垂直电容。

4.2.1 双极集成电路中常用的集成电容器

在双极集成电路中，常使用的集成电容器有反偏 pn 结电容器和 MOS 电容器。

1. 反偏 pn 结电容器

利用 pn 结反向偏置的电容效应，可以制作 pn 结集成电容器，其制作工艺和 npn 管工艺完全兼容，但正如前面提到的，它的电容值做不大。npn 管工艺中，可以制作发射结、集电结和隔离结三种 pn 结电容器。发射结的零偏单位面积电容 C_{jA0} 大，但击穿电压低，约为 6～9V；集电结的零偏单位面积电容 C_{jA0} 小，但其击穿电压高，大于 20V。

如果要提高 PN 结零偏单位面积电容 C_{jA0} ，可采用隔离结 PN 结电容，如图 4.22(a)所示，它采用发射区扩散层—隔离扩散层—隐埋层结构，这种结构的电容器实际上是两个电容并联，p^+-n_E^+ 的单位面积结电容约为 2.5×10^{-3}pF/μm^2，p^+-n_{BL}^+ 的单位面积结电容约为 1.2×10^{-3}pF/μm^2，所以其零偏单位面积电容 C_{jA0} 大，但由于存在 p^+ n^+ 结，所以击穿电压只有 4～5V。另外，如图 4.22(b)所示，由于隔离（衬底）结的存在，这种结构的电容存在寄生电容 C_{jS} 。因为由于隔离结的面积较大，所以 C_{jS} 也较大，为了减小 C_{jS} 的影响，应降低所使用结上的反偏压，使结电容提高，并尽量提高衬底结的反偏，以提高 C/C_{jS} 的值。

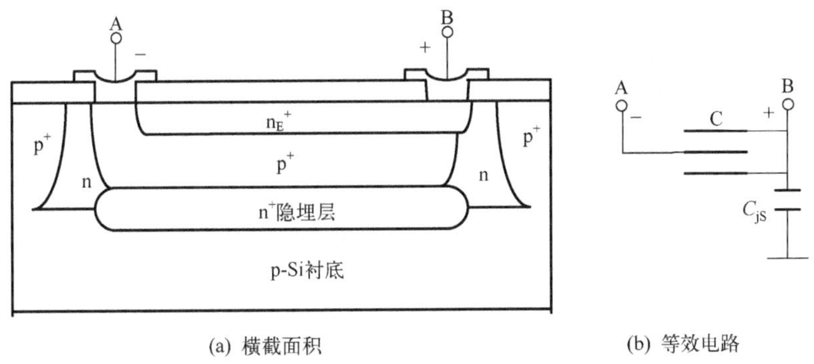

图 4.22　发射区扩散层—隔离扩散层—隐埋层 pn 结电容结构

相对于随后要介绍的 MOS 电容器，pn 结电容的最大优点是其制作工艺与 npn 管工艺完全兼容。

2. MOS 电容器

双极集成电路中常用的 MOS 电容器结构为平行板电容器结构，如图 4.23 所示。它的下电极为 n^+ 发射区扩散层，上电极为铝电极，中间绝缘介质为 SiO_2，其厚度大于 1000Å。因为电容器中间绝缘介质对工艺的要求较高，所以双极集成电路中制作 MOS 电容器一般需要用额外的工艺来完成绝缘介质层的制作，其他工艺与 npn 管兼容。

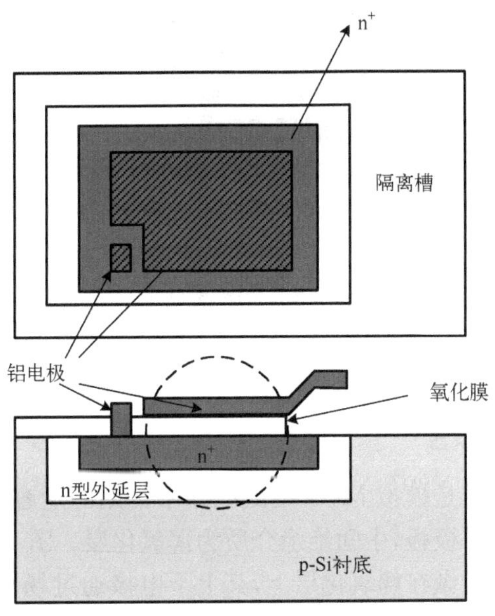

图 4.23　平行板电容器结构

由半导体物理的知识可以知道，一般情况下 MOS 电容器的电容值 C_{MOS} 和电容器两端的电压以及下电极半导体表面掺杂浓度有关。但实验表明，当下电极用 n^+ 发射区扩散层，掺杂浓度达到 $N \approx 10^{20}/\mathrm{cm}^3$ 时，只要氧化层厚度 $t_{OX} > 0.1\,\mu\mathrm{m}$，就可以认为这类电容器的电容值 C_{MOS} 与工作电压及信号频率无关。所以

$$C_{MOS} \approx C_{OX} = \frac{\varepsilon_{SiO_2}}{t_{OX}} A = C_A A \tag{4.21}$$

通常来说，平行板电容器单位面积的电容值 C_A 较小（$C_A = 3.1 \sim 6.2 \times 10^{-4}$ pF/μm^2），所以占用的芯片面积较大。例如，在氧化层厚度 $t_{OX} = 0.1$ μm 时，$C_A \approx 3.45 \times 10^{-4}$ pF/μm^2，所以做一个 30pF 的电容，其占用的芯片面积为 $A = C/C_A \approx 0.1$ mm^2。

但相对于 PN 结电容来说，其击穿电压 BV 较高，通常 BV＞50V，BV＝$E_B t_{OX}$。其中，E_B 为 SiO_2 的击穿电场强度，根据氧化层质量的不同，该值范围通常在(5～10)×10^6 V/cm。所以，在 $t_{OX} = 0.1$ μm 时，BV＝50～100V。但如果氧化层上有针孔等缺陷，或者氧化层不是细密均匀的平面时，就会使击穿电压大大下降。

在设计大容量电容时，为了减小电容所占面积，通常采用叠式或槽式结构的电容，如图 4.24 所示，它们是在动态随机存储器(dynamic random access memory，DRAM)中常用的电容结构。

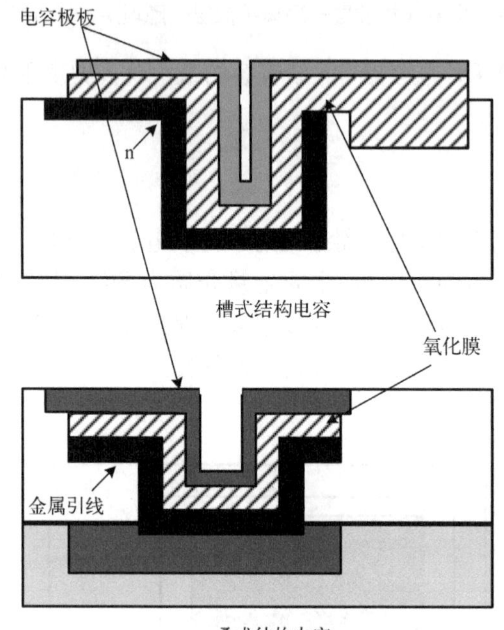

图 4.24　大电容结构

4.2.2　MOS 集成电路中常用的电容器

1. 双层多晶硅(金属)电容器

双层多晶硅(金属)电容器是模拟 MOS 集成电路中常用的电容器结构，它采用两层多晶硅或金属分别作为电容器的上下极板，中间绝缘介质为薄氧化层。图 4.25 所示为双层多晶硅电容器结构示意图。因为该电容器做在场氧化层上，其上下电极通过场氧化层与其他元件及衬底隔开，所以是一个寄生参量很小的、以薄氧化层为介质的固定电容。只要能精确控制所生长的氧化层介质的质量和厚度，就可得到精确的电容值，其电容值的大小为

$$C = \frac{\varepsilon_{OX}\varepsilon_0}{t_{OX}} \cdot W \cdot L \tag{4.22}$$

2. MOS 电容器

如果 MOS 集成电路工艺中只有一层多晶硅，此时可采用单层多晶硅和半导体层形成 MOS 电容器，其结构如图 4.26 所示，它以栅氧化层作为介质，多晶硅为上电极，衬底或注入层为下电极。

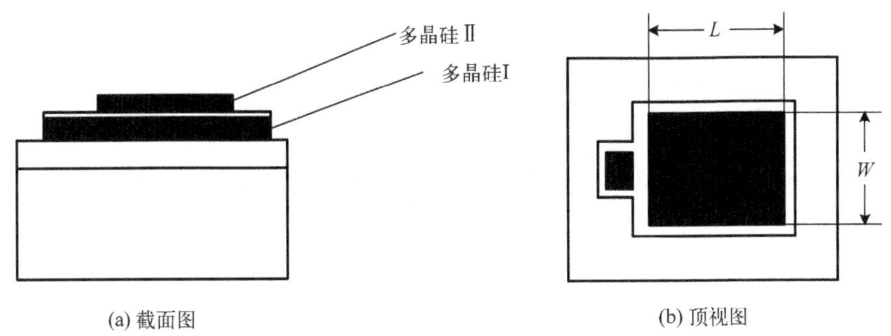

图 4.25　双层多晶硅电容器结构示意图

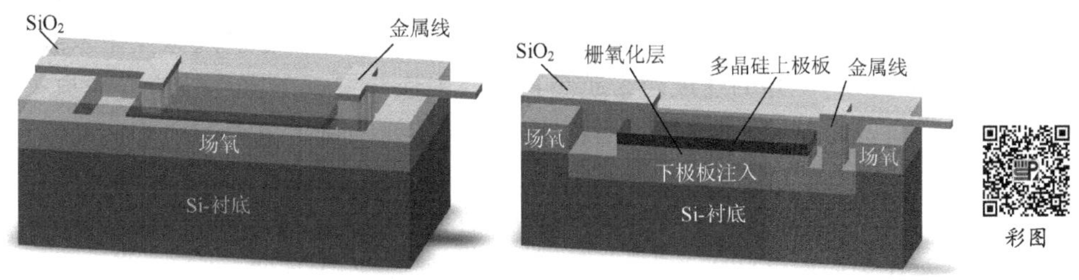

图 4.26　MOS 电容器结构

3. *多层金属垂直电容*

在多层布线集成电路工艺中，还可以采用多层金属电容垂直并联构成电容，其示意图如图 4.27所示，可以将几层金属并联作为电容的一个极板。图 4.27(a)为将多晶硅 poly 和第二层金属 M_2 并联作为电容的下极板，第一层金属 M_1 和第三层金属 M_3 并联作为电容的上极板，这样总电容 C_{TOT} 为

$$C_{TOT} \approx C_{poly\text{-}M_1} + C_{M_1\text{-}M_2} + C_{M_2\text{-}M_3} \tag{4.23}$$

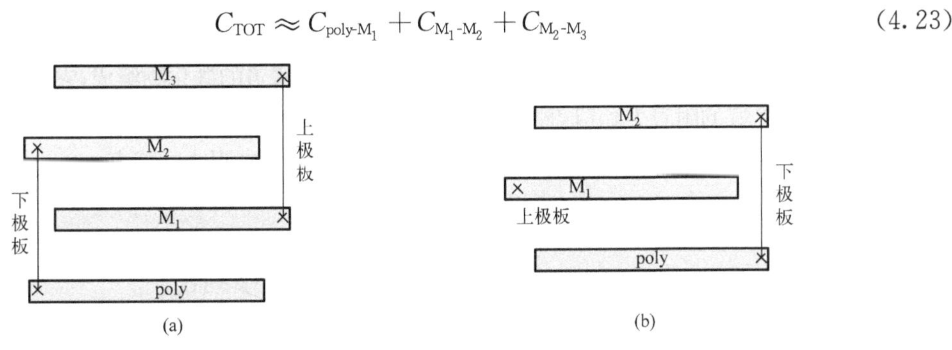

图 4.27　多层金属垂直电容示意图

而图 4.27(b)的上极板为 M_1，下极板为多晶硅和 M_2 并联，其总电容 C_{TOT} 为

$$C_{TOT} \approx C_{poly\text{-}M_1} + C_{M_1\text{-}M_2}$$

图 4.28 为由金属 1、金属 2 和金属 3 构成的 3 层金属垂直电容版图和截面图。

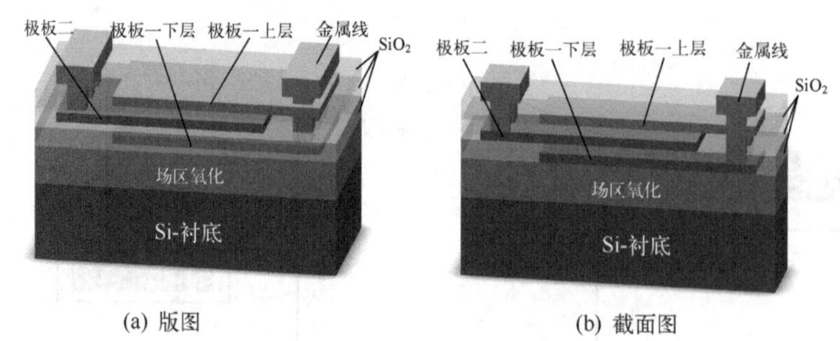

彩图

(a) 版图　　(b) 截面图

图 4.28　3 层金属垂直电容版图和截面图

4.3 互 连 线

电路各元件之间的连接需要靠互连线来实现。在集成电路设计的早期时代，连线带来的寄生效应往往被忽略。但是，随着工艺尺寸的缩小，尤其是器件尺寸进入深亚微米级以后，晶体管的延迟变得越来越小，电路的速度越来越高，相反，由连线引起的寄生效应变得愈来愈明显。所以，在进行电路计算机辅助设计时，应当相应地引入连线的寄生电阻和电容等效模型。因此，广义讲，连线也是一种“元件”。

实现电路各器件之间的互连有多种选择，当前先进的工艺往往可以提供多层金属和至少一层多晶硅，甚至作为源漏区的重掺杂 p^+ 和 n^+ 区域也可以作为连线。因此，集成电路的内连线有金属膜、扩散层、多晶硅连线等，应根据实际情况，在不同的地方采用不同的连线。

4.3.1　多晶硅互连线

当前 MOS 集成电路多采用多晶硅栅工艺，这层多晶硅同时可用作传输小电流的连线。在 CMOS 集成电路中，相应的 pMOS 和 nMOS 栅极相连接，两管距离通常较短，且栅极一般只流过瞬态电流，因此用多晶硅作此局部连线是很合适的。掺杂多晶硅的薄层电阻 $R_S = 15 \sim 50\Omega/\Box$，所以当器件尺寸进一步缩小时，多晶硅连线电阻太大。对于较先进的工艺，会提供硅化工艺，形成低阻的硅化物。所谓硅化物，是用硅和一种难熔金属形成的合成材料。它是一种高导电性的材料，且能耐受高温工艺步骤而不会熔化。常用的硅化物包括 $TiSi_2$、WSi_2、PtSi 及 $TaSi_2$。如 WSi_2 的电阻率 ρ 为 130 $\mu\Omega \cdot$ cm，比多晶硅低 8 倍左右。典型的多晶硅化物由底层的多晶硅和上面覆盖的硅化物组成，它结合了两种材料的优点——多晶硅良好的附着力和覆盖性、硅化物良好的导电性。如图 4.29 所示为具有硅化物多晶硅栅的 MOSFET，采用多晶硅化物栅制作出来的 MOSFET 具有栅电阻小的优点。

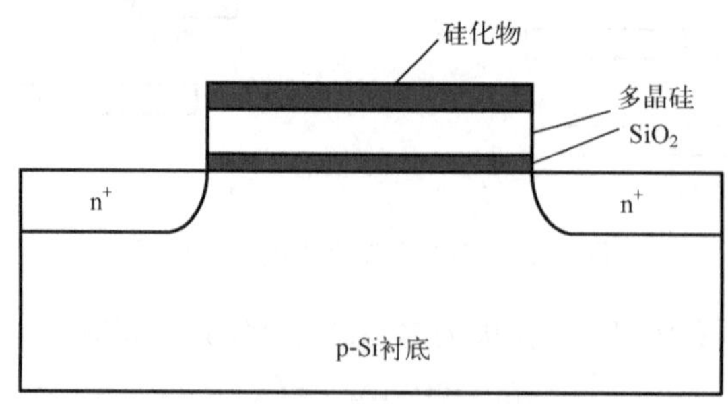

图 4.29　硅化物多晶硅栅的 MOSFET

4.3.2 扩散层连线

在双极集成电路中,因为基区扩散层的方块电阻较大($R_S = 100 \sim 200\Omega/\square$),一般不用基区扩散层作内部连线。而在MOS集成电路中,源、漏扩散区的方块电阻 $R_S = 10 \sim 300\Omega/\square$,做成硅化物扩散区后,其方块电阻可减小到 $3\sim5\Omega/\square$,因此,有时可用这层扩散层作内连线。一般是将相应的MOS管的源或漏区加以延伸而成,但它具有较大的pn结电容及较大的RC延时,所以应尽量避免使用这层连线。

4.3.3 金属互连线

集成电路中使用最多的互连线是金属互连线。对于大电流密度的地方必须采用金属互连线。由于铝具有导电性能好,与硅和 SiO_2 黏附性好,能与硅形成良好的欧姆接触,易于加工,合金温度低等优点,因此,在过去一般集成电路都选用铝膜作金属互连线。然而,在进入到深亚微米级以后的集成电路工艺中(通常在0.18 μm以下工艺中),由于线条尺寸的减小,连线电阻的增加和电迁移问题日渐突出,需要采用导电性能更好的铜作为金属互连线。由于铜在硅中的扩散非常迅速,因此很容易造成污染。通常,为了防止铜扩散到 SiO_2 中,需要使用一层薄的覆盖材料如TiN来保护铜,也正是因为这种创新性的技术,使得铜作为集成电路中的金属互连线得到广泛应用。

用铜互连代替铝互连的主要原因是这两种材料的电阻。过去,由于工艺尺寸较大,连线电阻很小,可以忽略。但在现代工艺中,线宽变得非常小,连线电阻显著增大,电阻的增大导致信号线上的延迟变大和电源网格的电压下降。

矩形导线电阻的计算方法和前面基区电阻的近似计算方法相同,可以表示成:

$$R \approx \frac{\rho L}{A} = \frac{\rho L}{TW} \tag{4.24}$$

式中,ρ 为材料的电阻率,单位为 $\Omega\cdot$cm;T 为导线的厚度;L 为导线的长度;W 为导线的宽度。主要金属互连线材料铝的电阻率为2.7 μΩ·cm,铜的电阻率为1.7 μΩ·cm,而接触孔材料钨的电阻率为5.5 μΩ·cm。

同样地,对于给定的工艺,导线厚度 T 是一个常数,所以式(4.24)可以表示成

$$R \approx R_S \frac{L}{W} \tag{4.25}$$

式中

$$R_S = \frac{\rho}{T} \tag{4.26}$$

为导线的方块电阻,单位为 $\Omega/\square$。而 L/W 的比值为导线的方数。随着集成电路的发展,连线变得越来越窄,所以,对于相同长度的连线,其方数增加了,从而增大了电阻。另一方面,随着尺寸的缩小,导线的厚度也相应缩小,使得其方块电阻变大,当然,事实上,为了保持其相对低的方块电阻,导线的厚度并没有完全按比例缩小。这些因素使得导线上的电阻变得越来越显著,也使得铜互连线代替铝互连线成为必然。铜布线取代铝布线后,使得0.13 μm工艺中导线厚度按比例缩小后,仍然保持了与0.18 μm工艺中铝导线大约相同的值。

在早期的集成电路工艺中,由于器件数目较少,只使用一层或两层金属来连接器件,布线过程相当简单。随着工艺尺寸的缩小和晶体管密度的增加,一层或两层的布线容量已经不能满足

布线要求，必须增加互连层来实现复杂的布线。所以，当前集成电路工艺中互连层的数量通常都在 5～8 层以上。图 4.30 为一个具有五层金属互连结构的横截面示意图。不同层之间的金属实现互连是通过接触孔或者通孔来实现的，接触孔通常用来将第一层金属线连接到晶体管，而通孔则用来连接不同的金属层。例如，为了将金属层 2 连接到金属层 5 上，依次需要连接的是金属层 2、通孔 2、金属层 3、通孔 3、金属层 4、通孔 4 和最后的金属层 5。过去，铝用来做金属层连线，钨用来实现通孔。在当今先进的集成电路工艺中，铜用来做金属层连线，同时，通过“二次镶嵌”(dual damascence)工艺，铜可以同时用来做通孔。但因为钨具有比铜更好的黏附特性，所以接触孔还是用钨来实现。在进行多层金属布线时，每放置一层新的金属层之前，必须采用化学机械抛光(chemical mechanical polishing，CMP)工艺来进行表面的平坦化。但需注意的是，表面平坦化程度与抛光表面下的材料有关。如果存在高密度和低密度的金属区，则这两个区域中的效果将会不一致，有可能引起某一区域材料的下沉，发生凹陷现象。所以，为了提高 CMP 的性能，要求芯片设计师在进行版图设计时必须在空白区域中进行必要的金属填充。

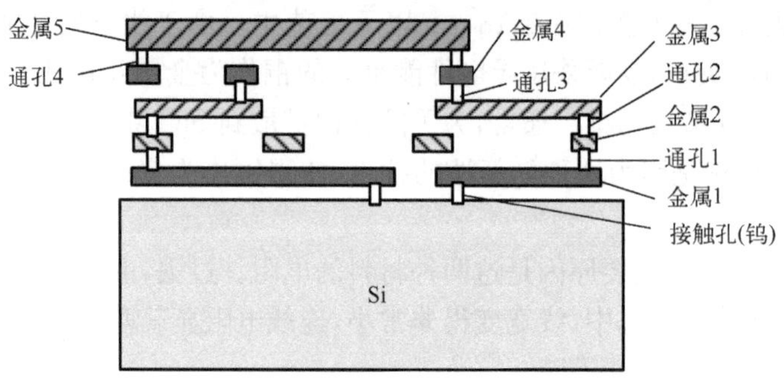

图 4.30　五层金属互连结构的横截面示意图

在多层布线中，不同布线层之间的连接给导线带来了额外的电阻，称为接触电阻。因此，在布线策略中应尽可能地使信号线保持在同一层上以避免过多的接触孔或通孔，而在需要通孔的地方使用一排接触孔或通孔，以增加接触孔的面积来降低电阻。

互连线带来的另一个寄生效应是连线电容，连线电容的组成如图 4.31 所示，分为对地电容和线间电容。对地电容存在于导线和衬底之间，线间电容则是指不同导线之间的电容，它由相邻层间连线的电容和同一层相邻连线间的电容组成。简单假设连线电容为平行板电容器，则电容器的基本计算公式如下

$$C=\frac{k\varepsilon_0}{t}WL \tag{4.27}$$

式中，ε_0为真空介电常数；k 为绝缘体的相对介电常数；t 为绝缘材料的厚度。

以前，对地电容在寄生电容中起主导作用，随着特征尺寸的减小，导线的宽度 W 在逐渐减小，使得这项电容值在逐渐减小。但是，随着特征尺寸的减小，线间电容中其距离 t 也在减小，使得线间电容的值一直在增加。多年来，线间电容在不断增大而对地电容逐渐减小，这两项电容和总电容的变化趋势如图 4.32 所示。由图可见，由于线宽的缩小，线间电容逐渐超过对地电容，从而引起总电容的增加。由式(4.27)可知，要减小线间电容，增加相邻层金属线之间绝缘体高度和同一层金属线之间的距离，或者减小绝缘材料的介电常数 k 都是有效的方法。但是绝缘体(通孔)高度的增加会增大电阻，而同一层金属线之间距离的增加会增大芯片面积，因此，近年来，开发具有低 k 值(low－k)的电介质材料是深亚微米工艺中减小线间耦合电容的有效手段。

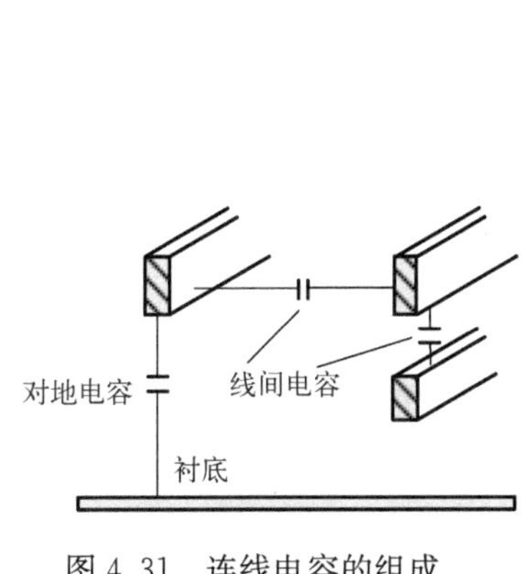

图 4.31　连线电容的组成

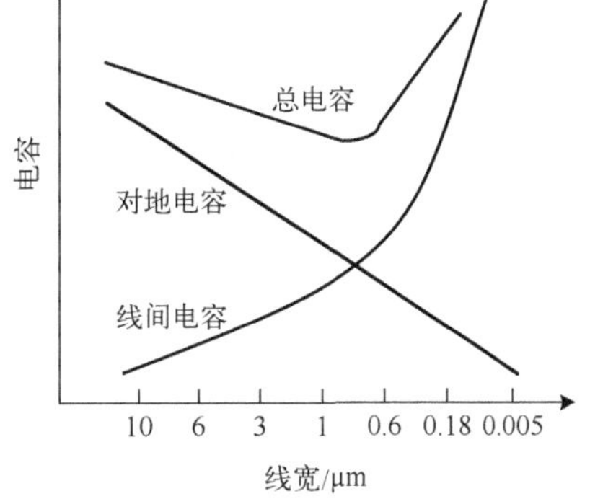

图 4.32　连线电容变化趋势

总体来说，连线电阻和电容的增加给深亚微米集成电路的设计带来了很多问题，如以下几种。

(1)连线上的 RC 延迟变大，导线延迟的显著增加和晶体管速度的增加使得导线的延迟很快将超过门延迟。

(2)线间耦合电容的增加导致电路的耦合噪声增加，可能导致设计失败，带来了信号完整性问题。

(3)电源线电阻的增加，导致电路中电压沿着电源线电压下降，这称为 IR 下降(IR drop)。若下降太多，可能影响到连接到电源线上门的时序和功能。

为了处理这些问题，在进行深亚微米集成电路设计时需要设计师以及借助 CAD 工具采取一些特殊的方法，如在长连线间插入缓冲器，进行信号完整性分析等。

技术拓展：修调技术

在实际的集成电路流片过程中，电路性能总是会受到半导体制造工艺的非理想因素影响，这些寄生效应主要表现在电阻绝对偏差、电阻的温度系数、电阻电容失配等方面，普遍存在于芯片与芯片之间、晶圆与晶圆之间、批次与批次之间，由于这些误差具有随机特性，因此很难通过仿真途径进行有效地预测。虽然当前成熟的工艺都会提供蒙特卡洛失配模型，但是这也只是趋势的模拟，无法精确地验证出实际流片的误差情况，尤其是在高精度的应用场合，必须要通过一定的校正方法解决该问题，集成电路中所有的修调技术就是其中一种有效的解决方案。

为了在标准工艺上实现高精度的模拟集成电路，对经过流片工艺加工完成的芯片进行修调成为改善匹配性、提高绝对精度和相对精度、提高芯片成品率的常用解决方案。修调技术广泛应用于高精度的基准电压源、基准电流源、高性能 A/D 变换器、高性能 D/A 变换器、高精度电源管理芯片中。目前集成电路中典型的修调技术主要有：激光修调、熔丝修调、齐纳击穿二极管修调、电子熔丝修调等。

1)激光修调

激光修调常用于调整薄膜电阻的阻值，激光束对待修调部位进行局部加热，从而改变局部材料的微观结构或者化学组成，改变总体阻值。激光修调可以实现连续修调和通断修调两种。激光修调通过激光束光斑和设备移动步进精度，对薄膜电阻进行连续修调，直到获得优化的精度时才停止修调。

2)熔丝修调

熔丝一般是由一条金属电阻或是薄膜电阻构成，中间较窄两头较宽，修调时通过大电流产生的热量将其熔断。对于大电流烧断的金属熔丝和多晶硅熔丝，其工作原理基本相同，大都是使用探针连接引入大电流熔断，一般是需要一定的电流值和持续时间，具体与工艺相关。也有部分工艺不需要探针引入大电流，而是通过内部开关实现。熔丝修调一旦熔断之后便不可恢复，因此一般在熔断前先进行预熔断的结果验证，以提高修调后的成品率。当然，熔丝也可以采用激光进行切割，原理是利用激光能量将金属连接汽化。总体来说，熔丝修调的精度比激光修调的精度低，但是熔丝修调不需要特殊设备，成本优势显著。

3)齐纳击穿二极管修调

齐纳二极管修调方法与上述两种修调方法不同的是，在未修调时，连接方式为开路，当给齐纳二极管施加反偏电压形成大电流时，二极管 PN 结熔化短路，实现连线的功能。

4)电子熔丝修调

电子熔丝修调方法主要集中在晶圆中测阶段，一方面会引入修调 PAD 导致芯片面积增大，另一方面是封装前的修调无法考虑封装引入的误差。电子熔丝可以满足封装后的修调，同时可以实现在高低温环境下的修调要求，具有独特的优势。电子熔丝采用和 MOS 栅极一样的多晶硅材料制成，不需要增加额外的光照层，与目前广泛应用的标准 CMOS 逻辑工艺完全兼容；电子熔丝的编译电压较小，编译电流也比传统的电流小，可以降低功耗；修调过程中不需要特殊仪器，仅需要接入常规电压激励即可，使用灵活度较高。

基础习题

4-1 解释方块电阻的概念，并说明在薄膜电阻中使用方块电阻的意义。

4-2 双极性集成电路中最常用的电阻器和 MOS 集成电路中常用的电阻都有哪些？引起电阻误差的因素有哪些？

4-2 集成电路中常用的电容有哪些？

4-3 为什么基区薄层电阻需要修正？

4-4 为什么新的工艺中要用铜布线取代铝布线？

4-5 Al 的方块电阻是 0.05Ω/□，多晶硅的方块电阻为 300Ω/□。设线宽为 4 μm，长度为 5 μm，试计算上述两种材料构成的电阻阻值。若长度不变，线宽变为 0.5 μm，重复上述计算。

4-6 运用基区扩散电阻，设计一个方块电阻为 200Ω/□，阻值为 1kΩ 的电阻，已知耗散功率为 20W/cm^2，该电阻上的压降为 5V，设计此电阻。

4-7 设计一个氧化层厚度为 0.1 μm，容量为 10pF 的 MOS 电容器，试问需要多少块掩模板？如何设计该电容器允许工作的最大电压？

4-8 计算一条具有 50Ω 电阻的铝线和铜线的长度。假设两种情况下线的厚度都是 0.6 μm，线的宽度都是 0.8 μm。

高阶习题

4-9 设计一个电源电压的高精度分压电路，产生三个与电源电压成比例的输出电压：$\frac{1}{3}$VDD、$\frac{1}{4}$VDD、$\frac{7}{8}$VDD，并对电路进行仿真，仿真需考虑工艺角和温度的变化，并说明电路设计过程中如何从精度、功耗和面积等因素方面进行考虑的。

素质教育案例

第 5 章　MOS 晶体管基本原理与 MOS 反相器电路

CMOS 集成电路是当今集成电路的主流，而 MOS 晶体管是构成 CMOS 集成电路的基本元件。本章首先对 MOS 晶体管的电学特性进行分析，在此基础上对几种 MOS 反相器的电路结构、电压传输特性、噪声容限及延迟特性进行讨论。

第 5 章预习 1

问题引入

1. MOS 晶体管的工作原理是什么？如何判断 MOS 晶体管的工作状态？
2. MOS 晶体管具有什么电学特性？影响电学特性的因素有哪些？
3. 如何用电学模型描述 MOS 晶体管？MOS 晶体管中存在哪些电容？这些电容对电路的性能有什么影响？
4. 反相器的基本电路构成有哪些形式？反相器的主要性能指标有哪些？

5.1　MOS 晶体管的电学特性

在第 3 章中已经介绍了 MOS 晶体管的基本结构及简单的工作原理。本节主要对 MOS 晶体管的电流电压特性、各种二级效应（衬底偏置效应、短沟道效应等）以及 MOS 晶体管的电容电阻模型进行分析。

5.1.1　MOS 晶体管基本电流方程的导出

图 5.1(a)、(b)分别给出了 nMOS 和 pMOS 晶体管的结构图。如图 5.1 所示，MOS 晶体管是四端子器件。4 个端子分别为：源极(S)、漏极(D)、栅极(G)及衬底(S)。在实际应用中通常省略衬底，用三端子电路符号表示。

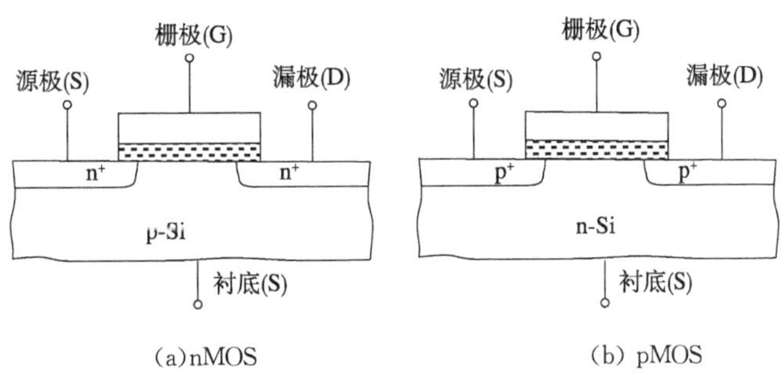

(a) nMOS　　(b) pMOS

图 5.1　nMOS 和 pMOS 晶体管的结构图

由第 3 章的描述可知，MOS 晶体管导通的基本条件是通过加在栅极上的电压，在靠近氧化层的半导体界面产生反型层，形成与源极和漏极相连的导电沟道。根据反型层形成的条件，可以将 MOS 晶体管分成 4 种类型：n 沟增强型 MOS 晶体管、n 沟耗尽型 MOS 晶体管、p 沟增强型 MOS 晶体管和 p 沟耗尽型 MOS 晶体管，4 种器件的电路符号如图 5.2 所示。增强型 MOS 晶体管的含义为在栅源电压为零偏电压时，源区和漏区之间不存在导电沟道，需要加偏压才能产生电子(或空穴)反型层，从而将其源区和漏区连接起来。而耗尽型 MOS 晶体管的含义是在栅源电压为零时氧化层下面已经存在沟道区，不需要加偏压就能产生反型层。通常，我们将能够引起MOS结构靠近氧化层的半导体表面反型的栅源电压定义为阈值电压，用V_T表示。

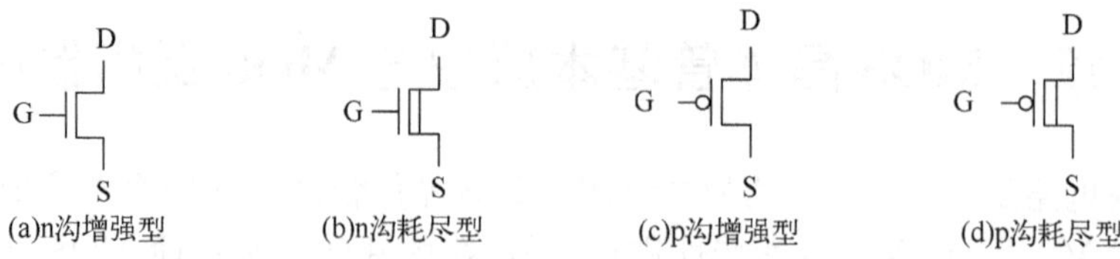

图 5.2　4 种器件的电路符号

下面以如图 5.3 所示的 n 沟增强型 MOS 晶体管为例对其电流电压特性进行分析。

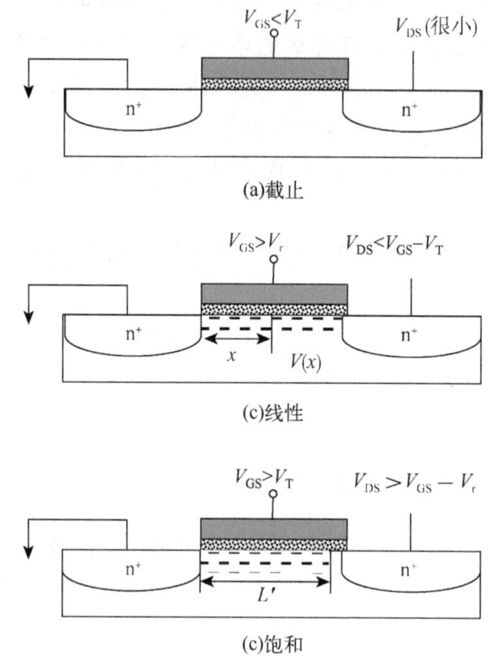

图 5.3　n 沟增强型 MOS 晶体管在截止、线性及饱和条件下的沟道状态

(1)如图 5.3(a)所示，给栅极加一个小于阈值电压的栅源电压，同时给漏极加一个非常小的漏源电压(源和衬底接地)。在这种情况下，由于没有形成反型层，漏极到衬底的 pn 结又是反偏的，因此，源漏之间没有导电通道，没有电流流过。这种状态称为截止状态。

(2)栅源电压增大至$V_{GS}>V_T$时，靠近氧化层的半导体表面出现反型，形成了导电沟道。此时漏源电压$V_{DS}<V_{GS}-V_T$。当栅极氧化膜的单位面积电容为C_{ox}，沟道的长为L，沟道宽为W时，沟道中的反型层电荷量为

$$Q=C_G(V_{GS}-V_T)=C_{ox}WL(V_{GS}-V_T) \tag{5.1}$$

在图 5.3(b)中，假设沟道靠近源端为$x=0$，靠近漏端为$x=L$，沟道中x点的电压为$V(x)$，则对应x点的单位电荷密度可写为

$$Q(x)=C_{ox}W[V_{GS}-V_T-V(x)],\quad V(0)=0,\quad V(L)=V_{DS} \tag{5.2}$$

x点沿着沟道方向流过的电流为

$$I=-Q(x)\cdot \nu,\quad \nu=\mu_n E=\mu_n\frac{dV}{dx} \tag{5.3}$$

式中，ν 为电子在硅材料中的平均移动速度；μ_n为电子在硅材料中的平均迁移率。

由式(5.2)和式(5.3)可得

$$I_{DS}=\mu_n C_{ox} W[V_{GS}-V_T-V(x)]\frac{dV}{dx} \tag{5.4}$$

将 dx 移至等式左边可得

$$I_{DS}dx=\mu_n C_{ox} W[V_{GS}-V_T-V(x)]dV \tag{5.5}$$

等式左边对 x 从 0 至 L 进行定积分，等式右边对 V 从 0 至 V_{DS}进行定积分可得

$$\int_0^L I_{DS}dx=\int_0^{V_{DS}} \mu_n C_{ox} W[V_{GS}-V_T-V(x)]dV$$

$$I_{DS}=\mu_n C_{ox}\frac{W}{L}\left[(V_{GS}-V_T)V_{DS}-\frac{1}{2}V_{DS}^2\right] \tag{5.6}$$

由式(5.6)可以看出，当 V_{DS}较小时，沟道区具有电阻的特性，通常称这个区域为线性工作区。

(3)当 V_{DS}增大时，随着漏端电压的增大，加在漏端附近的栅氧化层上的压降 V_{GD}减小，这意味着漏端附近的反型层电荷量也将减小。当 V_{DS}增大到漏端的栅氧化层上压降 V_{GD}等于 V_T 时，漏端的反型层消失，电荷量为零。此时，漏端的沟道夹断，可以写出

$$V_{GS}-V_{DS(sat)}=V_T \quad 或 \quad V_{DS(sat)}=V_{GS}-V_T$$

当 $V_{DS}>V_{DS(sat)}$时，如图 5.3(c)所示，沟道中反型电荷为零的点移向源端。这时电子从源端进入沟道，通过沟道流向漏端。在电荷为零的点处，电子被注入空间电荷区，并被电场扫向漏端。如果假设沟道长度的变化 ΔL 相对于初始沟道长度 L 而言很小，那么由式(5.5)可得

$$\int_0^L I_{DS}dx=\int_0^{V_{GS}-V_T} \mu_n C_{ox} W[V_{GS}-V_T-V(x)]dV$$

$$I_{DS}=\frac{1}{2}\mu_n C_{ox}\frac{W}{L}(V_{GS}-V_T)^2 \tag{5.7}$$

此时，流过沟道的电流与漏源电压无关，这个区域为饱和工作区。

综上所述，nMOS 晶体管的电流方程可以写为

$$\begin{cases} I_{DS}\approx 0 & V_{GS}<V_T \\ I_{DS}=\mu_n C_{ox}\frac{W}{L}\left[(V_{GS}-V_T)V_{DS}-\frac{1}{2}V_{DS}^2\right] & V_{GS}>V_T, V_{DS}<V_{GS}-V_T \\ I_{DS}=\frac{1}{2}\mu_n C_{ox}\frac{W}{L}(V_{GS}-V_T)^2 & V_{GS}>V_T, V_{DS}>V_{GS}-V_T \end{cases} \tag{5.8}$$

p 沟器件的工作原理和 n 沟器件的相同，只是载流子为空穴，且电流方向和电压极性是相反的。可以写出 pMOS 晶体管的电流方程为

$$\begin{cases} I_{DS}\approx 0 & V_{GS}>V_T \\ I_{DS}=-\mu_p C_{ox}\frac{W}{L}\left[(V_{GS}-V_T)V_{DS}-\frac{1}{2}V_{DS}^2\right] & V_{GS}<V_T, V_{DS}>V_{GS}-V_T \\ I_{DS}=-\frac{1}{2}\mu_p C_{ox}\frac{W}{L}(V_{GS}-V_T)^2 & V_{GS}<V_T, V_{DS}<V_{GS}-V_T \end{cases} \tag{5.9}$$

在此，V_T为负值。

5.1.2 MOS 晶体管的 *I-V* 特性

上一节推导了 MOS 晶体管的电流方程，现在来分析它的 *I-V* 特性。从式(5.8)及式(5.9)可知，MOS 晶体管的电流大小是由沟道的导电特性和加在三个端子上的偏压所决定的。沟道的

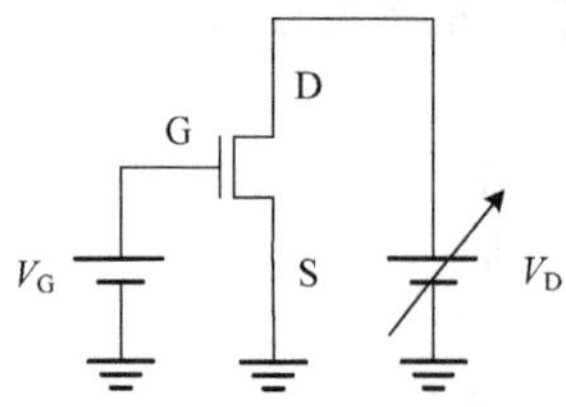

图 5.4 nMOS 晶体管 I-V 特性曲线测试电路

导电特性主要由工艺参数及晶体管的尺寸决定，一旦设计制作完成，就是基本不可改变的。有关沟道的导电特性将在下一节进行讨论，本节主要讨论当 MOS 晶体管的尺寸和制作工艺固定时，施加在三个端子上的电压对电流的影响。采用特许半导体公司 0.35 μm 标准 CMOS 工艺对如图 5.4 所示电路进行了 HSPICE 仿真分析。在图 5.4 中，nMOS 晶体管的源极接地，栅极和漏极分别施加可变直流电压 V_G 及 V_D。因为图 5.4 中 MOS 晶体管的源极接地，所以 MOS 晶体管的栅源电压 V_{GS} 和漏源电压 V_{DS} 分别等于 V_G 和 V_D。对应不同的 V_{GS} 值，将 V_{DS} 的值从 0 到小于 $V_{GS}-V_T$ 的范围逐渐增大。这时，nMOS 晶体管的 I-V 特性如图 5.5 所示。图 5.5 中横轴为 V_{DS}，纵轴为 MOS 晶体管的漏源电流 I_{DS}。由图 5.5 可知，当 $V_{GS}<V_T$ 时，漏源电流 I_{DS} 几乎为零，这个区域对应式(5.8)中晶体管的截止区。当 $V_{GS}>V_T$ 时，随着 V_{DS} 的增大，电流 I_{DS} 与 V_{DS} 呈线性关系。对照式(5.8)，因为 V_{DS} 很小，公式中 V_{DS} 的平方项对电流贡献不大，可以忽略，电流可写为

$$I_{DS}\approx\mu_n C_{ox}\frac{W}{L}(V_{GS}-V_T)V_{DS} \tag{5.10}$$

此时，I-V 特性曲线的斜率与 V_{GS} 相关。V_{GS} 越大，图 5.5 中 I-V 的特性曲线的斜率就越大，对应 MOS 晶体管的线性工作区，而曲线的斜率直接反映了沟道电导的大小。

在 $V_{GS}>V_T$ 的条件下，当 V_{DS} 继续增大时，对照式(5.6)，电流方程中，V_{DS} 的平方项已经不可忽略，I_{DS} 增加的趋势变缓。I-V 特性曲线的斜率也随之减小。

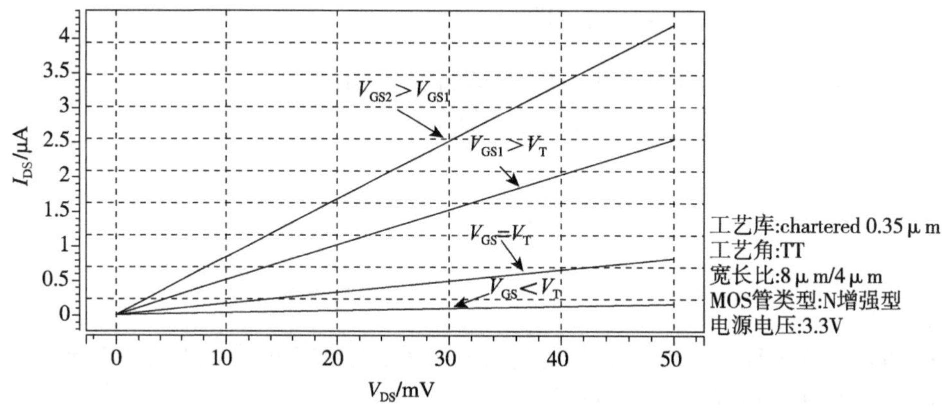

图 5.5 V_{DS} 较小时，不同 V_{GS} 值对应的 I_{DS}-V_{DS} 特性曲线

当 V_{DS} 增大到 $V_{GS}-V_T$ 时，MOS 器件开始进入饱和区，电流不再随着 V_{DS} 的变化而变化，I-V 特性曲线的斜率为零，如图 5.6(b)所示。定义此时的漏源电压为 $V_{DS(sat)}$。

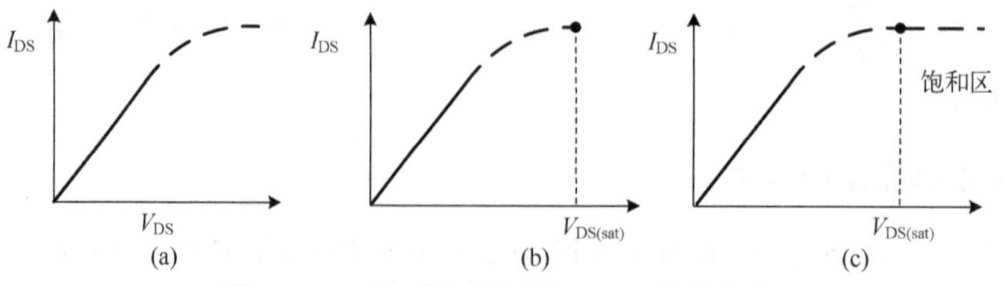

图 5.6 V_{DS} 值不同阶段时的 I_{DS}-V_{DS} 特性曲线

当 $V_{DS}>V_{DS(sat)}$ 时，如固定 V_{GS}，漏源电流 I_{DS} 与 V_{DS} 无关，维持为一个定值，如图 5.6(c)所示。

当 V_{GS} 改变时，I-V 特性曲线将有所变化。如果 V_{GS} 增大，I-V 特性曲线在线性区表现为斜率增大，在饱和区表现为饱和电流值增大。同时，$V_{DS(sat)}$ 也是 V_{GS} 的函数。综合图 5.5 和图 5.6，可以画出 n 沟增强型 MOS 晶体管的曲线族，如图 5.7 所示。其中点线为 $V_{DS(sat)}=V_{GS}-V_T$，点线左边为 nMOS 晶体管的线性区，点线右边为饱和区。

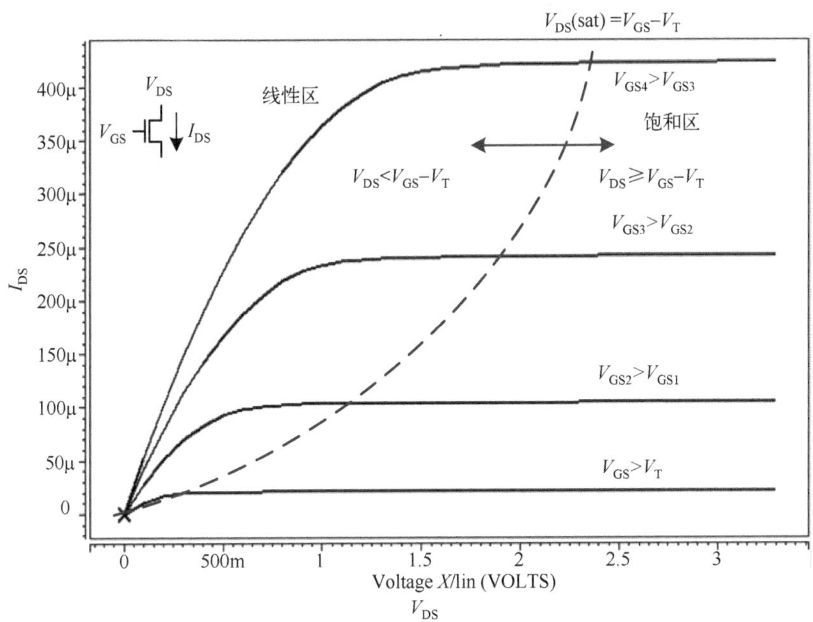

图 5.7　n 沟增强型 MOS 晶体管的 I_{DS}-V_{DS} 特性曲线

从式(5.8)中可以看出 MOS 晶体管的漏源电流 I_{DS} 与 V_{GS} 成正比关系。将图 5.4 所示电路中 V_{DS} 固定，改变 V_{GS}，可以得到如图 5.8 所示 I_{DS}-V_{GS} 特性曲线图。在这个特性曲线中，V_{GS} 很小时，晶体管工作在截止区，在 MOS 晶体管中没有电流流过；V_{GS} 的值大于 V_T 时，MOS 晶体管漏源之间开始有电流流过，此时 V_{GS} 较小，V_{DS} 的值大于 $V_{GS}-V_T$，MOS 晶体管工作在饱和区，I_{DS} 与 V_{GS} 呈平方关系；V_{GS} 继续增大至 $V_{DS}+V_T$ 时，晶体管开始进入线性区，I_{DS} 与 V_{GS} 呈线性比例关系。很容易判断，只要 V_{DS} 取值大于 $V_{GS}-V_T$，MOS 晶体管开始工作后就一直工作在饱和区。

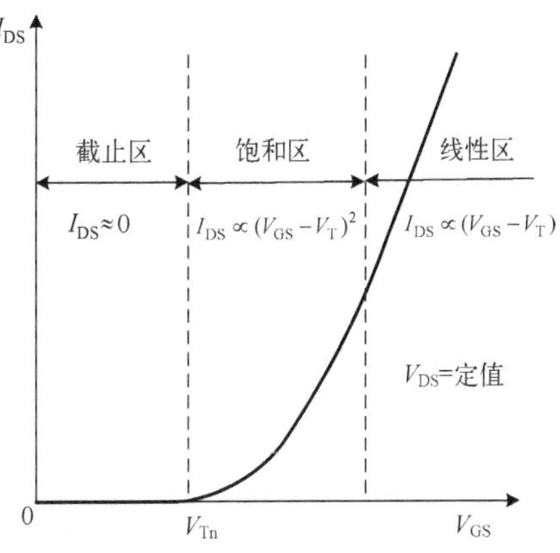

图 5.8　nMOS 晶体管 I_{DS}-V_{GS} 特性曲线

5.1.3　MOS 晶体管的阈值电压和导电特性

MOS 晶体管中源漏之间的区域为 MOS 电容结构，沟道形成的条件是在 MOS 电容靠近绝缘层的半导体表面产生反型层。而施加在栅极上能够引起半导体表面反型的电压被称为阈值电压。本节通过分析 MOS 电容反型层的形成条件，推导出阈值电压的关系式。

图 5.9 给出了 p 型半导体衬底 MOS 电容结构在不同栅极电压下的电荷分布及能带图。假设平带电压为 0V，当栅极电压为 0V 时，如图 5.9(a)所示，半导体内部空穴与负的电荷中心相互

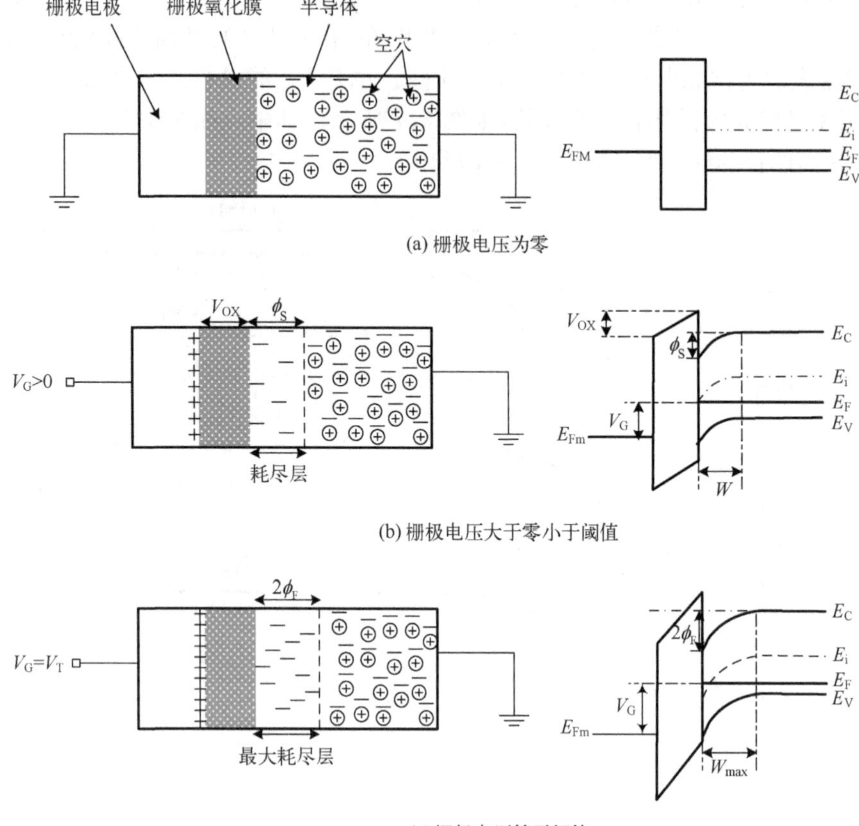

图 5.9　p 型半导体衬底 MOS 电容结构在不同栅极电压下的电荷分布及能带图

抵消呈电中性。此时半导体的能带是平的，没有弯曲。在 MOS 电容的栅极上施加正的电压 V_G，在栅极极板上出现正的电荷，而在电容的另一极板感应出负的电荷。负电荷中和靠近绝缘层的半导体表面的空穴，形成耗尽层，栅极上的电压分别加在氧化层和耗尽层上。如图 5.9(b) 所示，半导体表面耗尽层引起能带弯曲，假设弯曲量为 ϕ_S，则有

$$V_G=V_{ox}+\phi_S \tag{5.11}$$

栅极氧化膜的单位电容 C_{ox} 为

$$C_{ox}=\frac{\varepsilon_{ox}}{t_{ox}} \tag{5.12}$$

式中，$\varepsilon_{ox}=3.97\times\varepsilon_0=3.5\times10^{-11}\text{F/m}$ 为氧化膜的介电常数；t_{ox} 为氧化膜的厚度。后者在现代工艺中为 10nm 甚至更小。对于一个 7nm 厚的氧化层，相当于一个 $5\text{fF}/\mu\text{m}^2$ 的栅极电容。由于在栅极氧化膜上所加电压为 V_{ox}，因此，在单位面积栅极上会出现 $V_{ox}C_{ox}$ 的正电荷。假设在半导体表面感应出的电荷量为 Q_S，根据电中性条件有

$$Q_S=-C_{ox}V_{ox} \tag{5.13}$$

半导体表面还没有形成反型层时，Q_S 应该和耗尽层内的电荷量 Q_D 相等，即 $Q_S=Q_D=-qN_AW$。由泊松方程可知耗尽层宽度 W 为

$$W=\sqrt{\frac{2\varepsilon_{si}\varepsilon_0\phi_S}{qN_A}} \tag{5.14}$$

将 Q_D、W 代入式(5.13)可得

$$V_{ox}=\frac{1}{C_{ox}}\sqrt{2\varepsilon_{si}\varepsilon_0 qN_A\phi_S} \tag{5.15}$$

再将此式代入式(5.11),可以得出 V_G 与 ϕ_S 关系式为

$$V_G=\frac{1}{C_{ox}}\sqrt{2\varepsilon_{si}\varepsilon_0 qN_A\phi_S}+\phi_S \tag{5.16}$$

根据半导体理论,随着 V_G 的增大,ϕ_S 也随之增大,半导体的耗尽层进一步展宽。如图5.9(c)所示,当 ϕ_S 增大到 $2\phi_F$ 时,耗尽层不再展宽,继续再增大 V_G,半导体表面出现反型层。因此,形成反型层的栅极电压为 $\phi_S=2\phi_F$ 时,对应 V_G 为

$$V_G=\frac{1}{C_{ox}}\sqrt{2\varepsilon_{si}\varepsilon_0 qN_A 2\phi_F}+2\phi_F \tag{5.17}$$

在此必须注意的是,本节的讨论是在平带电压为0的前提下进行的。实际上,由于栅极材料和半导体材料之间的功函数差、氧化膜中的固定电荷等因素的影响,如图5.10所示,半导体的能带会有向上的弯曲。因此,只有在栅极上加上 V_{FB} 才能使半导体表面能带拉平。在此称 V_{FB} 为平带电压。考虑到平带电压以后,MOS晶体管的阈值电压应写为

$$V_T=V_{FB}+V_G=V_{FB}+\frac{1}{C_{ox}}\sqrt{2\varepsilon_{si}\varepsilon_0 qN_A 2\phi_F}+2\phi_F \tag{5.18}$$

平带电压值 V_{FB} 与金属半导体的功函数差 ϕ_{MS} 及氧化层-半导体界面存在的表面电荷相关,可用

$$V_{FB}=\phi_{MS}-\frac{Q_{SS}}{C_{ox}}$$

表示。所以,阈值电压又可表示为

$$V_T=\phi_{MS}-\frac{Q_{SS}}{C_{ox}}+\frac{1}{C_{ox}}\sqrt{2\varepsilon_{si}\varepsilon_0 qN_A 2\phi_F}+2\phi_F \tag{5.19}$$

由式(5.19)可知,MOS晶体管的阈值电压与构成MOS晶体管栅极材料和半导体材料的功函数差、氧化膜中的固定电荷量、从耗尽层排出的电荷量及半导体材料的费米势相关。

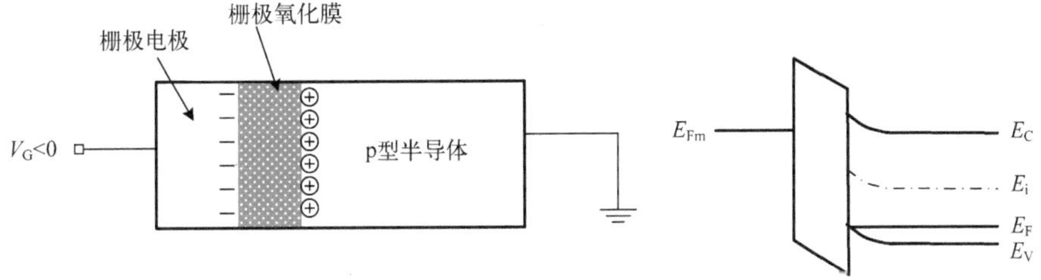

图5.10　平带电压不为0时MOS电容的初始能带图

5.1.4　MOS晶体管的衬底偏压效应

本书到目前为止的所有讨论中,衬底(或者称为体)都是与源极相连并接地的。而在MOS晶体管的实际电路中,如图5.11所示,源极和衬底不一定是相同的电势。为了不对器件性能产生影响,源极与衬底之间的pn结必须为零偏或者反偏,因此 V_{BS} 总是小于或等于零。

如前所述,阈值电压定义为半导体表面产生反型时所需的栅压。对于n型晶体管,$V_{BS}=0$ 时,表面势 $\phi_S=2\phi_F$,半导体表面反型,对应的阈值电压如式(5.19)所示。

其中,产生最大耗尽层所需要的电荷量为 $\sqrt{2\varepsilon_{si}\varepsilon_0 qN_A 2\phi_F}$。对于给定的半导体材料、栅氧化层

材料和栅极材料，阈值电压是半导体掺杂浓度、栅氧化层 Q_{SS} 和栅氧化层单位电容的函数。如果 $V_{BS}<0$，表面仍在 $\phi_S=2\phi_F$ 时试图反型，但是由于衬底负偏压的施加，使得空间电荷区内出现了负电荷，根据电中性条件，栅极上的正电荷必须增加以补偿空间电荷区内的负电荷。此时加在耗尽区的电压由 $2\phi_F$ 变为 $2\phi_F-V_{BS}$，产生最大耗尽层所需要的电荷量可写为 $\sqrt{2\varepsilon_{si}\varepsilon_0 qN_A(2\phi_F-V_{BS})}$，因此，对应的阈值电压关系式可改写为

$$V_T=\phi_{MS}-\frac{Q_{SS}}{C_{ox}}+\frac{1}{C_{ox}}\sqrt{2\varepsilon_{si}\varepsilon_0 qN_A(2\phi_F-V_{BS})}+2\phi_F \tag{5.20}$$

由式(5.20)可得，当衬底偏压 V_{BS} 的绝对值增大时，阈值电压也随之增大。图 5.12 给出了 V_{BS} 与阈值电压的关系。

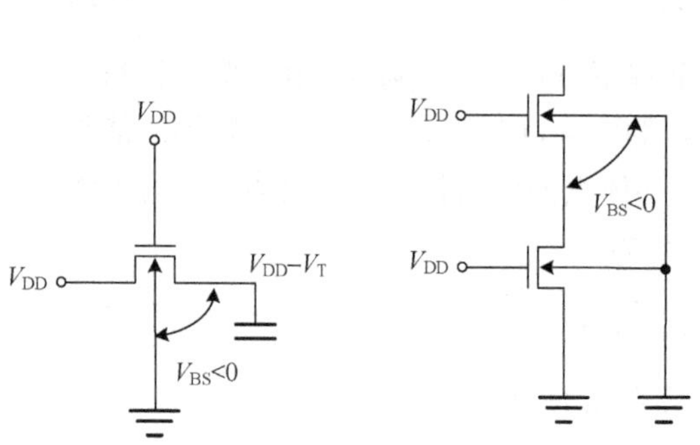

图 5.11　MOS 晶体管的衬底与源极之间存在偏压

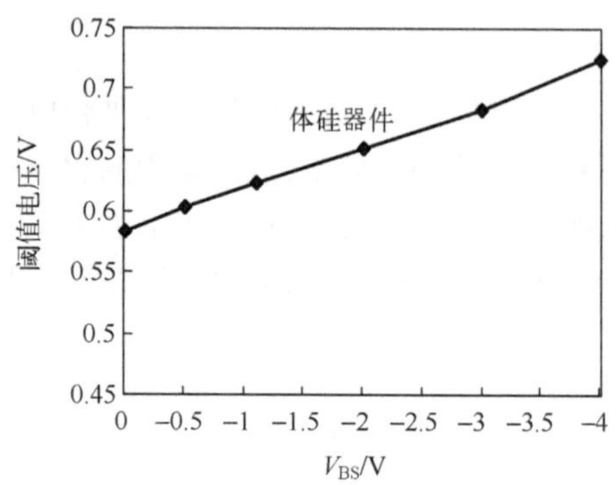

图 5.12　V_{BS} 阈值电压的关系

5.1.5　MOS 晶体管的二级效应

随着晶体管尺寸的减小，沟道的电学特性与前面几节讨论的结果会有不同，通常称之为小尺寸效应。下面分别讨论短沟道晶体管的沟道长度调制效应、速度饱和、短沟道效应和亚阈值特性。

1. 沟道长度调制效应

MOS 晶体管在饱和工作区电流方程为

$$I_{DS}=\frac{1}{2}\mu_n C_{ox}\frac{W}{L}(V_{GS}-V_T)^2 \tag{5.21}$$

式(5.21)说明饱和模式下晶体管的作用像一个理想的电流源，当栅源电压恒定时，源漏端的电流恒定并独立于漏源电压。但实际情况却与此结论有偏差。当漏源电压 V_{DS} 大于 $V_{GS}-V_T$ 后，MOS 晶体管导电沟道夹断，晶体管的有效沟道长度为 L'。在晶体管沟道长度比较大时，$\Delta L=L-L'$ 相对 L 较小，可以忽略。但在晶体管沟道尺寸较小时，ΔL 相对于 L 已不可忽略。这时，式(5.21)中的沟道长度就需用 L' 来表示，而且 L' 由所加的 V_{DS} 调制：V_{DS} 增大使得沟道夹断区 ΔL 增大，有效沟道长度 L' 减小，电流就会增加。因此，MOS 晶体管饱和区的电流方程应该更精确地描述为

$$I_{DS}=\frac{1}{2}\mu_n C_{ox}\frac{W}{L}(V_{GS}-V_T)^2(1+\lambda V_{DS}) \tag{5.22}$$

式中，λ 为经验常数，称为沟道调制系数，一般来说与沟长成反比。

2. 速度饱和

采用 0.25 μm 标准 CMOS 工艺设计沟道长度分别为 0.25 μm 和 10 μm、沟道宽长比

$W/L=1.5$ 的 nMOS 晶体管。晶体管的电源电压 $V_{DD}=2.5V$，阈值电压 $V_T=0.4V$。按照式(5.8)所示电流方程分析这两个沟道长度不同但宽长比相同的晶体管的 I-V 特性，如果不考虑源漏极区域面积增大带来的寄生效应，两个晶体管应该具有相同的 I-V 特性曲线。但实际情况却大不相同。

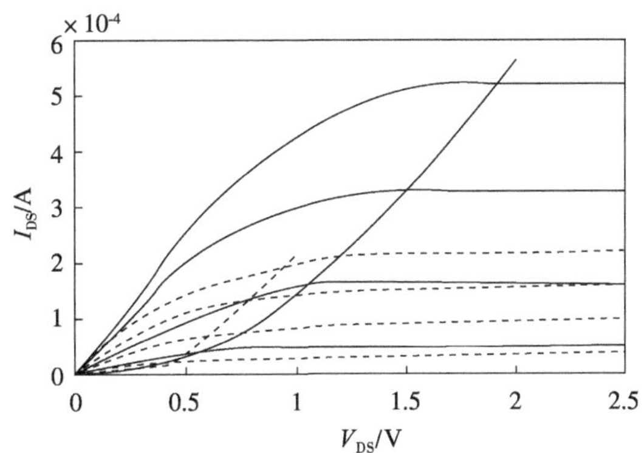

图 5.13　宽长比相同条件下长短沟道 nMOS 晶体管的 I-V 特性曲线

图 5.13 分别给出了宽长比相同条件下长短沟道 nMOS 晶体管的 I-V 特性曲线。图 5.13中实线为沟道长度为 10 μm 晶体管(长沟道器件)的 I-V 特性，虚线为沟道长度为 0.25 μm 晶体管(短沟道器件)的 I-V 特性。从图 5.13中可以看出，在沟道宽长比相同的情况下，相对于长沟道器件，短沟道器件更早进入饱和区，饱和电流值也远小于长沟道器件。造成这个结果的原因是短沟道 nMOS 晶体管的速度早期饱和。由于载流子速度 $\nu=\mu E$，载流子的速度正比于电场，而且这一结论与电场强度值的大小无关。也就是说，载流子的迁移率被认为是一个常数。然而，当水平方向的电场强度很高时，载流子不再符合这一线性模型。在短沟道器件中，沟道的长度很小，但漏极电压增大时，会在沿着沟道的方向产生很强的电场，当电场的强度达到某一临界值 ξ_c时，载流子的速度将由于载流子间的碰撞而发生散射，载流子的有效迁移率降低，速度不再正比于电场强度而趋于饱和，如图 5.14 所示。

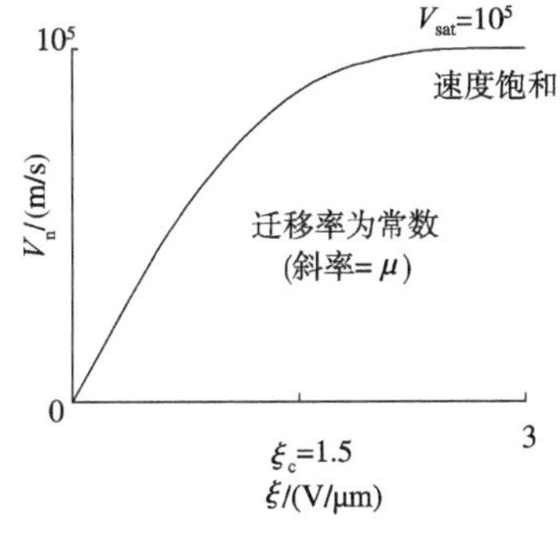

图 5.14　速度饱和效应

电子和空穴的饱和速度大致相同，即 10^5 m/s。速度饱和发生时临界电场强度取决于掺杂浓度和外加的垂直电场强度。对于电子，临界电场在 1～5V/μm 之间。在沟道长度 0.25 μm 的 nMOS 晶体管中，大约需要 2V 左右的 V_{DS}就可以达到饱和点，这在短沟道器件中很容易达到。在极端的情况下，载流子甚至会在整个沟道区域达到饱和。

$$I_D=V_{sat}Q_d=V_{sat}WLC_{ox}(V_{GS}-V_T) \tag{5.23}$$

可以看出这时电流与过驱动电压是线性比例关系。

在典型的偏置条件下，MOS 晶体管表现出速度饱和，I-V 特性介于线性和平方律之间。随着 V_{GS}增加，漏电流在沟道夹断之前已充分饱和。如图 5.15(a)所示，当 V_{DS}超过 $V_m<(V_{GS}-V_T)$时，载流子速度饱和，结果使得这时的饱和电流小于沟道夹断时($V_{DS}>(V_{GS}-V_T)$)的饱和电流。而且，如图 5.15(b)所示，速度饱和时 V_{GS}的增加引起的 I_D增量变小，因而跨导也要低于平方律特性所预期的数值。

长沟道器件和短沟道器件之间电流与 V_{GS}的关系用转移特性曲线表示时更为明显。图 5.16 为长沟道器件和短沟道器件在相同宽长比时的转移特性，从图中可看出当 $V_{DS}>(V_{GS}-V_T)$的固定值时(保证器件工作在饱和区)I_{DS}与 V_{GS}之间的关系。对于较大的 V_{GS}，平方关系与线性关系的对比非常明显。

空穴的迁移率比电子小一半多，所以，达到相同饱和速度的临界电场值比电子大。因此，pMOS 晶体管的速度饱和现象不太明显。

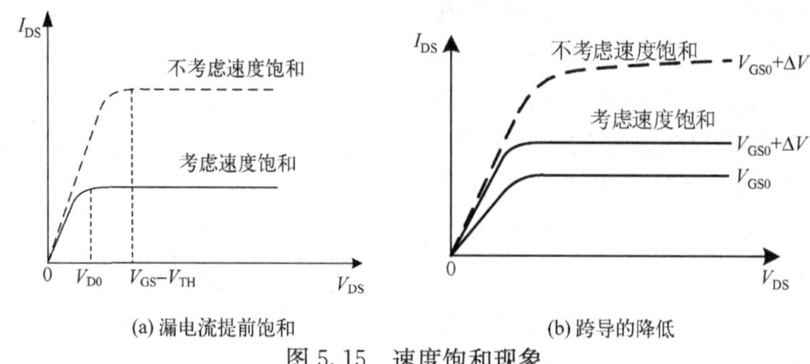

(a) 漏电流提前饱和 (b) 跨导的降低

图 5.15 速度饱和现象

3. 短沟道效应

MOS 晶体管的阈值电压是半导体掺杂浓度、栅氧化层 Q_{SS} 和栅氧化层单位电容的函数及衬底偏压的函数，与晶体管沟道的长度无关。但是，当 MOS 晶体管的沟道长度变短到可以与源漏的耗尽层宽度相比拟时，情况就会发生变化。图 5.17 给出了短沟道 MOS 晶体管的沟道截面图。

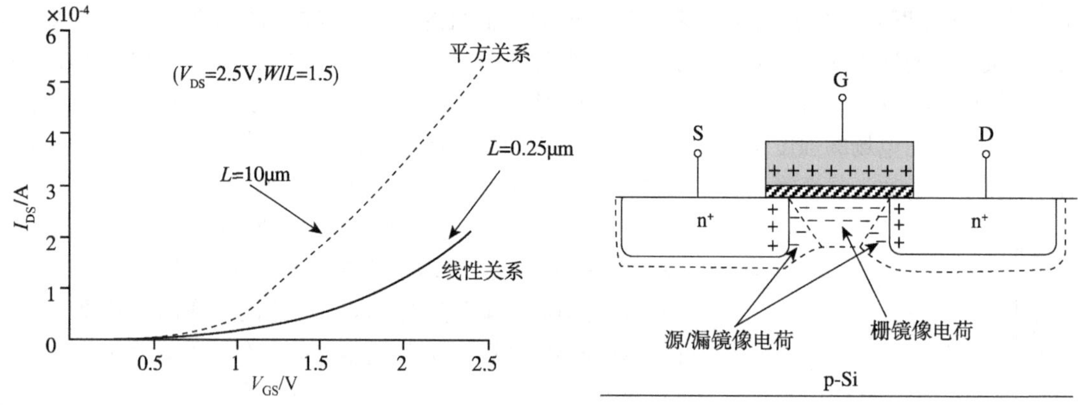

图 5.16 长沟道器件和短沟道器件在相同宽长比时的转移特性

图 5.17 短沟道 MOS 晶体管的沟道截面图

由图 5.17 可知，由于源漏区耗尽层的横向扩展，栅下耗尽层电荷不再完全受栅控制，其中一部分受源、漏控制，并且随着沟道长度的减小，受栅控制的耗尽区电荷不断减少，因此，只需要较少的栅电荷就可以达到反型，使阈值电压降低。MOS 晶体管阈值电压与沟道长度的关系如图 5.18(a)所示。通过提高漏-源(体)电压可以得到类似的效应，这是因为体电压可以增大漏结

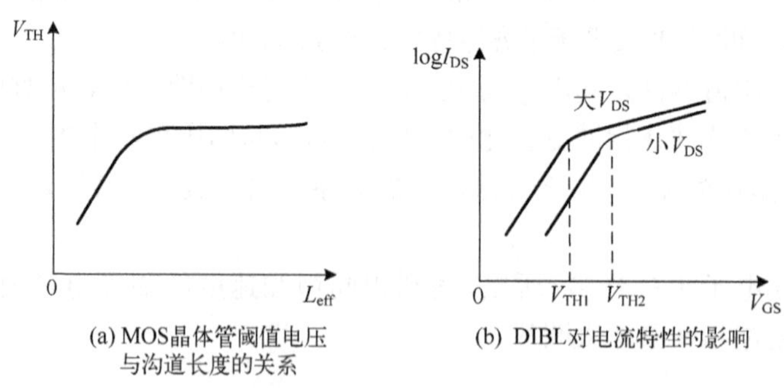

(a) MOS晶体管阈值电压与沟道长度的关系 (b) DIBL对电流特性的影响

图 5.18 阈值电压的变化随沟道长度变化

耗尽区的宽度。结果如图 5.18(b)所示，随着 V_{DS}的增加，阈值电压降低。这一效应称为漏致势垒降低(drain-induced barrier lowering, DIBL)。当漏端电压足够高时，源区和漏区甚至发生短路，漏源穿通，器件永久损坏。因此必须确定可以加在晶体管上的漏-源电压值。

4. 亚阈值特性

在前面的讨论中，MOS 晶体管上的栅源电压小于阈值电压时，晶体管工作在截止区，I_{DS}电流近似为 0。但从晶体管的 I_{DS}-V_{GS}转移特性曲线中很容易看出，当 V_{GS}小于 V_T时，MOS 晶体管并不是一直保持关断状态。也就是说，在栅极电压低于强反型层形成条件之前，在沟道表面已经形成了弱反型层，沟道表面的反型层的形成不是突变的，而是一个缓变的过程。这就意味着在 V_{GS}的值还未达到 V_T时，MOS 晶体管就已经部分导通，这一现象被称为亚阈值特性。为了更仔细地分析这一现象，在图 5.19 中将 MOS 晶体管的 I_{DS}-V_{GS}特性的纵坐标用对数表示。

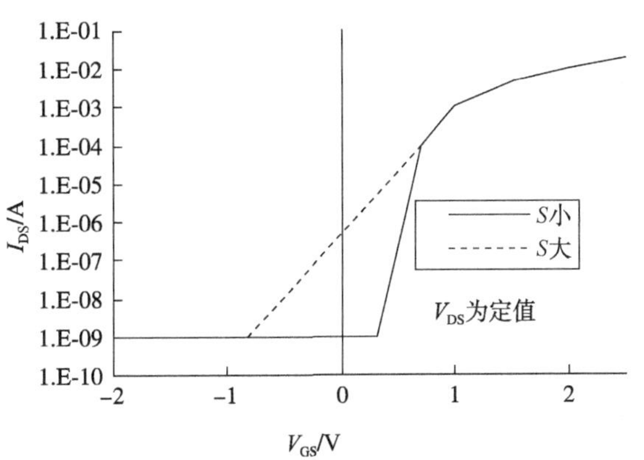

图 5.19　MOS 晶体管的亚阈值特性

由图 5.19 可以清楚地看出，当 V_{GS}小于阈值电压时，I_{DS}不是立即降为零，而是可以划分为随 V_{GS}按指数方式下降和 I_{DS}几乎为零的两个区域。前者就是 MOS 晶体管的亚阈值区。此时，MOS 晶体管的工作状态非常类似于双极型晶体管的工作状态。当沟道还没有形成时，n^+(源)-p(衬底)-n^+(漏)三端实际上形成了一个寄生 npn 晶体管。在这个区域的电流可以由式(5.24)来近似表示

$$I_{DS}=I_S\exp\left(\frac{V_{GS}}{nkT/q}\right)\left[1-\exp\left(-\frac{V_{DS}}{kT/q}\right)\right](1+\lambda V_{DS}) \tag{5.24}$$

式中，I_S和 n 为经验参数，其中 $n\geqslant 1$，其典型值为 1.5 左右。在大多数数字系统中 MOS 晶体管作为开关使用，在关断状态不希望有亚阈值电流存在。理想的特性是当 V_{GS}一旦小于 V_T，I_{DS}就尽可能快地下降。因此，V_{GS}低于阈值电压 V_T时相对于 V_{GS}的下降率可以作为衡量 MOS 晶体管性能的一个指标，可用 I_{DS}-V_{GS}特性曲线的斜率系数 S 来表述定量。它表明漏极电流 I_{DS}下降 10 倍时对应的 V_{GS}的减少量。可由式(5.25)得到

$$S=n\left(\frac{kT}{q}\right)\ln 10 \tag{5.25}$$

式中，S 是电压降，单位是 mV/decade。在实际应用中，希望 S 越小越好。理想晶体管的 $n=1$，在室温下，$(kT/q)\ln 10$ 为 60mV，即 V_{GS}每减小 60mV，I_{DS}将下降为原来的 1/10。实际的晶体管 n 往往大于 1，例如 $n=1.5$ 时，$S=90$mV/decade，I_{DS}的下降变缓，图 5.19 中的虚线显示了 S 值变大时的情况。从图 5.19 中可以看出，S 较大时，即使 V_{GS}等于零，MOS 晶体管也没有完全关断。这是晶体管漏电流的主要成因，会直接导致 MOS 电路待机时的静态功耗增加。温度升高时 S 的值还会增大，而一般电路的工作温度都会高于室温。

相对不变的 S 值严重制约了阈值电压的按比例缩小。比如，当亚阈值斜率为 80mV/decade 时，若要求“关断电流”比“导通电流”低 5 个数量级，那么 V_T下限值为 400mV。如果考虑到温度

和工艺对 V_T变化的影响，按比例缩小 V_T将更加困难。阈值电压的温度系数约为 -1mV/°C，导致 V_T在商用温度范围(0～50°C)内变化为 50mV。工艺引起的变化也近似为 50mV，这样产生的变化大约为 100mV。因此，很难将 V_T降到几百毫伏以下。微电子技术的发展使得晶体管尺寸不断减小，而阈值电压却不能按比例随之减小，带来的问题就是小尺寸晶体管的亚阈值电流相对工作电流变得不能忽略，晶体管的静态功耗成为影响系统性能的关键因素。同时，较大的阈值还会影响晶体管的导通速度。为了兼顾系统的速度和功耗，在实际应用中往往采用多阈值技术来改善由于小尺寸晶体管亚阈值特性带来的问题。具体应用实例将在第 6 章中进行描述。

5.1.6　MOS 晶体管的电容

MOS 晶体管的栅极通过栅极氧化膜与沟道构成 MOS 结构，在栅极上加上正的偏压，靠近绝缘层的半导体表面反型形成导电沟道。图 5.20(a)给出了沟道形成后的 nMOS 晶体管沟道断面结构。从图 5.20 中可以看出，在源极和漏极之间沟道区域的纵向结构为：多晶硅-SiO_2-沟道-耗尽层-p-Si 衬底五层结构。由于多晶硅、沟道和 p-Si 衬底为导电层，SiO_2和耗尽层为绝缘层，这一部分可以看作是栅极-沟道形成的栅极电容 C_{GC}及沟道-衬底形成的电容 C_d的串联。在 MOS 晶体管的源极和漏极形成的过程中，由于离子的横向扩散，造成源极和漏极向沟道区域展宽，栅极和源漏极有部分交叠，形成了栅源交叠电容 C_{GSO}和栅漏交叠电容 C_{GDO}；此外，源极和漏极分别与衬底构成 pn 结结构，存在一个结电容 C_j。因此 nMOS 晶体管中的电容分布可用图 5.20(b)表示。

根据 MOS 晶体管中所存在电容的结构特点，可以将它们分为基本 MOS 结构电容（包含 C_{GSO}、C_{GDO}、C_{ox}、C_d）和源、漏 pn 结的结电容(C_j)两类。以上电容除了 MOS 结构电容中的栅源、栅漏覆盖电容以外，其他电容都是非线性的并且随所加电压而变化。下面分别对它们进行讨论。

1. MOS 结构电容

MOS 晶体管的栅极是通过栅极氧化膜与导电沟道相隔离的，栅氧的单位电容 $C_{ox}=\varepsilon_{ox}/t_{ox}$。对于一个 MOS 晶体管，将由 MOS 结构形成的电容统称为栅极电容 C_g。由图 5.20(b)可知，栅极电容可以分为两部分：一部分是栅源、栅漏交叠电容(包含 C_{GSO}、C_{GDO})，另一部分是沟道电容。

1)栅源、栅漏交叠电容

图 5.21 给出了 MOS 晶体管的三维结构图。在标准多晶硅栅 CMOS 工艺中，源漏离子注入采用自对准工艺，多晶硅栅极做掩模板被利用。理想状态下，如图 5.21(a)所示，源漏扩散正好终止于栅氧的边沿。但在实际中，由于源漏离子注入后要进行退火，注入的离子会发生横向扩散，使得源漏区与栅极出现交叠，如图 5.21(b)所示。

一般情况下，横向扩散的程度由工艺决定。假设横向扩散长度为 x_d，MOS 晶体管的沟道宽度为 W，则被栅极覆盖的源极和漏极面积为 x_dW。这一部分的电容结构是典型的导体-绝缘体-导体夹层式电容结构，在 MOS 晶体管中被称为交叠或覆盖电容。这个电容的值是线性的并具有固定的值

$$C_{GSO}=C_{GDO}=C_{ox}x_dW=C_oW \tag{5.26}$$

由于 x_d是由工艺决定的，通常把它与栅氧单位电容 C_{ox}相乘，得到 MOS 晶体管单位宽度的交叠电容 C_o。这样，只要知道 MOS 晶体管的沟道宽度 W，就可以快速计算出栅源、栅漏交叠电容。

2)沟道电容

MOS 晶体管中，栅极到沟道形成的沟道电容是 MOS 晶体管中最重要的部分。由于不同的工作区域和端口电压对应沟道的状态不同，因此，在不同条件下，沟道电容的大小和分布也不同。在此，借助图 5.22 来进行详细分析。图 5.22 给出了 MOS 晶体管在不同工作区域的沟道状态示意图。

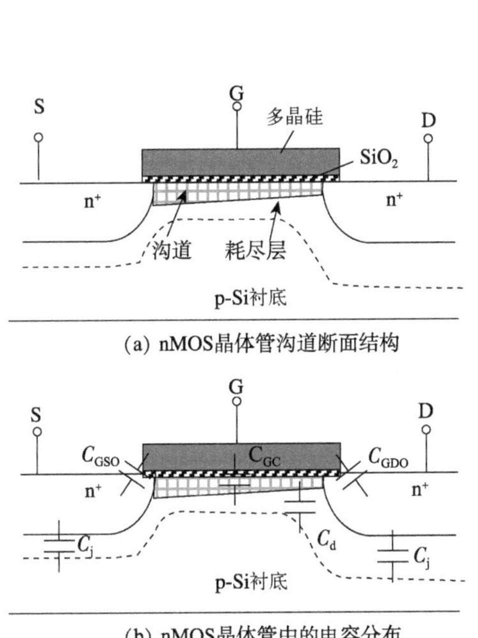

(a) nMOS晶体管沟道断面结构

(b) nMOS晶体管中的电容分布

图 5.20　MOS 晶体管的沟道断面结构及电容分布

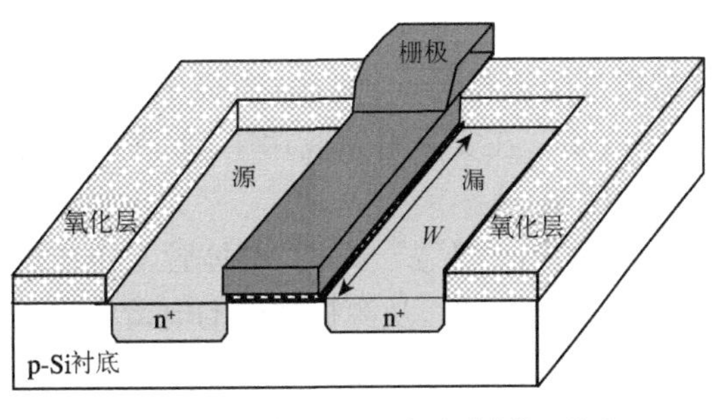

(a) 理想状态下MOS晶体管源漏区与沟道的位置关系

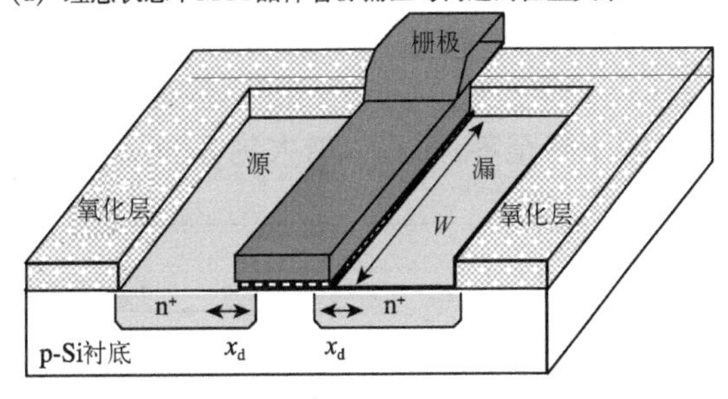

(b) 实际MOS晶体管源漏区横向扩散后与栅极形成交叠电容

图 5.21　MOS 晶体管的三维结构图

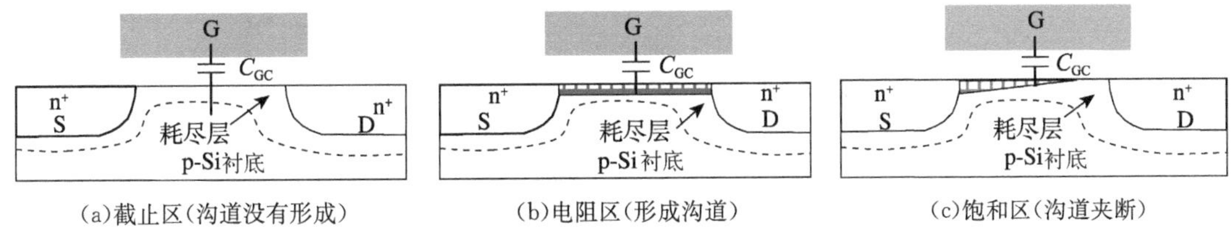

(a)截止区(沟道没有形成)　(b)电阻区(形成沟道)　(c)饱和区(沟道夹断)

图 5.22　MOS 晶体管在不同工作区域的沟道状态示意图

(1) 当栅源电压 $V_{GS}<V_T$时，MOS 晶体管工作在截止区，没有任何沟道出现。沟道电容出现在栅和衬底之间，可写为

$$C_{GC}=C_{GB}=WLC_{ox} \tag{5.27}$$

随着栅极电压 V_{GS}的增大，在半导体表面出现耗尽层，这就相当于是增加了绝缘层的厚度，导致沟道电容减小。

(2) 当栅极电压 V_{GS}增大到 V_T时，半导体表面出现反型层，形成导电沟道。反型层的出现，就好像在栅和衬底之间加了一道“屏障”，此时，如果栅电压发生变化，沟道电荷是由源和漏提供，而不是由衬底提供的。栅极相对于衬底的电容 C_{GB}下降，通常可被忽略。当 $V_{DS}=0$ 时，晶体管工作在电阻模式下，栅极电压增加 ΔV，沟道从 S 和 D 上抽取相同数量的电荷，电容在源区与漏区之间平分，可写为

$$\begin{aligned} C_{GCS}&=C_{GCD}=WLC_{ox}/2 \\ C_{GC}&=C_{GCS}+C_{GCD}=WLC_{ox} \end{aligned} \tag{5.28}$$

图 5.23(a)很好地给出了当 $V_{DS}=0$ 时，随着 V_{GS}的增大，C_{GC}的分布变化及大小变化情况。从图中可看到，当 V_{GS}在 V_T电压附近时，C_{GC}值有较大的波动。这是因为，在沟道形成前，沟道电

容主要出现在栅极和衬底之间;沟道形成后,沟道电容分布转为出现在栅极和源漏之间(此时源漏通过沟道相连)。因此,栅极电压在阈值电压附近时,沟道电容分布发生的变化带来了C_{GC}的波动。在实际电路应用中,如果要利用MOS晶体管作为电容使用,应该使栅源电压避开这一区域。

当$0<V_{DS}<V_{GS}-V_T$时,晶体管工作在线性区,此时源极和漏极对沟道电荷的贡献开始发生变化。栅压改变时,从源极抽取的电荷将大于从漏极抽取的电荷,C_{GC}不再在源极和漏极间平分,而是朝着C_{GCS}增大、C_{GCD}减小的方向改变。换句话说,晶体管一旦导通,它的沟道电容的分配就取决于它的饱和程度。

(3)V_{DS}继续增大,达到饱和时,沟道夹断。C_{GC}全部分配给C_{GCS},$C_{GCD}=0$。图5.23(b)给出了$V_{DS}/(V_{GS}-V_T)$从0到1变化时,沟道电容的变化情况。如图5.23(b)所示,随着饱和程度的增大,C_{GCD}下降至零,而C_{GCS}增大到$2/3C_{ox}WL$。总体沟道电容有所下降。

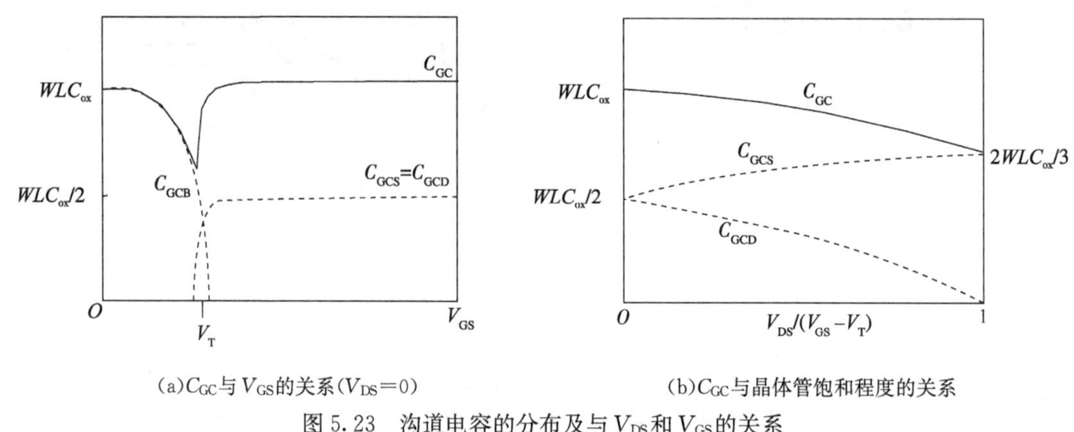

(a)C_{GC}与V_{GS}的关系($V_{DS}=0$)　　(b)C_{GC}与晶体管饱和程度的关系

图5.23　沟道电容的分布及与V_{DS}和V_{GS}的关系

栅-衬底电容在线性区和饱和区通常被忽略,因为反型层在栅和衬底之间起了“屏蔽”的作用。换句话说,如果栅电压发生变化,电荷是由源和漏提供,而不是由衬底提供的。以上分析了MOS晶体管的栅极电容的构成及不同工作条件下的电容分布及电容值的大小,将以上结果总结归纳,如表5.1所示。

表5.1　不同工作区域MOS晶体管沟道电容分布情况和栅极电容

工作区域	C_{GCB}	C_{GCS}	C_{GCD}	C_{GC}	C_g
截止区	$C_{ox}WL$	0	0	$C_{ox}WL$	$C_{ox}WL+2C_oW$
电阻区	0	$C_{ox}WL/2$	$C_{ox}WL/2$	$C_{ox}WL$	$C_{ox}WL+2C_oW$
饱和区	0	$(2/3)C_{ox}WL$	0	$(2/3)C_{ox}WL$	$(2/3)C_{ox}WL+2C_oW$

进行实际电路分析时,大多数情况下均忽略电压的影响,将C_{GC}近似为$C_{ox}WL$。这样对手工分析MOS晶体管电路的动态特性非常有效。

2. 源漏区pn结的结电容

在MOS晶体管中,除了MOS结构电容外,还有另一种寄生电容为pn结的结电容。无论是nMOS还是pMOS晶体管,源漏区与衬底之间均存在pn结的结构。在MOS晶体管中,源极衬底和漏极-衬底之间的 pn 结始终保持反向偏置，如图 5.24 所示。由于侧壁周围的掺杂条件与底部的掺杂条件不同，所以在计算这个电容时需要分别计算底部 pn 结和侧壁 pn 结的结电容。

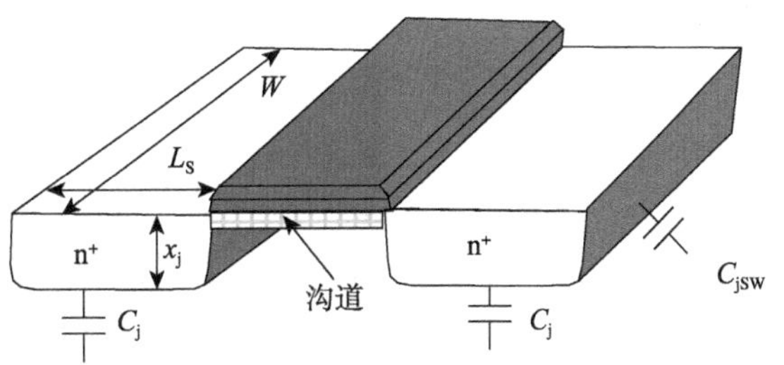

图 5.24　源漏区 pn 结的结电容

1)底部 pn 结的结电容

它是由源区(或漏区)和衬底形成的，假设单位面积的结电容为 C_j，底部 pn 结耗尽层电容可以写为

$$C_{bottom}=C_jWL_S \tag{5.29}$$

式中，W 为源区(或漏区)的宽；L_S为源区(或漏区)的长度。

根据 pn 结基本原理，单位结电容 C_j可用

$$C_j=\frac{C_{j0}}{(1-V_D/\phi_0)^m} \tag{5.30}$$

式中，$\phi_0=(kT/q)\ln(N_AN_D/n_i^2)$为 pn 结的内建电势；$V_D$为加在 pn 结上的反向偏置电压；$m$ 代表 pn 结两边浓度的变化梯度，称为梯度系数；C_{j0}为 pn 结零偏置条件下的单位电容，它只与晶体管的物理参数有关，可以写成

$$C_{j0}=\sqrt{\phi_0^{-1}\left(\frac{\varepsilon_{Si}}{2}\frac{N_AN_D}{N_A+N_D}\right)} \tag{5.31}$$

式中，ε_{Si}为硅的介电常数；N_A为衬底掺杂浓度；N_D为源区掺杂浓度。

MOS 晶体管源漏区相对衬底掺杂浓度较高，一般为突变结，式(5.30)中梯度系数 m 取值接近 0.5。

2)侧壁 pn 结的结电容

在 CMOS 工艺中，晶体管与晶体管的隔离是靠场氧实现的。为了阻止场氧寄生沟道的形成，在 nMOS 晶体管有源区和场氧之间存在 p^+ 沟道阻挡层。沟道阻挡层的掺杂浓度大于衬底掺杂浓度。因此，侧壁 pn 结通常是缓变结，梯度系数为 0.3～0.5。假设侧壁 pn 结的结电容结深为 x_j，单位电容值为 C'_{jsw}，则有单位周长的侧壁 pn 结的结电容为 $C_{jsw}=x_jC'_{jsw}$。源区(或漏区)靠近沟道一边在 MOS 晶体管导通时与沟道相连，因此计算侧壁 pn 结周长时不考虑这一条边。综上所述，MOS 晶体管源区(或漏区)的侧壁电容为

$$C_{sw}=C_{jsw}(2L_s+W) \tag{5.32}$$

于是，总的结电容表达式可以写为

$$\begin{aligned}C_{diff}&=C_{bottom}+C_{sw}=C_j\times\text{面积}+C_{jsw}\times\text{周长}\\&=C_jWL_s+C_{jsw}(2L_s+W)\end{aligned} \tag{5.33}$$

3. MOS 晶体管电容模型

综上论述，可以将 MOS 晶体管的电容模型用图 5.25 表示。

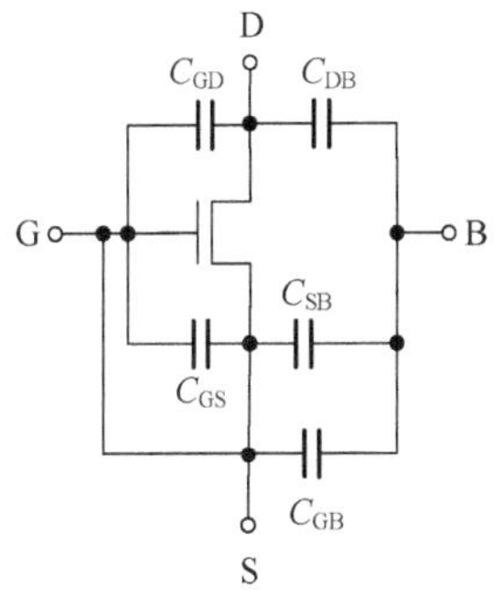

图 5.25　MOS 晶体管电容模型

对照前面的讨论，可以写出 MOS 晶体管电容模型中的电容值分别为

$C_{GS}=C_{GCS}+C_{GSO}$(栅源沟道电容+栅源交叠电容)。

$C_{GD}=C_{GCD}+C_{GDO}$(栅漏沟道电容+栅漏交叠电容)。

$C_{GB}=C_{GCB}$(栅-衬电容)。

$C_{SB}=C_{Sdiff}$(源-衬 pn 结扩散电容)。

$C_{DB}=C_{Ddiff}$(漏-衬 pn 结扩散电容)。

第 5 章预习 2

5.2 MOS 反相器

MOS 反相器是 MOS 数字集成电路中最基本的逻辑运算单元。本节先对反相器的基本概念进行讲解,在此基础上,分别介绍几种常用 MOS 反相器的电路结构及电路特点,重点讨论 CMOS 反相器的静态特性和动态特性。

5.2.1 反相器的基本概念

反相器是单输入单输出逻辑运算单元。它可以完成表 5.2 中所示的逻辑运算,即当输入信号为低电平信号(对应逻辑 0)时,输出信号为高电平(对应逻辑 1);反之,当输入信号为高电平时,输出信号为低电平。反相器通常用图 5.26 所示的电路符号表示。

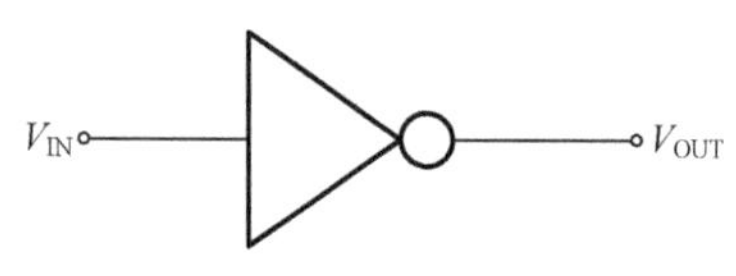

图 5.26 反相器的电路符号

表 5.2 反相器的逻辑真值表

V_{IN}	V_{OUT}
高电平(对应逻辑 1)	低电平(对应逻辑 0)
低电平(对应逻辑 0)	高电平(对应逻辑 1)

在图 5.26 中,输入信号 V_{IN} 和输出信号 V_{OUT} 之间的逻辑关系为 $V_{OUT}=-V_{IN}$。

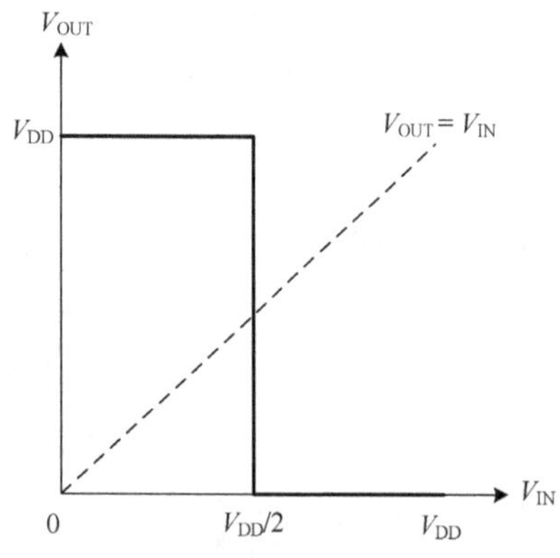

图 5.27 理想反相器的输入输出电压转移曲线

理想反相器的输入输出电压转移曲线如图 5.27 所示。图 5.27 中横轴表示输入电压 V_{IN},纵轴表示输出电压 V_{OUT}。V_{IN} 从 0 开始增大,当 V_{IN} 小于 $V_{DD}/2$ 时,被认为是输入低电平,根据反相器逻辑,V_{OUT} 输出高电平;当 V_{IN} 大于 $V_{DD}/2$ 时,被认为是输入高电平,V_{OUT} 输出低电平。在理想特性曲线中,当输入信号的值达到 $V_{DD}/2$ 时,输出信号发生反转,且反转是阶跃完成。输出高电平值$=V_{DD}$,输出低电平值$=0$。

但是,反相器的实际输入输出曲线与理想曲线有较大偏差。通常,高低电平值可能会有损失,使得输出摆幅达不到 V_{DD};输出信号的反转也不可能是阶跃变化的,而是有一个过程。

为了更好地分析反相器的特性,图 5.28 给出了一般反相器实际的输入输出传输曲线。图 5.28 中标出的 V_{OL}、V_{OH}、V_{IL}、V_{IH}、V_M 是表征反相器特性的关键参数。它们所代表的物理意思如下。

(1)V_{OL}:输出为逻辑 0 时的最小输出电压值,也称最低输出电平。

(2)V_{OH}:输出为逻辑 1 时的最大输出电压值,也称最高输出电平。

(3)V_{IL}:维持输出为逻辑 1 时的最大输入电压。输入信号小于 V_{IL} 时,输出信号为逻辑 1,

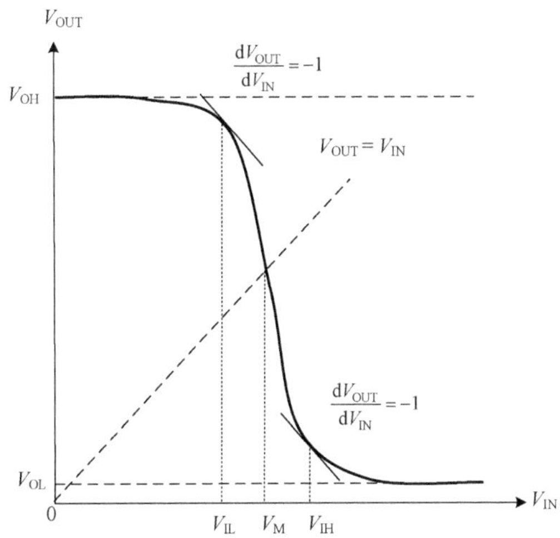

图 5.28　一般反相器实际的输入输出转移曲线

V_{OUT}维持高电平状态；输入信号一旦大于 V_{IL}，输出即从逻辑 1 向逻辑 0 反转，V_{OUT}的电平值开始下降。如图 5.28 所示，当 V_{OUT}随 V_{IN}的下降斜率为−1 时($dV_{OUT}/dV_{IN}=-1$)，对应的输入电压 V_{IN}就被称为最大输入低电平(此时考虑的是输入电压从 0 到 V_{DD}变化过程)。

(4)V_{IH}：维持输出为逻辑 0 时的最小输入电压。当输入信号大于 V_{IH}时，输出为逻辑 0，V_{OUT}一直维持在低电平状态；输入信号一旦小于 V_{IH}，输出信号即从逻辑 0 向逻辑 1 反转，V_{OUT}的电平值开始上升。如图 5.28 所示，当 V_{OUT}的上升斜率为−1 时($dV_{OUT}/dV_{IN}=-1$)，对应的输入电压 V_{IN}就被称为最小输入高电平(此时考虑的是输入电压从 V_{DD}到 0 变化过程)。

(5)V_M：逻辑阈值，输出等于输入时对应的输入信号值。

以上 5 个参数是表征反相器特性的关键参数，在实际应用中，希望 V_{OH}尽可能高，最好等于 V_{DD}；希望 V_{OL}尽可能低，最好等于 0；希望 V_{IL}和 V_{IH}尽可能靠近 V_M，以保证反相器具有好的抗噪声性能。对于理想反相器来说，$V_{OH}=V_{DD}$，$V_{OL}=0$，$V_{IL}=V_{IH}=V_M=V_{DD}/2$。

图 5.29 给出了 MOS 反相器的基本电路结构。如图 5.29 所示，电路由负载元件和驱动元件构成。在 MOS 反相器中，驱动管通常采用 nMOS 晶体管。负载元件和 nMOS 晶体管串联接续在电源和地之间，输入信号施加在 nMOS 晶体管的栅极，输出从 nMOS 晶体管的漏极引出。当输入为逻辑 0 时，nMOS 晶体管关断，输出端子与地呈现高阻状态，电源通过负载元件与输出相连，输出为逻辑 1。当输入为逻辑 1 时，nMOS 晶体管导通，并提供电路工作电流。电流在负载元件上产生压降，最后输出由负载元件和导通的 nMOS 晶体管分压决定。相对于负载元件，nMOS 的导通电阻足够小的话，输出信号为低电平。在实际 MOS 反相器中，负载元件可以是电阻(E/R 型反相器)、增强型 MOS 晶体管(E/E 型反相器)、耗尽型 MOS 晶体管(E/D 型反相器)或 pMOS 晶体管(CMOS 反相器)。

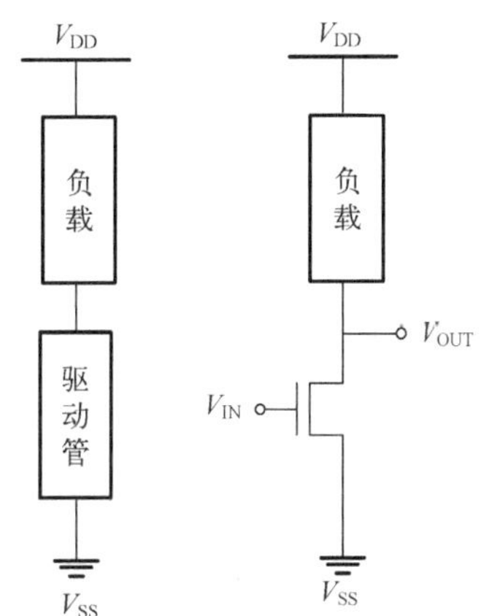

图 5.29　MOS 反相器的基本电路结构

本节将介绍几种常用的 MOS 反相器的电路结构、工作原理及相关特性。

5.2.2　E/R 型 nMOS 反相器

上一节讨论了 MOS 反相器的基本结构，现在先看负载元件用电阻实现的情况。图 5.30 给出了 E/R 型 nMOS 反相器（电阻负载型 nMOS 反相器）的电路图。为了书写方便，在以后的描述中用“1”代表逻辑 1，“0”代表逻辑 0。

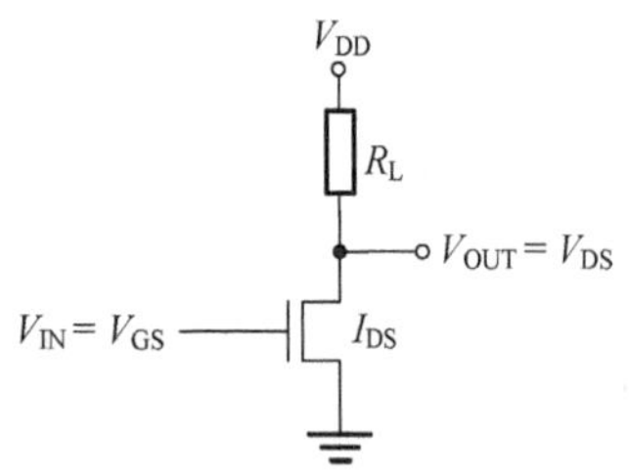

图 5.30　电阻负载型 nMOS 反相器

在这个电路中，当输入信号 V_{IN} 为“0”时，作为驱动管的 nMOS 晶体管关断，输出节点 V_{OUT} 到地之间的导电通路被切断，V_{OUT} 通过电阻 R_L 与电源电压 V_{DD} 相连。在这种情况下，因为电源到地之间不存在导电通路，所以电阻 R_L 上没有电流流过，压降为 0，输出信号 V_{OUT} 的值可写为

$$V_{OUT}=V_{OH}=V_{DD}$$

当输入信号 V_{IN} 为“1”时，nMOS 晶体管导通。此时可将 nMOS 晶体管等效成可变电阻 R_{MOS}，输出电平值由 R_{MOS} 和 R_L 的分压决定。

$$V_{OUT}=\frac{R_{MOS}}{R_{MOS}+R_L}V_{DD} \tag{5.34}$$

按照反相器的运算逻辑，此时的输出应该为“0”。这就要求 R_L 要远大于 R_{MOS}。通常要求它至少是 MOS 晶体管导通电阻的 10 倍。由于此时的低电平是靠电阻的分压实现的，所以输出低电平的最小值 V_{OL} 与 R_L 的取值相关，R_L 越大，V_{OL} 就越低。

采用 0.35 μm CMOS 工艺对不同负载电阻情况下的电压传输特性进行仿真，可得到如图 5.31所示的结果。

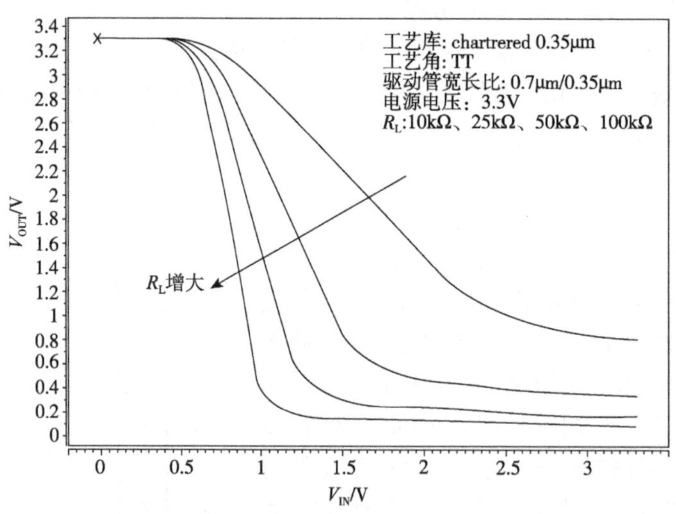

图 5.31　电阻负载反相器的电压传输特性

图 5.31 中，横坐标为输入信号，纵坐标为输出信号。最右边的曲线对应 R_L 值较小的情况。输入电压值为 0 时，nMOS 管不导通，输出为高电平。当输入电压大于 V_T 时，nMOS 晶体管开始导通，此时，nMOS 晶体管工作在饱和工作状态，为电路提供与 $(V_{IN}-V_T)^2$ 成正比的电流，此电流在 R_L 上产生电压降 V_{RL}，而输出电压 $V_{OUT}=V_{DD}-V_{RL}$。所以，随着输入电压增加 ΔV，R_L 上的压降也随之增加，V_{OUT} 开始下降。R_L 越大，V_{OUT} 就下降得越快，转移特性曲线向左移，对应的逻辑阈值就会减小。当 V_{OUT} 下降到小于 $V_{IN}-V_T$ 时，晶体管进入线性工作区，nMOS 晶体管呈现

电阻特性，输入电压增加带来的电流变化变小，V_{OUT}的下降也变缓，最后输出低电平。R_L越大，输出低电平越低。可以看出，E/R 型 nMOS 反相器的低电平输出值与负载电阻的取值相关，这种输出信号的高低电平与元件尺寸相关的反相器通常被称为有比反相器。

阻值越大，输出低电平值越低，想要使得输出摆幅尽可能大的话，就希望负载阻值取得大些。如采用多晶硅作负载电阻，在 0.35 μm 标准 CMOS 工艺中，多晶硅的方块电阻为 1kΩ/□。如果不考虑工艺精度等，可取多晶硅线宽为 0.35 μm。这样，实现图 5.31 中低电平输出居中的电阻值 50kΩ，线长也要 50 μm，电阻负载反相器的版图如图 5.32 所示。但这样占用的面积过大，对集成电路来说是致命的。因此为了节省版图面积，在实际应用中，通常采用有源负载代替电阻。

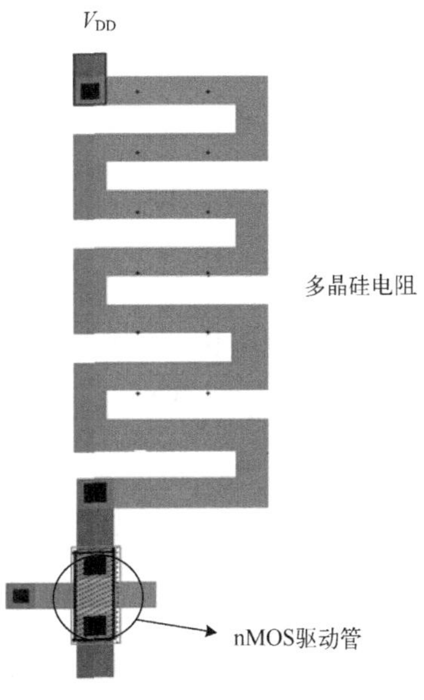

图 5.32　电阻负载反相器的版图

5.2.3　E/E 型 nMOS 反相器

图 5.33 给出了采用 nMOS 晶体管作为负载的 E/E 型 nMOS 反相器(增强型 nMOS 负载反相器)的电路结构。

如图 5.33 所示，E/E 型 nMOS 反相器的负载管和驱动管同为 nMOS 晶体管。负载管 M_L是采用栅极和漏极相连的二极管接续方式的 nMOS 晶体管。输入信号 V_{IN}施加在驱动管 M_D的栅极上，M_L管的源极和 M_D管的漏极相连，电路输出 V_{OUT}从这一节点引出。现在来分析这个电路的工作原理。

先考虑输入信号为“0”的情况。V_{IN}为低电平，M_D管截止，输出节点 V_{OUT}通过负载管 M_L和电源相连。M_L管的栅极和漏极相连并与电源电压接续，对于 M_L管来说，$V_{DS}=V_{GS}=V_{DD}-V_{OUT}$。假设 V_{OUT}的初始值为 0，就有 $V_{DS}=V_{GS}=V_{DD}$，M_L管工作在饱和状态($V_{DS}=V_{GS}>(V_{GS}-V_T)$)。在输出节点 V_{OUT}与电源之间有 M_L管的饱和电流流过，V_{OUT}的电位由低电平开始被上拉；当 V_{OUT}的电位达到 $V_{DD}-V_T$时，$V_{GS}=V_{DD}-V_{OUT}=V_{DD}-(V_{DD}-V_T)=V_T$，如果 V_{OUT}电位继续升高，V_{GS}就会小于 V_T，M_L管将被关断。所以，输出节点的最高电位为

$$V_{OUT}=V_{OH}=V_{DD}-V_T$$

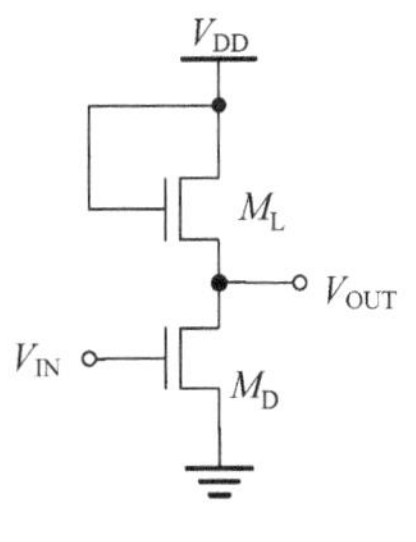

图 5.33　E/E 型 nMOS 反相器

输出高电平比电源电压 V_{DD}低一个开启电压(阈值损失)。

当输入信号为“1”时，驱动管 M_D导通，输出 V_{OUT}通过导通的 M_D与地相连。输出电压由工作在饱和区的晶体管 M_L和工作在线性区的 M_D分压得到。在设计时，只要使得负载管 M_L的饱和导通电阻和 M_D管的线性导通电阻相比足够大，在 M_D上的压降就会很小，输出呈现低电平 V_{OL}。现在来分析 V_{OL}的值与 M_D和 M_L晶体管的尺寸的关系。

因为输入为“1”时，驱动管 M_D非饱和导通，电流 I_{DSD}为

$$\begin{aligned}I_{DSD}&=\mu_n C_{ox}\left(\frac{W}{L}\right)_{M_D}\left[(V_{GSD}-V_T)V_{DSD}-\frac{1}{2}V_{DSD}{}^2\right]\\&=\mu_n C_{ox}\left(\frac{W}{L}\right)_{M_D}\left[(V_{DD}-V_T)V_{OUT}-\frac{1}{2}V_{OUT}{}^2\right]\\&=\mu_n C_{ox}\left(\frac{W}{L}\right)_{M_D}\left[(V_{DD}-V_T)V_{OL}-\frac{1}{2}V_{OL}{}^2\right]\end{aligned}\tag{5.35}$$

负载管饱和导通，电流 I_{DSL} 为

$$\begin{aligned} I_{DSL} &= \frac{1}{2}\mu_n C_{ox}\left(\frac{W}{L}\right)_{M_L}(V_{GSL}-V_T)^2 \\ &= \frac{1}{2}\mu_n C_{ox}\left(\frac{W}{L}\right)_{M_L}(V_{DD}-V_{OUT}-V_T)^2 \\ &= \frac{1}{2}\mu_n C_{ox}\left(\frac{W}{L}\right)_{M_L}(V_{DD}-V_{OL}-V_T)^2 \end{aligned} \tag{5.36}$$

M_D 管与 M_L 管串联，$I_{DSL}=I_{DSD}$，则有

$$\frac{1}{2}\mu_n C_{ox}\left(\frac{W}{L}\right)_{M_L}(V_{DD}-V_{OL}-V_T)^2=\mu_n C_{ox}\left(\frac{W}{L}\right)_{M_D}\left[(V_{DD}-V_T)V_{OL}-\frac{1}{2}V_{OL}{}^2\right]$$

$$\frac{1}{2}\left(\frac{W}{L}\right)_{M_L}(V_{DD}-V_{OL}-V_T)^2=\left(\frac{W}{L}\right)_{M_D}V_{OL}\left[(V_{DD}-V_T)-\frac{1}{2}V_{OL}\right]$$

$$V_{OL}=\frac{(W/L)_{M_L}(V_{DD}-V_T-V_{OL})^2}{2(W/L)_{M_D}[V_{DD}-V_T-1/2(V_{OL})]}$$

因为 $V_{OL}\ll V_{DD}$，为了将问题简化，做以下近似

$$V_{DD}-V_T-V_{OL}\approx V_{DD}-V_T$$

$$V_{DD}-V_T-\frac{1}{2}V_{OL}\approx V_{DD}-V_T$$

则有

$$V_{OL}\approx\frac{(W/L)_{M_L}(V_{DD}-V_T)^2}{2(W/L)_{M_D}(V_{DD}-V_T)}=\frac{(W/L)_{M_L}}{2(W/L)_{M_D}}(V_{DD}-V_T) \tag{5.37}$$

为了使 V_{OL} 接近 0，要求 M_L 晶体管的宽长比相对于 M_D 晶体管要尽可能小。当电源电压为 3.3V，阈值电压为 0.6V 时，要想使输出低电平为 200mV，就要求 M_D 管的宽长比是 M_L 管的 10 倍以上。图 5.34 给出了当 M_L、M_D 栅长相等时，W_L/W_D 的值从 1/2 变化为 1/20 过程中 E/E 型 nMOS 反相器的电压传输特性。

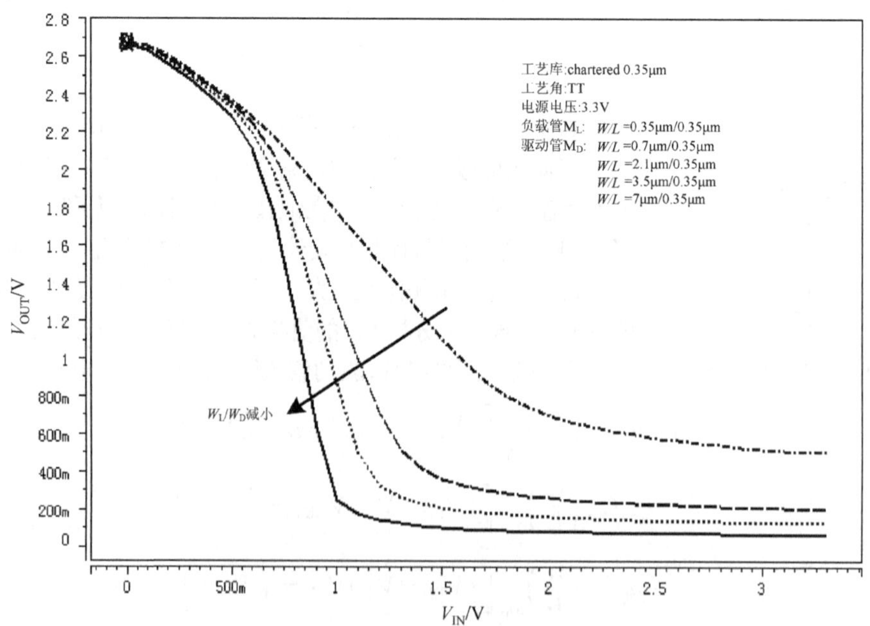

图 5.34　E/E 型 nMOS 反相器的电压传输特性

由图5.34可知，随着W_L/W_D的宽长比的减小，反相器的输出低电平降低；同时，逻辑阈值也随之降低。从图5.34中还可看出，E/E型nMOS反相器的输出从高电平向低电平转换时，随着输入电压的增加，输出下降得比较缓，电路抗噪声能力较弱。E/E型nMOS反相器的输出电平也与晶体管尺寸相关，是有比反相器。

图5.35给出了驱动管M_D的$(W_D/L_D)=(3.5\ \mu m/0.35\ \mu m)$时E/E型nMOS反相器的瞬态仿真波形。图5.35中虚线为输入信号，实线为输出信号。由图5.35可知输出在高电平时存在明显阈值损失问题，而低电平也不为0。这个问题在数字电路中是很严重的问题，会影响电路的抗噪声能力和功耗，必须进行改进。通过自举型结构可以解决输出高电平的阈值损失问题，但会增加电路的复杂度和成本。在E/E型nMOS反相器中，高电平的阈值损失是由于栅漏接续的nMOS晶体管在源极电压上升到V_{DD}-V_T时nMOS晶体管关断引起的，V_T电压越高，输出高电平损失就越大。如果负载管的阈值电压小于0的话，就不会出现高电平损失。而耗尽型nMOS晶体管的阈值电压小于0。因此，采用耗尽型nMOS作为负载管的MOS反相器应运而生。

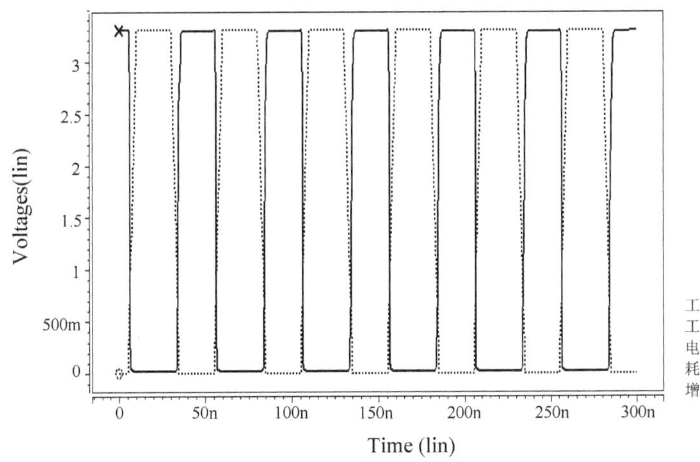

图5.35 E/E型nMOS反相器的瞬态仿真结果

5.2.4 E/D型nMOS反相器

E/D型nMOS反相器(耗尽型nMOS负载反相器)的电路如图5.36(a)所示。

在图5.36(a)中，负载管M_{DL}为耗尽型nMOS晶体管，其栅极与源极短接。而驱动管M_{ED}为增强型nMOS晶体管。反相器输出依然从驱动管的漏极引出。

当输入信号为“0”时，驱动管M_{ED}截止，输出节点通过耗尽型nMOS晶体管M_{DL}与电源相连。由于M_{DL}的栅源短接，所以$V_{GS}=0$，耗尽型晶体管$V_{TD}<0$，因此M_{DL}管始终工作在饱和导通状态。

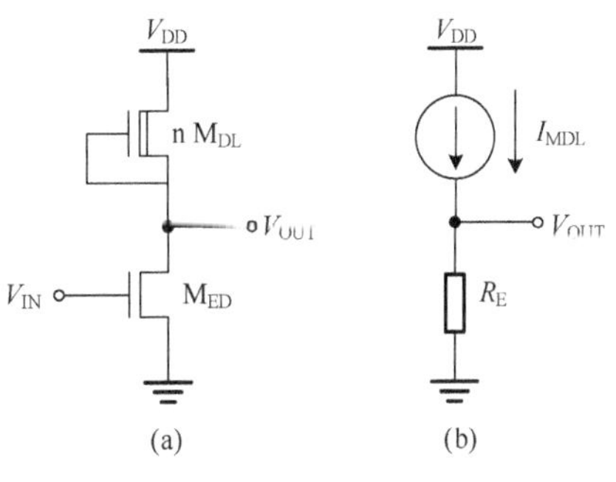

图5.36 E/D型nMOS反相器

$$V_{OUT}=V_{OH}=V_{DD} \tag{5.38}$$

当输入信号为“1”时，M_{ED}线性导通，$I_{M_{ED}}$为

$$I_{M_{ED}}=\mu_n C_{ox}\left(\frac{W}{L}\right)_{M_{ED}}\left[(V_{IN}-V_{TE})V_{OUT}-\frac{1}{2}V_{OUT}{}^2\right]$$

设 $K_{nE}=\frac{\mu_n C_{ox}}{2}\left(\frac{W}{L}\right)_{M_{ED}}$，其体现了 MOS 晶体管的导电能力，称其为导电因子。则有

$$I_{M_{ED}}=2K_{nE}\left[(V_{IN}-V_{TE})V_{OUT}-\frac{1}{2}V_{OUT}{}^2\right] \tag{5.39}$$

此时，驱动管 M_{ED} 可以等效为电阻 R_E，在输出电压 V_{OUT} 很小时可以有

$$R_E\approx\frac{1}{2K_{nE}(V_{IN}-V_{TE})}$$

耗尽型负载管始终工作在饱和状态，可以等效为恒流源，如图 5.36(b)所示。图 5.36(b)中 $I_{M_{DL}}=K_{nD}V_{TD}{}^2$ 则输出低电平为

$$V_{OL}=I_{M_{DL}}\cdot R_E\approx\frac{K_{nD}V_{TD}{}^2}{2K_{nE}(V_{IN}-V_{TE})}=\frac{V_{TD}{}^2}{2K_R(V_{IN}-V_{TE})} \tag{5.40}$$

式中，$K_R=K_{nE}/K_{nD}$ 称为导电因子比；V_{TD} 为负载管 M_{DL} 的阈值电压；K_{nD} 为负载管 M_{DL} 的导电因子。由式(5.40)可见，E/D 反相器的输出低电平也与 K_R 有关。随着 K_R 的增大，输出低电平更接近于 0，其电压传输特性如图 5.37 所示。E/D 型 nMOS 反相器也为有比反相器。

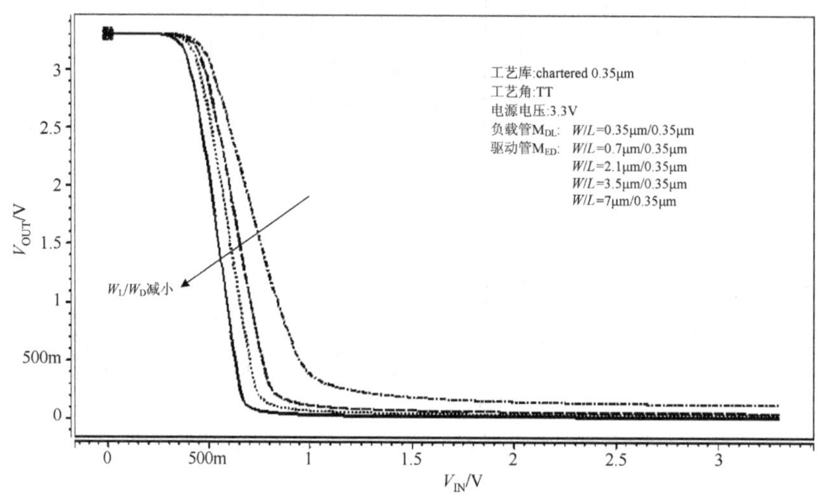

图 5.37　E/D 反相器的电压传输特性

从 E/D 反相器的瞬态仿真结果(图 5.38)可以看出，输出高电平明显消除了阈值损失，这是因为即使栅极电压 $V_{GS}=0$，耗尽型 nMOS 晶体管也存在沟道。但是这样的反相器除了额外的增

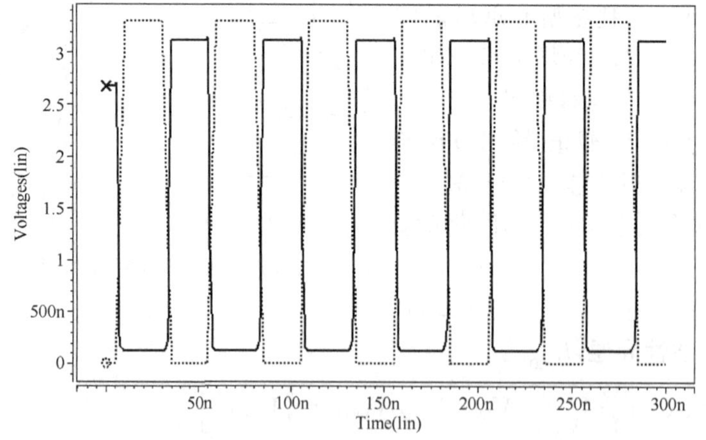

图 5.38　E/D 反相器的瞬态仿真结果

加一道工艺程序外，由于耗尽型负载 M_{DL} 管始终处于饱和导通状态，当驱动管 M_{ED} 管导通时形成了电源到地的通路，电路功耗较大。因此，功耗更低且不增加额外成本的 CMOS 反相器产生了。

5.2.5 CMOS 反相器

前面讨论的 E/R 型 nMOS 反相器、E/E 型 nMOS 反相器、E/D 型 nMOS 反相器都是有比反相器，分别存在占用面积大、输出高低电平幅值小及功耗大的缺陷。从前面几种反相器的结构中可以看出，驱动管在电路中起了开关的作用。输入为“0”时，开关断开，输出与电源通过负载相连，输出为“1”。同时，在电源与地之间不存在直流通路，此时功耗近似为 0。但是，当输入为“1”时，作为开关的驱动管导通，输出通过导通的开关和地相连，通过负载与电源相连，在电源与地之间形成了电流通路。输出低电平是靠负载管与导通开关管之间的分压实现的。这样就存在两个问题：①输出低电平很难达到 0；②贯通电流会造成较大的功耗。既然输出高电平时输出节点和地之间可以用开关切断，那么是否可以在输出低电平时将输出节点和电源之间也用开关切断呢？如果可以，则需要用什么样的开关呢？现在来看如图 5.39 所示的电路。电路由两个串联的开关 SW_1、SW_2 构成，当开关 SW_1 断开时，开关 SW_2 导通，输出节点通过开关 SW_2 与电源相连，输出电压 $V_{OUT}=V_{DD}=V_{OH}$；当开关 SW_1 导通时，开关 SW_2 断开，输出节点通过开关 SW_1 与地相连，输出电压 $V_{OUT}=0=V_{OL}$。通过两个开关的交替导通，输出节点交替与电源和地接续，输出高低电平。如果存在导通条件正好相反的开关，用高电平导通的开关作为 SW_1，用低电平导通的开关作为 SW_2，那么图 5.39 中的电路就是一个反相器。而且，这个反相器无论输出高电平还是低电平，都只有一个开关导通，在电源与地之间不存在直流通路，功耗较低。前几节讨论的反相器的驱动管是用 n 增强型 MOS 来实现的，n 增强型 MOS 晶体管本身就是开关，而且是高电平导通，因此可用 n 增强型 MOS 晶体管作为图 5.39 中的 SW_1。那么，选择什么样的开关作为 SW_2 才能满足反相器的功能需求呢？从上面的分析可知，希望 SW_2 是低电平导通开关。p 增强型 MOS 晶体管的导通条件正好与 n 增强型 MOS 相反，是低电平导通，满足电路需求。因此，用 p 增强型 MOS 替代图 5.39 中的 SW_2、用 n 增强型 MOS 替代 SW_1，就构成了 p 增强型 MOS 晶体管作为负载、n 增强型 MOS 晶体管作为驱动的反相器。由于 p 增强型 MOS 晶体管和 n 增强型 MOS 晶体管是互补结构，因此，这种反相器被称为互补型(complement，C)MOS 反相器，简称 CMOS 反相器。

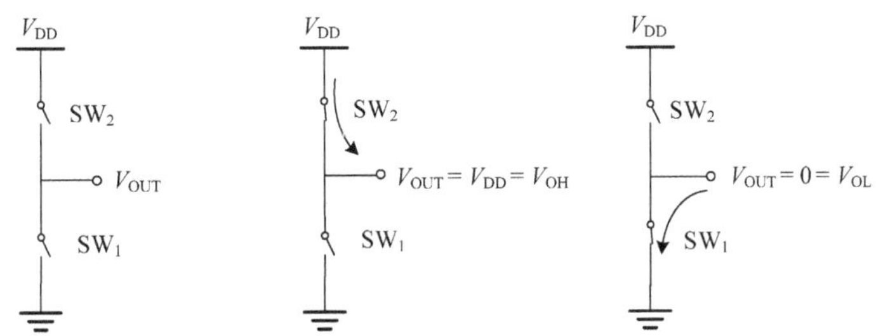

图 5.39　串联开关实现的反相器

1. CMOS 反相器的电路结构及输出高低电平

CMOS 反相器电路结构如图 5.40 所示。

图 5.40 中两个 MOS 晶体管的开启电压 $V_{Tp}<0$，$V_{Tn}>0$，为了保证电路正常工作，要求

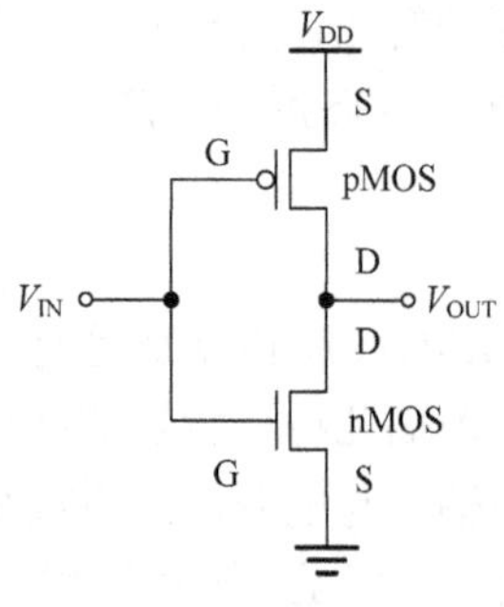

图 5.40　CMOS 反相器电路结构

$V_{DD}>|V_{Tp}|+V_{Tn}$。

如果输入 V_{IN} 为“1”，则 nMOS 晶体管导通，pMOS 晶体管截止，输出电压 $V_{OUT}=V_{OH}=V_{DD}$。

如果输入 V_{IN} 为“0”，则 pMOS 晶体管导通，nMOS 晶体管截止，输出电压 $V_{OUT}=V_{OL}=$GND。

由工作原理可知，CMOS 反相器的最大特点就是低功耗，因为在输入为“0”或“1”时，两个 MOS 晶体管中总有一个是截止的，因此没有从电源到地的直流通路，也没有电流流入栅极，因此其静态电流和功耗几乎为 0。目前 CMOS 技术已成为现代集成电路的绝对主流技术。而且，CMOS 反相器的输出高低电平值与晶体管尺寸无关，是无比反相器。

2. CMOS 反相器的传输特性

下面来分析 CMOS 反相器的直流传输特性(输出电压 V_{OUT} 作为 V_{IN} 的函数)。设 n 型 MOS 晶体管的阈值电压为 V_{Tn}，p 型 MOS 晶体管的阈值电压为 V_{Tp}。先分别讨论当输入电压 V_{IN} 从 0 增大到 V_{DD} 时，nMOS 晶体管、pMOS 晶体管的电流特性。从本章第 1 小节可知，对应不同的栅极电压，MOS 晶体管的 I_{DS} 与 V_{DS} 的关系可用图 5.41 表示。

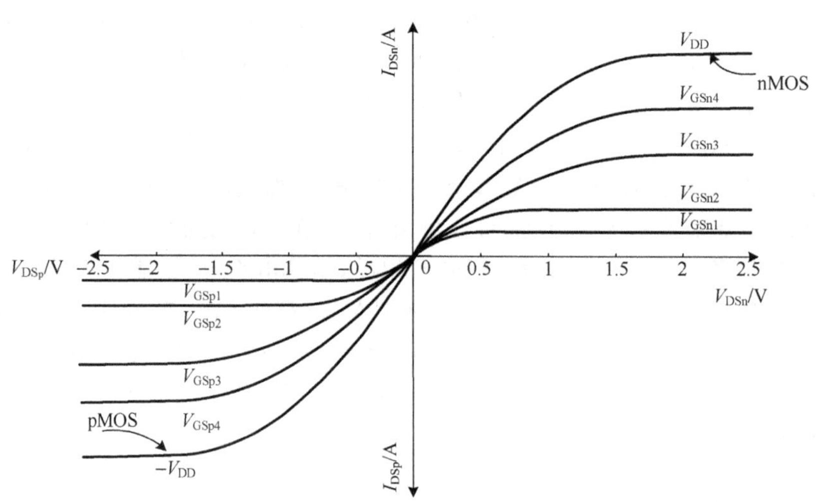

图 5.41　nMOS 晶体管与 pMOS 晶体管的 I-V 特性

对于 nMOS 晶体管来说，V_{DSn} 从 0→V_{DD}，晶体管从线性工作区进入饱和工作区。对应一定的 V_{DSn}，V_{GSn} 越大，电流 I_{DSn} 就越大，当 $V_{GSn}=V_{DD}$ 时，I_{DSn} 最大；而对于 pMOS 来说，V_{DSp} 从 0→$-V_{DD}$，随着 V_{DSp} 绝对值的增大，pMOS 晶体管从线性工作区进入饱和工作区，加在 pMOS 栅源电压为负值，同样，对应相同的 V_{DSp} 值，随着 V_{GSp} 绝对值的增大，I_{DSp} 的值增大，在 $V_{GSp}=-V_{DD}$ 时，电流 I_{DSp} 最大。

在 CMOS 反相器中有 nMOS 晶体管和 pMOS 晶体管并不是独立存在的，它们之间的电流电压关系为

$$I_{DSn}=-I_{DSp}$$
$$V_{GSn}=V_{IN}, V_{GSp}=V_{IN}-V_{DD}$$
$$V_{DSn}=V_{OUT}, V_{DSp}=V_{OUT}-V_{DD}$$

为了分析当输入信号 V_{IN}加在 CMOS 反相器上时，nMOS 晶体管和 pMOS 晶体管的工作状态，利用上述电流电压关系，可将 pMOS 晶体管的 *I-V* 特性曲线转到与 nMOS 晶体管相同的坐标空间。转换过程如图 5.42 所示。

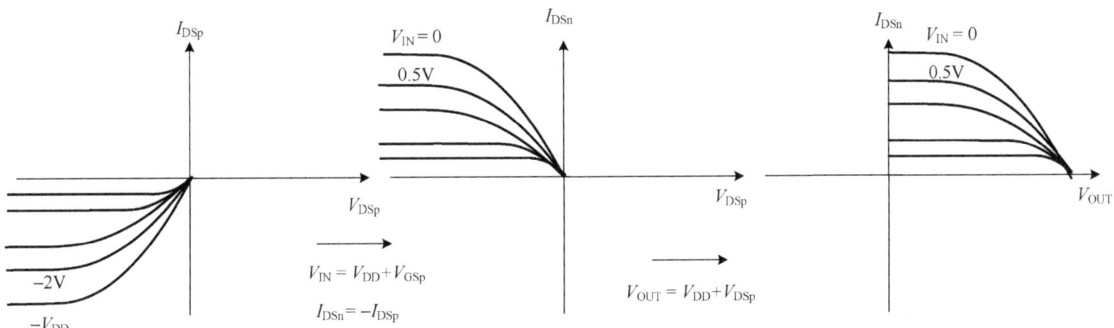

图 5.42　pMOS 晶体管 *I-V* 特性曲线的空间坐标转换

在图 5.41 中，由于在 CMOS 反相器中流过 pMOS 晶体管与 nMOS 晶体管的电流大小相等、方向相反，因此可以将 pMOS 的 *I-V* 特性曲线翻转 180°，把纵坐标 I_{DSp}转换为 I_{DSn}坐标。同时利用 $V_{GSp}=V_{IN}-V_{DD}$的关系，将 V_{GSp}换算成对应的 V_{IN}。当 $V_{DSp}=0$，对应的 $V_{OUT}=V_{DD}$，因此将完成纵坐标转换的 pMOS 晶体管 *I-V* 特性曲线向右平移 V_{DD}，就可以将 pMOS 晶体管的 *I-V* 特性曲线的横坐标也换成 nMOS 晶体管的 V_{DSn}。

当电源电压为 2.5V 时，CMOS 反相器中 pMOS 晶体管和 nMOS 晶体管的 *I-V* 特性曲线在同一坐标下的情况如图 5.43 所示。

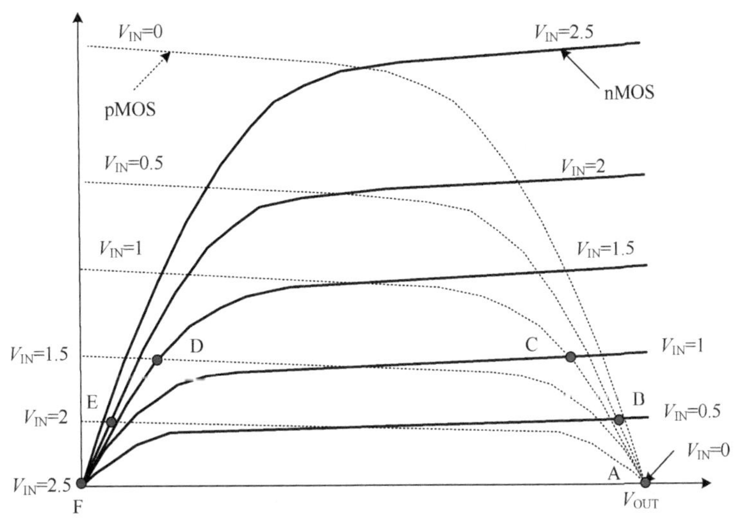

图 5.43　CMOS 反相器中 pMOS 晶体管和 nMOS 晶体管的 *I-V* 特性曲线

图 5.43 中实线是 nMOS 晶体管的 *I-V* 特性曲线，虚线为 pMOS 晶体管的 *I-V* 特性曲线。由于在 CMOS 反相器中，流过 nMOS 晶体管和 pMOS 晶体管的电流相等，因此电路的静态工作点必须处在两条相应 *I-V* 特性曲线的交点上，图 5.43 标出了这些点。可以看到，所有点都集中在输出为高电平或是低电平的区域。这说明，CMOS 反相器的过渡区很窄，在过渡区，很小的输入信号变化，就会带来大的输出变化。例如，$V_{IN}=0$ 时，交点 *A* 出现在 *X* 轴上，对应的输出为

V_{DD}；$V_{IN}=1V$ 时，交点 C 对应的 V_{OUT} 依然是高电平；$V_{IN}=1.5V$ 时，交点 D 对应的 V_{OUT} 降为低电平。由图 5.43 中的工作点，结合图 5.44，可以推出 CMOS 晶体管的输出转移特性。

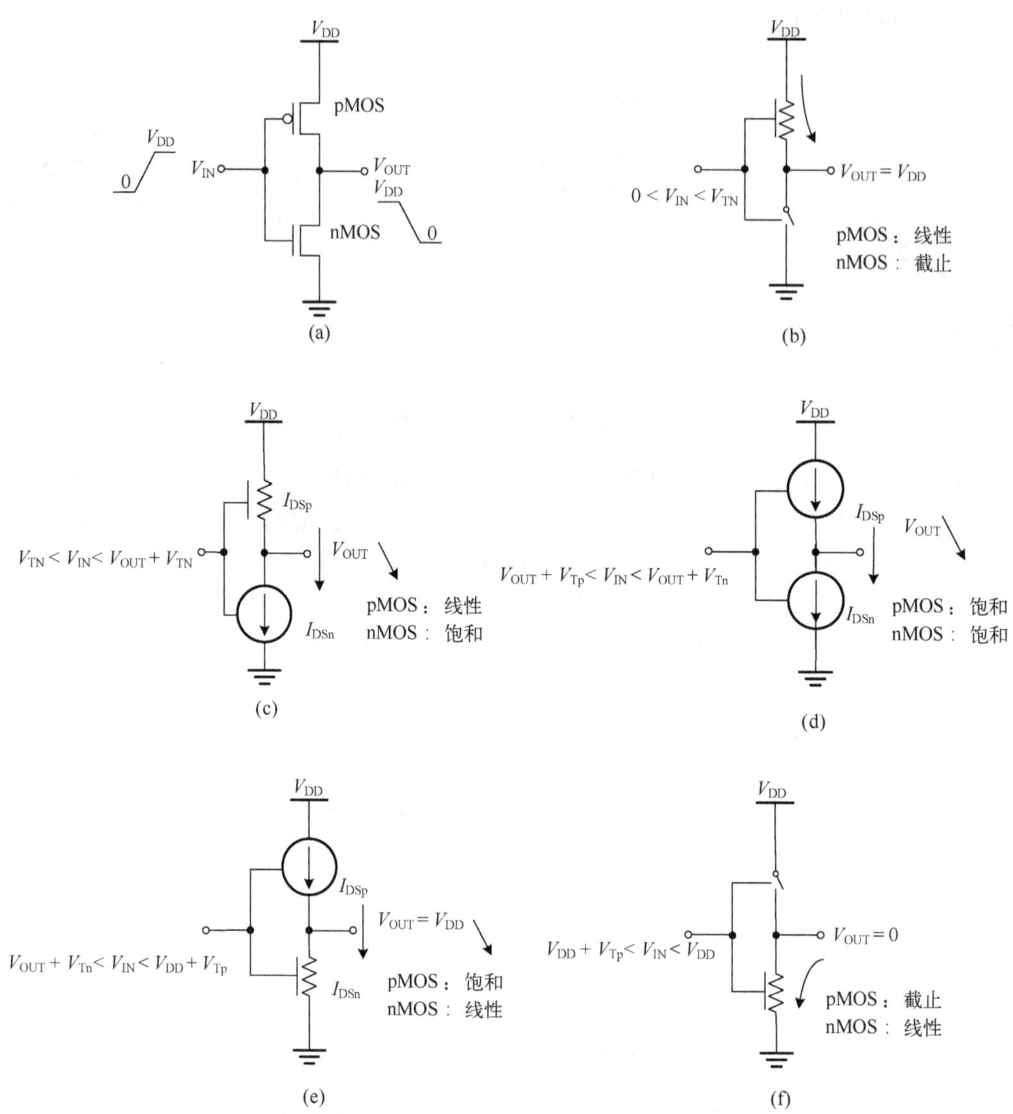

图 5.44　CMOS 反相器中 MOS 晶体管的工作状态

在图 5.44 中，给 CMOS 反相器施加初始值为 0、从 0→V_{DD}、终值为 V_{DD} 的 V_{IN} 波形。此时，输出信号 V_{OUT} 的波形为初始值为 V_{DD}、从 V_{DD}→0、终值为 0。

输入信号为稳定的“0”或“1”的情况在前面已做过讨论，在此，重点讨论输入信号 V_{IN} 从 0 上升到 V_{DD} 时输出信号的变化。参考图 5.43 中的静态工作点，将输入信号分为 AB 段、BC 段、CD 段、DE 段及 EF 段 5 个区域进行讨论。

(1) AB 段：$0<V_{IN}<V_{Tn}$，nMOS 晶体管截止，输出节点与电源 V_{DD} 相连，$V_{OUT}=V_{DD}$。此时 pMOS 晶体管的 V_{DS} 很小，pMOS 晶体管工作在线性区，等效电路如图 5.44(b) 所示。输出电压为

$$V_{OUT}=V_{OH}=V_{DD} \tag{5.41}$$

这一区域的情况可以用图 5.45 中的直线 AB 表示。

(2)BC 段：$V_{Tn}<V_{IN}<V_{OUT}+V_{Tp}$，nMOS 晶体管开始导通，此时 V_{OUT} 从 V_{DD} 开始下降，nMOS 晶体管的 $V_{DS}>V_{GS}-V_{Tn}$，nMOS 管工作在饱和区，作为电流源工作；pMOS 晶体管依然工作在线性区，作为电阻工作。此时 CMOS 反相器的等效电路如图 5.44(c)所示。

在这一区域，nMOS 晶体管和 pMOS 晶体管的电流方程分别为

$$I_{DSn}=K_n(V_{IN}-V_{Tn})^2 \tag{5.42}$$

$$I_{DSp}=-K_p[2(V_{IN}-V_{DD}-V_{Tp})(V_{OUT}-V_{DD})-(V_{OUT}-V_{DD})^2] \tag{5.43}$$

其中，导电因子 $K_n=\frac{\mu_n C_{ox}}{2}\left(\frac{W_n}{L_n}\right)$，$K_p=\frac{\mu_p C_{ox}}{2}\left(\frac{W_p}{L_p}\right)$。

由 $I_{DSn}=-I_{DSp}$ 及式(5.42)和式(5.43)，可以推出输出电压 V_{OUT} 为

$$V_{OUT}=(V_{IN}-V_{Tp})+\sqrt{\left[(V_{IN}-V_{Tp})^2-2\left(V_{IN}-\frac{V_{DD}}{2}-V_{Tp}\right)V_{DD}-\frac{K_n}{K_p}(V_{IN}-V_{Tn})^2\right]}$$

假设：$V_{Tn}=-V_{Tp}$，$K_n=K_p$，V_{OUT} 可简化为

$$V_{OUT}=(V_{IN}-V_{Tp})+\sqrt{(2V_{IN}-V_{DD})(-2V_{Tp}-V_{DD})} \tag{5.44}$$

将这一关系用曲线画出来就对应图 5.45 中的 BC 段。

(3)CD 段：$V_{OUT}+V_{Tp}<V_{IN}<V_{OUT}+V_{Tn}$，在这一区域，因为 $V_{DSn}=V_{OUT}>V_{GSn}-V_{Tn}$，所以 nMOS 晶体管依然工作在饱和状态；对于 pMOS 晶体管来说，$V_{GSp}=V_{IN}-V_{DD}$，$V_{DSp}=V_{OUT}-V_{DD}$，所以有

$$V_{IN}=V_{GSp}+V_{DD}$$

$$V_{OUT}=V_{DSp}+V_{DD}$$

那么，由 $V_{IN}>V_{OUT}+V_{TP}$ 就可以推出 $V_{GSp}+V_{DD}>V_{DSp}+V_{DD}+V_{Tp}$，$V_{DSp}<V_{GSp}-V_{Tp}$。由此可以判断，pMOS 晶体管也工作在饱和状态。此时 CMOS 反相器的等效电路如图 5.44(d)所示。

饱和状态 nMOS、pMOS 晶体管的电流方程分别为

$$I_{DSn}=K_n(V_{IN}-V_{Tn})^2 \tag{5.45}$$

$$I_{DSp}=-K_p(V_{IN}-V_{DD}-V_{Tp})^2 \tag{5.46}$$

由 $I_{DSn}=-I_{DSp}$ 及式(5.45)和式(5.46)，可以得到

$$V_{IN}=\frac{V_{DD}+V_{Tp}+V_{Tn}\sqrt{K_n/K_p}}{1+\sqrt{K_n/K_p}} \tag{5.47}$$

假设：$V_{Tn}=-V_{Tp}$，$K_n=K_p$，可得 $V_{IN}=\frac{V_{DD}}{2}$。

由 $V_{OUT}+V_{Tp}<V_{IN}<V_{OUT}+V_{Tn}$，可以推出

$$V_{IN}-V_{Tn}<V_{OUT}<V_{IN}-V_{Tp} \tag{5.48}$$

这一区域的曲线对应图 5.45 的 CD 段。

(4)DE 段：$V_{OUT}+V_{Tn}<V_{IN}<V_{DD}+V_{Tp}$，对于 nMOS 晶体管，$V_{DSn}=V_{OUT}$，$V_{GSn}=V_{IN}$，所以有 $V_{DSn}<V_{GSn}-V_{Tn}$，nMOS 晶体管从饱和区进入线性工作状态，作为电阻工作；pMOS 晶体管依然工作在饱和状态，作为电源工作。此时 CMOS 反相器的等效电路如图 5.44(e)所示。

在这一区域，nMOS 晶体管和 pMOS 晶体管的电流方程分别为

$$I_{DSp}=-K_p(V_{IN}-V_{DD}-V_{Tp})^2 \tag{5.49}$$

$$I_{DSn}=K_n[2(V_{IN}-V_{Tn})V_{OUT}-V_{OUT}^2] \tag{5.50}$$

由 $I_{DSn}=-I_{DSp}$ 及式(5.49)和式(5.50)，可以推出输出电压 V_{OUT} 为

$$V_{OUT}=(V_{IN}-V_{Tn})+\sqrt{\left[(V_{IN}-V_{Tn})^2-\frac{K_n}{K_p}(V_{IN}-V_{DD}-V_{Tp})^2\right]}$$

假设：$V_{Tn}=-V_{Tp}$，$K_n=K_p$，V_{OUT} 可简化为

$$V_{OUT}=(V_{IN}-V_{Tn})-\sqrt{(2V_{IN}-V_{DD})(-2V_{Tn}+V_{DD})} \tag{5.51}$$

将这一关系用曲线画出来就对应图 5.45 中的 DE 段。

(5)EF 段：$V_{DD}+V_{Tp}<V_{IN}<V_{DD}$，pMOS 晶体管截止，输出节点与地相连，$V_{OUT}=0$。此时 nMOS 晶体管的 V_{DS} 很小，nMOS 晶体管工作在线性区，等效电路如图 5.44(f)所示。输出电压为 $V_{OUT}=V_{OL}=0$，这一区域的情况可以用图 5.45 中的直线 EF 表示。表 5.3 概括了 CMOS 反相器中 nMOS 及 pMOS 晶体管的工作区域及对应条件。

表 5.3　CMOS 反相器中 nMOS 及 pMOS 晶体管的工作区域及对应条件

	截止区	线性区	饱和区
pMOS 晶体管	$V_{GSp}>V_{Tp}$ $V_{DD}+V_{Tp}<V_{IN}<V_{DD}$	$V_{GSp}<V_{Tp}$ $V_{IN}<V_{DD}+V_{Tp}$ $V_{DSp}>V_{GSp}-V_{Tp}$ $V_{IN}<V_{OUT}+V_{Tp}$	$V_{GSp}<V_{Tp}$ $V_{IN}<V_{DD}+V_{Tp}$ $V_{DSp}>V_{GSp}-V_{Tp}$ $V_{IN}>V_{OUT}+V_{Tp}$
nMOS 晶体管	$V_{GSp}<V_{Tn}$ $V_{IN}<V_{Tn}$	$V_{GSp}>V_{Tn}$ $V_{IN}>V_{Tn}$ $V_{DSn}<V_{GSn}-V_{Tn}$ $V_{IN}>V_{OUT}+V_{Tn}$	$V_{GSp}>V_{Tn}$ $V_{IN}>V_{Tn}$ $V_{DSn}>V_{GSn}-V_{Tn}$ $V_{IN}<V_{OUT}+V_{Tn}$

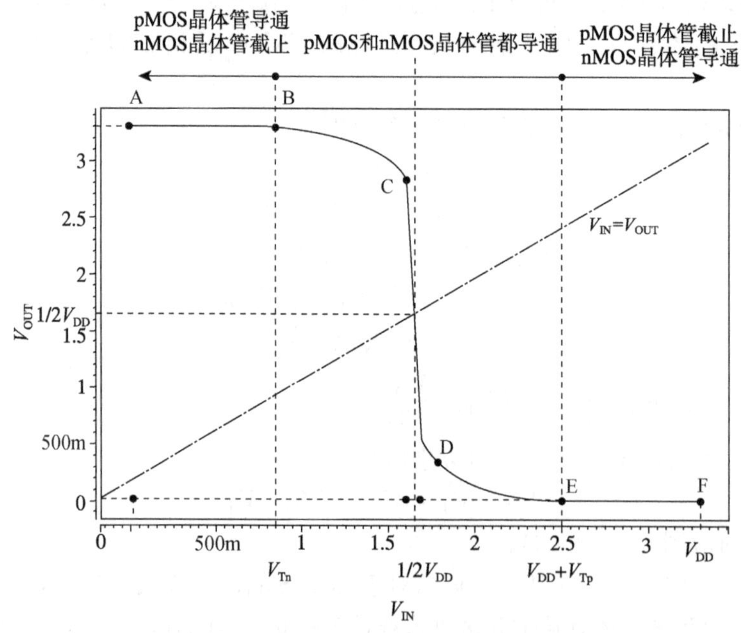

图 5.45　CMOS 反相器的传输特性与工作区

3. CMOS 反相器的静态特性

在以上的讨论中简述了 CMOS 反相器的电压传输特性，并推导了 V_{OH} 和 V_{OL} 的值，分别为

V_{DD}和 0。接下来将讨论 V_M、V_{IL}和 V_{IH}以及噪声容限。

1)逻辑阈值

逻辑阈值的定义为 $V_{IN}=V_{OUT}$的点,其值可以用图解法由图 5.45 中的电压传输曲线与 $V_{IN}=V_{OUT}$的直线的交点得到。在这一区域由于 $V_{DS}=V_{GS}$,nMOS 晶体管和 pMOS 晶体管始终处于饱和工作状态,于是有

$$K_n(V_{IN}-V_{Tn})^2=K_p(V_{IN}-V_{DD}-V_{Tp})^2$$

令 $V_M=V_{IN}$,得

$$V_M=\frac{V_{DD}+V_{Tp}+V_{Tn}\sqrt{K_n/K_p}}{1+\sqrt{K_n/K_p}} \tag{5.52}$$

当 $K_n=K_p$,$V_{Tn}=-V_{Tp}$时,可得

$$V_M=V_{DD}/2$$

由于 $K_n=\frac{\mu_n C_{ox}}{2}\left(\frac{W_n}{L_n}\right)$,$K_p=\frac{\mu_p C_{ox}}{2}\left(\frac{W_p}{L_p}\right)$,因此有

$$\sqrt{K_n/K_p}=\sqrt{\frac{\mu_n W_n/L_n}{\mu_p W_p/L_p}}$$

从上述关系可以看出,V_M与 nMOS 晶体管和 pMOS 晶体管电流驱动能力相关。在 CMOS 反相器中,pMOS 晶体管和 nMOS 晶体管的沟道长度 $L_n=L_p$,改变 W_p/W_n的值,通过 HSPICE 仿真,观察 V_M的变化,结果如图 5.46 所示。

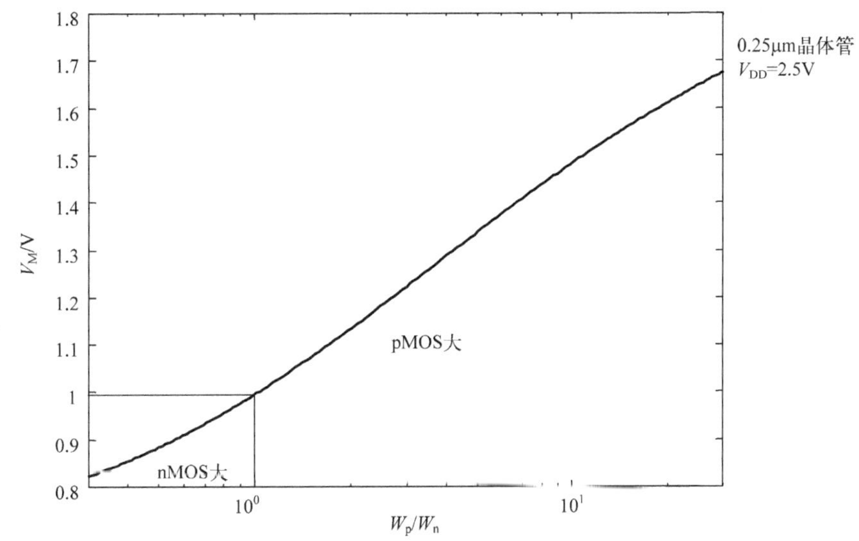

图 5.46　逻辑阈值与晶体管尺寸比的关系曲线

由图 5.46 可知,当 nMOS 晶体管尺寸较大时,逻辑阈值减小;当 pMOS 晶体管较大时,逻辑阈值呈增加趋势。这一结果,从图 5.47 中可以直观地得到。相对于标准情况,当 pMOS 的驱动能力大于 nMOS 时,V_M增大;当 nMOS 的驱动能力大于 pMOS 时,V_M减小。

从图 5.47 中还可以得到一个非常有用的结论:改变 W_p/W_n的值的影响是使电压传输曲线过渡区发生平移。增加 pMOS 晶体管或是 nMOS 晶体管的宽度使 V_M分别移向 V_{DD}和 0。这一特性非常有用。在实际应用中,有时需要较高的翻转阈值,以消除低电平输入信号的干扰。如图 5.48(a)所示,输入信号从高到低变化,输出信号 V_{OUT}为低电平。受到低电平噪声影响,本应

保持低电平的输入信号在某一时刻的电平值高于正常逻辑阈值 V_M，这时输出信号就会出现误翻转，此时，如果将逻辑阈值提高设计为 V_{M^+}，则可以得到正确的输出。同样，电路有时也需要较低的翻转阈值，用来消除输入高电平时来自电源的干扰。如图 5.48(b)所示，输入信号从低到高变化，输出信号从高电平翻转为低电平，受到高电平噪声影响，本应保持高电平的输入信号在某一时刻的电平值低于正常逻辑阈值 V_M，这时输出信号出现误翻转，此时，如果将逻辑阈值减低设计为 V_{M^-}，则可以得到正确的输出。

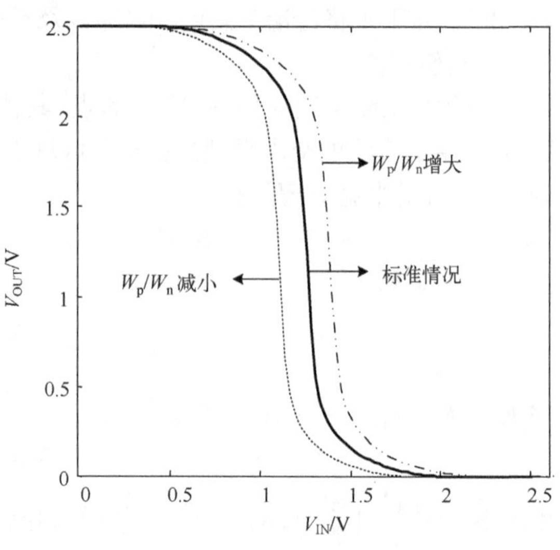

图 5.47　CMOS 反相器的传输特性仿真结果

2)噪声容限

噪声容限是与输入输出特性密切相关的参

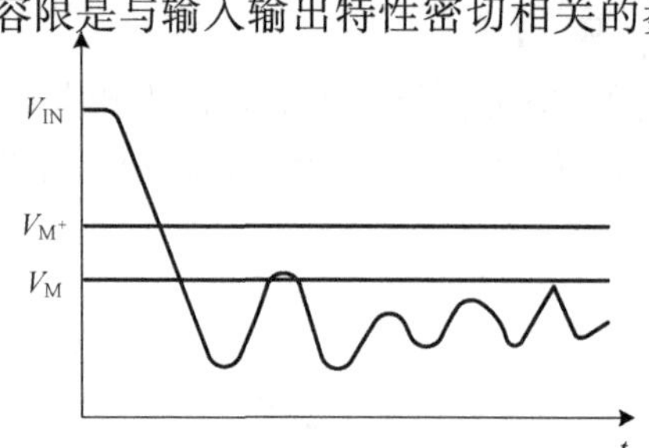

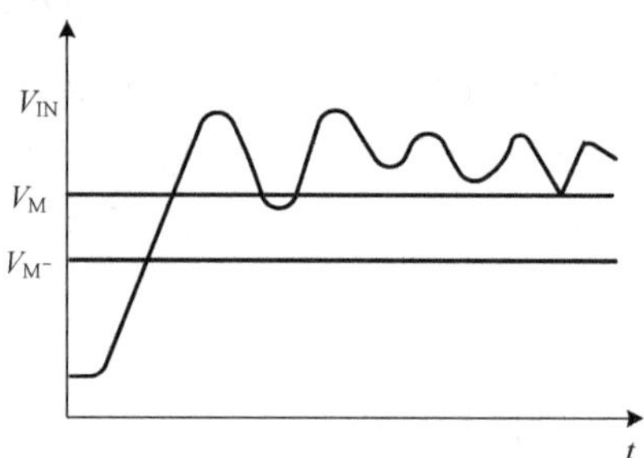

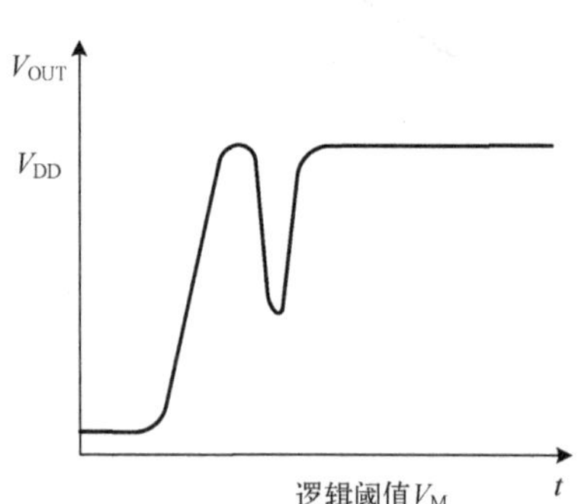

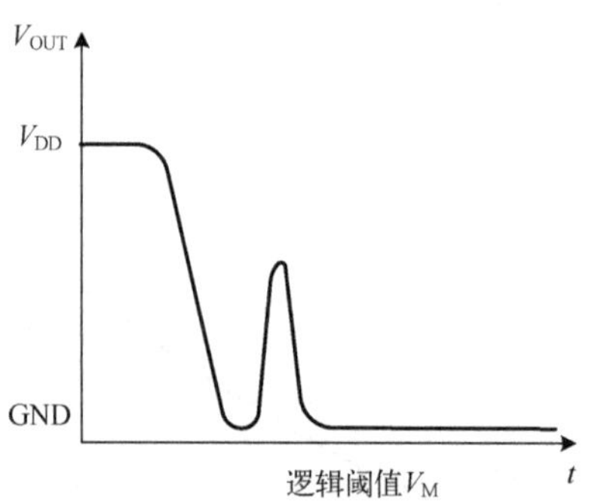

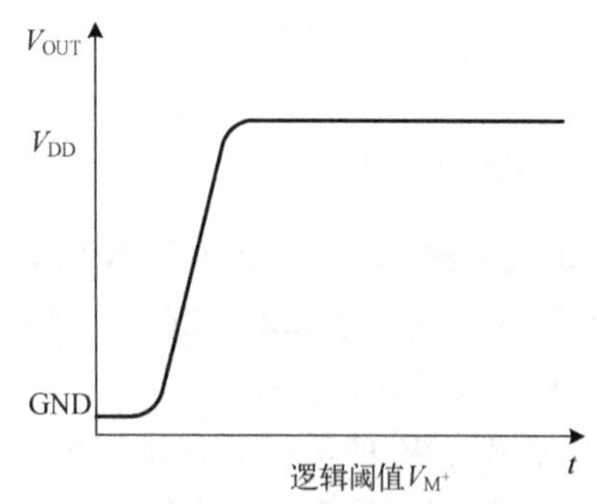

(a)较高的逻辑阈值可以消除低电平噪声

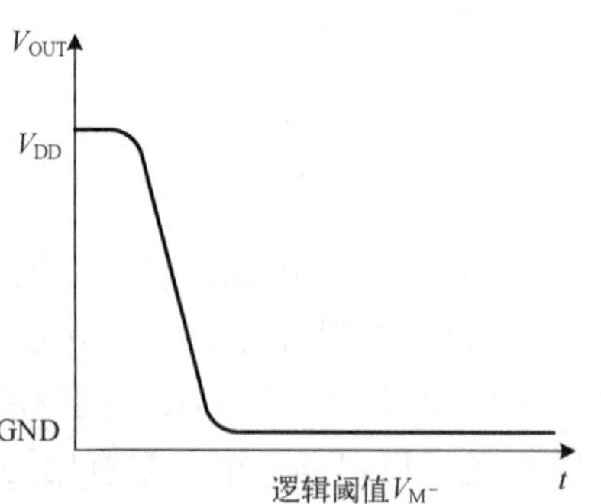

(b)较低的逻辑阈值可以消除高电平噪声

图 5.48　调节逻辑阈值可以提高电路的可靠性

数。通常用低噪声容限 V_{NML} 和高噪声容限 V_{NMH} 两个参数来确定噪声容限(或噪声抗扰度)的技术规范。如图 5.49 所示,V_{NML} 定义为驱动门的最大输出低电平 $V_{OL,max}$ 与被驱动门的最大输入低电平 $V_{IL,max}$ 之差的绝对值,即

$$V_{NML}=|V_{IL,max}-V_{OL,max}| \tag{5.53}$$

V_{NMH} 为驱动门最小输出高电平 $V_{OH,min}$ 与接收门最小输入高电平 $V_{IH,min}$ 之差的绝对值,即

$$V_{NMH}=|V_{OH,min}-V_{IH,min}| \tag{5.54}$$

根据定义,V_{IL} 和 V_{IH} 是 $dV_{OUT}/dV_{IN}=-1$ 时反相器的工作点。通过推导可以得到 V_{IL} 和 V_{IH}。

$$V_{IL}=\frac{2V_{OUT}+V_{Tp}-V_{DD}+(K_n/K_p)V_{Tn}}{1+K_n/K_p} \tag{5.55}$$

$$V_{IH}=\frac{V_{DD}+V_{Tp}+(K_n/K_p)(2V_{OUT}+V_{Tn})}{1+K_n/K_p} \tag{5.56}$$

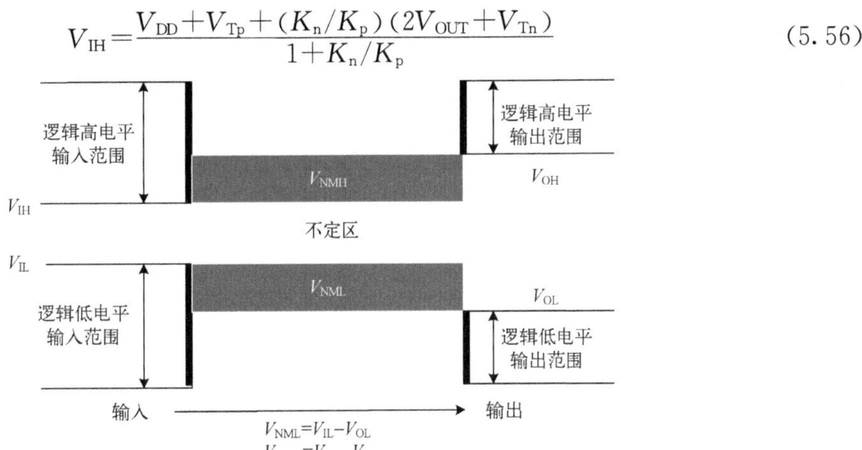

图 5.49　噪声容限的定义

从式(5.55)和式(5.56)可以看出,关系式较为复杂,不能直接得出影响噪声容限的参数,使用起来并不方便。比较简单的方法是对电压传输曲线采用逐段近似,如图 5.50 所示。

在图 5.50 中,过渡区用一段直线近似,其增益等于 V_M 处的斜率 g。它与 V_{OH} 及 V_{OL} 的交点用来定义 V_{IH} 和 V_{IL} 点。由此近似引起的误差与实际情况相差很小,并处在设计允许的误差范围内。由这一方法可以得到过渡区的宽度 $V_{IH}-V_{IL}$、V_{IH}、V_{IL}、噪声容限 NM_H 和 NM_L 的表达式如下

$$\begin{aligned} &V_{IH}-V_{IL}=-\frac{V_{OH}-V_{OL}}{g}=-\frac{V_{DD}}{g} \\ &V_{IH}=V_M-\frac{V_M}{g}, \qquad V_{IL}=V_M+\frac{V_{DD}-V_M}{g} \\ &NM_H=V_{DD}-V_{IH}, \qquad NM_L=V_{IL}-V_{OL} \end{aligned} \tag{5.57}$$

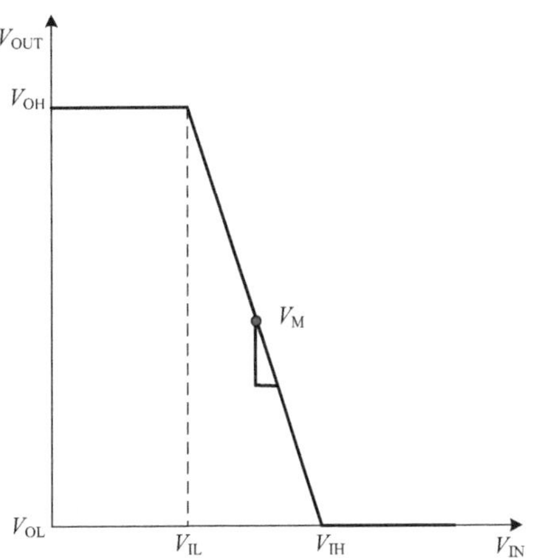

图 5.50　对电压传输曲线逐段近似简化 V_{IL}、V_{IH} 的推导

这些表达式更清楚地表明,过渡区增益越大,噪声容限就越大。在增益无穷大的极限情况下。噪声容限 NM_H 和 NM_L 分别简化为 $V_{OH}-V_M$ 和 V_M-V_{OL},它们跨越了整个电压摆幅。

4. CMOS 反相器的瞬态特性

电路的静态特性给出了输入信号与稳定输出信号

之间的关系，可以通过对电路进行直流分析获得。在直流分析中，更多地关注对应一个输入电压，输出信号会发生什么变化、电路中元件参数的改变会对电路输出值产生什么影响，而不需要考虑这个变化需要多少时间才能出现，以及元件参数的改变会对输出响应时间有什么影响。例如，在 CMOS 反相器中，直流分析讨论的只是 MOS 晶体管尺寸对逻辑阈值、晶体管的工艺参数对电路抗噪声能力的影响。在实际应用中，不仅需要对电路的静态特性进行研究，更需要分析当输入信号随着时间发生变化时，输出信号会有什么样的响应，通常称之为瞬态特性。图 5.51 分别给出逻辑阈值为 $V_{DD}/2$ 的 CMOS 反相器的输出信号跟随输入信号变化的静态特性和瞬态特性。图 5.51(a)给出的是 CMOS 的静态特性曲线。此时，横轴为 CMOS 反相器的输入信号 V_{IN}，纵轴分别给出了输入信号 V_{IN} 和输出信号 V_{OUT}。从图 5.51(a)中可以看出，当输入信号为 $V_{DD}/2$ 时，对应的输出信号也为 $V_{DD}/2$。图 5.51(b)中，横轴为时间，纵轴同样为输入信号 V_{IN} 和输出信号 V_{OUT}。沿着时间轴，输入信号 V_{IN} 从低到高变化，达到 $V_{DD}/2$ 时，对应的输出信号应该也为 $V_{DD}/2$，但实际上输出是在经过 Δt_1 时间后才达到 $V_{DD}/2$ 的。同样，当输入信号 V_{IN} 从高到低变化时，输出也是经过了 Δt_2 时间后才对输入做出响应。

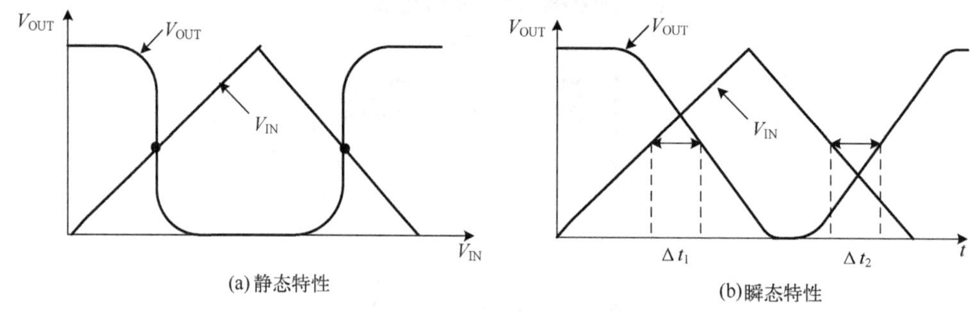

图 5.51 CMOS 反相器静态特性和瞬态特性

分析图 5.52 所示 CMOS 反相器输出的翻转机理，发现输出节点电平值的上升就是电源电压对输出负载进行充电的过程，而电平值的下降是输出负载上的电荷对地进行放电的过程。对应输入信号的变化，输出节点上发生的充电与放电不可能瞬时完成，所以输入信号的变化要经过一定时间才能在输出端得到反应。很容易想到，电位上升下降过程的快慢，取决于负载电容的大小和给负载电容进行充放电的电流的大小。可以说，负载电容 C_L 的充电和放电时间限制了逻辑门的开关速度。当输入是阶跃电压 $V_{IN}(t)$ 时，输出电压 $V_{OUT}(t)$ 的波形如图 5.52 所示。图 5.52 中上升时间 t_r 是指波形从它的稳态值的 10%上升到 90%所需的时间；下降时间 t_f 是指波形从它的稳态值 90%下降到 10%所需的时间；延迟时间 t_{pd} 指输入电压变化到稳态值的 50%的时刻和输出电压变化到稳态值的 50%的时刻之间的时间差(延迟时间被认为是从输入到输出的逻辑转移时间)。下面分别讨论 CMOS 反相器的下降时间、上升时间及延迟时间。

1)下降时间

图 5.53 给出了输入电压 $V_{IN}(t)$ 从 0V 变化到 V_{DD} 时，nMOS 晶体管工作点的移动轨迹。最初，nMOS 晶体管截止，负载电容 C_L 充电到 V_{DD}。这对应于特性曲线上的 X_1 点。当反相器的输入端加上阶跃电压($V_{GS}=V_{DD}$)时，工作点变化到 X_2。此后，轨迹沿着 $V_{GS}=V_{DD}$ 的特性曲线向原点(X_3)移动。

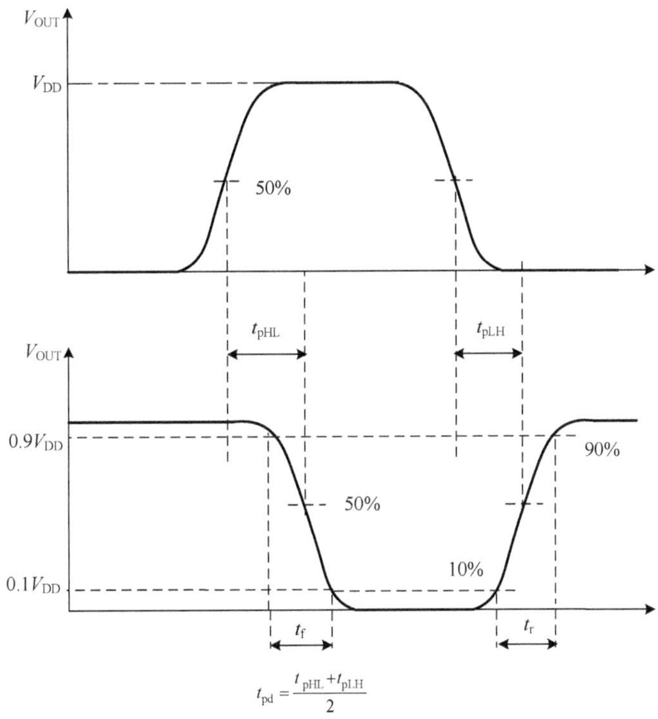

图 5.52　反相器的开关特性

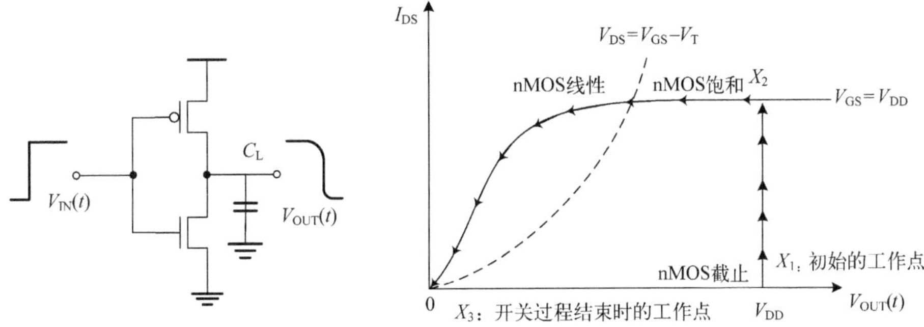

图 5.53　在开关期间 nMOS 晶体管工作点的移动轨迹

根据图 5.52 所示的开关特性，下降时间 t_f 由下面两个时间间隔所组成。

(1)电容电压 V_{OUT} 从 $0.9V_{DD}$ 下降到 $(V_{DD}-V_{Tn})$ 所需的时间 t_{f1}。

(2)电容电压 V_{OUT} 从 $(V_{DD}-V_{Tn})$ 下降到 $0.1V_{DD}$ 所需的时间 t_{f2}。

说明上述行为特性的等效电路如图 5.54 所示。

根据图 5.54(a)，在饱和区，$V_{OUT} \geqslant V_{DD}-V_{Tn}$，有

$$C_L\frac{dV_{OUT}}{dt}+K_n(V_{DD}-V_{Tn})^2=0 \tag{5.58}$$

从 $t=t_1$（对应 $V_{OUT}=0.9\ V_{DD}$）到 $t=t_2$（对应 $V_{OUT}=V_{DD}-V_{Tn}$）进行积分，可得

$$t_{f1}=\frac{C_L}{K_n(V_{DD}-V_{Tn})^2}\int_{V_{DD}-V_{Tn}}^{0.9V_{DD}} dV_{OUT}=\frac{C_L(V_{Tn}-0.1V_{DD})}{K_n(V_{DD}-V_{Tn})^2} \tag{5.59}$$

当 nMOS 晶体管工作在线性区时，放电电流已不再是恒定值。按照上述同样方法，可求出

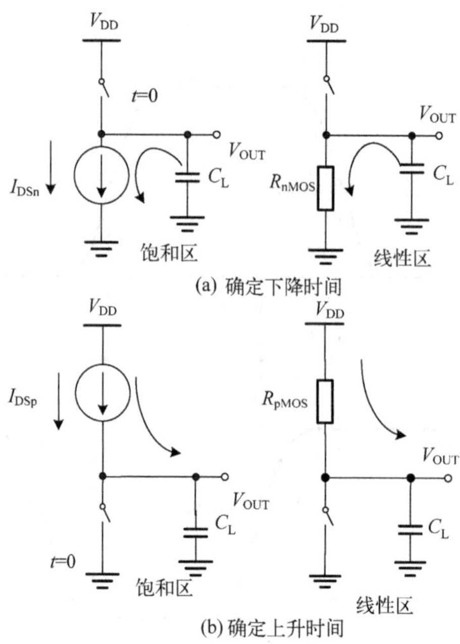

图 5.54　确定下降和上升时间的等效电路

电容电压从($V_{DD}-V_{Tn}$)放电到 0.1 V_{DD}所需的时间 t_{f2}为

$$\begin{aligned} t_{f2} &= \frac{-C_L}{2K_n(V_{DD}-V_{Tn})^2}\int_{0.1V_{DD}}^{V_{DD}-V_{Tn}} \frac{dV_{OUT}}{V_{OUT}^2/2(V_{DD}-V_{Tn})-V_{OUT}} \\ &= \frac{C_L}{2K_n(V_{DD}-V_{Tn})}\ln\left(\frac{19V_{DD}-20V_{Tn}}{V_{DD}}\right) \end{aligned} \tag{5.60}$$

由式(5.59)和式(5.60),可得整个下降时间为

$$\begin{aligned} t_f &= t_{f1}+t_{f2} \\ &= \frac{C_L}{K_n(V_{DD}-V_{Tn})}\left[\frac{V_{Tn}-0.1V_{DD}}{V_{DD}-V_{Tn}}+\frac{1}{2}\ln\left(\frac{19V_{DD}-20V_{Tn}}{V_{DD}}\right)\right] \end{aligned} \tag{5.61}$$

如果假设 $V_{Tn}\approx 0.2V_{DD}$(在 $V_{DD}=2.5V$ 情况下,$V_{Tn}\approx 0.5V$,$V_{Tp}\approx -0.5V$),则 t_f可近似为

$$t_f \approx 2\frac{C_L}{K_n V_{DD}} \tag{5.62}$$

由式(5.62)可知,在电源电压 V_{DD}和负载电容 C_L确定的情况下,CMOS 反相器输出信号的下降时间只与 nMOS 晶体管相关。这很容易理解,因为输出电位的下降是通过 nMOS 晶体管对地进行放电实现的,与 pMOS 晶体管无关。所以 CMOS 反相器的下降时间由 nMOS 晶体管的导电特性决定的。

2)上升时间

由于 CMOS 电路的对称性,类似的方法可以用来求出上升 t_r,如图 5.54(b)所示。

$$t_r = \frac{C_L}{K_p(V_{DD}-|V_{TP}|)}\left[\frac{|V_{Tp}|-0.1V_{DD}}{V_{DD}-|V_{Tp}|}+\frac{1}{2}\ln\left(\frac{19V_{DD}-20|V_{Tp}|}{V_{DD}}\right)\right]$$

如前所述,取$|V_{Tp}|\approx 0.2V_{DD}$,则上式简化成

$$t_r \approx 2\frac{C_L}{K_p V_{DD}} \tag{5.63}$$

由式(5.63)可知，CMOS 反相器输出信号的上升时间只与 pMOS 晶体管相关。设 $\mu_n=2\mu_p$，当 nMOS 晶体管的尺寸和 pMOS 晶体管的尺寸相同时，有 $K_n=2K_p$，则 $t_f=t_r/2$，下降时间比上升时间短。这主要是由于 pMOS 和 nMOS 晶体管中载流子的迁移率不同($\mu_n\approx2\mu_p$)。因此，若希望反相器的上升时间和下降时间近似相等，则需要使 $K_n/K_p=1$。这就意味着，pMOS 晶体管和 nMOS 晶体管的沟道长度相同时，沟道宽度必须加宽到 nMOS 晶体管沟道宽度的 2 倍左右，即 $W_p\approx2W_n$。

3)延迟时间

反相器延迟时间 t_{pd}的定义为输入电压变化到稳态值的 50%的时刻与输出电压变化到稳态值的 50%的时刻之间的时间差。假设输入信号 V_{IN}为阶跃信号，由高到低变化过程中输入和输出电压的波形如图 5.55 所示。可以看出，延迟时间是由 V_{OUT}从 V_{DD}下降到($V_{DD}-V_{Tn}$)所需的时间 t_{d1}及 V_{OUT}从($V_{DD}-V_{Tn}$)下降到 $0.5V_{DD}$所需的时间 t_{d2}决定的。在第一个时间段，nMOS 工作在饱和区，有

$$C_L\frac{dV_{OUT}}{dt}+K_n(V_{DD}-V_{Tn})^2=0 \tag{5.64}$$

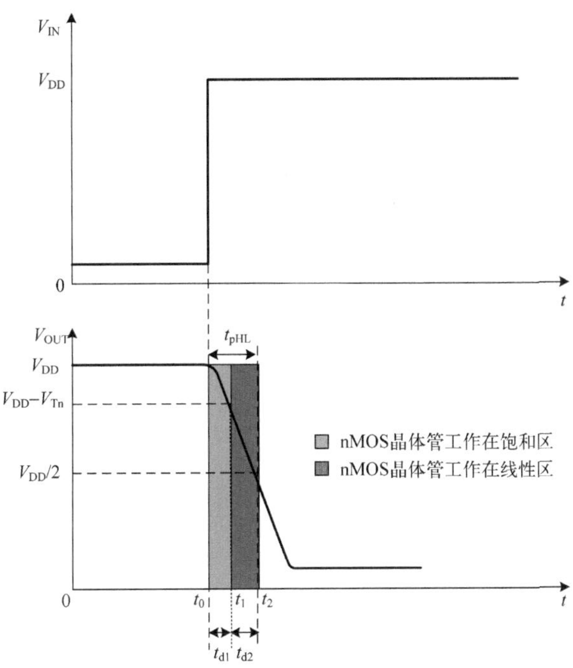

图 5.55　从高到低器件输入和输出电压波形

从 $t=t_0$(对应 $V_{OUT}=V_{DD}$)到 $t=t_1$(对应 $V_{OUT}=V_{DD}-V_{Tn}$)进行积分，可得

$$t_{d1}=-\frac{C_L}{K_n(V_{DD}-V_{Tn})^2}\int_{V_{DD}}^{V_{DD}-V_{Tn}}dV_{OUT}=-\frac{C_LV_{Tn}}{K_n(V_{DD}-V_{Tn})^2} \tag{5.65}$$

当 nMOS 晶体管工作在线性区时，放电电流已不再是恒定值。按照上述同样方法，可求出电容电压从($V_{DD}-V_{Tn}$)放电到 $0.5\,V_{DD}$所需的时间 t_{d2}为

$$\begin{aligned}t_{d2}&=\frac{-C_L}{2K_n(V_{DD}-V_{Tn})}\int_{0.5V_{DD}}^{V_{DD}-V_{Tn}}\frac{dV_{OUT}}{V_{OUT}^2/2(V_{DD}-V_{Tn})-V_{OUT}}\\&=\frac{C_L}{K_n(V_{DD}-V_{Tn})}\ln\left(\frac{3V_{DD}-4V_{Tn}}{V_{DD}}\right)\end{aligned} \tag{5.66}$$

从高到低的延时时间为

$$
\begin{aligned}
t_{pHL} &= t_{d1} + t_{d2} \\
&= \frac{C_L}{K_n(V_{DD}-V_{Tn})}\left[\frac{V_{Tn}}{V_{DD}-V_{Tn}} + \ln\left(\frac{3V_{DD}-4V_{Tn}}{V_{DD}}\right)\right]
\end{aligned}
\tag{5.67}
$$

如果假设 $V_{Tn} \approx 0.2V_{DD}$（在 $V_{DD}=2.5V$ 情况下，$V_{Tn}\approx 0.5V$，$V_{Tp}\approx -0.5V$），则 t_{pHL} 可近似为

$$t_{pHL} \approx \frac{5C_L}{4K_nV_{DD}} \tag{5.68}$$

同理，可以得到

$$t_{pLH} \approx \frac{5C_L}{4K_pV_{DD}} \tag{5.69}$$

则 CMOS 反相器的延迟时间为

$$t_{pd} = \frac{t_{pHL}+t_{pLH}}{2} \approx \frac{5C_L}{8V_{DD}}\left(\frac{1}{K_n}+\frac{1}{K_p}\right) \tag{5.70}$$

为了直观地说明本节讨论的一些基本问题，图 5.56 给出了不同尺寸反相器的动态特性仿真图。反相器电源电压 $V_{DD}=3.3V$，负载电容取 100fF。nMOS、pMOS 的沟道长度 $L_n=0.35\ \mu m$，选择管子的尺寸比$(W_n/W_p)=3$。W_n分别取 0.7 μm、2.1 μm、3.5 μm、7 μm、14 μm。从仿真结果可以看出，当 nMOS 和 pMOS 取最小尺寸($W_n=0.7\ \mu m$、$W_p=2.1\ \mu m$)时，反相器的传播延时最大。由于 nMOS、pMOS 的沟道长度相同，增加 nMOS、pMOS 的沟道宽度，可以增加晶体管的驱动电流，延迟时间相应减小。开始时，延迟时间减小很快，但是管子宽度继续增加时，延迟时间接近极限值，延迟时间降低率逐渐减小。

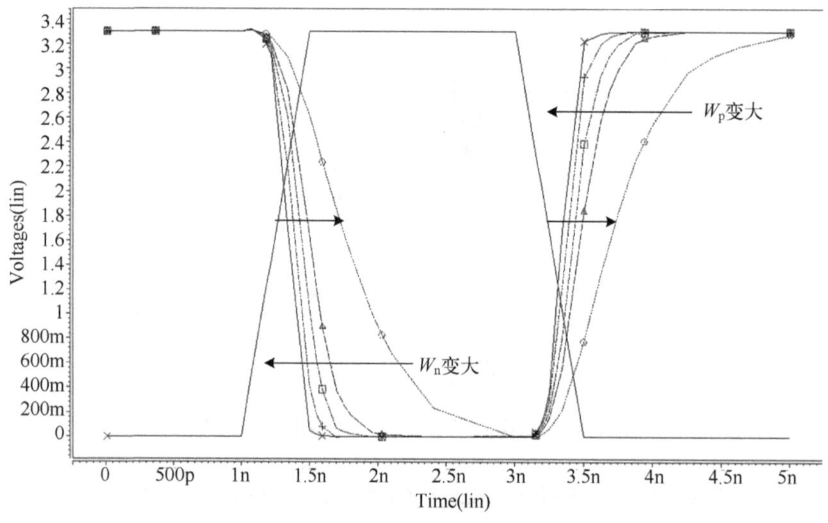

图 5.56 不同尺寸反相器动态特性

还可以用反相器环的方法来测量反相器的传输延迟。图 5.57 所示为理想反相器三级环形振荡器。第三级的输出与第一级的输入相接，这样三级反相器构成一个电压反馈环路。可以容易地检测出该电路没有稳定的工作点。当所有的反相器输入输出电压等于逻辑门的阈值电压 V_M 时，唯一的工作点是不稳定的。任何节点的电压受到干扰，都会使电路的直流工作点产生漂移。一旦反相器的输入或输出电压偏离不稳定的工作点 V_M，电路就产生振荡。图 5.58 所示为理想反相器三级环形振荡器的电压波形。在这个三级电路中，任意反相器输出电压的振荡周期

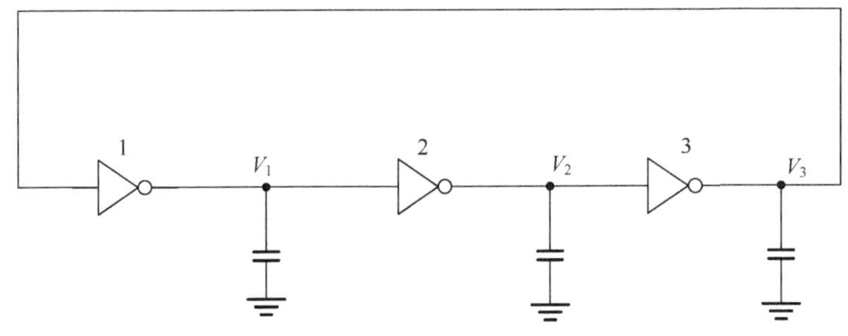

图 5.57　理想反相器三级环形振荡器

T 可表示为 6 个传播延时的总和。假设 3 个闭环串联的反相器是相同的，且输出负载电容也相等。可以用平均传播延时表示振荡周期 T 为

$$\begin{aligned} T &= t_{\mathrm{pHL1}} + t_{\mathrm{pLH1}} + t_{\mathrm{pHL2}} + t_{\mathrm{pLH2}} + t_{\mathrm{pHL3}} + t_{\mathrm{pLH3}} \\ &= 2\tau_{\mathrm{p}} + 2\tau_{\mathrm{p}} + 2\tau_{\mathrm{p}} = 6\tau_{\mathrm{p}} \end{aligned} \tag{5.71}$$

推广到 n 个反相器串联关系，可以得到

$$f = \frac{1}{T} = \frac{1}{2 \cdot n \cdot \tau_{\mathrm{p}}} \tag{5.72}$$

这个关系式可以用来度量典型的具有最小电容负载反相器的平均传播延迟，只要将 n 级相同的反相器构成一个环形的振荡电路并确定其精确的振荡频率，从式(5.72)可以得到

$$\tau_{\mathrm{p}} = \frac{1}{2nf} \tag{5.73}$$

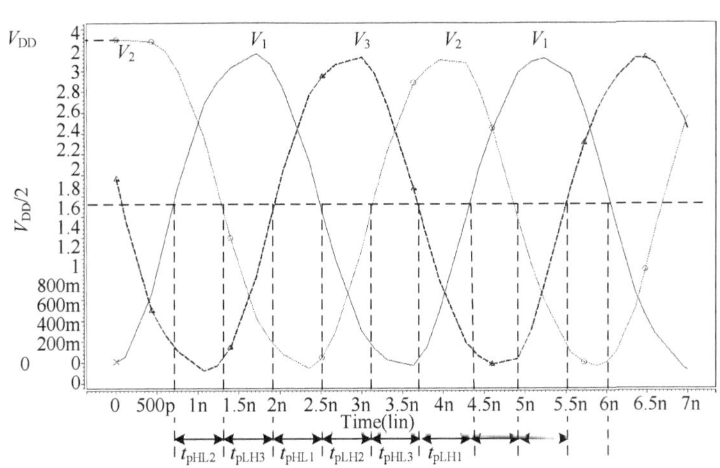

图 5.58　理想反相器三级环形振荡器的电压波形

在实际生产线上，通常用这个方法来测定在特定工艺下反相器的延迟时间，并用它作为修正设计模型的参考。

技术拓展：3D 晶体管

MOS 晶体管是构成集成电路的基本元件。20 世纪 60 年代初平面工艺的发明，揭开了集成电路发展的序幕。从此集成电路一直遵循摩尔定律高速发展，晶体管的尺寸不断减小，单芯片的

集成度不断提高。当晶体管的尺寸进入深亚微米之后，各种小尺寸效应限制了集成电路性能的发展，以硅平面工艺为核心的集成电路技术受到发展极限的挑战。为了延续以硅材料为主体的硅集成电路技术，研究者在器件结构、介质材料及互连线材料上进行不断探索。2003 年 90nmCMOS 工艺首先采用应变硅技术，有效抑制了载流子速度早期饱和带来的晶体管驱动能力下降的问题；当器件尺寸进一步缩小时，栅极氧化膜已经不能进一步减薄，漏电流引起的静态功耗在总功耗中比例增大，制约了功耗的进一步降低，器件其他性能也受到限制。因此，45nm 以下工艺特别是 32nmCMOS 工艺开始采用高 k-金属栅工艺；为了降低互连线延迟，铜工艺也在 CMOS 标准工艺中得到运用。以上技术延长了硅平面工艺的生命线，但物理极限的逼近依然是无法逾越的事实。为了突破极限，3D 晶体管的概念早在 10 年前就被提出。经过不断探索研究，终于进入实际应用的阶段。英特尔公司目前正式宣布，3D 结构晶体管，也称 Tri-gate 晶体管将开始首次批量生产。这是自硅晶体管发明 50 年来首次采用 3D 结构设计商业化产品。如图 5.59 所示，3D 晶体管使用一个非常薄的三维硅鳍片取代传统 2D 晶体管上的平面栅极。3D 晶体管设置了 3 个栅极，其中两侧各 1 个、顶面 1 个，这样可以使栅极和沟道之间通过尽可能多的电流，反而使其更容易控制，更利于减小漏电流。而 2D 晶体管只在顶部有 1 个栅极。由于这些硅鳍片都是垂直的，晶体管可以更加紧密地靠在一起，从而大大提高晶体管密度。22nm 3D 晶体管相比于 32nm 平面晶体管可带来最多 37％的性能提升，而且同等性能下的功耗减少一半。

图 5.59　3D 晶体管概念图

基础习题

5-1　请给出 nMOS 晶体管的阈值电压公式，并解释各项的物理含义及其对阈值大小的影响(各项在不同情况下是提高阈值还是降低阈值)。

5-2　什么是器件的亚阈值特性？亚阈值特性对器件有什么影响？

5-3　分别说明什么是 MOS 晶体管的短沟道效应、沟道长度调制效应？其对晶体管的特性有什么影响？

5-4　请以 pMOS 晶体管为例解释什么是衬偏效应，并解释其对 pMOS 晶体管阈值电压和漏源电流的影响。

5-5　给出 E/R 反相器的电路结构，分析其工作原理及传输特性，并计算 VTC 曲线上的临界电压值。

5-6　增强型负载 nMOS 反相器有哪两种电路结构？简述其优缺点。

5-7　以饱和增强型负载反相器为例分析 E/E 反相器的工作原理及传输特性。

5-8　试比较将 E/E 型 nMOS 反相器的负载管改为耗尽型 nMOSFET 后，传输特性有哪些改善。

5-9　有一 E/D 型 nMOS 反相器，若 $V_{TE}=2V$，$V_{TD}=-2V$，$K_{nE}/K_{nD}=25$，$V_{DD}=2V$，求此反相器的输出逻辑高电平和低电平分别是多少？

5-10　什么是 CMOS 电路？简述 CMOS 反相器的工作原理及特点。根据 CMOS 反相器的传输特性曲线计算 V_{IL} 和 V_{IH}，求解 CMOS 反相器的逻辑阈值，并说明它与哪些因素有关。

5-11　在 CMOS 反相器中，为什么的 pMOS 的宽长比通常比 nMOS 大？

5-12　考虑一个具有如下参数的 CMOS 反相器电路：$V_{DD}=3.3V$，$V_{Tn}=0.6V$，$V_{Tp}=-0.7V$，$K_N=200\mu A/V^2$，$K_p=$

$80\mu A/V^2$，计算电路的噪声容限。

5-13　举例说明什么是有比反相器和无比反相器。

5-14　在图中标注出上升时间 t_r、下降时间 t_f、导通延迟时间、截止延迟时间，给出延迟时间 t_{pd} 的定义。若希望 $t_r=t_f$，求 W_n/W_p。

高 阶 习 题

5-15　采用 0.35 μm 工艺的 CMOS 反相器，相关参数如下：$V_{DD}=3.3V$，$V_{Tn}=0.6V$，$\mu_{nCOX}=60\mu A/V^2$，$(W/L)_n=8$，$V_{TP}=-0.7V$，$\mu_{pCOX}=25\mu A/V^2$，$(W/L)_p=12$，求此反相器的噪声容限及逻辑阈值。

5-16　设计一个 CMOS 反相器，nMOS：$V_{Tn}=0.6V$，$\mu_{nCOX}=60\mu A/V^2$，pMOS：$V_{Tp}=-0.7V$，$\mu_{pCOX}=25\mu A/V^2$，$V_{DD}=3.3V$，$L_n=L_p=0.8$ μm。

(1)求 $V_M=1.4V$ 时的 W_N/W_P；

(2)此 CMOS 反相器制作工艺使得 V_{Tn}、V_{Tp} 的值与标称值相比有正负 15% 的变化时，假定其他参数仍为标称值，求 V_M 的上下限。

5-17　考虑一个电阻负载反相器电路：$V_{DD}=5V$，$K_n=20\mu A/V^2$，$V_{T0}=0.8V$，$R_L=200K\Omega$，$W/L=2$。计算 VTC 曲线上的临界电压值(V_{OL}、V_{OH}、V_{IL}、V_{IH})及电路的噪声容限，并评价该反相器的设计质量。

5-18　设计一个 $V_{OL}=0.6V$ 的电阻负载反相器，增强型驱动晶体管 $V_{T0}=1V$，$V_{DD}=5V$。

(1)求 V_{IL} 和 V_{IH}；

(2)求噪声容限 V_{NML} 和 V_{NMH}。

素质教育案例

第 6 章　CMOS 静态门电路

由上章介绍的 CMOS 反相器可以看出，反相器输出的高电平是通过导通的 pMOS 晶体管将输出信号连接到电源来实现的，而输出的低电平是通过导通的 nMOS 晶体管将输出信号连接到地来实现的。只要不掉电，输出信号的逻辑电压值不会随着时间的变化发生改变。这样的逻辑门称为 CMOS 静态逻辑门。本章讲述基本 CMOS 静态门、CMOS 复合逻辑门、CMOS 管的串并联特性、CMOS 静态门电路的延迟和功耗等。

第 6 章预习 1

问题引入

1. 基本的 CMOS 静态逻辑门有哪些？它们有什么特点？如何用晶体管构成基本的静态逻辑门？

2. 如果给定任意一个逻辑表达式，如何设计其晶体管级的电路结构及晶体管尺寸？

3. CMOS 静态逻辑门电路的速度取决于哪些因素？如何从理论上估算电路的速度？如何进行电路速度的优化？

4. CMOS 静态逻辑门电路功耗的构成有哪几部分？功耗大小与哪些因素有关？如何降低功耗？

6.1　基本 CMOS 静态门

任何一种逻辑电路都是由一些基本逻辑单元组成的。除了 CMOS 反相器外，与非门和或非门也是 CMOS 静态逻辑电路中的基本逻辑单元。本节介绍与非门和或非门的电路基本形式和特性，通过这两个基本门的分析，达到了解一般 CMOS 静态逻辑门电路的结构特点和分析方法的目的。

6.1.1　CMOS 与非门

在 CMOS 反相器的基础上，通过晶体管的串并联就可以构成“与非”门静态逻辑电路。对 CMOS 电路而言，每个输入信号应同时加到一对 pMOS 管和 nMOS 管的栅极上，pMOS 管和 nMOS 管应成对并以互补的形式连接。电路实际连接时，注意 pMOS 管的衬底接电路最高电位（电源 V_{DD}），nMOS 管的衬底接电路最低电位（地）。

CMOS 与非门的逻辑符号、真值表以及对应的电路和版图分别如图 6.1、表 6.1 和图 6.2 所示。电路由两个并联的 pMOS 管作为负载管，两个串联的 nMOS 管作为驱动管（输入管）。

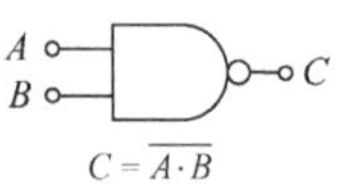

图 6.1　CMOS 与非门的逻辑符号

表 6.1　CMOS 与非门的真值表

A	B	C
0	0	1
0	1	1
1	0	1
1	1	0

当输入 A、B 都为低电平“0”时，两个 pMOS 管 TP_1、TP_2 都导通，两个 nMOS 管 TN_1、TN_2 都截止，等效开关电路如图 6.3(a)所示，输出端 C 通过 TP_1 和 TP_2 连接到电源，输出高电平“1”。

当输入 A 为低电平“0”，B 为高电平“1”时，TP_1 导通，TN_1 截止，TP_2 截止，TN_2 导通，也就是并联的 TP_1、TP_2 中有一路导通，而串联通路由于 TN_1 的截止而断开，如图 6.3(b)所示，因此输出仍然为高电平。

当输入 A 为高电平“1”，B 为低电平“0”时，TP_1 截止，TN_1 导通，TP_2 导通，TN_2 截止，同样是并联的 TP_1、TP_2 中有一路导通，而串联通路则由于 TN_2 的截止而断开，如图 6.3(c)所示，因此输出同样为高电平。

当输入 A、B 都为高电平“1”时，两个 pMOS 管 TP_1、TP_2 都截止，两个 nMOS 管 TN_1、TN_2 都导通，等效开关电路如图 6.3(d)所示，输出端 C 通过 TN_1 和 TN_2 连接到地，输出低电平“0”。

可见只有当 A、B 都为高电平时，输出才是低电平，符合与非门的逻辑。

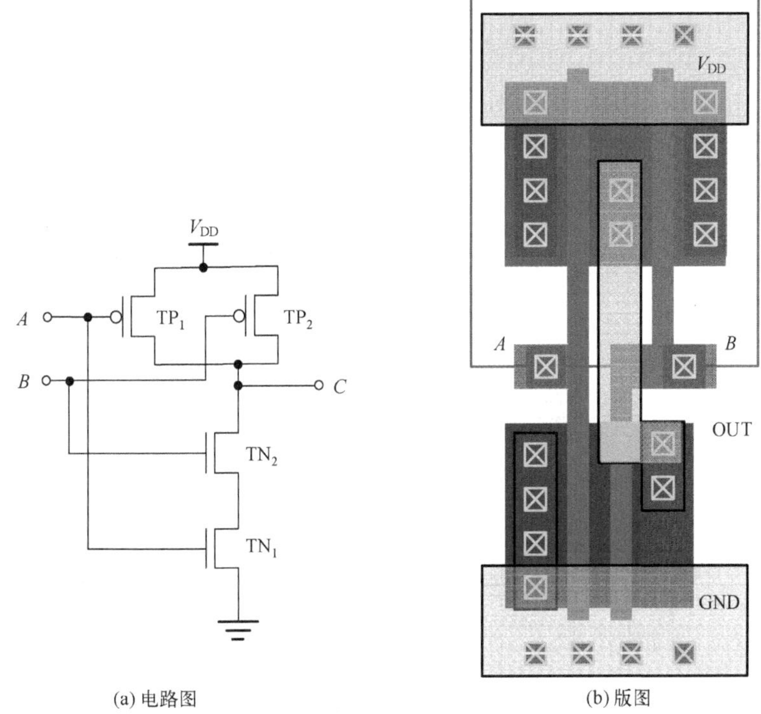

(a) 电路图　(b) 版图

图 6.2　CMOS 与非门的电路图和版图

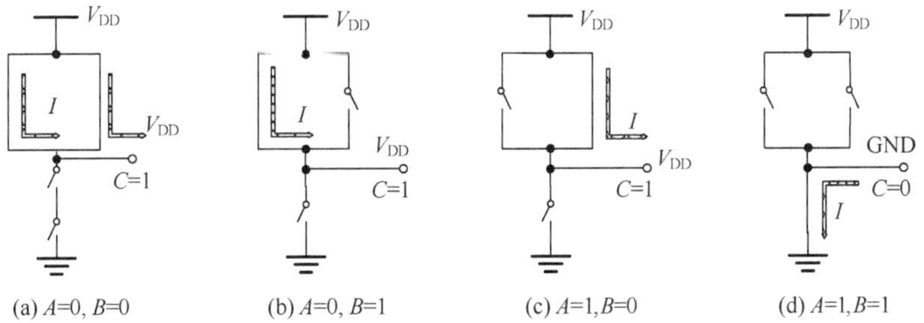

(a) A=0, B=0　(b) A=0, B=1　(c) A=1, B=0　(d) A=1, B=1

图 6.3　CMOS 与非门等效开关电路图

6.1.2　CMOS 或非门

或非门电路是由两个串联的 p 沟道 MOS 管 TP_1、TP_2 做负载管，两个并联的 n 沟道 MOS

管 TN_1、TN_2 做驱动管。图 6.4、表 6.2 和图 6.5 分别为 CMOS 或非门的逻辑符号、真值表以及电路图和版图。

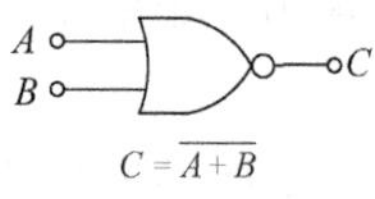

图 6.4　CMOS 或非门的逻辑符号

表 6.2　CMOS 或非门的真值表

A	B	C
0	0	1
0	1	0
1	0	0
1	1	0

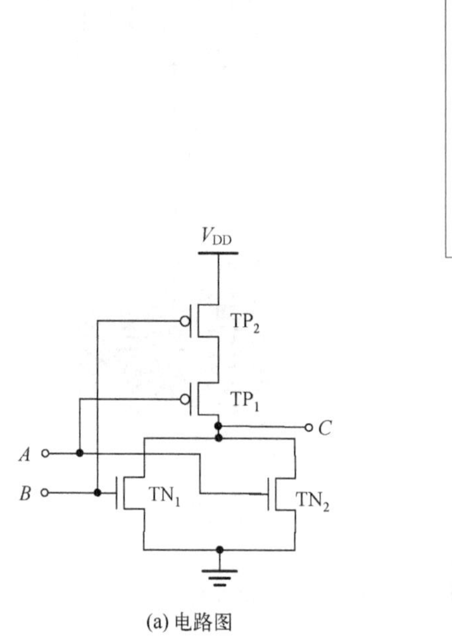

(a) 电路图

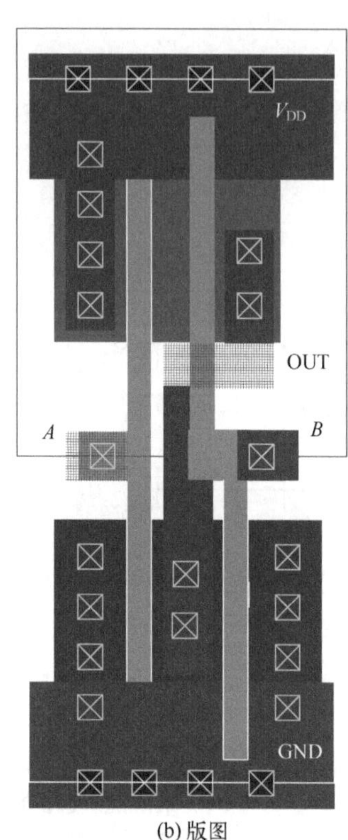

(b) 版图

图 6.5　CMOS 或非门的电路图和版图

当 A、B 都为低电平“0”时，TP_1、TP_2 都导通，TN_1、TN_2 都截止，输出通过负载管的串联支路连接到电源 V_{DD}，输出为高电平“1”，等效电路如图6.6(a)所示。

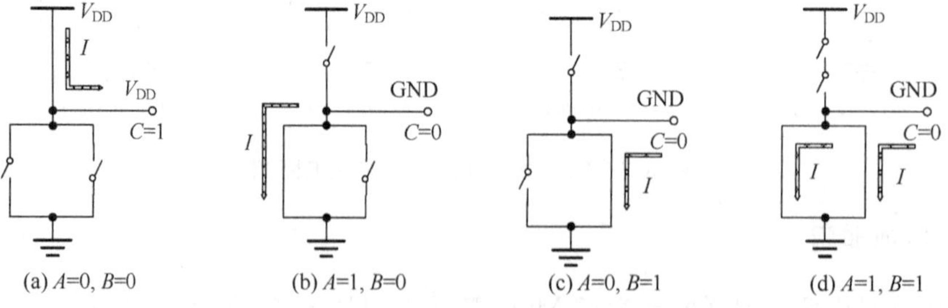

(a) A=0, B=0　(b) A=1, B=0　(c) A=0, B=1　(d) A=1, B=1

图 6.6　CMOS 或非门等效电路图

当输入端 A、B 中至少有一个为高电平“1”时，串联的负载管 TP_1、TP_2 中至少有一个截止而导致其串联支路断开，而并联的负载管 TN_1、TN_2 中至少有一个导通，从而使输出存在到地的通路，因此输出为低电平“0”，如图 6.6(b)、图 6.6(c)和图 6.6(d)所示。

对于 3 输入或者更多输入的与非门和或非门，其电路形式和 2 输入的一样，只需要将两个管子的串联或并联改成三个或者更多个管子的串联或并联即可。图 6.7 所示为 3 输入的与非门和或非门电路。

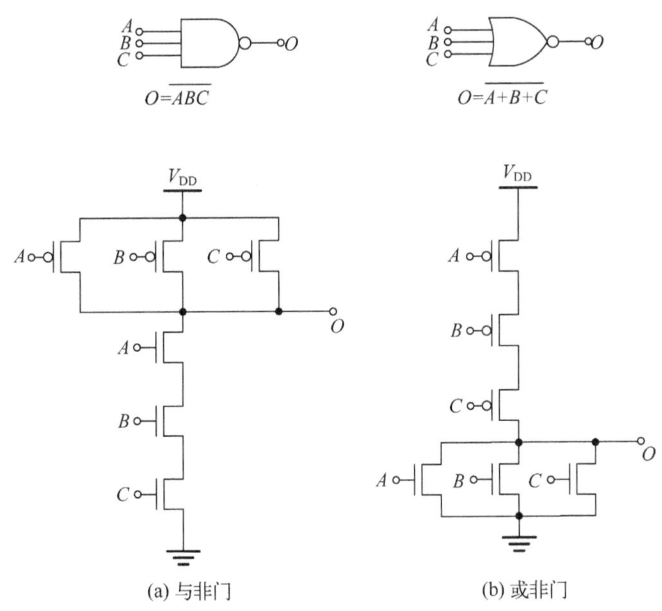

图 6.7 3 输入与非门和或非门电路

6.2 CMOS 复合逻辑门

通过前面的 CMOS 基本逻辑门，可以看到 CMOS 逻辑门的几个特点：①由 pMOS 晶体管构成的 pMOS 网络(简称 p 网，也叫上拉网络)和由 nMOS 晶体管构成的 nMOS 网络(简称 n 网，也叫下拉网络)组成，如图 6.8 所示。对于一个 N 输入的逻辑门来说，其 N 个输入同时连到 n 网和 p 网。当输出端需要输出高电平时，p 网用来提供输出端到电源的连接通路，而 n 网则是当输出端需要输出低电平时用来提供它到地之间的连接通路的。并且 n 网和 p 网总是互补的关系。这个“互补”有两层意思：其一是指其结构上是互补的，即当逻辑关系为“与”时，n 网中晶体管为串联关系，p 网中对应的晶体管则为并联关系；而当逻辑关系为“或”时，n 网中晶体管为并联关系，p 网中对应的晶体管则为串联关系。其二是指其工作状态是互补的，即在电路的任一稳定状态，n 网和 p 网总是一个网络导通，另一个网络截止，也就是说在电路的稳定状态下不会存在从电源到地的通路，这也正是 CMOS 电路的特点。②CMOS 门电路生成的逻辑为负

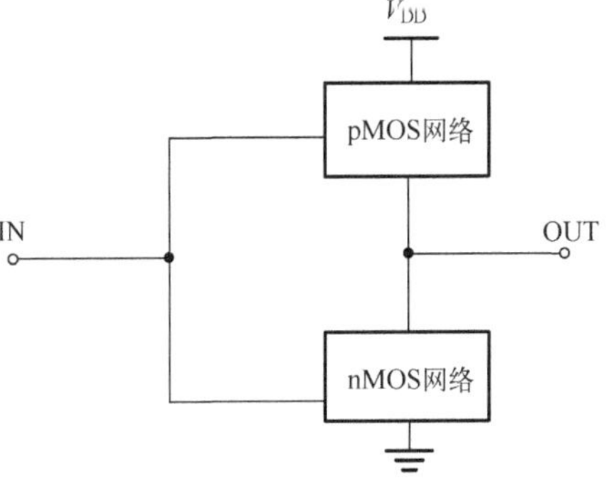

图 6.8 CMOS 基本逻辑门

逻辑，如与非门、或非门。若想要生成正逻辑如与门、或门等时，则需要在输出端增加一反相器。③CMOS门电路中晶体管的数目为输入端子数的 2 倍。这是由于任何一个输入端必须同时连接到 nMOS 和 pMOS 的栅极输入端的原因。根据 CMOS 静态逻辑门电路的这些结构特点，人们已经总结出一套设计 CMOS 复合逻辑门电路的通用方法。其步骤和方法如下。

(1)调整布尔表达式(逻辑关系式)，使输出为负逻辑。

(2)当逻辑关系式为“与”时，nMOS 串联，pMOS 并联。

(3)当逻辑关系式为“或”时，nMOS 并联，pMOS 串联。

(4)改变尺寸可调整输入阈值或速度。

下面基于这一设计原则，来看几种常用的复合逻辑门电路的结构。

6.2.1　异或门

异或门电路是常用的复合逻辑门，2 输入异或门的逻辑表达式为

$$O=\overline{A}B+A\overline{B} \tag{6.1}$$

其逻辑符号和真值表如图 6.9 和表 6.3 所示。按照上面的设计步骤，先将其逻辑表达式调整成负逻辑的形式，可得

$$O=\overline{A}B+A\overline{B}=\overline{\overline{\overline{A}B+A\overline{B}}}=\overline{\overline{\overline{A}B}\cdot\overline{A\overline{B}}}=\overline{(A+\overline{B})(\overline{A}+B)} \tag{6.2}$$

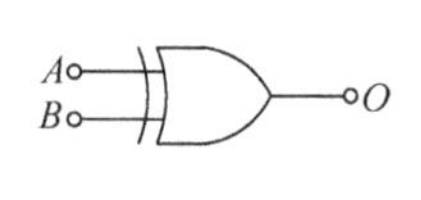

图 6.9　异或门逻辑符号

表 6.3　异或门真值表

A	B	C
0	0	0
0	1	1
1	0	1
1	1	0

从调整后的表达式可以看出，组合电路具有 4 个输入 A、$\overline{A}$、B、$\overline{B}$，因此在进入到组合电路之前必须先将 2 个输入信号 A、B 进行反相以得到需要的 4 个输入信号，然后按照前面设计方法中的第(3)条进行，根据布尔表达式的优先级进行晶体管的串并联连接：首先，A 和$\overline{B}$是“或”的关系，因此在 nMOS 网中将两管并联，而在 pMOS 网络中将其串联；$\overline{A}$和 B 也同样是“或”的关系，所以同样是在 nMOS 网中并联，而在 pMOS 网络中将其串联；最后 $A+\overline{B}$和$\overline{A}+B$ 是“与”的关系，因此在 nMOS 网中将前面的两个支路进行串联，而在 pMOS 网中将其进行并联。最终得到的 2 输入异或门的组合逻辑电路如图 6.10所示。

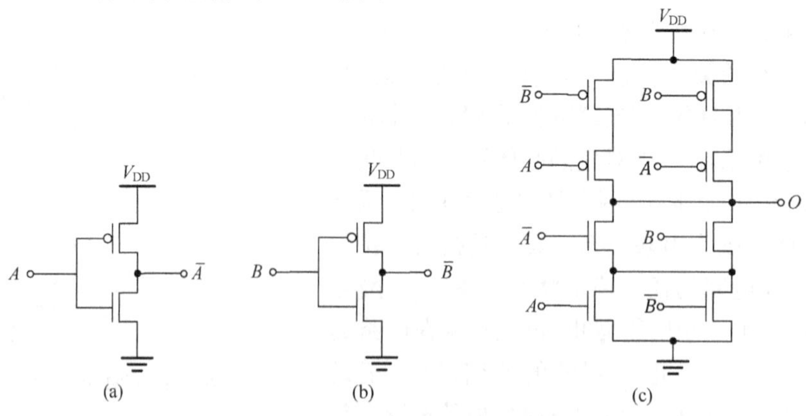

图 6.10　2 个输入异或门的组合逻辑电路

6.2.2　其他复合逻辑门

采用同样的方法可以得到逻辑电路 $O=\overline{AB+C}$、$O=\overline{AB+CD}$以及 $O=\overline{(A+B)(C+D)}$，如图 6.11 所示。

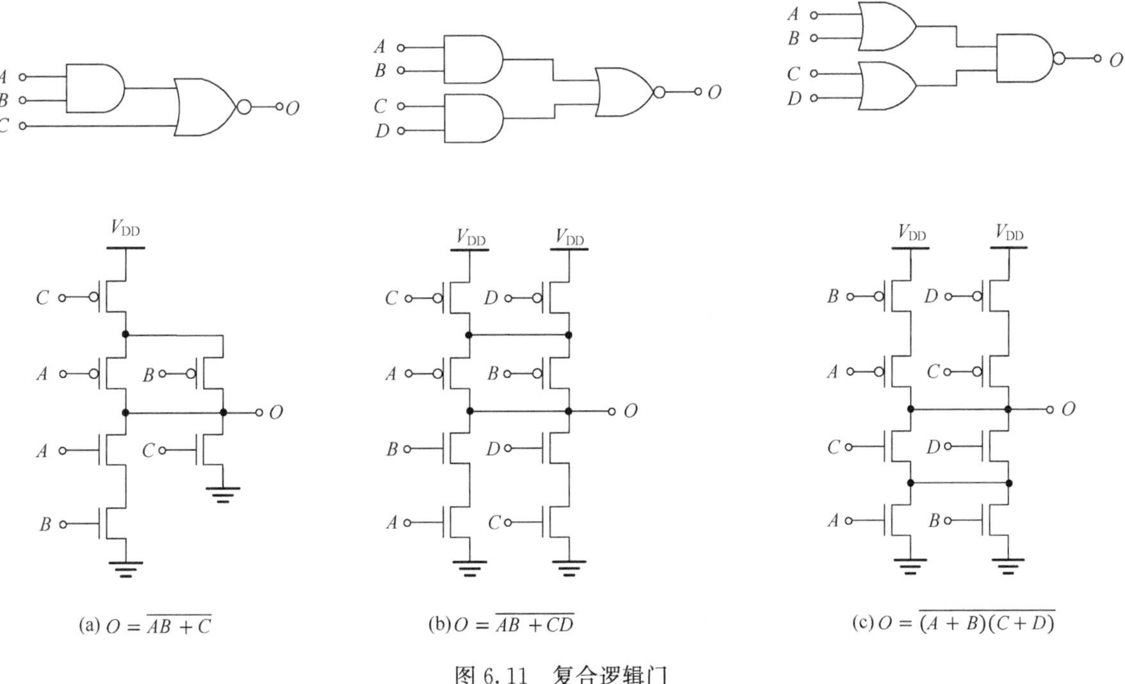

图 6.11　复合逻辑门

6.3　MOS 管的串并联特性

在多输入的 CMOS 静态逻辑门中，往往存在若干个晶体管串联或并联的情形，那么，在设计晶体管尺寸时，应考虑多个管子串联或并联对电路特性的影响。MOS 管的导电因子 K 体现了晶体管的驱动能力，K 值越大，其驱动能力越强。可见，导电因子是衡量晶体管性能的一个很重要的参数。下面先考虑当多个晶体管串联或并联时，应该如何推导其等效导电因子。

6.3.1　晶体管串联的情况

首先考虑两个阈值电压相同的 MOS 晶体管串联的情况。设导电因子分别为 K_1 和 K_2 的两个 MOS 管串联后其等效 MOS 管的导电因子为 K_{eff}，MOS 管各电极的外接电压如图 6.12 所示。

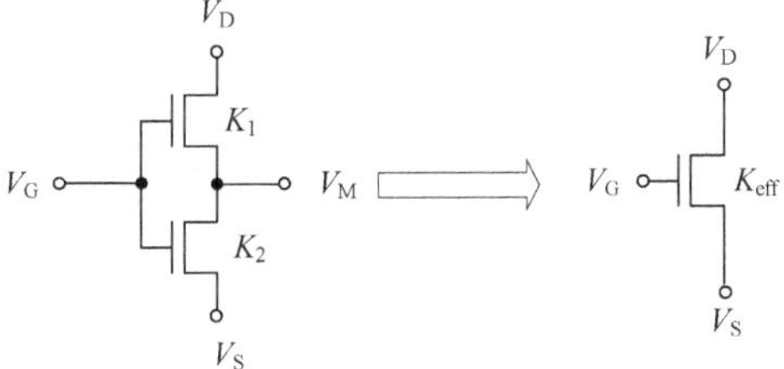

图 6.12　2 管串联的各电极的外接电压

在推导等效导电因子之前，先将 MOS 管的源漏电流表达式稍作变换。对于 MOS 管来说，其线性区电流表达式为

$$I_{DS}=K[2(V_{GS}-V_{TH})V_{DS}-V_{DS}^2] \tag{6.3}$$

将电流表达式进行如下变换

$$I_{DS}=K[(V_{GS}-V_{TH})^2+2(V_{GS}-V_{TH})V_{DS}-V_{DS}^2-(V_{GS}-V_{TH})^2] \tag{6.4}$$

整理得

$$I_{DS}=K[(V_{GS}-V_{TH})^2-(V_{GS}-V_{TH}-V_{DS})^2] \tag{6.5}$$

后面的等效因子推导时将采用式(6.5)作为 MOS 晶体管的电流表达式。

设串联的两个 MOS 晶体管的阈值电压 V_T 相同，且工作在线性区，则其源漏电流分别为

$$I_{DS1}=K_1[(V_G-V_M-V_T)^2-(V_G-V_T-V_D)^2] \tag{6.6}$$

$$I_{DS2}=K_2[(V_G-V_S-V_T)^2-(V_G-V_T-V_M)^2] \tag{6.7}$$

由于 $I_{DS1}=I_{DS2}$，因此由式(6.6)和式(6.7)可得

$$(V_G-V_M-V_T)^2=\frac{K_2}{K_1+K_2}(V_G-V_S-V_T)^2+\frac{K_1}{K_1+K_2}(V_G-V_T-V_D)^2 \tag{6.8}$$

将式(6.8)代入式(6.6)可得

$$I_{DS1}=\frac{K_1K_2}{K_1+K_2}[(V_G-V_S-V_T)^2-(V_G-V_T-V_D)^2] \tag{6.9}$$

又因为对于等效后的 MOS 晶体管来说，其电流表达式有

$$I_{DS1}=K_{eff}[(V_G-V_S-V_T)^2-(V_G-V_T-V_D)^2] \tag{6.10}$$

对比式(6.9)和式(6.10)，可得

$$K_{eff}=\frac{K_1K_2}{K_1+K_2} \tag{6.11}$$

同理可以推出，当 N 个管子串联时，其等效导电因子 K_{eff} 为

$$K_{eff}=\frac{1}{\sum_{i=1}^{N}\frac{1}{K_i}} \tag{6.12}$$

6.3.2 晶体管并联的情况

同样，先考虑阈值电压 V_T 相同、导电因子分别为 K_1 和 K_2 的两个 MOS 管并联的情况。设其等效 MOS 管的导电因子为 K_{eff}，如图 6.13 所示。

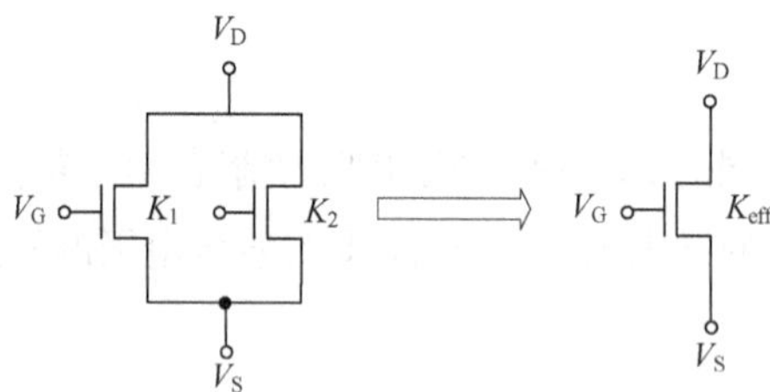

图 6.13 2 管并联的各电极的外接电压

其总的源漏电流 I_{DS} 为

$$I_{DS}=I_{DS1}+I_{DS2}=(K_1+K_2)[(V_G-V_T-V_S)^2-(V_G-V_T-V_D)^2] \tag{6.13}$$

对并联后的等效 MOS 管有

$$I_{DS}=K_{eff}[(V_G-V_T-V_S)^2-(V_G-V_T-V_D)^2] \tag{6.14}$$

对比式(6.13)和式(6.14)得

$$K_{eff}=K_1+K_2 \tag{6.15}$$

同理可以证明,当 N 个 MOS 管并联使用时,其等效导电因子 K_{eff} 为

$$K_{eff}=\sum_{i=1}^{N}K_i \tag{6.16}$$

6.3.3　晶体管尺寸的设计

在设计 CMOS 逻辑门的晶体管尺寸时,需要考虑晶体管串并联后对电路性能的影响。这时,通常将驱动能力作为设计依据。在一个组合逻辑电路中,为了使各种组合门电路之间能够很好地匹配,各个逻辑门的驱动能力都要与标准反相器相当,即在最坏工作条件下,各个逻辑门的驱动能力要与标准反相器的特性相同。下面以 2 输入与非门和或非门为例来进行晶体管尺寸的设计。

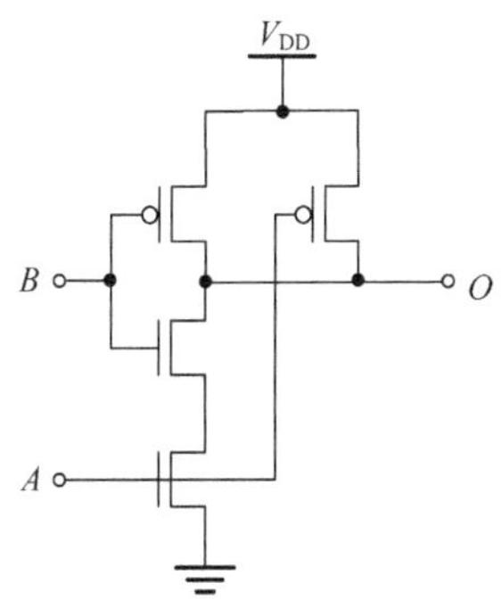

图 6.14　2 输入与非门

例 1　考虑如图 6.14 所示的 2 输入与非门的情况,设标准反相器 n 管和 p 管的导电因子为 $K_n=K_p$,对于逻辑门,设 $K_{n1}=K_{n2}=K'_n$,$K_{p1}=K_{p2}=K'_p$,为了保证最坏工作条件,逻辑门的驱动能力要与标准反相器的特性相同,p 管和 n 管的尺寸应如何选取。

解　首先考虑各种输入情况下,上拉管和下拉管的等效导电因子如图 6.15 所示。

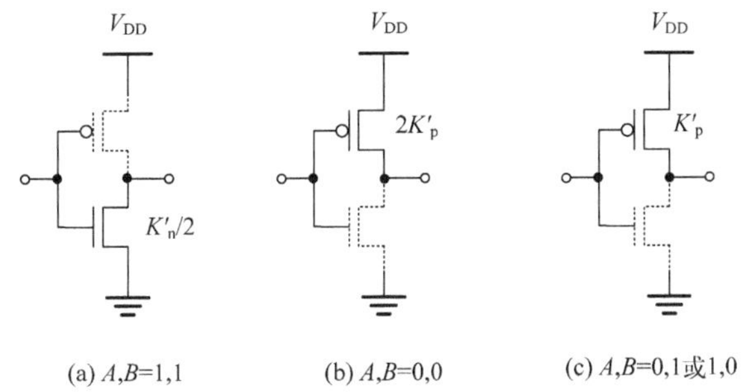

(a) A,B=1,1　(b) A,B=0,0　(c) A,B=0,1或1,0

图 6.15　各种输入情况下上拉管和下拉管的等效导电因子

(1)$A,B=1,1$ 时,下拉管的等效导电因子 $K_{effn}=K'_n/2$。

(2)$A,B=0,0$ 时,上拉管的等效导电因子 $K_{effp}=2K'_p$。

(3)$A,B=1,0$ 或 0,1 时,上拉管的等效导电因子 $K_{effp}=K'_p$。

综合以上情况,在最坏的工作情况下,即(1)、(3),应使

$$K_{effp}=K'_p=K_p$$
$$K_{effn}=K'_n/2=K_n$$

因为

$$K_n=K_p$$

故

$$K'_n/2=K'_p$$

又由于

$$K=\frac{1}{2}\mu C_{ox}\frac{W}{L}$$

可得

$$\mu_p C_{ox}\left(\frac{W}{L}\right)_p'=\mu_n C_{ox}\left(\frac{W}{L}\right)_n'/2 \tag{6.17}$$

由于通常

$$\mu_p\approx\mu_n/2 \tag{6.18}$$

将式(6.18)代入式(6.17)可得

$$\frac{W_p'}{W_n'}=\frac{\mu_n}{2\mu_p}\approx 1 \tag{6.19}$$

即要求 p 管和 n 管的沟道宽度相当。

例 2 考虑相同参数条件下 2 输入或非门的晶体管尺寸设计，如图 6.16 所示。

解 考虑各种输入情况下，上拉管和下拉管的等效导电因子如图 6.17 所示。

(1)$a,b=0,0$ 时，上拉管的等效导电因子 $K_{eff}=K_p'/2$。

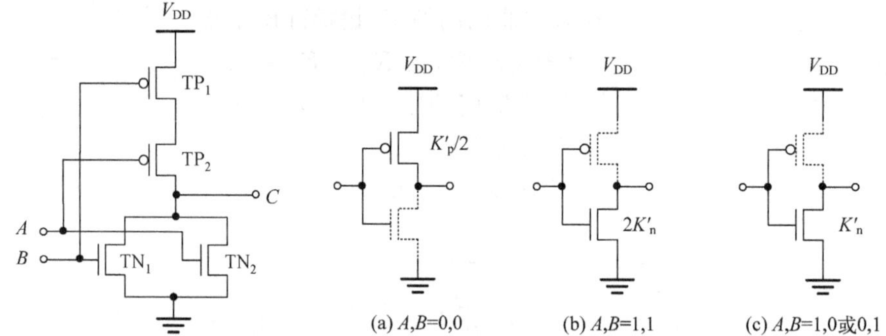

图 6.16 2 输入或非门　　图 6.17 各种输入情况下上拉管和下拉管的等效导电因子

(2)$a,b=1,1$ 时，下拉管的等效导电因子 $K_{effn}=2K_n'$。

(3)$a,b=1,0$ 或 $0,1$ 时，下拉管的等效导电因子 $K_{effn}=K_n'$。

综合以上情况，在最坏的工作情况下，即(1)、(3)，应使

$$K_{effn}=K_n'=K_n$$

因为

$$K_n=K_p$$

故

$$K_n'=K_p'/2$$

可得

$$\mu_p C_{ox}\left(\frac{W}{L}\right)_p'/2=\mu_n C_{ox}\left(\frac{W}{L}\right)_n' \tag{6.20}$$

取

$$\mu_p\approx\mu_n/2 \tag{6.21}$$

可得

$$\frac{W_p'}{W_n'}=\frac{2\mu_n}{\mu_p}\approx 4 \tag{6.22}$$

即要求 p 管的沟道宽度为 n 管沟道宽度的 4 倍左右。

6.4　CMOS 静态门电路的延迟

电路的延迟时间决定了电路的速度，准确估算电路的延迟时间对电路设计至关重要，本节介绍 CMOS 静态门电路延迟时间的估算方法以及电路带大负载电容时如何利用缓冲器来优化延迟时间。

6.4.1　延迟时间的估算方法

前面对延迟时间进行了定义，延迟时间包括 t_{PLH}和 t_{PHL}。讨论延迟时间之前，假设输入信号为阶跃信号，并忽略 MOS 管本身的响应时间，则对应的 t_{PLH}（或 t_{PHL}）为输出信号 V_{OUT}从“0”（V_{DD}）上升（下降）到 0.5 V_{DD}对应的时间。

先看最简单的 CMOS 反相器延迟时间的估算，如图 6.18(a)所示。当输入从高电平跳变到低电平时，nMOS 截止，等效为断开的开关，pMOS 导通，等效为一可变电阻。其等效电路如图 6.18(b)所示。

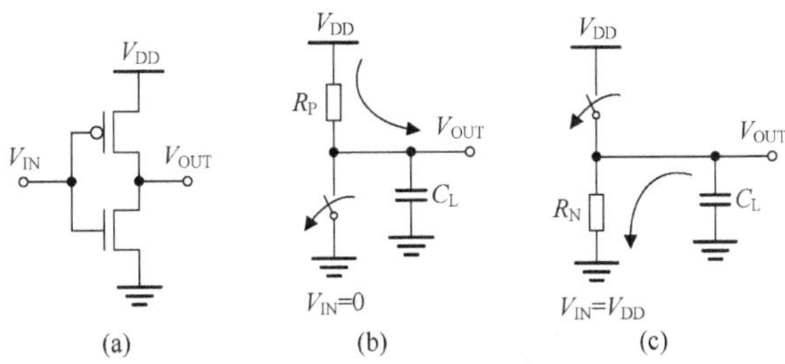

图 6.18　CMOS 反相器延迟时间等效电路

V_{DD}通过电阻 R_P 向负载电容充电，由一阶 RC 电路的响应分析可知，输出电压 V_{OUT}的表达式为

$$V_{OUT}=(1-e^{-t/\tau_1})V_{DD}$$

式中，τ_1 为时间常数，这里值为 R_PC_L。

当输入从低电平跳变到高电平时，nMOS 导通，等效为一可变电阻，pMOS 截止，等效为断开的开关，其等效电路如图 6.18(c)所示。负载电容 C_L 通过电阻 R_N 放电。同样，由一阶 RC 电路的响应分析可知，输出电压 V_{OUT}的表达式为

$$V_{OUT}=e^{-t/\tau_2}V_{DD}$$

式中，τ_2 为时间常数，这里值为 R_NC_L。

对两式进行积分，求得 V_{OUT}从 0 V（或 V_{DD}）上升（或下降）到 0.5 V_{DD}对应的 t_{PLH}（或 t_{PHL}）为

$$t_{PLH}=(\ln 2)\tau_1=(\ln 2)R_PC_L\approx 0.69R_PC_L$$

$$t_{PHL}=(\ln 2)\tau_2=(\ln 2)R_NC_L\approx 0.69R_NC_L$$

再看 CMOS 与非门延迟时间的估算，设两个 pMOS 的尺寸相同，其等效电阻为 R_P，两个 nMOS 的尺寸也相同，其等效电阻表示为 R_N。当输入不同的电平时，对应的 pMOS 和 nMOS 网络导通的晶体管数目也不尽相同。结合前面反相器延迟时间的结论，可以得到 pMOS 和 nMOS 网络存在下面几种情况。

(1)1 个 pMOS 导通时，对应的 t_{PLH}为 0.69C_LR_P。

(2)2 个 pMOS 导通时，对应的 t_{PLH} 为 0.69$C_L(R_p/2)$。

(3)2 个 nMOS 导通时，对应的 t_{PHL} 为 0.69$C_L(2R_N)$。

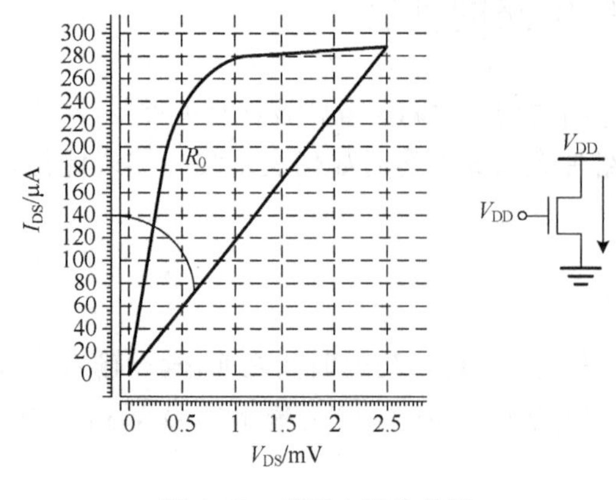

图 6.19　等效电阻的估算

一般估算延迟时间时，按最坏的情况来计算，因此对于 2 输入与非门，对上拉网其延时 t_{PLH} 为 0.69C_LR_P，对下拉网其延时 t_{PHL} 为 0.69$C_L(2R_N)$。也就是说，由于下拉网两个 nMOS 的串联使得其延时加大，速度减慢，为了使其性能不受影响，则需要加大晶体管的尺寸，使其延迟相当。

在上面的延迟时间的估算过程中，涉及了晶体管导通电阻 R_N、R_P 以及负载电容 C_L 的求取问题。事实上晶体管的导通电阻是一个非线性电阻，跟晶体管的漏源电压 V_{DS}、晶体管的尺寸等有关。如图 6.19所示，设当晶体管的 V_{DS} 和 V_{GS} 为 V_{DD} 时，对应的电阻为 R_0，则一般取晶体管的平均电阻为 0.75R_0。

下面重点介绍负载电容 C_L 的估算问题。对于门电路来说，负载电容实际上由如图 6.20 所示的 3 部分组成：自身电容 C_{self}、连线电容 C_{wire} 以及扇出电容 C_{fanout}，即

$$C_L = C_{self} + C_{wire} + C_{fanout}$$

或者可以写成

$$C_L = C_{int} + C_{ext}$$

式中，C_{int} 为内部电容，等同于前面的自身电容；C_{ext} 为外部电容，包括前面的连线电容和扇出电容。

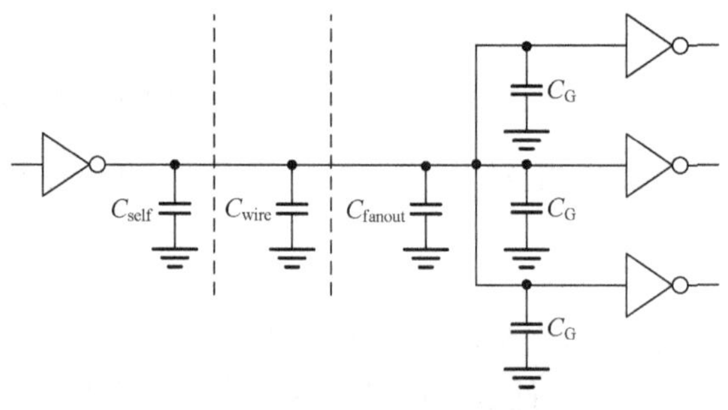

图 6.20　负载电容估算

自身电容 $C_{self}(C_{int})$ 为本级门电路晶体管连接到输出端 V_{out} 的所有电容的和，也就是连接到晶体管漏端 D 的所有电容的和，用 C_D 表示。C_D 包括 C_{Dn} 和 C_{Dp}。从图 6.21 所示的 CMOS 反相器的电容可知，与漏端相连的电容包括 p 管和 n 管的栅漏电容 C_{GD} 和扩散电容(结电容)C_{DB}。分析一个任意方向的阶跃输入，在输出端从稳态变化到 50%V_{DD} 的区域，对于目前工艺水平的晶体管(短沟道晶体管)来说，总是一个晶体管关闭，另一个处于饱和区。在这两个区域中的任何一个区域，漏端都不存在沟道，因此栅漏之间的电容可忽略，只剩下栅到漏的交叠电容 C_{GDO}。

由于交叠电容是连接输入和输出端的，将其等效到漏端对地电容时应该进行等效处理。当输入从“0”变化到 V_{DD} 时，输出从 V_{DD} 变化到“0”，对交叠电容来说两端的电压发生了 2V_{DD} 的变化，因此可以等效为电容上发生的电压变化仍为 V_{DD}，但是其电容为 2C_{GDO}，这个电容值翻倍的过程称为密勒效应(Miller Effect)，因此该电容也就称为密勒电容。综上所述，自身电容包括结电容和栅漏交叠(密勒)电容，如图 6.21 所示。

外部电容包括互连线带来的电容和后级负载带来的扇出电容。当连线长度大于一定程度(对于目前的工艺，通常是大于几微米)时，需要考虑连线带来的电容，对于非常短的连线，其电容可以忽略，在本书中不介绍连线电容的详细计算。

扇出电容是由于后级门的输入而引起的本级门的电容，通常就是后级栅电容 C_G 之和，即

$$C_{fanout}=\sum C_G=\sum(C_{G,n}+C_{G,p})$$

下面以常见的几种逻辑门为例来进行延迟时间的估算。下面的例子基于以下几点假设。

(1)所有的逻辑门的扇出数为 1，即后级负载所带的同类门数为 1。

(2)忽略连线电容。

(3)所有晶体管栅长取最小尺寸，并设其为 1 μm。

(4)pMOS 和 nMOS 器件工艺参数如下：单位沟道宽度的栅电容为 $C_{G,n}$，单位沟道宽度的漏端电容为 $C_{D,n}$，V_{DS} 和 V_{GS} 为 V_{DD} 时对应的单位沟道宽度电阻为 R_0。

例 3　已知如图 6.22 所示反相器，求输入信号 V_{IN} 到输出信号 V_{OUT} 的延迟时间，图 6.22 中所标尺寸为晶体管的栅宽，单位为μm。

解　V_{OUT} 处的负载电容为

$$C_L=(2+1)\times C_{D,n}+(2+1)\times C_{G,n}=3C_{D,n}+3C_{G,n}$$

因此其时间常数为

$$\tau=0.75R_0C_L=0.75\times 3C_{D,n}R_0+0.75\times 3C_{G,n}R_0=\tau_0+0.75C_{inv}R_0$$

式中，τ_0 为反相器自身电容导致的延迟时间(此处用时间常数表示)；C_{inv} 为标准反相器的栅极电容(设标准反相器中 pMOS 为 nMOS 尺寸的 2 倍)。

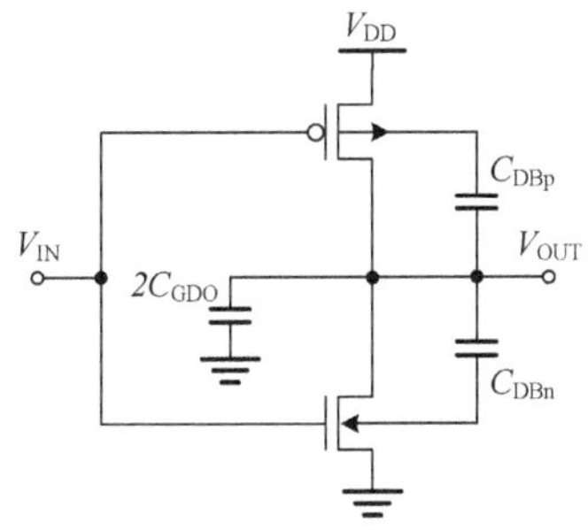

图 6.21　CMOS 反相器的电容

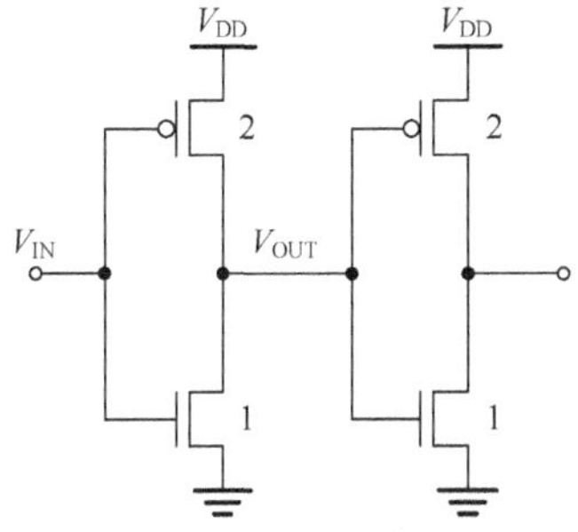

图 6.22　扇出数为 1 的反相器

例 4　求如图 6.23 所示 2 输入与非门输入信号 V_{IN} 到输出信号 V_{OUT} 的延迟时间，图 6.23 中所标尺寸为晶体管的栅宽，单位为μm。(注意：此处 pMOS 晶体管和 nMOS 晶体管尺寸之比满足前面根据电路驱动能力设计的尺寸要求，即两者尺寸一样。)

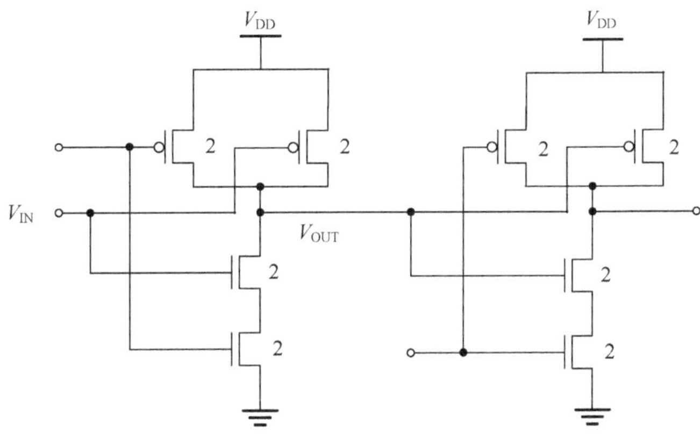

图 6.23　扇出数为 1 的 2 输入与非门

解 V_{OUT}处的负载电容为

$$C_L=(2+2+2)\times C_{D,n}+(2+2)\times C_{G,n}=6C_{D,n}+4C_{G,n}$$

因此其时间常数为

$$\tau=0.75\times 2\times (R_0/2)C_L=0.75\times 6C_{D,n}R_0+0.75\times 4C_{G,n}R_0=2\tau_0+0.75\times (4/3)C_{inv}R_0$$

例 5 继续考虑一个 2 输入与非门的延迟时间情况，但其晶体管尺寸如图 6.24 所示，求输入信号 V_{IN}到输出信号 V_{OUT}的延迟时间，图 6.24 中所标尺寸为晶体管的栅宽，单位为μm。

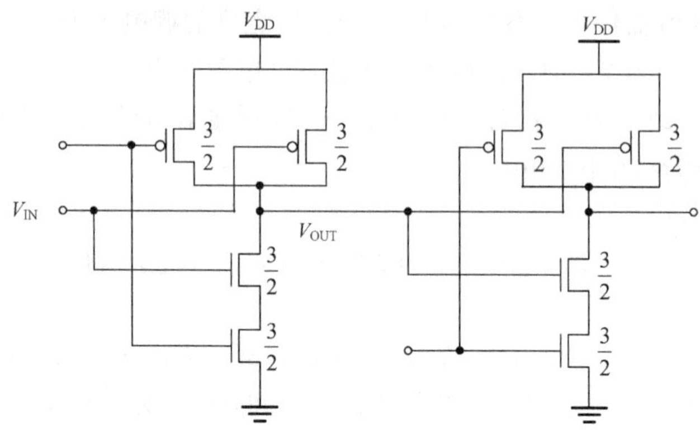

图 6.24 2 输入与非门

解 V_{OUT}处的负载电容为

$$C_L=(3/2+3/2+3/2)\times C_{D,n}+(3/2+3/2)\times C_{G,n}=(9/2)C_{D,n}+3C_{G,n}$$

因此，其时间常数为

$$\begin{aligned}\tau &=0.75\times 2\times (2/3)R_0C_L\\ &=0.75\times (9/2)C_{D,n}(4/3)R_0+0.75\times 3C_{G,n}(4/3)R_0\\ &=2\tau_0+0.75\times (4/3)C_{inv}R_0\end{aligned}$$

从例 2 和例 3 可以看出，尽管两个与非门的尺寸不一样(注意：pMOS 和 nMOS 的尺寸之比不变)，但是最后得到的延迟时间是一致的。与例 1 的反相器相比，例 2 中的后级负载引起的延迟时间中，与非门的等效电阻和标准反相器的相同，但是其负载电容为反相器的 4/3 倍。而例 3 中则是负载电容与反相器的相同，但等效电阻为反相器的 4/3 倍，最终导致的延迟时间结果相同。

事实上，人们通过大量的计算和统计发现，CMOS 静态逻辑门电路的延迟时间遵循一定的规律。对于 CMOS 门电路的传输延迟时间可表示为

$$\tau=\tau_{int}+f\cdot \mathrm{LE}(0.75C_{inv}R_0)$$

式中，延迟时间由两部分构成：自身延迟时间 τ_{int}和后级负载延迟时间。对于自身延迟时间，反相器的延迟时间为 τ_0，n 输入逻辑门电路延迟时间为 $n\tau_0$。对于后级负载延迟时间，扇出数为 1 的反相器后级负载延迟时间为 $0.75C_{inv}R_0$，f 为扇出数，LE 为逻辑因子(logic effort)。对于不同的逻辑门，其 LE 值不同，各种 CMOS 门电路的传输延迟时间如表 6.4 所示。

表 6.4 各种 CMOS 门电路的传输延迟时间

LE	输入信号数				
	1	2	3	4	n
反相器	1	—	—	—	—
与非门	—	4/3	5/3	6/3	$(n+2)/3$
或非门	—	5/3	7/3	9/3	$(2n+1)/3$

故总的延迟时间也可表示为

$$\tau = n\tau_0 + f \cdot \mathrm{LE} \cdot \tau_{\mathrm{inv}} = n\tau_0 + f \cdot \mathrm{LE} \cdot \tau_{\mathrm{CR}}$$

对于不同扇出数的反相器和其他逻辑门电路的延迟时间关系如图 6.25 所示。

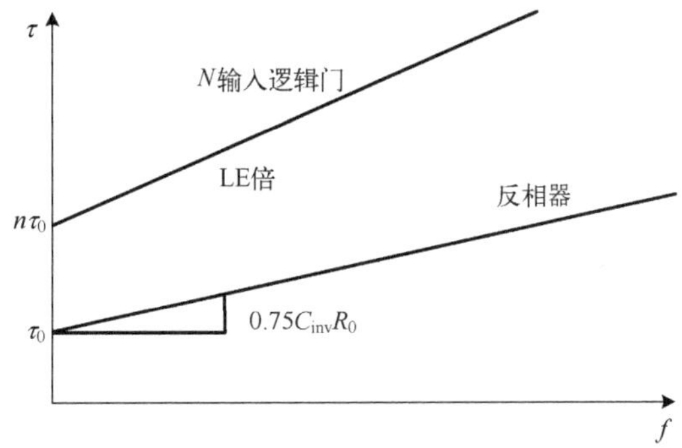

图 6.25 各种逻辑门延迟时间与扇出数的关系

对于某一电路功能，往往有多种实现方案，如对于 8 输入与门，可以采用如图 6.26 所示的 3 种不同方案来实现。事实上，对于不同的实现方案，其延迟时间也不同。下面计算它们的延迟时间情况(图 6.26 中直接标出了逻辑门的 LE 值)。

由表 6.4 以及 $\tau = n\tau_0 + \mathrm{LE} \cdot \tau_{\mathrm{CR}}$ 可知：

$$(a)\ \tau = \left(8\tau_0 + \frac{10}{3}\tau_{\mathrm{CR}}\right) + (\tau_0 + \tau_{\mathrm{CR}}) = 9\tau_0 + \frac{13}{3}\tau_{\mathrm{CR}}$$

$$(b)\ \tau = (4\tau_0 + 2\tau_{\mathrm{CR}}) + \left(2\tau_0 + \frac{5}{3}\tau_{\mathrm{CR}}\right) = 6\tau_0 + \frac{11}{3}\tau_{\mathrm{CR}}$$

$$(c)\ \tau = \left(2\tau_0 + \frac{4}{3}\tau_{\mathrm{CR}}\right) + \left(2\tau_0 + \frac{5}{3}\tau_{\mathrm{CR}}\right) + \left(2\tau_0 + \frac{4}{3}\tau_{\mathrm{CR}}\right) + (\tau_0 + \tau_{\mathrm{CR}}) = 7\tau_0 + \frac{16}{3}\tau_{\mathrm{CR}}$$

可见，采用第二种方案带来的电路延迟时间最短。事实上，不同的电路实现方案具有各自的优缺点，图 6.26(a)的电路延迟时间并不是最小，但是它的面积是三者中最小的。而图 6.26(b)

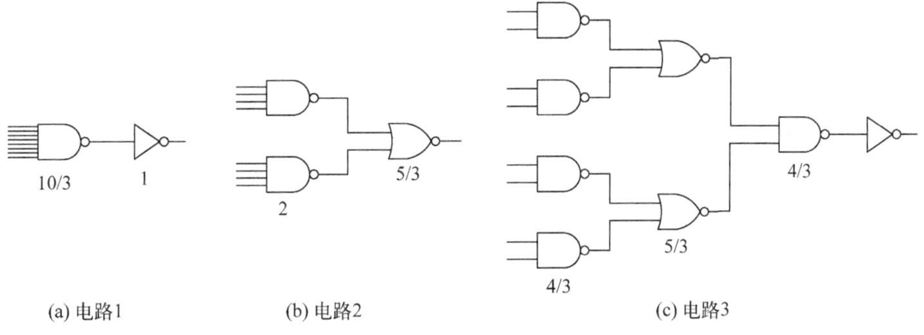

图 6.26 8 输入与门

的延迟时间最短，但其面积相对较大。在大规模数字集成电路设计中，从逻辑功能到门电路的映射往往由设计软件中的综合工具自动完成。在进行电路的综合时，设计软件选择电路实现方案时根据用户设定的约束来决定采用何种电路。如本例中的 8 输入与门，如果用户设定的约束为面积最小，则可能综合成第一种方案。如果设定约束为速度最快，则可能综合成第二种方案。

6.4.2 缓冲器最优化设计

在电路设计时，经常会遇到带大电容负载的情况，让我们看下面的例子。

例 6 带大电容负载 C_L 的反相器电路如图 6.27 所示，图中标出了反相器内部 nMOS 和 pMOS 晶体管的宽度 W_n 和 W_p，设该电路的工艺参数如下：$C_{D,n} = 1\text{fF}/\mu\text{m}$，$C_{G,n} = 1.5\text{fF}/\mu\text{m}$，$R_{0,n} = 4\text{k}\Omega/\mu\text{m}$，求电路的工作频率。

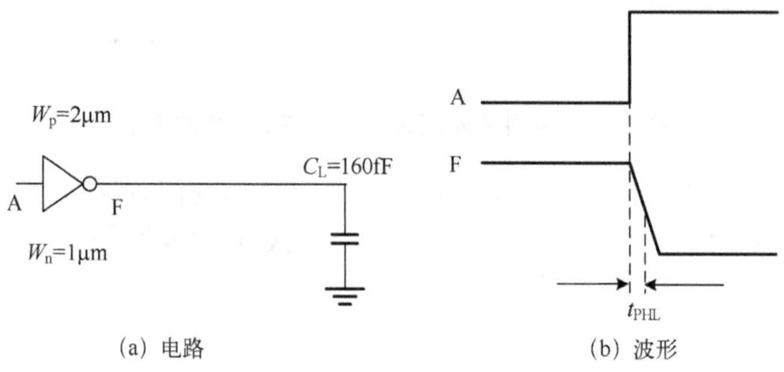

(a) 电路　　(b) 波形

图 6.27　大电容负载

解　电路的时间常数

$$
\begin{aligned}
\tau &= 0.75R_0C \\
&= 0.75R_0C_{\text{self}} + 0.75R_0C_L \\
&= 0.75(3\times 1\text{fF})\times 4\text{k}\Omega + 0.75\times 160\text{fF}\times 4\text{k}\Omega \\
&= 500\text{ps} \\
t_{PHL} &= 0.69\tau = 345\text{ps}
\end{aligned}
$$

则对应时钟频率大约为 3MHz，可见，大电容负载严重影响了电路的速度。

在图 6.27 所示的大电容负载电路，其时间常数 $\tau = 0.75R_0C$。电容 C 的主要构成是负载电容，因此这一项的值很难减小。为了减小 τ，就要减小 R_0，为此需要增大图 6.27 中反相器管子的宽长比。但值得注意的是，如果只是简单地增大晶体管尺寸，那么在改善了本级电路延迟时间的同时也加大了本身的栅极电容，相当于增大了前级电路的负载电容，影响电路的总延时。因此，常用的方法不是简单地增加门电路的晶体管尺寸，而是采用增加缓冲器的方法来减小电路的延迟。

对于相同的负载电容，如果增加缓冲器，可采用如图 6.28 所示的电路，下面计算其延迟情况。

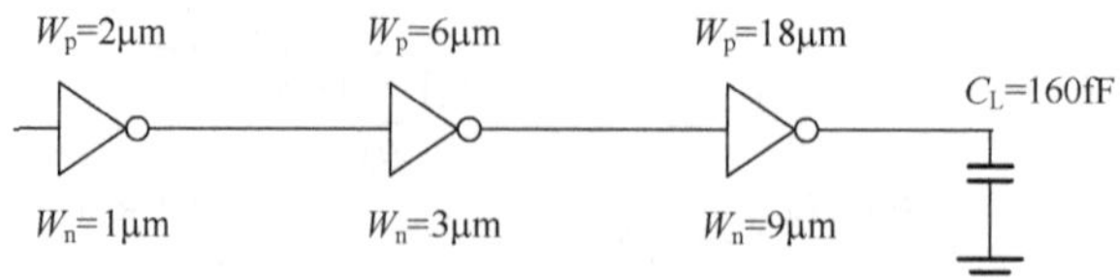

图 6.28　缓冲器 3 倍 3 倍成段增加

根据电路可得

$$\tau=0.75\times[(3\mathrm{fF}+13.5\mathrm{fF})\times4\mathrm{k}\Omega+(9\mathrm{fF}+40.5\mathrm{fF})\times4\mathrm{k}\Omega/3+(27\mathrm{fF}+160\mathrm{fF})\times4\mathrm{k}\Omega/9]$$
$$=162\mathrm{ps}$$
$$t_{\mathrm{PHL}}=0.69\tau=112\mathrm{ps}$$

可以看得出，增加缓冲器可以减小延迟时间。

上例中，缓冲器的尺寸 3 倍 3 倍逐段增加，试图按照图 6.29 所示，改变缓冲器的级数和尺寸，下面看其延迟时间情况。

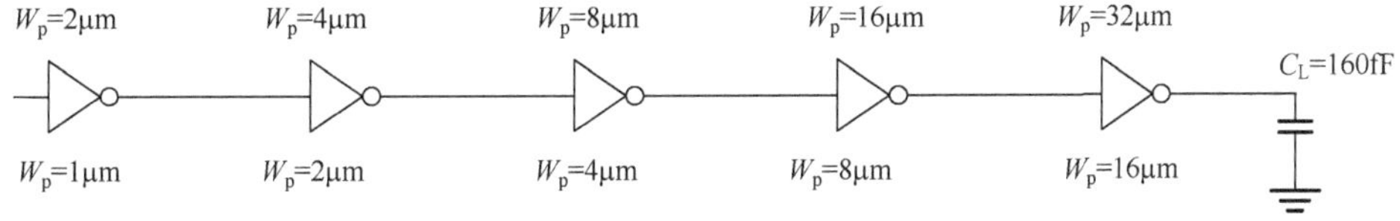

图 6.29　缓冲器 2 倍 2 倍逐段增加

根据电路可得

$$\tau=0.75\times[(3\mathrm{fF}+9\mathrm{fF})\times4\mathrm{k}\Omega+(6\mathrm{fF}+18\mathrm{fF})\times4\mathrm{k}\Omega/2$$
$$+(12\mathrm{fF}+36\mathrm{fF})\times4\mathrm{k}\Omega/4+(24\mathrm{fF}+72\mathrm{fF})\times4\mathrm{k}\Omega/8$$
$$+(48\mathrm{fF}+160\mathrm{fF})\times4\mathrm{k}\Omega/16]=183\mathrm{ps}$$
$$t_{\mathrm{PHL}}=0.69\tau=126\mathrm{ps}$$

可见，其延迟时间比图 6.28 所示的情况要大。大量的计算和统计表明，要实现缓冲器的最优化设计，其缓冲器的尺寸应 3 倍 3 倍逐段增加，当然，缓冲器的增加会使电路的面积和功耗也加大。

6.5　CMOS 静态门电路的功耗

第 6 章预习 2

电路的功耗对芯片的工作温度、封装形式、可靠性等影响极大。随着集成电路集成度的增加以及便携式设备的广泛应用，近年来功耗已成为电路设计的重要指标，因此低功耗电路设计方法也成为研究热点之一。本节介绍 CMOS 静态门电路的功耗组成以及常用降低功耗的方法。

6.5.1　CMOS 静态门电路功耗的组成

功耗由电源电压以及从电源到地之间流过的电流决定。在 CMOS 电路中，功耗的来源分两部分：静态功耗和动态功耗。下面以 CMOS 反相器为例来分析 CMOS 静态门电路的功耗。

1. 静态功耗

静态功耗是指输入信号为“0”或者 V_{DD} 时，输出信号保持高电平“1”或者低电平“0”不变，没有电荷转移时的功耗。由第 5 章的分析可知，对于图 6.30(a)所示的 CMOS 反相器电路，当输入为高电平或低电平时，其等效电路如图 6.30(b)所示。也就是说，当输入为“0”或者“1”(V_{DD})时，两个 MOS 管中总有一个截止，而另一个导通，因此理想情况下没有从 V_{DD} 到 V_{SS} 的直流通路，也没有电流流入栅极，因此其静态功耗几乎为零。

但实际上，通常 nMOS 和 pMOS 晶体管在截止时，其静态电流并不为零，因此，其静态功耗也不为零。随着集成电路的发展和晶体管特征尺寸的减小，静态功耗对电路总功耗的影响越来

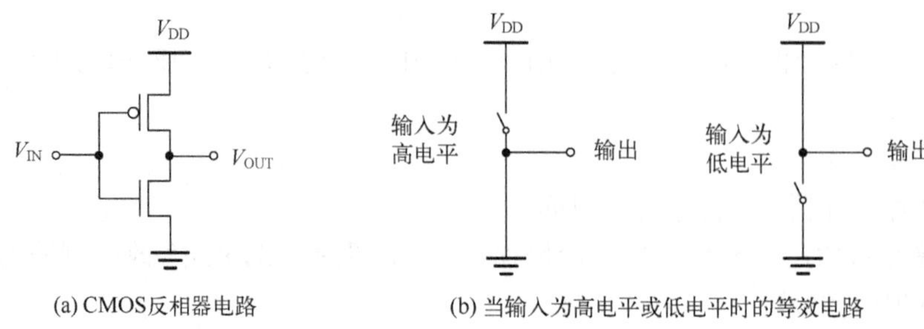

(a) CMOS反相器电路 (b) 当输入为高电平或低电平时的等效电路

图 6.30 CMOS 反相器静态电路

越不可忽略。

静态功耗由漏电流引起。CMOS 门电路漏电流包括扩散区反偏结电流 I_{pn} 和亚阈值电流 I_{sub}，如图 6.31 所示(图 6.31 中标示出了 nMOS 的漏电流)，即

$$I_{leak}=I_{sub}+I_{pn} \tag{6.23}$$

当晶体管漏极和衬底之间的 pn 结呈反向偏置时，存在二极管反向饱和漏电流。假设 CMOS 反相器的输入电压为高电平，这时 nMOS 晶体管导通，输出节点电压就会放电到零。此时，虽然 pMOS 晶体管截止，但在其漏极和 n 阱(接电路最高电位 V_{DD})之间会有一个等于 V_{DD} 的反向电位差，从而引起通过漏极的二极管漏电流，如图 6.32 所示。从而在 V_{DD} 和地之间通过反偏 pn 结(p 型漏区-n 型衬底)、nMOS 晶体管形成直流通路引起漏电流功耗。

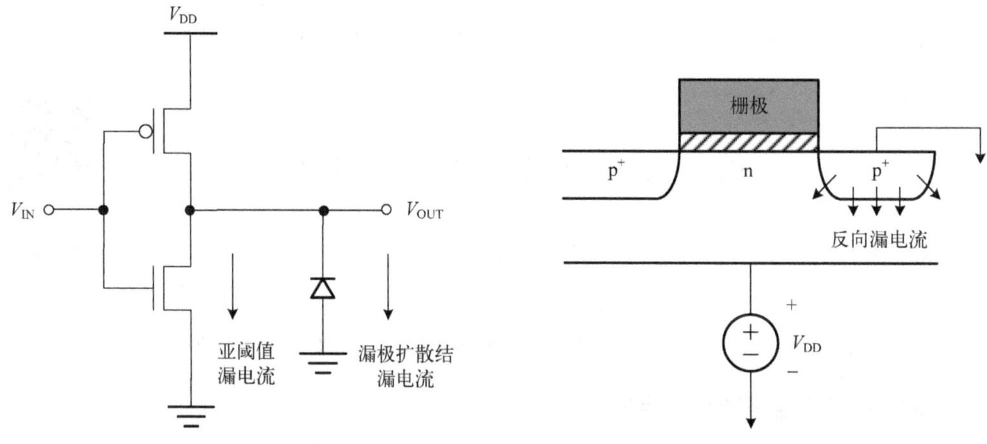

图 6.31 CMOS 门电路漏电流

图 6.32 反向偏置二极管漏电流

当输入电压为低电平时，pMOS 晶体管导通，对输出端进行充电，输出电压上升到 V_{DD}。这时，在 nMOS 漏区和 p 型衬底之间的反向电位差就会引起一个反向漏电流。从而在 V_{DD} 和地之间通过 pMOS、反偏 pn 结(p 型衬底-n 型漏区)形成直流通路引起漏电流功耗。

根据二极管反偏电流公式有

$$I_{pn}=AJ_S \tag{6.24}$$

式中，A 为结面积(包括结的底端面积和沟道侧的侧壁面积)；J_S 为反向饱和电流密度($J_S=10\sim100\text{pA}/\mu\text{m}^2$)。典型的反向饱和电流密度在 $1\sim5\text{pA}/\mu\text{m}^2$，而且随着温度的升高而增加。为了减小反偏结电流，则需要将结面积减小，也就是减小源漏的面积。随着器件尺寸的减小，反偏结电流也越小。该电流的典型值在 pA 到 nA 的范围内，因此往往该电流可以忽略。

亚阈值电流是指栅极电压 $V_{GS}<V_T$ 时流过 MOSFET 的电流并非为零，而是存在漏电流。它是由越过沟道区的少数载流子扩散电流引起的。近年来，随着特征尺寸的减小，源和漏的距离越来越小，这使得 MOS 管出现类似横向双极晶体管的行为，即衬底为双极晶体管的基极，源极和漏极分别为发射极和集电极，因此亚阈值泄漏明显变大。亚阈值电流的表达式如下

$$I_{sub}=I_S e^{[q(V_{GS}-V_T-V_{offset})/nkT]}(1-e^{-qV_{DS}/kT}) \tag{6.25}$$

式中，I_S 为电流系数；n 为亚阈值振幅系数，典型值在 1～2；V_{offset} 是多项电压的总和，通常在 −0.1～0.1。

从式(6.25)可以看出，当栅极电压 $V_{GS}=0$ 时，阈值电压 V_T 决定了亚阈值电流的大小，V_T 降低，亚阈值电流将增大。因此，为了减小亚阈值电流，阈值电压 V_T 通常不能随着器件尺寸的减小而按比例降低。但是，另一方面，V_T 影响着器件的速度，V_T 越大，速度越低。因此，在 V_T 的选择上往往存在着功耗和速度的折中问题。

从式(6.25)还可以看出，亚阈值电流与栅极电压呈指数关系。当栅源电压略小于但很接近器件的阈值电压时，亚阈值电流值变得很明显。在这种情况下，亚阈值泄漏引起的功耗与电路的转换功耗大小相当。

所以，通常情况下，亚阈值电流是漏电流的主要组成部分。

2. 动态功耗

动态功耗是指当输入信号发生从“0”到“1”或从“1”到“0”的跳变时，输出信号从“1”转变为“0”或从“0”转变为“1”的过程中有电荷转移时产生的功耗。

动态功耗包括短路电流功耗和瞬态功耗。当输入从“0”到“1”或者从“1”到“0”瞬变过程中，nMOS 管和 pMOS 管都处于导通状态，此时存在一个窄的从 V_{DD} 到 V_{SS} 的电流脉冲，由此引起的功耗叫短路电流功耗；在电路开关动作时，对输出端负载电容进行充放电引起的功耗，叫瞬态功耗，如图 6.33 所示。

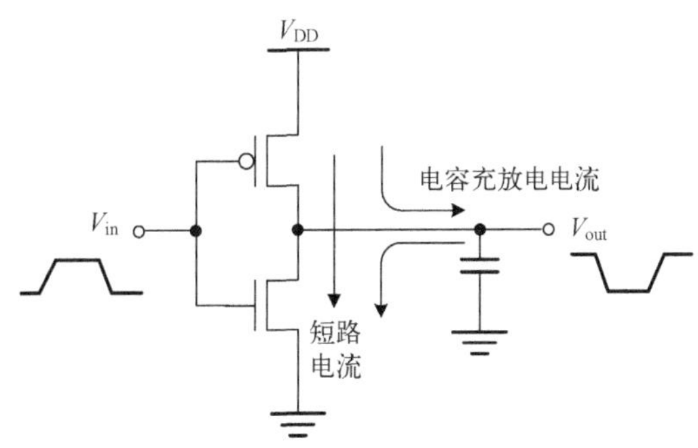

图 6.33　动态电流功耗

在电路开关频率较低时，CMOS 静态门电路的动态功耗主要由对负载电容充放电引起的瞬态功耗组成。输出信号发生一次从“1”到“0”或从“0”到“1”的翻转时，在电容上的能量变化 E 为

$$E=\frac{1}{2}C_L V_{DD}^2 \tag{6.26}$$

在一个周期内，输出端会发生两次翻转(一次从“1”到“0”，另一次从“0”到“1”)，因此一个周期内的能量变化为

$$E=C_L V_{DD}^2 \tag{6.27}$$

设 CMOS 静态门电路的翻转频率为 f，则其瞬态功耗 P_T 为

$$P_T=fC_L V_{DD}^2 \tag{6.28}$$

从式(6.28)可以看出瞬态功耗动态翻转的能量和功耗与驱动器件的电阻无关，为了减小瞬态功耗可以减小 C_L、V_{DD} 和 f。

由于输入信号发生跳变时，电压波形总存在一个很短的上升或下降时间，在这个很短的时间

间隔内，nMOS 和 pMOS 晶体管都处于导通状态，此时就会形成从电源到地的一条直流通路，从而会引起短路电流功耗，如图 6.34(a)所示。

当电路工作频率升高时，短路电流功耗增加，高速 CMOS 电路的短路电流功耗 P_{dp} 可与瞬态功耗 P_T 相比拟，处于同一数量级，此时短路电流功耗不可忽略。或者如果输入信号的上升和下降时间比较长，这部分电流也比较明显。

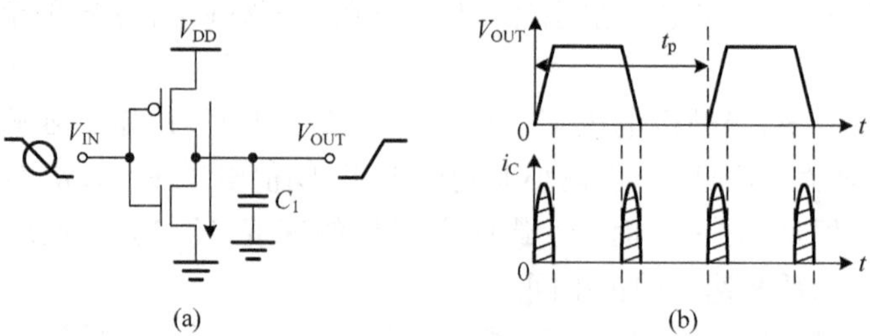

图 6.34 短路电流功耗原理图

以 CMOS 反相器为例，在输入电压变化的上升阶段，当输入电压上升到阈值电压 V_{TN} 时，电路中的 nMOS 就开始导通，而 pMOS 晶体管直到输入达到 $V_{DD}-|V_{T,P}|$ 之前保持导通，因此，有一个时间内 nMOS 和 pMOS 同时导通，形成短路电流，如图 6.34(b)所示。在输入变化的下降阶段，当输出电压开始上升而且两个晶体管都导通时，就同样会产生短路电流。

一个周期 t_p 内的短路电流功耗 P_{dp} 为

$$P_{dp}=\frac{1}{t_p}\int_0^{t_p}(i'V_{DD})\mathrm{d}t$$

式中，i' 为短路电流。

假设短路电流 i' 的波形为三角形，输入电压上升和下降转换期间，短路电流的强度近似相等，则短路电流功耗 P_{dp} 可近似为

$$P_{dp}\approx\frac{1}{2}f_pV_{DD}I'_{max}(t_r+t_f)$$

式中，I'_{max} 为短路电流的峰值；t_r、t_f 分别为输入信号的上升和下降时间。

假设反相器是对称的，而且输入电压的上升和下降时间相等，即 $t_r=t_f=t_s$。则综上所述，CMOS 反相器的总功耗为

$$\begin{aligned}P_{tot}&=P_T+P_{dp}+P_{stat}\\&=(C_LV_{DD}^2+V_{DD}I'_{max}t_s)f_p+V_{DD}I_{leak}\end{aligned}$$

为了便于分析，针对短路电流功耗 P_{dp} 可定义一个“非负载功耗等效电容 C_{PD}”，于是 P_{dp} 可改写为

$$P_{dp}\approx C_{PD}f_pV_{DD}^2$$

电路中通常采用时钟频率 f_{clk} 来描述电路的工作速度，时钟在每个周期都要发生两次翻转，但对电路中的逻辑门来说，并不是每个周期都要发生翻转，因此上式中的 f_p 和 f_{clk} 并不等同。逻辑门翻转的平均频率可以用开关活动因子 α 与时钟频率 f_{clk} 的乘积表示，于是瞬态功耗可以改写成

$$P_T=\alpha f_{clk}C_LV_{DD}^2 \tag{6.29}$$

若某个门电路输出与时钟频率的关系如图 6.35 所示，其开关活动因子 α 为 25%。

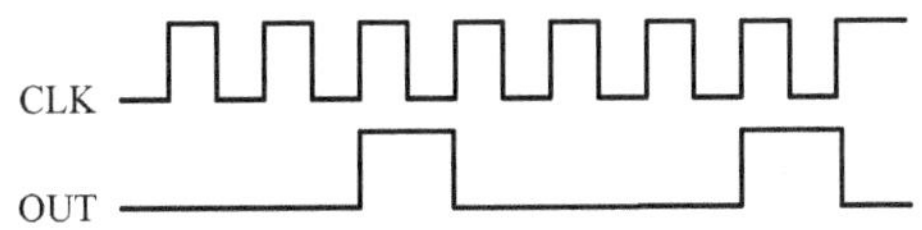

图 6.35　门电路输出与时钟频率的关系($\alpha=25\%$)

若考虑到短路电流功耗后，同样可以得到与式(6.29)类似的表达式，只是因子 α 为考虑了开关活动性和短路电流功耗后的一个综合因子。

6.5.2　降低电路功耗的方法

降低电路功耗的方法同样可以从降低动态功耗和静态功耗两方面考虑。

1. 降低动态功耗的方法

对于一般的设计来说，动态功耗是功耗的主要来源，因此很多低功耗设计的研究都是针对动态功耗的。从式(6.29)动态功耗的表达式可以看出，减小动态功耗的主要原则如下。

1)降低电源电压

由前面的分析可见，因为电路功耗和电源电压的平方成正比，所以，降低电源电压是降低电路功耗最有效的方法。但是，电源电压的降低又会导致电路速度的降低。因此，为了在降低电路功耗的同时又不牺牲电路的速度性能，通常采用多电源电压方案。其思想是在电路的关键路径(延时最长的路径)上采用高电源电压，而非关键路径则采用低电源电压。

传统的集成电路通常被设计工作在单电源电压下，关键通路的延迟决定了同步电路的时钟速度。图 6.36 给出了单电源集成电路关键路径结构图。

在标准单电源电压电路中，电源电压值是确定的，因此，通过最关键(最慢)延迟通路可获得目标时钟频率。然而，由于集成电路内关键通路的数量通常只占通路总数的一小部分，非关键延迟通路上相当数量的门电路工作信号传播比要求的快，并提前到达，从而在接收端信号的到达时间和使用时间形成了一个时间间隔，如图 6.36 所示。如果信号到达非关键通路接收端早于所要求的，则电路的性能并不会得到提高。因此，非关键延迟通路上的门电路与关键通路上门电路工作在相同的电源电平下，会造成能量浪费。

多电源电压电路技术利用了集成电路内不同的信号传播通路之间的时延差。为了达到目标时钟频率，多电源电路技术选择性地降低非关键延迟通路上门电路的电源电压，而保持关键延迟通路上的高电压。图 6.37 给出了双电源集成电路关键路径结构图。对于电路中的非关键路径(即电路中延时不是最大的路径，对应图 6.37 中阴影部分表示的门电路)采用较低的电源电压供电以减小功耗，而对于关键路径则采用较高的电源电压以保证速度。

当然，双电源电路技术并不是简单地将某一条路径的电源电压置为高电压，而其他非关键路径全部采用低电压。由于降低电源电压增加了非关键路径的延时，对非关键延迟通路上所有门电路的电源电压都采用低电压可能导致某一些路径上的延迟不满足原来的时序要求。总体设计原则应该是进行电源电压缩放后，为了不会降低总性能或稳定性，延迟通路的间隙必须是相当低的，但仍大于零。如果对某一通路上所在门电路的电源电压进行缩放仍然无法满足延迟要求，那么在该延迟通路上可以存在高电源电压和低电源电压的门电路组合。当低电压供电的电路驱动较高电压供电的 CMOS 电路时，会发生静态直流电流和非满摆幅输出电压等问题。因此，在多电源电压电路中，需要专用的电平转换器作为工作在不同电源电压下的电路之间的接口电路。

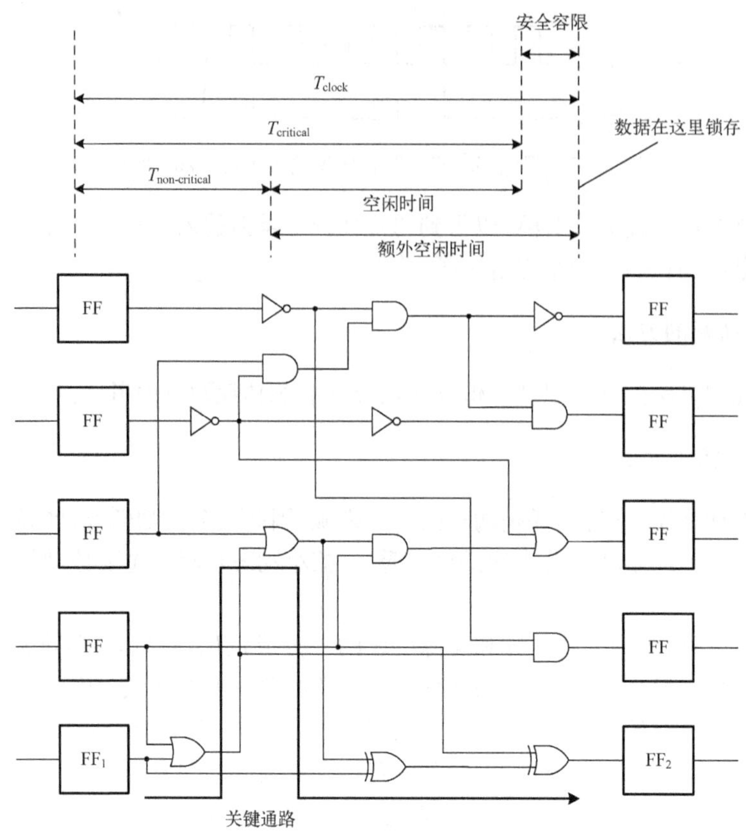

图 6.36　单电源集成电路关键路径结构图

电源电压的最优化处理必须包括这些电压接口电路的功率和面积开销。因此,为了满足所有延迟通路的时序限制,并将电源接口电路的数量和总功率减到最小,必须最大限度地选择具有较低电源电压的电路块以及电源电压值。这也是目前的研究热点之一,很多研究人员致力于该方面

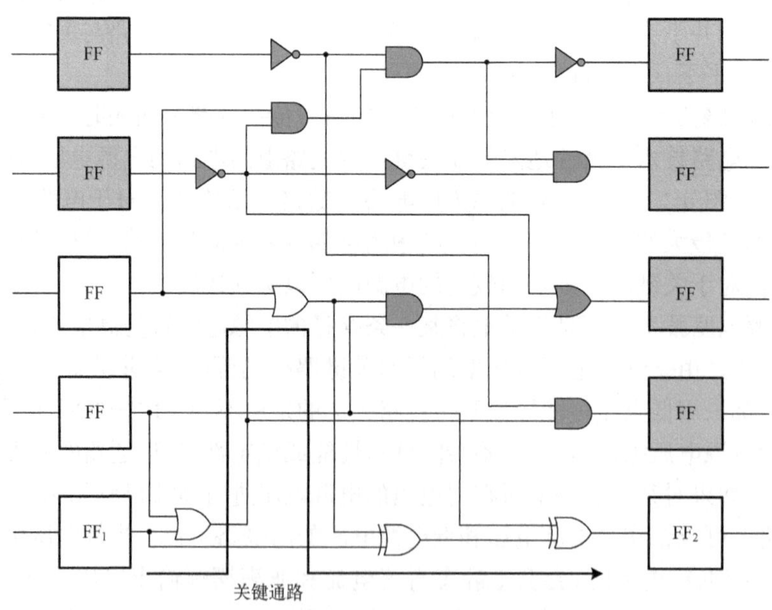

图 6.37　双电源集成电路关键路径结构图

的研究。其中 Usami K. 等提出了集群电压缩放(CVS)技术,该技术可实现电路自动综合,可将多电源电压电路中电平转换器的数量减到最小,在实现电源电压缩放的同时,不会违反时序限制,并将总功耗降到最小。利用 CVS 技术,对电源电压进行分配,这样低电源电压门电路不会去驱动高电源电压门电路,如图 6.38 所示。该研究还表明,在双电源电路中,存在一个最佳的低电源电压值,使电路的总功率达到最小。由于时序限制,随着非关键延迟通路上门电路电源电压的降低,不仅降低了每个电路块的动态开关功耗,而且减少了由该低电源电压供电的电路块的数量。因此,低电源电压存在一个最佳值,可使总功率最小化。其测试结果表明,与工作在 3.3V 标称电源电压下的标准单电源电路相比,双电源方案的功耗可下降 39%～57%。

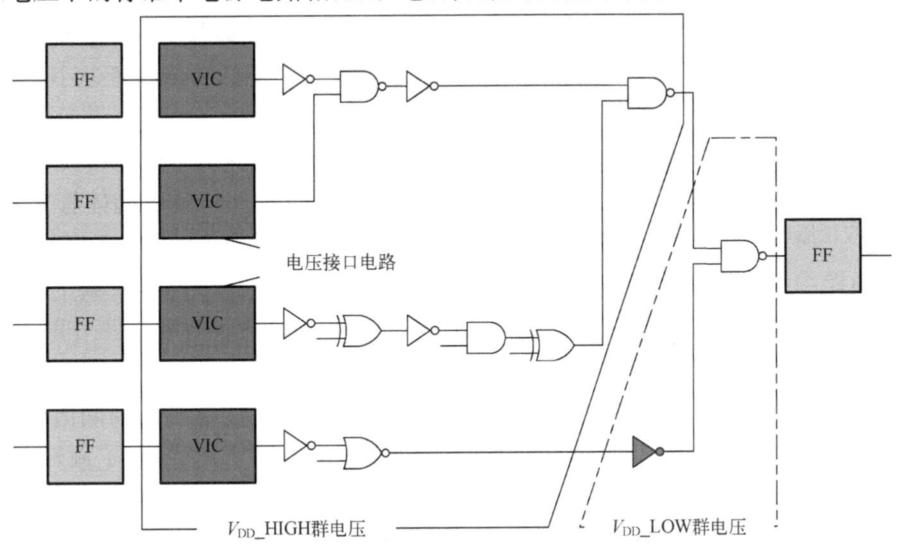

图 6.38　具有群电压缩放技术的双电源电压电路

2)降低开关活动性

降低开关活动性也是降低动态功耗的有效手段。逻辑门的每一次翻转都会产生动态功耗。对于一个电路来说,在电路的某一时刻往往会存在着若干不必要的逻辑门的翻转,即它们的翻转对电路的输出不做任何贡献。针对具体的设计,通过采取一定的方法减小逻辑门的翻转次数是通过降低开关活动性来降低动态功耗的应用来实现的,如可以通过在电路中增加门控信号,当某一部分电路不需要工作时关闭该部分电路的工作时钟或者隔断其输入信号。

3)减小实际电容

减小实际电容最通常的方法是设计电路时尽量减小电路的门数以降低功耗,这种方法既可以减小动态功耗,也可以减小静态功耗。

2. 降低静态功耗的方法

静态功耗也叫待机功耗,对于靠电池工作的设备或手持式设备来说,待机功耗是一个很重要的设计指标。随着特征尺寸进入深亚微米和超深亚微米时代,静态功耗越来越受到关注。上节介绍过静态功耗主要由亚阈值电流引起。亚阈值电流与晶体管的阈值电压有着密切的关系,而阈值电压的选择在功耗和速度上存在一个折中问题。典型的降低静态功耗的方法之一是多阈值电压 CMOS(MTCMOS)技术,该方法的思路是在正常工作时采用低阈值电压晶体管,以减少 CMOS 电路的延迟时间,而在待机时则采用高阈值电压的晶体管,从而减少电路的亚阈值电流

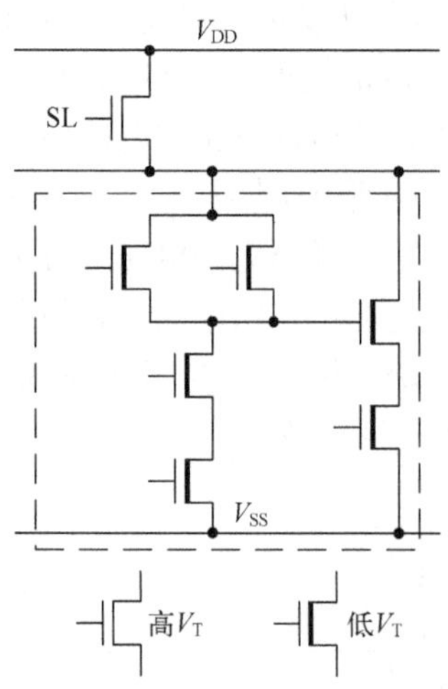

图 6.39　MTCMOS 技术的应用原理图

以降低静态功耗。因此，电路在保持速度性能的基础上可以大幅降低静态功耗。图 6.39 为 MTCMOS 技术的应用原理图之一。图 6.39 中虚线框内为低阈值逻辑电路，其中的 MOS 管全为低阈值电压的晶体管。在逻辑电路与电源 V_{DD} 之间有一个高阈值电压的晶体管(也称睡眠晶体管)。这里的低 V_T 晶体管通常用于逻辑门的设计，因为对于逻辑门，开关速度是必须考虑的。而高 V_T 晶体管用于处于待机状态下有效的隔离逻辑门并防止泄漏扩散。

在正常工作模式下，高 V_T 晶体管导通，包括低的 V_T 晶体管组成的逻辑门工作时开关功耗低和传输延迟小。另一方面，当电路处于待机状态时，高 V_T 晶体管截止，并且所有的低 V_T 的内部电路系统产生的亚阈值电流的导通路径被有效断开。

故当电路处于正常工作状态时，睡眠晶体管导通，逻辑电路与电源 V_{DD} 接通，电路按照输入逻辑工作，工作时的电路速度取决于逻辑电路中的低阈值晶体管；当电路处于待机工作状态时，睡眠晶体管截止，逻辑电路与电源切断，此时的漏电流由高阈值电压的睡眠晶体管决定。因此电路保证了工作时的高速度和待机时的低静态电流。

MTCMOS 技术电路中唯一的相关工艺开销是在同一芯片上制造有不同阈值电压的 MOS 晶体管。MTCMOS 电路技术中的一个缺点是存在串联待机晶体管，也增加了额外寄生电容和延迟。

MTCMOS 对于设计低功耗低电压逻辑门是非常有效的，但由于工艺上的限制，使得它们在低功耗 CMOS 逻辑设计中并不普遍适用。

6.6　功耗和延迟的折中

目前大多数集成电路系统设计中，功耗和速度是芯片的两个重要性能指标。在衡量电路的综合性能时，很明显，最优化一方面而不考虑另一方面的做法是不充分的。如果就功耗而言，提高了一项设计，但却减慢了电路的速度，那么结果可能并不能令人满意。同样，速度的提高只能以功耗为代价才可能实现。因此需要一种衡量标准，允许我们在有意义的方法中平衡这两个设计目标。

一种已经流行好几年的衡量标准是功耗-延迟积(power-delay product，PDP)。其基本原理是，如果关注于功耗和延迟，为什么不取这两个的乘积并设法使其一起减小到最低呢？事实上，这是很有意义的。如果跟随这一思路建立一种门的衡量标准，那么

$$\mathrm{PDP}=P_{\mathrm{avg}}\cdot t_{\mathrm{p}}$$

式中，P_{avg} 是门的平均功耗；t_{p} 是门的平均传输延迟。只考虑门的最主要功耗来源，得到

$$P_{\mathrm{avg}}=CV_{\mathrm{DD}}^{2}f$$

并且传输延迟是

$$t_{\mathrm{p}}=\frac{1}{2f}$$

假设转换周期是传输延迟的两倍，结合这些结果，得到

$$\mathrm{PDP}=CV_{\mathrm{DD}}^{2}f\frac{1}{2f}=\frac{CV_{\mathrm{DD}}^{2}}{2} \tag{6.30}$$

这是一项能量。同样，PDP 代表了执行一种特殊操作所需的能量。将其看作能量的原因在于：能量是功耗的积分。如果计算充电操作完成后存储在电容器内中的能量，可以得到

$$E_{\mathrm{C}}=\int_{0}^{\infty}i_{\mathrm{c}}(t)V_{\mathrm{OUT}}(t)\mathrm{d}t=\int_{0}^{\infty}C\frac{\mathrm{d}V_{\mathrm{out}}}{\mathrm{d}t}V_{\mathrm{OUT}}(t)\mathrm{d}t=\int_{0}^{V_{\mathrm{DD}}}Cv_{\mathrm{OUT}}(t)\mathrm{d}V_{\mathrm{OUT}}=\frac{1}{2}CV_{\mathrm{DD}}^{2}$$

在这种情况下，操作从低到高发生转换。从这个角度讲，式(6.30)将 PDP 定义成一个门每次翻转操作的能量。

通过减小电容 C 电压摆动幅度 $\Delta V_{\mathrm{swing}}$ 或者电源电压 V_{DD}，可以将 PDP 减小到最小。然而这种衡量标准具有某些局限性。如果将执行相同操作的两个设计的 PDP 相比，很难说出哪一个更好。例如，如果同样利用电源电压减小 PDP，这种衡量标准就不会得出延迟也降低了这样一个事实。同样，更小尺寸的晶体管也会减小 C，但这同时也会减慢电路的速度。这主要是因为在获得 PDP 的时候取消了延迟项，所以丢失了颇具价值的时序信息。

解决这个问题的另一种方法是定义另一种衡量标准，即用延迟乘以 PDP。这叫作能量-延迟积(energy-delay product，EDP)。由下面的等式给出

$$\mathrm{EDP}=\mathrm{PDP}\cdot t_{\mathrm{p}}$$

前面已经得到了 PDP 的等式，下面给出 t_{p} 的估算表达式。

因为

$$I=C\frac{\mathrm{d}V}{\mathrm{d}t}$$

所以

$$\Delta t=\frac{C\Delta V}{I}$$

可得

$$t_{\mathrm{p}}=\frac{C\Delta V}{I_{\mathrm{sat}}}\approx\frac{CV_{\mathrm{DD}}}{K_{2}(V_{\mathrm{DD}}-V_{\mathrm{T}})} \tag{6.31}$$

式中，K_2 是由器件尺寸决定的常数。联合式(6.30)和式(6.31)，得到

$$\mathrm{EDP}=\frac{C^{2}V_{\mathrm{DD}}^{3}}{2K_{2}(V_{\mathrm{DD}}-V_{\mathrm{T}})}$$

这样，只要电源值或者器件尺寸发生变化，这些变化都可以在 EDP 中有所反应。对于低功耗设计，这是一种更好的衡量标准。

技术拓展：门控时钟技术

在实际工程设计中，门控时钟技术是常用的低功耗设计技术之一。门控时钟技术的优化目的是减少芯片中冗余的状态翻转，使更多的单元处于静态从而降低动态功耗，其优化对象主要是在工作周期内状态翻转对输出没有影响的寄存器，它本质上属于通过降低开关活动性来降低动态功耗的一种低功耗设计方法。门控时钟技术是利用门控时钟使能信号来控制时钟的开启和关闭，其技术的关键在于如何在适当的时间内关闭和打开门控时钟使能信号，如图 6.40 为门控时钟示意图，CLK 为时钟输入信号，EN 为门控时钟使能信号，CLK_G 为门控时钟信号。当门控时钟使能信号 EN 为低电平时，门控时钟信号 CLK_G 无输出，受控的寄存器不工作；当 EN 为高

电平时，CLK_G 的输出信号的相位和频率与 CLK 输入相同，受控的寄存器正常工作。

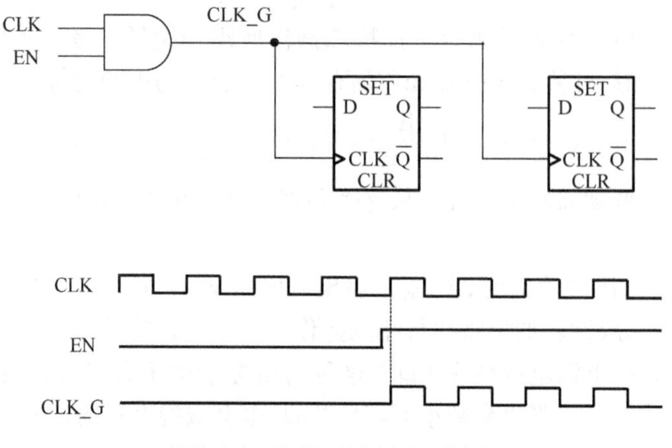

图 6.40　门控时钟原理示意图

在现代集成电路设计流程中，工艺厂商会在工艺库中专门提供带有门控单元的触发器和锁存器，方便设计者在设计电路时能够更好地使用门控时钟技术来对电路进行优化设计；现在主流的 EDA 工具能够支持自动化的门控时钟插入，不需要在 RTL 阶段对时钟进行特殊设计，提高了设计效率。

虽然门控时钟技术能降低动态功耗，但是额外引入的门控时钟单元会增加芯片面积，同时门控时钟技术优化功耗比例受芯片规模影响，所以使用门控时钟技术需要在面积和功耗之间进行权衡。

基 础 习 题

6-1　根据 CMOS 静态逻辑电路的设计原则，画出 $F=A\oplus B$ 的 CMOS 组合逻辑门电路。

6-2　用 CMOS 组合逻辑实现全加器电路。

6-3　计算图 6.41 所示或非门的驱动能力。在最坏工作条件下，为保证各逻辑门的驱动能力与标准反相器的特性相同，n 管与 p 管的尺寸应如何选取？

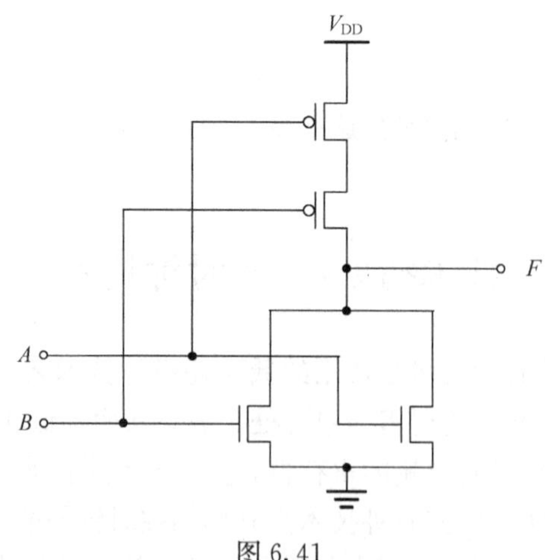

图 6.41

6-4　画出 $F=\overline{AB+CD}$的 CMOS 组合逻辑门电路，并计算该复合逻辑门的驱动能力(要求同6-3)。

6-5　简述 CMOS 静态逻辑门功耗的构成。

6-6　降低电路的功耗有哪些方法？

6-7　比较当 FO=1 时，下列两种 4 输入与门(图 6.42)，哪种组合逻辑速度更快？

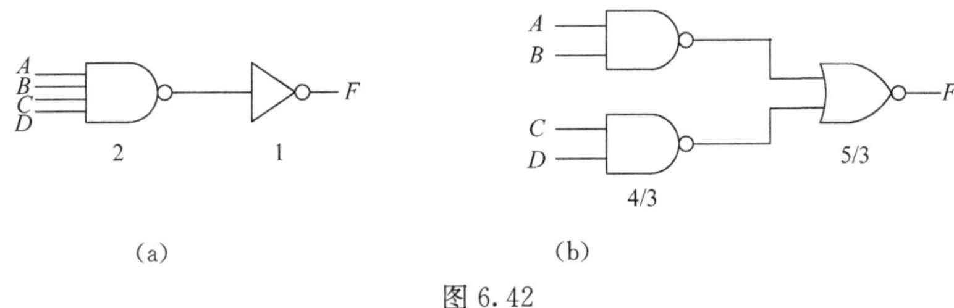

图 6.42

6-8　画出基于 n 阱 CMOS 工艺的 CMOS 反相器和 2 输入或非门电路的版图。

6-9　用尺寸相同的 nMOS 管、pMOS 管分别构成 2 输入的与非门和或非门时，分析说明在最坏工作情况下上升时间哪一个更快？下降时间呢？

6-10　CMOS 静态逻辑电路的功耗由哪些因素构成？分别分析输入信号的上升和下降时间不同，以及晶体管阈值电压不同情况下，如何影响电路功耗？

6-11　试分析晶体管阈值电压不同时如何影响电路的功耗和速度？对不同的应用场合，应如何选择阈值电压？

高 阶 习 题

6-12　画出逻辑表达式 $Y = A\bar{B} + (C + \bar{B}\,\bar{C})$ 的 CMOS 晶体管级电路，要求使用的晶体管数量最少。

6-13　电路设计与仿真作业：

设计 $F=\overline{AB+CD}$ 的 CMOS 静态逻辑门电路晶体管级电路结构和尺寸，仿真电路的功能，比较不同晶体管尺寸对电路速度的影响。

素质教育案例

第 7 章　传输门逻辑和动态逻辑电路

第 6 章中介绍的是 CMOS 静态逻辑门电路。如图 7.1 所示，CMOS 静态逻辑门电路的结构特点是输入信号加在栅极上，而输出信号从漏极输出；电路由 pMOS 网和 nMOS 网组成，当输出为低电平逻辑时，nMOS 网工作；当输出为高电平逻辑时，pMOS 网工作。优点是电路的低功耗特性；其缺点是随着逻辑的复杂性增加，晶体管数目会成倍增加，且可能导致较大的电路延迟。在高密度、高性能的数字电路中，芯片面积和电路延迟的减小是设计者的一个主要目标，而本章要介绍的传输门逻辑和动态逻辑电路构造某些电路时在晶体管数目和电路速度上比静态逻辑电路具有显著优势。

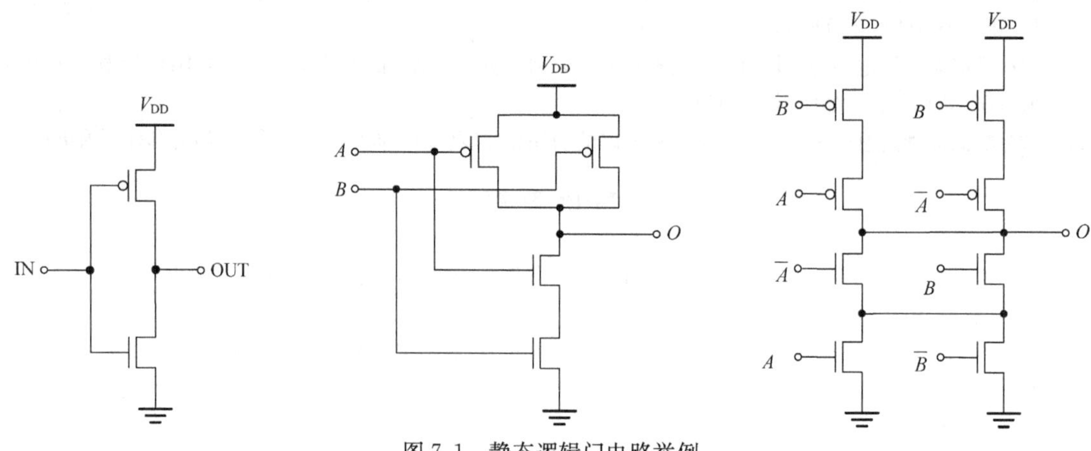

图 7.1　静态逻辑门电路举例

问题引入

第 7 章预习 1

1. 传输门逻辑、动态逻辑和静态逻辑在结构上的区别是什么？
2. 传输门逻辑、动态逻辑和静态逻辑这三种逻辑各有什么特点？
3. 如何构造传输门逻辑和动态逻辑电路？
4. 针对不同的应用如何选择不同的逻辑电路类型？

7.1　基本的传输门

图 7.2 所示为基本的传输门及传输门逻辑电路的例子。从图 7.2 中可以看出，与静态

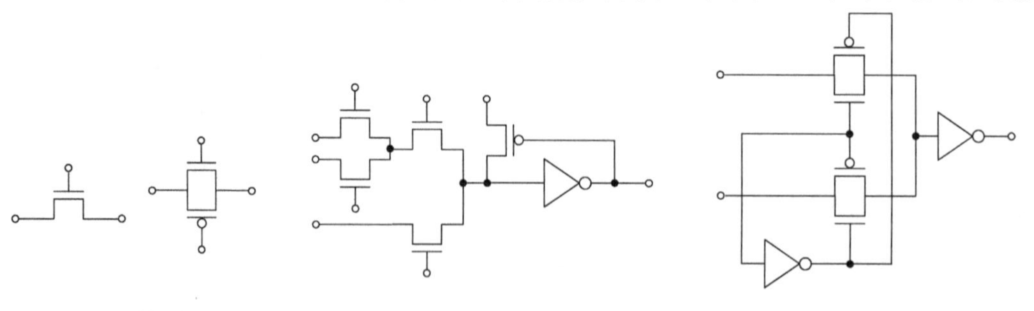

(a)基本的传输门　　(b)传输门逻辑电路

图 7.2　传输门逻辑电路举例

CMOS 逻辑门电路结构所不同的是，在传输门逻辑电路中，输入信号可以从栅极、源极或漏极输入，采用基本的传输门就可以构造传输门逻辑电路。与静态 CMOS 逻辑门电路相比，传输门逻辑电路的最大特点就是需要的晶体管数目少。构成传输门逻辑电路的基本传输门有 nMOS 传输门、pMOS 传输门和 CMOS 传输门，下面对它们一一进行介绍。

7.1.1　nMOS 传输门

图 7.3 所示为一个 nMOS 传输门的电路符号及其等效电路。nMOS 传输门其实就是一个 nMOS 晶体管，它的栅极接一个控制信号 C(电压为 V_C)，源极和漏极分别作为输入 $A(V_{IN})$或输出 $B(V_{OUT})$。当 V_C 是低电平时，nMOS 管截止，把输出和输入隔开；当 V_C 是高电平时，nMOS 晶体管导通，使输入信号传到输出端。也就是说，可以把 nMOS 等效为一个开关。

1. 传输高电平过程

若 $V_{IN}=V_{DD}$，在 $t=0$ 时 V_C 跃变到高电平 V_{DD}，如图 7.4 所示。传输门导通，输入高电平通过导通的 nMOS 管向输出节点负载电容充电，使输出上升为高电平。在传输高电平时，由于 $V_{GS}=V_{DS}$，MOS 管工作在饱和区，对负载电容 C_L 充电。因为 C_L 接在源端，这种工作方式称为源跟随器。

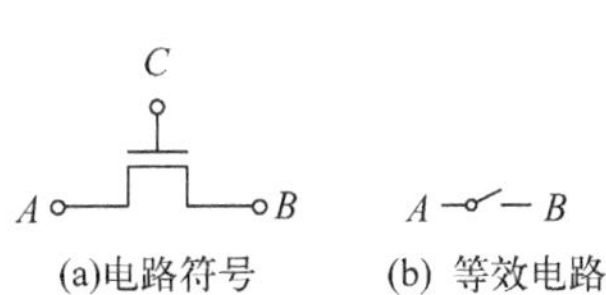

图 7.3　nMOS 传输门的电路符号及其等效电路

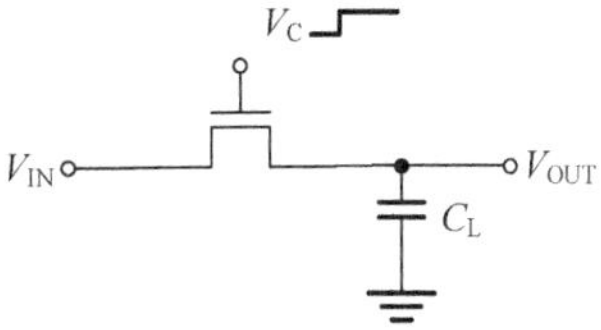

图 7.4　nMOS 传输门

当 $V_{OUT}=V_{DD}-V_{TN}$时，MOS 管的 $V_{GS}=V_{DD}-(V_{DD}-V_{TN})=V_{TN}$，晶体管开始截止，传输高电平过程结束。可见，尽管输入信号和栅极控制信号都是 V_{DD}，但输出高电平只能达到($V_{DD}-V_{TN}$)。也就是说，nMOS 传输门传输高电平有阈值损失，要提高输出高电平必须提高控制信号电压 V_C。

在传输高电平时，由于 $V_{GS}=V_{DS}$，MOS 管工作在饱和区，对负载电容 C_L 充电的电流为

$$I_D=K_n(V_{DD}-V_{TN}-V_{OUT})^2=K_n(V_{DS}-V_{TN})^2 \tag{7.1}$$

由于源跟随器工作于饱和区，由其电流方程可求出其动态导通电阻为

$$r_{ON}=\frac{dV_{DS}}{dI_{DS}}=\frac{1}{2K_n(V_{DS}-V_{TN})}=\frac{1}{2K_n(V_{DD}-V_{OUT}-V_{TN})} \tag{7.2}$$

式中，$V_{DD}-V_{OUT}=V_{DS}$。可见，当 $V_{OUT}=0$，即 $V_{DS}=V_{DD}$时，r_{ON}最小，随着 V_{OUT}逐渐上升，V_{DS}逐渐减小，r_{ON}迅速增大；当 $V_{DS}=V_{TN}$时，$r_{ON}\to\infty$。由于导通电阻逐渐变大，乃至在 $V_{DS}=V_{TN}$时，趋于无穷大，使对 C_L 的充电电流逐渐变小乃至趋于零，故源跟随器的开关速度很低。

2. 传输低电平过程

若 $V_{IN}=0$，在 $t=0$ 时，V_C 跃变到 V_{DD}且 $V_{OUT}=V_{DD}$，此时传输门导通，使 C_L 通过导通的 nMOS 管放电。由于 nMOS 管处在恒定的栅源电压下($V_{GS}=V_{DD}$)，随着输出电平的下降，当$V_{DS}=V_{OUT}<(V_{DD}-V_{Tn})$时，晶体管将从饱和区最终进入到线性区导通，直到 $V_{DS}=0$，即 $V_{OUT}=V_{IN}=0$ 时电流为零，传输低电平过程才结束。因此 nMOS 传输门可以使低电平无损失地传送到输出端。

在饱和区，如假定 I_{DS}和 V_{DS}无关，即 n 管的输出特性曲线为一水平线，其动态导通电阻为无穷大。实际上因为 MOS 管饱和区的特性并非理想的水平线，故 r_{ON}也不是无穷大。且传输低电

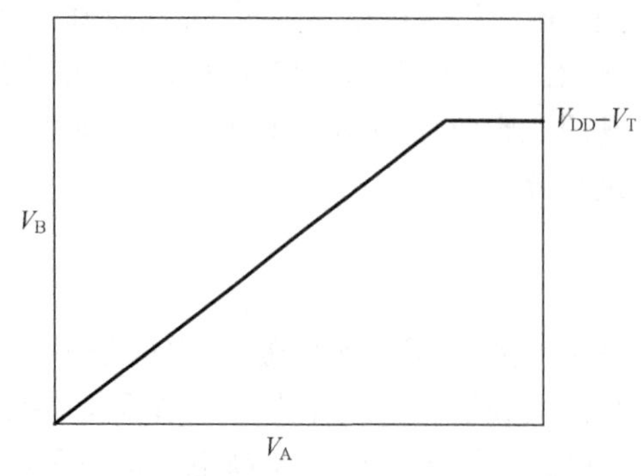

图 7.5　nMOS 传输门的传输特性曲线

平时，nMOS 管大部分时间工作在非饱和区，其在非饱和区的动态导通电阻为

$$r_{ON}=\frac{1}{2K_n[(V_{DD}-V_{TN})-V_{DS}]} \tag{7.3}$$

根据对 nMOS 传输门传输高、低电平时的情况分析可得到 nMOS 传输门的传输特性曲线，如图 7.5 所示（假设控制信号 C 一直为高电平）。

3. 电荷保持电路

从上面的分析中可以看到，采用 nMOS 传输门传输高电平时会有一个阈值损失。即当 nMOS 传输门用作开关以传输逻辑信号时，传输“0”逻辑将是理想的，传输“1”逻辑则不理想，因为电平是蜕化的，这是源跟随器的缺点之一。

因此，通常在使用 nMOS 传输门时，为了恢复全振幅，在输出端需要增加电荷保持电路，如图 7.6所示。电荷保持电路由一个反相器和一个 pMOS 管组成，当电路传输高电平时，节点 N_1 电位升高，当电位大于反相器 IV_1 的逻辑阈值时，反相器输出低电平，此低电平加在 P_1 管上，P_1 管导通，将 N_1 点的电位上拉到 V_{DD}；当传输低电平，节点 N_1 电位较低，电位小于反相器 IV_1 的逻辑阈值，反相器输出高电平，此高电平加在 P_1 管上，P_1 管截止，N_1 的电位保持传输来的低电平。

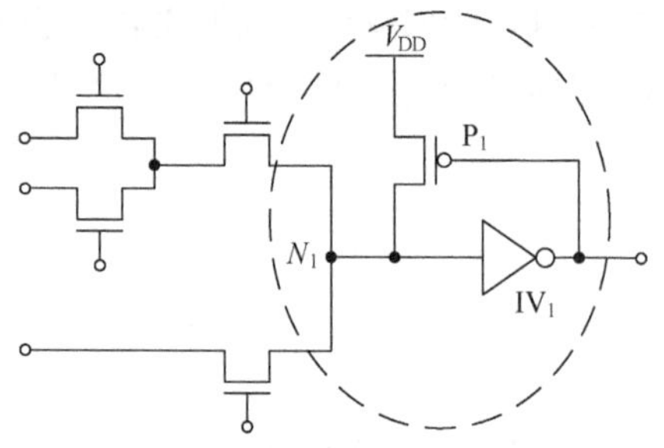

图 7.6　电荷保持电路（虚线圈部分）

7.1.2　pMOS 传输门

图 7.7 所示为 pMOS 传输门的电路符号、等效电路及传输特性，它同样可以等效为一个开关。由于 pMOS 晶体管和 nMOS 晶体管的互补性能，pMOS 传输门的控制信号 V_C 是低电平有效。pMOS 晶体管传输高电平的特性和 nMOS 晶体管传输低电平的特性类似，pMOS 晶体管传输低电平的特性和 nMOS 晶体管传输高电平的特性类似。也就是说，pMOS 传输门可以无损失

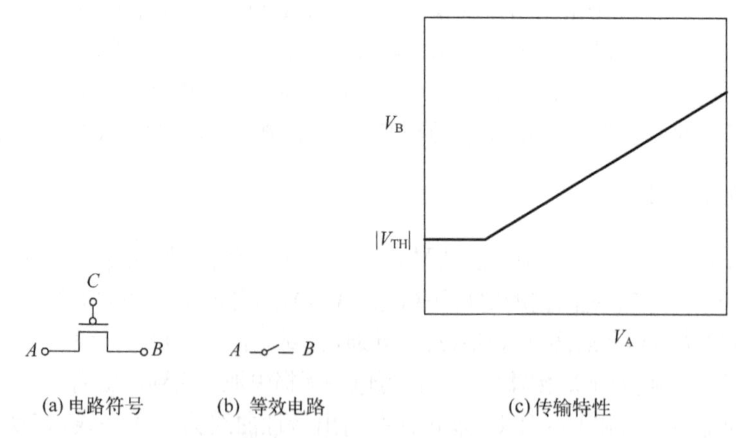

图 7.7　pMOS 传输门的电路符号、等效电路及传输特性

地传输高电平，但传输低电平时有阈值损失。若 $V_{IN}=V_C=0$，初始时 $V_{OUT}=V_{DD}$，则当 $V_{OUT}=-V_{TP}=|V_{TH}|$时，pMOS 管截止，传输过程结束，输出低电平达不到 0。所以 pMOS 通常用在传输固定的高电平场合。

7.1.3　CMOS 传输门

CMOS 传输门由一个 nMOS 和一个 pMOS 传输门并联而成，其电路符号和传输特性如图 7.8 所示。当传输高电平时，pMOS 传输管在恒定栅源电压下工作，而 nMOS 传输管截止；当传输低电平时，nMOS 传输管工作，pMOS 传输管截止。CMOS 传输门不存在传输高、低电平时的阈值损失。这时因为当 p 管截止时，n 管仍保持良好的导通；而当 n 管截止时，p 管仍保持良好的导通，所以高、低电平都可以正确传输。但是相比较 pMOS 传输门或 nMOS 传输门而言，其电路规模增大。

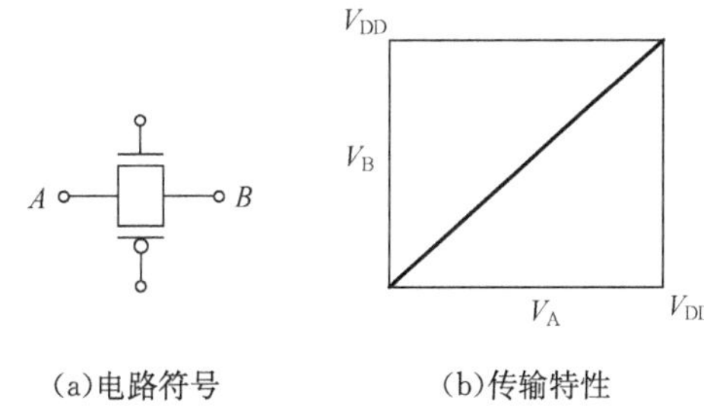

(a)电路符号　　(b)传输特性

图 7.8　CMOS 传输门的电路符号和传输特性

7.2　传输门逻辑电路

采用基本的传输门可以构造各种传输门逻辑电路，尤其对于以异或门、多路开关等为主的逻辑电路来说，采用传输门逻辑比 CMOS 静态逻辑具有明显优势，本节介绍这几种常用的传输门逻辑电路并总结传输门电路的特点。

7.2.1　传输门逻辑电路举例

1. 用传输门实现多路开关

传输门的逻辑功能就是控制输入信号的传送，如图 7.9 实现的就是用 nMOS 传输门实现的一个 2 选 1 多路开关。图 7.9 中用 2 个 nMOS 传输管并联实现 2 选 1 多路开关，S 为控制信号，I_1 和 I_2 为输入信号，O 为输出信号。两个并联传输管的控制信号相位相反，当 S 为高电平时，输出信号为 I_1；当 S 为低电平时，输出信号 I_2。

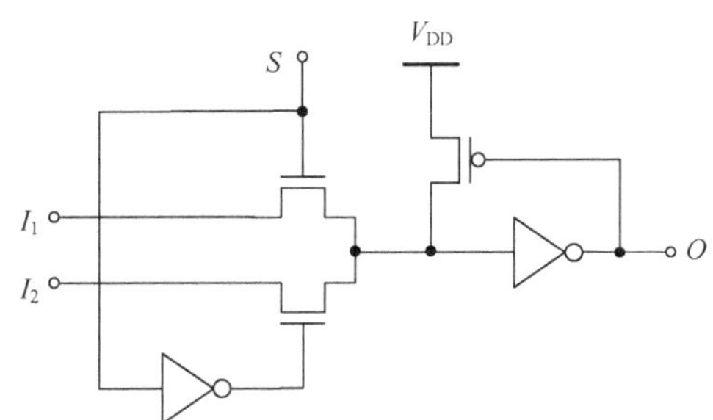

图 7.9　用 nMOS 传输门实现 2 选 1 多路开关

上述电路中，由于采用的是 nMOS 传输门，在传输高电平时存在阈值损失，因此在输出端增加了电荷保持电路。为了改善传输特性，避免传输高电平的阈值损失，可以采用 CMOS 传输门传送数据。图 7.10 所示为 CMOS 传输门实现 2 选 1 多路开关的电路图。

采用CMOS传输门实现的4选1多路开关如图7.11所示。由于要实现4路输入信号的选择，因此需要2根控制信号，2根控制信号 S_1 和 S_2 以及它们的反相信号控制的传输管构成4个并联支路，保证任何一种状态下只有一个支路导通就可以实现4选1多路开关的功能。

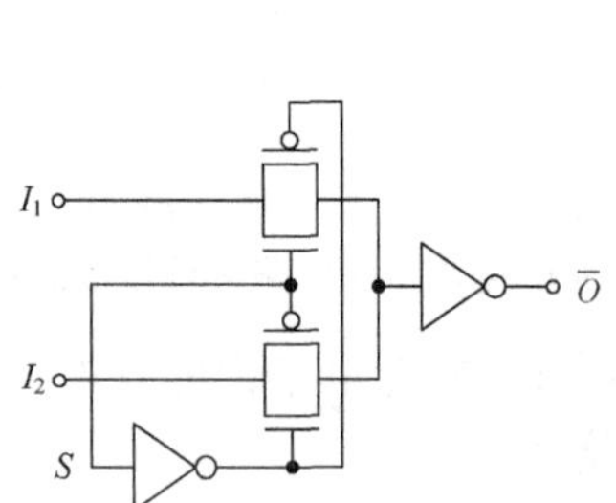

图7.10 CMOS传输门实现的2选1多路开关

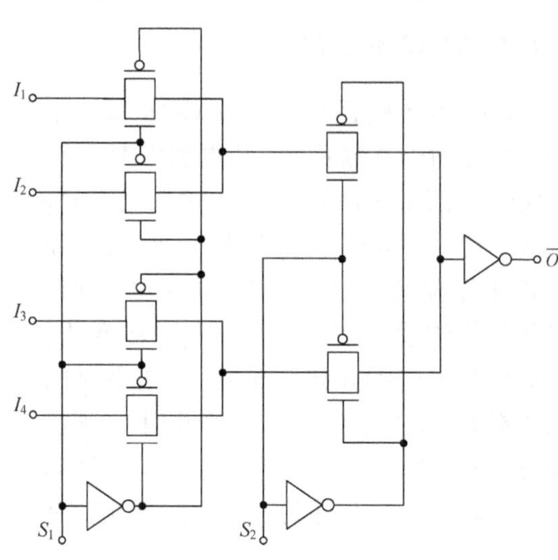

图7.11 CMOS传输门实现的4选1多路开关

2. 用传输门实现异或和同或逻辑

在实际应用中，经常会用到异或门和同或门。用传输门逻辑来实现这类电路同样具有优势。2输入异或门和同或门的真值表如表7.1和表7.2所示。

表7.1 2输入异或门真值表

A	B	O
0	0	0
0	1	1
1	0	1
1	1	0

表7.2 2输入同或门的真值表

A	B	O
0	0	1
0	1	0
1	0	0
1	1	1

表7.1中的 A 和 B 为输入信号，O 为输出信号。观察表中的数据关系后，得到它的逻辑表达式为

$$O=\overline{A}B+A\overline{B}$$

因此，通过逻辑表达式和真值表可以得到相应的2输入异或门逻辑电路图，如图7.12所示。

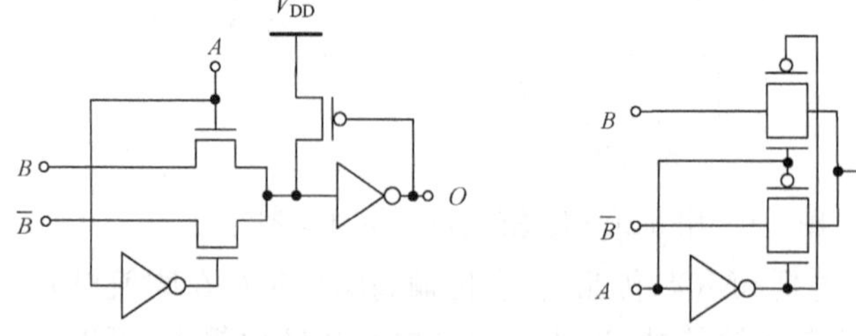

(a) nMOS传输门逻辑 (b) CMOS传输门逻辑

图7.12 2输入异或门逻辑电路图

同理,可以通过同或门的真值表如表 7.2 所示,得到它的逻辑表达式为

$$O=\overline{A}\overline{B}+AB$$

通过逻辑表达式和真值表得到相应的同或门逻辑电路图,如图 7.13 所示。

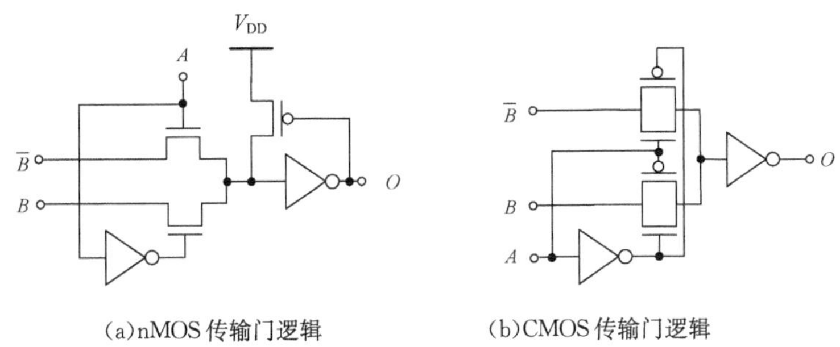

(a)nMOS 传输门逻辑　　(b)CMOS 传输门逻辑

图 7.13　2 输入同或门逻辑电路图

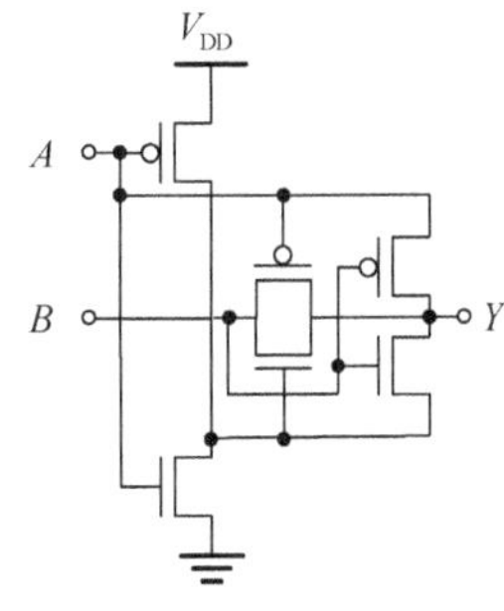

图 7.14　利用 CMOS 传输门和反相器实现异或逻辑

利用 CMOS 传输门和反相器可以构成一种更简单的异或逻辑电路,如图 7.14 所示。在这个电路中第 2 个反相器用 A 和 $\overline{A}$ 作为电源和地,因此只有当 A 是高电平时,这个反相器才能正常工作。传输门是以 $\overline{A}$ 作为控制信号,因此只有当 A 是低电平时,CMOS 传输门才能导通。当 A 是高电平时,传输门断开,第二个反相器正常工作,把 B 信号反相后输出,实现 $Y=A\overline{B}$;当 A 是低电平时,第二个反相器不起作用,而传输门导通,直接把 B 信号送到输出端,因此实现 $Y=\overline{A}B$。由于传输门和第二个反相器不会同时起作用,也不会都不起作用,因此它们的输出可以直接并联在一起实现或逻辑,使输出不会出现不确定状态。上述电路实现了输入变量 A 和 B 的异或。如果把接到传输门和第二个反相器的 A 和 $\overline{A}$ 信号对调一下,则上述电路就实现了 A 和 B 的"同或"。

7.2.2　传输门逻辑的特点

与 CMOS 静态逻辑电路不同,传输门逻辑中输入信号可以从 MOS 晶体管的任何一个端子输入,因此传输门逻辑电路具有与 CMOS 静态逻辑电路所不同的特点。

图 7.15 所示为采用 nMOS 传输门构成的几种不同逻辑功能的电路。从图 7.15 中可以发现,各电路具有相同的结构,都是由 2 个 nMOS 传输门并联构成,但是当在晶体管各端子施加不同的输入信号时,则可以构成不同的逻辑功能。

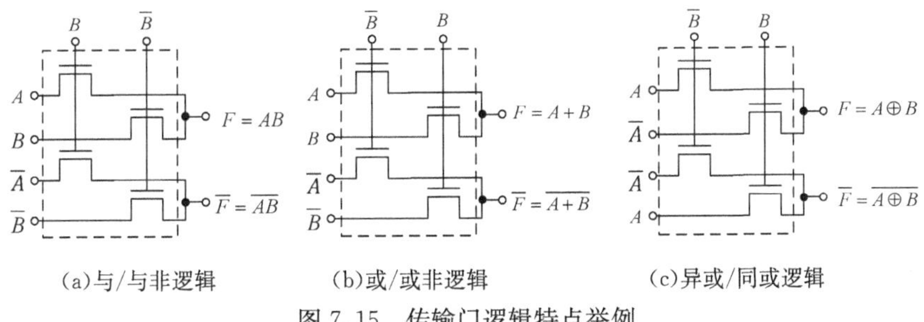

(a)与/与非逻辑　　(b)或/或非逻辑　　(c)异或/同或逻辑

图 7.15　传输门逻辑特点举例

图 7.15(a)中上半部分实现的是与门逻辑,下半部分实现的是与非门逻辑;图 7.15(b)中它的栅极上所加信号和图 7.15(a)栅极所加信号位置相反,致使图 7.15(b)上半部分实现的是或逻辑,下半部分实现的是或非门逻辑;而图 7.15(c)中它的源极信号不再是 A、B、$\overline{A}$、$\overline{B}$ 了,而变成了 A、$\overline{A}$、$\overline{A}$、A,所以图 7.15(c)上半部分实现的是异或门逻辑,下半部分实现的是同或门逻辑。

另外,从前面的传输门逻辑举例可以观察到,传输门逻辑电路基本结构是两个并联的传输门,且其栅极控制信号逻辑相反。因此,传输门逻辑的第一个特点是:传输门逻辑电路基本结构为由两个控制信号相反的传输门并联构成,相同的电路结构,输入信号不同时,构成不同的逻辑功能。

在利用传输门传输信号时,会有信号传输延迟时间,这里以 nMOS 传输门为例介绍信号延时情况。信号在 nMOS 传输门逻辑中传输时存在四种模式。为了简单起见,分析时假设信号输入端称为源极,输出端称为漏极。

第一种模式是源极为低电平,漏极为高电平,当栅极控制端的电压从低电平变为高电平时,漏极的电压要从高电平变为低电平,这种模式下信号的传输延迟与静态逻辑门相同;第二种模式是源极为高电平,漏极为低电平,当栅极控制端电压从低电平变为高电平时,漏极的电压要从低电平变为高电平;第三种模式是栅极控制端为高电平,漏极为高电平,当源极从高电平变为低电平时,漏极要从高电平变为低电平;最后一种模式是栅极控制端为高电平,漏极为低电平,当源极从低电平变为高电平时,漏极的电压要从低电平变为高电平。

后三种模式中多数情况下漏源电压较小,传输门晶体管工作在非饱和区,这时可将晶体管近似等效为一个线性电阻。但是,由于高电平输出只能达到 $V_{DD}-V_T$,因此通常其 t_{PLH} 较大。

当将晶体管等效为电阻后,多个传输门级联时的等效电路如图 7.16 所示。利用 Elmore 近似公式可以求出节点 i 的时间常数为

$$\tau_{Di}=C_1R_1+C_2(R_1+R_2)+\cdots+C_i(R_1+R_2+\cdots+R_i) \tag{7.4}$$

从式(7.4)可以看出,节点 i 越大,其时间常数越大,因此,传输门逻辑的第二个特点是:当传输门单元级联时,随着段数的增加,其延迟时间变大,需要在传输门逻辑电路中随处插入反相器以增加其驱动能力,通常其级联段数控制在 4 以内。

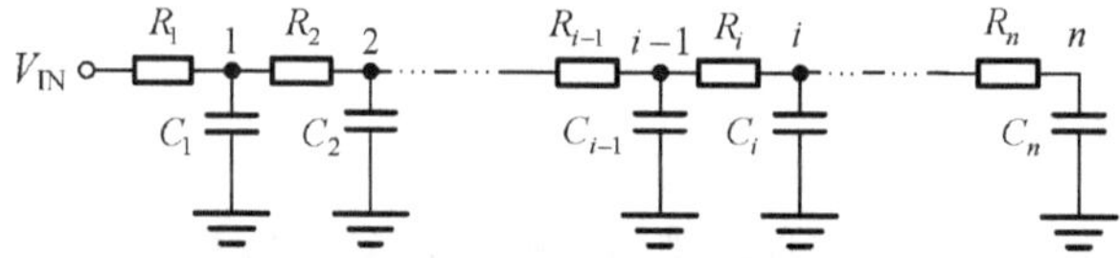

图 7.16 多个传输门级联时的等效电路

7.3 基于二叉判决图 BDD 的传输门逻辑生成方法

理论上,采用传输门可以构造任何逻辑电路。但是,传输门逻辑不像静态 CMOS 逻辑那样具有固定的构成规则,因此,如何用一种方法来有规律地完成传输门逻辑电路结构的设计显得十分重要。基于二叉判决图(binary decision diagram,BDD)的方法很好地解决了这个问题。

在介绍这种方法之前,让我们先来补充一些关于二叉判决图的知识。首先提出如下两个定义。

定义 1(限制变量) 给定一个 n 个变量的布尔函数 $f(x_1,\cdots,x_n)$,把变量 x_i 赋值为 k(0 或 1)所得到的 f 的结果称为 f 在变量 x_i 处的限制,记为 $f|_{x_i\leftarrow k}$,称 x_i 为限制变量。

定义 2(香农展开) 一个 n 个变量的函数 f 在变量 x_i 处可表示为

$$f=\overline{x_i}\cdot f|_{x_i\leftarrow 0}+x_i\cdot f|_{x_i\leftarrow 1}$$

称上式为函数 f 在变量 x_i 的香农展开，x_i 称为 f 的分解变量。称$f|_{x_i\leftarrow 0}$为关于 x_i 的负伴因子，而称$f|_{x_i\leftarrow 1}$为关于 x_i 的正伴因子。

利用香农展开可以将一个布尔函数 f 表示为一些简单函数的和。布尔公式的递归香农展开对应着一个递归二叉判定树，如图 7.17所示。从图 7.17 中看出，对于一棵二叉判定树，根节点对应于原函数，它的左孩子表示函数 $f_{\overline{x}_i}$，右孩子表示函数 f_{x_i}。当 $f_x=1$ 或 0 时，可以用 1 或 0 代替该节点。这样可以终止一棵树，把函数值等于 0 或 1 的节点称为终节点。

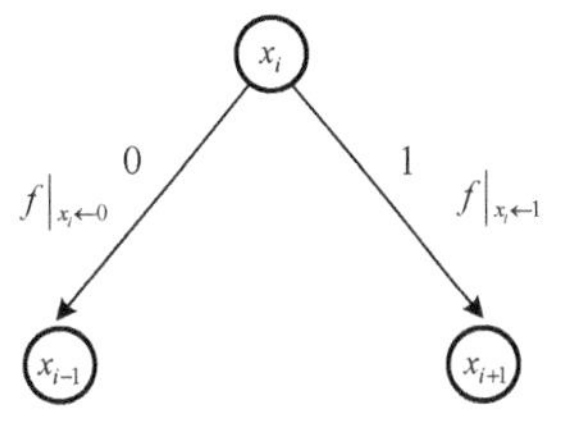

图 7.17　f 在 x_i 的香农展开

用二叉判定树表示函数时，所需要的存储空间随布尔函数中的变量数目 n 呈指数增加，即节点数为 $2^{n+1}-1$。图 7.18 给出了函数 $f=a\bar{b}\bar{c}+\bar{a}b\bar{c}+\bar{a}\bar{b}c+abc$ 的真值表和二叉判定树(为了后面讲述方便，把 x_1 用 c 代替，把 x_2 用 b 代替，把 x_3 用 a 代替)，其中二叉判定树的节点数目为 15。

c	b	a	f
0	0	0	0
0	0	1	1
0	1	0	1
0	1	1	0
1	0	0	1
1	0	1	0
1	1	0	0
1	1	1	1

(a)真值表

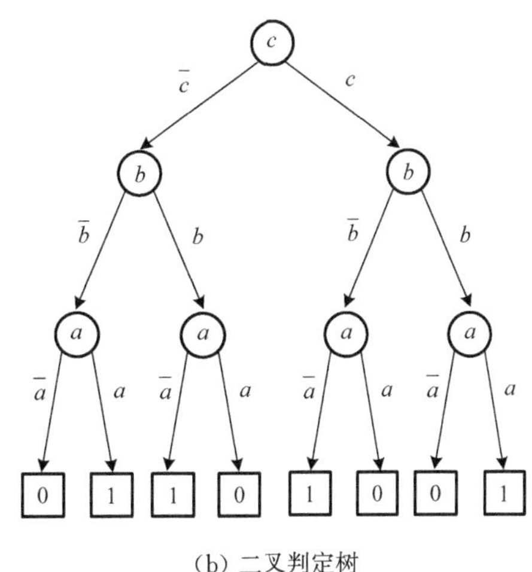

(b) 二叉判定树

图 7.18　函数 $f=a\bar{b}\bar{c}+\bar{a}b\bar{c}+\bar{a}\bar{b}c+abc$ 的真值表和二叉判定树

实际上，二叉树中的一些节点是重复表示的。如最后一层的“0”“1”节点，它们可以合并，并把该树表示成图的形式。因此让我们先了解两个缩减规则。

缩减规则 1　当两个节点传输到下一级节点的传输路径完全相同时，两个节点可以缩减为 1 个，如图 7.19 所示。

在图 7.19 中，节点 A_1 的左孩子通过 X 路径到 B 节点，它的右孩子通过 $\overline{X}$ 路径到 C 节点。而 A_2 的左孩子通过 X 路径到达 B 节点，它的右孩子通过 $\overline{X}$ 路径到达 C 节点。我们发现节点 A_1 和 A_2 传输到下一级节点的传输路径都是 X 和 $\overline{X}$，是完全相同的。所以节点 A_1 和 A_2 可以缩减成一个节点 A。

缩减规则 2　当 1 节点的所有传输路径都归结到同一个下一级节点时，这个节点可以省略，如图 7.20 所示。

图 7.20 中，上面的 A 节点所有的传输路径都归结到了下一级的 B 节点，这时 A 节点可以省略掉。

实质上，缩减规则 1 就是删除同构子图，缩减规则 2 就是删除 BDD 中的冗余节点。

上面得到了 f 的二叉判定树，同样可以得到 $\overline{f}$ 的真值表和二叉判定树，如图 7.21 所示。

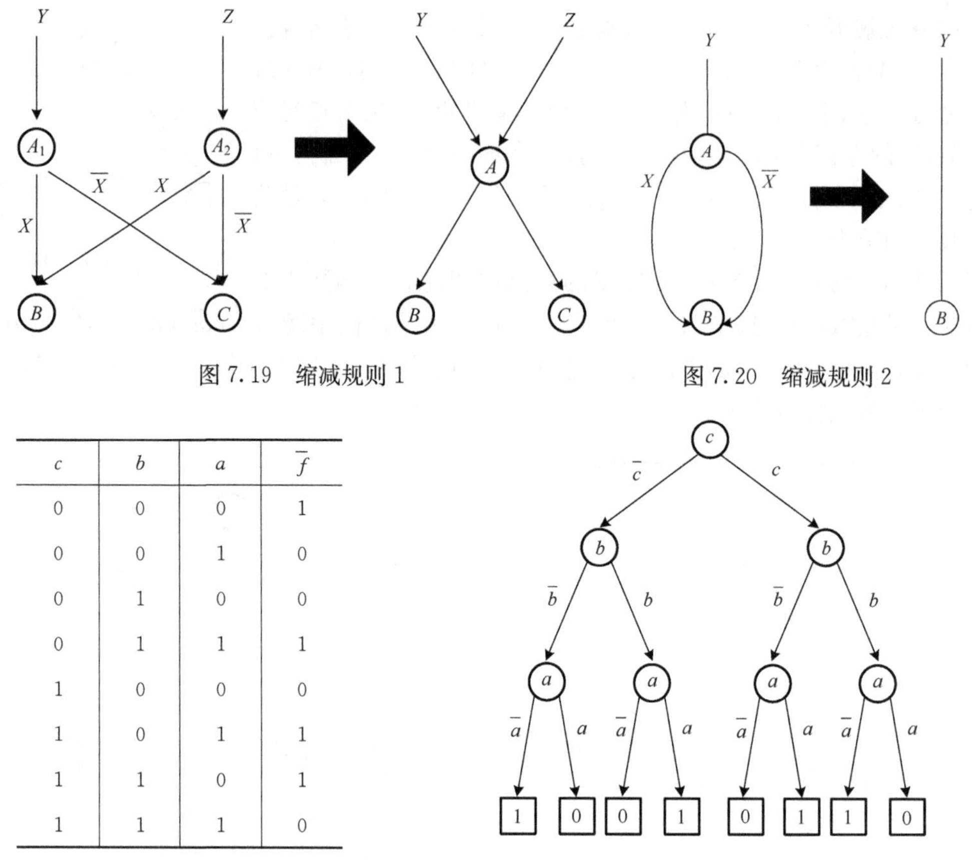

图 7.19　缩减规则 1

图 7.20　缩减规则 2

c	b	a	$\overline{f}$
0	0	0	1
0	0	1	0
0	1	0	0
0	1	1	1
1	0	0	0
1	0	1	1
1	1	0	1
1	1	1	0

(a)真值表

(b)二叉判定树

图 7.21　$\overline{f}$ 的真值表和二叉判定树

现在通过缩减规则来缩减 f 和 $\overline{f}$ 的二叉判定树，先将终节点“1”和节点“0”合并，得到图 7.22。

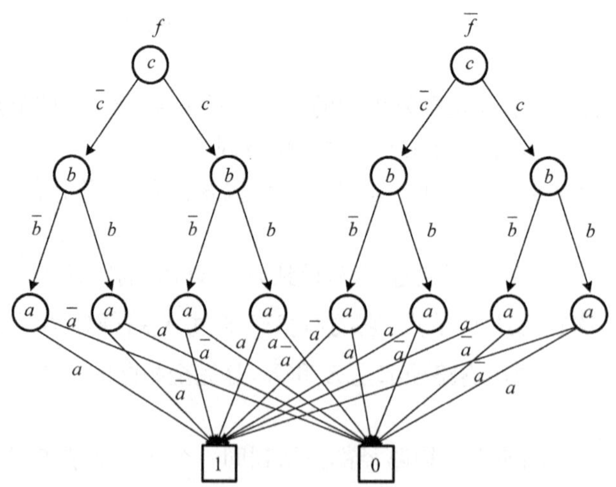

图 7.22　合并终节点“1”和“0”后的二叉判决图

下面采用缩减规则 1 来缩减第三层节点，将所有到“1”和“0”节点路径相同的节点进行合并，缩减后的结果如图 7.23 所示。

到这一步后，接着缩减第二层节点。还是应用缩减规则 1 来缩减图 7.23，缩减后的结果如图 7.24 所示。

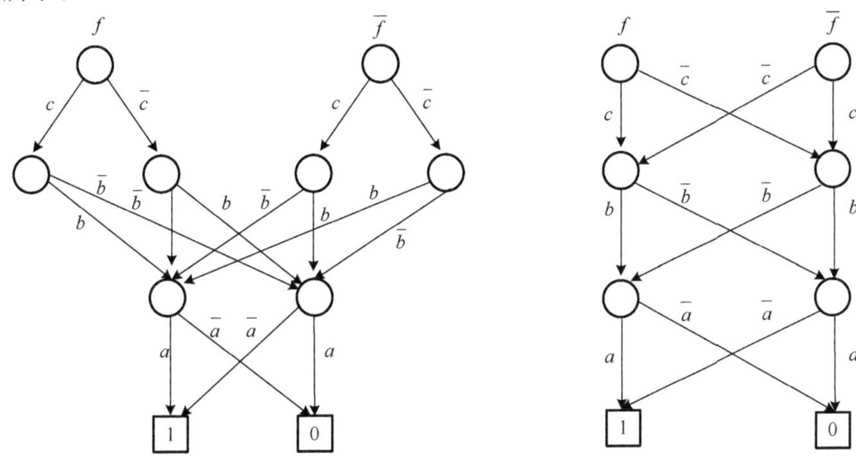

图 7.23　缩减第三层节点后的二叉判决图　　　图 7.24　缩减第二层节点后的二叉判决图

最小二叉判决图生成后，下面介绍如何将 BDD 映射成传输门电路。BDD 转换为 MOS 传输门电路的过程如下。

首先将图 7.24 中的 1 节点换成 V_{DD}，0 节点换成 V_{SS}，如图 7.25(a)所示并且将每个节点之间的路径换成 MOS 管，这样完成了第一步转换，如图 7.25(b)所示。为了尽量减少电路图中的 MOS 管数，最后一级路径可以进一步简化，如果 a 控制的晶体管传输的是 V_{DD}，而 $\overline{a}$ 控制的晶体管传输的是 V_{SS}，则说明该路径可以等效成 a 信号；否则如果 $\overline{a}$ 控制的晶体管传输的是 V_{DD}，而 a 控制的晶体管传输的是 V_{SS}，则说明该路径可以等效成 $\overline{a}$ 信号，按照此原则简化后的电路如图 7.25(c)所示。这样 BDD 转换为 MOS 电路的过程就完成了。

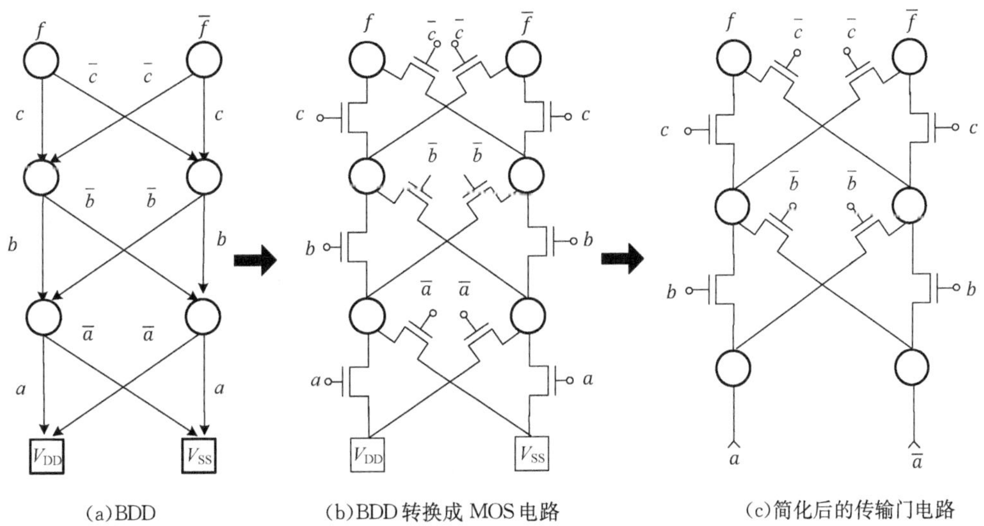

(a)BDD　　(b)BDD 转换成 MOS 电路　　(c)简化后的传输门电路

图 7.25　BDD 转换为 MOS 电路的过程

下面以异或门的设计为例来验证 BDD 逻辑生成方法。根据异或门逻辑真值表(表 7.1)可以得到其二叉判定树如图 7.26(a)所示。利用缩减规则将终节点“1”和“0”合并后可得到如图 7.26(b)所示的二叉判决图。将其转换成 MOS 电路后如图 7.27(a)所示,用信号 B 和 $\overline{B}$ 代替最后一层 MOS 管后得到的最终传输门电路如图 7.27(b)所示,这和前面介绍的电路结构一致。

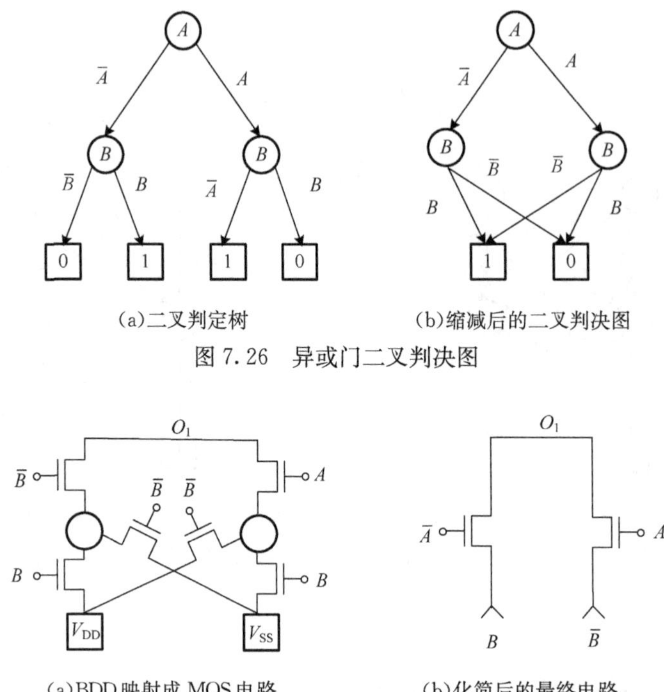

(a)二叉判定树　　(b)缩减后的二叉判决图

图 7.26　异或门二叉判决图

(a)BDD 映射成 MOS 电路　　(b)化简后的最终电路

图 7.27　异或门二叉判决图转换为传输门电路

第 7 章预习 2

7.4　基本 CMOS 动态逻辑电路

前面章节分别讨论了 CMOS 静态组合逻辑和传输门逻辑。CMOS 静态组合逻辑的基本结构可以用如图 7.28 所示结构表示。电路由 pMOS 晶体管构成的 p 型开关网络(简称 p 网)和由 nMOS 晶体管构成的 n 型开关网络(简称 n 网)构成。p 网和 n 网串联在电源 V_{DD} 和地之间。输出信号通过 p 网与电源相连,通过 n 网与地相连。所有的输入信号同时加在 p 网和 n 网中 MOS 晶体管的栅极上。输入信号的组合逻辑使得 n 网、p 网交替导通,在电源和地之间不存在直流通路,静态功耗非常低。但是,由于是互补结构,电路使用的晶体管数目是输入信号数的两倍,在增大电路规模的同时也增加了前级逻辑门的负载,影响电路的工作速度。在高速运算系统中,特别是在关键路径上,必须进一步改善电路的性能,采用更高速的电路结构。

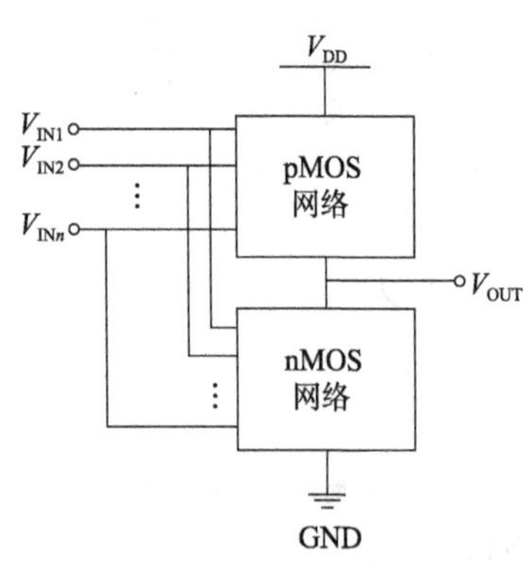

图 7.28　CMOS 静态组合逻辑结构

观察 CMOS 静态逻辑组合电路的结构,可以发现,单独使用 n 网加负载管或 p 网加负载管都可以实现相应的逻辑运算(原理与负载型反相器相同)。单网的使用可以减小电路中晶体管的数量,特别是采用速度较快的 n 网,不仅可以减小芯片面积还可以提高逻辑门的运算速度。如果能够解决单网导通存在贯通电流导致电路功耗增大的问题，单网逻辑结构就是提高系统性能的有效方案。而 CMOS 动态逻辑电路方案，较好地解决了以上问题，被广泛应用于高速逻辑功能部件中。

7.4.1　基本 CMOS 动态逻辑电路的工作原理

图 7.29 给出了 2 输入或非门动态逻辑电路的结构图。图 7.29 中虚线内是由 nMOS 晶体管网络构成的或非逻辑功能块。或非逻辑的输出 F 通过 pMOS 晶体管 M_p 与 V_{DD} 相连，逻辑功能块通过 nMOS 晶体管 M_n 与地相连。M_p、M_n 管用同相时钟信号 Φ 驱动，输入信号 A、B 分别加在或非逻辑运算单元中 2 个并联的 nMOS 晶体管栅极上。现在来分析这个电路的工作原理。

1. 时钟脉冲信号为低电平

时钟脉冲信号 Φ 为低电平时的动态逻辑门的等效电路如图 7.29(b)所示。Φ=“0”时，M_p 管导通，M_n 管截止，电源通过 M_p 对输出节点 F 上的负载电容 C_L 充电，直至 V_{DD}。此时，无论虚线框内的逻辑功能块实现的逻辑是什么，输出 F 都为“1”。这一阶段被称为预充电阶段，M_p 管为预充管。

2. 时钟脉冲信号为高电平

时钟脉冲信号 Φ 为高电平时的动态逻辑门的等效电路如图 7.29(c)所示。Φ=“1”时，M_p 管截止，M_n 管导通，允许输出接点 F 对地放电。而输出节点放电与否与输入到 nMOS 逻辑功能块的输入组合逻辑值决定。对图 7.29 中的 2 输入或非门，只要 A 或 B 中有一个为“1”，节点 F 与地之间就会形成低阻导电通路，C_L 就可以沿着这条通路，经过导通的 M_n 管放电到地，直到放完为止，这时 F=“0”。因为这时 M_p 管是截止的，不再会有补充充电，故 F 的状态为 F=“0”；如果 A 和 B 都为“0”，则节点 F 到地之间放电通路被切断，输出节点 F 保持预充电状态的“1”状态。因而在 Φ=“1”期间，输出节点 $F=\overline{A+B}$。这一阶段被称为逻辑取值阶段，M_n 管为取值管。

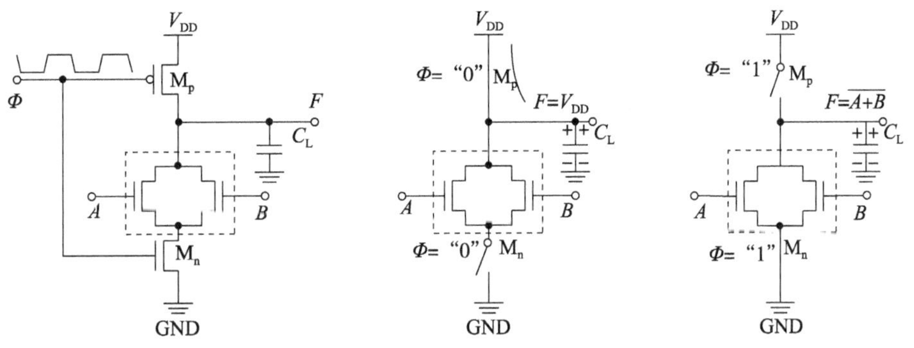

(a)动态逻辑门电路　(b)预充电阶段的等效电路　(c)逻辑取值阶段的等效电路

图 7.29　2 输入或非门动态逻辑电路结构图

从上述分析可知，动态逻辑门的逻辑状态仅在逻辑取值阶段有效。如上例规定 Φ=“1”时为逻辑取值阶段，这时电路的输出就是逻辑运算的结果。这种电路的特点就是用时钟信号驱动预充管和取值管，根据预充管和取值管的工作状态，判断电路是工作在预充电阶段还是逻辑取值阶段，电路输出有条件地、动态地反映输出逻辑。所以称之为动态逻辑电路。由于预充管和取值管采用互补的 pMOS、nMOS 晶体管实现，上述电路又被称为 CMOS 动态逻辑电路。

图 7.30 给出了 2 输入与非门、4 输入 $F=\overline{(A \cdot B)+(C \cdot D)}$ 逻辑门、4 输入 $F=\overline{(A+B)(C+D)}$逻辑门的动态逻辑电路结构。所有电路都是由 nMOS 构成的逻辑运算块加上一对互补预充管和取值管构成,用 pMOS 网络构成逻辑运算功能块同样能够实现相同的逻辑。更一般的 n 网 CMOS 动态逻辑电路及 p 网 CMOS 动态逻辑电路可用如图 7.31 所示电路图表示。与 n 网动态逻辑电路不同的是,p 网动态逻辑电路中预充电管为 M_n,取值管为 M_p。预充电时,输出节点与地相连,输出节点值被拉低,直到"0";取值时,M_n 关断、M_p 导通,电源可以向输出节点充电,而是否充电由 p 网所定逻辑决定。因为 pMOS 晶体管的导电能力比 nMOS 晶体管弱,所以通常采用速度比较快的 n 网逻辑来实现动态逻辑电路。

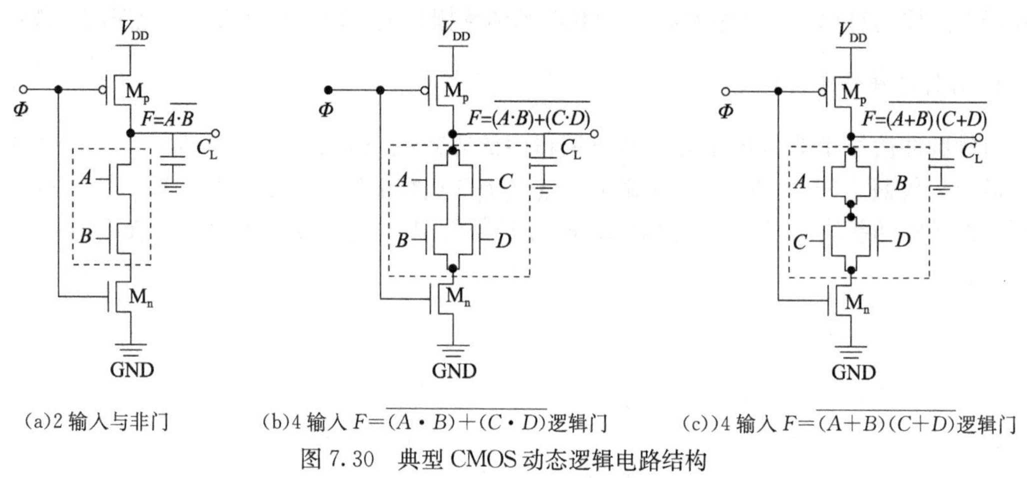

(a)2 输入与非门　(b)4 输入 $F=\overline{(A \cdot B)+(C \cdot D)}$逻辑门　(c))4 输入 $F=\overline{(A+B)(C+D)}$逻辑门

图 7.30　典型 CMOS 动态逻辑电路结构

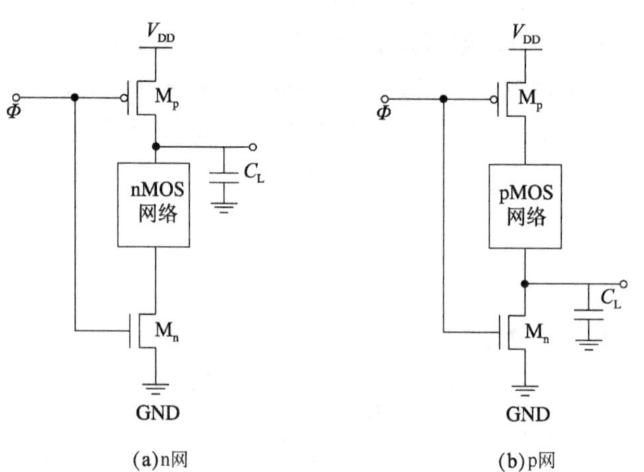

(a)n网　(b)p网

图 7.31　n 网与 p 网 CMOS 动态逻辑电路

7.4.2　动态逻辑电路的优缺点

比较图 7.28 及图 7.31,可以看出,采用预充电技术的动态逻辑电路有如下特点。

(1)对于 k 输入的逻辑运算,与 CMOS 静态组合逻辑需要 $2k$ 个晶体管相比,它只含有一套逻辑运算功能块,一般放在 n 网中(当然也可以放在 p 网中),MOS 管数降到 $k+2$ 个,节省了硅片面积,简化了连线,减少了寄生电容,更重要的是栅极电容减半,提高了前级放电速度,可以实现高速运算。

(2)采用互补的 pMOS 晶体管和 nMOS 晶体管作为预充管和取值管,互补的晶体管交替导通,在电源与地之间没有导电通路,静态功耗很小,由于电路晶体管数目减少,功耗比 CMOS 静态组合逻辑电路更低。

但是,上述 CMOS 动态逻辑电路也存在许多问题。

(1)因为动态逻辑电路的逻辑输出是靠取值期间输出节点是否放电来决定的,一旦放电,只有通过预充电才能使输出节点的电位恢复至高电平。所以,在逻辑取值期,只允许一次放电。这就意味着动态逻辑电路工作在逻辑取值期时,各输入信号最好保持不变,如果变化输出逻辑也只能由高到低变化一次,否则,一旦放电,无论输入逻辑怎样改变,输出始终为"0"。在级联情况下,取值期间输入信号不能改变。这是因为,即使第 1 级满足输入信号变化条件,第 2 级必然不能满足。

(2)单相时钟控制的 CMOS 动态逻辑门不能进行简单级联。考虑如图 7.32(a)所示的电路。当 2 个级联动态反相器同时进行预充电时,其输出端都预充电到 V_{DD};在求值期间,第 1 级反相器的输出 F_1 将有条件地放电。由于输出节点电位的下降需要一定的时间,使得第 1 级反相器的输出逻辑被正确取值以前,被预充电至 V_{DD}的输出端会使下一级反相器的输出端放电(图 7.32(b)),原本应该维持高电平输出的 F_2 电平下降 ΔV。

综上所述,若不改进 CMOS 动态逻辑电路结构,是不能直接使用的。

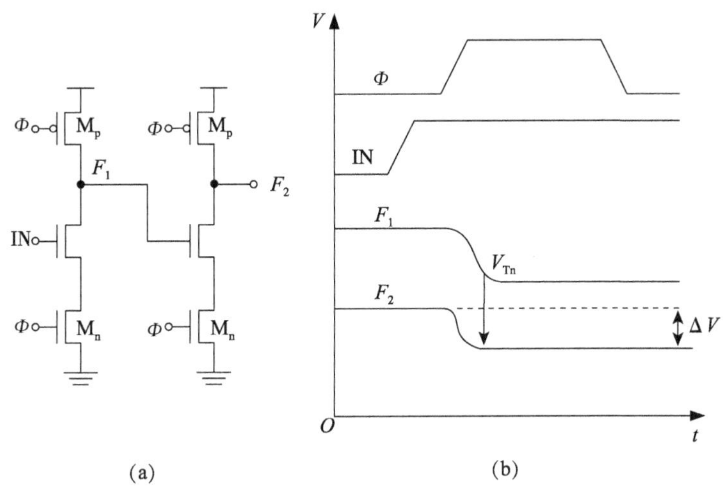

图 7.32　级联的 CMOS 动态逻辑

7.5　传输门隔离动态逻辑电路

由于简单级联动态逻辑电路的预充电输出值会使下一级逻辑在取值初期造成无条件放电,因此级联时希望能够将各级隔离,通过多相时钟技术控制各级的预充电和取值,使得电路正常工作。

7.5.1　传输门隔离动态逻辑电路工作原理

图 7.33 给出了传输门隔离动态逻辑电路的基本单元。与简单动态逻辑单元相比,图 7.33 所示电路在预充电节点及输出节点之间加入了传输门。预充电的结果仅仅是 PF="1"。这时输

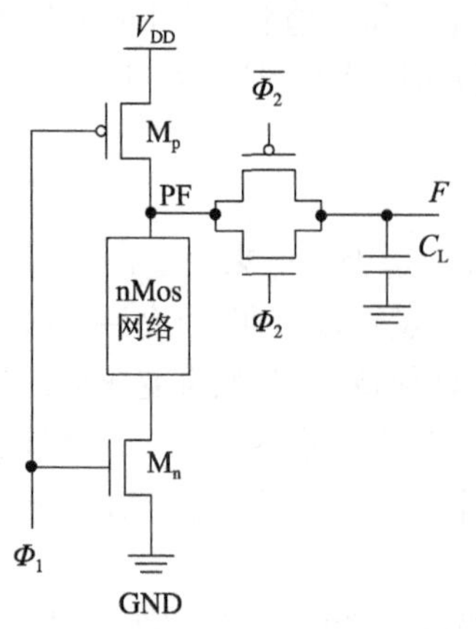

图 7.33　传输门隔离动态逻辑电路基本单元

出节点 F 是什么状态则将取决于传输门是否打开。如果在某一适当时刻，传输门打开了，PF＝"1"将被传输到 F＝"1"。如果门又关上了，F 就保持在原先状态。这样，当前一级再次进入预充电状态时，只要传输门是关上的，它就不会干扰后一级的正确取值。

图 7.34 所示为传输门隔离多级动态逻辑电路的概念示意图。对于每一级单元来说，一个时钟信号控制动态逻辑单元的预充电与取值，另一个时钟信号控制传输门是否打开。假设每一级逻辑单元的预充电及取值控制信号分别为 Φ_1、Φ_3、Φ_5 等奇数相，每一个隔离门的控制信号分别为 Φ_2、Φ_4、Φ_6 等偶数相。显然，采用预充电技术实现的级联动态逻辑电路需要合适的时钟控制信号。下面将讨论传输门隔离多级动态逻辑电路的时钟控制信号应满足的条件。

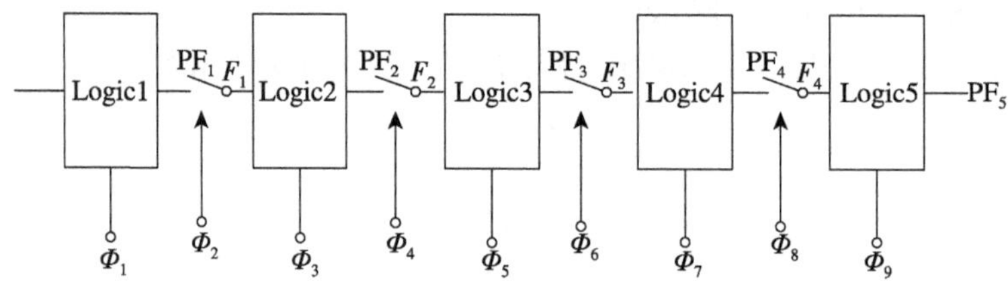

图 7.34　传输门隔离多级动态逻辑电路

7.5.2　传输门隔离多级动态逻辑电路的时钟信号

为了使图 7.34 所示电路能够正常工作，首先应该克服电路直接级联时前一级预充电电位对下一级逻辑带来的误放电问题；其次要保证每一级的输入值都在预充电期间更新完毕。针对各级电路的输入信号不仅来源于前一级逻辑，更多的情况是在接受前一级输出的同时也接受来自其他模块的输入信号，这就要求各级动态逻辑电路能够同时加入输入信号。因此各级之间预充电和取值应满足如下要求。

(1)前级的预充电不干扰后级取值。

(2)前级取值应正好处在后级的预充电期内，以便设置后级的输入信号。

(3)前、后两级应有共同的预充电期。

(4)绝对防止竞争现象发生。

条件(1)保证了前一级的预充电不会对后一级逻辑造成误放电；条件(2)保证了后级输入信号在预充电期稳定输入；条件(3)保证了动态逻辑电路可以同时接受输入信号；条件(4)可以杜绝逻辑混乱。为了确定各级时钟控制信号的时序，先分析图 7.34 中第 1、2 级动态逻辑门之间预充电期和取值期之间的状态关系以及前后级逻辑门之间传输门的工作状态。将时间分为 8 个相等的时间段，分别用 T_1、T_2、…、T_8 表示。电路从 0 时刻开始工作。根据条件(2)和条件(3)可知，前后级逻辑的工作状态至少要有一个时间段分别为取值和预充电，同时还必须有一个时间段同时为预充电。因此 2 级逻辑门级联使用时，每一级门的预充电时间至少为 2 个时间段。假设在 T_1 时间段内第 1 级逻辑门的工作状态为预充电，则有 PF_1＝"1"，此时第 2 级的 PF_2 为初始值。

为了保证第 2 级不被错误放电，前后两级之间的传输门必须截止，F_1 为初始值。时间段 T_2，第 1 级逻辑门的工作状态依然为预充电，为了满足条件(3)，第 2 级也必须为预充电工作状态，前后两级之间的传输门导通，F_1＝“1”。此时由于第 2 级逻辑也处在预充电状态，F_1 的高电平不会造成第 2 级逻辑的误放电。时间段 T_3，第 1 级变为取值状态，传输门导通，经过延时时间，将第 1 级的逻辑运算结果传到 F_1，即第 2 级逻辑的输入。此时 Logic 2 处于预充电期，PF_2＝“1”，但前一级逻辑的输出已经传到本级。在这个时间段，由于逻辑门放电需要一定的时间，PF_1 的值从“1”过渡到应有的逻辑状态，F_1 则跟随 PF_1 的变化。为了体现延时带来的这一变化，在图 7.35中用向下的箭头表示。时间段 T_4，第 1 级逻辑门为取值期，PF_1 由第 1 级所定逻辑决定，为了不影响后一级逻辑取值，传输门截止，保持前一级逻辑运算的输出值。对于 PF_1 来说，只有这个时间段能够稳定反映 Logic 1 的逻辑运算结果。第 2 级进入取值状态，PF_2 的值从“1”过渡到第 2 级逻

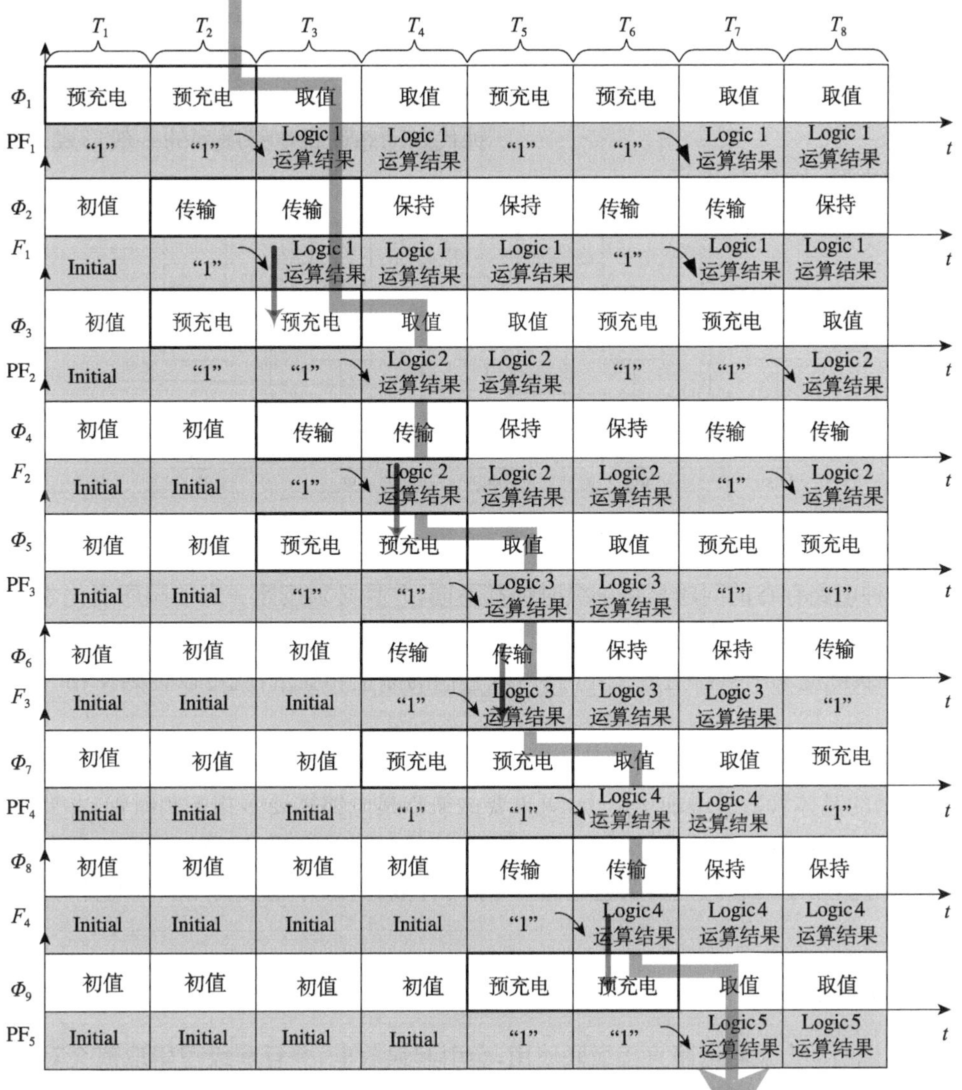

图 7.35　级联动态逻辑电路各级工作状态配置

辑应有的逻辑状态。用同样的方法分析第 2～3 级逻辑、第 3～4 级逻辑、第 4～5 级逻辑，逻辑门及传输门的工作状态配置如图 7.35 所示。从图 7.35中可以看出，从第 1 级逻辑网加入的输入信号，经过取值期作为第 2 级逻辑网的输入信号之一参与第 2 级的逻辑取值，结果作为输入之一加在第 3 级逻辑网上。依次经过第 4、第 5 级逻辑网的运算，从第 5 级输出。数据流向如图 7.35 中长箭头线所示。由此可见，理想的时钟体制应是 8 相制。Φ_9 与 Φ_1 相同，Φ_{10} 与 Φ_2 相同。但是，从时序角度来看，可以归并为 4 相制，这是因为传输门的时钟应该同后一级一致。设一个时间段 T 为 1 个节拍。如果时钟脉冲的宽度占有 2 个节拍，那么这种 4 相时钟将是错开一个节拍排列的。4 相时钟时序如图 7.36 所示。把这些时钟代入动态逻辑电路序列的一般形式，就可以得 4 相动态逻辑电路，如图 7.37 所示。

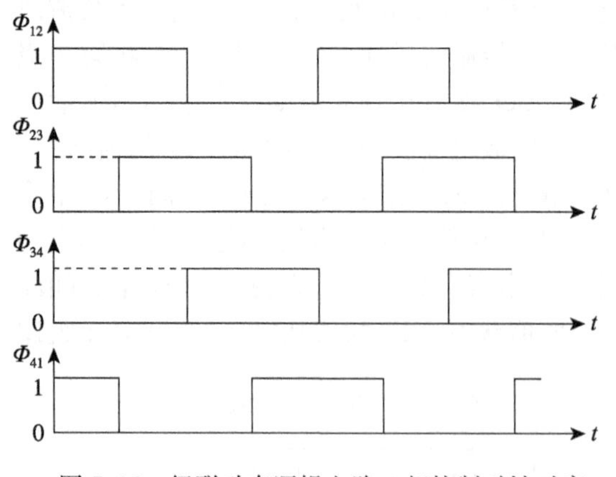

图 7.36　级联动态逻辑电路 4 相控制时钟时序

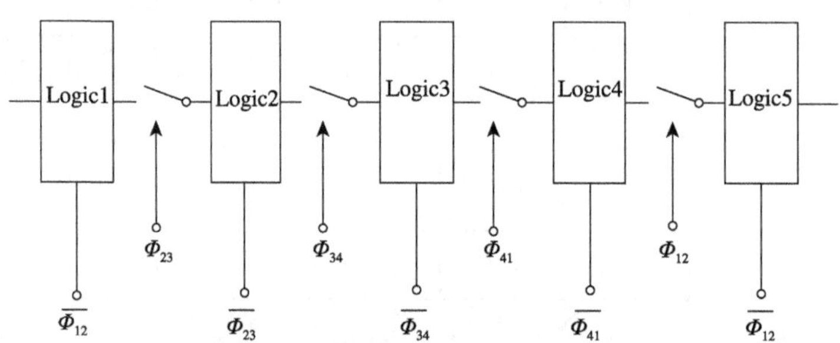

图 7.37　一般形式 4 相动态逻辑电路

但是，这种电路存在的问题是每一级时钟都不同，并且必须按照一定的顺序变化才能满足电路工作条件，否则逻辑就会出错。仔细分析图 7.36 所示的 4 相时钟波形可以看出，$\overline{\Phi_{12}}=\Phi_{34}$、$\overline{\Phi_{23}}=\Phi_{41}$，因此在实际应用中只需生成 2 相时钟，取它们的原量和反量，就可以达到 4 相时钟同样的效果。

采用传输门隔离技术和多相时钟技术，实现了动态逻辑电路的级联应用。但是付出的代价是每一级逻辑的晶体管数目增加了 2 个，更重要的缺点是电路需要多相控制时钟，并要求以一定的顺序分布。这不仅需要额外设计时钟发生器，还使得系统时序复杂，难以同步。限制了动态电路的应用。因此，希望能够进一步改进电路、减小时钟数目，最好能够利用系统时钟，并且能够直接级联。

7.5.3　多米诺逻辑

图 7.32 说明动态逻辑电路直接级联使用，会引起误放电，并且前级逻辑取值会对后级造成影响。而传输门隔离技术带来的多相时钟问题也对应用造成了限制，需要进一步改进。现在来看图 7.38 给出的多米诺动态逻辑电路。

图 7.38(a)所示电路在普通 CMOS 动态逻辑门的输出端接了一个反相器。预充电后，节点 PF 被预充电到 V_{DD}，经反相器反向，输出节点 F 放电到"0"。如果将这样一个逻辑单元级联使用

结果会如何呢？图 7.38(b)所示为级联后电路图。前一级的预充电经过反相器传到后一级逻辑网时为“0”，它不是打开了后一级的逻辑网，而是封住了后一级的逻辑功能。一旦进入取值阶段，Φ=“1”，各级逻辑网就不可能同时定值。只有当前一级取值完成，比如从“1”→“0”，经反相器后变为从“0”→“1”，释放了后级的逻辑网，后一级才能取值放电（如果前一级逻辑为“1”→“1”，经反相器后变为从“0”→“0”，后一级取值期不放电，输出为“1”）。因此，这种电路可以级联任何级数，只要定值时间足够长，级联的逻辑网就像多米诺骨牌一样，一块接一块地顺次倒下。所以，这种动态电路方式被称为多米诺逻辑电路。仔细分析多米诺逻辑，可以发现在多米诺逻辑电路中，前后两级之间的相互隔离，并不依靠传输门，而是依靠电路内在的连锁现象。如果前级尚未完成取值，放电未放完，PF 节点上的电位较高，反相后 Z 节点上的电压就偏低，若不能完成释放后级的逻辑网，后级就不能正确取值。因此，要根据级联逻辑链上的逻辑网的最大延迟，合理设置时钟周期。多米诺逻辑的运行就像波浪一样，后浪推前浪，从第 1 级定值开始，逐级推动，一直推进到最后一级为止。显然，最后一级的取值完成所需要的时间等于前面各级延迟的总和。如果此时 Φ=“1”的定值期限还未结束，那么信号就会顺利地通过这个逻辑链。

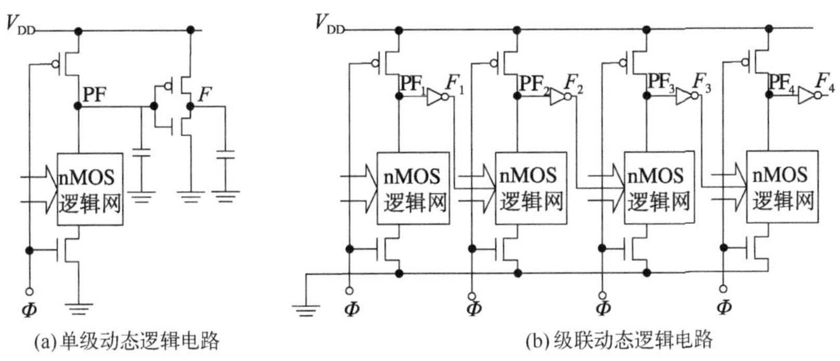

图 7.38　多米诺动态逻辑电路

为此，人们在设计时钟信号时，提出取值期限应足够长，以满足很长的逻辑链的需要。故时钟脉冲是不对称的矩形波，充电期(Φ=“0”)短，取值期(Φ=“1”)长，如图 7.39 所示。

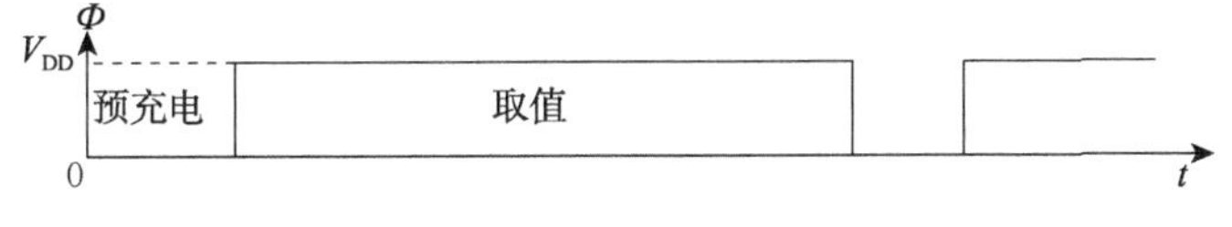

图 7.39　多米诺逻辑时钟波形

在此需要注意的是，预充电期时间的设置要保证逻辑网内所有节点的寄生电容能及时充满，保证负载电容上的电荷能及时放完。同时，放电定值期也不能太长，因为 MOS 晶体管特别是小尺寸 MOS 晶体管构成的电路存在漏电流，存储在输出负载电容上的电荷会自然地泄漏，因此，最低时钟频率受到限制。在有些场合，若时钟频率较低，又拟采用多米诺逻辑电路结构，可添加一个 p 管来补充充电，如图 7.40 所示。

图 7.40 (a)所示在预充电用的 pMOS 晶体管旁边，再做一个 pMOS 晶体管，其栅极是接地的，故该 pMOS 晶体管是一直导通的，不断地给寄生电容 C_o 充电。若 C_o 已充满到 V_{DD}，则该 pMOS 晶体管就不再补充。如果低于 V_{DD}，该 pMOS 晶体管必然导通，进行补充充电，使得 PF 节点有足够高的预充电电压。但是在取值阶段，这个 pMOS 晶体管会影响放电定值和逻辑电

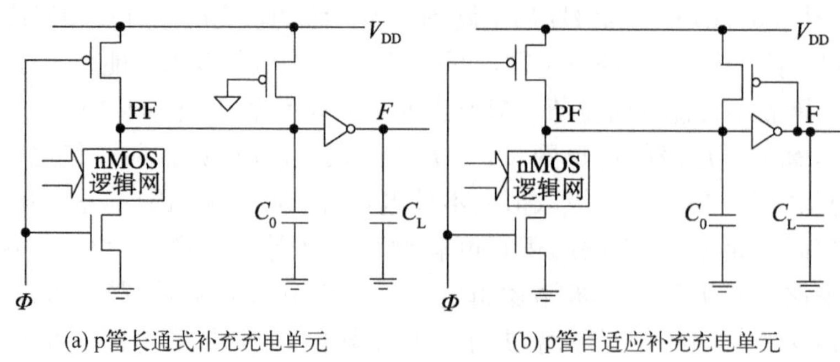

(a) p管长通式补充充电单元　(b) p管自适应补充充电单元

图 7.40　补充充电式多米诺逻辑基本单元

平。为了减少这些影响，这个补充的 pMOS 晶体管应是低增益的"弱 pMOS 晶体管"，它的 W/L 较小，保持有 10μA 左右的补充电流，仅作为平衡漏电流的作用。也可以采用如图 7.40 (b)所示的方法对输出节点进行补充充电，这与传输门逻辑中采用的电荷保持电路相同。采用了这个措施后，多米诺逻辑可以在低频，甚至是静态逻辑中使用。

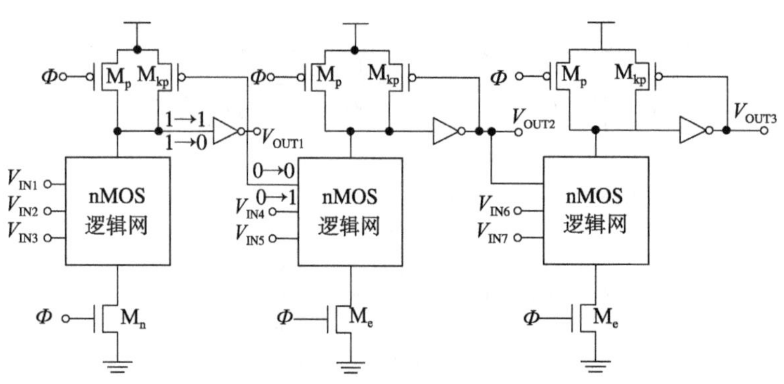

图 7.41　多级 nMOS 逻辑网动态逻辑电路

图 7.41 所示为多级 nMOS 逻辑网动态逻辑电路的结构图。

自从贝尔实验室于 1981 年宣布，他们用多米诺逻辑成功地设计了全 32bit CMOS μp-Bellmac 以来，人们对多米诺逻辑电路抱有极大的兴趣，进行了广泛深入的研究，充分证明了多米诺逻辑电路的优点，提出了各种各样的改进版本，克服了多米诺逻辑电路的主要缺点，使得多米诺逻辑电路以最小的代价(芯片面积)取得 nMOS 逻辑电路的速度和 CMOS 逻辑电路的功耗。

不过，多米诺逻辑电路也存在一些固有的缺点。除了上一节已经解决的低频时钟下的漏电问题外，另一个缺点是多了 1 个反相器。它不仅增加了 MOS 管的数目，而且产生非逻辑较为困难。这是因为，当各路输入信号同逻辑网相匹配时，逻辑值为真，只要取值期 Φ="1"到来，"0"电平将被传送到预充电节点 PF 上，产生非逻辑值。但是，电路又需要前级封住后级，因此加了 1 级反相器。这使得 F 又变回到逻辑表达式的原量。故产生非逻辑较为困难。为此，人们想出了采用 n 型多米诺和 p 型多米诺两类逻辑网交替级联的混合级联动态逻辑电路的办法，n-p 型多米诺逻辑基本单元如图 7.42所示。

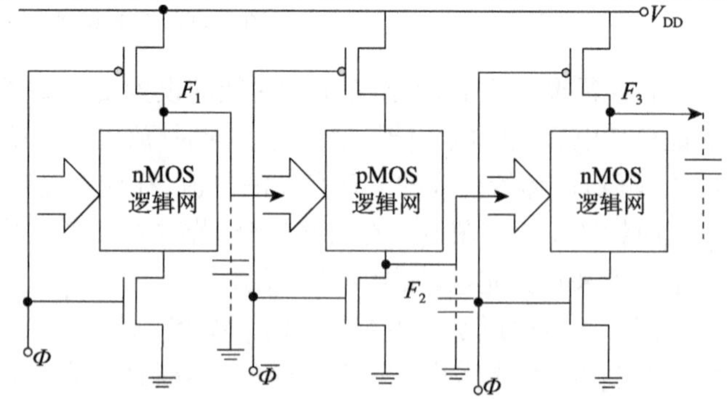

图 7.42　n-p 型多米诺逻辑基本单元

在此，第 1 和第 3 级是采用 n 型逻辑网，即逻辑函数是由 nMOS 逻辑门完成的，预充电由 pMOS 晶体管完成。第 2 和第 4 级是采用 p 型逻辑网，即逻辑函数是由 pMOS 逻辑门完成的，预充电由 nMOS 晶体管完成。故输出的逻辑函数值是从“底部”输出的。第 1、第 3 等奇数级采用 Φ 时钟，第 2、第 4 等偶数级采用 $\overline{\Phi}$ 时钟。Φ=“1”时，第 1 级与第 3 级都进入取值期。这时，由于 $\overline{\Phi}$=“0”，第 2 与第 4 级的 pMOS 也导通，也进入取值期。然而，只要第 1 级尚未完成定值，F_1 还没有从 $V_{DD}\rightarrow 0$，第 2 级的 p 型逻辑就不可能被释放，第 2 级就不可能定值。只有当第 1 级定值完毕，$F_1\rightarrow$“0”，第 2 级 p 逻辑网被释放，这时 V_{DD} 才通过 p 逻辑网向负载电容进行有条件充电，获得所定逻辑。显然，只要第 2 级取值未完成、未充满，第 3 级就不可能被释放取值。只有当第 2 级取值完成，$F_2\rightarrow$“1”，则第 3 级的 n 逻辑网才被释放，允许第 3 级取值。以此类推，可见它同样是多米诺逻辑，只有前面那块牌倒下，后面的牌才会倒下。因此，只要定值时间足够长，整个 n、p 交替的逻辑网序列就会全部取值完毕，将逻辑信息传送到输出端。这种多米诺电路的优点非常明显，它不需要反相，可以设计非逻辑，柔性较好。缺点是采用 p 型逻辑网，速度有所降低。

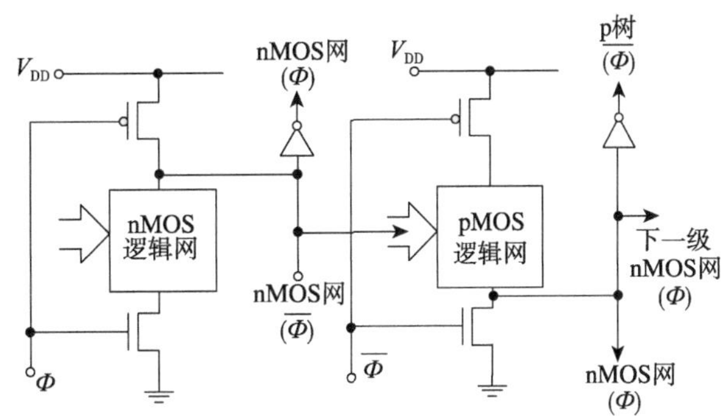

图 7.43　n-p 逻辑网交替式多米诺逻辑

不言而喻，n-p 逻辑网交替式多米诺逻辑的出现，为更加柔性地设计逻辑子系统提供了一个很通用的设计方法。如图 7.43 所示，在每一级多米诺逻辑上都可以输出，凡是经反相器的，可以接到同类多米诺逻辑上。凡是没有经过反相器的，则可以接到异类多米诺逻辑上。

7.6　动态逻辑电路中存在的问题及解决方法

动态逻辑电路中主要存在电荷泄漏、电荷共享(电荷分配)、时钟馈通和体效应等问题，本节主要就是对这些存在的问题进行分析，并找出相应的解决办法。

7.6.1　电荷泄漏

图 7.44 给出了动态逻辑电路的电荷泄漏机理。图 7.44(a)所示为动态逻辑反相器的器件级截面图，图7.44(b)所示为对应的电路图。由图 7.44 可知，在静止工作状态下，M_p、M_n 管存在亚阈值电流，特别是小尺寸情况下亚阈值电流相对于晶体管导通驱动电流更是不可忽略；M_p 管的漏极(p^+)与 n 型衬底、逻辑运算单元中 nMOS 的源漏极(n^+)与 p 型衬底构成了反偏 pn 结，因此存在 pn 结反向漏电流；还有在工艺制造过程中产生的各种寄生效应也会带来漏电流。动态逻辑电路预充电完成进入取值期后，如果对应的逻辑输出是“1”，则输出节点处于浮动状态，高电平输出是靠输出节点上存储的电荷来维持的。以上各种漏电流的存在，会造成负载电容上电荷的泄漏，引起输出节点电位的下降，如果取值期过长，输出节点难以长期维持恒定值。因此对电路的最小工作频率限制，在一定频率下(一般在 kHz 数量级以上)必须进行刷新来防止输出产生错误。

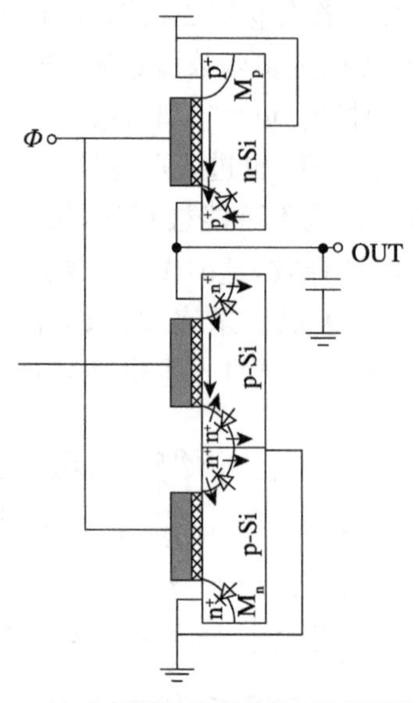

(a) 动态逻辑反相器的器件级截面图

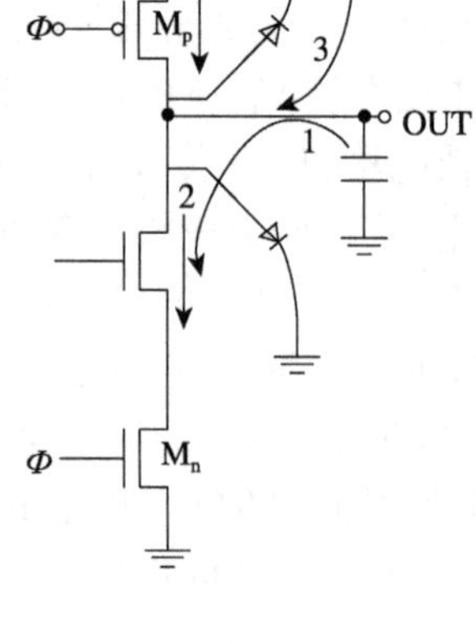

(a) 动态逻辑反相器的电路图

图 7.44　动态逻辑电路的电荷泄漏机理

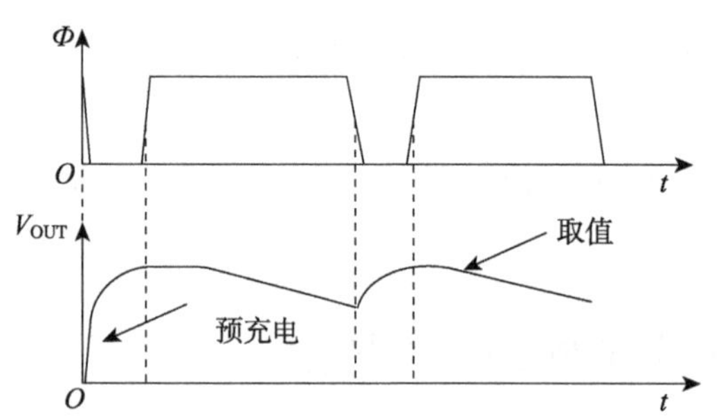

图 7.45　电荷泄漏对动态电路的影响

图 7.45 给出了电荷泄漏对动态电路的影响。由图 7.45 可见当 Φ 为高时由于电荷泄漏的影响导致输出 V_{OUT} 明显降低，如果 V_{OUT} 的值降低至后一级逻辑的逻辑阈值，则输出就会产生错误。

电荷泄漏的解决办法：除了限定最小工作频率外，也可以通过增加电荷保持电路的方法来降低其产生的影响，这在上一节中已做了阐述，相关电路结构参照图 7.40。

7.6.2　电荷共享

图 7.46 所示电路为 2 输入动态逻辑电路。参照图 7.44 可知，预充管 M_p 的漏极电容、M_A 管的漏极电容以及下一级的栅极电容并联构成负载电容 C_C，M_A 的源极电容与 M_B 的漏极电容并联构成 C_D，M_B 的漏极电容为 C_B。下面分析动态逻辑电路的电荷共享问题。

从图 7.46 所示电路的逻辑关系分析，当输入信号分别为 A="0"、B="1"与 A="1"、B="0"两种组合时，逻辑输出都应保持高电平不变，但是实际却存在差别。Φ="0"时，电路工作在预充电状态，输出节点电位为"1"。Φ="1"时，动态逻辑电路进入取值工作状态。此时，如果输入组合为 A="0"、B="1"，M_A 管关断，M_B 管导通，输出节点维持"1"不变；如果输入组合为 A="1"、B="0"，M_A 管导通，M_B 管关断。M_A 导通后，由于 D 点存在电容 C_D，同时 C 点与 D 点之

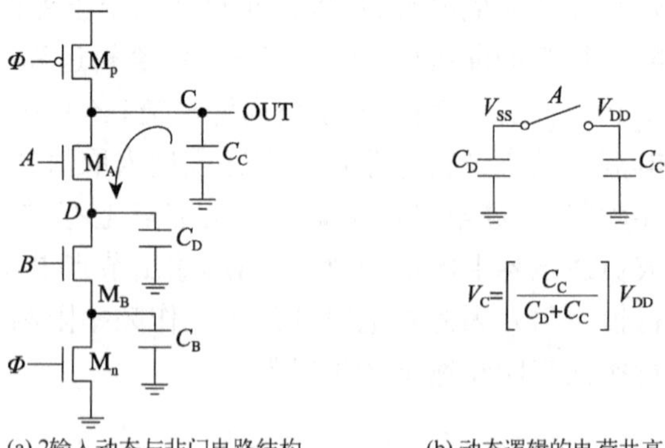

(a) 2输入动态与非门电路结构　　(b) 动态逻辑的电荷共享

图 7.46　2 输入动态逻辑电路

间存在电位差，因此，C_D 会共享负载电容 C_C 上的电荷，电荷在 C_C 和 C_D 进行再分配的结果，导致 C 点电位会下降至$[C_C/(C_C+C_D)]V_{DD}$。为了抑制输出节点与中间节点之间低电荷共享造成的输出节点电位的下降，可以采用以下方法。

(1)C_C/C_D的比值尽可能大，这就要求在设计版图时要注意，尽量减小 C_D 的值。

(2)如图 7.47 所示，对中间节点也进行预充电，使得输出节点与中间节点之间不存在电位差，从而避免电荷的再分配。

(3)使用栅保持电路(gate keeper)。栅保持电路的设计：K_P 管的(W/L)取较小的值。栅保持电路与图 7.40 所示电路相同。

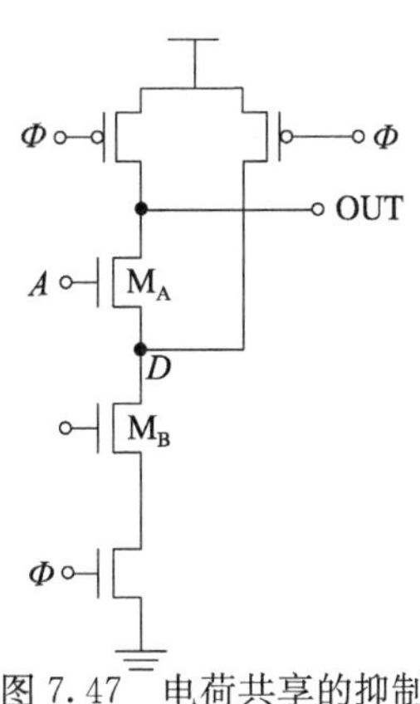

图 7.47　电荷共享的抑制

7.6.3　时钟馈通

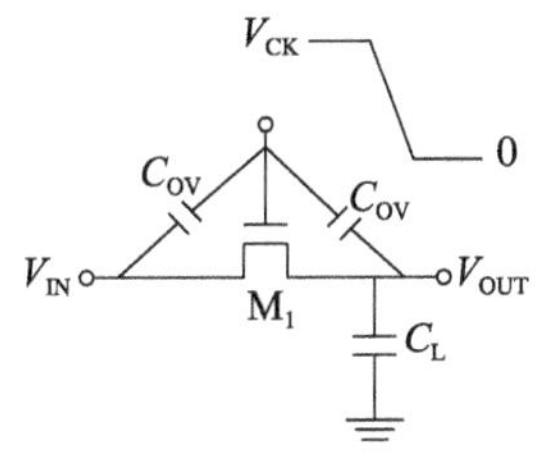

图 7.48　采样电路中的时钟馈通

除了沟道电荷注入，MOS 晶体管还会通过其栅源或栅漏交叠电容将时钟跳变耦合到采样电容上。如图 7.48 所示，这种效应给采样输出电压引入误差。假设交叠电容固定不变，误差可以表示为

$$\Delta V=V_{CK}W[C_{OV}/(C_{OV}+C_L)]$$

式中，C_{OV}为单位宽度的交叠电容。误差 ΔV 与输入电压无关，在输入/输出特性中表现为固定的失调。和电荷注入一样，时钟馈通效应也会产生速度和精度之间的折中问题。

同样以与非门为例进行分析，图 7.49 给出了时钟馈通的影响。

如图 7.49(a)所示，pMOS 晶体管的栅极和漏极之间存在寄生电容，当 Φ 发生跳变时通过该电容耦合到输出上，使其产生误差。仿真结果如图 7.49(b)所示。尽可能减小栅漏覆盖电容、适当增大时钟的上升时间可以减轻时钟馈通现象，在确实需要减小时钟馈通的影响时，也可通过加大输出负载的方法，但是会带来速度的降低。

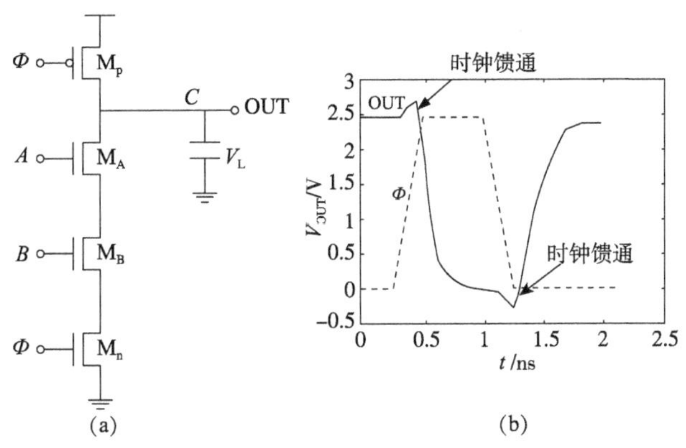

图 7.49　时钟馈通的影响

7.6.4　体效应

体效应是由于 MOS 晶体管源极没有接地，与衬底之间存在电位差引起的。它造成了 MOS 晶体管阈值电压 V_T 的变化。通常阈值电压 V_T 与衬底偏压之间的关系可表示为

$$V_T = V_{T0} \pm \gamma (V_{sb})^{1/2}$$

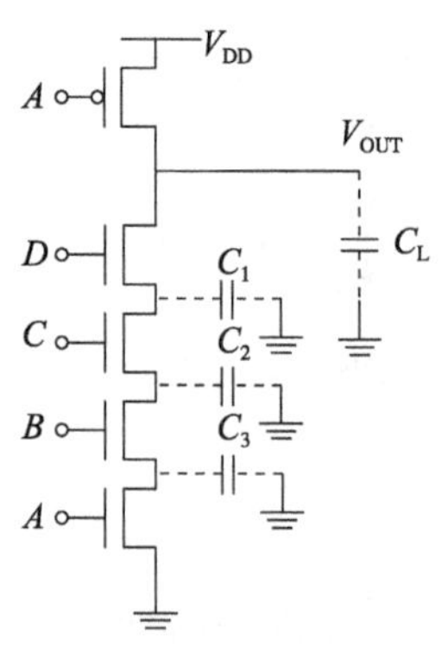

图 7.50　4 输入动态与非门

式中，V_{T0}是衬底偏压 $V_{sb}=0$ 时的阈值电压；γ 是常数，取决于衬底掺杂浓度 N，$\gamma=(t_{ox}/\varepsilon_{ox})\sqrt{2q\varepsilon_{si}N}$，具体数值与器件类型、工艺有关。一般 nMOS 取值范围为 0.01～0.4。正号用于 nMOS 晶体管，负号用于 pMOS 晶体管。体效应影响的大小与电路构造和运行状态有关。现以图 7.50 所示 4 输入动态与非门为例来分析。

在这个 4 输入的与非门中，4 个 nMOS 晶体管是串联的，除了 A 管的源极与衬底同时接地以外，B、C、D 三个管子的源极都没有直接与地相连。显然 B、C、D 三个管子都有可能存在体效应。然而三个管子是否需要考虑体效应将取决于寄生电容 C_1、C_2、C_3。如果这些寄生电容很小或漏电时间常数相对于该门的运行速度来说可以忽略的话，那么在这些寄生电容上就没有电荷，这三个 nMOS 的源极电位实际等于地，故可以不考虑体效应。但如果由于各种原因，比如版图设计，连线和有关工艺等使得这些寄生电容不可忽略或它们的漏电时间常数可以同晶体管开关速度相比较时，这些寄生电容上将会保留电荷，产生电位差，体效应是否存在就必须仔细考虑。假定 A、B、C、D 最初是截止的。当 D 管最先导通时，寄生电容 C_1 将被充电，C_1 上电位升高 ΔV。然后，D 管又截止，这时 C_1 上已保存着电压 ΔV。显然在这样的运行情况下，D 管的源极电位不等于衬底(或阱)的电位，有体效应，D 管阈值电压 V_{TD}升高，若再次导通时，动作将减缓。在下一个取值期 A、B、C、D 一起加上激励。A、B、C 三管的阈值此时小于 D 管阈值，所以会先于 D 管导通，D 管不通，或者导通较差。随着 A、B、C 管的导通，C_1 上的电荷被放掉，使得节点 C_1 的电位降低，D 管的体效应减轻，D 的导通能力就逐步增加，最后，A、B、C、D 全导通。由此可见，由于寄生电容和体效应的作用，D 管的动作要比理想状态慢，会影响电路速度。为了减少这些寄生效应，保证电路速度可以采用以下方法。

(1)在逻辑网内的“内部”节点电容应尽量小。内部节点的电容主要来源于源极扩散区和衬底之间的反偏 pn 结，源极的面积直接决定中间节点的电容。因此要避免用扩散层连接内部节点，而且与晶体管连在一起的扩散引线应尽量短。

(2)因为 NOR 结构为并联结构，可以缩短放电路径，减少中间节点，降低寄生效应的影响，所以在动态逻辑电路中比 NAND 结构好。

(3)将加到逻辑网的各输入信号在时序上排队，把最迟到达的信号安置在靠近输出的地方；把先到的信号安置在靠近地的地方。这样，先到达的一些输入信号将能释放“内部”节点上存储的电荷，使得晚到的信号仍能及时打开开关，把体效应降到最低限度。

技术拓展:如何选择逻辑类型

在第 6 章和本章讨论了 CMOS 静态逻辑电路、传输门电路和动态逻辑电路这 3 种逻辑电路的实现方法。每一种电路都有各自的优缺点。在设计具体的电路时，选择何种逻辑类型主要从以下几方面进行考虑:设计的难易程度、鲁棒性、面积、速度和功耗。针对具体的应用，优化的目标不同，选择的逻辑类型也就不同。

静态逻辑电路具有好的噪声容限、完善的自动化设计工具，因此是最好的通用型逻辑设计方式。但对于大扇入的复合逻辑门会导致面积的增大和性能的退化。传输门逻辑电路则在一些如多路选择器、以异或门为主的逻辑(如加法器)等特定的电路中具有明显的优势。动态逻辑电路对实现高速电路方面具有优势，但具有电荷泄漏、电荷分配等效应，设计时需考虑。

以中央处理器(CPU)的设计为例，来看这几种逻辑电路的特点。如果要缩短电路的设计开发周期，对芯片的速度和功耗等性能没有特殊要求，则可以选择 CMOS 静态逻辑电路按照设计 ASIC 的思路去完成。因为厂家提供的标准单元库基本上都是基于这种逻辑类型的，且有完善的自动化设计工具，可以大大提高设计开发的速度。若要设计高性能通用 CPU，因为通用 CPU 的产量大，要求芯片的各项性能都能够实现最优化，以降低批量生产后产品的单价。这时，通常不能走常用的 ASIC 设计思路。而是组织一批设计人员采用全定制的方法进行各个功能模块的性能优化，在这些模块电路中有的运算电路采用传输门电路实现，很多电路则采用动态逻辑电路来实现高速设计。

基础习题

7-1　写出三种传输门电路的类型和它们各自的缺点。

7-2　分析图 7.51 所示的传输门电路的逻辑功能，并说明方块标明的 MOS 管的作用。

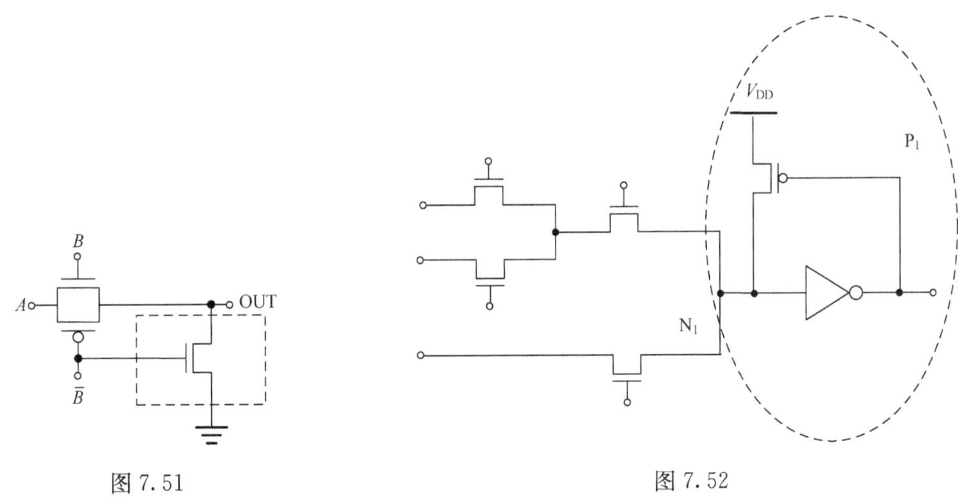

图 7.51　　　图 7.52

7-3　分析图 7.52 所示的电路，说明电路的虚线区域完成的是什么功能？

7-4　假定反向器在理想的 $V_{DD}/2$ 时转换，忽略沟道长度调制和寄生效应，根据图 7.53 所示的传输门电路原理图回答问题。

(1)电路的功能是什么？

(2)说明电路的静态功耗是否为零，并解释原因。

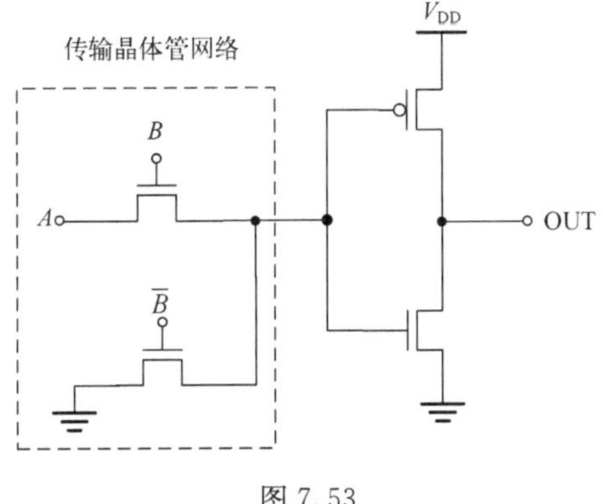

图 7.53

7-5　根据图 7.54 所示的电路回答问题。

已知电路 B 点的输入电压为 2.5V，C 点的输入电压为 0V。当 A 点的输入电压如图 7.55 所示，画出 X 点和 OUT 点的波形，并以此说明 nMOS 和 pMOS 传输门的特点。

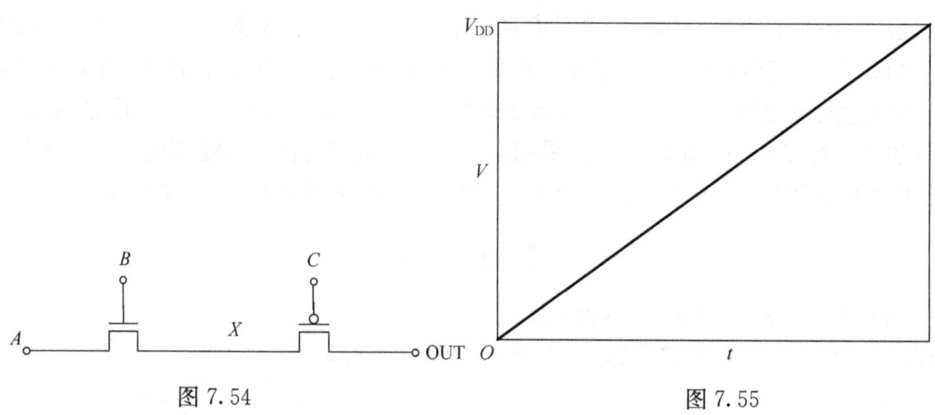

图 7.54　　图 7.55

7-6　写出逻辑表达式 $C=A\oplus B$ 的真值表，并根据真值表画出基于传输门的电路原理图。

7-7　相同的电路结构，输入信号不同时，构成不同的逻辑功能。图 7.56 所示电路在不同的输入下可以完成不同的逻辑功能，写出它们的真值表，判断实现的逻辑功能。

7-8　分析图 7.57 所示电路，根据真值表，判断电路实现的逻辑功能。

7-9　分别画出 n 网与 p 网结构的动态逻辑电路示意图，比较哪个性能更好并简要说明动态逻辑电路的工作原理和电路特点。

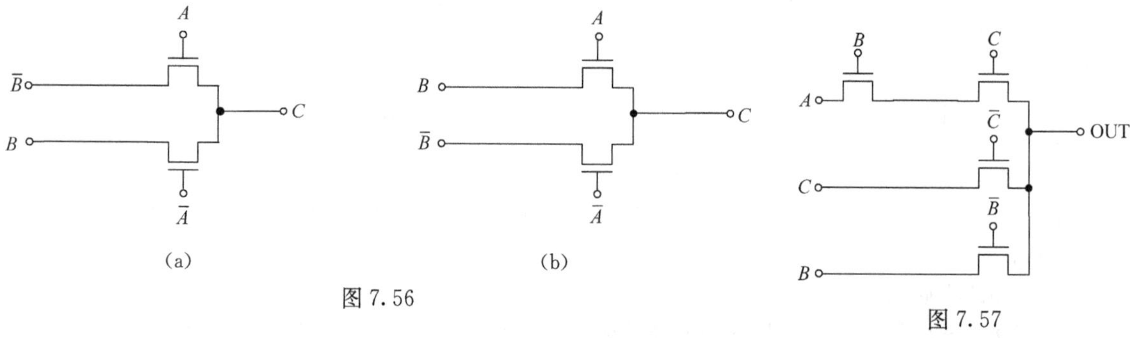

图 7.56　　图 7.57

7-10　分析图 7.58 电路的工作原理，画出输出端 OUT 的波形图。

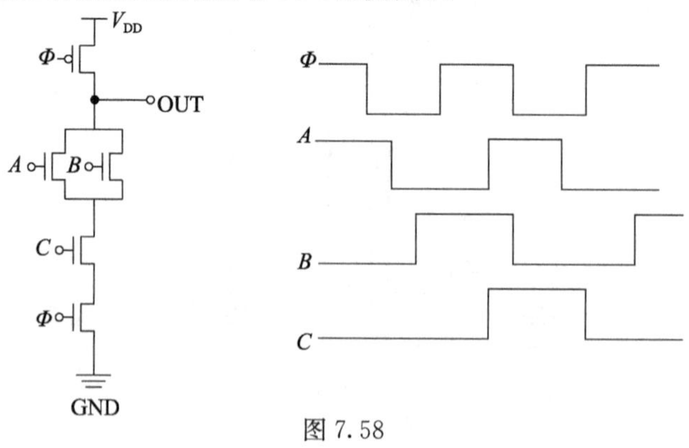

图 7.58

7-11　简述动态组合逻辑的电路中存在常见的三种问题，以及它们的产生原因和解决办法。

7-12　分别用 CMOS 静态逻辑和 CMOS 动态逻辑设计满足 $c=\overline{(a\cdot b)+d}$ 逻辑关系的逻辑电路，并且分析这两种设计的优缺点。

7-13　假设 n 管开启时间为 a，p 管开启时间为 $2.5a$，n 管、p 管占用面积都为 b。分别计算用 CMOS 静态逻辑和 CMOS 动态逻辑实现 $c=\overline{(a\cdot b)+d}$ 时所用最坏情况下的时间及面积。

7-14　请用传输门隔离动态逻辑电路的方法设计以下逻辑电路。其中，第一级逻辑为 $c=\overline{(a\cdot b)}$、第二级逻辑为 $x=\overline{(c+y)}$，要求画出门级电路图，并给出时钟信号、输入输出信号的时序波形图。

7-15　用多米诺动态逻辑电路结构设计 7-14 相同的逻辑电路，并给出时钟信号、输入输出信号的时序波形图。

7-16　比较题 7-14 和题 7-15 两种设计方式，分析这两种设计的优缺点。

高 阶 习 题

7-17　分组电路设计与仿真作业：

完成 $\overline{F=A+BC}$ 的动态逻辑电路设计，仿真分析不同输入情况下电路的输出，总结出动态逻辑电路输出信号的规律特点，并分析其与上一章设计的静态逻辑电路的异同。

素质教育案例

第 8 章　时序逻辑电路

前面所讨论的组合逻辑电路有一个共同特点是，在不考虑延时的情况下，所有逻辑功能块的输出只与当前输入值有关。即输出无条件追随输入信号的变化，反映输入信号之间的逻辑运算结果。然而在实际应用中，更多地希望能够按照系统要求选择合适的时机将运算结果输出。这就产生了另一类电路，称之为时序逻辑电路。在这种电路中，输出会根据系统的统一调度，按照不同条件选择输出运算结果还是维持信息。这种电路的实现，不仅需要逻辑运算单元，还需要能够保存信息的记忆单元。

图 8.1 所示为一般时序电路的概念图。它是由基本逻辑电路、记忆单元及时序控制三部分组成。记忆单元可以保持系统的状态及信息，时序控制是根据系统工作的需求，选择是输出逻辑运算的结果还是暂时将信息进行保存。本章将从记忆单元基本部件的类型、电路结构、工作原理、时序电路的相关参数及简单时序约束等方面进行阐述。

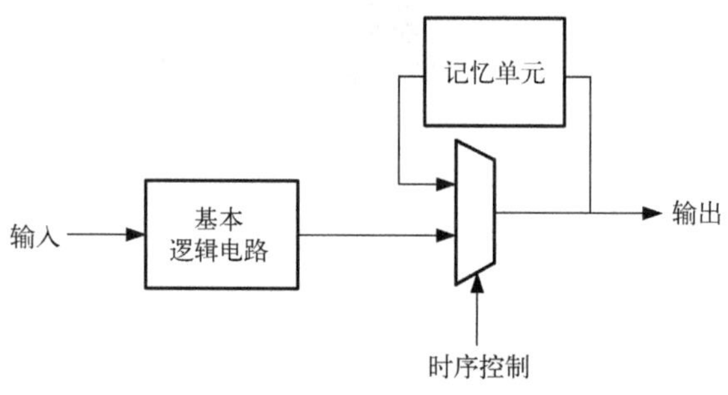

图 8.1　时序电路概念图

问题引入

第 8 章预习

1. 什么是时序电路？其与组合逻辑电路有什么不同？
2. 时序电路的基本单元是什么？其是如何工作的？电路构成形式有哪些？
3. 时序电路有什么作用？

8.1　电荷的存储机理

时序电路中的记忆单元也称存储电路。根据电路需求，记忆单元应该具备能够存储信息的基本功能。根据信息存储的机理，又分为静态存储机理和动态存储机理。

8.1.1　静态存储机理

对于数字逻辑电路来说，“1”和“0”是它的两个稳定状态。在静态组合逻辑运算电路中，输出节点通过 pMOS 逻辑开关网络与电源连接、通过 nMOS 逻辑开关网络与地相连。输出节点为“1”，就说明逻辑电路的输入信号打开了从输出节点到电源之间的开关网络，形成从电源到输出节点的低阻通路；反之，当输入信号的组合打开 nMOS 逻辑开关网络时，输出节点就会输出“0”。可以形象地用图 8.2 所示双路选择开关来表述逻辑电路的输出电平与电源和地之间的关系。输入信号控制双路开关的导向，决定输出逻辑，也就是说组合逻辑电路输出的“1”和“0”是输出节点直接与电源和地接续的结果，那么如何使这一信息在输入信号发生改变后依然维持呢？对于一个反相器，输入为“1”，输出就为“0”，正好对应数字逻辑的两种稳定状态。现在来看一下把两个反相器环接后的情形。

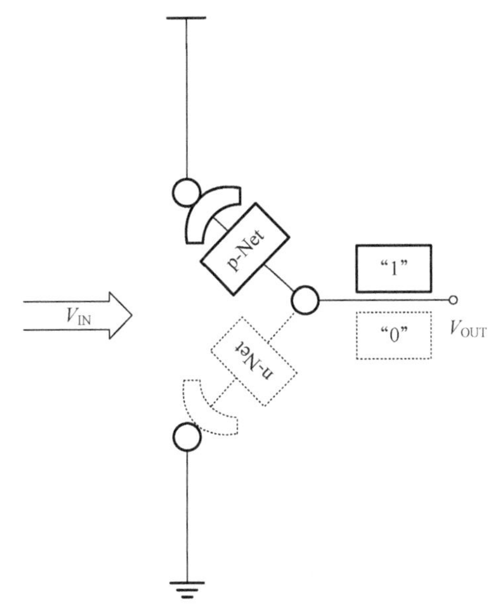

图 8.2 双路选择开关

图 8.3 所示为 2 个交叉耦合（环接）的反相器。给反相器Ⅰ一个初始值，假设为“0”，则反相器Ⅰ的输出为“1”，它同时作为反相器Ⅱ的输入，经反相后变为“0”再次从反相器Ⅰ输入。就如图 8.3(a)中实线所示轨迹，这个“0”沿着两个反相器形成一个正反馈环路，只要电源不掉电、输入端也没有强行更改信号写入，就会在这个环路里一直循环下去。同样，如果反相器的初始值为“1”，这个“1”就会沿着虚线所示正反馈环路循环。这时的输入输出特性分别为如图 8.3(b)中实线、虚线所示。假设反相器的初值为图 8.3(b)中的 C 点，只要相对这一初值有一个很小的偏移（很容易满足），偏移便会沿着反馈回路放大，偏离 C 点，最终到达 A 或 B 两个稳态点。从传输曲线中还可以看出，无论是反相器Ⅰ还是Ⅱ，凡是偏离 A、B 点的输入值经过反馈回路的放大，最终都会稳定在 A 或 B。因此，交叉耦合的反相器也称双稳态电路，电路具有两个稳定状态，对应逻辑“1”或“0”。这种电路可以作为存储电路，存放信息“1”或“0”（对应于点 A 或 B），这种利用正反馈来存储信息的存储机理被称为静态存储。

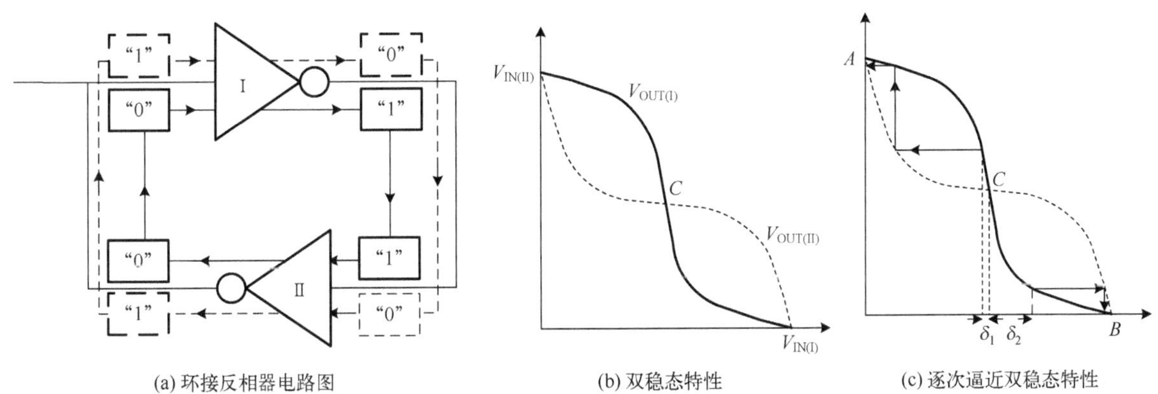

(a) 环接反相器电路图　(b) 双稳态特性　(c) 逐次逼近双稳态特性

图 8.3 2 个交叉耦合（环接）的反相器

8.1.2 动态存储机理

图 8.4 给出了基于电荷存储的动态存储机理。图 8.4(a)、(b)分别给出 nMOS 和 CMOS 的动态存储单元。在图 8.4(a)中，时钟信号 CLK 先为“1”，开关导通，此时输入端 $D=V_{DD}$ 对输出端电容 C_2 充电，输出端电位上升，达到 $V_{DD}-V_T$，因为开关为 nMOS 晶体管，所以存在高电平阈

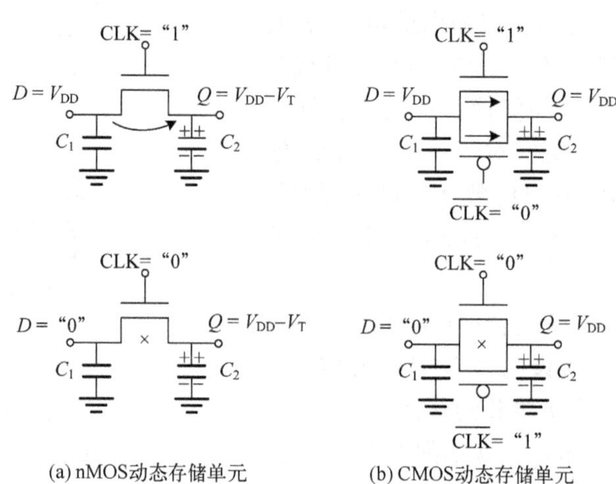

图 8.4 基于电荷存储的动态存储机理

值损失；随后时钟信号 CLK 变为“0”，nMOS 晶体管关断。这时在不考虑漏电流的情况下，电容 C_2上的电荷没有放电通路，会继续存储在 C_2上。此时，即使输入信号变为“0”，也不会对输出节点产生影响。在开关导通时传输的信息，在开关切断后，依靠电荷存储机理，被记忆下来。同样，图 8.4(b)所示的情形与图 8.4(a)相同，只是把 nMOS 开关换成 CMOS 开关，不存在高电平阈值损失，输出节点电平可以达到 V_{DD}。可以看出，利用电荷在电容上可以保存的机理也可以实现信息的存储。与静态存储不同，信息的存储是依靠电容上的电荷实现的，而实际电容多多少少存在漏电流，经过一段时间后，电容上的电荷会发生泄漏，引起信息电位下降甚至丢失，因此需要动态刷新。所以称这种基于电荷存储机理的存储电路为动态存储电路。

以上两种存储机理在数字系统中被广泛应用。

8.2 电平敏感锁存器

8.2.1 CMOS 选择器型锁存器

D 锁存器是时序电路的主要部件。它是一个电平敏感电路，即在时钟信号为高电平时把输入信号 D 传送到输出 Q，此时锁存器处于透明(transparent)模式；当时钟为低电平时，输出端维持时钟下降沿处被采样的输入数据，此时锁存器处于维持(hold)模式。工作在这些情况下的锁存器即为正锁存器。同样，一个负锁存器在时钟信号为低电平时把输入 D 传送到输出 Q。正锁存器和负锁存器也分别被称为高电平透明(transparent high)和低电平透明(transparent low)锁存器。图 8.5 所示为正锁存器和负锁存器的信号时序图。通常，正锁存器和负锁存器交替配合使用，如图 8.6 所示。

由图 8.6 可以看到，当电平信号为“0”时，负锁存器处于透明模式；当电平信号为“1”时，正锁存器处于透明模式。

下面讨论 CMOS 选择器型 D 锁存器的构成。

考虑一个 2 选 1 选择器，一个端子接输入信号，另一个端子接输出反馈信号，时钟作为选择控制信号。那么，输出就会在时钟信号的电平值不同时，选择输入或自身信号的反馈。图 8.7 给出了基于 2 选 1 选择器的正、负锁存器的概念图及状态方程。对于一个负锁存器，当时钟为低电

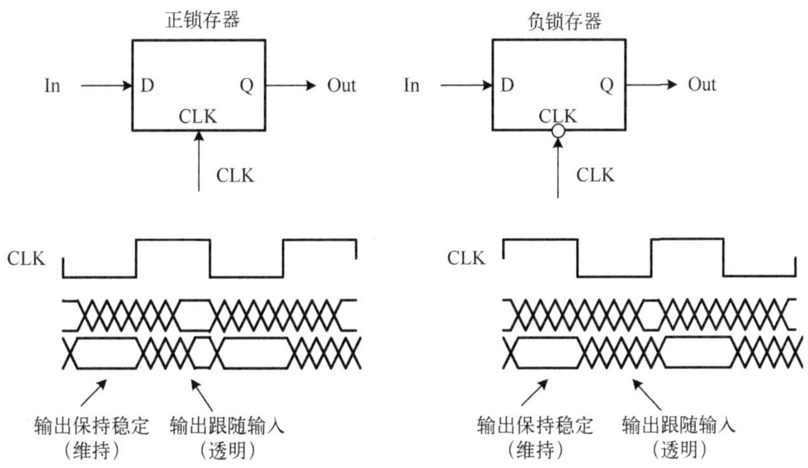

图 8.5　正锁存器和负锁存器的信号时序图

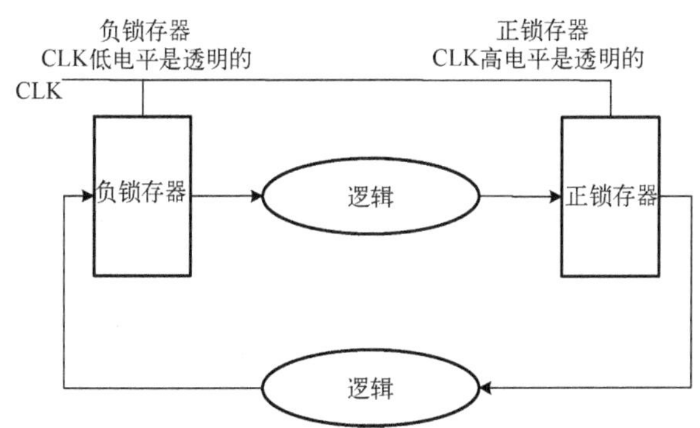

图 8.6　正锁存器和负锁存器示例图

平时，选择多路开关的输入端 0，并将输入 D 传送到输出。当时钟信号为高电平时，选择与锁存器输出相连的多路开关的输入端 1，只要时钟维持在高位，反馈就能保证有一个稳定的输出。同样，在正锁存器中，当时钟信号为高电平时，选择 D 输入，而在时钟信号为低电平时，输出维持原状（通过反馈）。

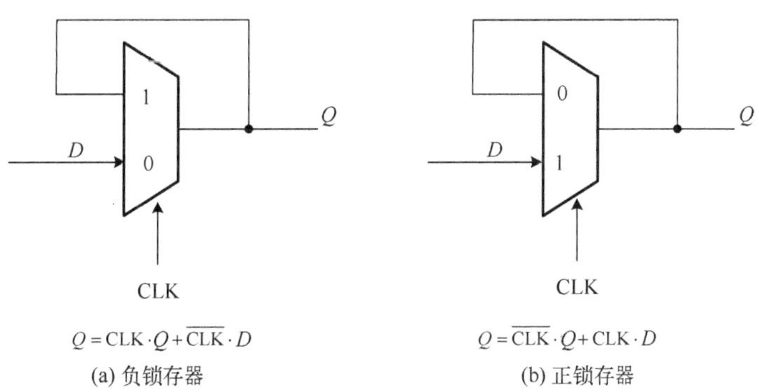

$Q=\mathrm{CLK}\cdot Q+\overline{\mathrm{CLK}}\cdot D$

(a) 负锁存器

$Q=\overline{\mathrm{CLK}}\cdot Q+\mathrm{CLK}\cdot D$

(b) 正锁存器

图 8.7　基于 2 选 1 选择器的正、负锁存器的概念图及状态方程

图 8.8 所示为 CMOS 2 选 1 选择器结构 D 锁存器逻辑门的实现。图 8.8(a)所示为负锁存，图 8.8(b)所示为正锁存。

$$\begin{aligned} Q &= \mathrm{CLK}\cdot Q+\overline{\mathrm{CLK}}\cdot D \\ &= \overline{\overline{\mathrm{CLK}\cdot Q+\overline{\mathrm{CLK}}\cdot D}} \\ &= \overline{(\overline{\mathrm{CLK}\cdot Q})\cdot(\overline{\overline{\mathrm{CLK}}\cdot D})} \end{aligned}
\qquad
\begin{aligned} Q &= \overline{\mathrm{CLK}}\cdot Q+\mathrm{CLK}\cdot D \\ &= \overline{\overline{\overline{\mathrm{CLK}}\cdot Q+\mathrm{CLK}\cdot D}} \\ &= \overline{(\overline{\mathrm{CLK}\cdot D})\cdot(\overline{\overline{\mathrm{CLK}}\cdot Q})} \end{aligned}$$

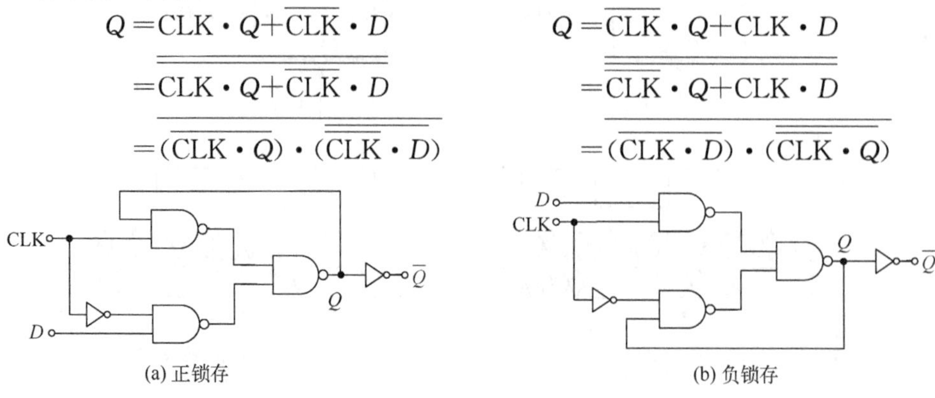

图 8.8　用 CMOS 2 选 1 选择器构成的 D 锁存器

8.2.2　基于传输门多选器的 D 锁存器

双稳态电路通过正反馈保存信息，而信息的改写需要强制加入新的信息。CMOS 静态逻辑构成的 D 锁存器就是利用双稳态电路的正反馈机理来维持信息状态，用 2 输入逻辑门的另一个端子完成信息的强制改写。既然信息保存时靠正反馈，那么，切断反馈环路，加入新的信息，再接通反馈回路，也可以达到电路状态改写的目的。按照这一原理，将图 8.7 中的选择器用传输门实现，就可以得到基于传输门结构的 D 锁存器。其逻辑门级电路结构如图 8.9 所示。电路由 2 个 CMOS 传输门和 3 个反相器构成，反相器Ⅱ、Ⅲ在传输门Ⅱ导通时构成反馈回路。传输门Ⅰ、Ⅱ交替导通完成数据更新和保存的动作。当 CLK 为高时，传输门Ⅰ导通，传输门Ⅱ断开，反馈回路被切断。输入信号 D 经过反向器Ⅰ、Ⅱ到达输出 Q，因此，在这个阶段锁存器是透明的；当 CLK 为低时，传输门Ⅰ断开，传输门Ⅱ导通，输入信号 D 被传输门Ⅰ隔离，反馈回路开始工作，Q 维持前一个时间传入的数据，电路进入维持工作状态。在数据更新的过程中，由于反馈回路是断开的，因此不用过于考虑反相器的驱动能力。但是，由于采用了 CMOS 传输门，因此时钟信号需要驱动 4 个晶体管，而时钟的活动性系数为 1。所以，从功耗的角度来看，并不是最理想的结构。

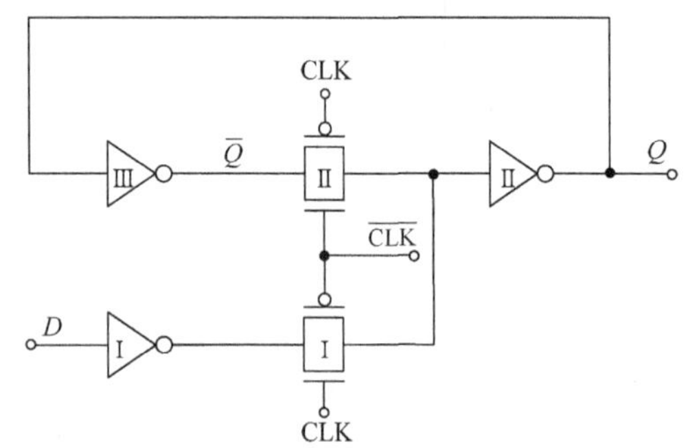

图 8.9　基于 CMOS 传输门结构的 D 锁存器

如果仅用 nMOS 传输管实现多路开关，则可以将锁存器的时钟负载晶体管减至 2 个，如图 8.10所示。当 CLK 为高电平时，锁存器采样输入 D，而低电平的时钟信号则使反馈环路导通，从而使锁存器处于维持状态。这一方法虽然简单，但仅用 nMOS 传输管会使传送到第一个反相器输入的高电平下降为 $V_{DD}-V_{TN}$。这对噪声容限和开关性能都会有影响，特别是在 V_{DD} 值较低而 V_{TN} 值较高时影响更

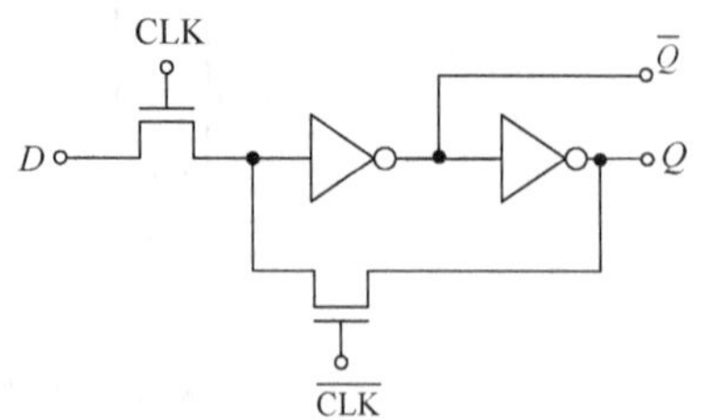

图 8.10　nMOS 传输门结构的 D 锁存器

为突出。同时，第一个反相器的最大输入电压为 $V_{DD}-V_{TN}$，使得反相器中的 pMOS 晶体管永远不能完全关断，增大了该反相器的静态功耗。

应该注意，基于传输门选择器实现的 D 锁存器是靠闭环反馈回路维持信息，但信息更新却是在开环情况下进行的，因此也被称为半静态 D 锁存器。

8.2.3　动态锁存器

在静态、半静态锁存器中，信息的维持是靠交叉耦合反相器环的正反馈机理实现的。因此使用的管子数目相对较多。用动态存储机理也可以非常简单地实现 D 锁存器。

图 8.11 给出的电路即为动态 D 锁存器。其中，图 8.11(a)所示为基于 nMOS 传输门的动态锁存，图 8.11(b)所示为基于 CMOS 传输门的动态锁存。简单动态锁存器的信息是靠电容上的电荷维持的，由于存在漏电流等原因，会发生电荷泄漏，严重时会发生信息丢失，因此需要动态刷新。

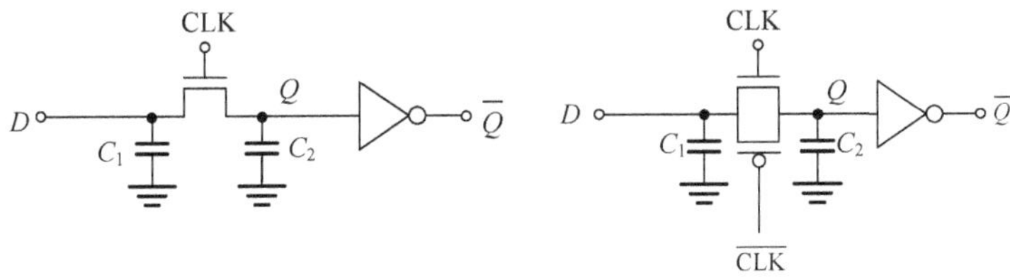

(a) 基于nMOS传输门的动态锁存　　(b) 基于CMOS传输门的动态锁存

图 8.11　动态 D 锁存器

8.3　边沿触发寄存器

D 锁存器是典型的电平敏感电路。根据电平值，电路分别处于透明和维持工作状态。在时序电路中更多地需要应用边沿敏感的触发器——D 寄存器。电平触发的 D 锁存器和时钟边沿触发的 D 寄存器的时序波形及电路符号如图 8.12 所示。

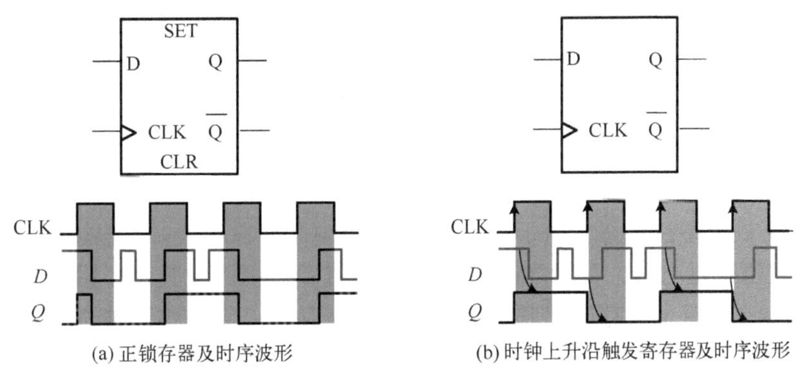

(a) 正锁存器及时序波形　　(b) 时钟上升沿触发寄存器及时序波形

图 8.12　D 锁存器和 D 寄存器的电路符号及时序波形

在图 8.12(a)所示的波形中，CLK 为高电平时，锁存器透明，D 的变化能够在输出 Q 中反映；CLK 为低电平时，锁存器工作在维持状态，输入 D 即使发生变化，在输出 Q 中也不会反映出来，输出保持时钟信号下降沿时的输入数据。相对相同的时钟信号和输入信号，图 8.12(b)所示波形与图 8.12(a)明显不同。寄存器只在时钟上升沿的时刻关注输入信号值，并将这个值传给

输出 Q,而在其他时刻,无论输入 D 如何变化,对 Q 都没有影响。只有到了下一个时钟上升沿,才会将对应时刻的输入 D 传给 Q。正如图 8.12(b)中箭头所示,对应每一个时钟上升沿,将对应时刻的 D 的值传给 Q。

8.3.1 寄存器的几个重要参数

由上面的分析可知,在D寄存器中,相对于时钟边沿,输入信号与其的相对关系是非常重要的。寄存器有3个重要的时序参数即建立时间、维持时间和传输延时,如图8.13所示。其中,建立时间 t_{setup} 是在时钟翻转(对于正沿触发寄存器为“0”→“1”的翻转)之前数据输入 D 必须有效的时间。维持时间 t_{hold} 是在时钟边沿之后数据输入必须保持有效的时间。在建立时间和维持时间都满足要求的情况下,时钟边沿到来之后,输入数据经过延时时间 $t_{c\text{-}q}$ 后到达输出端。这个延时时间称为传输延时。

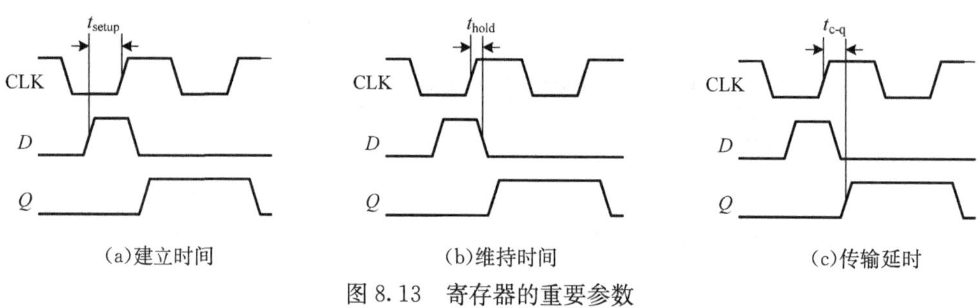

(a)建立时间　(b)维持时间　(c)传输延时

图 8.13　寄存器的重要参数

寄存器的建立时间、维持时间、传输延时与构成寄存器的电路结构及电路内的晶体管的参数相关,在后续内容中针对不同结构的寄存器将分别进行描述。

8.3.2 CMOS 静态主从结构寄存器

MOS晶体管的导通与截止是由加在其栅极上的电平值的高低来控制的,因此,电平敏感的D锁存器的工作原理很好理解,但是并不存在由时钟边沿控制器件。那么,时钟边沿敏感寄存器应该如何实现呢?先来分析由正、负锁存器串联接续后的工作情况。在图8.14中,给出了基于主从结构的正沿触发寄存器电路及时序图。

在时钟的低电平阶段,锁存器Ⅰ是透明的,此时输入 D 对应值 $Data_1$ 被传送到锁存器Ⅰ的输出端 Q_M,在此期间,锁存器Ⅱ处于维持状态,保持它原来的值。在时钟的上升期间,锁存器Ⅰ停止对输入采样,而锁存器Ⅱ开始采样。在时钟的高电平阶段,锁存器Ⅱ对锁存器Ⅰ输出端 Q_M 采样,而锁存器Ⅰ处于维持状态。由于 Q_M 在时钟的高电平阶段不变,因此输出 Q 每周期只翻转一次。由于 Q 的值就是时钟上升沿之前的输入 D 的值 $Data_1$,因此具有正沿触发效应。由此可以得出,可以用两个互补的锁存器串联实现边沿触发寄存器。通常称这种寄存器为主从结构寄存器。主锁存器为负电平触发、从锁存器为正电平触发的主从结构寄存器为上升沿触发,反之为下降沿触发(即把正锁存器放在前面)。

图8.15为基于主从结构的负沿触发寄存器电路及信号的时序。图8.15(a)为基于CMOS静态组合电路的主从结构边沿触发器电路结构图。在这个电路中,当时钟为高电平时,主锁存器的输入信号 D 传输至 Q_M,从锁存器工作在维持状态。当时钟信号为高电平时,主锁存器工作在维持状态,从锁存开始采样,Q_M 通过从锁存器传输至 Q。时钟低电平时,D 传给 Q_M,$Q_M=D$;时钟高电平时,Q_M 传给 Q,$Q=Q_M=D$,等同于时钟上升沿后输入传输传给输出。此时的时序如

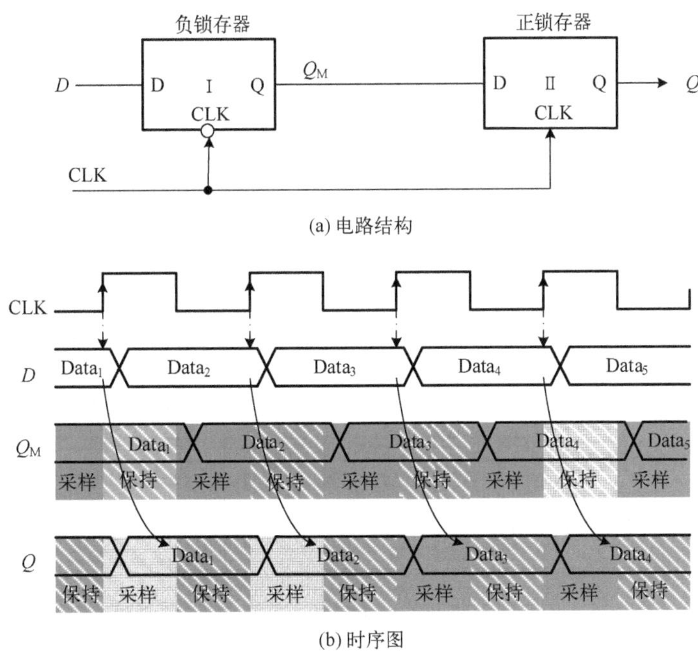

(a) 电路结构

(b) 时序图

图 8.14　基于主从结构的正沿触发寄存器电路及时序图

图 8.15(b)所示。现在来分析这个电路的建立时间、维持时间和传输延迟时间应满足的条件。在这个电路中,从锁存器是对 Q_M进行采样。因此,要想在采样周期能够采集到 D,D 就必须在时钟上升沿到来之前,已经到达 Q_M。时钟低电平时,主锁存器工作在采样状态,D 从低变高。这个变化要经过 $t_{D\text{-}Q_M}$ 的时间才能传输到Q_M。因此 $t_{setup}>t_{D\text{-}Q_M}$。而 $t_{D\text{-}Q_M}$ 的值由主锁存器的逻辑门延时所定。D 经过 2 个与非门到达$\overline{Q_M}$,所以,建立时间 t_{setup}就必须大于 2 个与非门的传输延时。一般来说,建立时间要大于主锁存器中输入信号 D 到输出 Q_M中间所有逻辑门延时之和。同样可以得到,传输延时是在时钟电平变高后,Q_M经过从锁存器的逻辑门到达输出端 Q 所有时间。而维持时间通常与寄存器和寄存器之间逻辑电路的延时也相关,将在本书后续内容中进行详细说明。

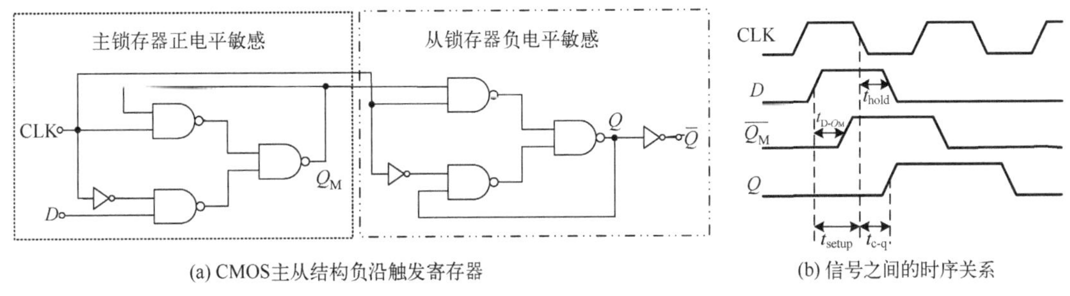

(a) CMOS主从结构负沿触发寄存器　　(b) 信号之间的时序关系

图 8.15　基于主从结构的负沿触发寄存器电路及信号的时序

8.3.3　传输门多路开关型寄存器

静态逻辑电路构成的主从寄存器使用的晶体管数较多,而且要使电路对称,晶体管尺寸的设计需要特别注意。因此,现在多数数字系统中均采用传输门多路开关型半静态寄存器。

图 8.16 所示为传输门多路开关型正沿触发寄存器的晶体管级实现。当时钟处于低电平时($\overline{\mathrm{CLK}}$=“1”)，T_1 导通 T_2 关断，输入 D 被采样到节点 Q_M 上。在此期间，T_3 和 T_4 分别关断和导通。交叉耦合的反相器(I_5、I_6)维持从锁存器的状态。当时钟上升到高电平时，主级停止采样输入并进入维持状态。T_1 关断 T_2 导通，交叉耦合的反相器 I_2 和 I_3 维持 Q_M 状态。同时，T_3 导通 T_4 关断，Q_M 被复制到输出 Q 上。

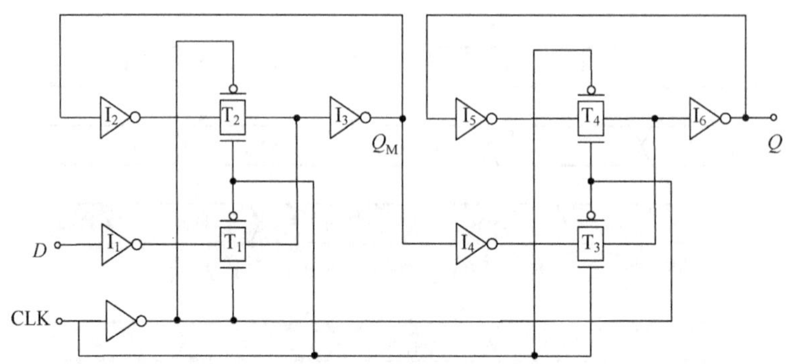

图 8.16　传输门多路开关型正沿触发寄存器的晶体管级实现

上面已经分析过，寄存器的建立时间为输入信号到达主锁存器的输出端所需要的时间。在此，假设每一个反相器的传播延时为 $t_{\mathrm{pd\_inv}}$，传输门的传播延时为 $t_{\mathrm{pd\_tx}}$。同时假设由 CLK 产生 $\overline{\mathrm{CLK}}$的反相器的延时为 0。由图 8.16 可知，对于传输门多路开关型寄存器，输入 D 在时钟上升沿之前必须传播通过 I_1、T_1、I_3和 I_2，这样才能保证在传输门 T_2两端的节点电压值相等，不然，交叉耦合的一对反相器 I_3和 I_2就可能会停留在一个不正确的值上，因此建立时间等于

$$t_{\mathrm{setup}}=3\times t_{\mathrm{pd\_inv}}+t_{\mathrm{pd\_tx}}$$

为了直观地理解寄存器的建立时间及其建立时间的重要性，将输入(从左边)逐渐靠近时钟边沿直到电路失效的过程用 SPICE 进行观测。图 8.17 显示了假设输入与时钟边沿偏差 210ps 和 200ps 时建立时间的模拟结果。对于 210ps 的情况，输入 D 的采样值是正确的(输出 Q 维持在 V_{DD}的值)；对于 200ps 的情况，传送到输出的值是错误的，因为输出 Q 变化到 0。节点 Q_M开始上升，而 I_2的输出(传输门 T_2的输入)开始下降。然而时钟在传输门 T_2两端的节点稳定到同一值之前就已有效，因此造成不正确的值写入主锁存器。仿真结果表明，本例的建立时间为 210ps。

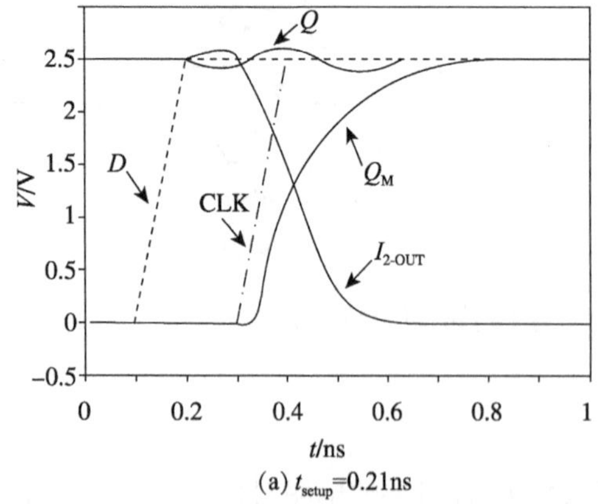

(a) t_{setup}=0.21ns

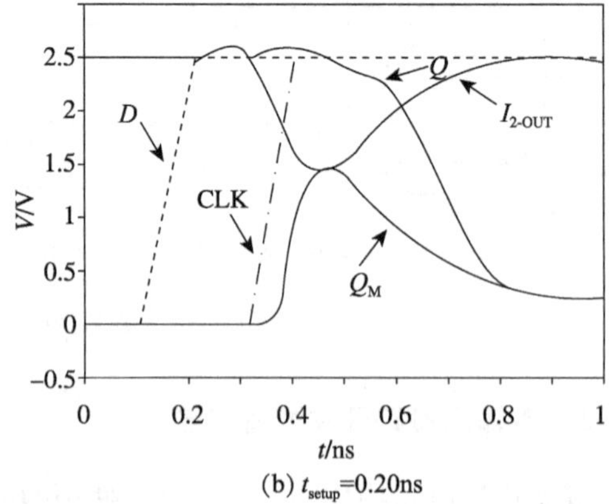

(b) t_{setup}=0.20ns

图 8.17　建立时间模拟

维持时间表示在时钟上升沿之后输入必须保持稳定的时间。图 8.18 给出了时序电路中维持时间应满足的条件。图 8.18(a)～(d)分别给出了维持时间 $t_{hold}>0$、$t_{hold}=0$、$t_{hold}<0$、$t_{hold}\ll 0$ 四种情况。现在讨论维持时间应该满足的条件，在此寄存器没有考虑级联。

(1)$t_{hold}>0$，当时钟信号为高电平、T_1 管关断后，Q_M 正确地维持了 D 的值，电路能够正常工作。

(2)$t_{hold}=0$，由于 D 输入和 CLK 在到达 T_1 之前都要通过反相器，D 在时钟信号变为高电平之前已经传输到 Q_M，Q_M 正确地维持了 D 的值，电路能够正常工作。

(3)$t_{hold}<0$，D 的值在时钟上升沿到来之前已经发生变化，由于信号传播的延时，这个变化还没有传到 Q_M，传输门就关断了，Q_M 依然能够正确维持 D 的值，电路工作正常。

(4)$t_{hold}\ll 0$，D 的值在时钟上升沿到来之前已经发生变化，而且这个变化已经通过传输门到达 Q_M，使得更新后的 D 值破坏了本应维持的 Q_M，电路不能正常工作。

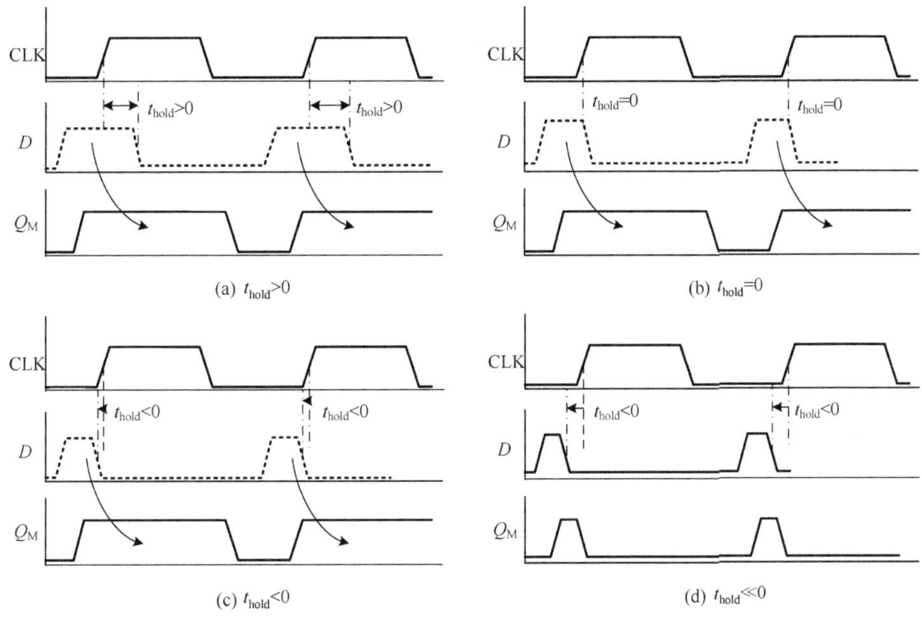

图 8.18　时序电路中维持时间应满足的条件

由以上讨论可知，对于寄存器本身，只要保证数据的更新在时钟翻转之后不会破坏应该维持在主锁存输出节点上的值，维持时间可以大于 0、等于 0，也可以小于 0。在实际的数字系统中，维持时间需要根据寄存器的结构进行适当设置，而在级联使用时还会受到寄存器之间逻辑门延迟的影响，这在后续有关时序约束的内容中将进一步阐述。

传播延时是 Q_M 值传播到输出 Q 所需要的时间。注意，由于在建立时间中已包括了 I_2 的延时，I_4 的输出在时钟上升沿之前已有效。因此延时 $t_{c\text{-}q}$ 就只是通过 T_3 和 I_6 的延时，为

$$t_{c\text{-}q}=t_{pd\_tx}+t_{pd\_inv}$$

图 8.19 所示为传输门寄存器的传播延时模拟，对于由一个负锁存器和一个正锁存器构成的主从边沿触发寄存器，输入变化要在时钟上升沿的至少一个建立时间之前完成，延时是从 CLK 边沿的 50%点处计算到 Q 输出的 50%点处，从图 8.19 中可以得到，$t_{c\text{-}q(LH)}$ 为 160ps，而 $t_{c\text{-}q(HL)}$ 为 180ps。

在传输门开关型主从结构寄存器中，是依靠主、从锁存器之间采样与维持工作状态的交替切换实现边沿触发的。而锁存器工作状态的切换是由传输门的导通与关断来控制的。这就要求，控制

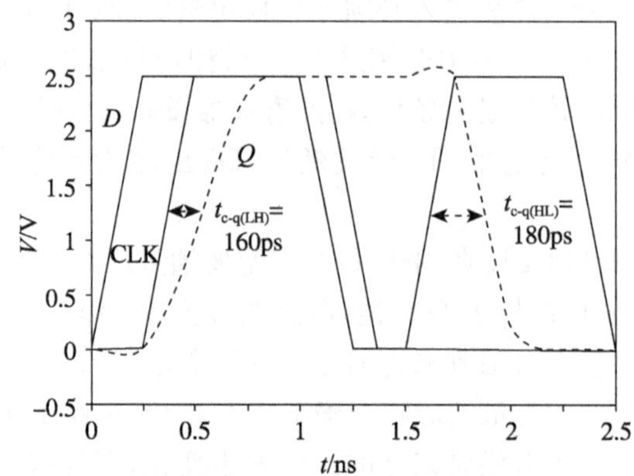

图 8.19　传输门寄存器的传播延时模拟

传输门开关的时钟信号 CLK 与$\overline{\text{CLK}}$必须完全反相，或者说产生反相时钟信号的反相器的延时要为 0。但在实际情况中，如图 8.20 所示，对于仅用 nMOS 传输管的主从寄存器，因为传输两个时钟信号的导线可能存在的差别，或者驱动的负载不同都会带来实际时钟信号与理想时钟信号之间的偏差，结果两个时钟信号就可能产生“1-1 Overlap”和“0-0 Overlap”，如图 8.20(c)所示。时钟重叠可以引起两种类型的错误，图 8.20(a)中仅用 nMOS 管的负沿寄存器的情况说明。

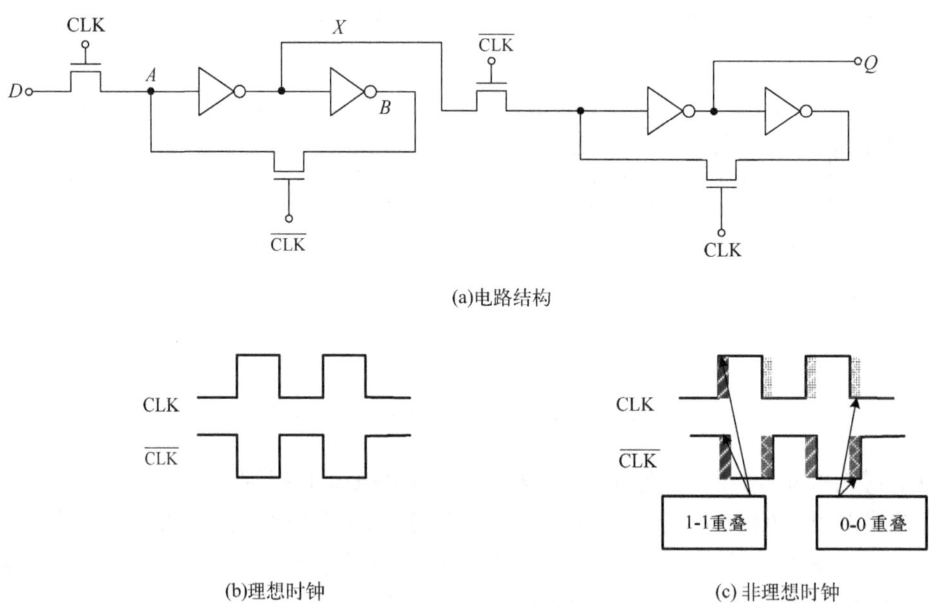

图 8.20　仅用 nMOS 传输管的主从寄存器

(1)当 CLK 和$\overline{\text{CLK}}$同时为高时，A 点同时被 D 和 B 点的值驱动，造成不定状态。

(2)当 CLK 和$\overline{\text{CLK}}$同时为高一段较长时间时，D 可以直接穿通经过主从触发器。

(3)采用两相位不重叠时钟可以解决此问题，但时钟不重叠部分不能太长以免漏电时间过长引起出错。

为了避免这些问题，可以采用两相不重叠时钟 CLK_1 和 CLK_2，构成如图 8.21 所示的伪静态两相位 D 寄存器，并保持两相时钟之间的不重叠时间 $t_{\text{non\_overlap}}$ 足够长，以保证即使存在时钟布线延时也不会有任何重叠发生。在不重叠时间内，触发器处在高阻态——反馈环开路，环路增益为

0,并且输入被断开,如果这一情况保持的时间太长,漏电将破坏这一状态,因此称其为伪静态。根据时钟的不同状态,寄存器采取了静态或动态的存储方式。

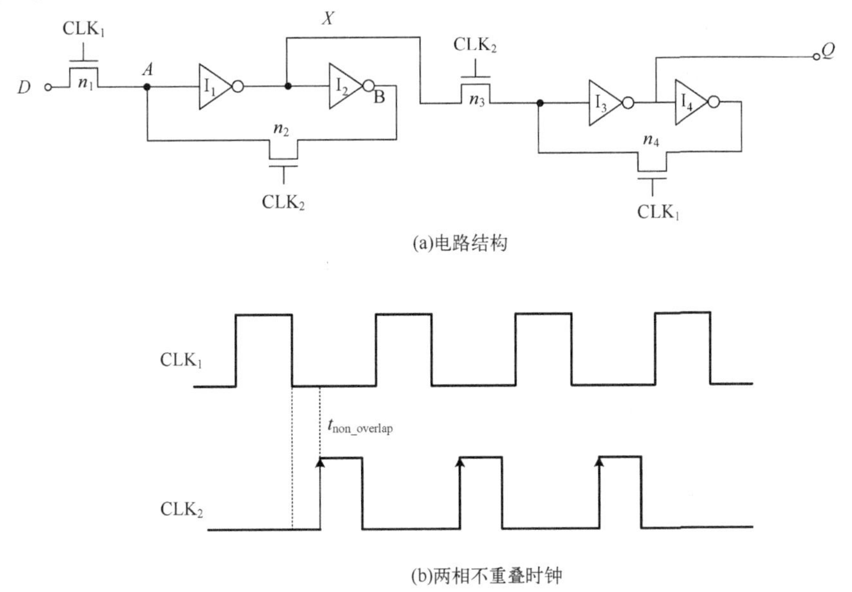

图 8.21　伪静态两相位 D 寄存器

图 8.22 所示为两相不重叠时钟产生电路及时钟时序关系。这个电路是将一对反相时钟送入 NOR 型 SR 锁存器,设反相器与缓存器的延时时间相同,时钟信号 CLK 经反相器和缓存器后到达 A(对应锁存器的 R)、B(对应锁存器的 S)点的延迟时间相同。

(1)CLK="0",那么 A="1"、B="0"。所以 CLK_1="0",CLK_2="1"。

(2)CLK="1",A 点的值由"1"→"0",B 点的值由"0"→"1"。B="1",或非门Ⅱ的输出 CLK_2在经过 1 个或非门的延时时间后从高变低,即 CLK_2由"1"→"0"。CLK_2反馈接回或非门Ⅰ,使得 CLK_1由"0"→"1"。CLK_1上升的边沿比时钟 2 的下降边沿晚 1 个或非门的延迟时间,保证了 CLK_1、CLK_2不会出现"1-1 Overlap"。

(3)CLK 由"1"→"0",那么 A 由"0"→"1"、B 由"1"→"0",CLK_1被 A="1"强制拉向"0",这个反馈给或非门Ⅱ,CLK_2的电位被拉高。CLK_2的上升沿比 CLK_1晚一个或非门的延时,所以在此也不会出现"1-1 Overlap"。

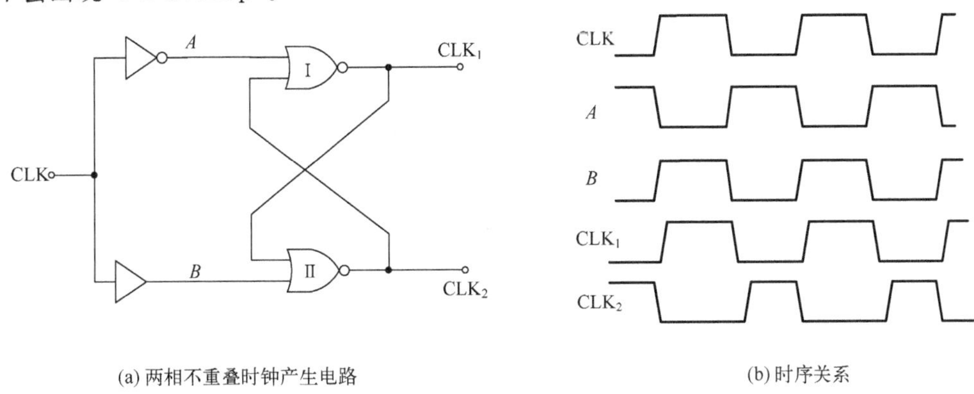

图 8.22　两相不重叠时钟产生电路及时钟时序关系

时钟重叠对不同结构的寄存器带来的影响不同,特别是对于图 8.23 所示的上升沿动态触发寄存器是非常重要的问题。考虑图 8.23 中的时钟波形。在(0-0)重叠期间,T_1的 pMOS 和 T_2的 pMOS 同时导通,形成数据从寄存器的 D 输入流到 Q 输出的直接通路。如果重叠时间过长,就会使本应维持上一个数据的输出端 Q 的值提前发生变化,在时钟的上升沿还没有到来时就已经改变。显然,对于正沿触发寄存器这是不希望有的效应。对于(1-1)重叠区也是一样,这时存在一条通过 T_1的 nMOS 和 T_2的 nMOS 的输入至输出路径,这时,如果输入数据 D 更新,就可能会破坏本应保存在 A 点的前一个采样数据。后一种情况可以通过强加一个维持时间约束来解决,即数据在高电平重叠期间必须稳定,不能更新。而前一种情况(0-0 重叠)可以这样来解决,即保证在 D 输入和节点 B 之间有足够的延时,以使主级采样的新数据不会传送到从级。根据以上分析,对重叠时间的限制条件为 $t_{\text{overlap0-0}} < t_{T_1} + t_{I_1} + t_{T_2}$;同样,对 1-1 重叠的限制条件为$t_{\text{hold}} > t_{\text{overlap1-1}}$。

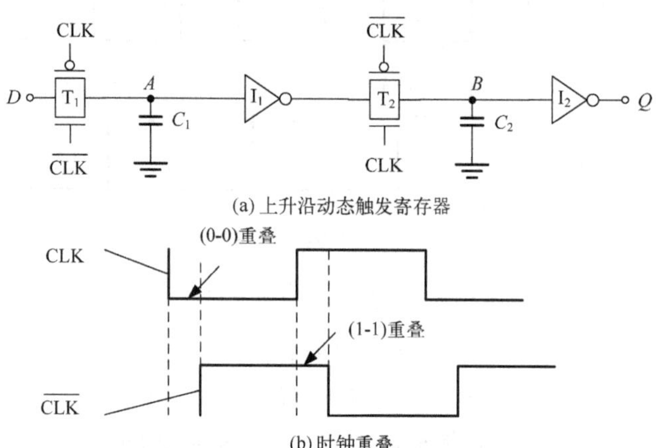

图 8.23 上升沿动态触发寄存器

8.3.4 C²MOS 寄存器

无论是 CMOS 静态结构还是动态结构的边沿触发寄存器都会受到时钟重叠的影响,为了消除影响,不得不牺牲电路规模,采用新的电路产生双向不交叠时钟;或者是增加设计时序冗余,对建立时间和维持时间进行约束。所以希望能够有对时钟交叠不敏感的寄存器,以降低系统对时钟的要求,提高系统可能的工作速度。

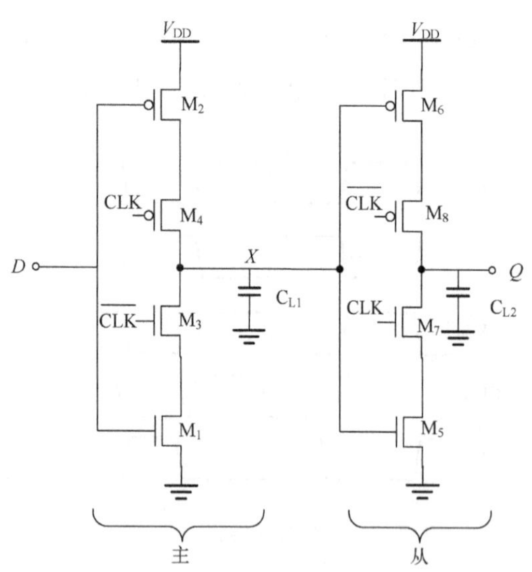

图 8.24 C²MOS 主从正沿触发寄存器

图 8.24 所示电路提出了一种方案,该电路也是由主从两级电路构成。每一级电路的结构和 CMOS 反相器非常相像,不同的是在 CMOS 反相器 pMOS 晶体管的漏端串接一个 pMOS 晶体管,nMOS 的漏极串接了一个 nMOS 晶体管。用互补的时钟信号驱动一对新加的互补 MOS 晶体管,输出从它们的漏极引出,因此称这个电路为 C²MOS 电路。现在来分析这个电路的工作过程。

(1)CLK=“0”:第一级电路的 M_3、M_4导通,此

时,第 1 级电路就是一个反相器,输入信号经反相器反相,到达 X 点,此时,$X=\overline{D}$;同时,第 2 级电路中 M_7 和 M_8 均关断,输出为高阻抗模式,输出节点 Q 维持前一状态存储在输出电容 C_{L2} 上的值。如果称第一级为主级、第二级为从级的话,此时,主级工作在采样期,从级工作在维持期。

(2)CLK="1":与上面正好是相反的过程。主级部分处在维持模式(M_3-M_4 关断),而从级工作在求值状态(M_7-M_8 导通)。存放在 C_{L1} 上的值经过从级传送到输出节点,此时从级的作用像一个反相器。经过两级反相,输出节点 Q 的值为 D。

整个电路作为一个正沿触发的主从寄存器,非常类似于前面介绍过的传输门型主从寄存器。然而,它们与传输门型寄存器有一个重要的区别:只要时钟边沿的上升和下降时间足够小,具有 CLK 和$\overline{\text{CLK}}$时钟控制的这一 C^2MOS 寄存器对时钟的重叠是不敏感的。

为了说明这一结论,分别考察(0-0)重叠和(1-1)重叠的情况(图 8.20)。

(1)时钟 CLK 从高电平变化到低电平时,电路的工作状态应该为主级从维持期进入采样期、从级从采样期进入维持期。如果$\overline{\text{CLK}}$没有及时翻转,就会出现(0-0)重叠。此时,电路中 M_4、M_8 两个 pMOS 晶体管导通,简化的等效电路如图 8.25(a)所示。在这段时间,为了保证电路的正确工作,主级采集的新数据不能传输到输出端,以免破坏输出节点 Q 维持的信息。现在来看看等效电路的实际工作情况。假设前一个状态 X 点维持的数据为"0",则对输出 Q 点采到数据应该为"1";CLK 变低后,M_4 导通,新的数据通过串联的 pMOS 器件 M_2-M_4 采样到节点 X 上,因此节点 X 可以从"0"翻转到"1",使得第二级的 M_5 管导通,M_6 管截止。但是,导通的 M_5 管的漏极与电路断开,因此,新的数据虽然被 X 点采集,但是没有被传输到输出,输出靠存储在输出节点上的电荷维持,没有发生误动作。等到(0-0)重叠结束,$\overline{\text{CLK}}$电平升高,M_8 截止,从级处于维持状态。因此,(0-0)重叠期间,在从级输出端 Q 看不到任何在时钟下降边沿采样的新数据,因为从级状态直到时钟下一个上升沿之前一直是关断的。由于电路由两个串联的反相器构成,信号的传播需要在一个上拉之后跟一个下拉,或反过来亦可。而在图 8.25(a)中只有上拉网工作,无法完成下拉,所以数据不会在(0-0)重叠期间传输到输出端。

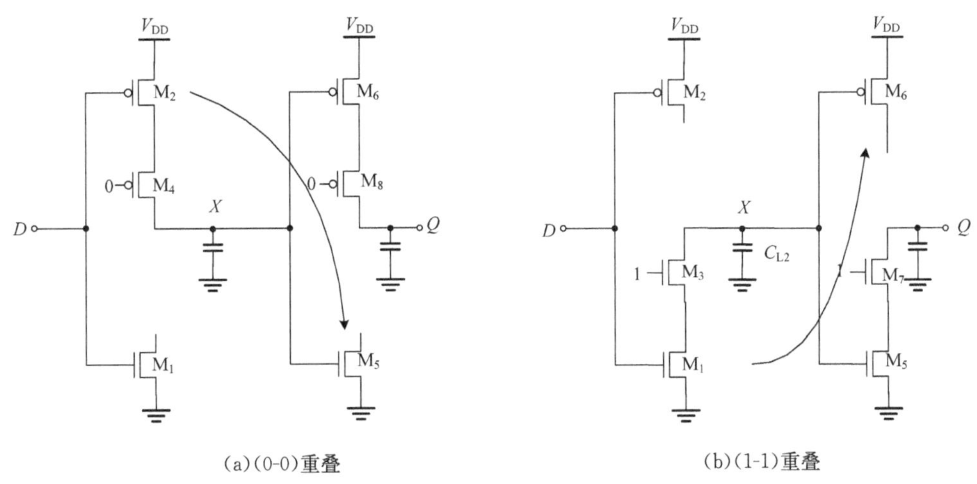

图 8.25　重叠期间的 C^2MOS 主从寄存器

(2)时钟 CLK 从低电平变化到高电平时,电路的工作状态应该为主级从采样进入维持、从级从维持进入采样。如果$\overline{\text{CLK}}$没有及时翻转,就会出现(1-1)重叠。此时,电路中 M_3、M_7 两个 nMOS 晶体管导通,简化的等效电路如图 8.25(b)所示。在这段时间,必须保证输入端信号的改变不会影响到输出点 Q 的值。如果 D 输入在(1-1)重叠期间改变,节点 X 可能发生由"1"到"0"

的翻转，但是此时 M_8 断开，翻转不会传递到输出。但是，与(0-0)重叠所不同的是 CLK_2 翻转后的情形。因为从级的工作状态是要进入采样期，所以，一旦重叠结束，从级就开始采样，而此时，X 点的数据可能是已经更新了的数据。因此，需要对输入数据的维持时间加以约束，必须保证在(1-1)重叠期间数据 D 维持稳定。

虽然时钟重叠会使锁存器的上拉网络或下拉网络导通，但电路的特点决定上拉网和下拉网不会同时有效。因此，C^2MOS 锁存器对于时钟重叠是不敏感的。然而，如果时钟的上升和下降时间太慢的话，那么就会存在一个 nMOS 和 pMOS 管同时导通的时间间隙。它在输入和输出之间形成了一条通路，可以破坏电路的状态。模拟显示只要时钟上升时间(或下降时间)约小于寄存器传播延时的 5 倍，该电路就能正常工作。这一条件并不十分严格，它在实际的设计中很容易达到。

8.4　其他类型寄存器

8.4.1　脉冲触发锁存器

采用主从结构的锁存器可以实现边沿触发。边沿触发时序单元的另一种设计方法是采用图 8.26的脉冲触发寄存器。其设想是在时钟上升(下降)沿处产生一个短脉冲。用这一短脉冲直接加在锁存器的时钟端口。如图 8.26(a)所示，用这一很窄的脉冲信号对输入采样，其他时间锁存器工作在维持状态。短脉冲发生电路和锁存器组成边沿触发电路。

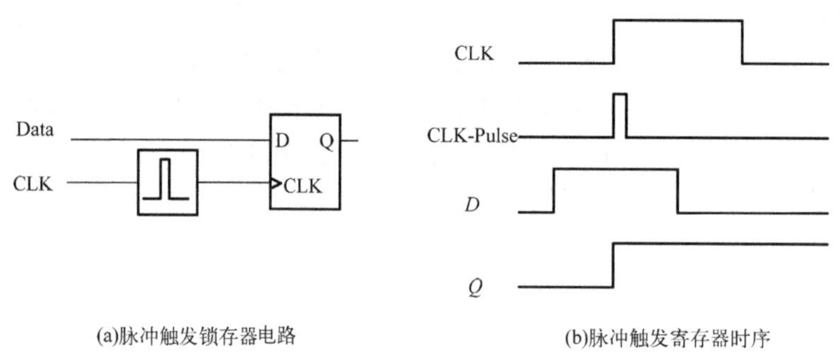

(a)脉冲触发锁存器电路　　(b)脉冲触发寄存器时序

图 8.26　脉冲触发寄存器

短脉冲可以用图 8.27 所示电路产生。当 CLK 为 0 时，M_p 导通、M_n 关断，节点 X 被充电至 V_{DD}。CLK 从低电平变为高电平，M_p 关断，但是由于 M_n 管依然处在关断状态，所以 X 点电位维持高电平，此时与门的两个输入都为高。与门输出高电平，经过两级反相器，CLK-Pulse 变高，M_n 导通，X 点电位被拉低，与门的输出随之降低，经过两个反相器的延迟，CLK-Pulse 又被拉低，

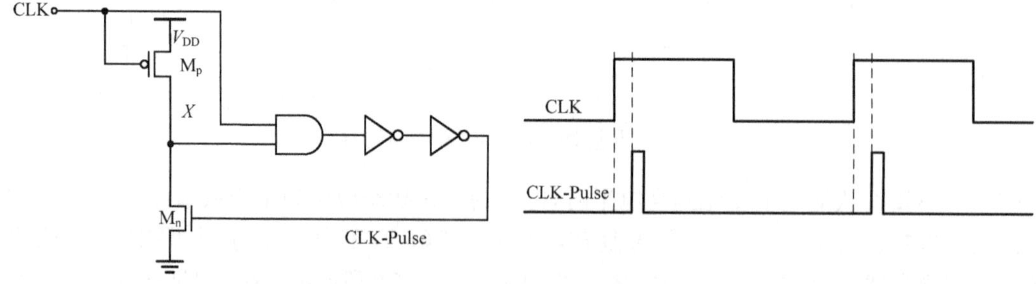

图 8.27　上升沿正脉冲发生电路

M_n截止。显然，脉冲的宽度由与门及其两个反相器的延迟决定。而上升时间由反相器的尺寸决定。这种脉冲发生电路可以在多个寄存器间共享。同样，要实现下降沿触发，可用如图 8.28 所示电路在下降沿处的产生窄脉冲。图 8.28 所示为低电平窄脉冲发生电路及波形，如果需要在下降沿处取高电平窄脉冲，只需再接一级反相器或从前一级反相器取出即可。

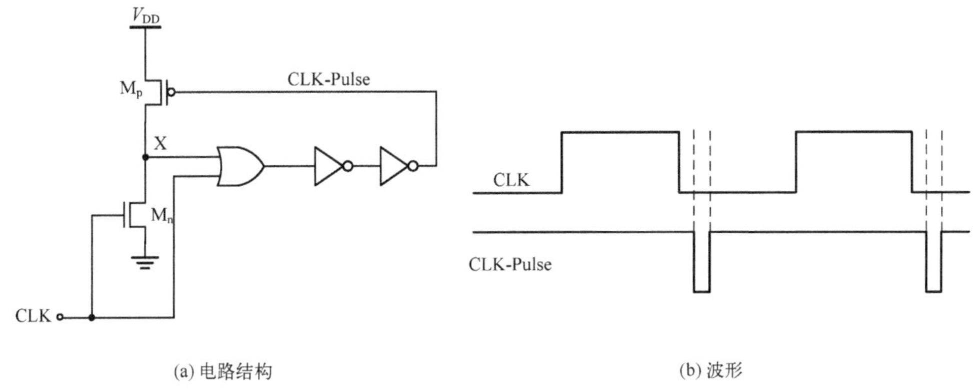

(a) 电路结构　　(b) 波形

图 8.28　低电平窄脉冲发生电路及波形

8.4.2　灵敏放大器型寄存器

除了用主从和脉冲的方法来实现边沿触发器寄存器外，还可用以灵敏放大器为基础的方法来实现另一类寄存器。图 8.29 所示为基于灵敏放大器的正沿触发寄存器的电路结构及时序波形。电路由一对交叉耦合的反相器和一对差分管构成，在地端加了由时钟信号控制的使能管。两个输出端之间接有预充电管 M_7、M_8。加在 M_1、M_2管上的电压分别为 V_{IN}和$\overline{V_{IN}}$，假设在第 1 个时钟周期内 $V_{IN}>\overline{V_{IN}}$，第 2 个时钟周期 $V_{IN}<\overline{V_{IN}}$。当 Pre 信号为高电平时，M_7、M_8导通，Q、$\overline{Q}$的电位被置为 $V_{DD}/2$；Pre 变低，M_7、M_8断开，CLK 变高，使能管导通。此时，由于 $V_{IN}>\overline{V_{IN}}$，流过 M_1管的电流大于流过 M_2管的电流。Q 点电位被下拉，导致 M_6管导通增强，$\overline{Q}$的电位上升。经过交叉耦合反相器的反馈作用，Q 和 $\overline{Q}$快速向电源和地靠近，Q=“0”，$\overline{Q}$=“1”；第 2 个周期的

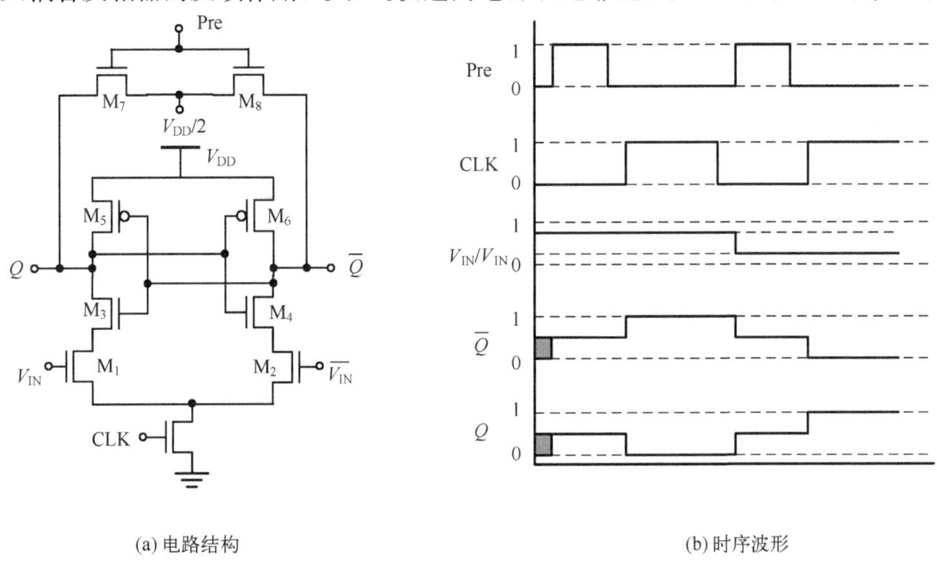

(a) 电路结构　　(b) 时序波形

图 8.29　基于灵敏放大寄存器的正沿触发寄存器的电路结构及时序波形

动作与此相同，但是由于此时 $V_{IN}<\overline{V_{IN}}$，在 CLK 的上升沿处，Q="1"，$\overline{Q}$="0"。这个电路通过给交叉耦合反相器输出端进行预充电，使得交叉耦合反相器的一对输出暂时平衡并等于反相器的逻辑阈值。预充电结束，随着 CLK 上升沿的到来，差分对管 M_1、M_2 开始工作，差分对管中栅极电压较大的一边的反相器输出被拉低，通过反馈促使另一边的输出电位升高。最后输出稳定的"1"和"0"。这种电路被广泛应用在 DRAM、SRAM 的读出电路上。

8.4.3　施密特触发器

施密特触发器是一种脉冲波形整形电路，它可以把变化缓慢的信号或变化不规则的信号转换为陡变信号，理想的施密特触发器的直流电压传输特性曲线如图 8.30(a)所示，这种曲线类似于磁滞回线，其特性的两个重要参数是前沿触发电压 V_{M^+} 和后沿触发电压 V_{M^-}。前沿触发电压 V_{M^+} 是输入电压增加过程中引起电路翻转动作的触发电压，后沿触发电压 V_{M^-} 是输入电压减小过程中引起电路翻转动作的触发电压。由于 $V_{M^-}<V_{M^+}$，因此施密特触发器可以作为一种门限开关。具有反相性质的施密特触发器其电路符号如图 8.30(b)所示。

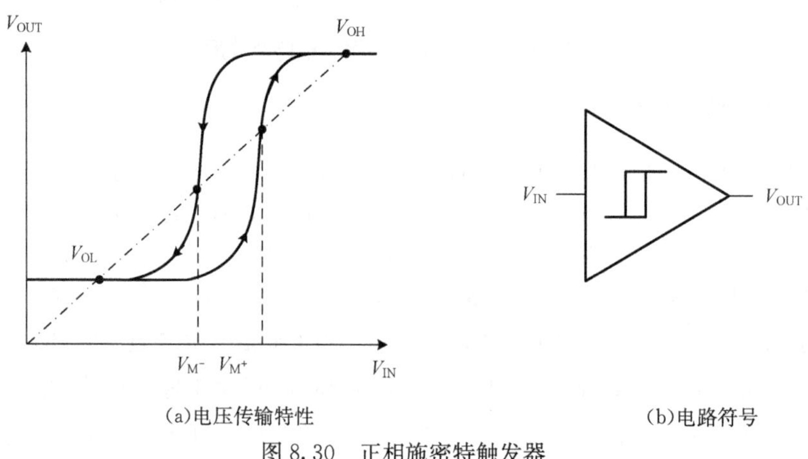

(a)电压传输特性　　(b)电路符号

图 8.30　正相施密特触发器

施密特触发器的波形整形原理可以从图 8.31 中得到说明。在 $t<t_1$ 时，不规则或受到干扰的输入脉冲缓慢增加，但在 $V_{IN}<V_{M^+}$ 这段时间内，施密特触发器不动作，仍维持其高电平输出 V_{OH}。在 $t=t_1$ 时刻，输入电压等于前沿触发电压 V_{M^+}，导致施密特触发器翻转，输出低电平 V_{OL}。类似地，当 $t=t_2$ 时刻，输入脉冲下降到与后沿触发电压 V_{M^-} 相等时，施密特触发器的输出将由低电平 V_{OL} 翻转至高电平 V_{OH}。

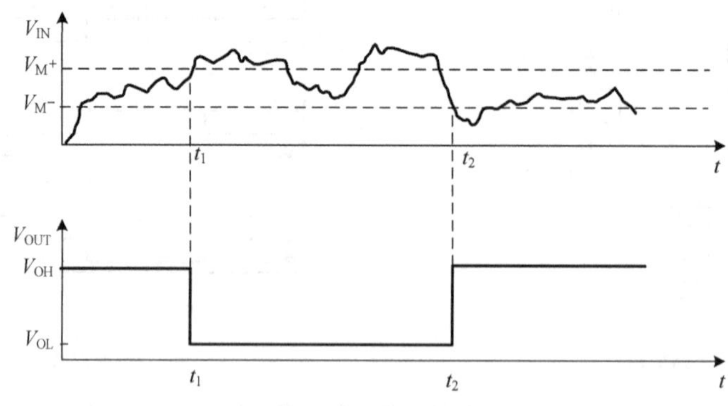

图 8.31　施密特触发器的波形整形原理

在数字系统中,矩形脉冲经传输后往往会发生波形畸变。当其他脉冲信号通过导线间的分布电容或公共电源线叠加到矩形脉冲信号上时,信号上将出现附加的噪声,施密特触发器的一个主要用途就是把一个含噪声或缓慢变化的输入信号转变成一个"干净"的数字输出信号,它运用了正反馈。如图 8.32 所示,注意滞环如何抑制了信号上的振荡。同时,应当能看到输出信号快速地由低变高(和由高变低)翻转。陡峭的信号斜率具有优点,比如它通过抑制直流通路电流来减少功耗。

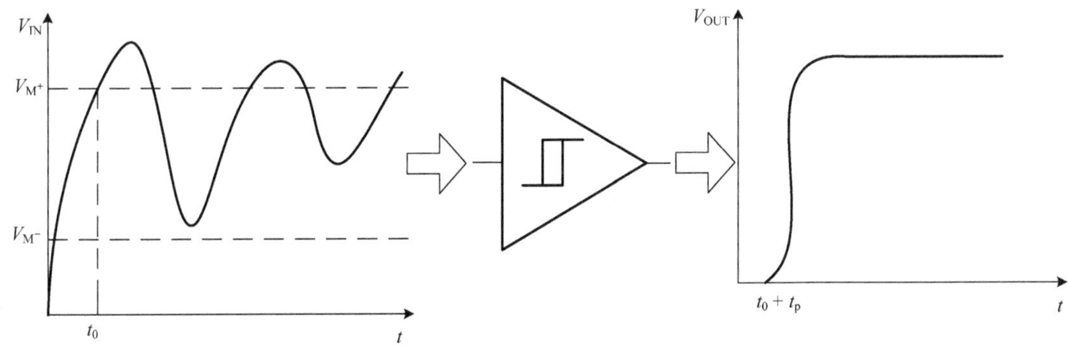

图 8.32　用施密特触发器抑制噪声

图 8.33 所示为一种 CMOS 电路实现的施密特触发器,这一电路的基本设计思想是 CMOS 反相器的开关阈值是由 pMOS 管和 nMOS 管之间的(导电因子)比率(K_n/K_p)决定的。增加这一比率可使阈值 V_M升高,减小这一比率则使 V_M降低。如果翻转方向不同会使这一比率不同,则可以引起不同的开关阈值以及滞环效应,这可以借助反馈来实现。图 8.33 中反相器的阈值取决于 p 管和 n 管的尺寸之比。V_{OUT}为 0 时,相当于 M_4 与 M_2并联;V_{OUT}为 1 时,相当于 M_3与 M_1并联,从而相当于改变了两管尺寸之比。

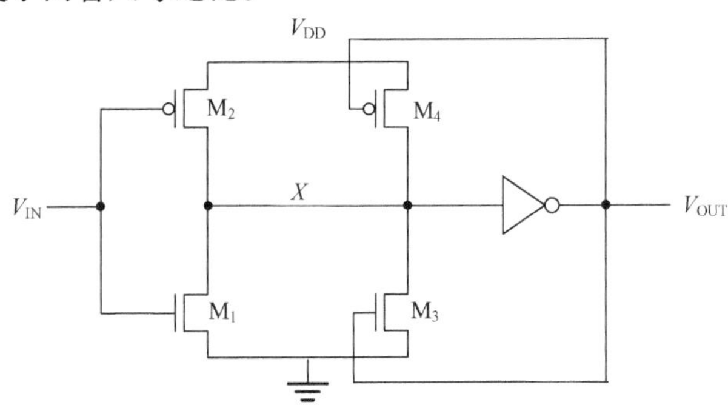

图 8.33　CMOS 施密特触发器

假设 V_{IN}最初等于 0,所以 V_{OUT}也为 0。反馈环使 pMOS 管 M_4偏置在导通模式,而 M_3则关断。输入信号等效地连到一个反相器上,该反相器包括两个并联的 pMOS 管(M_2和 M_4)作为上拉网络,以及一个 nMOS 管(M_1)作为下拉网络。因此这一反相器的等效晶体管比率为 $K_{M_1}/(K_{M_2}+K_{M_4})$,提高了开关阈值。

反相器一旦转换,反馈环就关断 M_4并使 nMOS 器件 M_3导通。这一附加的下拉器件加速了翻转并产生一个斜率很陡的"干净"的输出信号。

在由高到低的翻转中也可以观察到类似的情况。其中,下拉网络最初由并联的 M_1和 M_3构成,而上拉网络由 M_2构成,此时开关阈值降低到 V_{M^-}。

从上面的分析可见，整个设计制约条件都是与 MOS 场效应管的尺寸有关，如图 8.34 所示。

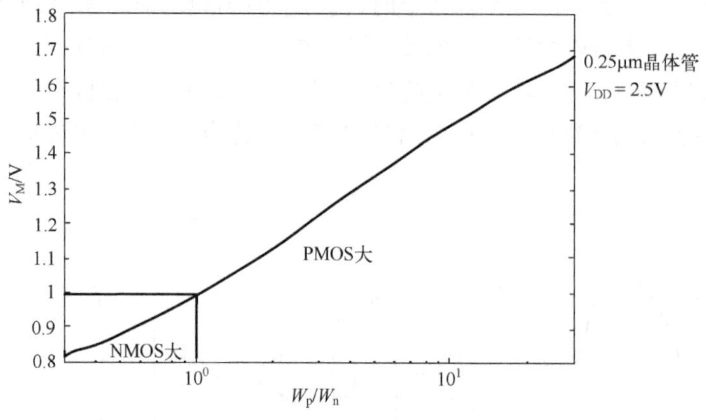

图 8.34 逻辑阈值与晶体管尺寸的关系

考虑图 8.33 施密特触发器，图中 M_1 和 M_2 的尺寸分别为 1 μm/0.25 μm 和 3 μm /0.25 μm。反相器的设计为使它的开关阈值在 $V_{DD}/2$（=1.25V）附近。图 8.35 给出了施密特触发器的模拟结果，图 8.35(a)所示为施密特触发器假设器件 M_3 和 M_4 的尺寸分别为 0.5 μm /0.25 μm 和 1.5 μm /0.25 μm时的模拟结果。如从图 8.35(a)中可以清楚看到的那样，该电路具有滞环效应。由高到低的切换点（V_{M^-} =0.9V）低于 $V_{DD}/2$，而从高到低的开关阈值（V_{M^+} =1.6V）高于 $V_{DD}/2$。

通过改变 M_3 和 M_4 的尺寸可以改变切换点。例如，为了改变由低到高的翻转，需要改变 pMOS 器件。维持 M_3 的器件宽度为 0.5 μm 以维持由高到低的阈值不变。M_4 的器件宽度变为 $k\times0.5$ μm。图 8.35(b)所示为开关阈值如何随 k 值的上升而增加。

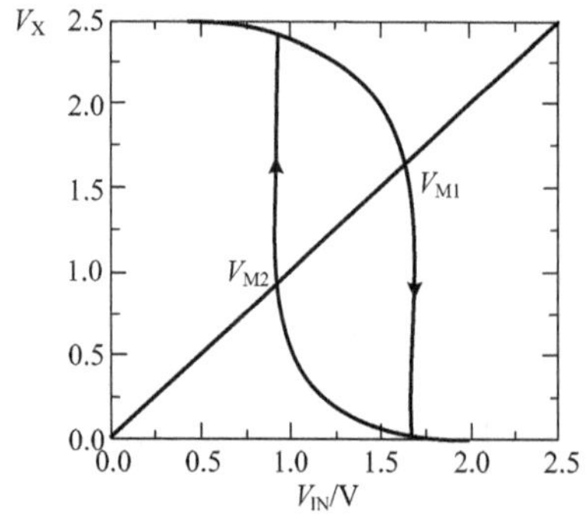

(a)具有滞环的电压传输特性

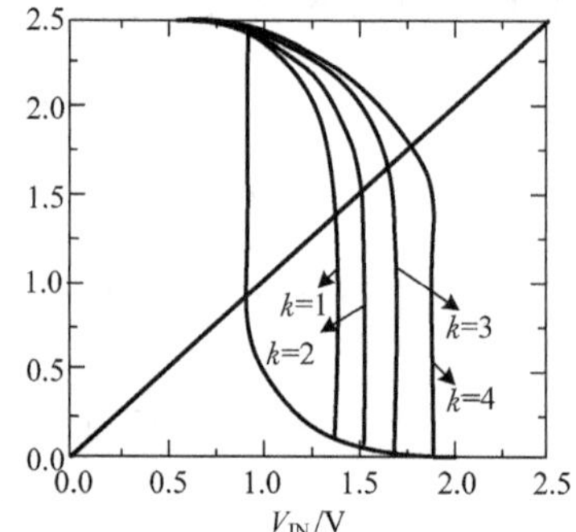

(b)改变 pMOS 器件 M_4 的尺寸比的影响(宽度为 $k\times0.5$ μm)

图 8.35 施密特触发器的模拟结果

8.5 带复位及使能信号的 D 寄存器

D 寄存器在时钟边沿的触发下，或者传输数据，或者维持数据。在更多的实际应用中，还需要根据系统整体工作状态对寄存器进行控制，这就出现了带各种附加控制端子的 D 寄存器。

8.5.1 同步复位 D 寄存器

同步复位 D 寄存器的电路符号、特征值表及时序波形如图 8.36 所示。与前述 D 寄存器的符号相比，追加了一个低电平复位端子。由特征值表和时序图可知，在复位信号 R_N 为低电平期间，无论 D 的值如何，只要时钟上升沿到来，寄存器就复位到初始状态，$Q=0$；这时无论复位信号、输入信号的值是什么，在下一个时钟信号上升沿到来之前，输出维持初始值 0；下一个时钟上升沿到来，如果此时复位信号已解除，则 D 的数据 Data_2 传输至 Q；再下一个时钟上升沿，D 的数据 Data_3 传输至 Q。在此，同步复位的意思是复位信号有效和时钟上升沿到来两个条件同时满足时，寄存器复位。典型的同步复位的寄存器门级电路结构如图 8.37 所示。

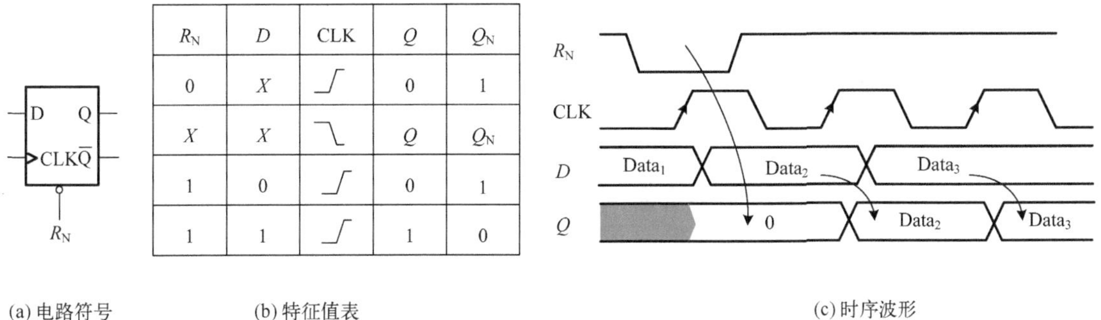

R_N	D	CLK	Q	Q_N
0	X	↑	0	1
X	X	↓	Q	Q_N
1	0	↑	0	1
1	1	↑	1	0

(a) 电路符号　(b) 特征值表　(c) 时序波形

图 8.36　同步复位 D 寄存器的电路符号、特征值表及时序波形

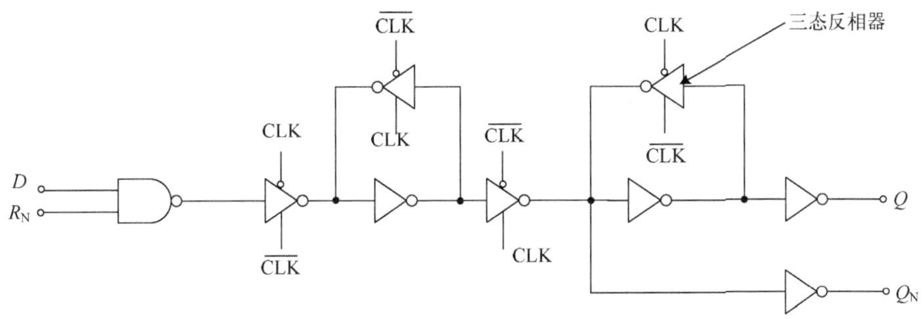

图 8.37　同步复位 D 寄存器门级电路结构

8.5.2　异步复位 D 寄存器

异步复位 D 寄存器的电路符号、特征值表及时序波形如图 8.38 所示。与同步复位所不同的是，当复位信号 R_N 为低电平时，无论是否有时间信号，随着 CLK 上升沿的到来，寄存器都会被复位到初始状态，$Q=0$；在下一个时钟信号上升沿到来之前，输出维持初始值 0；下一个时钟上升沿到来，如果此时复位信号已解除，则 D 的数据 Data_2 传输至 Q；再下一个时钟上升沿，D 的数据 Data_3 传输至 Q。典型的异步复位 D 寄存器门级电路结构如图 8.39 所示。

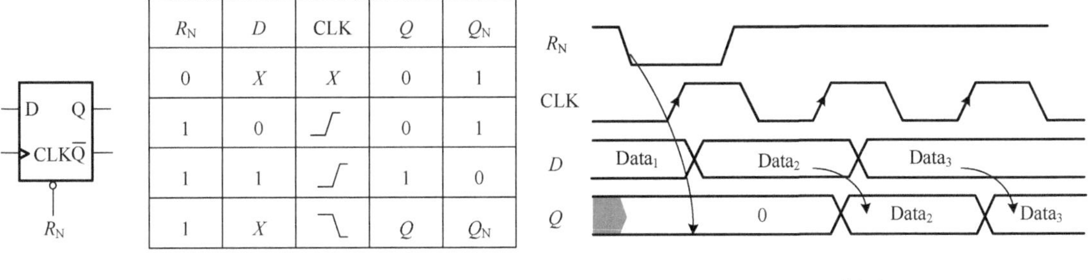

R_N	D	CLK	Q	Q_N
0	X	X	0	1
1	0	↑	0	1
1	1	↑	1	0
1	X	↓	Q	Q_N

(a) 电路符号　(b) 特征值表　(c) 时序波形

图 8.38　异步复位 D 寄存器的电路符号、特征值表及时序波形

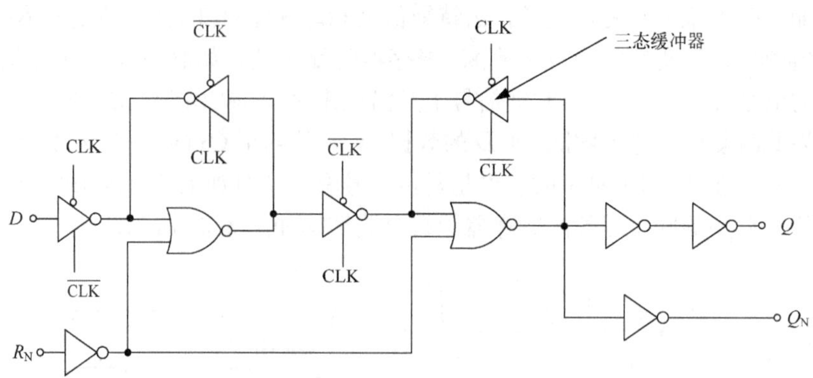

图 8.39　异步复位 D 寄存器门级电路结构

8.5.3　带使能信号的同步复位 D 寄存器

带复位信号的 D 寄存器可以在系统启动时，或是系统需要清零时对寄存器进行初始化设置，以保证系统能够正常工作。除了复位信号以外，寄存器会根据系统工作的要求，有时工作有时休眠，这样就需要有一个使能端子来控制寄存器的动作。在同步复位 D 寄存器的基础上，追加一个使能端子，就可以构成带使能信号的 D 寄存器。带使能及复位信号的 D 寄存器的电路符号、特征值表及时序波形如图 8.40所示。电路动作的条件是复位信号解除同时使能信号高电平。这一种电路在实际的时序电路中应用非常广泛。带使能信号 D 寄存器的电路结构如图 8.41 所示。图 8.41 中 D_M的逻辑由复位信号 R_N、输入信号 D、使能信号 E 及输出反馈信号 Q 共同决定。

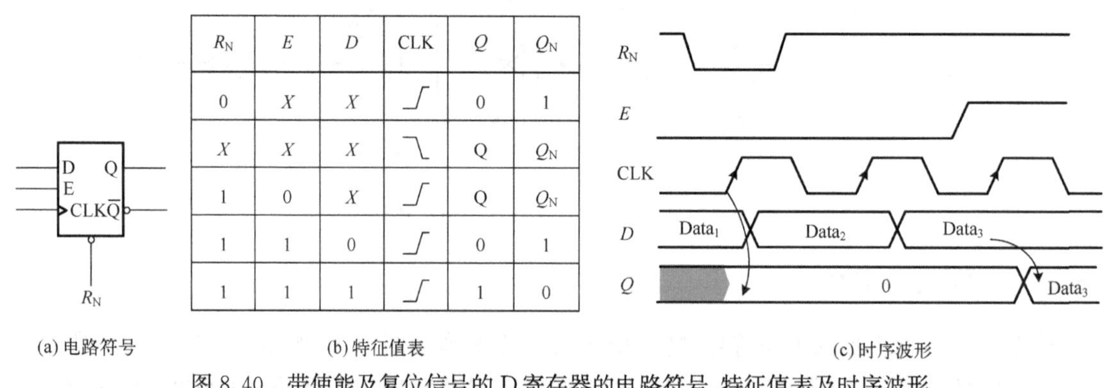

R_N	E	D	CLK	Q	Q_N
0	X	X	↑	0	1
X	X	X	↓	Q	Q_N
1	0	X	↑	Q	Q_N
1	1	0	↑	0	1
1	1	1	↑	1	0

(a) 电路符号　　(b) 特征值表　　(c) 时序波形

图 8.40　带使能及复位信号的 D 寄存器的电路符号、特征值表及时序波形

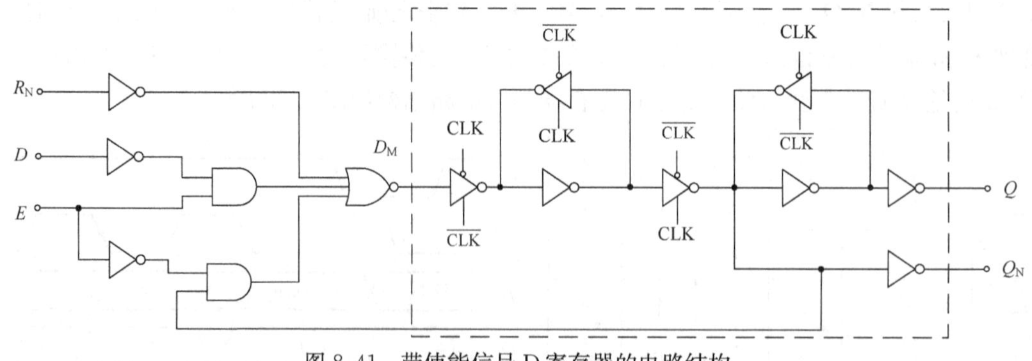

图 8.41　带使能信号 D 寄存器的电路结构

(1)R_N为“0”，D_M为“1”，时钟上升沿后，Q 为“0”(复位)。

(2)R_N为"1",E为"0",$\overline{D}\cdot E$为0,此时,D_M的逻辑为Q,时钟上升延后,Q传输到输出端,就相当于是维持了原来的值。

(3)R_N为"1",E为"1",D_M的逻辑为$\overline{D}$,时钟上升延后,$\overline{D}$经5级反相传输到输出端,输出为D,寄存器处于边沿触发的正常工作状态。

8.6　寄存器的应用及时序约束

第8章预习2

8.6.1　计数器

最简单的时序电路就是分频器。将D寄存器的负逻辑输出Q_N反馈回D输入端,使得时钟在上升沿时输出发生转移,频率就变为原来的1/2。图8.42给出了异步计数器及输出时序波形。从图8.42中可以看到,$Q[0]$为CLK的2分频,$Q[1]$为$Q[0]$的2分频,$Q[2]$为$Q[1]$的2分频,$Q[3]$为$Q[2]$的2分频。同时$Q[3:0]$是4 bit的计数器的输出。在此,计数为降计数,要想实现升计数,可以将Q_N作为下一级的时钟输入,即利用图8.42中点线所示接续。在异步系统中,由于每一个寄存器的时钟输入都比前一级的时钟慢一个寄存器的延迟,级数增多后,如果累计延时大于时钟周期就会出现误操作。因此这种异步电路不能工作在高速情况。在高速数字电路中,更多地采用图8.43所示同步电路来实现。

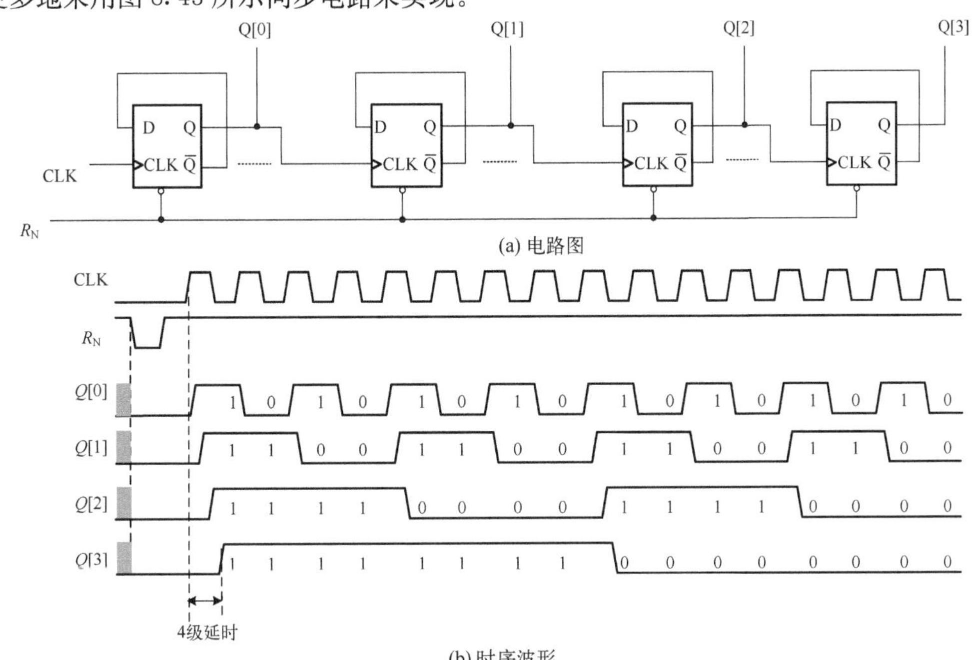

图8.42　异步计数器及输出时序波形

同步计数器的每一级寄存器时钟端子所接时钟信号相同,每一级的输出信号取反后经过半加器的反馈接入输入端,将每一级寄存器的输出信号引出即可实现同步计数。当使能信号为"1"时,经过化简变形,每一级寄存器输入信号的逻辑可写为

$$
\begin{aligned}
&D[0]=\overline{Q[0]}\\
&D[1]=Q[1]\oplus Q[0]\\
&D[2]=Q[2]\oplus(Q[1]\cdot Q[0])\\
&D[3]=Q[3]\oplus(Q[1]\cdot Q[0]\cdot Q[2])
\end{aligned}
\tag{8.1}
$$

各寄存器的初始状态为 0，因此，Q[0]、Q[1]、Q[2]、Q[3]的初始值为 0，D[0]、D[1]、D[2]、D[3]的值由式(8.1)的逻辑关系决定。每一个时钟上升沿到来后，将当前各寄存器的输入 D[3∶0]传入输出 Q[3∶0]，再根据式(8.1)的逻辑将输入数据 D[3∶0]更新，在下个时钟上升沿到来之后，将更新后的输出传向输出。将各寄存器的输入输出之间的逻辑关系用表格表示，结果如表 8.1 所示。

表 8.2　同步计数器各级寄存器输入输出之间的逻辑关系

时钟周期	各寄存器的输入				各寄存器的输出				计数器输出
	D[3]	D[2]	D[1]	D[0]	Q[3]	Q[2]	Q[1]	Q[0]	Q[3∶0]
0	0	0	0	1	0	0	0	0	0
1	0	0	1	0	0	0	0	1	1
2	0	0	1	1	0	0	1	0	2
3	0	1	0	0	0	0	1	1	3
4	0	1	0	1	0	1	0	0	4
5	0	1	1	0	0	1	0	1	5
6	0	1	1	1	0	1	1	0	6
7	1	0	0	0	0	1	1	1	7
8	1	0	0	1	1	0	0	0	8
9	1	0	1	0	1	0	0	1	9
10	1	0	1	1	1	0	1	0	10
11	1	1	0	0	1	0	1	1	11
12	1	1	0	1	1	1	0	0	12
13	1	1	1	0	1	1	0	1	13
14	1	1	1	1	1	1	1	0	14
15	0	0	0	0	1	1	1	1	15

从表 8.1 可知，在每一个时钟周期内，每一级寄存器的输入与输出之间的关系是由式(8.1)决定的，而在每一个时钟上升沿，将本级寄存器的输入传向输出，如表 8.1 中箭头所示。而最终输出所实现的逻辑为同步计数。同步计数器及输出时序波形如图 8.43 所示。

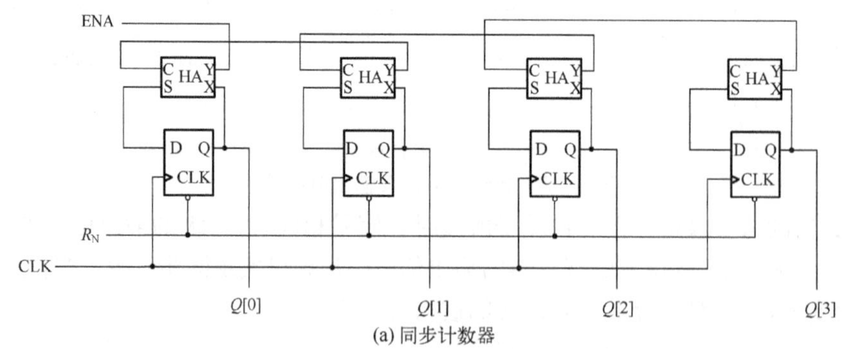

(a) 同步计数器

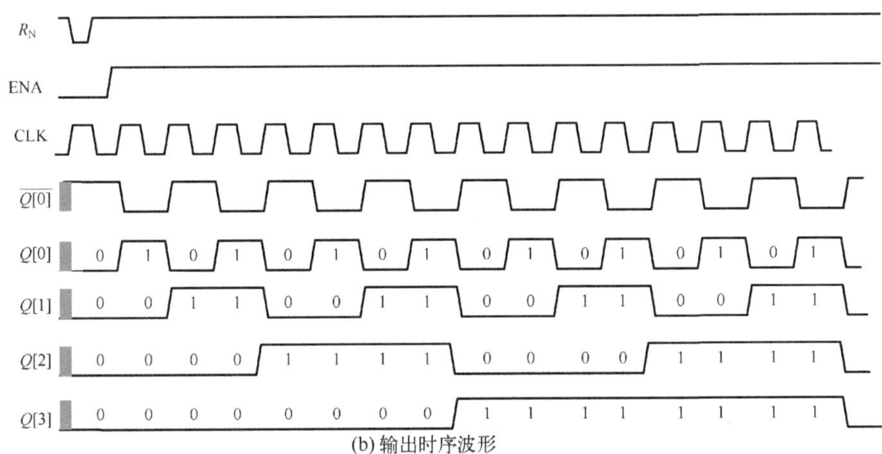

(b) 输出时序波形

图 8.43　同步计数器及输出时序波形

8.6.2　时序电路的时序约束

1. 时序电路的时钟周期

在时序电路中，能够保证电路正常工作的时钟周期是电路性能的重要标志。那么，电路的时钟周期与哪些因素相关呢？先来看图 8.44 所示电路实例。

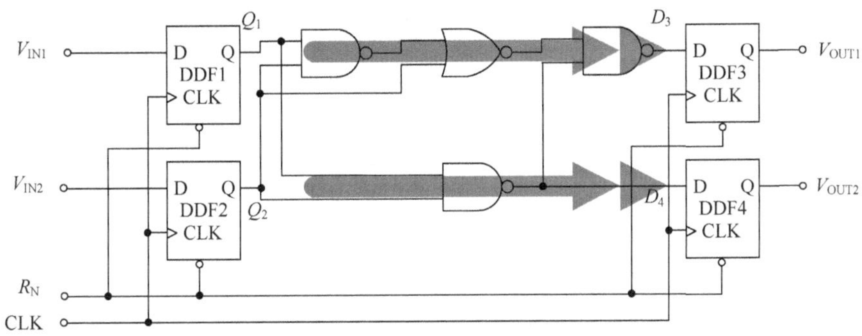

图 8.44　寄存器时钟周期的约束条件

V_{IN1}、V_{IN2}分别是寄存器 DFF_1、DFF_2 的输入信号。这两个输入信号在时钟上升沿到来之后被传到 DFF_1、DFF_2 的输出端 Q_1、Q_2，经过路径Ⅰ及路径Ⅱ到达 DFF_3 及 DFF_4 的输入端 D_3、D_4，在下一个时钟上升沿到来时传到 DFF_3、DFF_4 的输出端 V_{OUT1}、V_{OUT2}。假设图 8.44 中 4 个寄存器 DFF_1～DFF_4 具有相同的延迟时间 $t_{c\text{-}q}$及建立时间 t_{setup}，与非门的延迟时间为 t_{nand}，或非门的延迟时间为 t_{nor}。现在参照图 8.45 所示的时序来讨论电路允许的最小时钟周期。

在 t_1时刻，第 1 个时钟上升沿到来，之前已经准备好的数据 V_{IN1}、V_{IN2}通过寄存器 DFF_1、DFF_2 经过 $t_{c\text{-}q}$的时间后在 t_2时刻分别到达 DFF_1 及 DFF_2 的输出端 Q_1、Q_2，这两个数据经过路径Ⅰ上的 2 个与非门、1 个或非门，共用时间 $t_{logic\text{-}I}=2*t_{nand}+t_{nor}$在时刻 t_4到达 D_3，同时经过路径Ⅱ上的一个与非门用时 $t_{logic\text{-}II}=t_{nand}$在时刻 t_3先于 D_3到达 D_4。对于寄存器 DFF_3、DFF_4 来说，要想将在 t_1时刻传入的数据在下一个时钟周期正确地捕获到的条件是 D_3、D_4满足 DFF 所需建立时间，也就是说，在下一个时钟上升到来之时，D_3、D_4 必须已经稳定存在了 t_{setup}所设定的时间。在

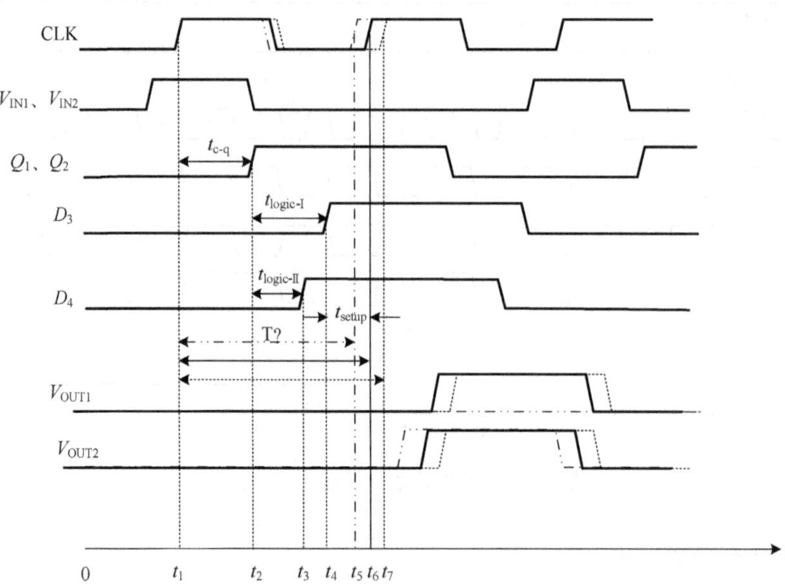

图 8.45　时序电路时钟周期的时序概念图

本例中,如果时钟周期设定为点划线所示 t_5-t_1 的话,时钟上升沿将在 t_5 时刻到来,D_4 的数据由于传输路径延迟时间小,在 t_3 时刻就已经更新完毕,$t_5-t_3>t_{setup}$,可以被正确地传输到 V_{OUT2};对于 D_3,数据传输更新是在时刻 t_4 完成的,由于 $t_5-t_4<t_{setup}$,不满足寄存器正确工作条件,所以,点划线所示时钟边沿不能正确采集到 D_3 的数据,出现逻辑错误;若时钟上升沿在点线所示 t_7 时刻到来,$t_7-t_4>t_{setup}$,D_3 就可以被正确传输。如在实线所示时刻 t_6 时钟上升沿到来的话,$t_6-t_4=t_{setup}$,正好满足寄存器的工作条件,是时钟周期设置的边界。在这个例子中,给出了输入信号经过不同传输路径到达下一级寄存器的输入端,因此造成延迟时间不同。为了保证所有输入路径上的数据都能被下一级寄存器正确捕获到,时钟周期应满足

$$T\geqslant t_{c-q}+t_{logic-max}+t_{setup} \tag{8.2}$$

应该注意的是,由于 CMOS 逻辑电路传输逻辑 0 和逻辑 1 时,是分别通过 pMOS 晶体管构成的上拉网和 nMOS 晶体管构成的下拉网完成的,因此,不同的输入信号会有不同的延迟时间。即使是相同的传输路径,由于输入信号的不同,也会造成不同的传输延迟,所以,$t_{logic-max}$ 应该指数据所有传输链路上寄存器与寄存器之间逻辑部件的最坏延迟情况下的延迟时间,也称最大传播延时。式(8.2)是时序电路中非常重要的约束条件之一,这一条件决定了电路能够正确工作的时钟频率。在实际的电路设计中,通过系统对时钟频率提出了要求,而设计又不能满足建立时间要求时,通常会采用增大逻辑单元的驱动能力、减小延迟时间的方法来改善时序,有时还需要重新进行逻辑划分,尽量使得各寄存器之间的逻辑延迟接近。

2. 时序电路的维持时间

时序电路在满足周期约束条件的同时,维持时间也要满足以下约束条件

$$t_{hold}<t_{c-q,cd}+t_{logic,cd} \tag{8.3}$$

在此,$t_{c-q,cd}$、$t_{logic,cd}$ 是指寄存器的最小延时和组合逻辑的最小延时。同样,以一个实例来说明维持时间需要满足的条件。

图 8.46 给出多路径时序电路概念图。讨论时序电路需要满足的时间周期条件,关注的是一

个时钟上升沿到来之后，下一个时钟上升沿过多久可以出现，是两个不同时刻的问题。而接下来要讨论的维持时间是同一时刻寄存器与寄存器之间数据的关系。图 8.46 中有两路寄存器链，寄存器间的逻辑分别为 Logic-Ⅰ 及 Logic-Ⅱ。假设，DFF_1～DFF_4 的维持时间 t_{hold} 相等，但是 DFF_1 的最小延时 $t_{c\text{-}q,cd1}$ 小于 DFF_2 的最小延时 $t_{c\text{-}q,cd2}$，Logic-Ⅰ 的最小传播延时 $t_{logic\text{-}I,cd}$ 也小于 Logic-Ⅱ 的最小传播延时 $t_{logic\text{-}II,cd}$。图 8.47 为时序电路维持时间的时序概念图。在时刻 t_1，输入数据 V_{IN1} 通过寄存器 DFF_1 到达输出端 Q_1，V_{IN2} 再通过寄存器 DFF_2 到达输出端 Q_2。此时，DFF_3、DFF_4 的输入数据 D_3、D_4 应该维持上一个时钟周期的值。如果 DFF_3、DFF_4 的维持时间为 t_{hold}，则意味着 t_1 时刻后 D_3、D_4 至少应该将原有数据维持 t_{hold} 时间后再更新。在图 8.47 的时序波形中，t_1 时刻后，因 DFF1 的 $t_{c\text{-}q,cd1}$ 及 Logic-Ⅰ 的 $t_{logic\text{-}I,cd}$ 较小，V_{IN1} 的值快速传输到 Q_1、经过 Logic-Ⅰ 后到达 D_3，如 D_3 中虚线所示波形。由于 D_3 需要满足的维持时间如波形中实线所示，显然，虚线波形不满足 DFF_3 的维持时间要求，V_{OUT1} 的波形本应和实线所示相同，但实际却没有被正确传输，V_{OUT1} 出现图 8.47 中虚线所示逻辑错误；而 V_{IN2} 经过 DFF_2、组合逻辑 Logic-Ⅱ 后传到 D_4。此时，从 t_1 时刻开始经过的时间已经大于 t_{hold} 时间，上一个数据 D_4 正确地传输至 V_{OUT2} 后，数据更新，为下一次传输做准备。

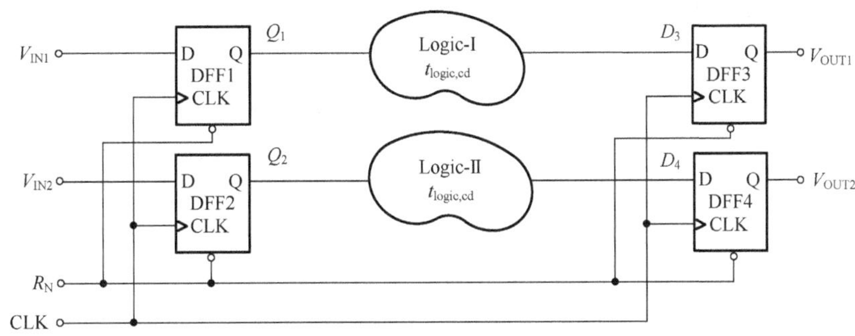

图 8.46　多路径时序电路概念图

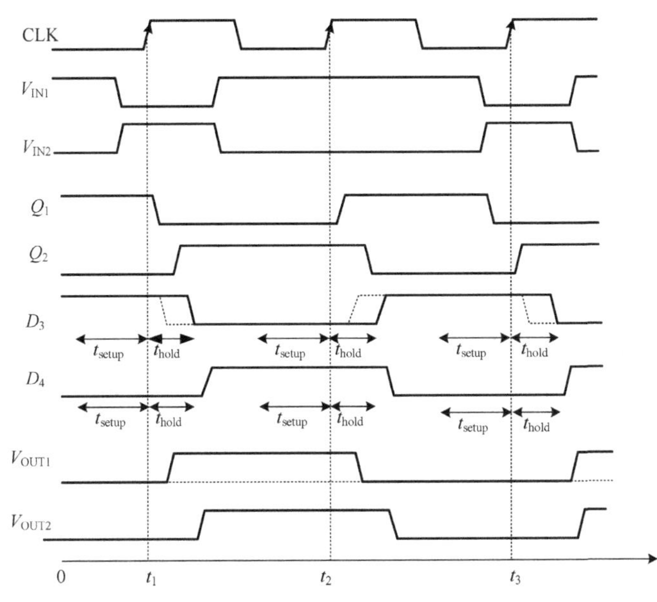

图 8.47　时序电路维持时间的时序概念图

从以上分析可以看出，在时序电路中，如果某一路径的最小传播延迟时间太小的话，就会引起维持时间违反，不能保证电路正常工作。维持时间和电路中寄存器及组合逻辑的最小传播延时之间应该满足式(8.3)的约束条件。在实际电路中，如果出现维持时间违反，通常需要在最小传播路径上加入延迟单元来消除违反。

技术拓展：异步数字系统

时序电路是数字系统中非常重要的单元，是保证数字系统能够正常工作的核心。目前，同步时序电路设计是数字集成电路设计领域的主流。但是，随着工艺技术的持续发展，最小线宽逐渐减小，互连线延迟对电路的影响越来越大，使同步设计中的时钟 skew 问题越来越难处理；芯片的密度和规模的增加，功耗问题给电池供电和散热都提出了更高的要求；设计方法上也面临着很多难以解决的问题。于是异步电路开始引起人们的关注。同步集成电路中，所有时序电路模块的时序由一个总体的时钟统一控制，时序模块间的组合逻辑模块在一个时钟的有效跳变沿到来后开始工作，在下一个跳变沿到来之前完成工作。异步集成电路与同步集成电路不同，它通过使用大量本地握手信号来完成整个电路的时序控制工作，每个电路模块在握手信号的有效跳变沿后开始工作，在工作完成后产生相应的完成信号。异步电路的优势在于：①异步电路的模块化特性突出，在设计复杂电路时具有内在的灵活性。异步电路用握手信号进行模块内部与模块间的通信，采用相同握手协议的电路模块可以方便地直接互连，组成较大的电路系统时，不需要像同步电路一样，需要在模块内部进行时序调整。只要模块不改变接口协议，可以独自进行优化而不会影响到系统的整体时序。②异步系统对信号的延迟不敏感，对小线宽集成电路工艺适应性较强。电路的延迟只会影响工作速度，而不会影响电路行为，电路的物理设计比较简单，并且对工艺偏差不敏感。③异步电路用大量本地时序控制信号取代整体时钟，避免了时钟设计问题。也可避免时钟 skew 问题。④异步电路主要由数据驱动，可以在零功耗无数据状态与最大吞吐状态之间迅速切换，不需要任何辅助，具有低功耗的特性。因此，设计和研究异步集成电路，发挥异步集成电路的优势，具有较强的研究和应用价值。

基础习题

8-1 试说明时序逻辑电路的特点。与组合逻辑电路相比，有什么区别?

8-2 什么叫同步时序电路、什么叫异步时序电路? 二者各有什么特点?

8-3 钟控的 RS 触发器能用作移位寄存器吗? 为什么?

8-4 施密特触发器具有什么特征? 它的工作原理是什么? 主要应用有哪些?

8-5 解释锁存器、触发器和寄存器的区别，并画图说明。

8-6 查阅资料，分析 CMOS 静态主从结构寄存器、传输门多路开关型寄存器和 CMOS 寄存器的优缺点。

8-7 简述时钟重叠的起因。

8-8 什么是亚稳态? 举例说明如何解决亚稳态问题。

8-9 D 触发器的初始状态 $Q=1$，输入时钟周期为 4ns，建立时间、维持时间都为 1ns，输入 D 与时钟的波形如图 8.48所示，画出相应的输出波形。

8-10 图 8.49 给出的是一个最简单的动态锁存器，判断它是否有阈值损失现象。若有，说明阈值损失的种类，给出两种解决方案并且阐述两种方案的优缺点。

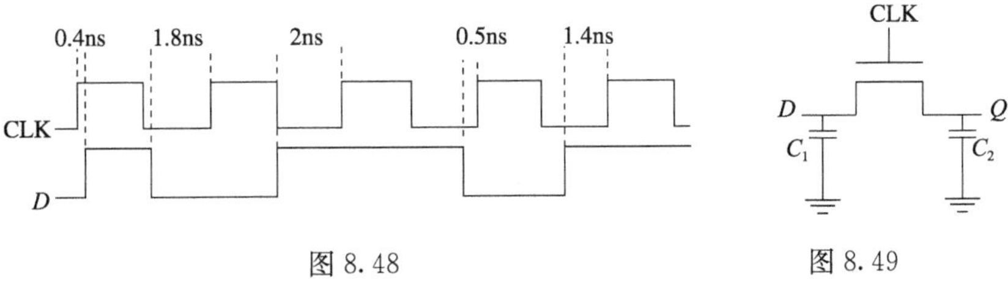

图 8.48

图 8.49

8-11　如图 8.50 所示。寄存器 DFF_1 的延时为 T_{DFF_1}，建立时间为 T_{setup_1}，维持时间为 T_{hold_1}；寄存器 DFF_2 的延时为 T_{DFF_2}，建立时间为 T_{setup_2}，维持时间为 T_{hold_2}；组合逻辑 logic 的最大延时为 T_{max}，最小延时为 T_{min}。这条路径的时序应满足什么关系才能保证逻辑的正常执行？

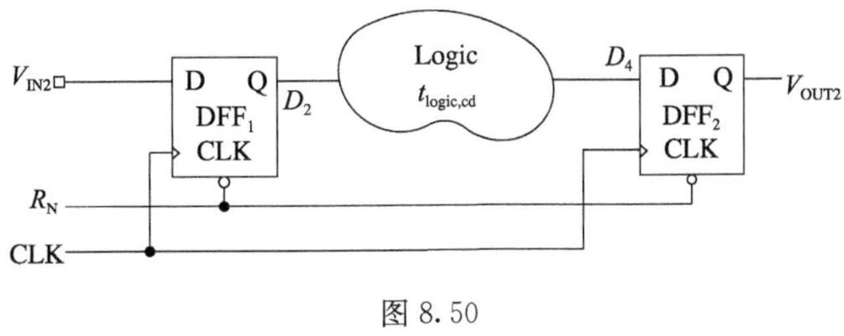

图 8.50

高 阶 习 题

8-12　解释图 8.51 所示寄存器的工作原理，并说明此处建立和维持应该满足什么条件。

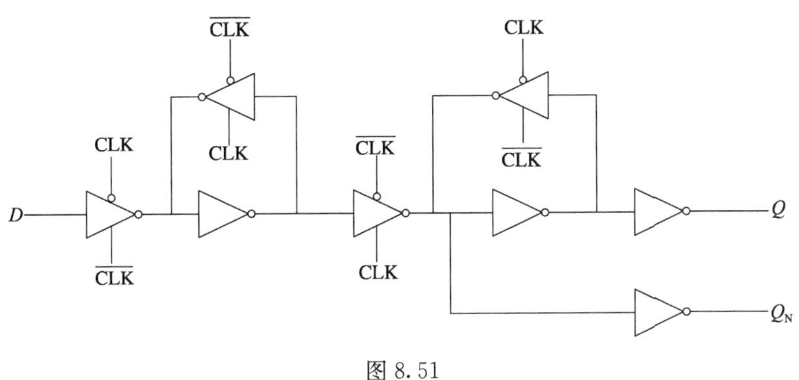

图 8.51

8-13　假设与非门、或非门的延时为 1ns、反相器输入由 0→1 的延时为 1ns、输入由 1→0 的延时为 0.6ns。寄存器的延时为 0，建立时间、维持时间都是 2ns，时钟周期为 5ns。判断图 8.52 是否满足时序要求。

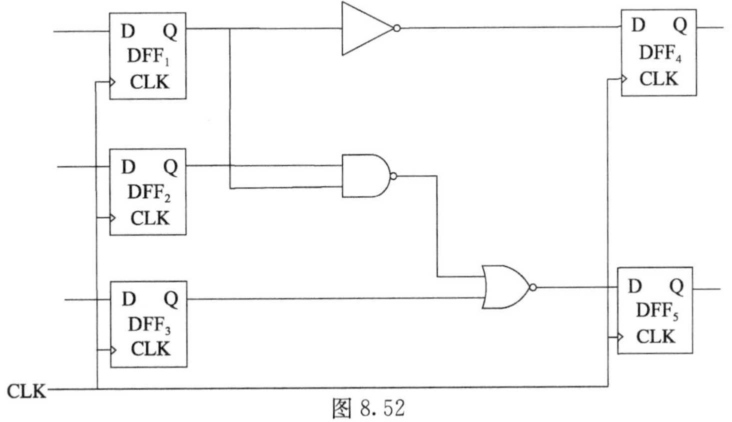

图 8.52

8-14　结合本章所学的内容，思考一个系统的最高工作频率都受哪些因素的限制。

第 9 章　MOS 逻辑功能部件

前面几章介绍的是集成电路中基本元件的结构和制造、数字集成电路中基本电路单元的构成和分析，对于实际应用中的数字集成电路，往往由一个电路模块完成某些特定的逻辑功能，这些电路模块称为逻辑功能部件。一个典型的数字处理器通常由数据通路、控制器、存储器、输入输出接口等部分构成，其中数据通路是处理器的核心，负责数据的计算，如逻辑运算和算术运算等，控制器控制处理在各个时间段的各个操作，存储器用来存储数据，而输入输出接口则实现处理器与外设之间的接口功能。本章将应用前面介绍的基本单元电路来设计在微处理器和数字处理器的数据通路中经常用到的一些逻辑功能部件，如多路开关、加法器、移位器和乘法器等。从电路设计难易程度、功耗高低、工作速度等多方面因素综合权衡考虑，在设计电路模块时可以采用多种设计方案，如前面介绍的 CMOS 静态逻辑门电路、传输门电路、动态逻辑电路等。本章介绍的逻辑功能部件，都可采用不同的设计方案来实现。

问题引入

1. 你能列出数字处理器中都有哪些逻辑功能部件？使用频率最高的是哪种？
2. 可以用来设计逻辑功能部件的逻辑类型都有哪些？
3. 如何设计各个逻辑功能部件？

9.1　多路开关

多路开关也叫数据选择器或多路选择器，它可以在控制信号的作用下从多个数据通道中选择某一路到输出端。图 9.1 为一位 4 选 1 多路开关符号图，其中，D_0、D_1、D_2、D_3 为四路数据，为了从四路数据中选择一路数据输出，至少需要两个选择控制变量（或地址）K_0、K_1。表 9.1 为一位 4 选 1 多路开关真值表。从真值表中可得出输出 Y 的逻辑表达式为

$$Y=\overline{K_0}\,\overline{K_1}D_0+\overline{K_0}\,\overline{K_1}D_1+K_0\overline{K_1}D_2+K_0K_1D_3 \tag{9.1}$$

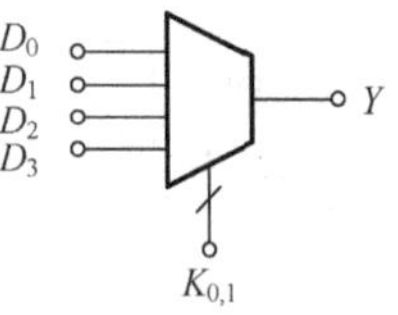

图 9.1　一位 4 选 1 多路开关符号图

表 9.1　4 选 1 多路开关真值表

K_0	K_1	Y
0	0	D_0
0	1	D_1
1	0	D_2
1	1	D_3

根据逻辑表达式可以得到一位 4 选 1 多路开关门级电路如图 9.2 所示，由与或非门和反相器构成。图 9.3 是其晶体管级多路开关电路。

如前所述，利用传输门同样可以构成逻辑电路。通过第 7 章的介绍也可以看到，在构造多路选择开关等电路时，传输门逻辑比静态逻辑电路更具有优越性。根据表 9.1 所示的真值表采用 BDD 方法可以得到 4 选 1 多路开关的二叉判定树如图 9.4(a)所示，与其对应的 nMOS 传输门电

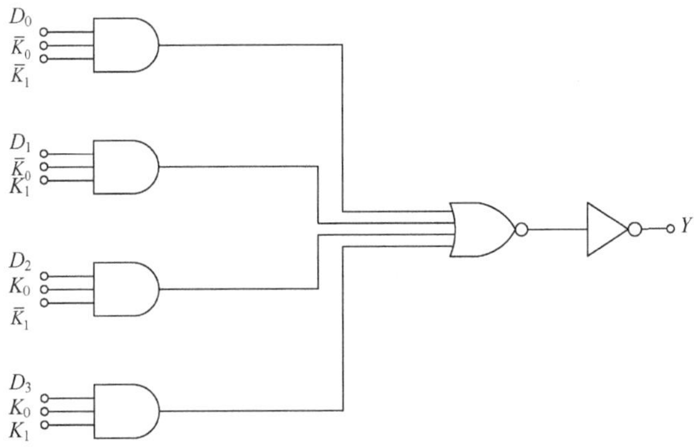

图 9.2　一位 4 选 1 多路开关门级电路

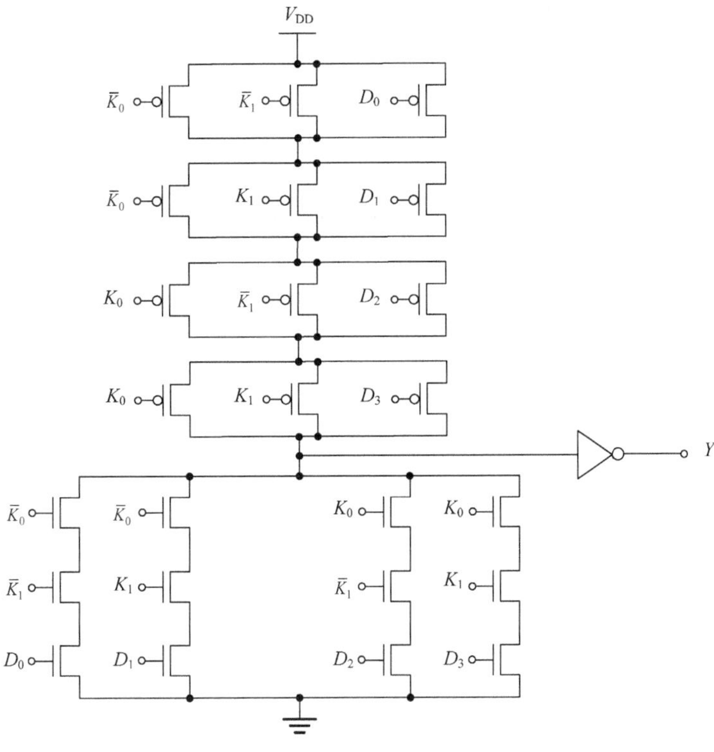

图 9.3　晶体管级多路开关电路

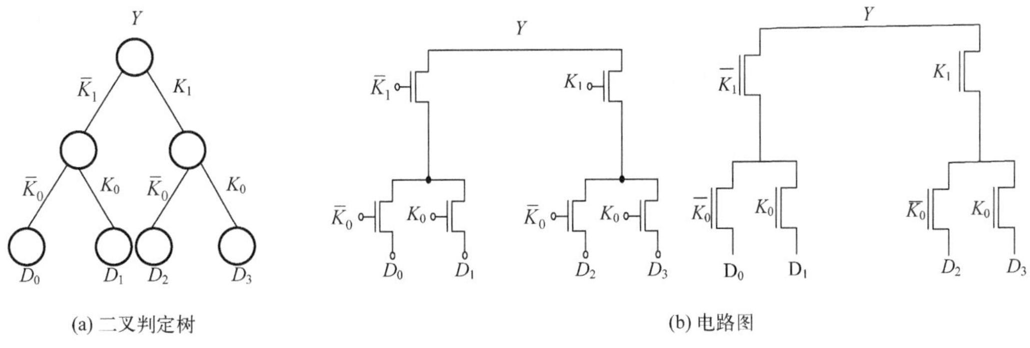

(a) 二叉判定树　　(b) 电路图

图 9.4　传输门多路开关

路如图 9.4(b)所示。从图 9.4 中可以看出，采用传输门逻辑只需要 6 个晶体管便可构成 4 选 1 多路开关，它比用 CMOS 静态逻辑门电路要省许多个管子，所以是一种比较好的电路形式。

多路开关可灵活地用于顺序数据选择、并串行数据转换，实现多通道数据传送，也可用来实现逻辑函数及数码比较、序列脉冲产生，还可用来构成主从触发器等，是一种应用广泛的功能部件。

9.2　加法器和进位链

加法是最常用的运算操作，而加法器则是构成很多系统的重要部件，它也常常是限制处理器运算速度的部件，因此优化加法器的性能对处理器极其重要。优化加法器性能可以从逻辑层和电路层上进行。逻辑层上的优化往往在布尔方程上下功夫，以期在速度或面积等性能方面对加法器进行改进，本节介绍的超前进位加法器就属于这个层次上的优化。电路层上的优化则是着眼于改变晶体管的尺寸以及电路的拓扑连接来优化电路速度或面积，本节介绍的密勒加法器是属于这个层次的优化。

9.2.1　加法器定义

加法器是完成加法操作的部件，一个加法器可以是一位二进制加法器，也可以是多位二进制加法器。对于一位二进制加法器，分为全加器(FA)和半加器(HA)，一位全加器是构成多位加法器的基本电路单元。一位二进制半加器的符号如图 9.5 所示，其真值表如表 9.2 所示。其中，A 和 B 是加法器的输入，S 是“和输出”，C_o 是“进位输出”。由真值表可以得到 S 和 C_o 的布尔表达式如下

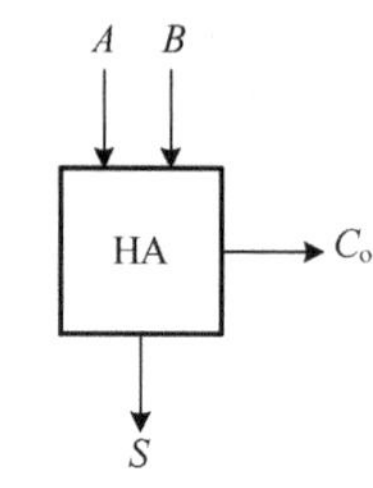

图 9.5　一位二进制半加器符号

$$S=A\oplus B$$
$$C_o=AB \tag{9.2}$$

从半加器的布尔表达式可以看出，电路由基本的与门和异或门构成，这些门电路在前面几章中已经介绍，在此不再赘述。

表 9.2　半加器真值表

A	B	S	C_o
0	0	0	0
0	1	1	0
1	0	1	0
1	1	0	1

一位二进制全加器符号如图 9.6 所示，其真值表如表 9.3 所示。表 9.3 中，A 和 B 是加法器的输入，C_i 是“进位输入”，S 是“和输出”，C_o 是“进位输出”。S 和 C_o 的布尔表达式如下

$$S=A\oplus B\oplus C_i=ABC_i+A\overline{B}\overline{C}_i+\overline{A}B\overline{C}_i+\overline{A}\overline{B}C_i$$
$$C_o=AB+AC_i+BC_i \tag{9.3}$$

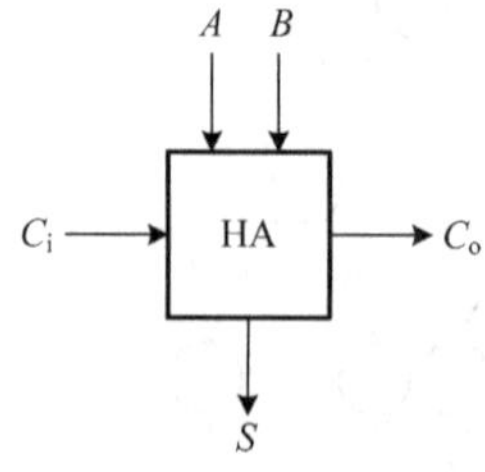

图 9.6　一位二进制全加器符号

表 9.3　全加器真值表

A	B	C_i	S	C_o	进位状态
0	0	0	0	0	取消
0	0	1	1	0	取消
0	1	0	1	0	传播
0	1	1	0	1	传播
1	0	0	1	0	传播
1	0	1	0	1	传播
1	1	0	0	1	产生/传播
1	1	1	1	1	产生/传播

从实现的角度考虑，常常将 S 和 C_o 定义为某些中间信号 G(generate，进位产生)、D(delete，进位取消)和 P(propagate，进位传播)的函数。这些中间信号表示的是加法器输入信号 A 和 B 对进位输出状态的影响，其中，G 称为进位产生信号，当 $G=1$ 时，将保证在 C_o 产生一个进位，而与 C_i 无关，D 称为进位取消信号。当 $D=1$ 时，保证 C_o 没有进位产生，而 P 称为进位传输信号。当 $P=1$ 时意味着需要将进位输入信号传播至 $C_o(C_o=C_i)$。这些信号的表达式可以通过观察真值表推导出来。

$$G=AB$$
$$D=\overline{A}\,\overline{B}$$
$$P=A\oplus B \tag{9.4}$$

把 S 和 C_o 重新写为 P 和 G(或 D)的函数如下

$$C_o(G,P)=G+PC_i$$
$$S(G,P)=P\oplus C_i \tag{9.5}$$

注意：G 和 P 仅是 A 和 B 的函数而与 C_i 无关。同样，我们也可以推导出 $S(D,P)$ 和 $C_o(D,P)$ 的表达式。

在深入讨论全加器单元的电路设计之前，值得提及的是全加器的一个重要特性——反相特性。通过对布尔表达式的化简，不难证明下列关系式成立。

$$\overline{A\oplus B\oplus C_i}=\overline{A}\oplus\overline{B}\oplus\overline{C}_i$$
$$\overline{AB+AC_i+BC_i}=\overline{A}\,\overline{B}+\overline{A}\,\overline{C}_i+\overline{B}\,\overline{C}_i$$

也就是说，全加器的输出关系满足

$$\overline{S}(A,B,C_i)=S(\overline{A},\overline{B},\overline{C}_i)$$
$$\overline{C}_o(A,B,C_i)=C_o(\overline{A},\overline{B},\overline{C}_i) \tag{9.6}$$

这就是全加器反相特性的两个公式，其意义为：**把一个全加器的所有输入反相，它的所有输出也反相**，如图 9.7 所示。

一个 N 位加法器可以通过把 N 个一位的全加器(FA)电路级联起来构成，即对于从 $k=1$ 至 $N-1$，把 $C_{o,k-1}$ 连接到 $C_{i,k}$ 并使第一个输入进位 $C_{i,0}$ 连接至 0，图 9.8 为四位逐位进位加法器结构图。这一结构称为逐位进位加法器或行波进位加法器，因为进位位从一级“波动”到另一级。在

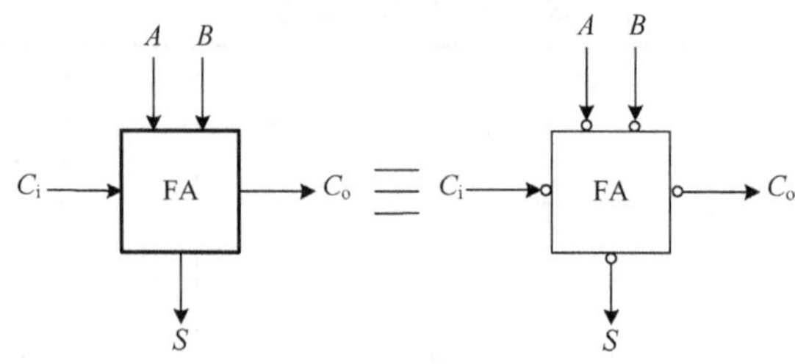

图 9.7　全加器的反相特性

逐位进位加法器中,最坏情形的延时发生在当最低有效位上产生的进位一直全程传播到最高有效位时,这一进位最终在最后一级上被吸收以产生和。因此,延时正比于输入字的位数 N,可近似为

$$t_{\text{adder}}=(N-1)t_{\text{carry}}+t_{\text{sum}} \tag{9.7}$$

式中,t_{carry}和 t_{sum}分别等于从 C_i 至 C_o 及 S 的传播延时。

从式(9.7)中可以得到以下两个重要结论。

(1)逐位进位加法器的传播延时与 N 呈线性关系。

(2)优化逐位进位加法器的全加器单元时,优化“进位延时”比“和延时”重要。

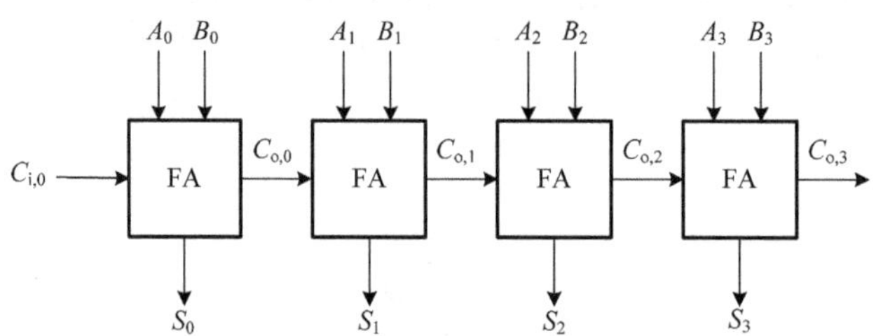

图 9.8　四位逐位进位加法器结构

9.2.2　全加器电路设计

1. 互补静态 CMOS 组合逻辑电路

实现全加器电路的最简单方法是把式(9.3)用第 7 章 CMOS 静态逻辑门电路的设计方法直接转变为互补 CMOS 静态逻辑门电路,但是这种方法设计出来的电路晶体管数目较多。若对式(9.3)进行某些逻辑变换,则可以帮助减少晶体管的数目。由于在逐位进位加法器中进位延时是电路的关键参数,因此进行逻辑变换时的思路是在不减慢进位产生速度的前提下,让“和”与“进位产生”的子电路之间共享某些逻辑来减少晶体管数目。以下是这样一个重新组织逻辑方程组的例子。

$$\begin{aligned}C_o&=AB+BC_i+AC_i\\S&=ABC_i+\overline{C}_o(A+B+C_i)\end{aligned} \tag{9.8}$$

很容易验证它与原方程组等价。通过该变换后电路先产生进位输出 $\overline{C}_o$,该部分电路可以供“和”与“进位产生”共享。利用互补静态 CMOS 实现的全加器如图 9.9 所示,它由 28 个晶体管构成。值得注意的是,因为在逐位进位加法器中,进位输入可能是电路中的关键路径所在,即某一级全加器电路的输入信号 A 和 B 在进位输入信号 C_i 到达之前就已经稳定了很长一段时间,所以在该电路的晶体管级拓扑结构安排上，将进位输入信号 C_i 控制的 MOS 管放置在靠近输出端的地方，使得其他各输入信号能够先对门电路进行控制，使得电路中的内部节点的电容事先已被预充电或放电，当 C_i 到达时只有节点 X 的电容必须充（放）电，以减小受 C_i 控制的 MOS 管的衬偏效应。

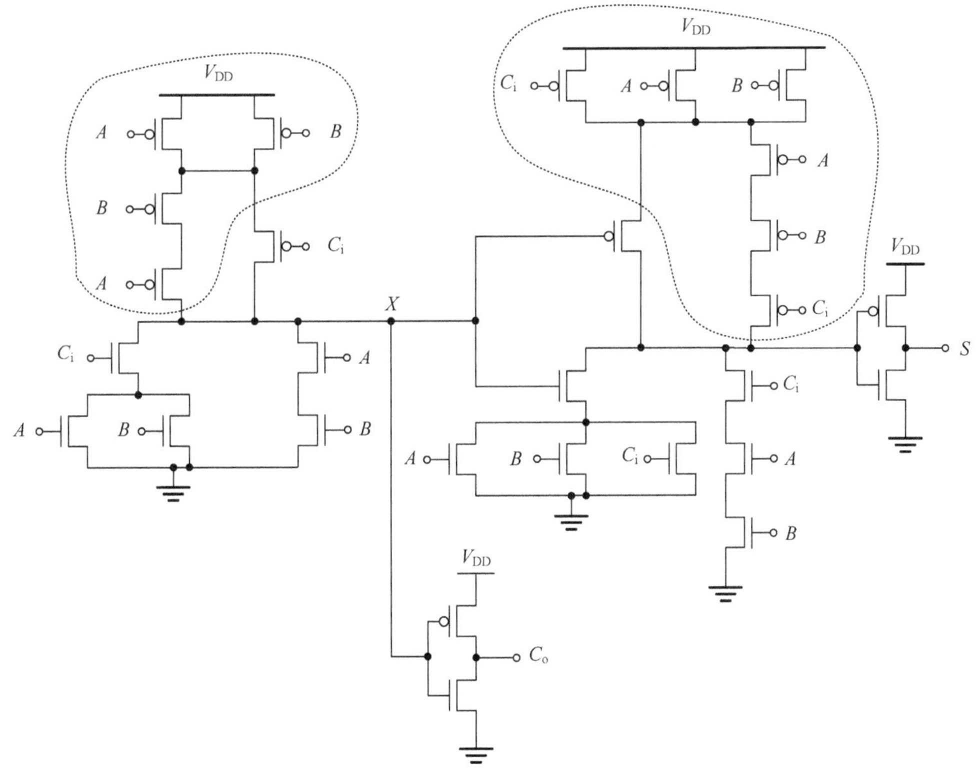

图 9.9　利用互补静态 CMOS 实现的全加器

图 9.9 所示的全加器电路中"进位产生"通路上 pMOS 网络存在最多三管串联的情形，"和"通路上存在最多四管串联的情形，这将影响电路的速度。通过分析可以发现，这两个支路可以进一步简化（图 9.9 中虚线框部分），A、B 控制的两个管子并联的部分和 A、B、C 控制的三个管子并联的部分在逻辑功能上对整个支路没有贡献，因此在这两个支路中可以省略这部分电路。重新整理后的电路被称为密勒加法器电路，如图 9.10 所示。由图 9.10 可知改进后的电路在"进位产生"通路上最多只有两管串联。有趣的是改进后的加法器电路 pMOS 网络和 nMOS 网络结构完全对称，因此该电路称为镜像加法器或密勒加法器（Mirror Adder）。

在互补静态 CMOS 组合逻辑加法器中，"进位产生"信号与"和"信号都是通过反相器输出的，当多位加法器采用逐位进位加法结构时，为了减小进位延时，该反相器可以省略。这时，可以利用前面讨论的全加器反相特性来进行电路拓扑的优化。去掉反相器的全加器符号及其反相特性如图 9.11 所示，将该全加器应用到逐位进位加法器中构成的 4 位加法器拓扑结构如图 9.12 所示，这时，偶数单元的"和"要经反相后输出，奇数单元的 A、B 输入要经反相后输入。

2. 传输门加法器

从全加器的布尔表达式可以看出，其基本逻辑关系以异或门为主，而传输门逻辑在构造以异或门和多路开关等为主的电路单元时具有明显的优势，因此全加器电路可以采用传输门电路来

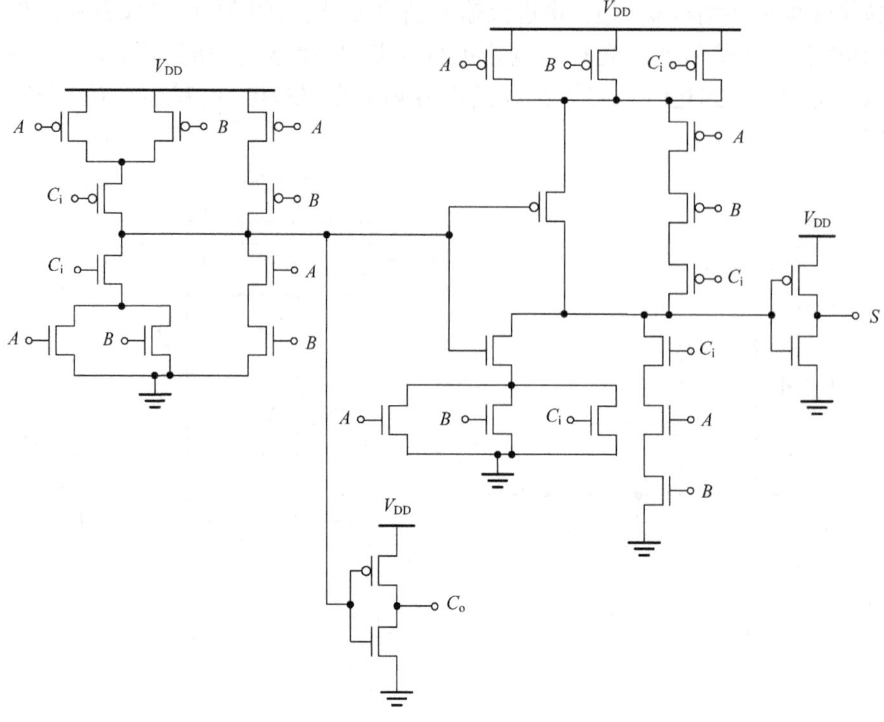

图 9.10　密勒加法器电路

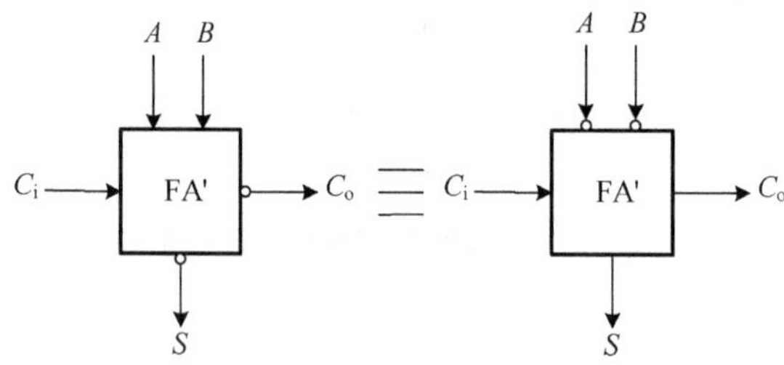

图 9.11　去掉反相器的全加器符号及其反相特性

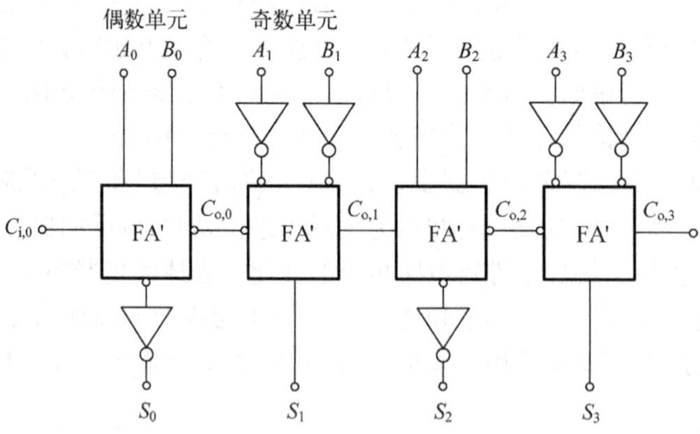

图 9.12　4 位逐位进位加法器

实现。图 9.13 所示即为传输门全加器门级电路，这时电路由两个多路开关构成，其中，$G=AB$，$P=A\oplus B$。在产生 S 的电路中，当 P 为 1 时传 $\overline{C}_i$ 的值，P 为 0 时传 C_i 的值，因此实现了 $S=P\oplus C_i$；在产生 C_o 的电路中，目标是要实现 $C_o=G+PC_i$，通过分析发现当 P 为 1 时，G 一定为 0，只有 P 为 0 时，G 才有可能为 1，且此时 $G=A=B$，因此可以采用 P 和 $\overline{P}$ 作为控制信号的多路开关实现该功能，当 P 为 1 时传输 C_i 的值，当 P 为 0 时传输 A 或 B 的值。图 9.14 所示为其晶体管级电路，它使用了 24 个晶体管。图 9.14 中除了图 9.13 中所示的两个多路开关电路外，增加了进位传播信号 P(输入 A 和 B 的 XOR)和 $\overline{P}$ 的产生电路，以及 $\overline{A}$ 和 $\overline{C_i}$ 的产生电路。这种全加器电路的一个有意义的特点是它的和与进位输出具有近似的延时。

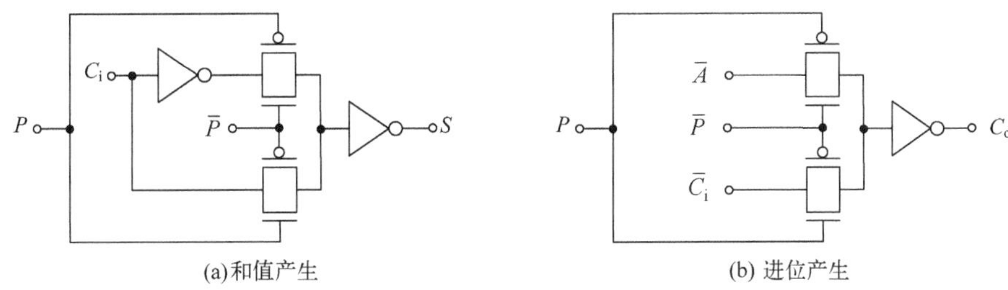

图 9.13　传输门全加器门级电路

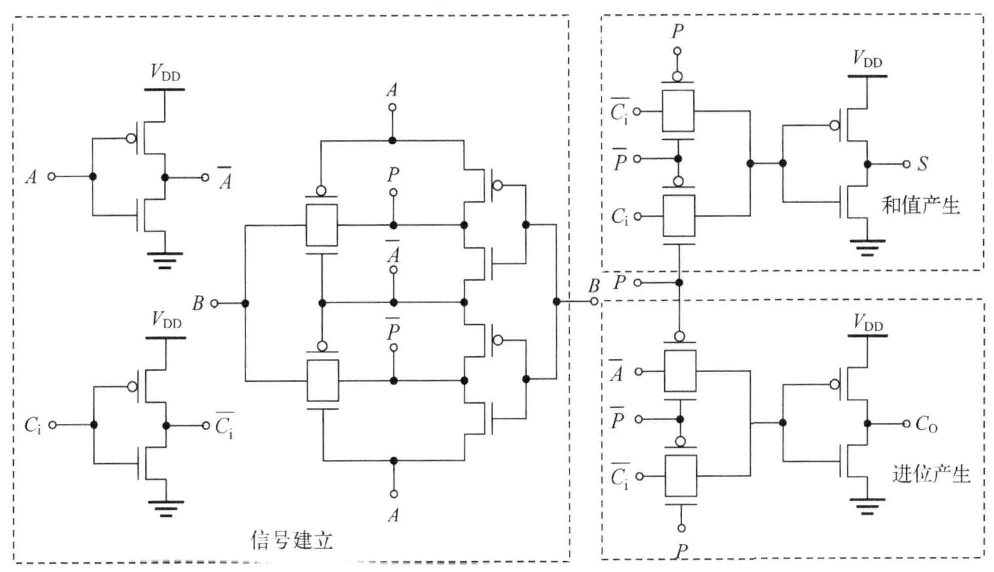

图 9.14　传输门型全加器晶体管级电路

9.2.3　进位链

加法器预习

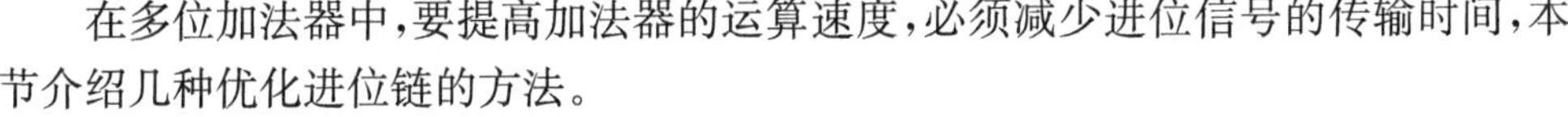

在多位加法器中，要提高加法器的运算速度，必须减少进位信号的传输时间，本节介绍几种优化进位链的方法。

1. 曼彻斯特进位链加法器

图 9.15 给出了曼彻斯特进位电路。曼彻斯特进位链是基于式(9.5)产生各位进位输出信号的，采用静态方法实现的曼彻斯特进位电路如图 9.15(a)所示。如果进位传播信号 P_i 为 1，则 C_i

被传送至 C_o；如果传播条件不满足，则输出或者由 D_i 下拉或者由 G_i 上拉。基于动态逻辑电路的曼彻斯特进位电路如图 9.15(b)所示。在预充电阶段($\Phi=0$)，输出节点拉至高电平；在求值阶段($\Phi=1$)，如果 $G_i=1$，则该节点放电至低电平(进位输出信号则为高电平)，如果 $P_i=1$，则发生进位传播，如果 G_i 和 P_i 都不为 1，则说明输入信号 A_i 和 B_i 都为 0，此时输出节点保持高电平，进位输出信号为低电平。

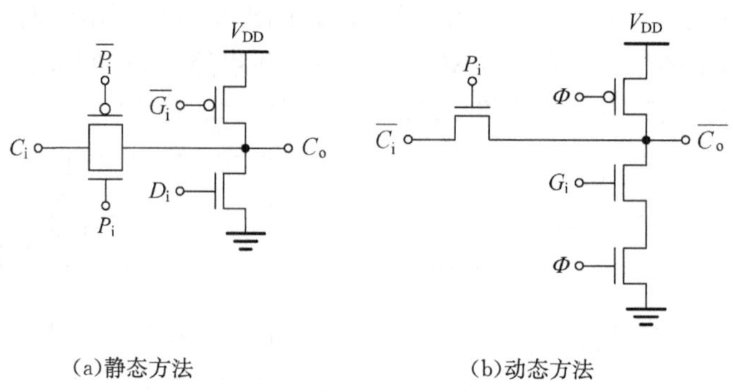

图 9.15　曼彻斯特进位电路

采用曼彻斯特进位电路构成的 4 位曼彻斯特进位链加法器电路如图 9.16 所示，$\Phi=0$ 时，各级电路均进行预充电；$\Phi=1$ 时产生各级的进位输出信号。这种电路产生的进位链延时与传输门串联的级数有关，正如前面第 7 章所介绍的，其等效电路具有分布式 RC 网络性质，进位的延迟取决于 N 位的多项式和，因此每若干位需要采用缓冲器输出。

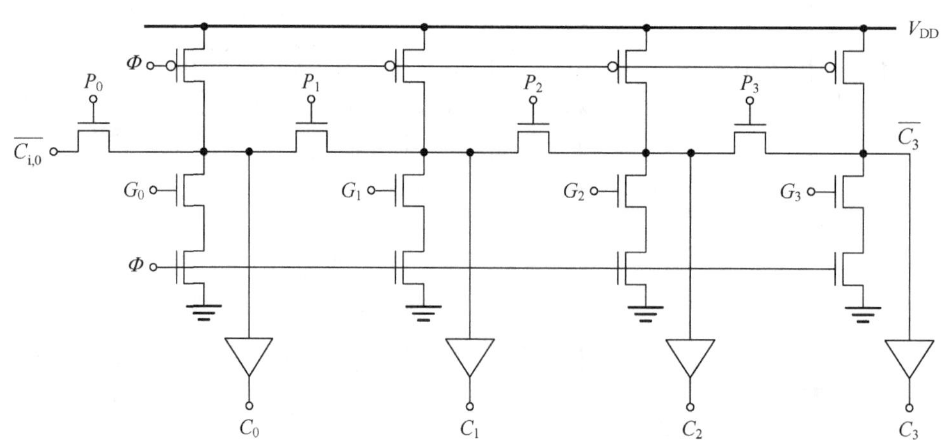

图 9.16　4 位曼彻斯特进位链加法器

2. 进位旁路加法器

图 9.17 给出了 4 位不同进位结构的加法器。如果基于式(9.4)和式(9.5)实现加法器，用各位的进位传播信号 P_k、G_k 和进位输入信号 $C_{i,k}$ 实现各进位输出信号的产生，则逐位进位 4 位加法器模块的进位传播路径如图 9.17(a)所示。该电路延时的最坏情形是：当 A_k 和 B_k($k=0,\cdots,3$)的值使所有的进位传播信号 P_k 为高电平时，一个进位输入 $C_{i,0}=1$ 传播通过整个加法器链并使进位输出 $C_{o,3}=1$。即满足：

$$\text{如果}(P_0\ P_1\ P_2\ P_3=1)\text{，则 } C_{o,3}=C_{i,0}\text{；否则 } C_{o,3}\text{ 的输出与 } C_{i,0}\text{ 无直接关系}$$

利用这一关系，通过在电路中增加多路开关可以改善加法器进位链的最坏延时情况，如图 9.17(b)所示。多路开关由 $P_0P_1P_2P_3$ 控制，当其值为 1 时，进位输入 $C_{i,0}$ 通过旁路开关送至进位输出 $C_{o,3}$，因此该电路结构称为进位旁路加法器(carry-bypass adder)。如果 $P_0P_1P_2P_3 \neq 1$，则通过正常路径得到进位输出 $C_{o,3}$。此时，进位输出或者通过旁路传播，或者在进位链中的某处产生进位传播。这两种情况都比逐位进位结构延时小，当然，增加旁路开关导致电路面积增加，但是其代价不高。

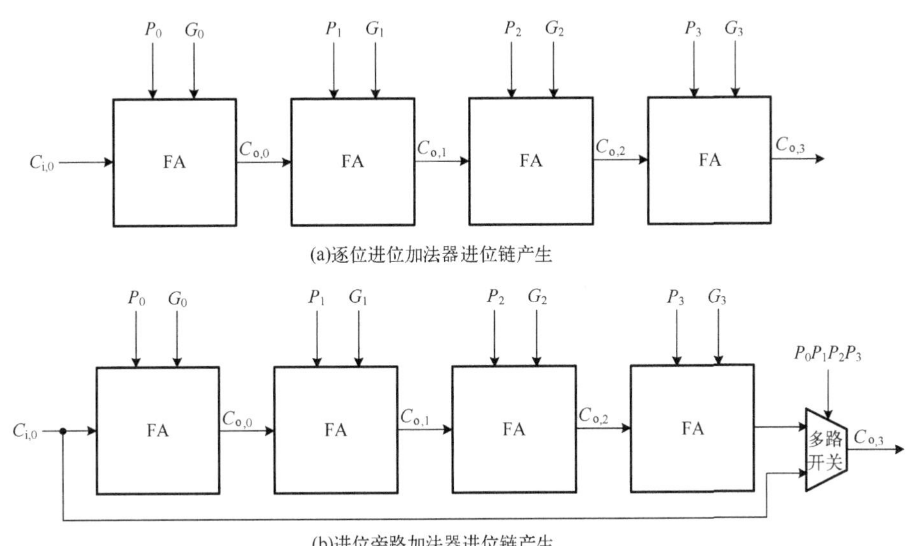

图 9.17　4 位不同进位结构的加法器

图 9.18 为 N 位进位旁路加法器电路结构及延时分析。对于该电路，通常将加法器划分成(N/M)个等长的旁路级，每一级含 M 位，如图 9.18(a)所示。假设第一级电路的延时为最坏情况，即进位传播通过正常路径从输入到输出(实际情况小于该情形)，由于各级电路并行运行，后级电路只有在 $P_0P_1P_2P_3=1$ 时才需要等待前一级电路的进位输出产生后通过旁路开关产生本级的进位输出，因此该电路的关键路径为图 9.18(a)中灰色部分。可以推导出该加法器的总延时近似为

$$t_{\text{adder}}=t_{\text{setup}}+Mt_{\text{carry}}+(N/M-1)\ t_{\text{bypass}}+(M-1)t_{\text{carry}}+t_{\text{sum}} \tag{9.9}$$

其中，各参数定义如下。

(1) t_{setup}：形成进位产生信号和进位传播信号所需要的固定时间。

(2) t_{carry}：一位进位输出信号的延时。

(3) t_{bypass}：通过一级旁路多路开关的传播延时。

(4) t_{sum}：产生最后一级"和"所需要的延时。

从式(9.9)可以得到进位旁路加法器的延时与位数 N 的关系，如图 9.18(b)所示，它们仍然为线性关系，但是其斜率比逐位进位加法器要小。因此，如果加法器位数较多，采用进位旁路加法器的优势很明显；位数较少时，逐位进位加法器反而具有较快的速度。图 9.18(b)中，逐位进位加法器和进位旁路加法器延时直线的交点决定了何时采用哪一种结构更具有优势，这取决于工艺情况，通常交叉点处 N 的范围在 4～8 位。

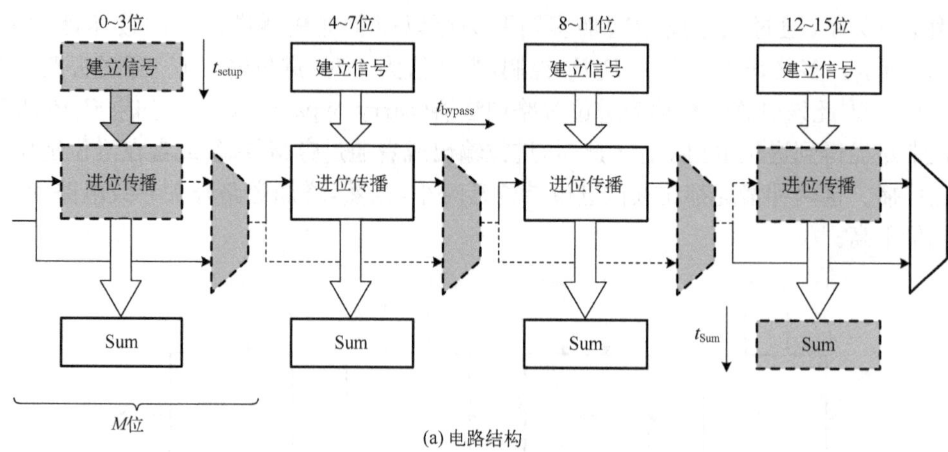

(a) 电路结构

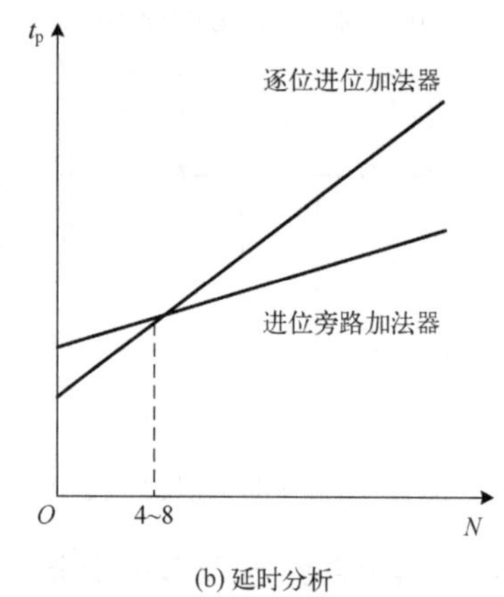

(b) 延时分析

图 9.18　N 位进位旁路加法器电路结构及延时分析

3. 超前进位加法器

前面介绍的逐位进位加法器和线性进位选择加法器中，都不可避免存在逐级进位情况，这严重影响了加法器的速度。要提高加法器的速度，避免逐级进位效应至关重要，采用超前进位方法可以有效解决这一问题，将进位信号同时送到各位全加器的进位输入端，实现同时进位。由式(9.5)可知，对于多位加法器，第 i 级进位的 C_i 可以表示为

$$C_i=G_i+P_iC_{i-1} \tag{9.10}$$

式中，$G_i=A_iB_i$，是进位产生信号；$P_i=A_i+B_i$ 或者 $P_i=A_i\oplus B_i$，是进位传输信号。

将式(9.10)展开可得

$$C_i=G_i+P_iG_{i-1}+P_iP_{i-1}G_{i-2}+\cdots+P_i\cdots P_1C_0 \tag{9.11}$$

式(9.11)表示，任何一位的进位输出都只直接和各位全加器的输入信号(A_i 和 B_i)有关。也就是说，任何一位的进位输出只由本级和前级的输入信号组成，而不必等待逐级传输。只要各位的输入信号一到，再经过一、两级门的延迟，就可以产生所有位的"和"输出及"进位"输出，并不需要等待进位信号逐级从低位传到高位，因而大大提高了加法器的运算速度，能实现这种超前进位功能的电路称作"超前进位链"。"和"S_i 的计算公式为

$$S_i=C_{i-1}\oplus A_i\oplus B_i=C_{i-1}\oplus P_i \tag{9.12}$$

图 9.19 为超前进位加法器原理图。随着加法器位数的增加，这种超前进位电路所需的门的尺寸显然会增大到难以实现，因此，超前进位的级数通常不超过 4 级，若位数较多，则在 4 级与 4 级之间采用逐位进位加法器结构。

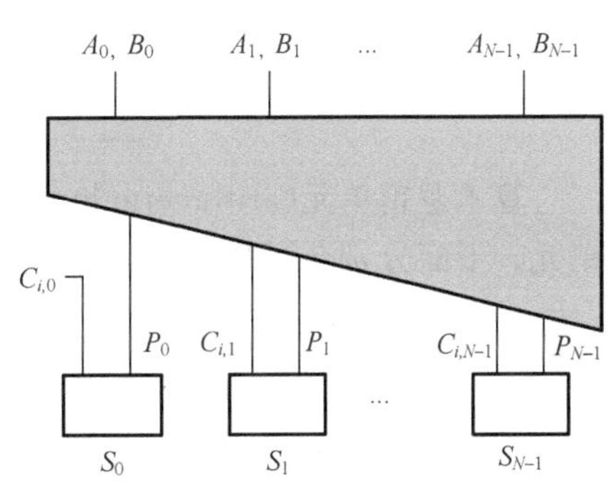

图 9.19　超前进位加法器的原理图

对于 4 位的超前进位加法器由式(9.10)可列出其对应的各 C_i 项是

$$C_1 = G_1 + P_1C_0$$
$$C_2 = G_2 + P_2G_1 + P_2P_1C_0$$
$$C_3 = G_3 + P_3G_2 + P_3P_2G_1 + P_3P_2P_1C_0$$
$$C_4 = G_4 + P_4G_3 + P_4P_3G_2 + P_4P_3P_2G_1 + P_4P_3P_2P_1C_0$$

对应的各 S_i 项是

$$S_1 = P_1 \oplus C_0$$
$$S_2 = P_2 \oplus C_1$$
$$S_3 = P_3 \oplus C_2$$
$$S_4 = P_4 \oplus C_3$$

图 9.20 是 4 位超前进位链逻辑图。

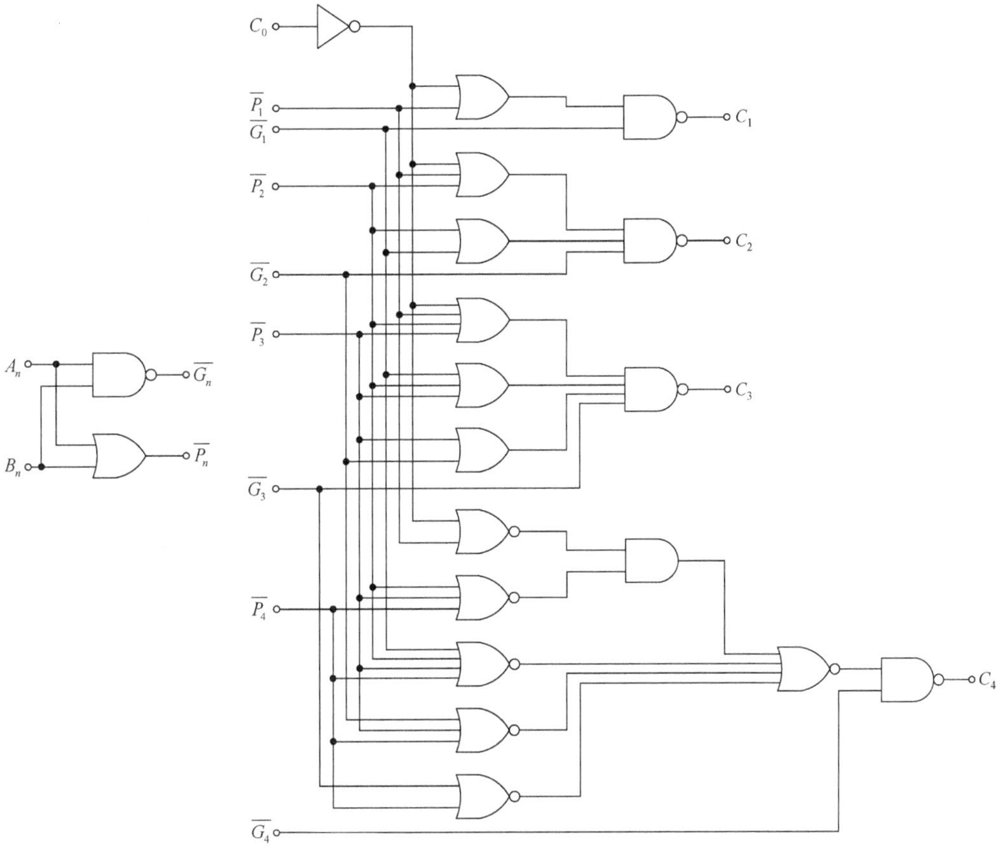

图 9.20　4 位超前进位链逻辑图

9.3　算术逻辑单元

算术逻辑单元(arithmetic logic units，ALU)是指既能进行算术运算，又能进行逻辑运算的单元。下面分别介绍基于传输门逻辑和静态逻辑门的两种算术逻辑单元电路。

9.3.1　以传输门逻辑电路为主体的算术逻辑单元

采用传输门电路可以构成算术逻辑单元，这种电路具有节省管子、结构简单的优点。图 9.21 是以传输门为主体的一个算术逻辑单元，根据传输门逻辑，可写出此电路的逻辑表达式为

$$Y=ABK_4+A\overline{B}K_3+\overline{A}BK_2+\overline{A}\,\overline{B}K_1 \tag{9.13}$$

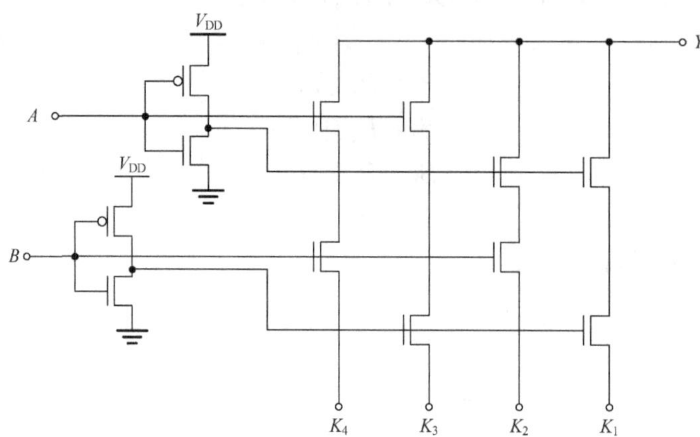

图 9.21　传输门的多功能发生器

若将式中的 K_4～K_1 作为控制信号，A、B 作为输入信号，则可根据式(9.13)列出表 9.4 所示的功能表。由表 9.4 中可见，在该电路中，仅需 12 个传输管就可根据 K_4～K_1 不同的输入控制状态实现 16 种不同的逻辑功能，且该类电路的版图形状规则，占用面积小。

表 9.4　传输门多功能发生器功能

K_4	K_3	K_2	K_1	Y
0	0	0	0	0
0	0	0	1	$\overline{A}\cdot\overline{B}$
0	0	1	0	$\overline{A}\cdot B$
0	0	1	1	$\overline{A}$
0	1	0	0	$A\cdot\overline{B}$
0	1	0	1	$\overline{B}$
0	1	1	0	$A\oplus B$
0	1	1	1	$\overline{A}+\overline{B}$
1	0	0	0	$A\cdot B$
1	0	0	1	$\overline{A\oplus B}$
1	0	1	0	B
1	0	1	1	$\overline{A}+B$
1	1	0	0	A
1	1	0	1	$A+\overline{B}$
1	1	1	0	$A+B$
1	1	1	1	1

9.3.2 以静态逻辑门电路为主体的算术逻辑单元

采用静态逻辑门电路亦可构成算术逻辑单元,图 9.22 为一个一位多功能发生器的逻辑电路图,它所实现的功能如表 9.5 所示。下面介绍其各项功能。

表 9.5 多功能发生器功能表

<table>
<tr><td rowspan="6">输入控制符号</td><td>K_1</td><td>1</td><td>0</td><td>1</td><td>1</td><td>1</td></tr>
<tr><td>K_2</td><td>0</td><td>1</td><td>0</td><td>0</td><td>0</td></tr>
<tr><td>K_3</td><td>0</td><td>0</td><td>1</td><td>1</td><td>1</td></tr>
<tr><td>K_4</td><td>1</td><td>1</td><td>0</td><td>0</td><td>0</td></tr>
<tr><td>K_5</td><td>0</td><td>0</td><td>0</td><td>1</td><td>0</td></tr>
<tr><td>K_6</td><td>1</td><td>1</td><td>1</td><td>1</td><td>0</td></tr>
<tr><td colspan="2">功能</td><td>+</td><td>−</td><td>⊕</td><td>与</td><td>或非</td></tr>
<tr><td rowspan="2">输出</td><td>S_n</td><td colspan="2">$A_n\oplus B_n\oplus C_{n-1}$</td><td>$A_n\cdot\overline{B}_n+\overline{A}_n\cdot B_n$</td><td>$A_n\cdot B_n$</td><td>$\overline{A_n+B_n}$</td></tr>
<tr><td>$\overline{C}_n$</td><td colspan="2">$\overline{A}_n\cdot\overline{B}_n+(\overline{A}_n+\overline{B}_n)\cdot\overline{C}_{n-1}$</td><td>1</td><td>0</td><td>1</td></tr>
</table>

1. 加法操作($A_n+B_n+C_{n-1}$)

由于 $K_1=1,K_2=0$,使门 2 的输出为 A_n。又因为 $K_5=0,K_6=1$,所以门 6 的输出就是

$$\overline{\overline{A_n\cdot B_n}\cdot(A_n+B_n)}=\overline{(\overline{A}_n+\overline{B}_n)\cdot(A_n+B_n)}=\overline{A_n\oplus B_n}=\overline{H}$$

又因为 $K_4=1$,可得

$$S_n=\overline{\overline{C}_{n-1}\cdot(\overline{A_n\oplus B_n})+\overline{\overline{(\overline{A_n\oplus B_n})+\overline{C_{n-1}}}}}$$

所以

$$S_n=\overline{\overline{C_{n-1}}\cdot(\overline{A_n\oplus B_n})+(A_n\oplus B_n)\cdot C_{n-1}}=A_n\oplus B_n\oplus C_{n-1} \tag{9.14}$$

另外,因 $K_3=0$,故进位输出可写成

$$\overline{C}_n=\overline{\overline{\overline{A_n\cdot B_n}}+\overline{\overline{C_{n-1}}}+\overline{\overline{H}}}=\overline{A_n\cdot B_n}\cdot(\overline{C_{n-1}}+\overline{H})=(\overline{A_n}+\overline{B_n})\cdot(\overline{C_{n-1}}+A_n\cdot B_n+\overline{A_n}\cdot\overline{B_n})$$

即

$$\overline{C_n}=\overline{A_n}\cdot\overline{B_n}+(\overline{A_n}+\overline{B_n})\cdot\overline{C_{n-1}} \tag{9.15}$$

式(9.14)和式(9.15)与表 9.5 中所示的相应公式是一样的,它所实现的正是加法操作。

2. 减法操作(B_n-A_n)

减法可以通过被减数及减数的补码相加来实现,即

$$B_n-A_n=B_n+\overline{A_n}+1 \tag{9.16}$$

因为加 1 可以在运算器的最低位通过另外的电路实现。所以,运算器中的任意位只要在做减法时能进行 $B_n+\overline{A_n}$的运算就可以了。从表 9.4 和图 9.22 中可见,当 $K_1=0,K_2=1$ 时,门 2 的输出为$\overline{A_n}$。与加法操作相比,除此以外的其他控制信号二者都是相同的。因此,这时所实现的正是$\overline{B_n+A_n}$运算。

3. 异或操作($A_n\oplus B_n$)

如前所述,当 $K_1=1,K_2=0$ 时,门 6 的输出为$\overline{A_n\oplus B_n}$。因为这时 $K_3=1,K_5=0$,所以$\overline{C_n}=1$。又因为 $K_4=0$,封锁了门 5,这就使得 $S_n=\overline{\overline{A_n\oplus B_n}}=A_n\oplus B_n$。

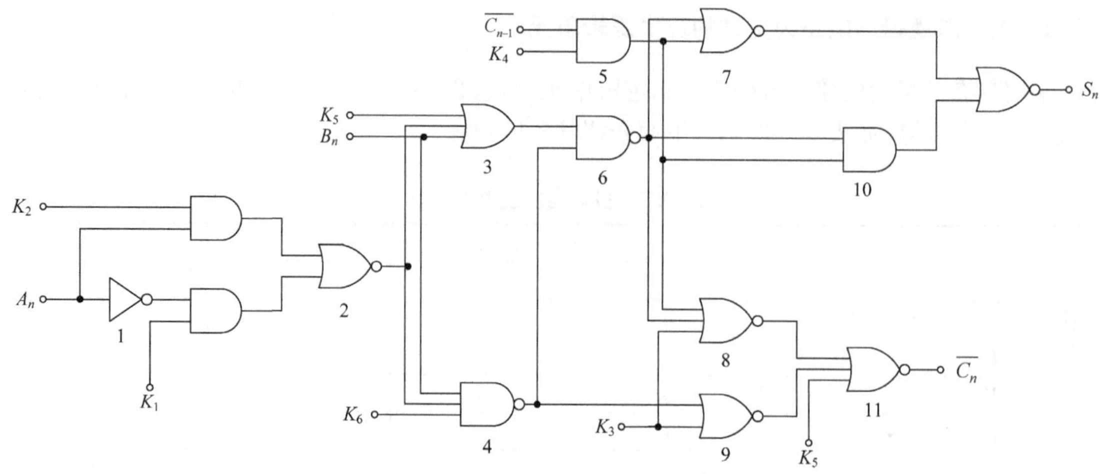

图 9.22　一位多功能发生器逻辑电路图

4. 与操作($A_n \cdot B_n$)

如前所述,当 $K_1=1, K_2=0$ 时,使门 2 的输出为 A_n,这时 $K_5=1, K_6=1$,门 3 的输出为A_n+B_n,门 4 的输出为$\overline{A_n \cdot B_n}$,门 6 的输出为 $A_n \cdot B_n$。又因 $K_4=0$,封锁了门 5。因而

$$S_n=\overline{\overline{A_n \cdot B_n}}=A_n \cdot B_n$$

又因 $K_5=1$,使得$\overline{C_n}=0$。

5. 或非操作($\overline{A_n+B_n}$)

跟与操作一样,当 $K_1=1, K_2=0$,使门 2 的输出为 A_n,$K_5=0$,门 3 的输出为 A_n+B_n。同时 $K_6=0$,使门 4 输出恒为 1。因此,门 6 的输出为$\overline{A_n+B_n}$。因为 $K_3=1, K_5=0$,使$\overline{C_n}=1$。又因为 $K_4=0$,封锁了门 5,所以得到 $S_n=\overline{A_n+B_n}$。

在 CPU 中,执行不同的运算时就是通过给算术逻辑单元施加不同的控制信号来实现的。

9.4　移　位　器

移位操作是另一个基本的运算操作,它广泛应用于浮点单元、换算单元以及与常数的乘法中。将一个数据字左移或右移一个常数位数是一个非常简单的硬件操作,并且仅通过恰当的信号布线就可以实现。但是,一个位数可控制的移位器则要求比较复杂的有源电路来实现。

图 9.23 所示一个简单的一位可编程移位器。数据 A 从左端输入,根据不同的控制信号,可以实现左移或者右移,或者维持不变,经缓冲器后从右端输出。当控制信号 Right 为 1,其余控制信号为 0 时,实现右移;当控制信号 Left 为 1,其余控制信号为 0 时,实现左移;在 Nop(不移位)为 1 条件下数据按原来方式传送。多位移位器可以通过串联许多这样的单元来实现。但当移位的位数较多时,这一方法很快变得太复杂、不实用和速度极慢,因此应当采用更为结构化的方法。下面介绍两种常用的移位器结构,即桶形移位器(barrel shifter)和对数移位器(logarithmic shifter)。

1. 桶形移位器

图 9.24(a)所示为一个移位宽度为 4，字长为 4 的桶形移位器电路，图 9.24 (b)所示为其对应的版图。它由一个晶体管阵列构成，其行数等于数据的字长，而列数则等于最大的移位宽度。在本例中，二者均为 4，因此晶体管为 4 行 4 列分布，数据最后通过缓冲器从右端输出。该移位器中晶体管的栅极接移位控制线，且沿对角线布置穿过整个阵列，每一行晶体管的源极接本行对应的输出线，漏极根据移位控制信号的不同接对应的输入数据。控制信号可控制移位器的移位宽度从 0 至 3 变化。右移过程中该结构支持符号位(A_3)的自动复制，也称为符号位扩展。

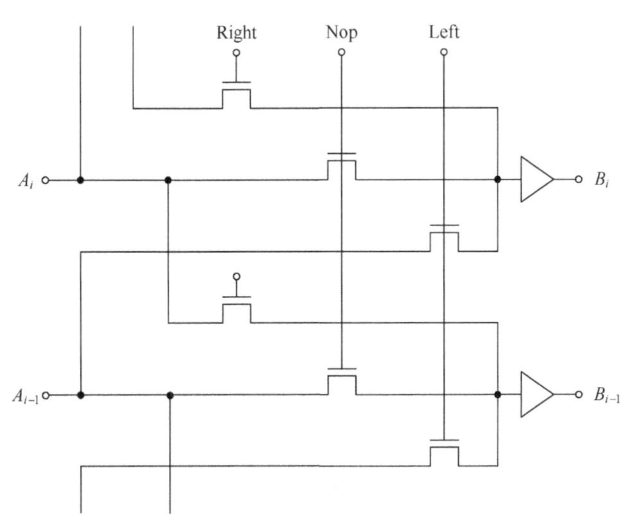

图 9.23　一位可编程移位器

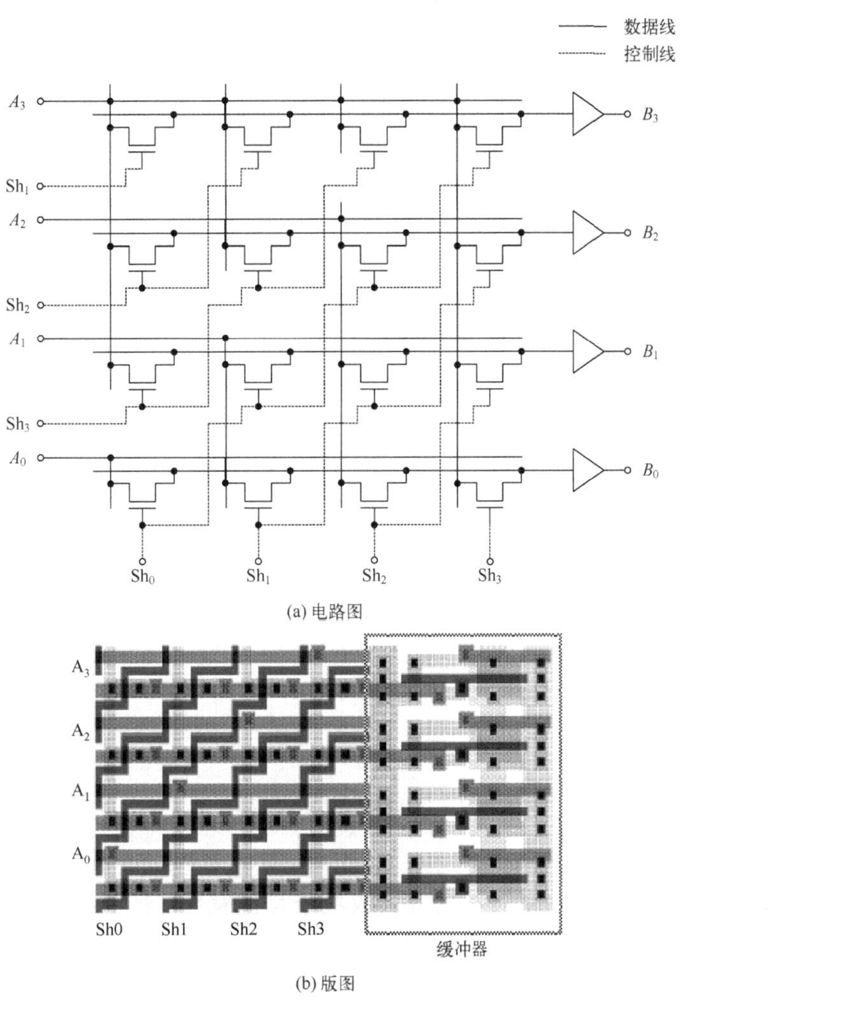

图 9.24　桶形移位器电路及版图

这种移位器的主要优点是信号最多只需通过一个传输门。换言之,传播延时在理论上是常数,与移位的位数或移位器的规模无关。但在实际中并不是这样,因为缓冲器输入端的电容随最大移位宽度线性地增加。

从图 9.24(b)电路的版图可见,这一电路的另一个重要特点是它的版图尺寸大部分被布线通道占据,而不是像其他运算电路那样由有源晶体管来决定,而是由通过该单元的布线数目来决定。更具体地说,移位单元的尺寸由金属线的间距来确定。

选择移位器时另一个重要的考虑是移位控制信号必须表示为何种形式。从图 9.24(a)中可以看到,桶形移位器的每个移位都需要一条控制线。例如,一个 4 位的移位器需要 4 条控制信号。为了移 2 位,信号 $Sh_3Sh_2Sh_1Sh_0$ 的值应为 0100,任何时刻只有一个信号是高电平。在处理器中,通常把需要移位的值以更为简洁的二进制形式编码。例如,这里的编码控制字只需要两个控制信号,对于移动二位控制信号表示为 10。为了把后一个表示方法转化为前者(只有一位为高电平),需要增加一个译码器模块。

2. 对数移位器

桶形移位器把整个移位器实现为传输管的单个阵列,而对数移位器则采用分级的方法。总的移位值被分解成几个 2 的指数值;一个具有最大移位宽度 M 的移位器包括 $\log_2 M$ 级,它的第 i 级工作在移位模式或通过模式,如果工作在移位模式则将数据移动 2^i 位,如果工作在通过模式则原样传送数据。图 9.25 所示为一个最大移位值为 7 位的移位器的例子。例如,要移动 5 位,第一级设置在移位模式,第二级为通过模式,而最后一级又是移位模式。这种移位器的控制字为二进制编码方式,所以不需要单独的译码器。

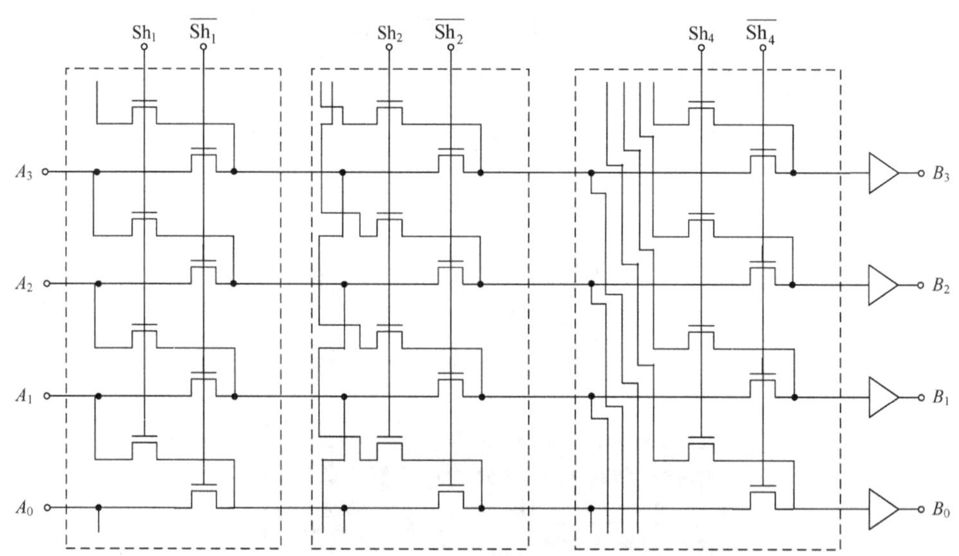

图 9.25 最大移位值为 7 位的对数移位器(只显示了 4 个最低有效位)

对数移位器的特点是对于一个 M 位的移位器,在每个移位通道上,串联的传输管数目为 $\log_2 M$。因此,这种移位器的速度以对数方式取决于移位宽度。同时,对于较大的移位值,传输管的串联会减慢移位器的速度。这时,需要插入中间缓冲器来提高速度。

从上面关于两种移位器结构的介绍可知,桶形移位器适用于较小的移位器。而对于较大的移位值,采用对数移位器在面积和速度方面都更为有效,且无须编解码。

9.5 乘 法 器

乘法运算是很多计算问题中经常用到的运算，很多处理器的性能常常是由乘法运算所能执行的速度决定的，如果在处理器中没有专用的乘法单元，那么做一个乘法运算的代价往往很高并且速度很慢。因此，在很多现代数字信号处理器和微处理器中已经将整个乘法单元集成进去。本节在介绍二进制乘法运算的基础上，讨论几种乘法器电路拓扑结构。

1. 二进制乘法

两个无符号二进制数 X(M 位)与 Y(N 位)的乘法操作可表示为

$$Z=X\times Y=\left(\sum_{i=0}^{M-1} X_i 2^i\right)\left(\sum_{j=0}^{N} Y_j 2^j\right) \tag{9.18}$$

实现乘法的一个更快的办法是采用类似于手工计算乘法的方法。图 9.26 所示为一个 6 位二进制数与一个 4 位二进制数相乘进行手工计算的例子，被乘数 X 为 101010，乘数 Y 为 1011。分别将乘数的各位与被乘数的每一位相与可以得到多个部分积，最后将各部分积错位相加来计算最终的结果。可见，实现一个二进制乘法由产生部分积、累加部分积和最终相加三部分构成。

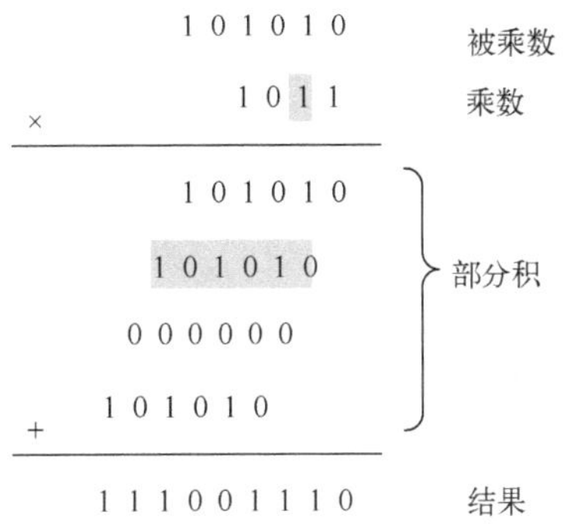

图 9.26 二进制乘法的例子

2. 并行阵列乘法器

将手工计算乘法的方法映射到硬件比较容易，部分积是被乘数 X 和一个乘数位 Y_i 进行逻辑“与”操作的结果，因此采用与门就可以实现。部分积产生后必须将其相加才能得到最终的结果，一种最直接的方法是所有的部分积同时产生，并运用许多加法器形成阵列来完成多操作数相加计算最终的积。这一方法所形成的结构称为阵列乘法器，其硬件结构框图如图 9.27 所示。硬件中的大部分面积由 N 个部分积的加法器部分占有，它共计需要$(N-1)M$个加法器。

由于进位机构的串行性质，部分积的加法过程的延迟时间与关键的传播途径有关，图 9.27 的电路中有很多路径延时一样，图 9.28 中标出了其中的一条，可以看出，乘法器的延迟时间 t_m 可以表示为

$$t_m=[(M-1)+(N-2)]t_{carry}+(N-1)t_{sum}+t_{and} \tag{9.19}$$

其中，t_{carry}为从输入到输出进位的传播延迟时间；t_{sum}为输入进位到全加器“和”输出之间的延迟时间；t_{and}为与门延迟时间。从式(9.19)中可知，最短的乘法器延迟时间要求最短的 t_{carry} 和 t_{sum}，要求两者均小。这一点，与多位加法器的延迟有点不同，后者最重要的考虑是进位延迟

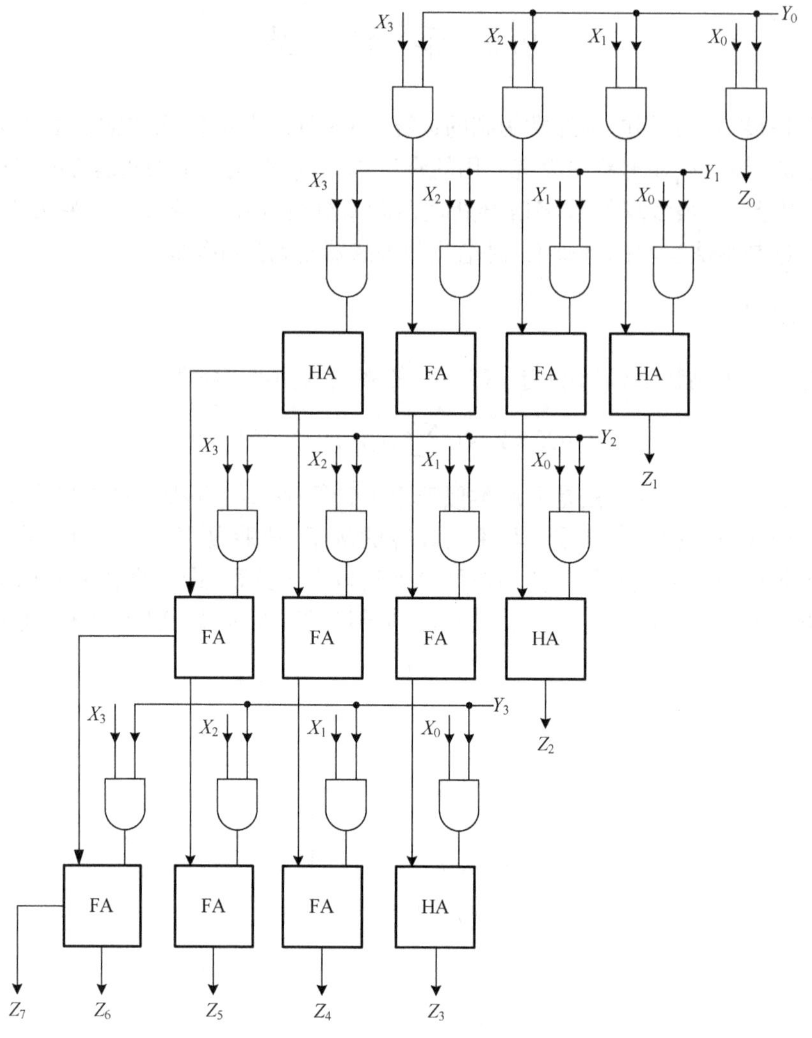

图 9.27　硬件结构框图

t_{carry}要短。利用本章前面介绍的传输门全加器，恰好具有 t_{carry}和 t_{sum}相近似的特点，因此可以采用该结构的全加器电路。

3. 保留进位乘法器

在上面介绍的阵列乘法器中，较低位的进位输出横向传送到较高位，存在多条关键路径，如果从设计的角度通过调整晶体管尺寸来优化延时则需要同时考虑所有关键路径的优化，而改善情况非常有限。

一个较为有效的乘法器结构可以用纵向传送进位来实现。即将每一单元的进位输出“保留”起来，加到下一行的进位输入去，其最终的相加结果对每一列来说是相同的。在最后一行则再附加一行具有快速进位的全加器，称之为向量合并加法器。图 9.29 为这一结构的示意图，图 9.29 中对角线传输的即为上一行相应各位应横向传输的进位输出，现在却加在本行中，其效果完全相同。这样，乘法器的延迟时间 t_m 为

$$t_m=(N-1)t_{carry}+t_{and}+t_{merge}$$

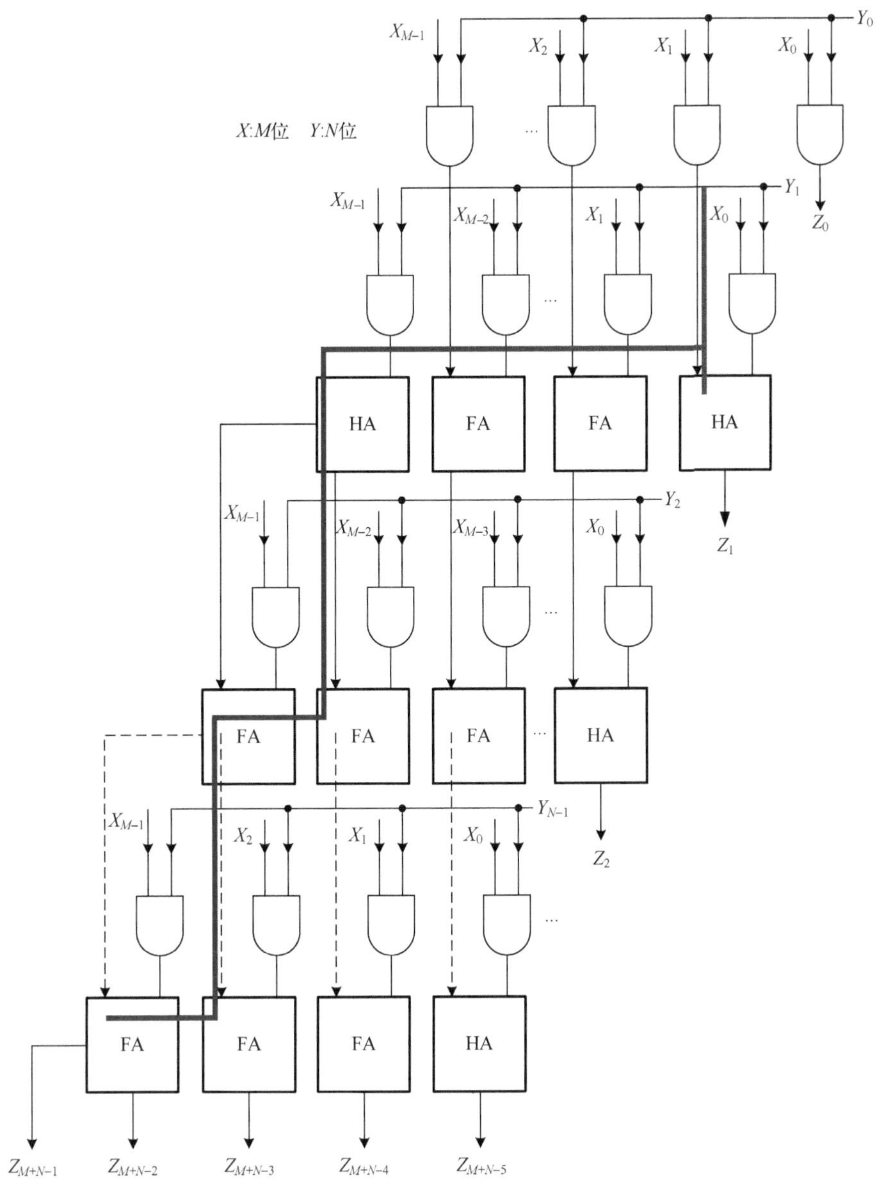

图 9.28　$M \times N$ 阵列乘法器的关键路径

其中，t_{carry} 为每单元的进位延迟时间；t_{and} 为前述与门延迟时间；t_{merge} 为底部快速进位合并向量加法器延迟时间。因此，在 t_{merge} 值很小的情形下，这一结构将会比阵列乘法器快很多。

4. 树形乘法器

如果将部分积加法器安排成树形，则可以同时减少关键路径和所需的加法器单元数目，这里介绍华莱士(Wallace)树形乘法器结构。以 4 个部分积的一个简单情形为例，每一个部分积都是 4 位宽，如图 9.30(a)所示。从图 9.30(a)中可以看出在阵列中实际上只有第三列必须加 4 位，所以可以利用这一特性来减少全加器数目。这里将原来的部分积阵列重新安排成如图 9.30(b)所示的树形，用以直观地说明它的不同深度。优化的目的是要以最小的深度和最少数量的加法元件来实现整个矩阵。实现每一列数据的累加可以用全加器(FA)或半加器(HA)实现。全加器

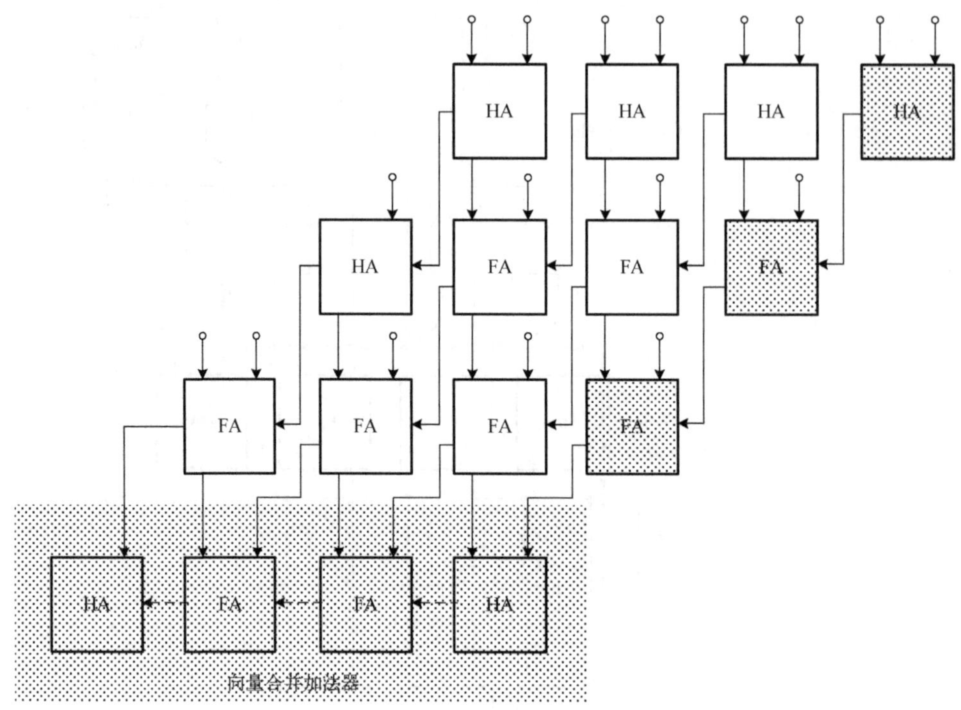

图 9.29　4×4 保留进位乘法器

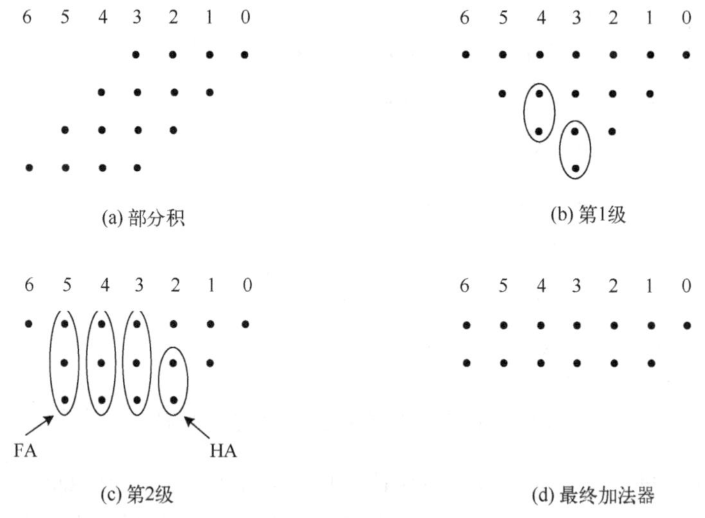

图 9.30　Wallace 树的缩减过程

有 3 个输入并产生 2 个输出:输出的“和”位于同一列,输出的“进位”位于相邻一列,因此全加器又称 3-2 压缩器,即可以将同一列的 3 个输入位变成 2 个输出位(其中,“和”给本列,“进位”给较高位的相邻列),在图 9.30(b)中用包含 3 个位的圈表示。半加器在一列中取 2 个输入位并产生 2 个输出,在图 9.30(b)中用一个包含 2 个位的圈表示。

为了得到面积最小的电路,可以从树结构最密(深度最高)的部分开始,反复地用全加器和半加器来缩减树。第一步,在第 4 列和第 3 列引入半加器,如图 9.30(b)所示。缩减后的树如图 9.30(c)所示。再在第 5 列、第 4 列和第 3 列引入全加器,第 2 列引入半加器如图 9.30(c)所示。第二轮的缩减产生了一个深度为 2 的树，如图 9.30(d)所示。这两步缩减过程只用了 3 个全加器和 3 个半加器。最后一步实现最终结果的相加运算，可以采用任何类型的加法器。

基于 Wallace 树的 4 位乘法器电路拓扑如图 9.31 所示。可见，该树形乘法器明显节省了乘法器所需要的加法器，同时也减少了传播延时，尤其是当乘法器位数较多时。通过这个树的传播延时等于$O\left(\log\frac{3}{2}N\right)$。虽然 Wallace 乘法器在乘数位数较多时比进位保留结构快得多，但它的缺点是电路结构非常不规则，这增加了高质量版图设计的难度。

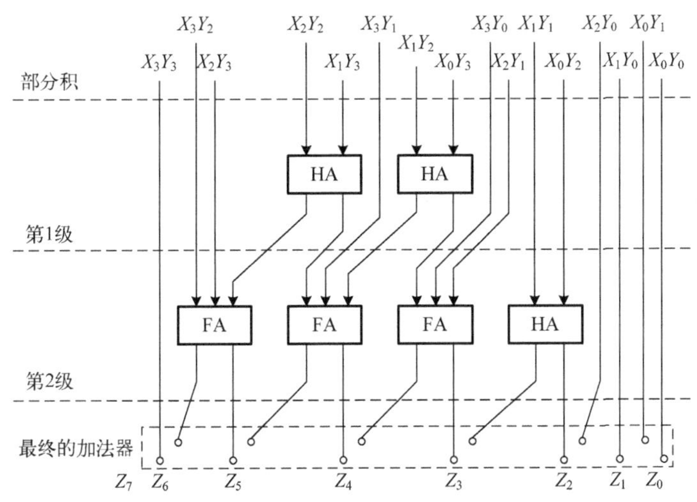

图 9.31 基于 Wallace 树的 4 位乘法器电路拓扑

为实现累加部分积，树的途径还有许多其他方案，但大多都是基于同一个概念，即把全加器用作 3∶2 压缩器时，乘法器每级部分积的数目减至三分之二。或者甚至可以更进一步设计一个更高比例的压缩器。目前许多高性能的乘法器都是基于这一概念实现的。

技术拓展:片上系统技术

随着特征尺寸的缩小，集成电路的集成度和功能复杂度越来越高。到 20 世纪 90 年代后期，已经有能力将整个系统集成在一个芯片上。这时片上系统(system on chip，SoC)技术应运而生。它是一种高度集成化、固件化的系统集成技术。集成的系统中包含可执行控制/运算或信号处理功能的处理器、存储器、外围电路及系统 IP(intellectual property，知识产权)特定逻辑电路。使用 SoC 技术设计系统的核心思想，就是要把整个应用电子系统全部集成在一个芯片中。

SoC 设计中的关键技术主要有两个：①软硬件协同设计技术。SoC 系统既包含硬件又包含软件，因此针对不同的应用系统，如何进行系统的软件和硬件的功能划分是 SoC 设计的关键技术之一。②IP 模块重用技术。IP 模块有 3 种：软核、固核和硬核。软核是用 Verilog、VHDL 等硬件描述语言描述的功能块，但是并不涉及用什么具体电路元件实现这些功能。软 IP 的设计周期短，设计投入少。由于不涉及物理实现，为后续设计留有很大的发挥空间，增大了 IP 的灵活性和适应性。其主要缺点是在一定程度上使后续工序无法适应整体设计，从而需要一定程度的软 IP 修正，在性能上也不可能获得全面的优化。硬核提供设计阶段最终阶段产品——掩模。以经过完全的布局布线的网表形式提供，这种硬核既具有可预见性，同时还可以针对特定工艺或购买商进行功耗和尺寸上的优化。尽管硬核因为缺乏灵活性而导致可移植性差，但由于无须提供寄存器转移级(RTL)文件，因此更易于实现IP保护。固核则是软核和硬核的折中。它是完成了综合的功能块，有较大的设计深度，以网表(netlist)的形式提交客户使用。如果客户与固IP使用同一个生产线的单元库，IP的成功率会比较高。由于SoC芯片设计在速度、功耗、成本上和多芯片系统相比占有较大的优势，因此SoC设计在未来的集成电路设计业占有举足轻重的地位，也是集成电路设计的发展趋势所在。

基础习题

9-1　根据表9.6所示的多路开关真值表画出静态CMOS组合逻辑电路图和传输门电路图。

表9.6　多路开关真值表

K_1	K_0	Y
1	1	D_0
1	0	D_1
0	1	D_2
0	0	D_3

9-2　计算图9.32多路开关中p管和n管尺寸的比例关系。

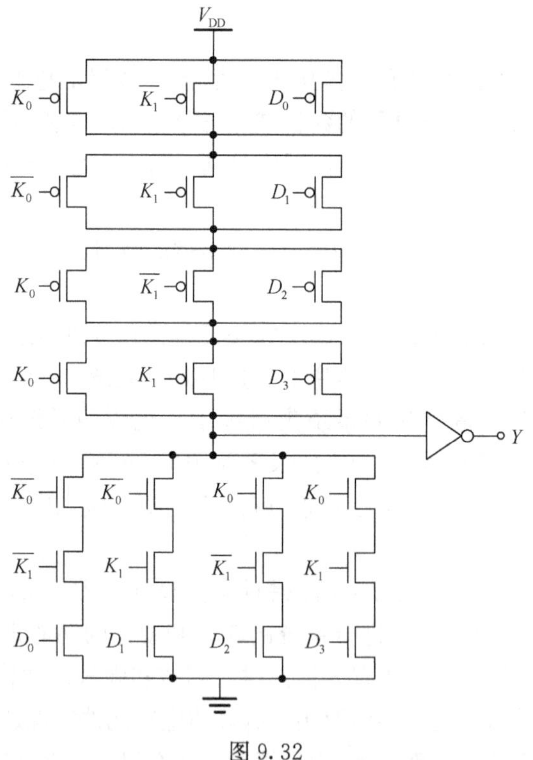

图9.32

9-3　根据图9.33电路图写出S和C_0的逻辑关系式，并根据输入波形画出其S和C_0的输出波形。

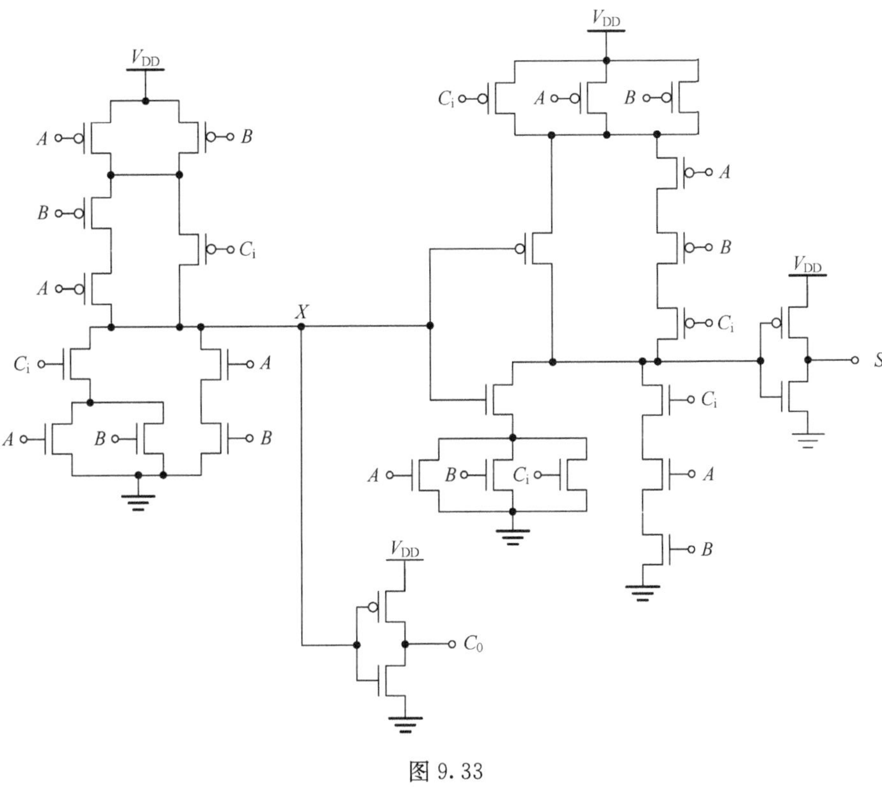

图 9.33

9-4　计算图 9.34 与图 9.35 所示逐位进位加法器的延迟，并指出如何减小加法器的延迟。

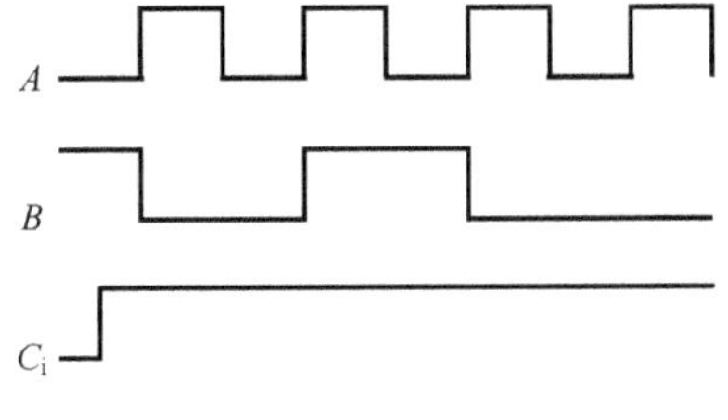

图 9.34

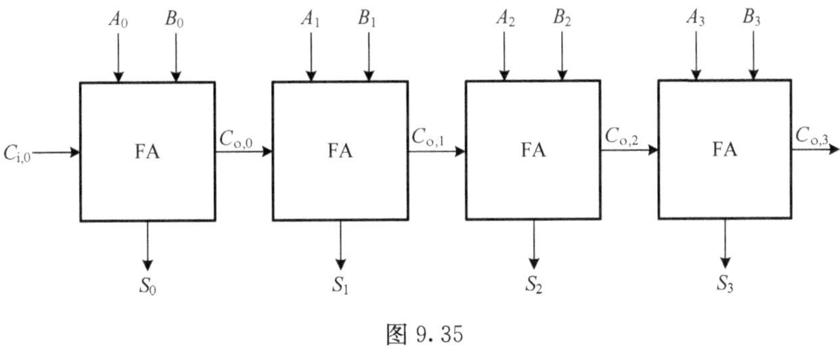

图 9.35

9-5　画出传输门结构全加器的电路图，已知图 9.36 中的 $P=A\oplus B$。

9-6　试分析图 9.37 与图 9.38 所示的移位器中各种 Sh 输入下的输出情况，从速度和面积等指标方面分析各自的特点。

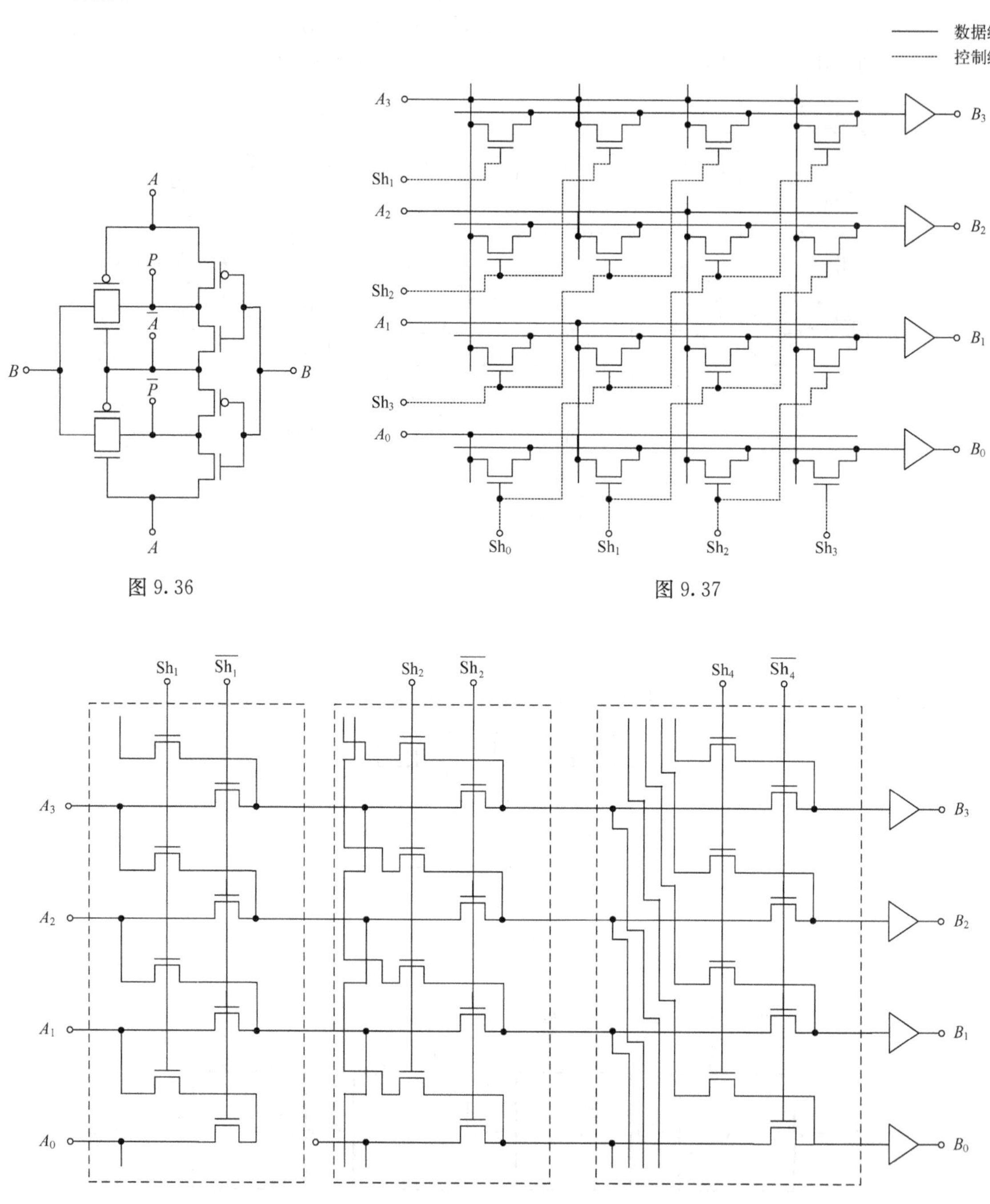

图 9.36　　图 9.37

图 9.38

9-7　请采用传输门逻辑设计一个 8 选 1 多路开关电路。

高阶习题

9-8　设计两种(以上)一位全加器的晶体管级电路，并对电路进行仿真，仿真需考虑所有输入情况，说明电路设计过程中如何从速度、面积等因素方面进行考虑的。

第 10 章　半导体存储器

半导体存储器具有对信息进行存储的功能，它广泛地应用于各种微电子设备中。随着集成电路技术的不断进步，存储器在微处理器中所占比重越来越大。1999 年，存储器占芯片面积的比例为 20%，逻辑部分为 66%。而到 2007 年，存储器占芯片面积的比例已增至 80%，而逻辑电路则降到 14%。另一方面，存储器的存储密度以每 3 年 2 倍的速率增长，目前采用 32nm 工艺的商用单片存储器容量已经达到 8GB。

在第 8 章中介绍了基于正反馈机理的数字信息静态存储方法以及基于电容存储的数字信息动态存储方法。但是，存储 1 个信息的单元电路使用的晶体管数目较多，不适合大规模使用。半导体存储器的机理虽然与寄存器存储原理相同，但是单元构成及工作原理却不相同。本章将对不同类型半导体存储器的存储原理、结构、基本性能进行阐述。

问题引入

1. 半导体存储器是如何实现数据存储的？
2. 挥发性存储器和非挥发性存储器的工作机理有什么不同？
3. 半导体存储器都有哪些类型？各自的应用领域有什么不同？

10.1　半导体存储器概述

10.1.1　半导体存储器的分类

半导体存储器从实现工艺上可以分为双极型和 MOS 型两大类。目前，几乎所有的半导体存储器都采用 MOS 工艺实现，因此本书只对 MOS 存储器进行阐述。

从不同视角对半导体存储器进行分类，如表 10.1 所示。

表 10.1　半导体存储器的分类

挥发性存储器			非挥发性存储器	
随机存取		非随机存取	RWM	ROM
静态随机存取	动态随机存取	FIFO	EPROM	掩模编程(MROM)
SRAM	DRAM	LIFO	E^2PROM	可编程(PROM)
—	—	移位寄存	FLASH	—
—	—	CAM	FeRAM	—

半导体存储器从存储单元的基本性质可分为挥发性和非挥发性(也称易失性和非易失性)两类。挥发性是指系统加电后可以根据需要随时对存储单元进行写信息和读信息，只要电源不断开，写入的信息就可以保存在存储单元上，而电源关断后，写入的信息就会丢失。这一类存储器的特点是不需要特殊的加工工艺，在标准 CMOS 工艺下就可以完成制作。而对存储单元进行信息写入和读写时不需要特别的操作，可以随时对任意地址的存储单元进行，因此又称之为随机存

储器(random access memory,RAM);而随机存储器又根据是采用正反馈原理还是电容存储原理,将其分为静态随机存储器和动态随机存储器。在挥发性存储器中,相对于不受任何限制可以随机存取的存储器,还存在一类按照一定地址排序进行存取的存储器,如先进先出(first input first output,FIFO)、后进先出(last input first output,LIFO)、移位寄存器及关联存储器(content addressable memory,CAM)。非挥发性存储器,根据其是不是可以进行写操作,将存储器分为非挥发性可读可写存储器(read write memory,RWM)及只读存储器(read only memory,ROM)。在此,非挥发性的可读可写操作,不同于随机存储,它的写操作需要用特殊方法进行,比如加高电压脉冲等,而读操作相对简单,无须提供特别电压,存储器的读写操作是不对称的。这一类存储器包含可擦除可编程只读存储器(erasable programmable ROM,EPROM)、电可擦除可编程只读存储器(electrically erasable programmable ROM,E^2PROM)。而只读存储器是指采用掩模板编程或是其他编程方法将信息写入存储器后不能再更改,只能进行读操作。

10.1.2 半导体存储器的相关性能参数

1. 半导体存储器的容量

容量是表征半导体存储器存储能力的参数。在不同的应用场合,设计者会使用不同的单位来表征半导体存储器的容量。最常用的表示单位有:位(bit,比特)、字节(byte)、字(word)。位是半导体存储器的最小单元,对应一个存储单元,可以存储 1 个二进制的数据,通常在电路级设计中采用这种表示方式来描述存储器的容量;8 比特构成 1 字节,通常对应 1 个地址,在系统级设计中通常用字节来表示存储器的容量;而在更大型的科学计算系统中,经常用字来表示存储能力。根据半导体存储器的结构,1 个字对应 32～128bit。概括地说,半导体存储器容量各种单位之间关系为:1byte(常用 1B 表示)=8bit,1word=4～16B。因此要特别注意,1Gb 和 1GB 所表示的含义不同,后者是前者的 8 倍。而用字去表述存储容量时,一定要注明对应的比特数。

2. 半导体存储器的时序参数

对半导体存储器进行读写操作时,时序参数决定了半导体存储器的读写速度。图 10.1 给出了一个半导体存储器的时序特性。在图 10.1 中分别给出读使能、写使能、对应的存储地址及数据线。对于一般的半导体存储器,要进行读操作时,首先给出读使能信号,确定对哪一个存储地址进行读操作,经过一定时间后,半导体存储器中指定地址存储单元锁存数据被读出到数据线上。在此,读使能信号有效后到正确数据读出之间的时间称为读出时间。不同的半导体存储器

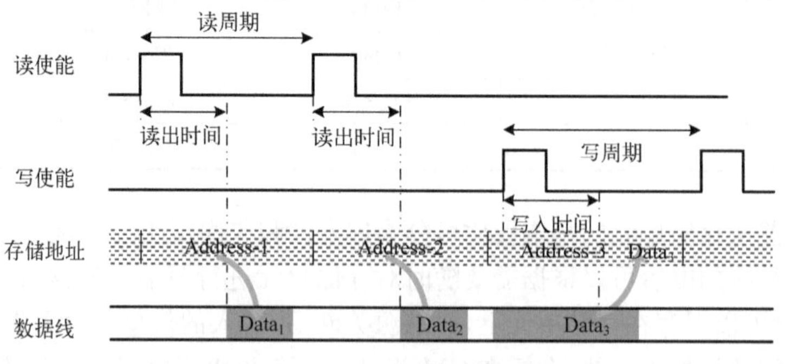

图 10.1 半导体存储器时序特性

结构,因其存储机理及读出机理的不同,读出时间也会不同。与读操作的读出时间对应,在进行写操作时,写使能信号有效后,存储器开始对指定地址的存储单元进行数据写入动作,写入时间就是指写请求信号发出写请求后,到数据线上的数据写入存储单元所用的时间。此外,表征半导体存储器速度性能的还有一个重要参数是读(或写)周期时间,它是指在前后两次读写操作之间所要求的最小时间间隔,这个时间通常会大于读出时间或是写入时间。由于存储器的读写机理不同,写周期与读周期的时间并不一定相等,写周期通常会大于读周期,这在本章后续内容中会进行阐述。

10.1.3　半导体存储器的结构

虽然半导体存储器有多种不同的类型,存储单元的结构及存储原理也各不相同。但是,无论是哪一种存储器,总体系统结构都是相同的。半导体存储器的基本结构如图 10.2 所示。

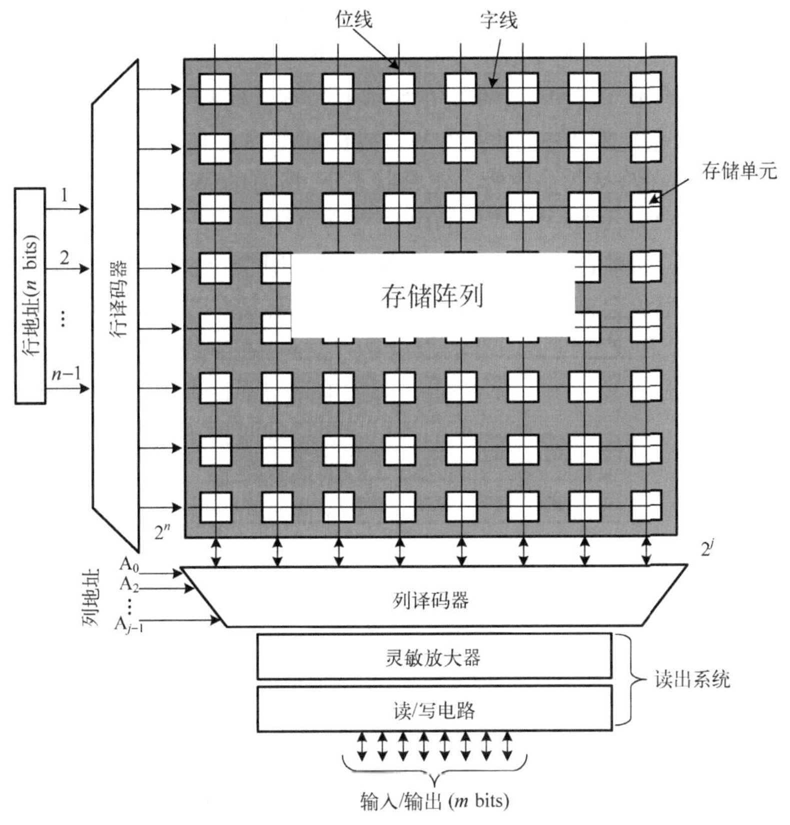

图 10.2　半导体存储器的基本结构

如图 10.2 所示,半导体存储器由存储整阵列、地址译码及读出系统三部分组成。地址分为高位和低位,分别输入到行地址译码器和列地址译码器。行地址译码器将 n 位(bit)的二进制数变换成 2^n 根线,叫作字线。指定其中一根,就是选择存储阵列中的一行。用列地址译码器选择一根位线,就是选择存储阵列中的 1 列。处于字线和位线交点的存储器即是目标存储单元。通过读写系统,读出时,存储单元中存储的信息给读出到位线上;写入时,位线上的信息被写入到存储单元中。在读出系统中,当读出信息时,来自存储单元的输出电压被读出电路放大器放大,通过被列译码选择的多路开关读出。写入时,通过多路开关转换器用驱动电路驱动位线,改写存储单元的内容。除了掩模编程 MROM 以外，几乎所有的存储器都有相似的系统结构。而 MROM 因为不能改写，所以只有读出电路，而不需要写入电路。

10.2 非挥发性只读存储器

只读存储器(ROM)就是只能读不能改写的存储器。在实际应用中，有很多用途固定的处理器，程序一旦开发完成就可以固定不变，每次只需读取程序就可以了。因此，只读存储器在许多场合有重要用途。本节将介绍几种典型结构的只读存储器的存储原理、单元结构、阵列结构及编程方法。

10.2.1 ROM 的基本存储单元

图 10.3 给出了两种常用 MOS 型 ROM 基本单元结构。图 10.3 中 WL(word line)代表字线，BL(bit line)代表位线。位线与字线的交点对应一个存储单元。在图 10.3(a)所示结构中，有两个字线和位线相交的单元。其中一个单元的字线和位线上跨接了一个 nMOS 晶体管，晶体管的源极和位线相连，漏极接电源 V_{DD}，而字线 WL 接在 nMOS 晶体管的栅极上；而另一个单元字线和位线相互隔离，不存在跨接的晶体管。正常状态下，所有的 WL、BL 都为低电平。对单元进行读操作时，对应单元的 WL 被选中，WL 的电位变为高电平。当被选中单元的 WL 电位变高时，在字线和位线交点处，如果存在 nMOS 晶体管的话，nMOS 晶体管将导通，而晶体管的漏极电位为 V_{DD}，所以 BL 的电位会被拉高；而交点处不存在晶体管的单元，即使 WL 为高电平，也不会对位线 BL 造成影响，BL 依然维持原有的低电平。这样，在字线与位线交点处存在晶体管的单元与不存在晶体管的单元被选中时，BL 会呈现两种不同状态。而数字电路系统中的信息都是二值的，因此可以通过被选中单元位线的状态来区分存储单元里存储的信息。因为 BL 初始电位为低电平，交点处存在晶体管时位线的电位被拉高，因此被称为电位上拉式结构；同样，采用图 10.3(b)所示结构也可以实现信息的存储。与图 10.3(a)所示不同的是，跨接在字线与位线上的晶体管的源极与地(GND)相连，而漏极接在位线 BL 上。对于这种单元，BL 的初值为高电平，被选中单元上如果存在晶体管，BL 的电位就会被拉低，而不存在晶体管的单元的位线 BL 的电位则维持高电平不变，所以这种结构被称为位线电位下拉式结构。

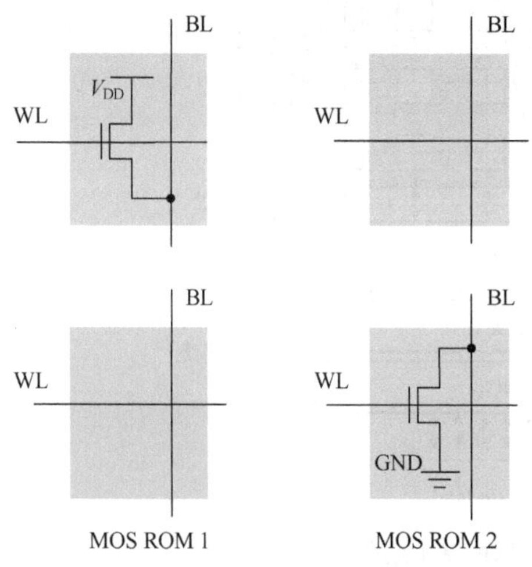

(a)位线电位上拉式结构　(b)位线电位下拉式结构

图 10.3 两种常用 MOS 型 ROM 基本单元结构

由以上内容可知，ROM 存储器就是靠在字线与位线的交点处是否存在晶体管来区分保存的信息是“1”还是“0”的。因此，无论系统是否加电，对应一个单元，晶体管存在与否已经决定了存储的信息，而不需要真正将电荷存储在单元中，因此，只读存储器是非挥发性的。只要事先将要存储的信息排列好，按照信息存储需求判断字线与位线的相应交点上是否需要晶体管来完成掩模板设计，就完成了信息的写入。而按此设计进行工艺加工就可以得到存储了固定信息的存储器。正是因为信息是靠字线与位线交点处的单元中是否有晶体管存在来完成存储的，因此信息一旦写入（在交点处形成晶体管）就很难改变，所以这种结构的晶体管为只读存储器。

10.2.2　MOS-OR 和 NOR 型 ROM

1. OR 型 ROM 存储阵列结构

上一节讲述了 MOS 型只读存储器的单元结构和存储机理，那么，这些单元是如何排列成阵列工作的呢？图 10.4 给出了以位线上拉式结构为基本存储单元的 ROM 阵列。为了简单起见，在此只给出了存储阵列的排列，地址译码、读出电路将在后续内容中集中讲述。

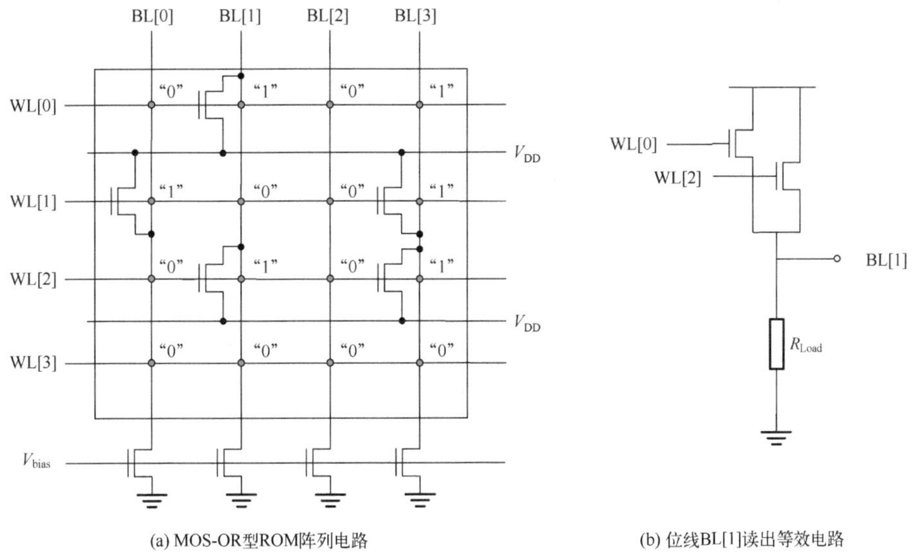

图 10.4　MOS-OR 型 ROM

图 10.4 给出了一个 4×4 阵列的 MOS-OR 型 ROM。4 根字线与 4 根位线相交形成 16 个存储单元，如图 10.4(a)中圆圈所示。根据各交点处晶体管的有无来区分存储的信息。在对存储阵列进行读操作时，先对所有位线进行预充电。通过每一列上与地相连的 nMOS 预充电管，给位线一个初始电位“0”。此时，由于字线为低电平，交点上即使有晶体管存在，也不导通。当字线 WL[0]被选中时，WL[0]为“1”，其他字线维持“0”，此时，存储单元第 1 行的所有存储单元被选中。这时如果单元中存在晶体管，晶体管就会导通，电源通过单元中导通的晶体管对位线进行充电，位线电位被拉高；而单元中没有晶体管存在时，高电平的字线对位线没有影响，位线维持低电平。假设对于存在晶体管的单元的信息为“1”，不存在晶体管的单元信息为“0”，则 WL[0]对应行上 4 个存储单元存储的信息为“0100”。同样，第 2 行为“1001”，第 3 行为“0101”，第 4 行为“0000”。在这个存储结构中，每一列上并联接续了 n 个存储单元，在本例中 $n=4$。当并列的存储单元中一个被选中，而被选中的单元存在晶体管的话，电源就会通过导通的晶体管对位线进行充电。位线的电位就会升高。本例中对 BL[1]进行读数据时的等效电路如图 10.4(b)所示。可以看到，只要 WL[0]或是 WL[1]中任意一个被选中，BL[1]为“1”。BL[1]的逻辑是 WL[0]、WL[2]或结果，所以也称图 10.4 所示 ROM 结构为 MOS-OR 结构。

2. NOR 型 ROM 存储阵列结构

采用图 10.3(b)所示下拉式 MOS 结构是 ROM 的另一种实现方法。这一结构的工作是通过一个电阻把位线接到电源上，位线的默认输出为“1”。因此，在 WL 和 BL 之间没有晶体管就意味着存储“1”，而有晶体管则是存储“0”。图 10.5 所示是由这种结构的存储单元构成的 4×4 阵列 MOS-NOR 型 ROM 的例子。一个 pMOS 晶体管作为上拉负载元件接在位线与电源之间，当位线上不存在 nMOS 晶体管或是所有晶体管都不导通时，将位线的电平值上拉。

图 10.5(b)所示为 BL[1]的等效电路图。pMOS 上拉管和 nMOS 下拉管构成了字线作为输入的伪 nMOS NOR 门。对于一个 $N\times M$ 的 ROM 存储器，可以看作是 M 个 NOR 门的组合，而或门的输入端子数可以为 0～N，位线上一个晶体管也没有时，为 0 输入，即位线上电位始终为高电平，如本例 BL[2]；位线上所有交点都有晶体管时，NOR 门输入端子数为 N。对 ROM 进行读操作时，每次只有一根字线为高电平，下拉管 nMOS 最多只有一个导通，而上拉管 pMOS 的栅极接地，处于常通状态，位线上的电位与上拉管和下拉管的尺寸相关。为了使单元尺寸和位线电容尽可能小，下拉管 nMOS 的尺寸应当尽可能小；另一方面，为了使得输出合适的低电平，上拉管的电阻必须大于下拉管。位线上所有晶体管是并联关系，因此，位线的电容包含所有晶体管的漏极电容。当 ROM 容量较大时，位线电容可以达到 pF 水平(栅极电容通常为 fF 级)。在所有字线都没有被选中时，位线上的电位要从低电平恢复到高电平，用具有较大电阻的上拉器件对包括位线电容在内的较大的负载电容充电，显然是不利的。在逻辑电路中，为了提高电路的低电平输出，提高噪声容限，会采用适当增大下拉管宽长比，使得下拉管相对于上拉管的导通电阻较小。但是在存储器的设计中，单元面积的大小对存储器的密度影响很大。因此，在满足最小设计规则的前提下，晶体管尺寸要尽可能小。在单元面积和噪声容限上，选择适当牺牲噪声容限的方法来提高存储器的密度。这就是存储器和逻辑电路设计不同的地方。因此，在所有集成电路的工艺中，存储器的工艺和标准逻辑电路工艺是不同的。存储器在数字系统中通常作为一个核来使用，而在存储器核内，可以通过设计，严格控制存储器核内的噪声和干扰，允许低电平电位处在一个较高的电平上。这样就可以适当加宽上拉管的尺寸，改善电路的翻转性能。在信号到达外部时，再将电压摆幅恢复到电源电压。

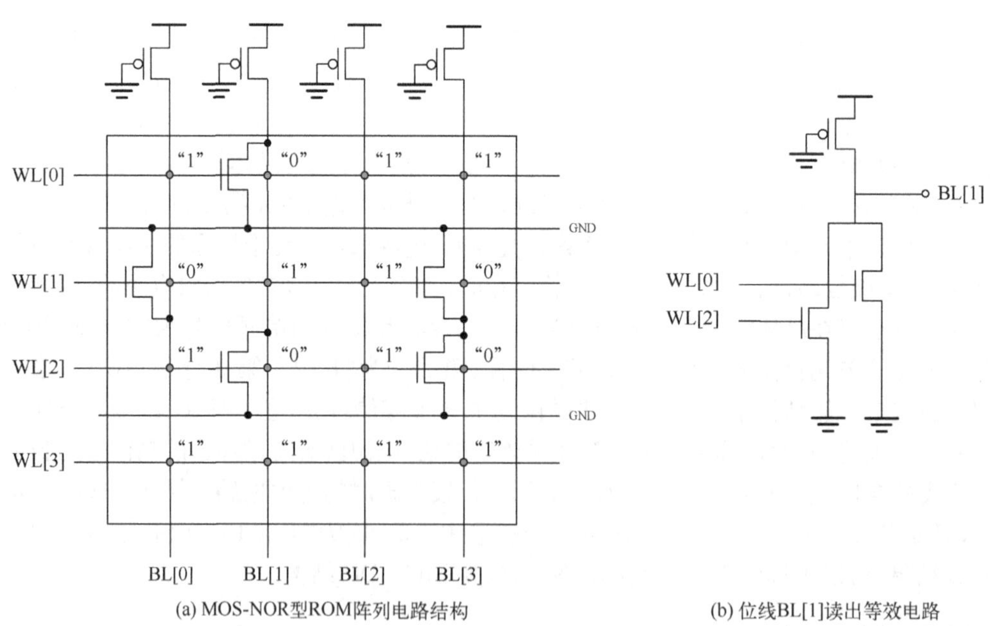

图 10.5　MOS-NOR 型 ROM

3. MOS NOR 型 ROM 的编程方法

ROM 存储信息的机理是根据字线和位线的交点处是否存在晶体管来区分存储的信息是"0"还是"1"的。因此,ROM 存储中信息的写入是在工艺线上完成的。这也就意味着,要存储不同的信息,对应的版图会有所不同。MOS 晶体管的形成,涉及的版图有扩散层、栅极、接触孔及金属连线。那么针对不同的存储需求,是所有与晶体管形成相关的版图层都需要改变,还是只改变其中某一层或几层就可以呢? 图 10.6 为两个存储单元的编程方法示意图。图 10.6 中 WL[0]和 BL 的交点上有晶体管,WL[1]和 BL 的交点上没有晶体管。图 10.6(a)中所示存储单元电路图中,WL[1]和 BL 的交点上没有晶体管存在;而图 10.6(b)中 WL[1]和 BL 的交点上虽然有晶体管存在,但是晶体管的漏极与 BL 并没有接续,这个晶体管并没有起到作用,等同于不存在。这就为存储单元的编程设计提供了一个很好的思路:无论晶体管是否实际形成,只要在存储交点上晶体管不发挥作用,就等同于不存在。因此,可以利用晶体管版图中任意一层来完成 ROM 的编程设计。例如,实现如图 10.6(a)所示的两个存储单元时,针对晶体管的扩散层、多晶硅、扩散孔及金属线四层版图,只有扩散层一层版图不同,而其他层的版图完全相同。如图 10.6(a)中最右面的断面图所示,位于 WL[1]和 BL 交点处的晶体管的漏极位置没有扩散层,接触孔和金属线只是连接到场氧绝缘层上。在这种工艺下,针对所有用户,只需改变扩散层的版图,而其他版图完全相同。再看图 10.6(b)中的情况。两个存储单元的版图,除了接触孔外,其他版图信息完全相同,晶体管已经形成,只是 WL[1]和 BL 交点处的晶体管的漏极上没有开接触孔,因此这个晶体管和位线并没有接续关系,正如图 10.6(b)中最右面断面图所示。

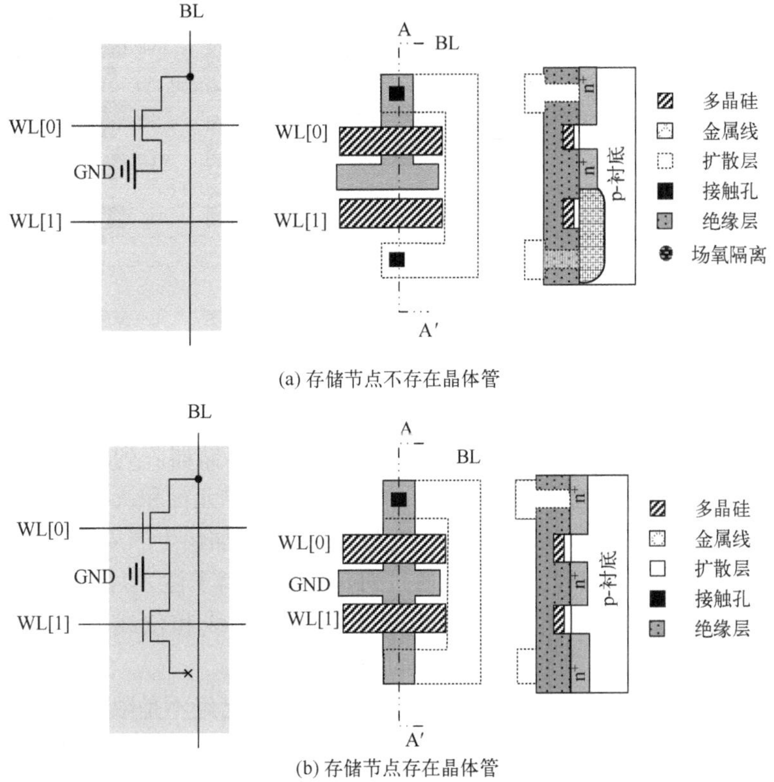

(a) 存储节点不存在晶体管

(b) 存储节点存在晶体管

图 10.6　存储单元的编程方法

通过上面的讨论可知，MOS-NOR 型 ROM 可以通过对扩散层或接触孔两种方式进行编程，那么这两种编程各有什么特点呢？图 10.7 显示了扩散层编程时 MOS-NOR 型 ROM 存储阵列的版图设计过程。图 10.7(a)所示为存储阵列电路图，图 10.7(b)所示为按照最小设计规则设计的存储器阵列版图，图 10.7(c)所示为金属线重叠在扩散层上方的存储阵列版图，版图中圆圈所画位置存在扩散层。在这种设计中，两行共用一根地线，为了尽可能减小单元面积，采用扩散层作为地线。所有相邻两行单元就可以将源极直接连到扩散层上，免去了接触孔，增加了单元密度。逻辑电路设计中通常不允许用扩散层作为地线或是电源线，这又是存储器核与普通逻辑电路在设计中的又一个不同之处。而列和列之间的距离由作为位线的金属线之间的最小设计规则决定，已经达到最小。如图 10.7(c)最上方的晶体管断面图所示，晶体管完成在金属线的下方，没有多余占用横向面积。扩散层编程的 ROM 单元面积相对较小，存储密度高。缺点是，由于扩散层在 MOS 工艺的工序比较靠前，因此确定设计到产品出厂需要的工期较长。

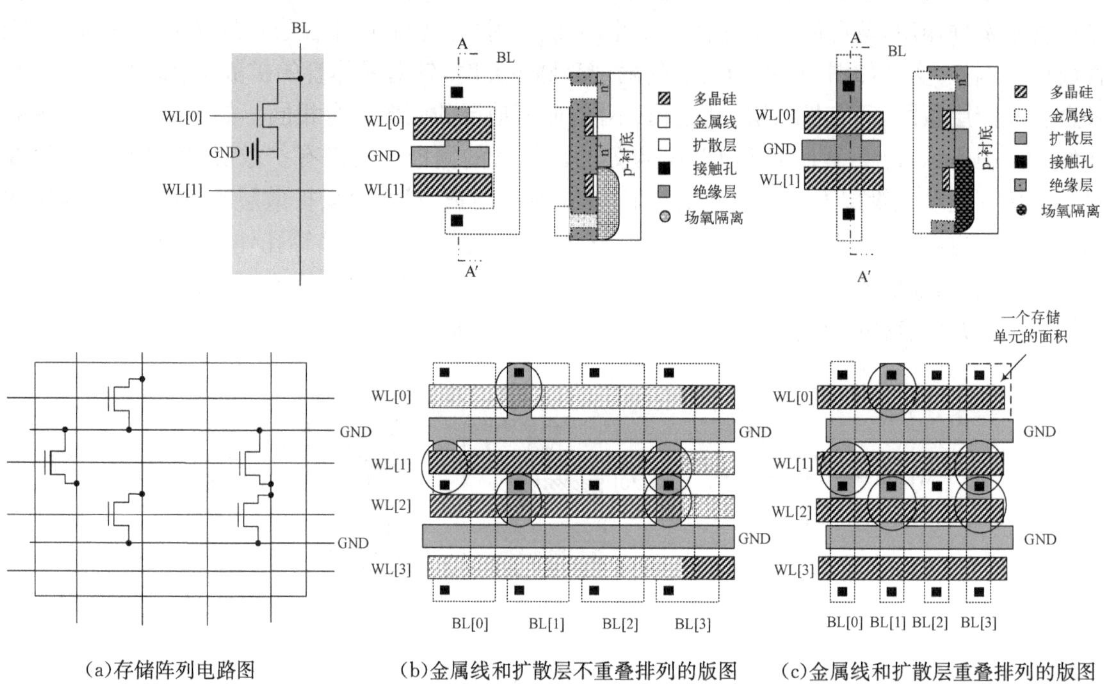

(a)存储阵列电路图　　(b)金属线和扩散层不重叠排列的版图　　(c)金属线和扩散层重叠排列的版图

图 10.7　MOS-NOR 型 ROM 扩散层编程版图

图 10.8 显示了接触孔编程时 MOS-NOR 型 ROM 存储阵列的版图设计过程。图 10.8(a)为存储阵列电路图，图 10.8(b)为按照最小设计规则设计的存储器阵列版图。在这种版图结构中，由于 WL[1]与 WL[2]之间要留两个接触孔的位置，所以单元面积大于扩散层编程。但突出的优点是接触孔开孔工艺在 MOS 工艺流程中比较靠后，可以加快生产周期。

另一种实现 NOR-ROM 编程的方法是通过对沟道进行离子注入，提高 nMOS 晶体管的阈值电压，使其在字线被选中时也不会导通，效果上等同于字线和位线交点上不存在晶体管。图 10.9为 MOS-NOR 型 ROM 高阈值扩散编程版图。

由以上讨论可知，在 ROM 存储器阵列中，晶体管的尺寸已经不是限制存储单元面积的主要因素，在整个阵列中，占用面积的是位线、字线、接地线及接触孔。采用 NAND 型 ROM 结构可以进一步减小存储单元面积。

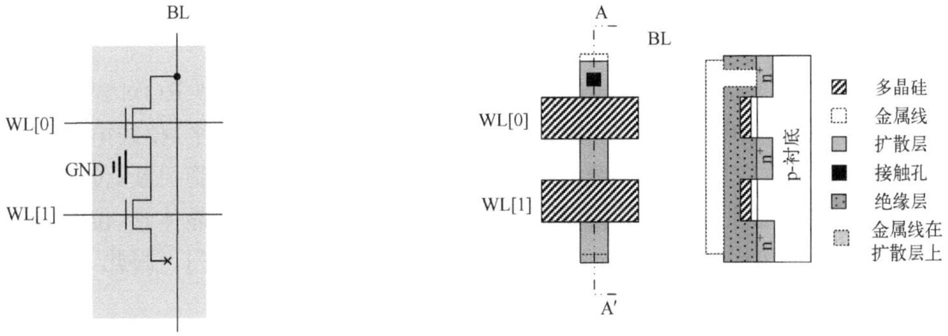

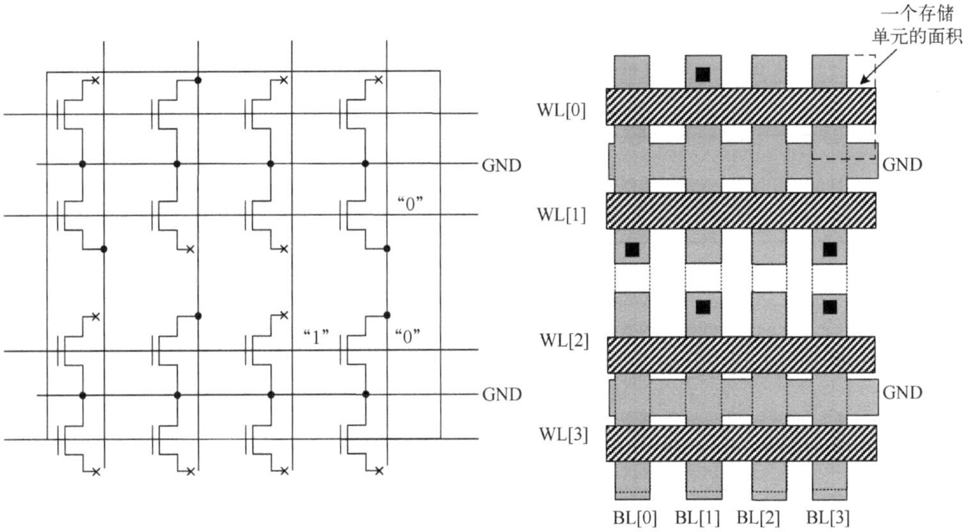

(a) 接触孔编程存储阵列电路图　　(b) 接触孔编程存储阵列版图

图 10.8　MOS-NOR 型 ROM 接触孔编程版图

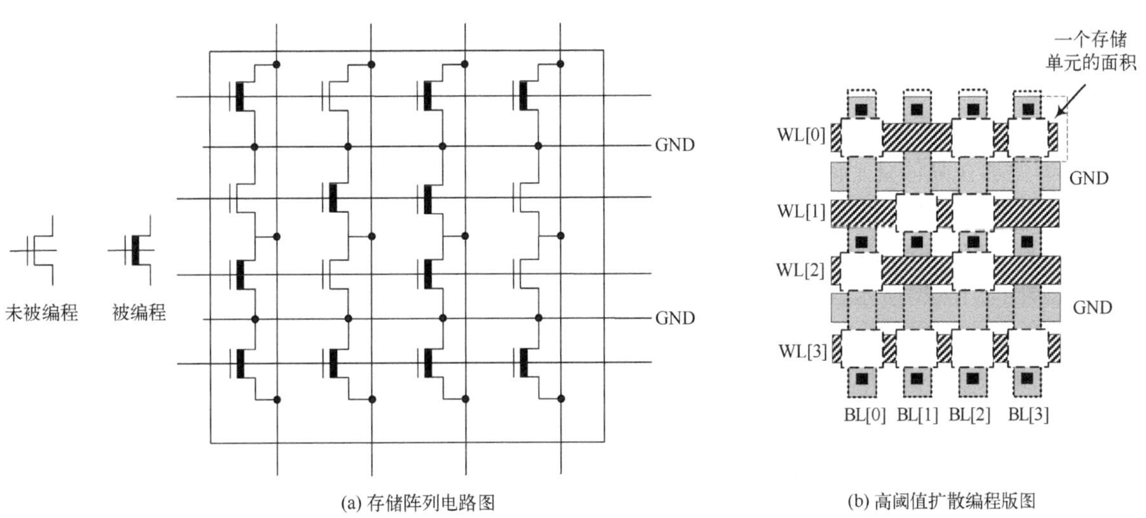

(a) 存储阵列电路图　　(b) 高阈值扩散编程版图

图 10.9　MOS-NOR 型 ROM 高阈值扩散编程版图

10.2.3 MOS-NAND 型 ROM

图 10.10 为 MOS-NAND 型 ROM 的电路结构图。与 NOR 型 ROM 结构不同，所有的 MOS 晶体管都串联接续在位线上。默认状态下，所有的字线为高电平，位线电位被下拉至低电平。被选中字线电位变低，选中字线与位线交点存在晶体管时，晶体管关断，位线和地之间的通路被切断，位线电位被上拉晶体管拉高；如果字线和位线交点上没有晶体管，位线电位维持高电平。从图 10.10(b)可以看出这个电路实际是一个伪 nMOS NAND 门。因此，晶体管串联在位线上构成的 ROM 也被称为 NAND 型 ROM。

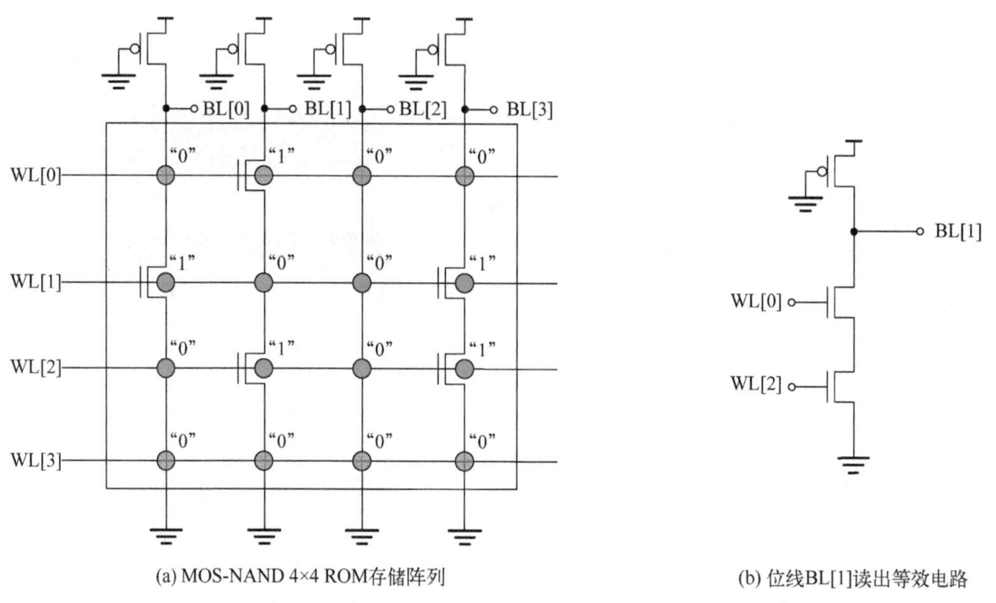

图 10.10 MOS-NAND 型 ROM 的电路结构图

NAND 型结构的最大优点是存储单元只有一个晶体管或直线构成，在单元上不需要接电源电压，这样就大幅缩小了单元面积。NAND 型 ROM 典型的编程方式为金属层编程，其版图如图 10.11 所示。

还有一种编程方式是利用阈值调节扩散层。通过阈值调节，使得晶体管变成耗尽型晶体管，这样，即使加在晶体管上的字线被选中，字线电位为"0"，晶体管依然保持导通状态，就等同于晶体管被短路。这种编程方式由于省去了接触孔，面积进一步减小，但需要追加阈值调节的工序。图 10.12 为 MOS-NAND 型 ROM 阈值扩散层编程的存储阵列电路图和版图。

如图 10.10(b)所示，MOS-NAND 型 ROM 中晶体管是串联接续在位线上的，默认状态下的低电平值 V_{OL} 与串联链上晶体管的个数相关，最坏情况为位线上所有存储节点上都存在晶体管。这时，如果假设 NAND 型 ROM 的字线深度为 N，则在位线上最多串联了 N 个尺寸相同的 nMOS 晶体管。位线的输出低电平由工作在饱和区的 pMOS 晶体管和 N 个串联的工作在线性区的 nMOS 晶体管的分压决定，位线的输出低电平值可写为

$$V_{OL} \approx \frac{\mu_p (W_p/L_p)(V_{DD} - V_{Tn})}{\mu_n (W_n/NL_n)} \tag{10.1}$$

设 $V_{DD}=2.5\text{V}$，$V_{Tn}=0.6\text{V}$，$W_n/L_n=1.5$，$\mu_n/\mu_p=2$，则有

$$V_{OL} \approx 0.63N(W_p/L_p) \tag{10.2}$$

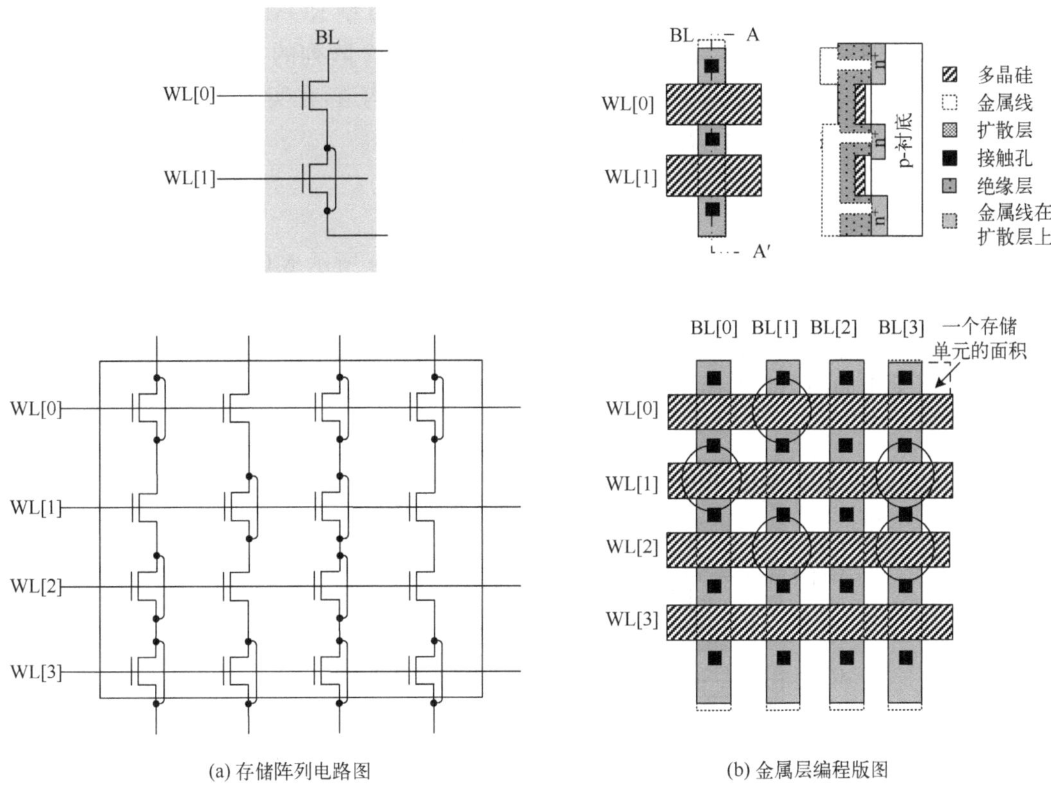

(a) 存储阵列电路图　　　　(b) 金属层编程版图

图10.11　MOS-NAND型ROM金属层编程版图

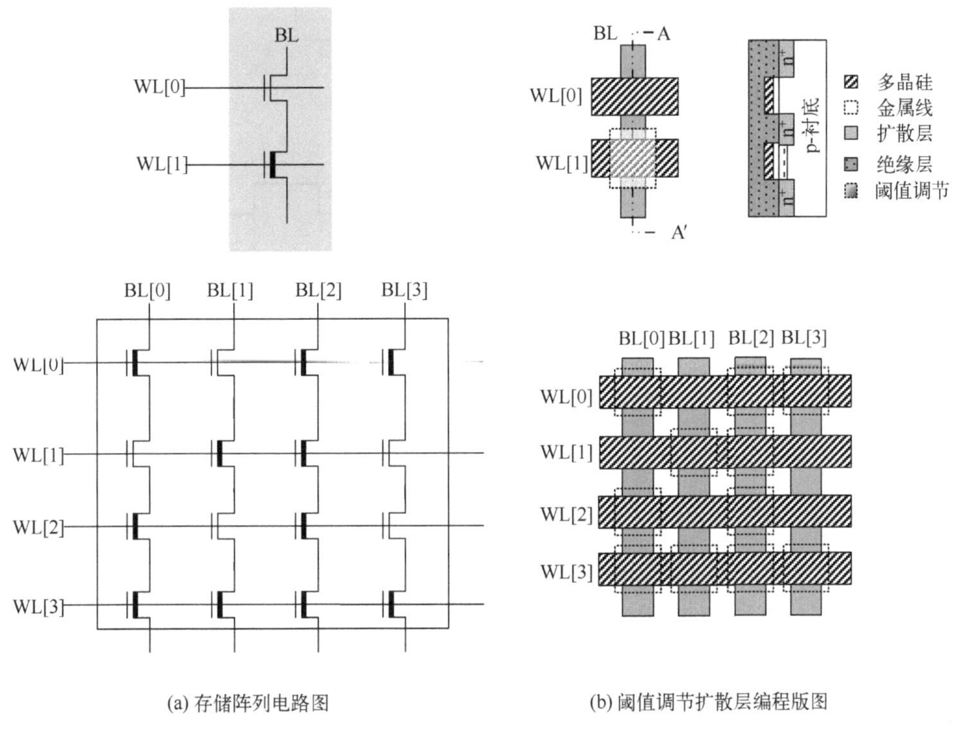

(a) 存储阵列电路图　　　　(b) 阈值调节扩散层编程版图

图10.12　MOS-NAND型ROM阈值扩散层编程的存储阵列电路图和版图

如要保证V_{OL}的取值等于1.5V，对于8×8阵列的NAND型ROM，上拉管的尺寸为$W_p/L_p \approx 0.29$，这个尺寸的pMOS晶体管可以被接受；对于512×512阵列的NAND型ROM，上拉管的尺寸为$W_p/L_p \approx 0.0047$，这就要求pMOS晶体管有很长的沟道，在实际中无法被接受。因此，NAND型的ROM很少用在8行或16行以上的阵列中。

10.2.4 预充式 ROM

在图10.5所示MOS-NOR型ROM存储阵列及图10.10所示MOS-NAND型ROM存储阵列中，位线输出低电平是通过上拉管和下拉管的分压来实现的，电路是有比电路。而且，位线输出低电平时，上拉管和下拉管同时导通，电路中有贯通电流流过，增加了电路的功耗，为了解决这个问题，可以采用如图10.13所示预充电式NOR型ROM电路。

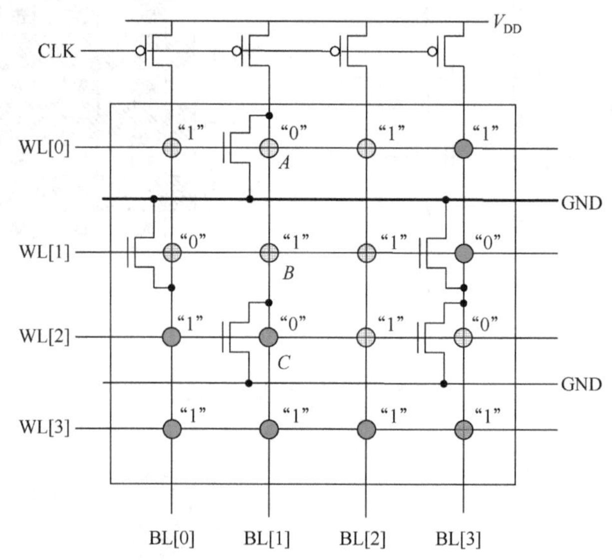

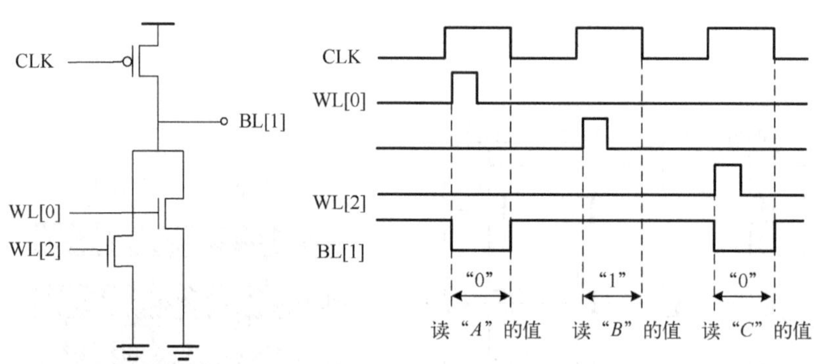

图10.13 预充电式NOR型ROM电路图

在进行读操作时，分两步进行。首先所有字线都没有选通，时钟信号为低电平，位线上的pMOS管导通，电源对位线进行预充电，位线电位被拉高，BL[1]为"1"；CLK信号变高，pMOS管关断，字线WL[0]变高，位线电位被拉低。因为此时上拉pMOS管关断，所以位线电位可以被拉至"0"。因此位线的低电平输出值与晶体管的尺寸无关，pMOS晶体管的尺寸就可以按照需要设计得大一些，以便提高读出速度。目前，几乎所有的大容量存储器都采用预充电结构。

10.2.5　一次性可编程 ROM

在前面几节所描述的 ROM 中，存储信息是通过掩模板编程写入存储阵列的。因此，信息的写入需要在生产线上完成，生产周期相对较长。对于用量不大的产品来说，成本非常昂贵。针对这一类需求，研究者开发了可编程只读存储器（programmable read only memory，PROM）。用户可以根据需要自由地写入数据，而不需要在生产线上利用掩模板进行编程。典型的双极熔丝型 PROM 存储阵列如图 10.14 所示。存在于字线和位线交点处的晶体管与位线的接触孔采用熔丝材料构成，编程时采用通电的方法使熔丝熔断，完成存储信息的写入。这种只读存储器一旦写入数据就不能更改，准确地说应该是一次性可编程只读存储器。因为写入时需要大的电流，熔丝型只读存储器通常采用双极工艺制作。

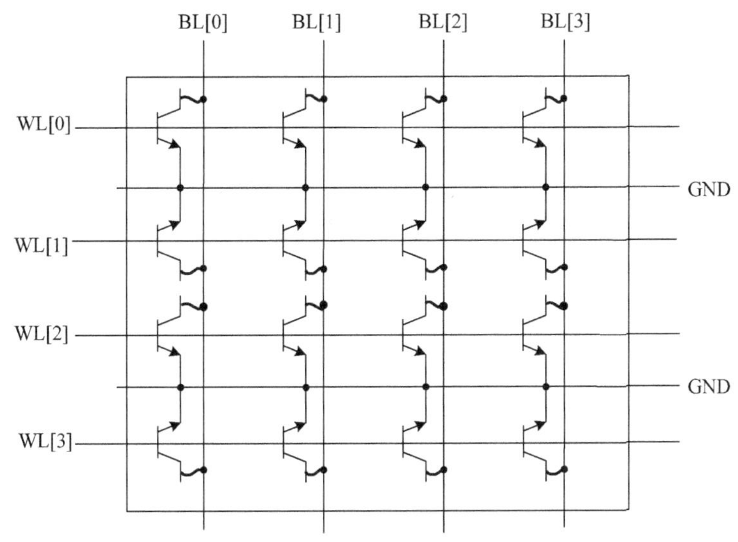

图 10.14　双极熔丝型 PROM 存储阵列

10.3　非挥发性读写存储器

10.2 节所述 ROM 一旦将数据写入后就不能更改，常用于存储固定不变的信息、计算机的启动程序等。在更多的情况下，用户需要根据应用改写存储信息，这就要求存储器能够进行多次写入和读出。下面分别对几种常用的非挥发性可读可写存储器的结构、原理进行介绍。

10.3.1　可擦除可编程 ROM

要对存储器进行读写操作，就要求构成存储阵列的基本存储单元具有可编程可擦除的功能。图 10.15 给出了可擦除可编程 ROM（EPROM）存储器的存储单元的器件截面结构图和对应的电路符号。存储单元的器件结构与普通 MOS 晶体管类似，只是在控制栅极和沟道表面之间又插入了一个电极。由于这个电极被周围的绝缘层包围，与任何电极都不相连，因此又被称为浮动栅极。假设栅极和浮动栅极之间的电容为 C_1，浮动栅极和衬底之间电容为 C_2，衬底的电位接零。当给栅极加上电压 V 时，浮动栅极上的电压为

$$V_{FG}=V\cdot\frac{C_1}{C_1+C_2} \tag{10.3}$$

当 V_{FG} 的值大于 MOS 晶体管的阈值电压时，MOS 晶体管导通。

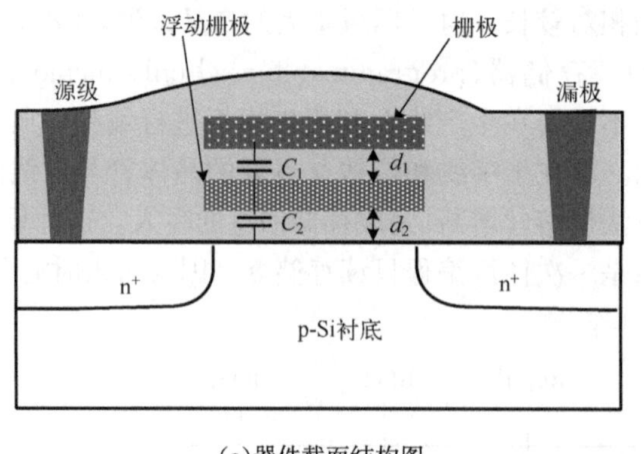

(a)器件截面结构图

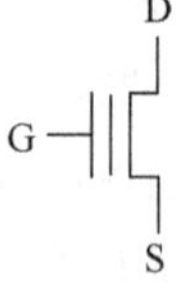

(b)电路符号

图 10.15 EPROM 存储单元

浮动栅极的引入加大了栅极和衬底之间的电容，从晶体管栅极看上去的阈值电压增大，晶体管的跨导降低。单纯考虑晶体管特性，这个结果并不是想要的。但是，浮动栅极的引入，使得晶体管具有了非常重要的特性。

如图 10.16(a)所示，当给栅-源施加一个 12.5V 的电压时，在栅极氧化膜上会产生较强的电场；同时在漏-源间也加上 12.5V 的电压，漏源间存在较大的电流，漏-衬底耗尽区的高场强使得反向的漏-衬底结发生雪崩击穿，同时带来一个大的附加电流。强电场作用下的电子被加速并获得高的能量，在大的栅源电压作用下，在第一层栅极氧化膜沿着沟道方向的电场强度增加，沟道中的电子获得足够的能量，以热载流子的方式穿越过第一层栅极氧化膜注入浮动栅极，这一过程

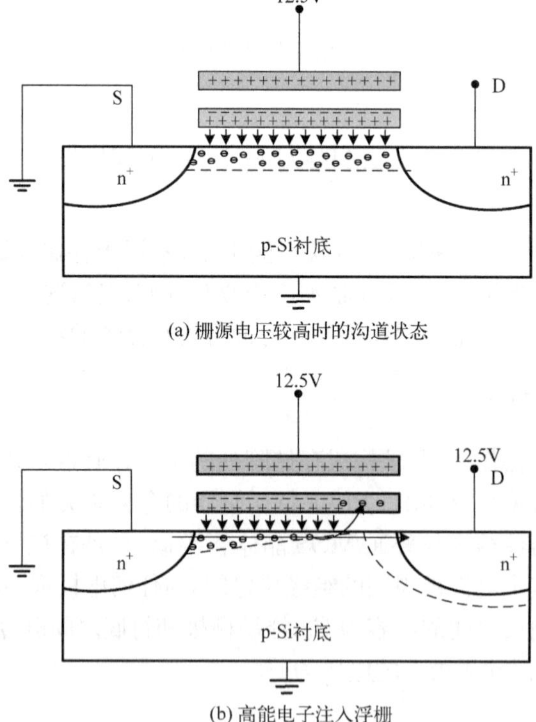

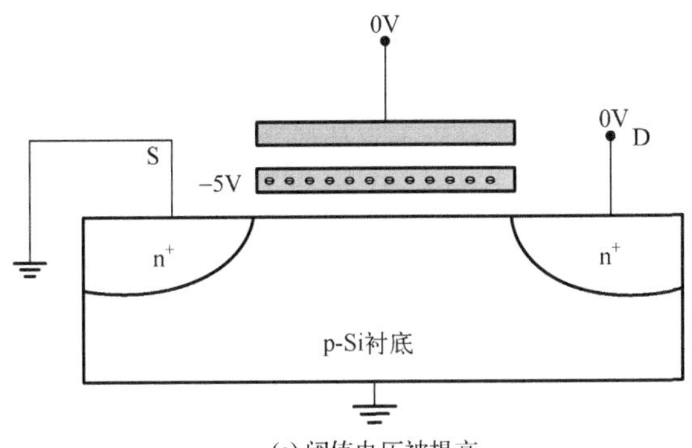

(c) 阈值电压被提高

图 10.16　浮栅晶体管阈值电压的编程过程

如图 10.16(b)所示。由于浮动栅极被绝缘材料包围，被俘获的电子就停留在浮动栅极内，浮动栅极上积累的负电荷降低了氧化层上的电场，当注入的电子引起的负电荷浓度增加到一定程度时，由此产生的逆向电场削弱了加在栅极氧化层上电场，阻止热载流子进一步注入，浮动栅极可俘获的电子达到饱和。此时，如图 10.16(c)所示，即使将加载的电压去掉，电子也依然存在于浮动栅极中，从而使浮动栅极产生一个负电压。从器件的角度来看，为了使器件导通，需要增加电压去抵消负电压的影响，这相当于增大了晶体管的阈值电压。高阈值电压的晶体管在栅极电压为高电平时，依然维持关断状态，而没有经过雪崩击穿热载流子注入的晶体管保持原有的阈值电压。将这种能够改变阈值电压的浮动栅极 MOS 晶体管作为存储阵列中连接子线和位线的晶体管，就构成了可写入存储单元。这种存储单元是通过热载流子注入改变晶体管的阈值电压来区分存储单元所存储的信息的。由于热载流子注入在氧化层厚度为 100nm 时就可以发生，而现在 CMOS 工艺制作的栅极氧化膜厚度远小于 100nm，因此不用采取特殊工艺就可以实现编程。同时，浮动栅极中注入的电子可以长期保存。所以，用浮动栅极晶体管实现的存储单元是非挥发性可写入存储单元。下面介绍 EPROM 存储阵列的信息写入和读出过程。

图 10.17 是由浮动栅极 MOS 晶体管构成的 EPROM 存储阵列结构图。图 10.17 中 V_{CC}代表普通电源电压值，V_{pp}代表信息写入时需要的高电压。下面以一个存储单元为例说明 EPROM 存储器的读写原理。

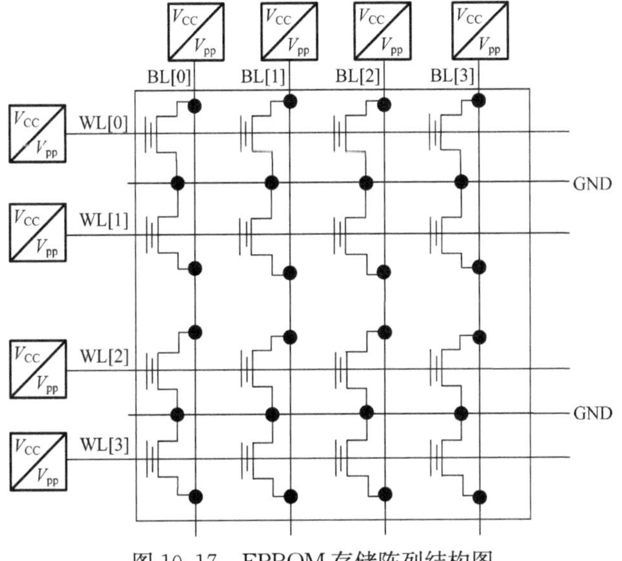

图 10.17　EPROM 存储阵列结构图

图 10.18 分别给出了 EPROM 存储单元的读写操作过程。分别给被选中浮动栅极晶体管的栅极和漏极加上 12.5V 的电压,沟道中电子获得高的能量以热载流子形式注入浮动栅极中,被选中的晶体管阈值电压升高,状态"1"被写入。对这个晶体管进行读操作时,给栅极施加 5V 的电源电压,漏极电压为 2V。由于晶体管的阈值电压被抬高,栅极上加了 5V 的电压时,晶体管依然不导通,源极和漏极间没有电流流过,位线电位保持不变,表明读出信息为"1"。如果需要给被选中的单元进行写"0"操作,再将漏极接地,这样,从沟道就不会有电子注入浮动栅极,晶体管保持原有阈值电压不变。对这个单元进行读操作时,依然是栅极加电源电压,晶体管导通,当漏源电压为 2V 时,沟道中有电流流过,位线的电位被拉低,表明存储的信息为"0"。

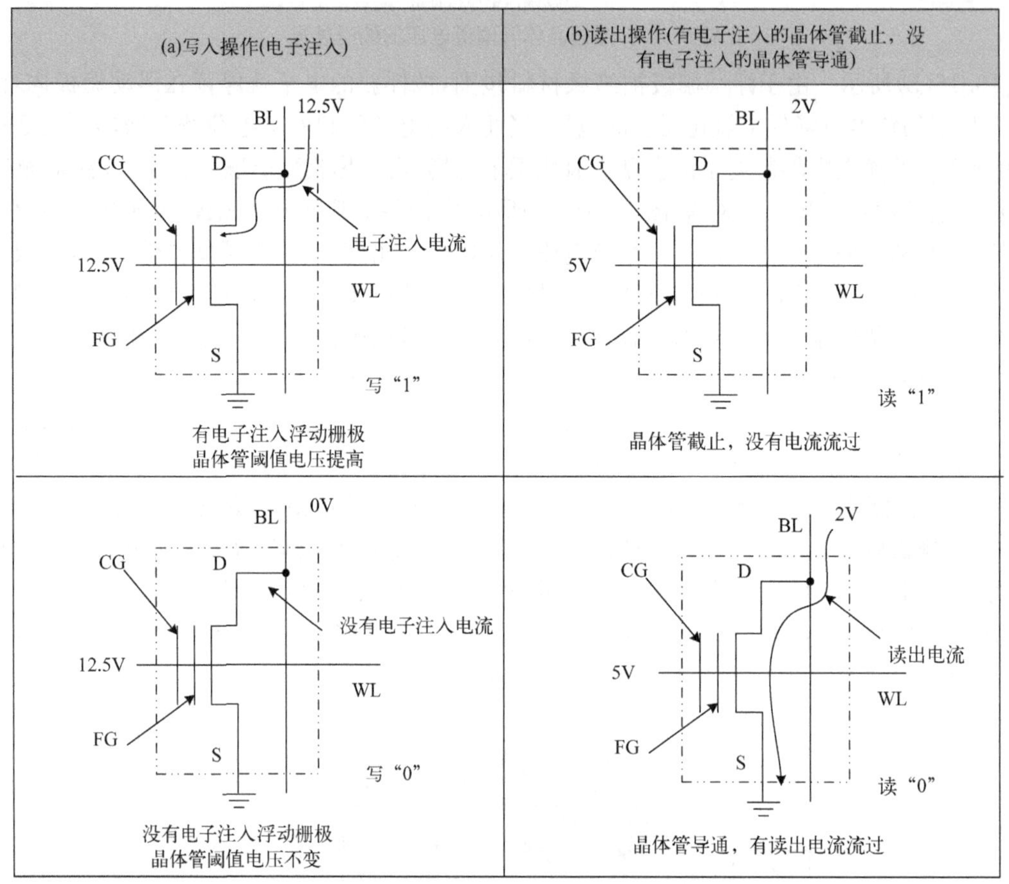

图 10.18　EPROM 存储单元的读写操作过程

在上述结构的存储单元中,电子是以热电子的方式注入浮动栅极的,过程不可逆。因此,采用电学方法不能消除浮动栅极中存在的负电荷。由于紫外光照射在氧化物上时,会在氧化材料中直接产生空穴-电子对而使得氧化物材料稍稍导通,保存在浮动栅极上的负电荷可以通过这种方式被擦除。但是,这个擦除过程非常慢,通常需要几秒至几分钟,而且只能整块擦除。图 10.19 是 EPROM 的外封装图和紫外线擦除机的照片。紫外线还可能对器件的可靠性带来不良影响,因此,擦除只能是在片外进行,同时可编程的次数受到限制,实际应用的领域有限。

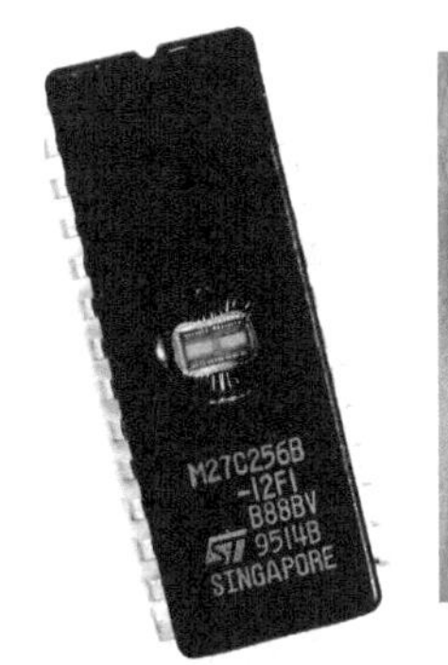

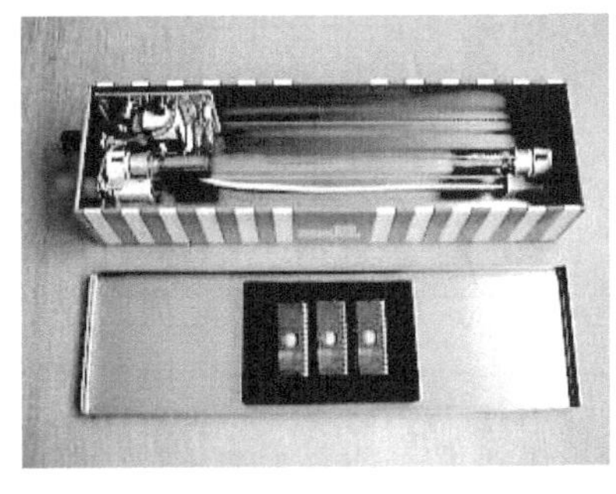

图 10.19　EPROM 的外封装图和紫外线擦除机

10.3.2　电可擦除可编程 ROM

由浮动栅极晶体管构成的 EPROM 存储单元可以通过热载流子的注入完成信息的写入，其中热载流子是在源漏间移动的载流子受到高场强的作用，获得较高的能量而产生的。而信息的擦除是通过紫外线照射完成的。

EEPROM 是利用另一种载流子注入机理实现的电可擦除非挥发性存储器，下面对这种存储单元的结构、读写和擦除机理进行介绍。

图 10.20 给出了 FLOTOX 存储单元的横截面结构及电路符号。由图 10.20 可知，新型浮栅存储单元的器件结构与 EPROM 非常相近，只是有一部分浮动栅极覆盖在漏极上，而且隔离浮栅和漏极的氧化膜绝缘层很薄。根据材料特性，当氧化膜绝缘层的厚度很薄时，如果加在氧化层上的电场强度达到 10^7 V/cm 时，氧化层会发生隧道击穿，产生大约 10^{-10} A/μm 数量级的电流，这个电流被称为隧道电流，这种现象被称为隧道效应(fowler-nordheim，FN)。因此，这种结构的晶体管也被称为浮栅隧道氧化物(floating gate tunneling oxide，FLOTOX)结构。

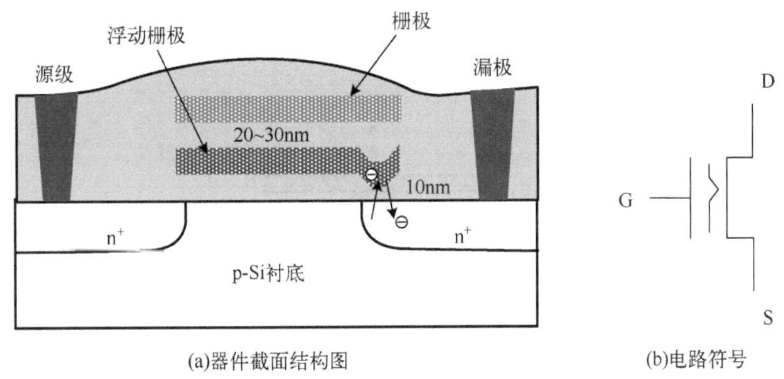

图 10.20　FLOTOX 存储单元的横截面结构及电路符号

根据加在薄氧化层上电压的方向，隧道电流方向可以改变，图 10.21 给出了 10nm 厚的氧化层的双向隧道效应特性。根据这一特性，可以通过控制加在氧化膜上电压的方向，完成电子的注入和抽取，达到编程和擦除的目的。

图 10.22 给出了 FLOTOX 存储单元的电子注入过程。在图 10.22(a)中，栅极电压为 10V，源极和漏极电压为 0V，漏极上极薄氧化膜处发生隧道击穿，产生的隧道电流将电子注入动栅极中。如图 10.22(b)所示，加在栅极上的电压去除后，由于浮栅处于电隔离状态，注入的

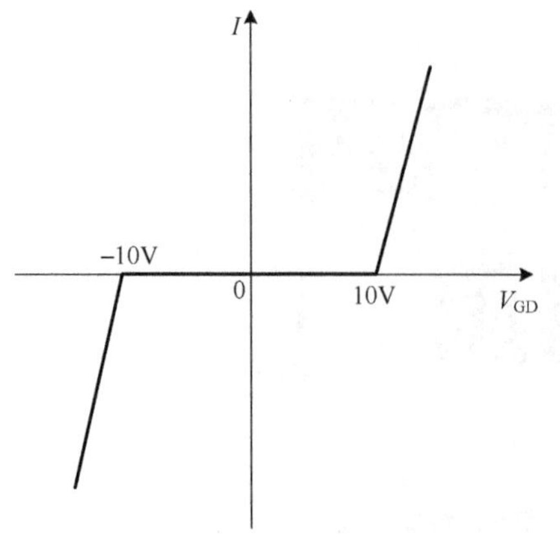

图 10.21 10nm 厚的氧化层的双向隧道效应特性

电子保留在浮栅内，抬高了晶体管的阈值电压；给栅极加上字线选通电压，由于晶体管的阈值升高，如图 10.22(c)所示，晶体管保持关断状态。图 10.23 给出了浮栅电荷反向抽取的过程。此时，栅极电压为 0V，漏极电压为 10V，漏极流向浮动栅极的隧道电流将电子抽取，浮栅中的电荷量恢复至初始状态。如果电压依然存在，电子的抽取就会一直持续。当过多的电荷被反向抽取时，浮动栅极的电位向正的方向提高，等效阈值电压降低，甚至产生耗尽器件，导致存储单元不能被正常字线关断。FLOTOX 晶体管最终的阈值电压取决于浮栅上的初始电荷和所加电压，同时还与氧化层的厚度相关，而在芯片中氧化层厚度的偏差不能忽略。因此，在实际应用时，EEPROM 的一个存储单元由两个晶体管构成，与 FLOTOX 晶体管串联的普通结构 MOS 晶体管为选择晶体管，两管单元的 EEPROM 存储器横截面结构及电路符号如图 10.24 所示。选择管使用正常的字线电平，FLOTOX 晶体管的栅极电压为位于两个阈值电压之间的值，通常可选为 V_{DD}。

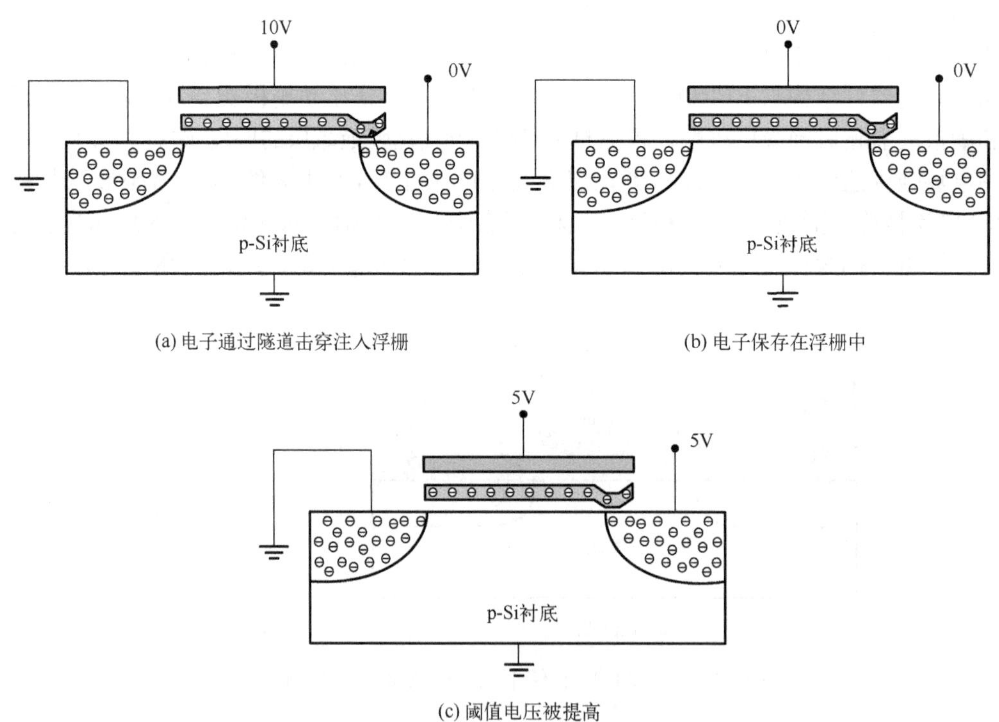

图 10.22 FLOTOX 存储单元的电子注入过程

电子注入浮动栅极，FLOTOX 晶体管的阈值电压上升；从浮栅中抽取电子，FLOTOX 晶体管的阈值电压下降，EEPROM 就是利用晶体管阈值电压的差来区分存储的信息“1”和“0”的。通常，FLOTOX 晶体管的低阈值会小于零，呈现耗尽型特性。图 10.25 给出了 FLOTOX 晶体管编程前后阈值电压的差值。

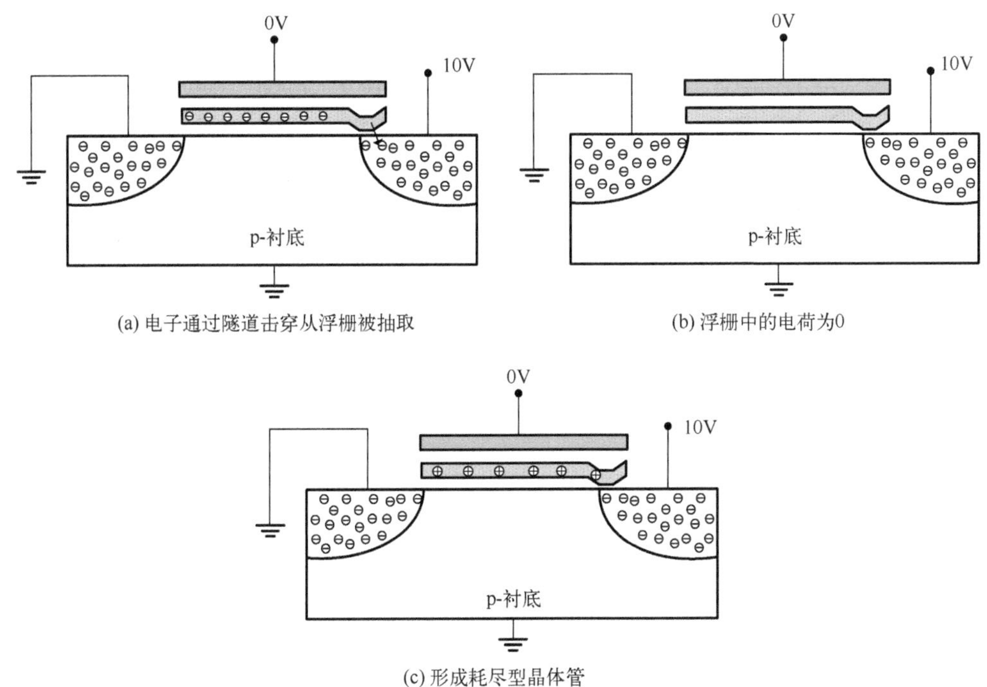

图 10.23　FLOTOX 存储单元的电子抽取过程

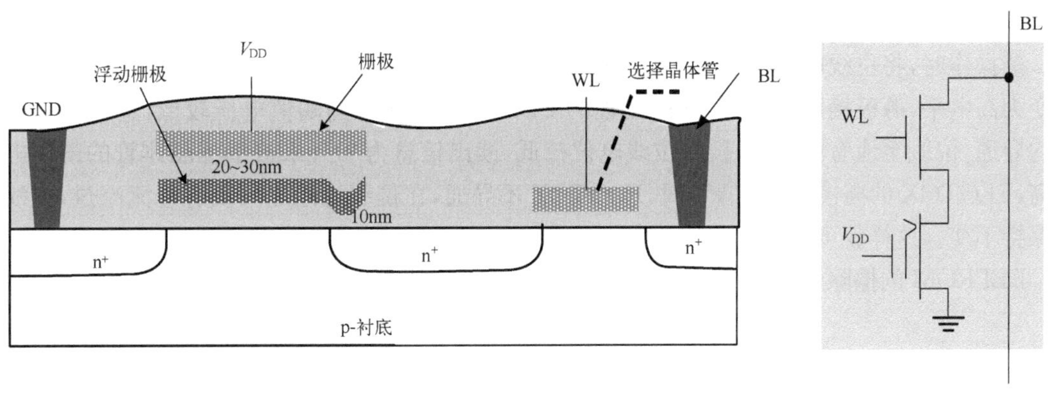

图 10.24　两管单元的 EEPROM 存储器横截面结构及电路符号

图 10.26 为 EEPROM 存储阵列读写示意图。每个存储单元由一个选择管和一个 FLOTOX 晶体管串联构成。下面以这个存储阵列为例说明 EEPROM 存储器的读写原理。

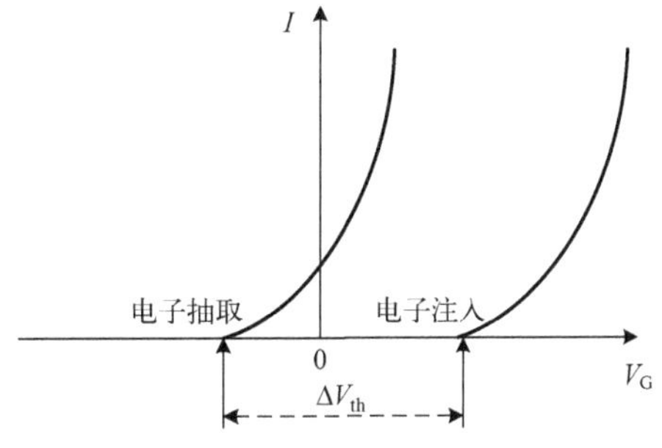

图 10.25　FLOTOX 晶体管编程前后阈值电压的差值

在此需要注意的是，在 EPROM 中，电子注入浮栅的过程叫编程(写入)，用紫外线照射消除浮栅中负电荷的过程叫擦除。而在 EEPROM 中，正好与 EPROM 相反，电子

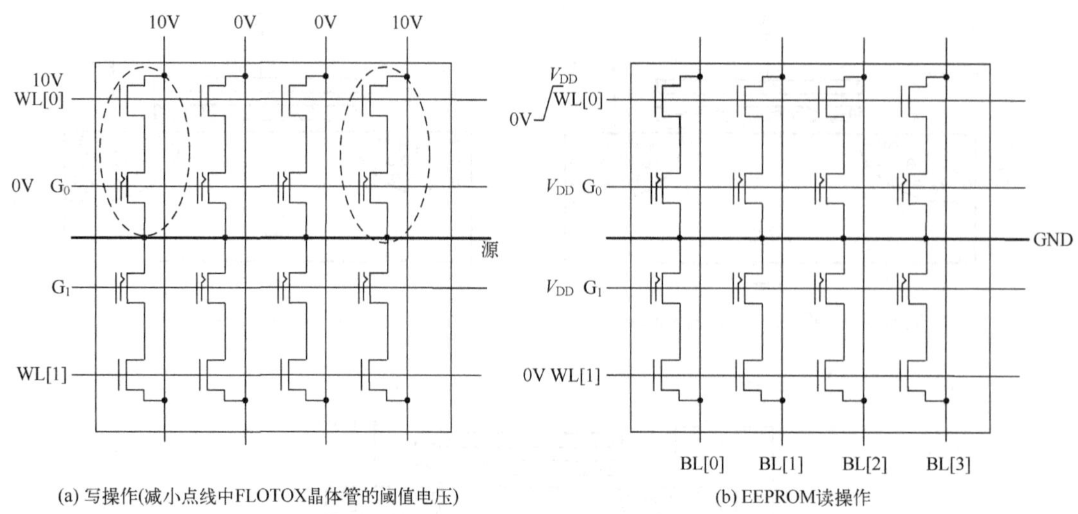

图 10.26　EEPROM 存储阵列读写操作

注入浮栅的过程叫擦除，从浮栅抽取电子的过程叫编程(写入)。

当存储阵列中一条字线被选中时，需要编程晶体管所在列的位线上升至 10V，不需要编程的晶体管的位线接 0V，FLOTOX 晶体管栅极保持 0V，源极悬空。位线上的 10V 电压经过选择管传到 FLOTOX 管的漏极，薄氧化膜发生隧道击穿，隧道电流从漏极流向浮动栅极，抽取浮动栅极上的电子，降低了晶体管的阈值电压。

读操作时，将位线电压预充至 V_{DD}，FLTOX 晶体管的栅极接 V_{DD}，选择晶体管的字线从低电平变为高电平，源极接地。此时，已被编程的 FLOTOX 晶体管的阈值电压较低，选择管和存储管均导通，位线至地有电流流过，将位线电位拉低，读出信息为“0”；未被编程晶体管的阈值电压较高，FLOTOX 的栅极电压为 V_{DD}时，FLOTOX 不导通，在位线至地之间没有电流流过，位线电位保持不变。这样就可以按字节读出存储单元存的信息。

EEPROM 的擦除通常是按照字节进行，图 10.27 给出了 EEPROM 存储阵列的擦除操作。

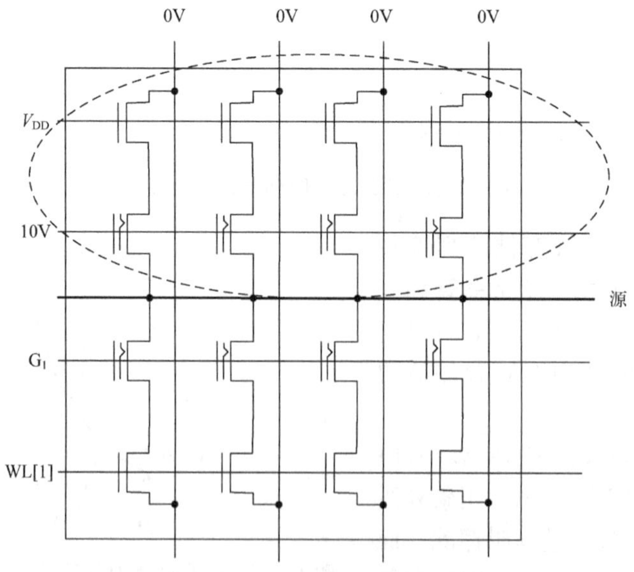

图 10.27　EEPROM 存储阵列的擦除操作

被选中字节的字线为 V_{DD}，同一字节所有选择晶体管导通，给这一字节上 FLOTOX 存储管的栅极加 10V 的电压，位线电压位 0V，源极悬空。此时，电子经过薄氧化层注入浮动栅极中，存储晶体管的阈值电压提高至大约 V_{DD} 时，停止擦除。

EEPROM 的写入和擦除次数过多时，会在浮动栅极上留下固体电荷，图 10.25 中所示阈值的差将减小，导致很难区分两种状态，存储单元失效。通常，EEPROM 存储单元的写/擦次数约为 10^5～10^6。

10.3.3 FLASH 存储器

EEPROM 由两管(2T)单元构成，存储单元面积过大，同时隧道氧化膜需要特殊工艺，成本比较高，不适合制作高密度、大容量、低成本的存储器。而 FLASH 存储器融合了 EPROM 和 EEPROM 的技术，是现在采用比较多的存储器结构。

图 10.28 所示为 FLASH 存储器单元的结构图及电路符号。由图 10.28 可以看到，FLASH 存储器的结构与 EPROM 非常相似，也是浮栅结构 nMOS 晶体管，只是浮动栅极与衬底之间的氧化层厚度整体很薄，在 10nm 以下。将晶体管的源极接地，栅极加上较大电压，同时漏极也加较大电压时，由于雪崩击穿效应，热电子注入浮动栅极，晶体管的阈值电压提高；将源极接一个较大电压，漏极和栅极接地，由于第 1 层栅极氧化膜很薄，在浮动栅极和源极之间氧化膜会发生隧道击穿，电子从浮动栅极被抽取，晶体管的阈值电压降低。因此，FLASH 存储器通过热载流子注入完成写操作，通过隧道效应完成擦除。

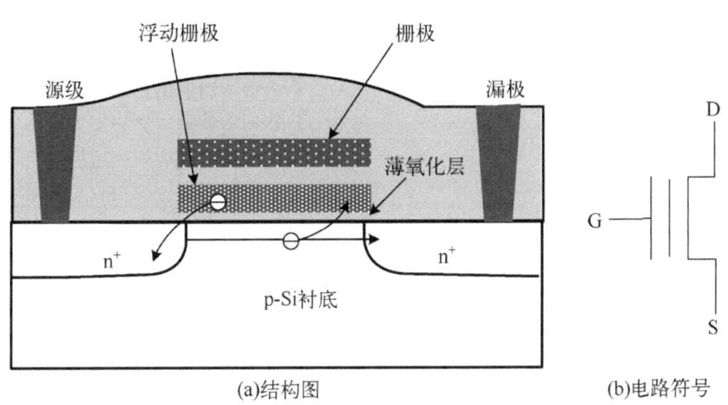

图 10.28　FLASH 存储器单元的结构图及电路符号

图 10.29 给出了 NOR 型 FLASH 存储器的存储阵列。由图 10.29 可知，FLASH 存储器的存储单元由单管构成。FLASH 存储器与 EEPROM 存储器相同，擦除是靠隧道电流完成的。这样，同样会存在过擦除的可能性。与 EEPORM 使用选择晶体管的方法不同，FLASH 结构存储器在进行擦除操作时，采用对整个芯片或是存储器的整个区域成批进行操作，通过一边擦除、一边检测阈值电压的方法，动态调节擦除时间，保证所有晶体管的阈值满足增强型器件的要求。这种擦除方式，在一定程度上降低了存储器的灵活性，但是却大幅提高了存储单元的密度。正是因为这种擦除方式只适用于一次擦除多个存储单元的情况，所以称这类存储器为 FLASH 存储器。

NOR 型结构的 FLASH 存储器的基本操作过程可以用图 10.30 来表示。将要被擦除的存储单元的栅极和漏极接地，源极接 10V 电压，栅极和源极处的薄氧化膜发生隧道击穿，隧道电流将电子注向源极，浮动栅极上负电荷减少，阈值电压降低。这个过程如图 10.30(a)所示。擦除是对点线所围所有晶体管同时进行的。图 10.30(b)给出的是存储阵列中地址为“01”的存储单元 M_{10} 写“1”的过程。字线 WL[0]接 10V 电压，位线 BL[1]接 5V 电压，就相当于是给存储单元

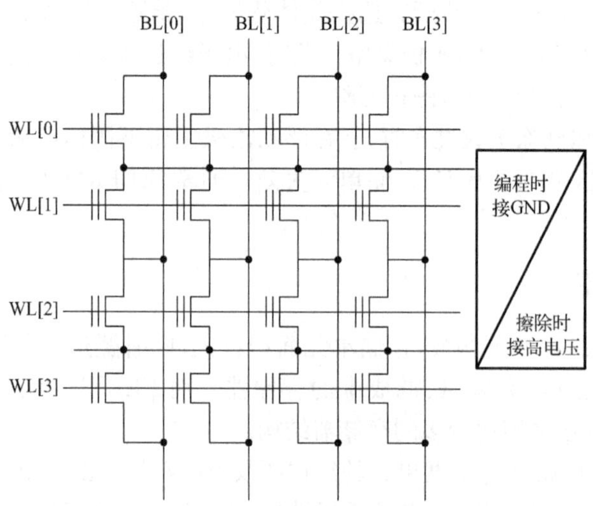

图 10.29　NOR 型 FLASH 存储器的存储阵列

M_{10}的栅极接 10V 电压，漏极接 5V 电压。雪崩击穿产生的热载流子穿过氧化层注入浮动栅极，栅极俘获电子，电位相对降低，晶体管阈值电压上升。此时，同一字线上的晶体管 M_{00}，由于位线电位 0，没有热载流子产生，晶体管没有被编程。进行读操作时，先将位线电位预置为高于 0V、小于 5V 的电压值(如 1V)，源极接地。当字线被选中时，被编程晶体管阈值电压较高，栅极电位为 5V 时，晶体管不导通，源极和漏极间没有电流流过，位线电位保持不变，表明存储单元存储的信息为“1”；未被编程晶体管导通，位线电位被下拉，表明存储的信息为“0”。在此，需要注意的

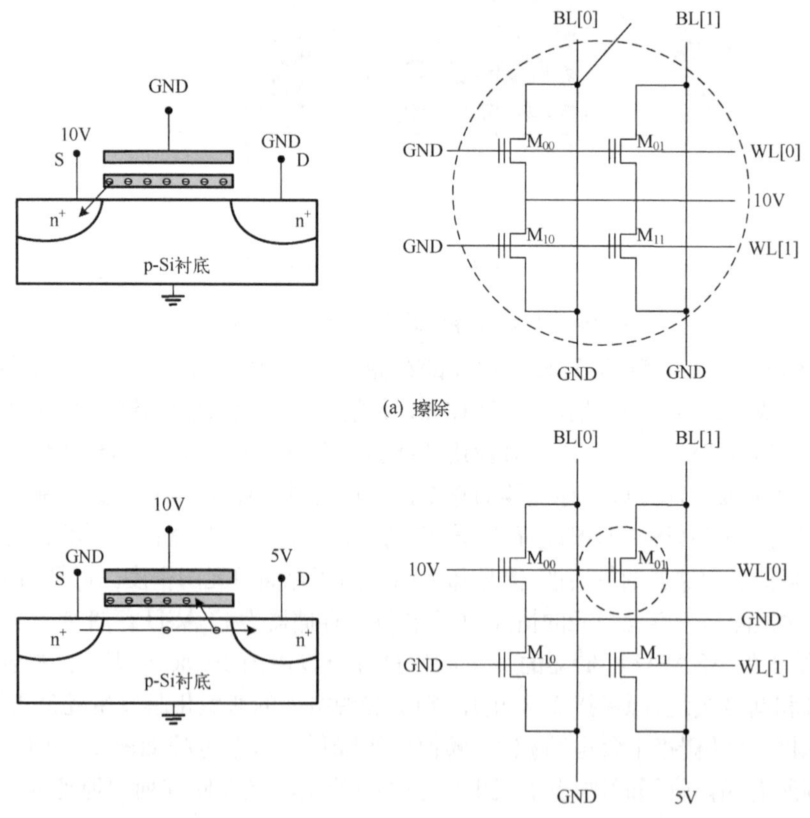

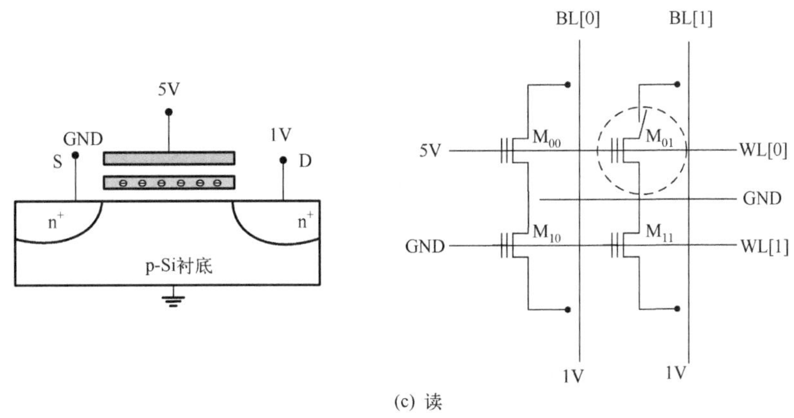

(c) 读

图 10.30　或非门结构的 FLASH 存储器的基本操作

是，为了保证擦除操作时所有晶体管的阈值尽可能相同，在擦除之前，先对所有晶体管进行编程，然后再开始擦除。擦除时，在源极上加一个可以控制脉宽的擦除脉冲，然后进行读操作，检测存储单元是否被擦除。擦除过程就是擦除-检测的循环，直至所有单元的阈值都满足阈值要求。

NOR 型 FLASH 中所有存储单元都是并联关系，因此，对存储数据进行读操作时，位线只需经过一个晶体管进行放电，速度很快。但是，由于要精确地控制阈值电压，所以擦除和编程的过程比较慢。因此，NOR 型存储器适用于存储程序等不需要经常更改的内容。而现在各类存储卡采用的多为 NAND 型 FLASH。NAND 型 FLASH 中同一位线上存储单元为串联关系，因此可以省去晶体管之间的接触孔，使得存储密度提高 40%。

10.4　随机存取存储器

存储器总结

非挥发性存储具有系统掉电后信息依然可以保存的特点。但是，所有非挥发存储器都需要引入额外工艺，在对存储单元进行写入和擦除时也需要额外提供电压。在实际的数字系统中，很多情况下只需要将信息进行暂时保存，存储单元是否为挥发性并不重要，更多的是希望能够采用与标准数字工艺完全兼容的方法来实现可以暂时存储信息的存储器。

在第 8 章时序电路中已经讲到，基于正反馈和动态机理都可以保存信息。下面就分别介绍由正反馈机理和动态存储机理为基础的两类随机存取存储器。

10.4.1　SRAM

1. 基本结构

基本的 SRAM 单元由两个交叉耦合的反相器和两个存取晶体管构成，如图 10.31(a)所示。存取晶体管分别将各自的栅极连接到字线，将源/漏极连接到位线。字线用来选择单元，位线用来执行单元上的读写操作。在内部，该单元在电路的一边保存要存的值而在另一边保存该值的相反值。为了方便描述，假设节点 Q 保存要存储的值，而节点 $\overline{Q}$ 保存相反值。这两条互补的位线用来提升速度和抑制噪声。

交叉耦合反相器的电压传输特性(voltage transfer characteristic，VTC)如图 10.31(b)所示。在交叉耦合结构中，存储的值用 VTC 中两个稳定的状态表示。单元将保持其当前状态直到内部节点

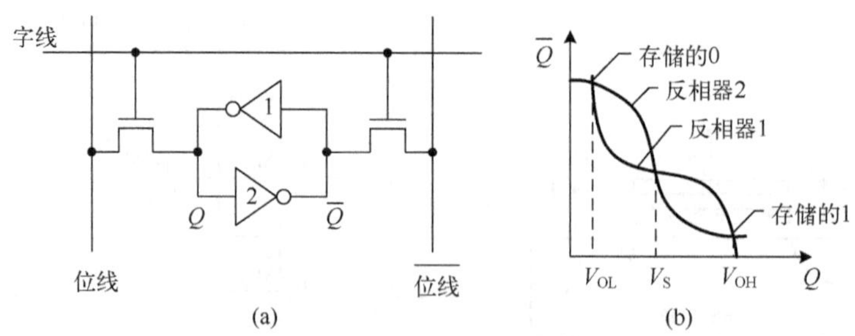

图 10.31　基本的 SRAM 单元和电压传输特性

中的一个越过转换阈值 V_S。当这种情况发生时，单元将翻转其内部状态。因此在读操作期间，绝对不能干扰其当前状态，而写操作期间必须强制内部电压摆动到超过 V_S 的值以改变状态。

SRAM 中存储单元的核心部分是一个双稳态触发器，用它的两种状态表示信息“0”和“1”。SRAM 的存储单元有多种形式，如六管单元、四管单元等。六管 CMOS SRAM 单元结构如图 10.32所示。交叉耦合反相器 M_1 和 M_3，以及 M_2 和 M_4 作为存储元件。为了使数百万的单元能够放置在一个芯片上，在设计上付出的主要努力在于减少单元面积和功耗方面。单元稳定状态的功耗是由亚阈值泄漏电流控制的，所以在存储器电路中经常使用较大的阈值电压。单元的版图也会被高度优化以减少面积。事实上，在一些设计中用不掺杂的多晶硅形成的电阻代替了负载器件 M_3 和 M_4，称为四管(4T)单元，因为此时在这个单元中只有 4 个晶体管，也称电阻负载 SRAM 单元，如图 10.33 所示。为了减小功耗，流过晶体管的电流可以通过使用非常大的上拉电阻而制作得非常小。这些电阻的薄层电阻是 $10\text{M}\Omega/\text{m}^2$ 或者更高，且面积是最小化的。电流保持在毫微安(nA)范围内。因此，可以用形成不掺杂多晶硅电阻所需的额外工艺复杂度为代价来减小功率和面积。然而，现在大多数的设计还是使用图 10.32 所示的传统 6T 结构。

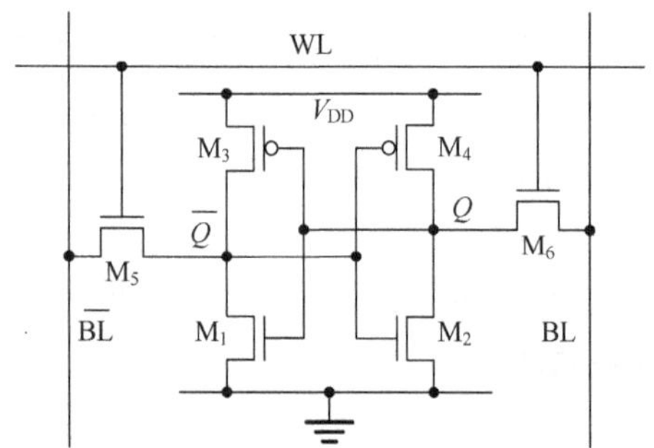

图 10.32　六管 CMOS SRAM 单元结构

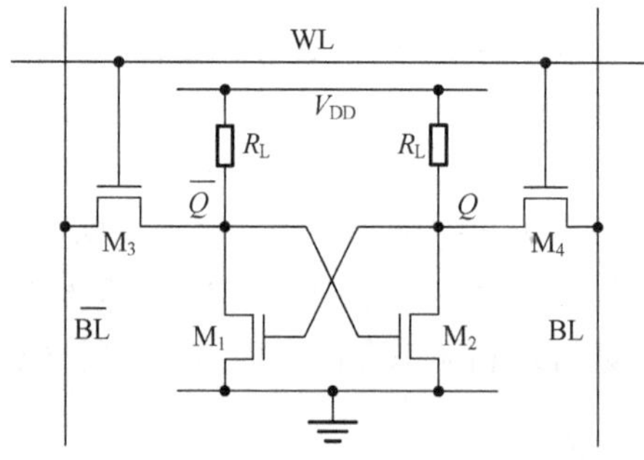

图 10.33　电阻负载 SRAM 单元

SRAM 单元阵列及操作过程如图 10.34 所示。行选择线(或称字线)沿水平方向分布。为了进行读或写，连接到一个给定字线上的所有单元都要进行访问。这些单元在垂直方向上连接到位线上，并且使用一对存取器件，为数据从单元中的输入和输出提供一条可转换的路径。两条列线 BL 和 $\overline{\text{BL}}$ 提供了差分数据通道。原则上，使用一条竖线和一个存取器件应该可以实现所有的存储器功能。但是由于器件参数和操作状况的正常变化，只使用一条存取线在全速时很难得到可靠的操作。因此，几乎总是使用图 10.34 所示的对称的数据通路 BL 和 $\overline{\text{BL}}$。

CMOS 存储器中行的选择是通过使用译码器来实现的。对于同步存储器，进行读写操作时将使用一个时钟信号与译码器一起激活唯一的一行。在其他时候，所有的字线都保持低电平。

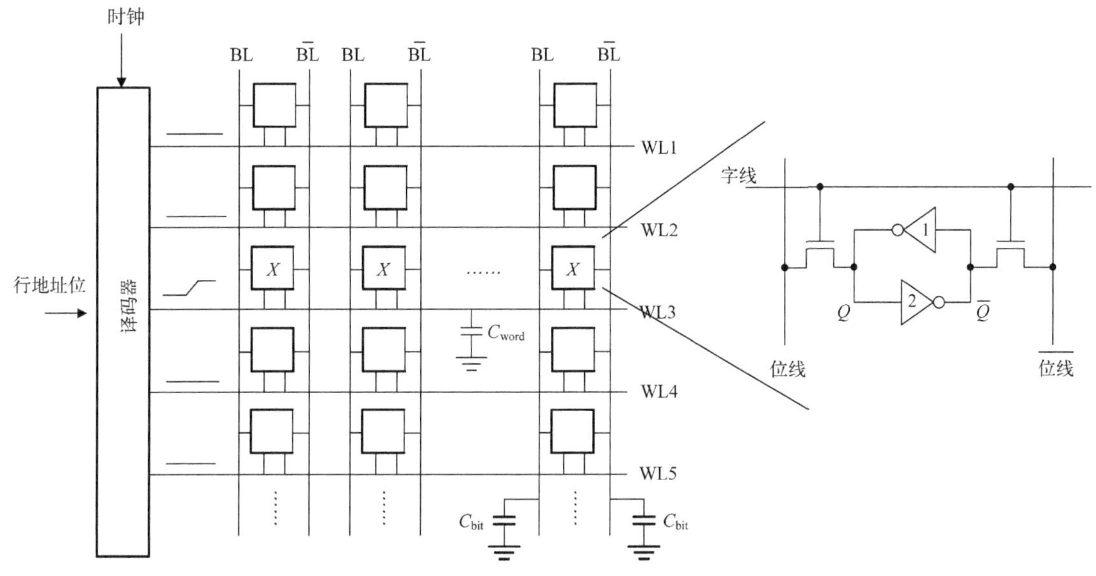

图 10.34　SRAM 单元阵列及操作过程

当一条字线升高时，比如图 10.34 中的 WL[3]，则该行的所有单元都被选中。所有的存取晶体管都导通，读或写操作得到执行。

字线有一个大电容 C_{word}，必须由译码器驱动。它由每个单元的两个栅电容和每个单元的连接电容组成。

$$C_{word}=(2\times 栅电容+连线电容)\times 行中的单元数 \tag{10.4}$$

一旦字线上的单元被使能，就可以执行读或写操作。对于读操作，只有单元的一边汲取电流。其结果是所有列线上的 BL 和$\overline{BL}$之间将形成一个差分电压。列地址译码器和多路器选择要进行存取的列线。随着选择的单元给两条位线中的一条放电，位线之间将有一个电压差。这种电压差会被放大并传递给输出缓冲器。

由于连接到位线的单元数目很多，因此位线也有一个很大的电容。这主要是由于源/漏电容引起的，但是也有连线电容和源/漏接触孔的成分。通常两个单元间共用一个接触孔。总位线电容 C_{bit} 计算公式为

$$C_{bit}=(源/漏电容+连线电容+接触孔电容)\times 列中的单元数 \tag{10.5}$$

在写操作期间，如果想要存储“0”，位线中的一条被拉到低电平；如果要存储“1”，另一条位线被拉到低电平。对于一个成功写操作的要求是单元内部电压超过相应反相器的转换阈值。

2. 读写控制

图 10.35 给出了 6T SRAM 读操作和波形。现在我们用图 10.35 来分析对于 6T SRAM 单元读操作的设计细节。假设“0”存储在单元的左边，“1”存储在右边。因此，M_1 导通，M_2 关闭。最初 BL 和$\overline{BL}$由一对列上拉晶体管(图 10.35 中没有画出)预充到一个接近 V_{DD} 的高电平。在备用状态保持低电平的行选择线上升到 V_{DD}，这将开启存取晶体管 M_3 和 M_4。电流开始经过 M_3 和 M_1 流向地，如图 10.35(a)所示。因而产生的单元电流缓慢地给电容 C_{bit} 放电。同时，在单元的另一边，$\overline{BL}$的电压保持高电平，因为没有经过 M_2 通往地的路径。BL 和$\overline{BL}$之间的电压差提供给一个灵敏放大器，从而产生一个有效的低电平输出，这个值随后储存到数据缓冲器中。读周期完成时，字线返回“0”状态，列线可以预充回高电平值。6T SRAM 单元读操作的波形如图 10.35(b)所示。

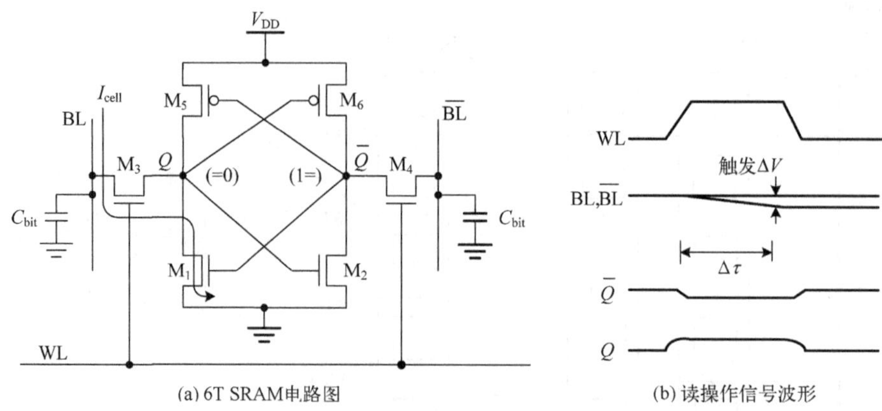

(a) 6T SRAM电路图　　(b) 读操作信号波形

图 10.35　6T SRAM 读操作和波形

写“0”或“1”的操作是通过把 BL 或$\overline{BL}$两条位线中的一条强制为低电平而另一条保持在 V_{DD} 左右而实现的。图 10.36 为 6T SRAM 的写操作和波形，如图所示，写“1”时$\overline{BL}$应为低电平，写“0”时 BL 应为低电平。写“1”时的情况如图 10.36(a)所示。单元必须设计成使 M_4 的电导率比 M_6 的大数倍，从而使 M_2 的漏极电压下拉到低于 V_S。最终，M_1 关闭且由于 M_5 和 M_3 的上拉作用使其漏极电压上升到 V_{DD}。同时，M_2 导通并帮助 M_4 把输出$\overline{Q}$下拉到希望的低电压值。当这个单元最终翻转到新的状态时，行线可以返回到其备用状态的低电平。6T SRAM 单元对应的写操作波形如图 10.36(b)所示。

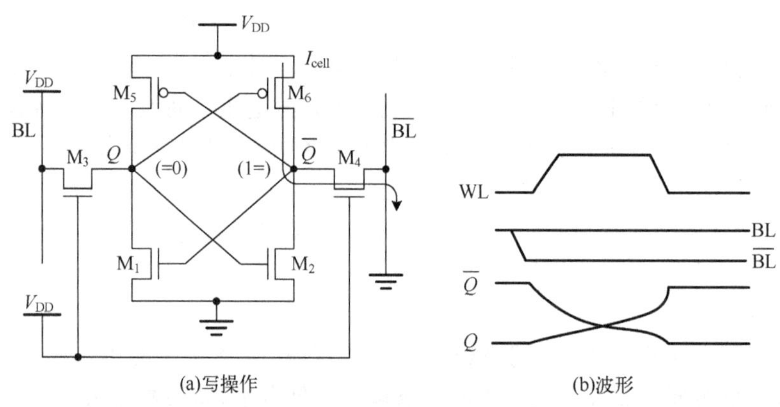

(a)写操作　　(b)波形

图 10.36　6T SRAM 的写操作和波形

3. *灵敏放大器*

与单元位线通过转接栅相连的灵敏放大器是 SRAM 中的关键部件。它对整个存储电路的性能有着极其重要的影响。由于 SRAM 电路具有天生的差分特性，通常所用的灵敏放大器都采用差分输入的结构。差分输入结构具有优良的抗噪声性能，这种结构能提供很好的共模抑制比(CMRR)和电源抑制比(PSRR)。

SRAM 中的灵敏放大器普遍采用差分式电压放大模式。在这种模式下的放大器可分为运算放大型、交叉耦合型和锁存器型三种。

典型的运放型灵敏放大器的结构如图 10.37 所示，图 10.37 中 MOS 管 M_1、M_2、M_3、M_4 与电

流源 I_{SS}组成典型的运放结构，其中，M_1、M_2组成基本的差分对管，M_3、M_4构成电流镜负载，I_{SS}为尾电流源，为放大电路提供稳定的工作电流。

运放型灵敏放大器结构是一种源极耦合的结构，为了在不增加面积和功耗的基础上增大其放大能力，图 10.37 中使用 M_3与 M_4构成的有源电流镜负载替代了传统的电阻负载。

这种 CMOS 运放型差分放大器有如下特点：运放型结构的放大倍数大、灵敏度高，但速度慢，经过仿真，其放大时间约为 1.5ns。运放型灵敏放大器的另一个缺点是单边输出全摆幅信号，使用时经常成对出现，占用了大量的版图面积，并且运放型灵敏放大结构存在大的静态电流。

由于 SRAM 中灵敏放大器对速度的要求放在第一位，而对放大倍数的要求则放在其次，一般要求达到 10～100 即可。基于这一点来说，运放型结构灵敏放大器的高增益与低速度成为其不能广泛使用的一个瓶颈。交叉耦合型灵敏放大器的出现弥补了运放型结构的缺点。交叉耦合型灵敏放大器的结构如图 10.38 所示。

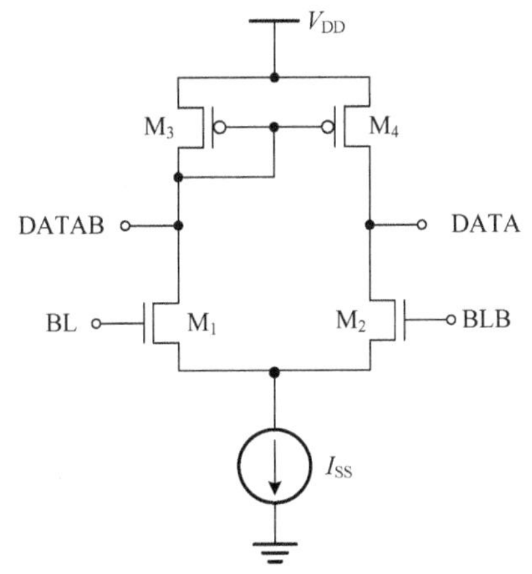

图 10.37　运放型灵敏放大器的基本结构

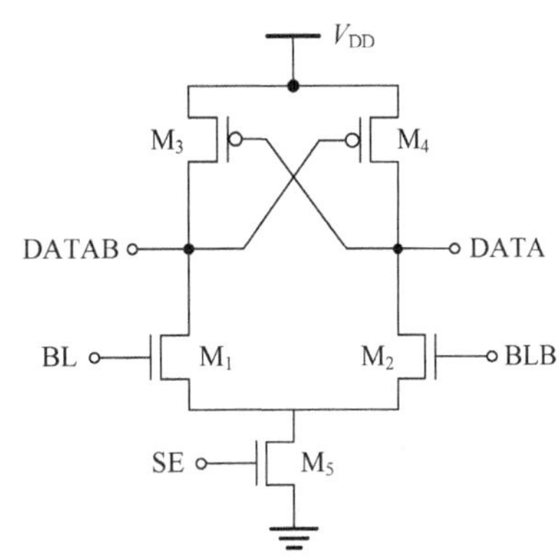

图 10.38　交叉耦合型灵敏放大器结构

交叉耦合结构速度较快的原因是存在一个由两只 pMOS 管 M_3、M_4构成的正反馈。SE 信号用来控制开关管 M_5的导通，即控制整个放大电路的开关。这样当且仅当放大电路需要工作时才打开 M_5管，可以节约相当一大部分的功耗。

交叉耦合型放大器优点是速度快，缺点是增益低、灵敏度低、放大功耗大。

锁存型灵敏放大器的结构如图 10.39 所示，其核心是一个相互耦合的反相器对，即通常所说的锁存器，它是一个正反馈结构，有利于提高放大速度。BLB 与 BL 端既是输入端也是输出端。

当 SE 为高时，M_5 管导通，电路开始处于工作状态。此时 BL 与 BLB 尚处在一个平衡状态，BL 与 BLB 之间还接有一个起平衡作用的平衡管，可以将锁存器状态保持在其亚稳态点，即锁存器增益最大的工作点。此时若 BL 与 BLB 开始形成差分信号，则会立即由正反馈形成快速的放大作用，BL 与 BLB 达到高低电平，此时对锁存器的两边电路来说，每边仅有一个 MOS 管导通，从电源至地没有直接的直流通路，其静态功耗为零。

图 10.39 所示结构的一个最大的特点，对 SRAM 电路来说也是最大的缺点，就是这种放大器的输入与输出是合一的。SRAM 位线挂载单元数量大，寄生电容也大，因此在放大的过程中，若是通过放大器将一对位线拉至差分的全摆幅信号，放大的延迟及功耗都非常大。鉴于此种原因，在 SRAM 中一般不使用这种锁存型基本结构放大器。

在 SRAM 之中，为了使输入与输出隔离开，常使用带差分结构的锁存型灵敏放大器，如

图 10.40所示。与图 10.39 相比，图 10.40 所示的放大器多出 3 只 MOS 管，其中，M_6 为平衡管，M_7、M_8 为差分管。EQU 为平衡信号，用来控制放大器的输出状态。

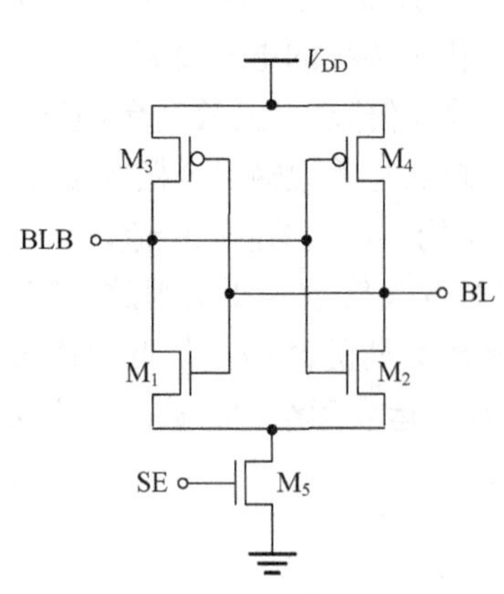

图 10.39　锁存型灵敏放大器的结构

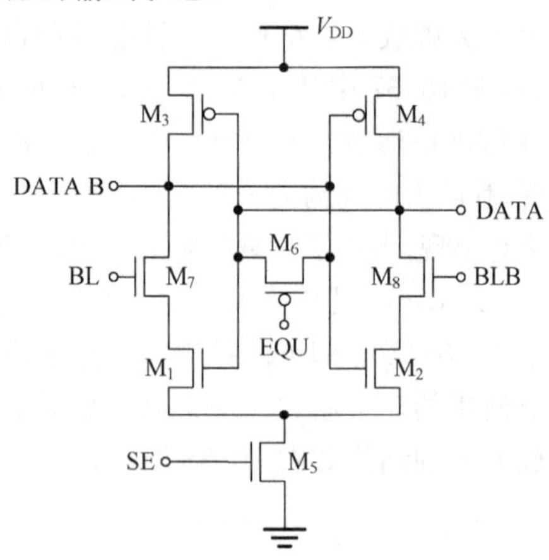

图 10.40　带有差分结构的锁存型灵敏放大器

锁存型放大器的普遍特点是速度快、增益高、灵敏度大，常用在同步 SRAM、嵌入式 SRAM 或高性能 SRAM 中。

10.4.2　DRAM

SRAM 存储单元的主要缺点是存在静态功耗。在图 10.32 中，即使不对某个存储单元进行读写操作，管子 M_1、M_2、M_3、M_4 构成的主存储电路仍需消耗一定的电能，几万个存储单元的静态功耗就是一个很大的数目。正是这个缺点，导致 SRAM 的容量不可能做得很大。

DRAM 利用 MOS 管的栅极高阻抗及栅极电容来存储信息，消除了静态功耗，存储容量可以做得很大。DRAM 的存储单元有很多形式，常见的有四管单元、三管单元和单管单元。这里只介绍三管动态存储单元和单管动态存储单元。

1. 三管动态存储单元

三管动态存储单元是通过取消图 10.33 所示电路图中的负载电阻得到的。该单元中同时存放数据信号值和它的反信号值，所以有冗余。取消器件 M_1 以消除这一冗余，便得到三管(3T)动态存储单元。图 10.41 给出了 3T 动态存储单元电路及读写信号波形。这一单元构成了第一批常用的 MOS 半导体存储器(如 Intel 的第一个 1KB 存储器)的内核。虽然它不适合当今超大容

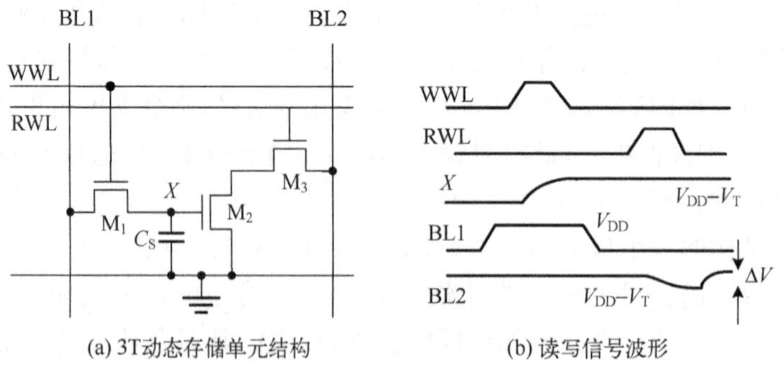

(a) 3T动态存储单元结构　　(b) 读写信号波形

图 10.41　3T 动态存储单元结构及读写信号波形

量的存储器设计，但它仍然是许多嵌入在专用集成电路中的存储器所选择的单元。这主要归因于它在设计和操作方面都相对比较简单。

这个单元是通过把要写的数据值放在 BL[1]上并使写字线(WWL)有效来写入的。一旦 WWL 降低，数据就作为电容上的电荷被保留下来。在读这一单元时，读字线(RWL)被提升。存储管 M_2 根据所存放的值或者导通或者关断。位线 BL[2]通过一个负载器件(比如一个接地的 pMOS 管或饱和的 nMOS 管)箝位到 V_{DD}，或者预充电至 V_{DD} 或 $V_{DD}-V_T$。前一种方法需要仔细设计晶体管的尺寸并会引起静态功耗，因此预充电方法一般更为可取。如果存放的数据是"1"，则 M_2 和 M_3 的串联组合把 BL[2]下拉到低电平；反之，则 BL[2]维持在高电平。注意：这一单元是反相位的，即把与所存放信号相反的值送到位线上。刷新单元最常用的方法是先读出所存放的数据，然后把它的反信号值放到 BL[1]上，再使 WWL 有效，这样依次进行。

与静态单元相比，三管单元的复杂性显著降低。如果以更为复杂的电路操作为代价，那么单元结构还可以进一步简化。例如，可以把 BL[1]和 BL[2]合并为一条线。此时，读和写周期仍可以如前所述那样进行。但"读-放大-写"刷新周期必须交替进行，因为从单元读出的数据值是所存放数据值的反信号。这就要求位线在一个周期内被驱动至两个值。另一种方法是合并 RWL 和 WWL 线。同样，这对单元的操作没有本质的改变。一个读操作自动伴随对该单元内容的刷新。但这一方法需要仔细控制字线电压，以防止刷新期间在读出单元的实际值之前就已出现写单元操作。

2. 单管动态存储单元

单管动态存储单元结构及读写信号波形如图 10.42 所示，它通过进一步牺牲单元的某些性质来降低单元的复杂性，是存储器产品设计中最广泛采用的动态 DRAM 单元。它的基本操作原理极为简单。在写周期期间数据值被放在位线 BL 上，而字线 WL 则被提升。根据数据值的不同，单元内容或者充电或者放电。在进行读写操作之前，位线被预充电至电压 V_{PRE}。当使字线有效时，在位线和存储电容之间发生了电荷的重新分配。这使位线上的电压发生变化，这一变化的方向决定了被存放数据的值。读写期间相应的信号波形如图 10.42(b)所示。

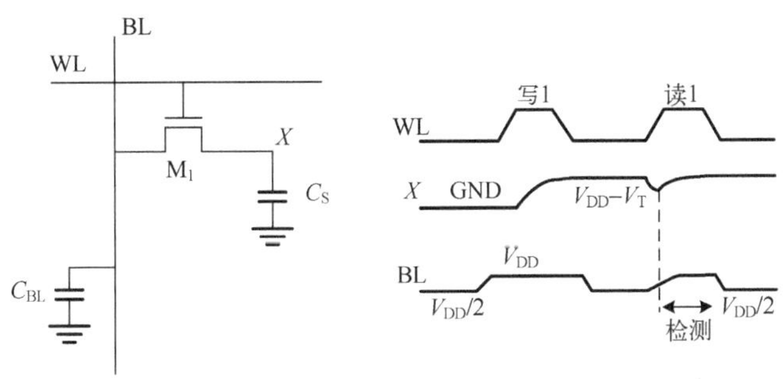

(a)单管动态存储单元结构　　(b)读写波形信号

图 10.42　单管动态存储单元结构及读写信号波形

3. 灵敏电路

在单管单元动态 RAM 中，要求灵敏放大器能执行刷新(再生)功能。单管 DRAM 的每根位线都需要一个灵敏放大器，原因是电荷重分配的读出操作。在单管单元 DRAM 中，写操作是把数据放在位线上，同时用字线控制这些数据进入存储电容器而完成的；读操作则是靠预充位线和提高字线来实现的。在读"0"时,因为读操作时位线被预充到高电平,所以被选单元 C_S 上的电位 V_S 将从零变至高电平。因此,对于存"0"单元的读出是破坏性的。为了不丢失信息,就要求存"0"单元在读出后能恢复原来的状态。于是在单管 DRAM 中读和刷新操作必然相互交织在一起。一般在读出期间,把灵敏放大器的输出加在位线上。只要保持 WL 的高电平就能保证单元电荷在那个时期可以被恢复。图 10.43 所示为读操作期间的位线电压波形。

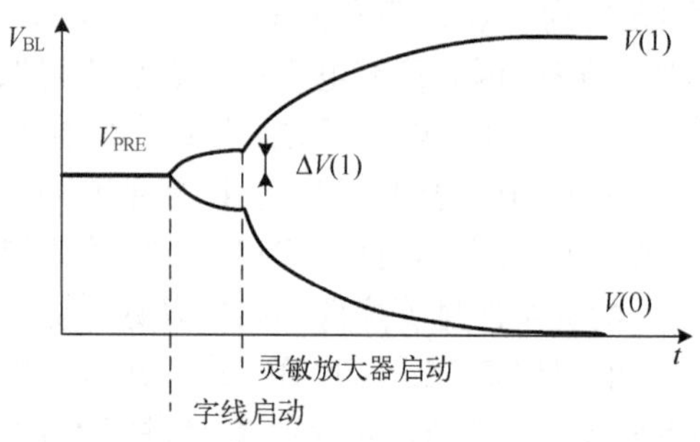

图 10.43 读操作期间的位线电压波形

在介绍 SRAM 用的灵敏放大器时提到交叉耦合型灵敏放大器,将其输入输出共线,就是一种较为理想的可供 DRAM 用的灵敏放大器。只要将其两根位线预充到 $V_{DD}/2$,同时伪单元中的电容也被预充到 $V_{DD}/2$ 即可。在数据感测时,伪单元电容和存储单元电容分别连接到 BL 和 $\overline{BL}$ 上。接下来提高 SE 电位让灵敏放大器工作,这样通过正反馈作用使 BL 和 $\overline{BL}$ 上很小的电压得以放大,并同时对存储单元进行刷新。当然,设计时保持两边的对称性很重要。

10.5 存储器外围电路

在电路系统中,好的外围电路可以提升存储器的电气完整性、存取速度等,使存储器缩减面积的同时仍能保证性能和可靠性。存储器的基本结构已在第 10.1.3 节中给出,本节将具体说明地址译码单元、灵敏放大器及时序和控制电路。

10.5.1 地址译码单元

每个存储单元的电路形式相同,所以为了节省芯片面积,集成电路中总是将它们排列成矩阵形式。同时,这也使得每个存储单元拥有了形式相同且唯一的地址(都由行号和列号组成),地址译码单元就是根据输入的行号、列号,将行列交叉点处的存储单元选中,以便读/写电路正确地写入或读出信息的外围电路。

1. 行地址译码

将 2^M 个复杂的 M 个输入的逻辑门有效组合即可实现 2^M 选 1 的译码器。以 8 位行地址译码器为例。字线 WL[i](WL[0]~WL[127])与 8 位输入信号(A_0 到 A_7)的逻辑表达式一一对应。例如,WL[0]和 WL[127]分别对应地址线 0 和 127,可由下列逻辑表达式确定:

$$\mathrm{WL}[0]=\overline{A}_0\overline{A}_1\overline{A}_2\overline{A}_3\overline{A}_4\overline{A}_5\overline{A}_6\overline{A}_7$$

$$\mathrm{WL}[127]=\overline{A}_0A_1A_2A_3A_4A_5A_6A_7 \tag{10.6}$$

上面关系式可由一级 8 输入与非门和一级反相器实现。由德·摩根定理,式(10.6)可改写为式(10.7)的形式，只需一级 8 输入或非门即可实现。

$$
\begin{aligned}
\mathrm{WL}[0] &= \overline{A_0+A_1+A_2+A_3+A_4+A_5+A_6+A_7} \\
\mathrm{WL}[127] &= \overline{A_0+\overline{A}_1+\overline{A}_2+\overline{A}_3+\overline{A}_4+\overline{A}_5+\overline{A}_6+\overline{A}_7}
\end{aligned} \tag{10.7}
$$

直接由 8 输入逻辑门实现的译码存在以下问题：首先，版图中存储器字线间距的尺寸要求对宽输入或非门存在限制；其次，逻辑门扇入太大会对存储器的读写速度及译码电路性能有不利影响；最后，逻辑门需要驱动负载很大的字线，而且逻辑门数众多，导致地址负载也很大。采用静态电路或动态电路皆可实现上述功能。此外，设计中功耗问题也应考虑。

由于功耗等原因，直接采用互补 COMS 静态逻辑实现多输入或非门是不现实的，然而，一种将复杂门逻辑分层实现的结构使其成为可能，从而构造出面积小且速度快的译码器，目前这已经被大多数存储器成功使用。以 8 位地址与非门译码器为例，双输入分级译码 NAND 译码器如图 10.44 所示。输入的地址在第一层逻辑进行“预译码”，结果送入第二层产生最终的字线信号。

图 10.44 中，我们将输入地址分成每两位一组，每组进行“预译码”后，得到 4 位二级结果，再用 4 输入与非门即可产生最终字线。WL[0]的逻辑表达式如下：

$$
\begin{aligned}
\mathrm{WL}[0] &= \overline{\overline{(A_0+A_1)}\,\overline{(A_2+A_3)}\,\overline{(A_4+A_5)}\,\overline{(A_6+A_7)}} \\
&= \overline{\overline{A}_0\overline{A}_1\overline{A}_2\overline{A}_3\overline{A}_4\overline{A}_5\overline{A}_6\overline{A}_7}
\end{aligned} \tag{10.8}
$$

可见，与用一个 8 输入与非门的结果一样。但与非门的输入变为 4，从而使得传输延迟约减小了 4 倍(延时与扇入为平方关系)，提高了速度。采用分级结构的 8 输入译码器，用互补静态 COMS 实现晶体管数约为 256×8+4×4×4=2112，而单级则需要 256×16=4096，可见面积得到减小。

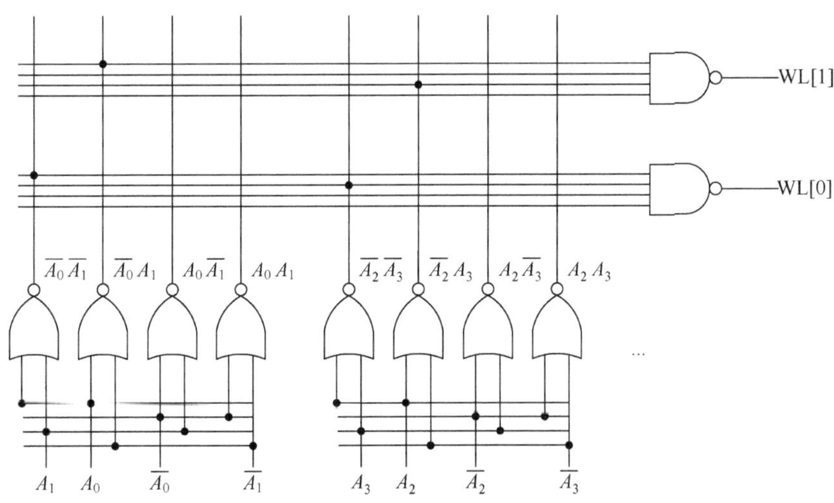

图 10.44　双输入分级译码 NAND 译码器

应用静态逻辑的同时，也可设想用动态逻辑实现行地址译码器，行译码器工作速度由一个方向的信号变化决定正好可以支持这一设想。采用与非逻辑实现的动态 2-4NAND 译码电路如图10.45所示，它可实现式(10.4)的非逻辑，图 10.45 中字线默认输出为高，被选中时置位低。同样，可以用或非逻辑实现动态 2-4NOR 译码电路，如图 10.46 所示。

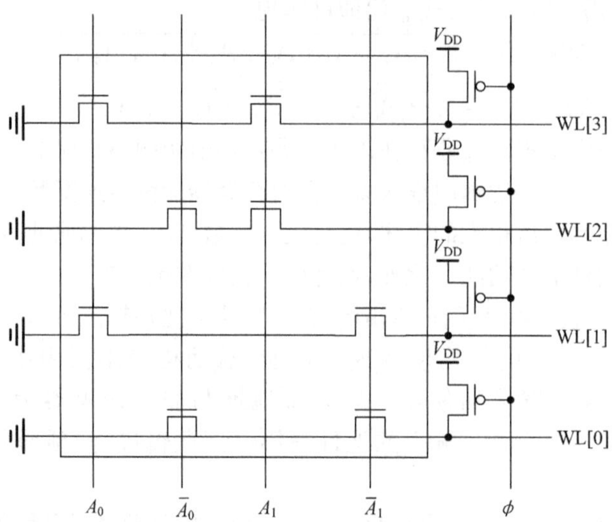

图 10.45　动态 2-4 NAND 译码器

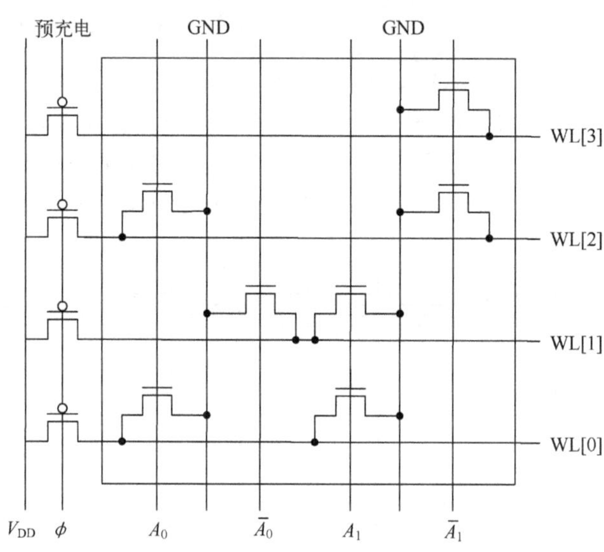

图 10.46　动态 2-4 NOR 译码器

2. 列地址及块地址译码

列地址及块地址译码器就是 2^K 输入的多路选择单元，K 为地址字长度。读写操作可以共用这些多路选择单元，也可为读、写各自单独设计。读操作时，列译码器选通一条从预充电点位线到灵敏放大器的放电路径。写操作时，列译码器驱动位线至低电平，保证把“0”写入存储单元。

受限于面积、性能及总体结构等方面的考虑，多路选择一般有两种实现方法。一种方法采用 CMOS 传输门实现多路选择器，传输门的控制信号用 K 到 2^K 预译码器产生。图 10.47 为 nMOS 晶体管开关构成的 NOR 预译码器 4 选 1 列译码电路，当为读写共用时就需要采用互补传输门逻辑，以保证双向传输中全电压摆幅。该电路的优点在于速度快，而且信号路径上只有一个传输管，引入的额外电阻很小。

另一种方法为树形结构，此结构的译码器更为有效。其结构如图 10.48 所示。它不需要预译码器，晶体管数目大大减少。但在信号通路中插入了 K 个晶体管，它们之间相连成链。延迟与分段的平方成正比，由此造成树形结构列译码器延迟很大。为改善延迟，可以考虑如下几种方法：一是可通过插入中间缓冲器；二是通过自底向顶逐级增大树形结构中晶体管尺寸；三是将传输管和树形结构两种译码器结合，一部分地址线用传输管预译码，其余用树形结构译码，此法同时减少晶体管数和延时。

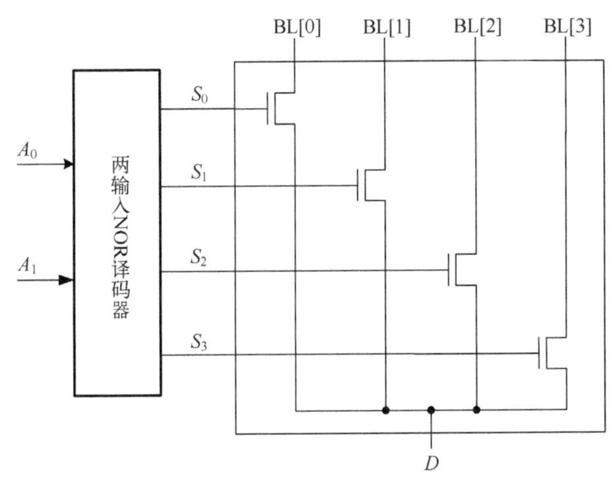

图 10.47　NOR 预译码器 4 选 1 列译码器

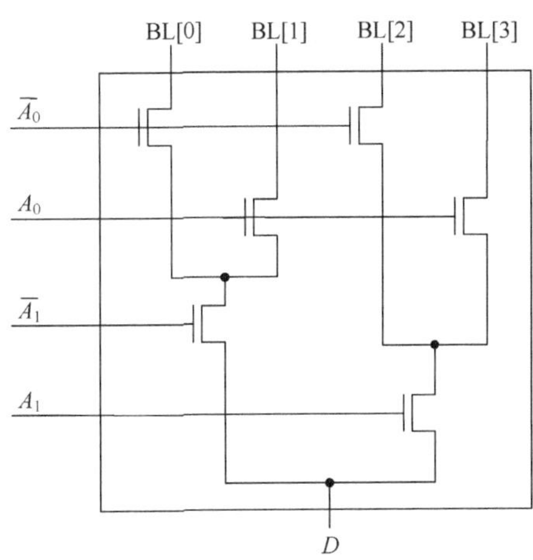

图 10.48　4 选 1 树形列译码器

10.5.2　灵敏放大器

在存储器的外围电路中，灵敏放大器的主要作用是放大、减少延时、降低功耗、恢复信号等，在存储器的功能、性能和可靠性等方面有重要意义。一些存储器结构中电路摆幅较小，如单管 DRAM，需要放大才能正常工作，此外，灵敏放大器将较小位线摆幅的数据放大，位线过渡过程也得到加速，可减少功耗和延时。单管 DRAM 中读和刷新功能间的联系需要把位线驱动至全信号摆幅，这使灵敏放大器的放大成为必要条件。

根据存储器类型、整体结构及电压高低不同，采用的灵敏放大器结构也有差异。这里只进行一些简单介绍。

1. 差分灵敏放大器

图 10.49 所示为基本差分灵敏放大器的结构。输入信号负载很大，由存储单元驱动且因驱动的电容负载很大，所以线上摆幅很小。输入信号被送入差分对 M_1 和 M_2 中，M_3 和 M_4 作为有源电流源负载。M_1 为放大器工作状态控制管。初始状态，SE 为低电平，两个输入信号被预充电且为共模输入，放大器不工作。当读操作开始时，其中一条位线电平变低，充分的差分信号建立起来时 SE 变为高电平，放大器求值。

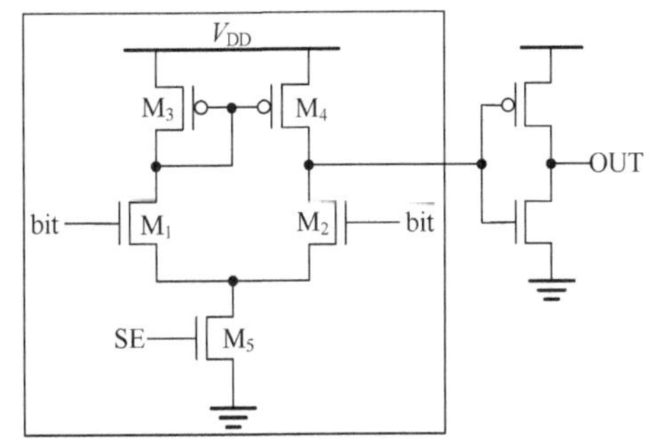

图 10.49　基本差分灵敏放大器的结构

差分结构的优点在于对共模信号的抑制。如果两端注入相同的噪声信号，这些噪声可能是翻转引起的电源电压尖峰信号，或是字线与位线间的电容串扰等，这个放大器就可抑制它们的影响。同时信号之间的真正差别也会得到放大。但是，差分方法只能直接运用于 SRAM 存储器。

ROM、EPROM、E^2PROM 和 DRAM 存储器的单元电路只有单端输出，可以考虑使用下面的单端放大器。

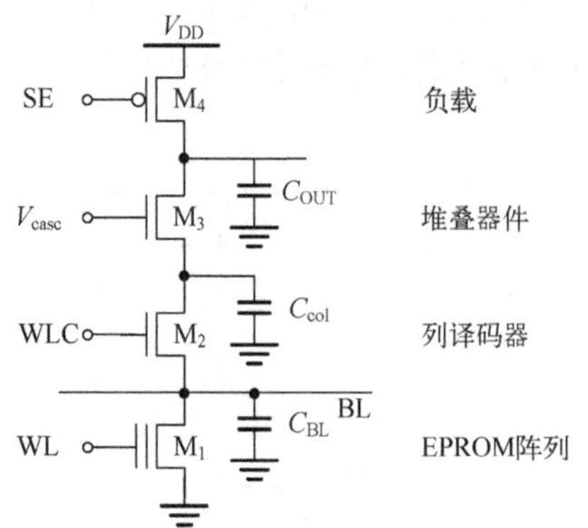

图 10.50 EPROM 中电荷重分布结构放大器

2. 单端灵敏放大器

如图 10.50 所示为 EPROM 存储器中的放大器，采用电荷重分布结构，这一结构已普遍应用于 EPROM 存储器中。电荷重分布放大器的缺点是噪声容限非常小。噪声和漏电会引起节点 L 变化，即使很小都有可能使 S 点误放电，因此设计和分析电路需仔细。

3. 单端到差分的转换

考虑到单端灵敏放大器存在噪声容限小的问题，尤其较大容量的存储器（大于 1MB）更容易受到噪声的干扰，可以将单端灵敏放大器转换为差分结构。单端到差分转换的概念框图如图 10.51 所示。差分放大器的两端分别接单端位线和一个参考电压 V_{REF}，V_{REF} 位于 0 和 1 之间。根据位线 BL 的值，放大器输出端将会在 0 和 1 之间切换。不同芯片或是同一芯片的不同位置的电压都会有差异，参考电压源要能随之变化，所以参考电源的设计较困难。

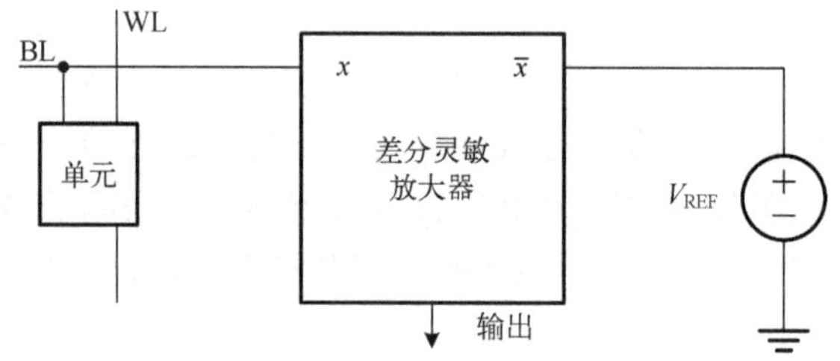

图 10.51 单端到差分转换概念框图

10.5.3 时序和控制电路

存储器单元的工作过程包括地址锁存、地址译码、灵敏放大器使能、读/写使能及选择等多项操作，这一系列操作需要受到严格的时序控制才能使存储单元工作正常且高效。虽然相对于译码、灵敏放大等结构，时序和控制电路面积很小，但必须仔细设计优化，反复模拟检验才能使存储器电路达到高性能。不同的存储器会有不同的时序和控制方法，下面以应用于 SRAM 的自定时的方法为例加以说明。

SRAM 工作期间由地址总线上的事件或是读写使能信号 R/W 触发，不需要额外的时序和控制信号，这就意味着诸如译码器、灵敏放大器等电路都是静态的。地址、数据、R/W 的变化都会逐级向后传递，由此特点，SRAM 采用了一种称为地址变化探测（ATD）的电路结构，只要外部信号有变化就会促使内部控制信号产生，如灵敏放大的 SE 等。

ATD 作为大多数时序信号的来源，是 SRAM 和 PROM 的基本组成单元，如图 10.52 所示，每个输入位都有一个信号翻转触发的单次触发电路，后端全连接到一个伪 nMOS 或非门上，这就构成了 ATD。任意输入信号的翻转，都会经伪 nMOS 而使 ATD 下降到低电平，并且产生周期为 t_d 的脉冲，即为存储器其他电路的时序参考。

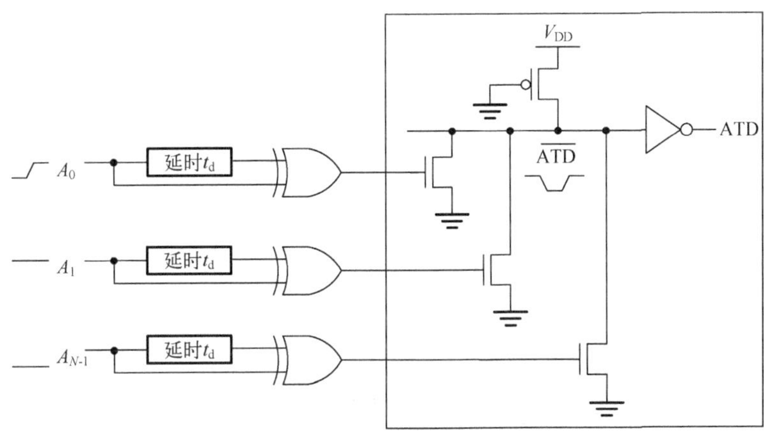

图 10.52　地址变化探测电路

技术拓展:高密度存储器

存储器在数字系统中所占比重越来越大,系统中存储器的容量在很多情况下可以改变系统的性能。因此,高密度、大容量、高速度及低功耗的半导体存储器是集成电路领域永恒的研究主题。Flash 存储器普及之前,移动存储主要靠磁性存储介质,不仅容量有限,体积也比较大。Flash 存储器的出现,引起了移动存储介质的革命。目前,多值 NAND 结构的 Flash 存储器的单片容量已经可以达到 8GB。为了进一步提高读取速度,降低编程电压,铁电存储器(FeRAM)、相变存储器(phase change memory, PCM)及磁阻存储器(magnetic random access memory, MRAM)引起研究者的关注。FeRAM 存储器单元的基本结构如图 10.53 所示。当一个电场施加到铁电电容上时,铁电材料的极化特性会发生变化,当这个电场去掉,这个信息仍然能够保存。没有外加电场的情况下,极化特性有两种稳定的状态。FeRAM 就是通过两种极化状态来存储“0”和“1”。图 10.54 给出了 PCM 存储器单元的结构图。如图 10.54 所示,相变电阻是 PCM 的主要元件,结构为两层金属层中间夹有相变材料。在不同的脉冲作用下,相变材料发生不同变化,阻性“高阻态”和“低阻态”之间进行可逆的转变。具体表现为具有陡峭下降沿的脉冲,可以将

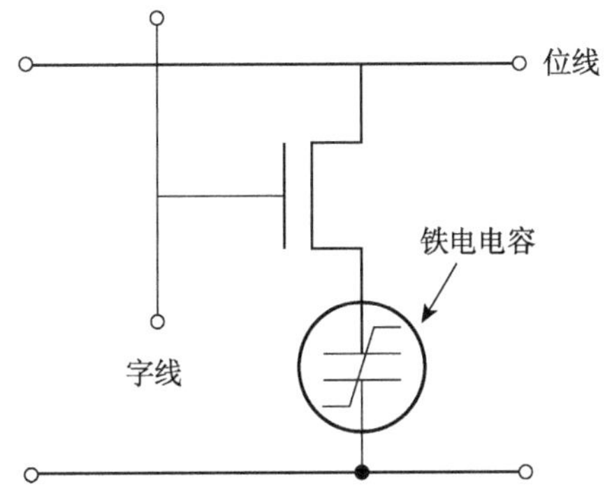

图 10.53　FeRAM 存储器单元的基本结构

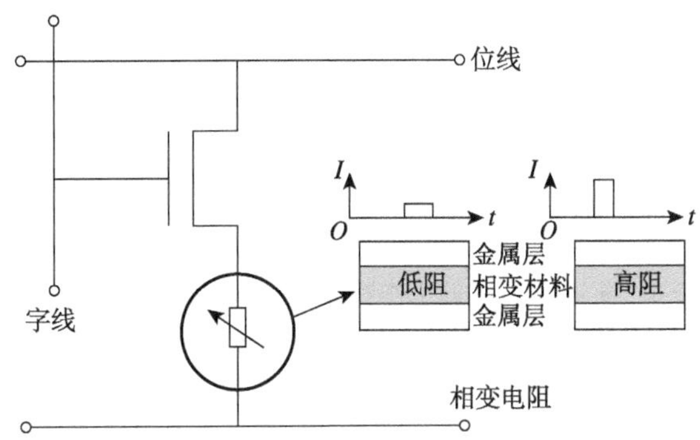

图 10.54　PCM 存储器单元的结构图

相变材料加热至熔点,然后突然冷却,将其编程到具有高电阻率的非晶态(RESET 态);相反地,缓慢下降的脉冲则使晶粒生长,将其编程到具有低电阻率的晶态(SET 态)。读数据时,根据"高阻"和"低阻"区分存储状态。MRAM 的存储单元结构图与 PCM 的电路图非常类似,所不同的是存储单元是由磁性可变电阻构成。MRAM 存储器单元的编程原理如图 10.55 所示。当位线上流过的电流方向不同时,MTJ(magnetic tunneling junction)单元中的强磁性自由层感应出不同的磁极方向,导致 MTJ 单元的电阻分别呈现"高阻"和"低阻"两个状态,利用这两个不同状态,就可以分别存储"0"和"1"。

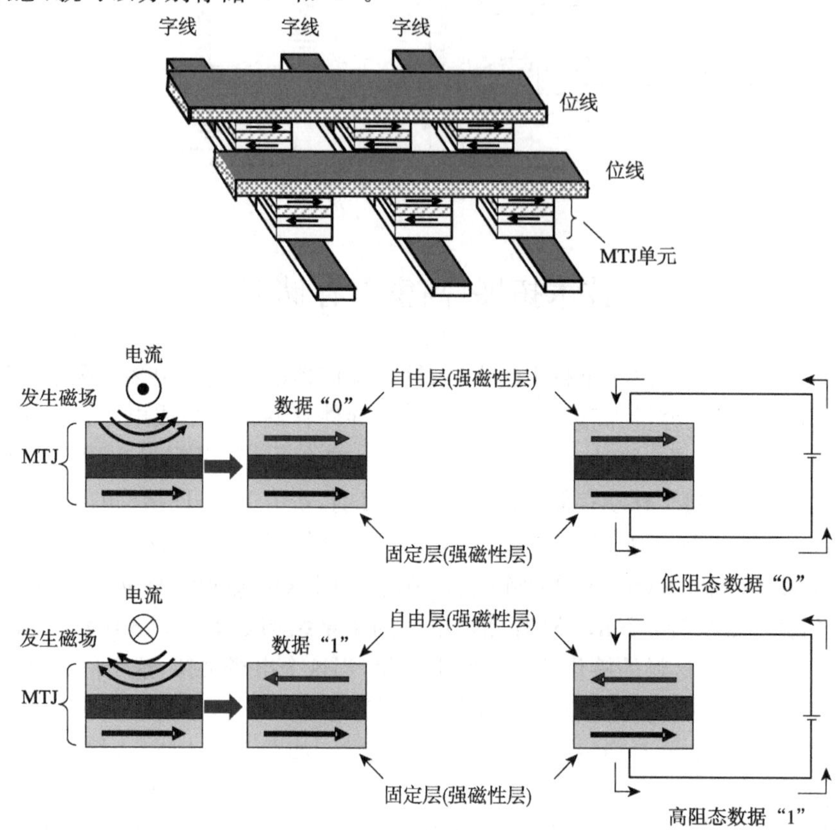

图 10.55　MRAM 存储器单元的编程原理

基 础 习 题

10-1　NOR 型 ROM 和 NAND 型 ROM 的工作原理有什么不同?各有什么优缺点?

10-2　用 16×4bit 的 ROM 设计一个 2bit 二进制数的乘法器电路,列出 ROM 的数据表,画出存储矩阵的点阵图。

10-3　简述 SRAM 的工作特点:与 DRAM 相比,DRAM 有何长处和不足,说明其使用场合。

10-4　试述 DRAM 刷新过程和正常读/写过程的区别。DRAM 的刷新有哪几种方式?它们的特点是什么?

10-5　画出 EEPROM 断面图并解释其工作原理。

10-6　简述 Flash 存储器的工作原理以及分类。

10-7　存储器的存取时间是什么意思?它在系统设计时有什么实际的意义?

10-8　什么是随机存储器?它在系统中起什么作用?

10-9　ROM、PROM、EPROM 分别用在什么场合?以半导体存储器基本结构为例,说明存储器进行位扩展和字扩展时该如何连接?1024×8bit ROM 需要多少块 256×4bit ROM 如何拼接?

10-10　简述由浮栅 MOS 晶体管构成的 EPROM 写入和读出不同信息的过程，并解释其擦除机制。

10-11　画出 SRAM 的基本单元以及电压传输特性曲线图，并加以解释。

10-12　简述灵敏放大器在存储器中的作用以及灵敏放大器种类。

10-13　计算机的外部存储器和内部存储器各有什么特点？用途如何？

10-14　用 4K×4bit 的 EPROM 存储器芯片组成一个 16K×8bit 的半导体只读存储器。试问：

(1)存储器所需数据寄存器为多少位？地址寄存器又为多少位？

(2)计算出所需 4K×4bit 的芯片数。

高 阶 习 题

10-15　某计算机有地址线 18 位，数据线 8 位，现选用 4K×4 位的 SRAM 芯片组成该机的主存，问：

(1) 该机允许的最大主存空间是多大？

(2) 若设定基本的芯片模块容量为 32K×8 位，该机共需几个这样的模块？

(3) 每个模块内含多少个 4K×4 位的 RAM 芯片？

(4) 主存共需多少个 RAM 芯片？CPU 如何选择这些模块？

10-16　一台 8 位微机的地址线为 16 条，其 RAM 存储器容量为 32KB 首地址为 4000H，且地址连续，问可用的最高地址是多少？

10-17　查阅相关资料，了解 DDR SDRAM 的工作原理，解释什么是 DDR？

第 11 章　模拟集成电路基础

自从 1958 年美国的德州仪器公司(TI)发明了世界上第一块集成电路后,集成电路技术以惊人的速度迅速发展。模拟集成电路伴随着半导体集成电路工艺的发展以及各种模拟电路的应用迅速普及。目前,模拟集成电路种类繁多,根据面向应用的领域可分为通用模拟集成电路和专用模拟集成电路;按照被处理的信号频率可分为低频模拟集成电路、高频模拟集成电路和射频(radio frequency,RF)模拟集成电路。

模拟集成电路和数字集成电路一样也是采用一定的生产工艺把双极型晶体管、MOS 晶体管、二极管、电阻、电容以及它们之间的连线所组成的整个电路集成在一块半导体基片上,封装在一个管壳内,构成一个完整的、具有一定功能的固体组件。由于它的元件密度高、连线短、体积小、重量轻、功耗低,外部接线及焊点大为减少,从而提高了电子设备的可靠性和灵活性,降低了成本。本章主要介绍的是低频通用模拟集成电路的基础知识。

问题引入

1. MOS 管为什么能实现信号的放大? 三极管为什么能实现信号的放大?
2. 模拟集成电路中的基准电流和基准电压是怎么产生的?
3. 共漏极放大器为什么称为源跟随器?
4. 差动放大器相比于单级放大器,有什么优缺点?
5. 比较器和放大器的区别是什么?

11.1　模拟集成电路中的特殊元件

与数字集成电路相比较,模拟集成电路在使用元件和电路结构等方面均有自身的特点。采用标准工艺制造出来的集成电路元器件,与分立器件相比有它的一些特点,可归纳如下。

(1)单个元器件的绝对精度不是很高,受工艺角、电压、温度(PVT)影响也较大,但在同一硅片上用相同的工艺制造出来的元器件性能比较一致,或者说元器件之间的相对精度比较容易保证。

(2)由于电路中的元器件都集成在同一硅片上,相互间靠得非常近,温度差别不大,同一类元器件温度特性也基本一致,所以温度对称性较好。

(3)电阻的阻值范围有一定限制,一般在几十欧到几十千欧之间,太高或太低都不易制造。

(4)电容一般不超过 100pF,大电容不易制造,至于电感也局限于极小的数值(μH 以下),一般尽量避免使用。

(5)纵向 NPN 管的 β 值较大,而横向 PNP 管的 β 值很小,但其 PN 结耐压高。

在各种集成元器件中,MOS 晶体管等有源器件占用面积小,性能好,而电阻、电容占用面积大,且范围窄,因此在集成电路的设计中,除考虑上述的特点以外,应尽量采用有源器件而少用电阻、电容等无源器件。这样,集成电路构成的电路与分立元器件构成的电路相比,就有相当大的差别。另外,在分析电路时也要注意这些特点。

除了数字集成电路用到的电阻、电容这些无源器件外，模拟集成电路常常会用到有源器件，本节将介绍模拟集成电路中常用有源器件的结构和特点。

11.1.1　MOS 可变电容

将 MOS 晶体管的漏、源和衬底短接可以实现一个简单的 MOS 电容，其电容值随栅极与衬底之间的电压 V_{BG}的变化而变化。在 pMOS 电容中，反型载流子沟道在 V_{BG}大于阈值电压绝对值时建立。当 V_{BG}远远大于阈值电压绝对值时，pMOS 电容工作在强反型区域。另一方面，在栅电压 V_G大于衬底电压 V_B时，pMOS 器件进入积累区，此时栅氧化层与半导体之间的界面电压为正且足够高，使得电子可以自由移动。这样，在反型区和积累区单位面积的 MOS 电容值 C_{mos}等于 C_{ox}。

如图 11.1 所示，当 MOS 电容的端电压为 V_{BG}时，假设 $V_B=0$，此时将产生三种电荷：由栅压 V_G在栅电极上引起的栅电荷 Q_g；氧化层与硅界面上的有效界面电荷 Q_o以及硅层中产生的感生电荷 Q_s。

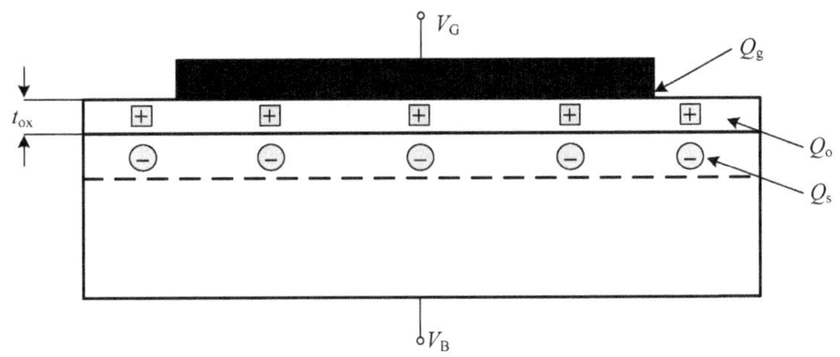

图 11.1　MOS 两端器件中电荷分布

根据电中性条件：$Q_g+Q_o+Q_s=0$ 。同样，栅电压也可分解为氧化层上的压降 V_{ox}、表面势 ϕ_s、栅和衬底之间的功函数差 ϕ_{MS}，即

$$V_G = V_{ox} + \phi_s + \phi_{MS} \tag{11.1}$$

因此，MOS 电容为

$$C_{mos} = \frac{dQ_g}{dV_G} \tag{11.2}$$

由于 ϕ_{MS}是常数，且 $V_{ox}=Q_g/C_{ox}$ ，所以式(11.1)变为

$$dV_G = d\phi_S + d\frac{Q_g}{C_{ox}} \tag{11.3}$$

联立式(11.2)和式(11.3)，得到 MOS 电容为

$$\frac{1}{C_{mos}} = \frac{1}{C_{ox}} + \frac{1}{dQ_g/d\phi_s} \approx \frac{1}{C_{ox}} + \frac{1}{C_s} \tag{11.4}$$

式中，$C_{ox}=\varepsilon_{ox}/t_{ox}$ ，C_s为硅层电容，如图 11.2 所示。

进一步分析可知，MOS 电容还有三个工作区域：中反型区、弱反型区和耗尽区。在这些工作区域中只有很少的移动载流子，这使得 C_{mos}电容值减小(比 C_{ox}小)。此时的 C_{mos}可以看成 C_{ox}和 C_b与 C_i的并联电容串联构成。C_b表示耗尽区域电容，而 C_i与栅氧化层界面的空穴数量变化相关。如果 C_b(C_i)占主导地位，则 MOS 器件工作在耗尽(中反型)区；如果两个电容都不占主导地位，则 MOS 器件工作在弱反型区。pMOS 电容 C_{mos}的电容值随 V_{GB}变化的曲线如

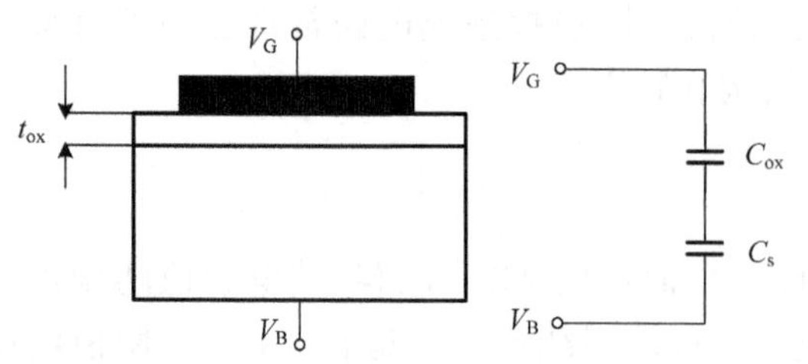

图 11.2 MOS电容的等效电路

图 11.3 所示。

工作在强反型区时 PMOS 的沟道寄生电阻为

$$R_{mos}=\frac{L}{K_p'W(V_{BG}-|V_{th}|)} \quad (11.5)$$

式中，W、L 和 K_p' 分别是 pMOS 晶体管的沟道宽度、沟道长度和跨导系数，$K_p'=\mu_p C_{ox}$。

式(11.5)给出了 pMOS 晶体管在强反型区时沟道寄生电阻 R_{mos} 的值。值得注意的是，R_{mos} 随着 V_{BG} 接近阈值电压绝对值而增加，在 V_{BG} 等于阈值电压绝对值时沟道寄生电阻为无穷大，在这种情况下，通过式(11.5)估算的即是最简单的 MOS 模型。事实上，R_{mos} 确实增加，但是随着空穴浓度的逐步减少，在整个中反型区保持有限值。

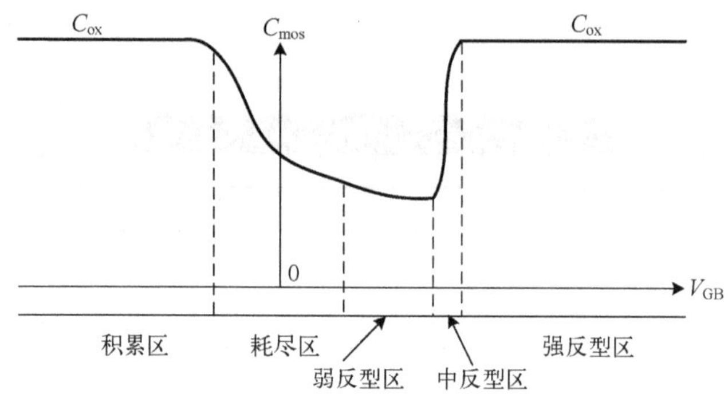

图 11.3 C_{mos} 电容值随 V_{GB} 变化的曲线

通过以上分析知道，普通 MOS 变容管电容特性是非单调的，目前有两种方法可以获得比较单调的特性曲线。

一种方法是确保晶体管在 V_G 变化范围大的情况下使 MOS 电容不进入积累区。以 pMOS 电容为例，可以通过将衬底与栅源断开而与电路中的最高直流电压(如电源电压 V_{DD})短接来实现，如图 11.4 所示，这种变容管称为反型(inversion-mode)MOS 电容。

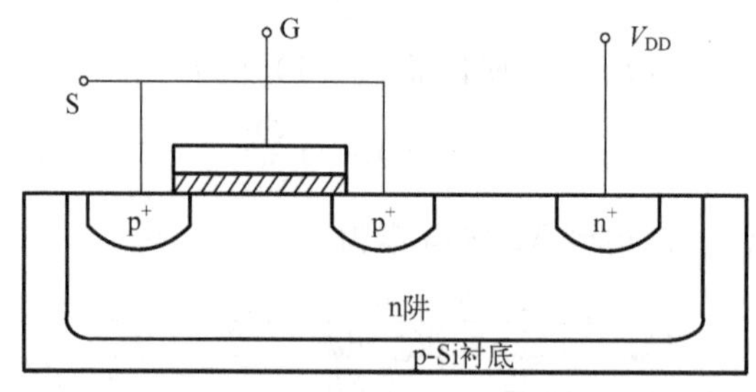

图 11.4 反型 MOS 电容剖面图

图 11.5 表明了两个相同尺寸 pMOS 电容的 C_{mos}-V_{SG} 特性曲线的相互对比。很明显反型 MOS 电容的调谐范围要比普通 MOS 电容大，反型 MOS 电容只工作在强反型区、中反型区和弱反型区，而不进入积累区。

另一种更好的方法是使用只工作在耗尽区和积累区的 pMOS 器件，这种变容管称为积累型(accumulation-mode)MOS 电容。这种积累型 MOS 电容在使用时有大的调谐范围并且有更小的寄生电阻，即意味着更高的品质因数。这是因为在耗尽区和积累区多数载流子是电子，其迁移率比空穴大 3 倍多。

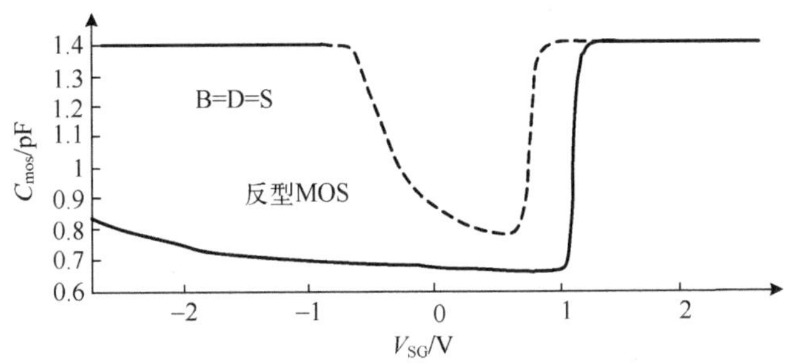

图 11.5　反型 MOS 电容的特性曲线

为获得一个积累型 MOS 电容，必须确保 MOS 器件不进入强反型区、中反型区和弱反型区，这就需要抑制空穴注入 MOS 的沟道。可以通过将 MOS 器件的漏源 p^+ 掺杂用 n^+ 掺杂代替，以确保与衬底有良好的接触，如图 11.6(a)所示，这样可将 n 阱的寄生电阻减少到最小。积累型 MOS 电容与普通 MOS 电容的特性曲线如图 11.6(b)所示，从图中可以看到积累型 MOS 电容具有良好的单调性。

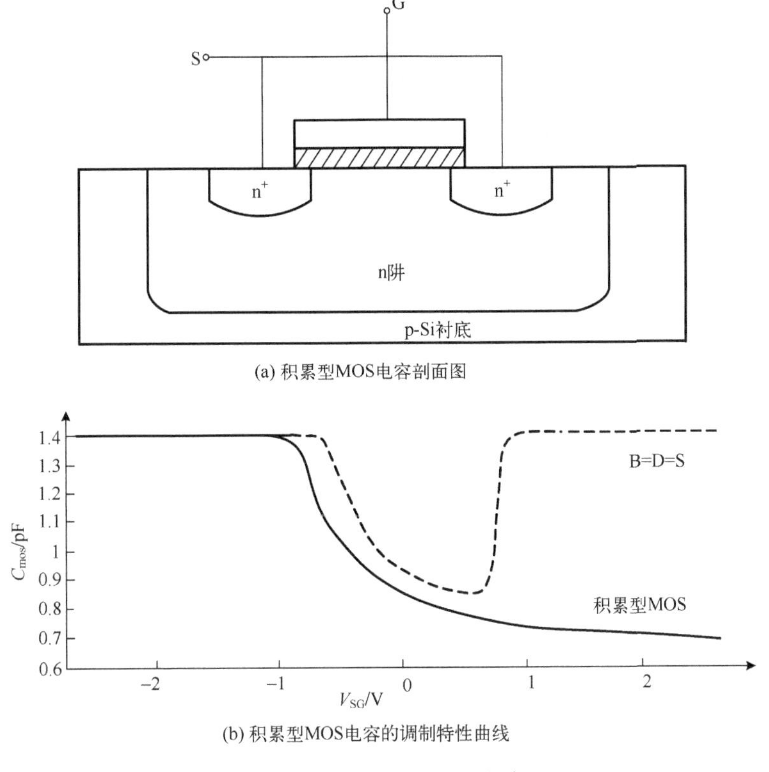

(a) 积累型MOS电容剖面图

(b) 积累型MOS电容的调制特性曲线

图 11.6　积累型 MOS 电容

积累型 MOS 电容的等效电路如图 11.7 所示，即为理想的可变电容 $C_{A\text{-}mos}$ 与损耗电阻 $R_{A\text{-}mos}$ 的串联。

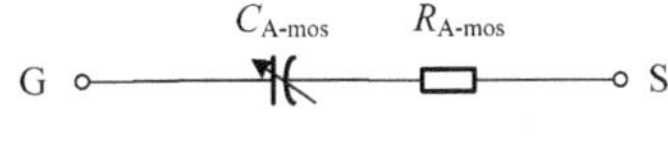

图 11.7　积累型 MOS 电容的等效电路

11.1.2 集成双极型晶体管

在有些模拟集成电路中，要求采用互补双极型晶体管。因此，有必要在标准的 npn 管制造工艺条件下，在同一块基片上同时制作 pnp 管。这样的 pnp 管有水平 pnp 管和衬底 pnp 管两种，结构如图 11.8 所示。

1. pnp 管

衬底 pnp 管的结构如图 11.8(a)所示，在进行 npn 管基区扩散的同时形成发射区，集电区则是整个电路的公共衬底，这是一种纵向管，即载流子沿纵向运动，又称为纵向 pnp 管。由于基区宽度可准确控制使其非常薄，所以 β 值较大。但是公共衬底只能接在电路中电位最负端，所以它的应用范围很有限。水平 pnp 管又称为横向 pnp 管，其结构图如图 11.8(b)所示，在进行 npn 管基区扩散的同时形成发射区和集电区，pnp 管中空穴沿水平方向由发射区经基区流向集电极。由于制造工艺的限制，基区宽度不可能太小，故其 β 值很低(典型值为 1～5)，但它的发射结和集电结都有较高的反向击穿电压。在集成电路的设计中，往往把横向 pnp 管和纵向 pnp 管巧妙地接成复合组态，形成性能优良的各种放大电路。需要说明的是，在当前标准的 CMOS 工艺中，这种衬底 pnp 管可以在 p 型衬底的 CMOS 工艺中通过寄生实现，这也是大部分 CMOS 工艺中带隙基准源通常采用的双极器件。

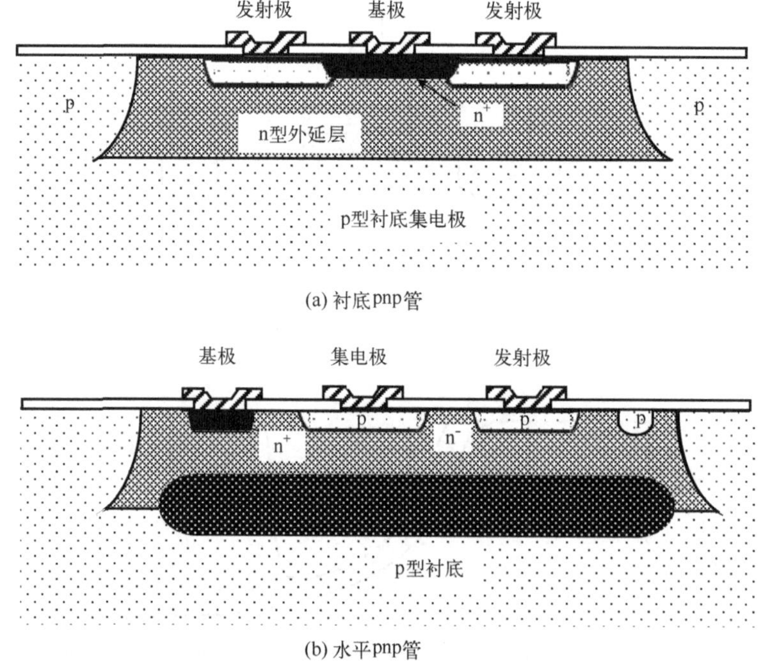

(a) 衬底pnp管

(b) 水平pnp管

图 11.8　水平 pnp 管和衬底 npn 管结构图

2. 多发射极管和多集电极管

在集成电路的制造中，可以很方便地制成多发射极管或多集电极管。图 11.9 为多发射极管的版图和电路符号，这种晶体管在双极工艺的数字电路中有着广泛的应用。

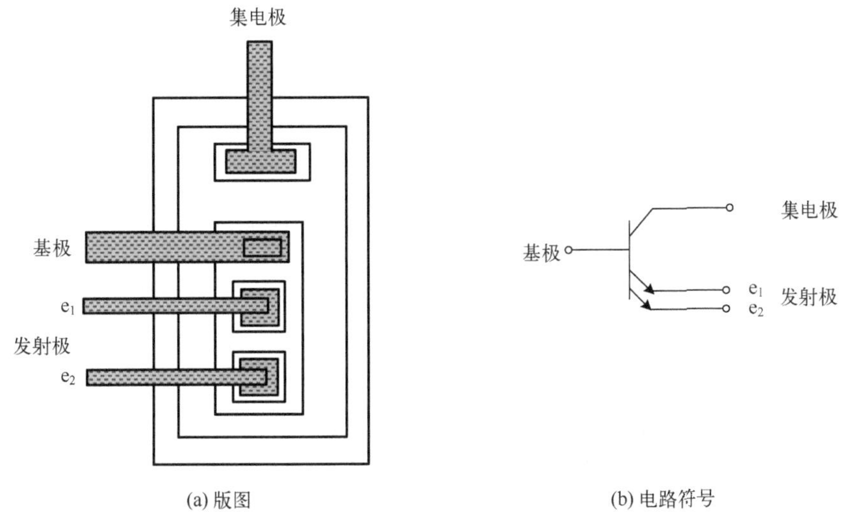

(a) 版图　　(b) 电路符号

图 11.9　多发射极管的版图和电路符号

图 11.10 为具有两个集电极的横向 pnp 管的版图和电路符号，多集电极管的各个集电极电流之比取决于对应的集电结面积之比。

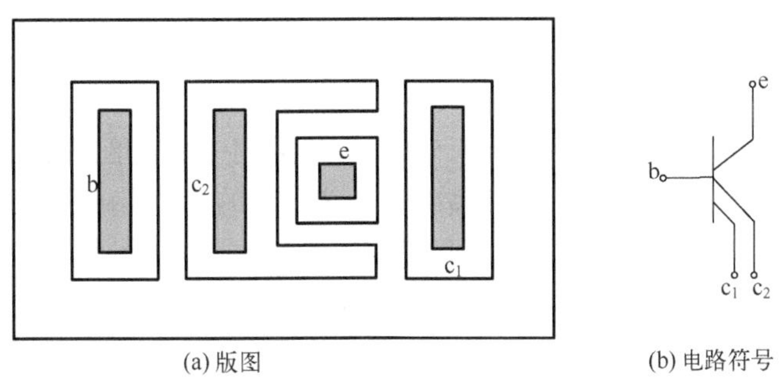

(a) 版图　　(b) 电路符号

图 11.10　两个集电极横向 pnp 管

11.1.3　集成 MOS 管

在集成电路中有源器件起着极为关键的作用。有源元件包括 BJT、HBT、pMOS、nMOS、MESFET 和 HEMT。不同的集成电路工艺都是以所实现的有源器件来区分的。CMOS 工艺是指同时制造出包含互补的 p 型与 n 型两种 MOS 器件的工艺；BiCMOS 工艺是指同时制造出包含 BJT 或 HBT 和互补的 p 型与 n 型两种 MOS 器件的一种工艺。采用 CMOS 工艺是当前集成电路制造的主流之一，因此，掌握 p 型与 n 型两种 MOS 管的结构与特性对设计模拟集成电路具有重要意义。

图 11.11 为 nMOS 管与 pMOS 管的结构图。MOS 晶体管实际上就是由两个 pn 结和一个 MOS 电容器组成的。

以 pMOS 管为例，这两个 pn 结分别是：p 型源极与 n 阱形成的 pn 结及 p 型漏极与 n 阱形成的 pn 结。类似于双极型晶体管中的 pn 结，在 MOS 的 pn 结周围，因为载流子的扩散与漂移达到动态平衡，就产生了耗尽层。

栅极下面的区域是 MOS 管的核心，为电容器结构。MOS 管的伏安特性实际上是由这个

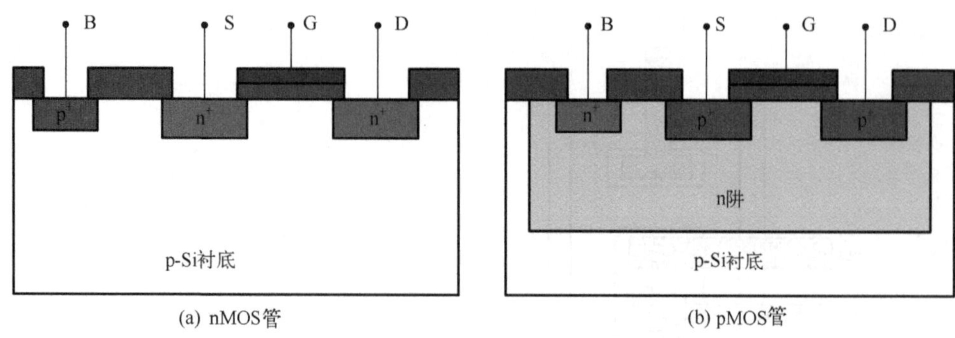

图 11.11 nMOS 管和 pMOS 管的结构图

电容结构所决定的。当栅极不加电压或加正电压时，栅极下面的区域保持 n 型导电类型，漏和源之间等效于一对背对背的二极管，当源漏电极之间加上电压时，除了 pn 结的漏电流之外，不会有更多电流形成。当栅极上的负电压不断降低时，n 型区域内的电子被不断地排斥到 n 阱方向。当栅极的负电压低于阈值电压 V_{th}时，在栅极下的 n 型区域内就形成了空穴薄层，即 p 型反型层，把 p 型的源、漏极扩散区连成一体，形成从源极到漏极的导电沟道，此时源漏电极之间加上电压，便会产生漏电流。

11.2 MOS 晶体管及双极晶体管的小信号模型

早在 20 世纪 60 年代，为了方便手工计算，对 MOS 管采用一个简单的方程来模型化。模型参数与物理性质相一致，并能从简单的实验中获得数据。随着技术的发展，由于小尺寸和大电场效应，情况变得较为复杂。模型公式变得越来越复杂，并且需要描述各种效应的参量也在增多。由于更复杂的情况需要描述大量的参数，模型参数与其物理基础的关联已经变得模糊不清。模型参数可以分为两大类：物理参数直接指出其物理含义，例如氧化层厚度；电气参数由测量到的数据中提取出来，与物理性质没有直接的关系；而某些参数起初具有一定的物理意义，例如结深，但是在更高层次的模型中，参数值用来与仿真器输出相匹配，而不是为了与物理性质相一致。

通常使用到的模型可以分为三个历史阶段。第一阶段的模型接近于描述 FET 简单的、有物理基础的参数的理想模型。这个阶段由第 1、2、3 级模型组成。第二阶段的模型引入了大量的经验电气参数，焦点显著地转向了电路的设计者，大量的数学条件被引入以改善性能以及电路仿真时模型的收敛性，描述几何关系的几何相关性的新途径也被引入进来。由于它们的实验特性极高，成功使用这些模型，需要大量地进行参数提取工作。这个阶段的模型有 BSIM(有时又指 BSIM1)、HSPICE 第 28 级和 BSIM2 等。第三阶段的 SPICE FET 模型的发展还在研究中。

以小尺寸为特征的现代 MOS 管模型已倾向于凭借经验而不是基于器件物理。早期的 MOS 管由于其特征尺寸很大，虽用简单模型描述，但也很精确。SPICE 的第 1 级 MOS 管模型就是大特征尺寸的精确模型，有两个工作区：线性区和饱和区。线性区发生的条件是漏极电压比栅极电压低于一个阈值电压。饱和区发生的条件则相反，漏极电压比栅极电压不低于一个阈值电压。由于晶体管特征尺寸已变得越来越小，利用简单模型来描述，会出现许多偏差。需通过大量的实验对模型进行修正，才能有效地描述测量结果。随着工艺水平的不断提高，描述器件的模型也在不断地发展中。

pMOS 管和 nMOS 管是互补关系，一个 nMOS 管可在 p 阱中扩散 n^+ 的漏源极而获得，而 pMOS 管的 p 和 n 扩散及电压电流是 nMOS 管的对偶和反型，其他描述是相同的。

有关 MOS 器件的电学特性和非理想特性在本书 5.1 节已经详细讨论,这里不再赘述。

11.2.1　MOS 晶体管的小信号模型

工作在饱和状态下的 nMOS 管简单小信号模型如图 11.12 所示。虽然忽略了二阶效应,但对手工计算十分有利。该模型由四个参数特征表示:g_m、g_{mb}、r_0 和 C_{gs}。跨导 g_m 可以由饱和区的漏电流公式求得,饱和区的漏电流 I_D为

$$I_D = \frac{K'_N}{2}\frac{W}{L}(V_{GS}-V_{th})^2(1+\lambda V_{DS}) \tag{11.6}$$

则跨导 g_m为

$$g_m = \frac{dI_D}{dV_{GS}} = \frac{W}{L}K'_N(V_{GS}-V_{th}) = \sqrt{\frac{W}{L}2I_DK'_N} \tag{11.7}$$

式中,$K'_N = \mu_n C_{ox}$ 为跨导系数;W 和 L 是晶体管的沟道宽度和长度;V_{th} 为阈值电压;μ_n 为电子迁移率;C_{ox} 为单位面积上栅与沟道之间的电容。

输出电导 g_o为

$$g_o = \frac{1}{r_o} = \frac{\partial I_D}{\partial V_{DS}} = \frac{W}{L}\frac{K'_N}{2}(V_{GS}-V_{th})^2\lambda \approx \lambda I_D \tag{11.8}$$

$$r_o = \frac{1}{\lambda I_D} \tag{11.9}$$

图 11.12 中的附加电流源,描述了背栅电压对漏电流的影响。对 nMOS 管来说,当源极到衬底的电压增大时,阈值电压将增大。阈值电压对于衬底到源电压的依赖称为衬底效应或体效应,则阈值电压可表示为

$$V_{th} = V_{T0} + \gamma\left(\sqrt{|2\Phi_f - V_{BS}|} - \sqrt{|2\Phi_f|}\right) \tag{11.10}$$

式中,V_{T0} 是零偏置时的阈值电压。

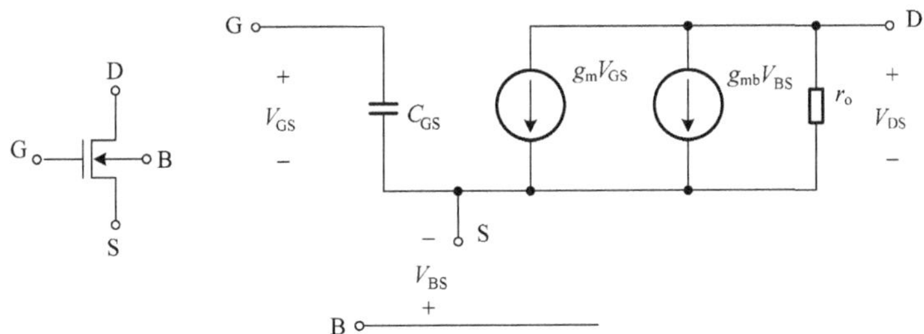

图 11.12　MOS 晶体管及其等效小信号模型

衬底跨导 g_{mb} 描述了漏极电流随衬底电压变化的关系。有

$$g_{mb} = \frac{\partial I_D}{\partial V_{BS}} = \frac{\partial I_D}{\partial V_{th}}\partial V_{th}/\partial V_{BS} \tag{11.11}$$

$$\frac{\partial I_D}{\partial V_{th}} = -g_m \tag{11.12}$$

$$g_{mb} = \frac{g_m\gamma/2}{\sqrt{2\Phi_f - V_{BS}}} \tag{11.13}$$

因此,衬底电位对漏极电流的影响可用一个电流源 $g_{mb}V_{BS}$ 表示,其极性与 g_mV_{GS} 相同,如图 11.12所示。如果衬底电压相对于源极电压维持在一个恒电压下,由于衬底到源极的电压变化为零,g_{mb} 可以认为是零,因而漏电流没有变化。

11.2.2 双极晶体管的小信号模型

对于工作在正常工作范围内的双极晶体管的简单小信号模型,集电极电流与BE结电压成指数关系

$$I_C = I_S \exp\left[\frac{V_{BE}}{V_T}\right] \tag{11.14}$$

跨导 g_m 定义为当 V_{CE} 为常数时 I_C 随 V_{BE} 的变化。由上式可得

$$g_m = \frac{dI_C}{dV_{BE}} = \frac{I_C}{V_T} \tag{11.15}$$

集电极电流的微分 $\Delta I_C = i_c$ 可以近似等于 g_m 与发射结电压微分 $\Delta V_{BE} = v_{be}$ 的乘积,用小写字母表示微小变化,即

$$i_c = g_m v_{be} \tag{11.16}$$

式中, i_c 和 v_{BE} 各自为小信号的集电极电流和BE结电压。

其他一些小信号参数如图11.13所示, r_π 和 r_o 分别为晶体管输入和输出阻抗:

$$r_\pi = \frac{\partial V_{BE}}{\partial I_B} = \frac{\partial V_{BE}}{\partial I_C}\frac{\partial I_C}{\partial I_B} \tag{11.17}$$

$$r_\pi = \frac{\beta}{g_m} \tag{11.18}$$

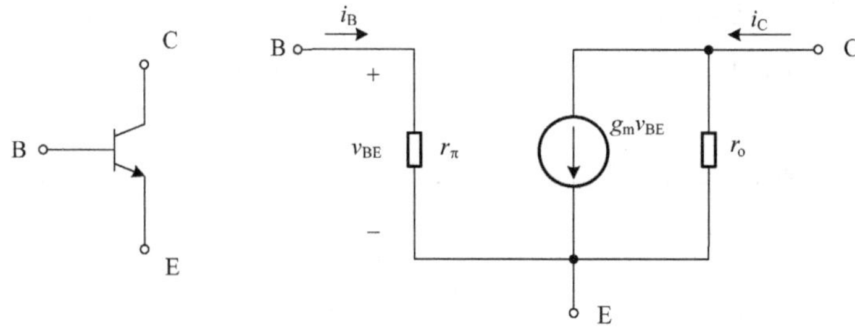

图11.13　双极晶体管及其等效小信号模型

输出阻抗 r_o 描述了在 V_{BE} 为常数时 I_C 随 V_{CE} 的变化。如图11.14所示,为不同 V_{BE} 下 I_C 随 V_{CE} 的变化曲线,可以看出,在 V_{BE} 保持不变时, I_C 随 V_{CE} 的变化可以用曲线的斜率来描述。这些曲线最后相交于 V_{CE} 轴的同一点上,称为厄利电压(Early Voltage) V_A。 V_{BE} 的斜率常数为

$$g_o = \frac{I_C}{V_A + V_{CE}} \tag{11.19}$$

通常 V_A 远大于 V_{CE} ,有

$$r_o = \frac{1}{g_o} \approx \frac{V_A}{I_C} \tag{11.20}$$

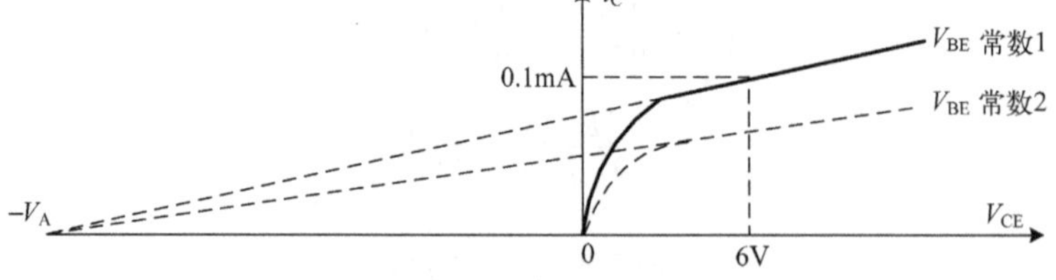

图11.14　双极晶体管输出特性

增大晶体管的电压 V_{CE} 可以使晶体管电流 I_C 增大,其物理原因是基区宽度减小,由于 V_{CE} 增大,集-基PN结上的反向电压增大,集-基耗尽层延伸到基区,有效地减小了基区宽度,该效应称

之为基区宽度调制效应。

由于偏置电路决定电路的工作情况,因此,掌握偏置电路是十分关键的。集成电路与分立元件电路的偏置有着很大的区别。

分立元件电路中的偏置电路,如常用的分压式电流负反馈电路不适用于单片集成电路。主要原因如下。

(1)分立元件电路的偏置,取决于各电阻元件的绝对值,而单片集成电路中,电阻元件的绝对误差较大。

(2)单片集成电路中,电阻元件的取值范围受到限制,采用偏置取决于电阻元件绝对值的电路,将使偏置电流的取值范围受限制。

(3)分立元件电路中,偏置电路中通常会增加消除交流信号负反馈的大电容,大电容一般无法集成在单片集成电路中。

因此,必须考虑设计适用于单片集成电路的偏置电路。用于单片集成电路中的偏置电路,需要充分利用集成工艺的下述特点。

(1)可以大量采用有源元件。

(2)电路中器件的特性、电阻元件值的匹配和跟踪性能良好。

(3)热耦合紧密。

(4)可以控制器件的版图和尺寸,以满足偏置的某种需要。

下一节将介绍一些最基本的偏置电路,读者可以了解到集成偏置电路的一些基本原理。

11.3　恒流源电路

恒流源电路是一种能向负载提供恒定电流的电路,广泛用于模拟集成电路。它既可以为各种放大电路提供偏置电流以稳定其静态工作点,又可作为有源负载以提高放大倍数。恒流源电路的基本形式是镜像电流源电路,为了提高恒流源性能以适应各种不同的要求,在基础结构的基础上出现了多种电路形式。

根据镜像电流源结构和作用的不同,可将镜像电流源分为以下几类,如图 11.15 所示。

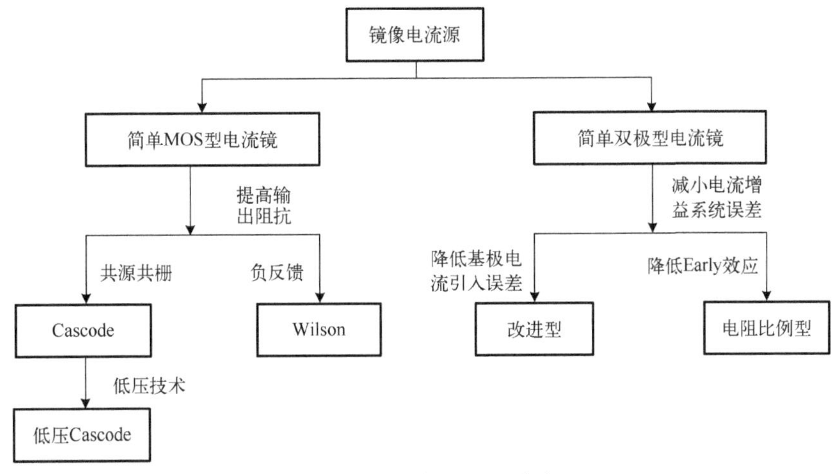

图 11.15　镜像电流源分类

11.3.1 电流源

1. 简单镜像电流源

图 11.16 为简单的镜像电流源电路。图 11.16(a)为简单双极型镜像电流源电路，图 11.16(b)是简单 MOS 镜像电流源电路。

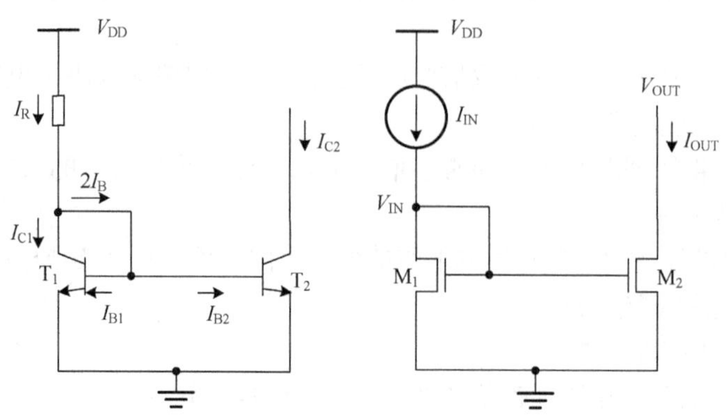

(a) 简单双极型镜像电流源电路　　(b) 简单MOS镜像电流源电路

图 11.16　简单的镜像电流源电路

简单 MOS 镜像电流源电路也称为“电流镜”，其基本原理是：两个相同工艺参数的 MOS 管具有相同的栅-源电压，并且都工作在饱和区，因此其漏电流也相等。M_1 为二极管连接方式，因为 $V_{DS1}=V_{GS1}$，M_1 工作于饱和区。又因为 $V_{GS2}=V_{GS1}$，当 $V_{DS2}\geqslant V_{GS2}-V_{th}$ 时，M_2 也工作于饱和区。若忽略沟道长度调制效应，则有

$$I_{IN}=\frac{1}{2}\mu_n C_{ox}\left(\frac{W}{L}\right)_1(V_{IN}-V_{th})^2 \tag{11.21}$$

$$I_{OUT}=\frac{1}{2}\mu_n C_{ox}\left(\frac{W}{L}\right)_2(V_{IN}-V_{th})^2 \tag{11.22}$$

电流比例关系为

$$\alpha=\frac{I_{OUT}}{I_{IN}}=\frac{(W/L)_2}{(W/L)_1} \tag{11.23}$$

由上式可知，I_{OUT} 与 I_{IN} 的比值由器件尺寸的比率决定，该值可以控制在合理的精度范围内。该电路的一个关键特性是：它可以精确地复制电流而不受工艺和温度的影响。为减小源漏区横向扩散(L_D)所产生的误差，一般电流镜中的所有晶体管通常都采用相同的栅长，而通过改变 MOS 管的宽度来实现不同的电流比。

考虑沟道长度调制效应，可以得到

$$I_{OUT}=\frac{1}{2}K'_N\left(\frac{W}{L}\right)_2(V_{IN}-V_{th})^2(1+\lambda V_{OUT}) \tag{11.24}$$

即输出电流会随着输出电压的变化而变化。输出电阻为

$$R_o=\left(\frac{\partial I_{OUT}}{\partial V_{OUT}}\right)^{-1}=\frac{1}{\lambda I_{OUT}}=r_{o2} \tag{11.25}$$

其电流增益为

$$\frac{I_{OUT}}{I_{IN}}=\frac{\frac{1}{2}K'_N\left(\frac{W}{L}\right)_2(V_{IN}-V_{th})^2(1+\lambda V_{OUT})}{\frac{1}{2}K'_N\left(\frac{W}{L}\right)_1(V_{IN}-V_{th})^2(1+\lambda V_{IN})}=\frac{(W/L)_2}{(W/L)_1}\cdot\frac{1+\lambda V_{OUT}}{1+\lambda V_{IN}} \tag{11.26}$$

从上式可以看出，由于存在沟道长度调制效应，且 $V_{DS2}(V_{OUT})$ 是一变量，I_{OUT} 实际上不是一个恒流源。在理想情况下，输出电流为如下所述

$$I_{OUT\_ideal}=\frac{(W/L)_2}{(W/L)_1}I_{IN}=\alpha I_{IN} \tag{11.27}$$

则镜像电流误差为

$$\varepsilon=\frac{I_{OUT}}{I_{OUT\_ideal}}-1=\frac{\alpha I_{IN}\cdot\frac{1+\lambda V_{OUT}}{1+\lambda V_{IN}}}{\alpha I_{IN}}-1=\frac{\lambda(V_{OUT}-V_{IN})}{(1+\lambda V_{IN})}\approx\lambda(V_{OUT}-V_{IN}) \tag{11.28}$$

在相同的工艺参数制作下，电流误差主要来自沟道长度调制效应系数和两个 MOS 管的漏-源电压差。若要提高 I_{OUT} 的恒流特性，需减小沟道长度调制效应，即通过增大 MOS 管的沟道长度，以减小 λ，增大输出阻抗；或者通过增加电路使 $V_{DS2}=V_{DS1}$。输入电压 V_{IN} 和最小输出电压 $V_{OUT(min)}$ 分别为

$$V_{IN}=V_{GS1}=V_{TH}+V_{ov1}=V_t+\sqrt{\frac{2I_{IN}}{K'_N(W/L)_1}} \tag{11.29}$$

$$V_{OUT(min)}=V_{ov2}=\sqrt{\frac{2I_{OUT}}{K'_N(W/L)_2}} \tag{11.30}$$

式中，V_{ov} 为过驱动电压。

由于沟道长度调制效应在小特征尺寸的工艺中是不能消除的，因此通常采用增加电路的方法来改善电流源的恒流特性，由此在基本电流镜的基础上设计出了多种恒流源电路。

2. 高精度电流镜

为减小镜像电流误差，提高恒流特性，图 11.17 给出具有镜像电流误差减小作用的电流镜。

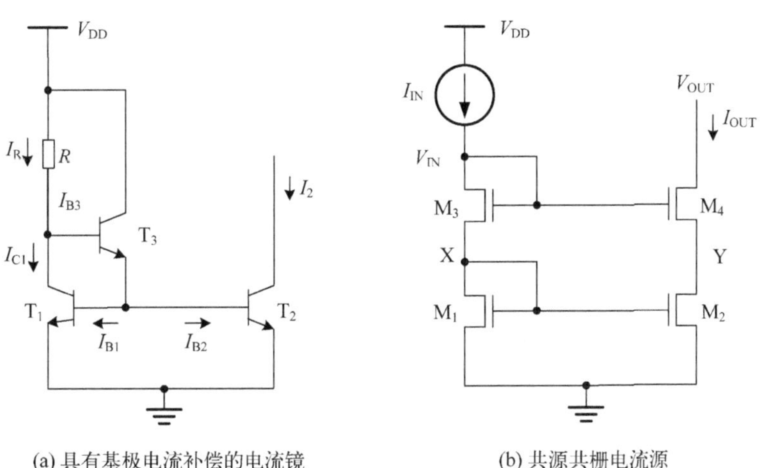

(a) 具有基极电流补偿的电流镜　　(b) 共源共栅电流源

图 11.17　具有镜像电流误差减小作用的电流镜

图 11.17 (a) 是具有基极电流补偿的电流镜，该电路结构减小了图 11.16 (a)中流过 R 的基极电流，从而减小了输出电流和参考电流之间的误差。设 β 为 T_1、T_2 的电流放大倍数，β_3 为 T_3 的电流放大倍数，则

$$I_{B3} = \frac{I_{B1} + I_{B2}}{\beta_3} \tag{11.31}$$

输出电流 I_2 为

$$I_2 = I_R - I_{B3} = I_R - \frac{I_{B1} + I_{B2}}{\beta_3} \approx I_R\left(1 - \frac{2}{\beta\beta_3}\right) \tag{11.32}$$

在图 11.17 (b)中，为了抑制 MOS 管沟道长度调制的影响，采用了共源共栅结构，共源共栅器件 M_4 具有屏蔽作用，可以使晶体管 M_2 的漏极电位 V_Y 基本上不受 M_4 的漏极电位 V_{OUT} 的影响，$\Delta V_Y = \Delta V_{OUT}/[(g_{m4} + g_{mb4})r_{o4}]$，因此，$V_Y$ 相对于 V_{OUT} 保持为一稳定值。又由图 11.17 (b)可知，$V_{GS3} + V_X = V_{GS4} + V_Y$，若使 $(W/L)_4/(W/L)_3 = (W/L)_2/(W/L)_1$，则 $V_{GS4} = V_{GS3}$，从而使 $V_Y = V_X$，那么 I_{OUT} 非常接近于 I_{IN}。其电流增益系统误差

$$\varepsilon \approx \lambda(V_{DS2} - V_{DS1}) \approx 0 \tag{11.33}$$

输入电压为

$$V_{IN} = V_{GS1} + V_{GS3} \approx 2V_{th} + 2V_{ov} \tag{11.34}$$

最小输出电压为

$$V_{OUT(min)} = V_{DS2} + V_{DS4} \approx V_{GS1} + V_{DS4} \approx V_{th} + 2V_{ov} \tag{11.35}$$

可见，共源共栅电流镜精度的提高是以 M_3 消耗的电压余度为代价的。

3. 威尔逊电流镜

图 11.18 所示的电路为威尔逊(Wilson)电流镜电路。与图 11.16 所示的基本电流镜相比，Wilson 电流镜电路具有基极电流补偿作用和增大输出阻抗的效果，主要是利用了负反馈对输出阻抗增强的原理。

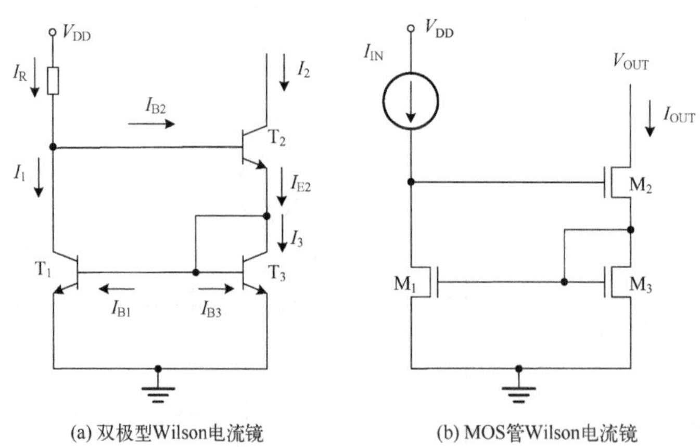

图 11.18 Wilson 电流镜电路

在图 11.18(a)中，假如 T_1 和 T_3 是匹配的，则有

$$I_1 = I_3 \tag{11.36}$$

$$I_{E2} = I_3 + I_{B1} + I_{B3} = I_1 + I_{B1} + I_{B3} \tag{11.37}$$

参考电流

$$I_R = I_1 + I_{B2} \tag{11.38}$$

输出电流

$$I_2 = I_{E2} - I_{B2} \tag{11.39}$$

由式(11.36)～式 (11.39)可得

$$I_2 = I_1 + I_{B1} + I_{B3} - I_{B2} = I_R + I_{B1} + I_{B3} - 2I_{B2} \approx I_R \tag{11.40}$$

最后得到输出电流与参考电流相等的结果。T_3 接在 T_2 的发射极电路中，产生电流负反馈，使 T_3 集电极的输出电阻提高。表 11.1 列举了双极型模拟集成电路中常用恒流源电路的结构与特点。

表 11.1　双极型模拟集成电路中常用恒流源电路的结构与特点

名称	电路结构	I_o与 I_r关系式	特点
基本型恒流源	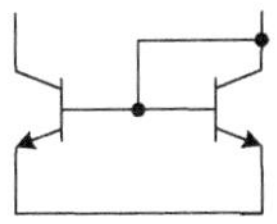	$I_o=\left(1-\frac{2}{\beta+2}\right)I_r$ $I_o\approx I_r$	电路简单，误差大
比例型恒流源	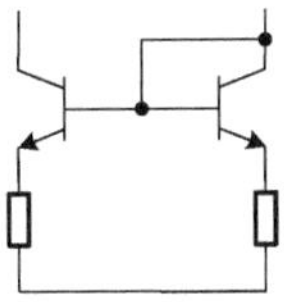	$I_o=\frac{R_2}{R_1}I_r+\frac{KT}{qR_1}\ln\frac{I_r}{I_o}$ $\frac{I_o}{I_r}\approx\frac{R_2}{R_1}$	具有温度补偿功能，I_o随温度漂移小
小电流恒流源	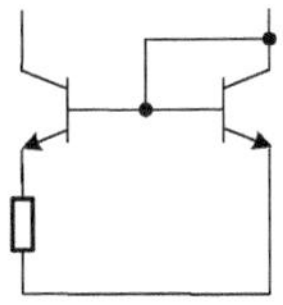	$I_o=\frac{KT}{qR_1}\ln\frac{I_r}{I_o}$	电流 I_o改变范围宽，可获微电流输出
改进型恒流源	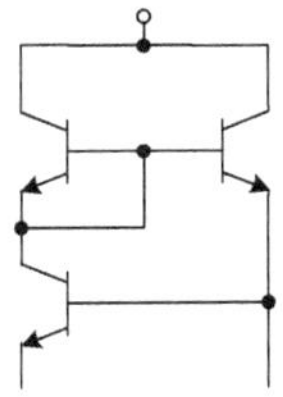	$I_o=\left(1-\frac{2}{\beta^2+\beta+2}\right)I_r$ $I_o\approx I_r$	误差小，I_o稳定，输出阻抗高
缓冲型恒流源	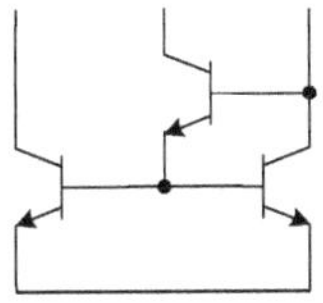	$I_o=\frac{I_r}{1+\frac{2}{(\beta+1)\beta}}\approx I_r$	误差小
横向 pnp 管恒流源	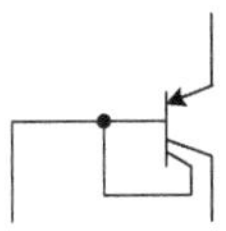	—	版图结构简单，面积省

在图 11.18(b)中，MOS 管 Wilson 电流镜电路中 M_1～M_3 工艺参数相同、性能对称，且均工作于饱和区，不难推出电流 $I_{OUT}\approx I_{IN}$。Wilson 电流镜电路 I_{OUT} 与 I_{IN} 间的误差远小于基本电流源电路，而且其动态输出电阻 r_o 高，$r_o\approx(g_m r_{o1})r_{o2}$。

4. 低压 MOS 共源共栅电流镜

为了消除精度和余度之间的矛盾，对图 11.17 (b)的电路进行了改进，如图 11.19 所示。使 M_3 饱和必须有 $V_b - V_{th3} \leqslant V_{IN}(= V_{GS1})$，使 M_1 饱和必须 $V_{GS1} - V_{th1} \leqslant V_X(= V_b - V_{GS3})$。因此 V_b 要满足：

$$V_{GS3} + (V_{GS1} - V_{th1}) \leqslant V_b \leqslant V_{GS1} + V_{th3} \tag{11.41}$$

根据式(11.41)可以得到该式成立的条件是

$$V_{GS3} + (V_{GS1} - V_{th1}) \leqslant V_{GS1} + V_{th3} \tag{11.42}$$

即

$$V_{GS3} - V_{th3} \leqslant V_{th1} \text{ 或 } V_{ov3} \leqslant V_{th1} \tag{11.43}$$

由式(11.43)可以看出，在实际电路中只要适当选取 M_3 的尺寸，使它的过驱动电压保持小于 M_1 的阈值电压，这样得到的 V_b就能满足 M_1 和 M_2 工作在饱和区。

如果选取 $V_b = V_{GS3} + (V_{GS1} - V_{th1}) = V_{GS4} + (V_{GS2} - V_{th2}) = V_{th} + 2V_{ov}$，当 M_1 和 M_2 保持相等的漏-源电压时，共源共栅电流源 M_2 和 M_4 消耗的电压余度最小为 $2V_{ov}$，并且可以精确地镜像 I_{IN}，所以称之为低压共源共栅结构。如图 11.19(b)给出的一种实现方法，通过合理设计 M_5的参数，使得 V_b的值为 $V_{th} + 2V_{ov}$，可以在保证输出电流精度的同时提高输出电压的摆幅。

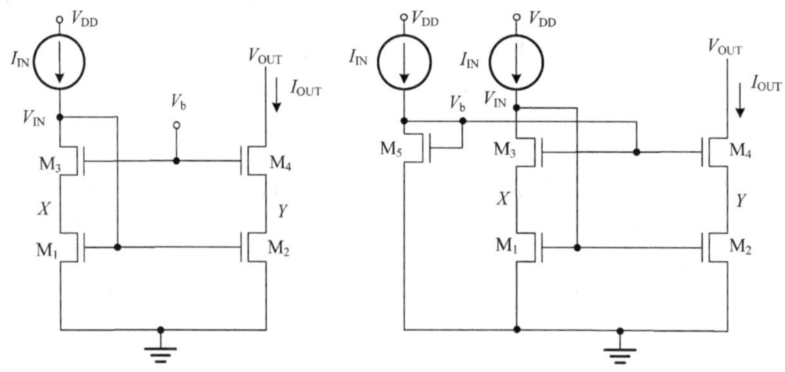

(a) 低压共源共栅电流镜结构　　(b) 一种低压共源共栅电流镜具体电路实现方式

图 11.19　低压 MOS 共源共栅电流镜

11.3.2　电流基准电路

电流镜电路主要是实现了电流的复制与传递，而电流镜的源头均需要一个稳定的基准电流，该基准电流需要由电流基准电路产生，基准电流产生是值得探讨的一个重要问题。

1. 压控电流源

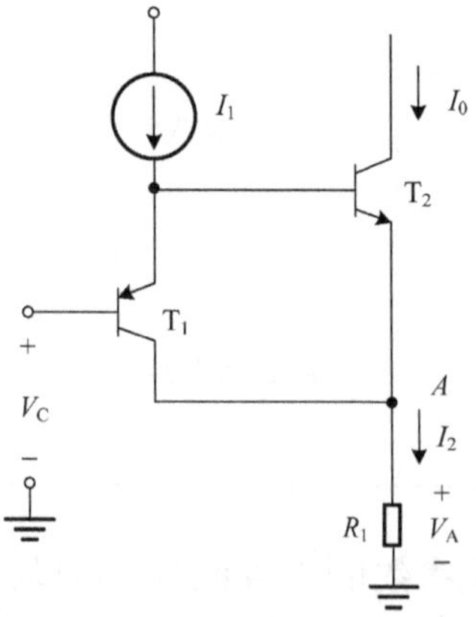

图 11.20　双管压控电流源

如图 11.20 是一个简单的双管压控电流源。在这个电路中，输入控制电压 V_C 和实际确定输出电流 I_2 的电压 V_C 之间有两个 pn 结背对背地连接，温度引起的结电压变化起抵消作用。由图 11.20可得

$$V_A = V_C + V_{BE1} - V_{BE2} \approx V_C \tag{11.44}$$

忽略 T_2的基极电流，则输出电流

$$I_0 = I_2 - I_1 = \frac{V_A}{R_1} - I_1 \approx \frac{V_C}{R_1} - I_1 \tag{11.45}$$

式中，I_1 为常数，I_2 将随 V_C 线性变化。

2. 受电源电压变化影响小的电流源

$$I_o \approx \frac{V_{BE}}{R_2} \tag{11.46}$$

$$I_1 = \frac{V_{DD} - 2V_{BE}}{R_1} \approx \frac{V_{DD}}{R_1} \tag{11.47}$$

根据 pn 结电流与结电压的指数关系，可得 T_1 发射结电压

$$V_{BE} = V_T \ln\left(\frac{I_1}{I_{CO}}\right) \tag{11.48}$$

式中，I_{CO} 为 T_1 发射结的反向饱和电流。

将式(11.47)和式(11.48)代入式(11.46)中得

$$I_o = \frac{V_T}{R_2}\ln\left(\frac{V_{DD}}{R_1 I_{CO}}\right) = \frac{V_T}{R_2}\ln\left(\frac{I_1}{I_{CO}}\right) \tag{11.49}$$

可见，I_o 与 V_{DD} 的对数成比例。故当 V_{DD} 变化时，I_o 的相对变化远比 V_{DD} 相对变化小，但这个电路的缺点是输出电流与温度有关。

3. 自给基准的电流源

图 11.21(b)为自给基准的电流源，与图 11.21(a)相比，增加 T_4 取代了电阻 R_1。另外增加了两个晶体管 T_3 和 T_6 作为输出管。由于晶体管的微变电阻比直流电阻大，电源电压的变化大部分降落在 T_4 两端。

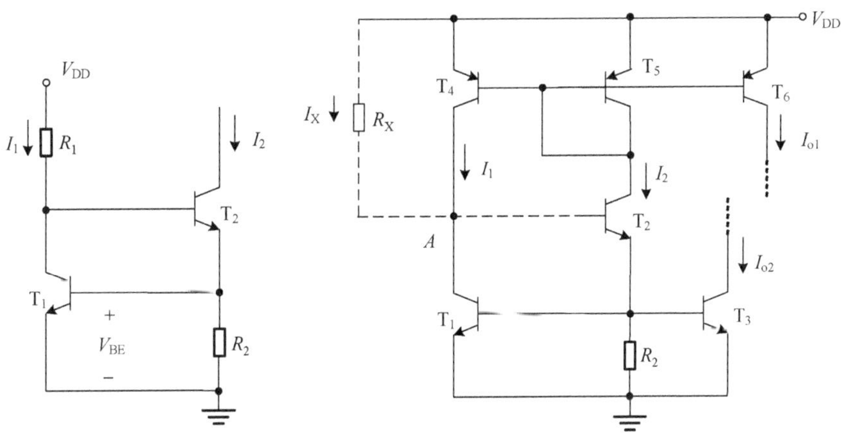

(a) 用 V_{BE} 作基准的电流源　　(b) 自给基准的电流源

图 11.21　受电源电压变化影响小的电流源

自给基准的电流源工作原理如下：流过基准电流的晶体管 T_4 和 T_5 构成电流镜，流过 T_5 的电流 I_2 就是流过 T_2 的电流，成为 T_4 的基准电流，就是说输出电流源与基准电流源互为基准和输出电流。

与图 11.21(a)相似，式(11.49)同样适用图 11.21(b)，根据 T_4、T_5 的镜像关系应该有 $I_1 = I_2$，则存在两个平衡点，如图 11.22 所示。

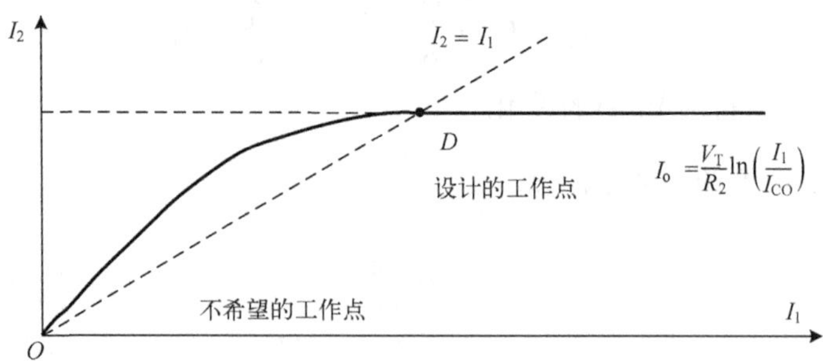

图 11.22　自给基准的电流源工作点图解

为避免电路稳定在不希望的电流零点(O 点)上,接入一个尽可能大的电阻 R_X产生一启动电流,使工作点离开原点,而处于设计的工作点。

4. PTAT 电流源

图 11.23 为 PTAT 电流源的电路原理图,与前述电路的区别是,PTAT 电流源利用两个不同电流密度下的 V_{BE}差异,从而产生与温度成正比的电流。

PTAT 电流源工作原理如下:晶体管 T_1 和 T_2 产生的 V_{BE}差异电压落在电阻 R_1 两端,因此流过电阻 R_1 两端的电流可以自主产生。为了产生不同的电流密度,该电路通过 M_1、M_2、M_3、M_4 构成的反馈环路,迫使流过 T_1 与 T_2 的电流相等。然后通过设计 T_1 与 T_2 的发射极面积成一定的比例,使得流过电阻 R_1 的电流自主产生。假设 T_1 与 T_2 的发射极面积比例为 n,则根据式(11.48)可得 PTAT 的输出电流为

$$I_o = \frac{V_T}{R_1}\ln(n) \tag{11.50}$$

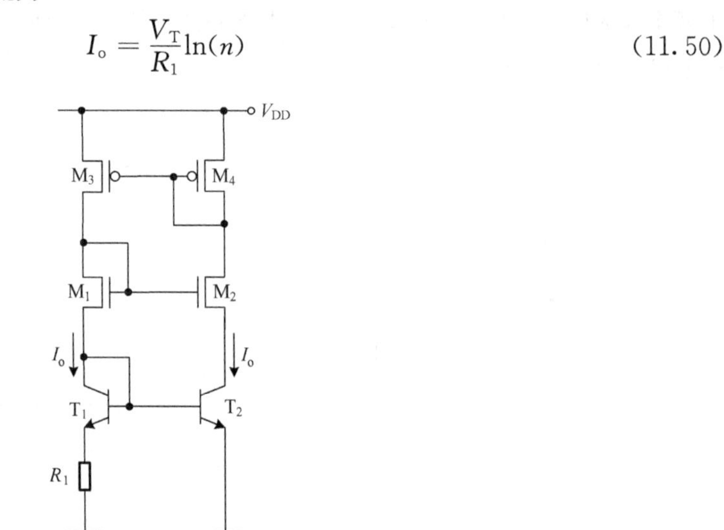

图 11.23　PTAT 电流源的电路原理图

11.4　基准电压源电路

11.4.1　基准电压源的主要性能指标

基准电压源的主要性能指标包括精度、温度抑制比(temperature coefficient,TC)、噪声和电

源抑制比(power supply rejection ratio,PSRR)。

(1)精度。电压基准源的输出电压与标称值的误差,包含绝对误差和相对误差,称为该电路的精度。

(2)温度抑制比。温度抑制比是当电源电压和负载不变时,基准电路受环境温度波动而产生的输出电压偏离正常值的程度,一般用 ppm/℃表示。

$$\mathrm{TC}=\left[\frac{V_{\mathrm{MAX}}-V_{\mathrm{MIN}}}{V_{\mathrm{REF}}(T_{\mathrm{MAX}}-T_{\mathrm{MIN}})}\right]\times 10^{6} \tag{11.51}$$

(3)噪声。基准输出电压中的噪声通常包括宽带热噪声和窄带 $1/f$ 噪声。宽带噪声可以用简单的 RC 滤波器有效的滤除。$1/f$ 噪声是基准源的内在固有噪声,不能被滤除,一般在 0.1 到 10Hz 范围内定义,单位为 $\mu V_{\mathrm{P\text{-}P}}$ 。对于高精度系统,低频的 $1/f$ 噪声是一个重要的指标。

(4)电源抑制比。电源电压抑制比是指用于衡量当负载和环境温度不变时,因电源电压的波动而引起基准输出电压的改变,通常称为电压抑制比。一般用分贝(dB)来表征。定义为电源电压变化率与输出电压变化率的比值,则有

$$\mathrm{PSRR}=20\log\left(\frac{\Delta V_{\mathrm{dd}}/V_{\mathrm{dd}}}{\Delta V_{\mathrm{REF}}/V_{\mathrm{REF}}}\right) \tag{11.52}$$

11.4.2　带隙基准电压源的基本原理

集成电路设计中最常见的基准源即为带隙基准电压源,其工作原理如图 11.24 所示,带隙基准太电压源的基本原理是利用了 V_{BE} 的负温度系数和热电压 V_{T} 的正温度系数,二者相抵消即可形成与温度无关的基准电压源。其输出电压 $V_{\mathrm{OUT}}=V_{\mathrm{BE}}+MV_{\mathrm{T}}$,当设计合适的 M 值后,即可实现 V_{OUT} 与温度无关。

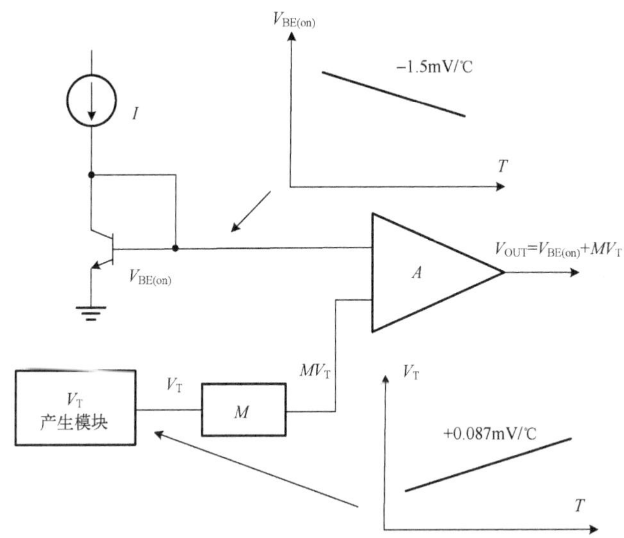

图 11.24　带隙基准电压源的工作原理

在 CMOS 工艺中,NPN 管的发射极-基极电压 V_{BE} 呈负温度系数,而当两个双极型晶体管工作在不同的电流密度时,它们的发射极-基极电压之差 ΔV_{BE} 正比于绝对温度,呈正温度特性。为了实现零温度系数,电路利用 V_{BE} 和 ΔV_{BE} 实现温度补偿,即

$$V_{\mathrm{REF}}=V_{\mathrm{BE}}+K\Delta V_{\mathrm{BE}} \tag{11.53}$$

式中,K 是加权系数。

1. 负温度系数电压 V_{BE}

双极型晶体管集电极的电流密度可以表示为

$$J_C = \frac{qD_n n_{p0}}{W_B}\exp\left(\frac{V_{BE}}{V_T}\right) \tag{11.54}$$

式中，J_C 为三极管的集电极电流密度；q 为电子电荷量；D_n为电子的平均扩散系数；n_{p0} 为基区电子的平衡浓度；W_B 为基区宽度；V_T 为热电压（$V_T = kT/q$，k 为波尔兹曼常数，T 为绝对温度）。

基区电子的平衡浓度 n_{p0} 可以表示为

$$n_{p0} = \frac{n_i^2}{N_A} = \frac{DT^3}{N_A}\exp(-V_{G0}/V_T) \tag{11.55}$$

式中，D 是与温度无关的常数；N_A 是受主杂质浓度；V_{G0} 是禁带宽度约等于 1.12eV。将式(11.55)代入式(11.54)可以得到集电极电流密度的表达式为

$$J_C = \frac{qD_n}{N_A W_B}DT^3\exp\left(\frac{V_{BE}-V_{G0}}{V_T}\right) = AT^{\gamma}\exp\left(\frac{V_{BE}-V_{G0}}{V_T}\right) \tag{11.56}$$

式中，$A = qD_n^* D/N_A W_B$ 是一个与温度无关的常数，D_n^* 是 D_n 与温度无关的常数部分，由于 D_n 和温度有关，所以式(11.56)中的 γ 和式(11.55)中的 3 稍有不同。考虑在温度 T_0 时刻的电流密度 J_{C0}，得到

$$J_{C0} = AT_0^{\gamma}\exp\left[\frac{q}{kT_0}(V_{BE0}-V_{G0})\right] \tag{11.57}$$

由式(11.56)和式(11.57)可以得到

$$\frac{J_C}{J_{C0}} = \left(\frac{T}{T_0}\right)^{\gamma}\exp\left[\frac{q}{k}\left(\frac{V_{BE}-V_{G0}}{T} - \frac{V_{BE0}-V_{G0}}{T_0}\right)\right] \tag{11.58}$$

整理后可以得到

$$V_{BE} = V_{G0}\left(1-\frac{T}{T_0}\right)+V_{BE0}\left(\frac{T}{T_0}\right)+\frac{\gamma kT}{q}\ln\left(\frac{T_0}{T}\right)+\frac{kT}{q}\ln\left(\frac{J_C}{J_{C0}}\right) \tag{11.59}$$

设 J_C 与 T^{α} 有关，进一步推导式(11.59)可以得到

$$V_{BE} = V_{G0} + \frac{T}{T_0}(V_{BE0}-V_{G0}) - (\gamma-\alpha)\frac{kT}{q}\ln\left(\frac{T}{T_0}\right) \tag{11.60}$$

不难看出，第一项是与温度无关的常数；第二项是关于温度的一阶项；第三项是关于温度的非线性项。如果将第三项进行泰勒展开我们就可以看到

$$V_{BE} = \alpha_0 + \alpha_1 T + \alpha_2 T^2 + \cdots + \alpha_n T^n \tag{11.61}$$

式中，$\alpha_0, \alpha_1, \cdots, \alpha_n$ 是与温度无关的常数。经验表明，在温度 $T = 300\text{K}$ 的时候，V_{BE} 的温度系数大约为-1.5mV/℃。

2. 正温度系数电压 ΔV_{BE}

对于两个工作在不相等的电流密度下的双极晶体管，且面积比为 m，电流比为 n，如果它们的工艺参数都一样，那么可以得到两晶体管的基极-发射极电压差 ΔV_{BE} 的表达式为

$$\Delta V_{BE} = V_{BE1} - V_{BE2} = V_T\ln\frac{nI_e}{I_S} - V_T\ln\frac{I_e}{mI_S} = V_T\ln(mn) \tag{11.62}$$

式中，$V_T = kT/q$，可以看出 ΔV_{BE} 具有正的温度系数且与电源无关。

3. 基准电压的产生

带隙基准电压源的基本原理是利用双极型晶体管基区-发射区电压 V_{BE} 具有的负温度系数，

而不同电流密度偏置下的两个基区-发射区的电压差 ΔV_{BE} 具有正的温度系数特性，将这两个电压线性叠加从而获得零温度系数的基准电压源，如图 11.23 所示。

为了在 T_0 时达到零温度系数，在 T_0 处对 V_{REF} 关于温度求导，并令其为零，有

$$\frac{\partial V_{ref}}{\partial T}\Big|_{T=T_0} = \frac{V_{BE0} - V_{G0}}{T_0} - (\gamma - \alpha)\frac{k}{q} + K_1 = 0 \tag{11.63}$$

式中，$K_1 = K\dfrac{k}{q}\ln(mn)$ 。注意：式中 K_1 和 K 是一样的，都是要求达到零温度系数的常数。

如果考虑一阶温度补偿，则有

$$V_{REF}\big|_{T=T_0} = V_{BE0} + KT_0 = V_{G0} + (\gamma - \alpha)\frac{kT_0}{q} \tag{11.64}$$

令 $T_0 = 0\text{K}$ ，可以得到

$$V_{REF}(0) = V_{G0} \tag{11.65}$$

由于所得到的基准电压只与硅的带隙电压 V_G 有关，因此被称为带隙基准。

4. 基准电压的温度特性

在上述分析中假定带隙电压为一常量，实际上带隙电压也是温度的函数，特别是在低温时非线性更为严重。若考虑带隙电压的温度特性，式(11.64)应修改为

$$V_{REF}\big|_{T=T_0} = V_G(T_0) + (\gamma - \alpha)\frac{kT_0}{q} - T_0\frac{\partial V_G(T)}{\partial T}\Big|_{T=T_0} \tag{11.66}$$

Bludau 等人通过大量的实验研究，获得了关于 V_G，其精度为 0.02mV。

$$V_G(T) = a - bT - cT^2 \tag{11.67}$$

当 $150\text{K} \leqslant T \leqslant 300\text{K}$ 时，$a = 1.1785\text{V}, b = 9.025\times10^{-5}\text{V/K}, c = 3.05\times10^{-7}\text{V/K}^2$；当 $300\text{K} \leqslant T \leqslant 400\text{K}$ 时，$a = 1.20595\text{V}, b = 2.7325\times10^{-4}\text{V/K}, c = 0$。

传统的 CMOS 带隙基准电压源结构如图 11.25 所示。

下面说明带隙基准电路的工作原理。根据运算放大器输入端的虚短特性，有

$$I_1R_1 = I_2R_2 \tag{11.68}$$

及

$$V_{BE1} = I_2R_3 + V_{BE2} \tag{11.69}$$

假定 T_1 和 T_2 的特性是匹配的，即具有相同的工艺结构，则有

$$V_{BE1} - V_{BE2} = V_T\ln\left(\frac{I_1}{I_2}\right) \tag{11.70}$$

由式(11.68)和式(11.69)可得

$$V_{BE1} - V_{BE2} = V_T\ln\left(\frac{R_2}{R_1}\right) \tag{11.71}$$

由式(11.69)和式(11.71)得

$$I_2 = \frac{V_T}{R_3}\ln\left(\frac{R_2}{R_1}\right) \tag{11.72}$$

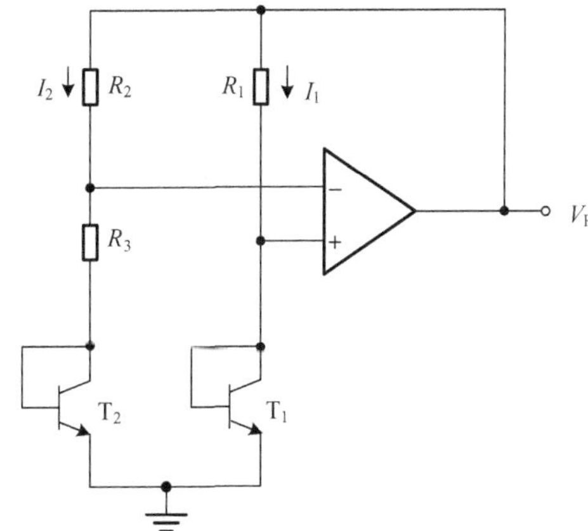

图 11.25　传统的 CMOS 带隙基准电压源结构

$$I_1R_1 = \frac{V_TR_2}{R_3}\ln\left(\frac{R_2}{R_1}\right) \tag{11.73}$$

又从图 11.25 可得

$$V_R = V_{BE1} + I_1R_1 \tag{11.74}$$

将式(11.73)代入式(11.74)得

$$V_R = V_{BE1} + \frac{V_TR_2}{R_3}\ln\left(\frac{R_2}{R_1}\right) \tag{11.75}$$

此电路引入了高增益的负反馈放大器,决定温度系数的 $\frac{R_2}{R_3}$ 、$\frac{R_2}{R_1}$ 之比值应该保持精确,从而使 V_R 的温度系数等于零。

11.5　单级放大器

在大多数模拟电路和许多数字电路中,放大器是最基本的功能模块。当信号太小不能驱动负载,或要克服下一级电路的噪声太大,或要为数字电路提供足够的逻辑电平时都需要放大模拟或数字信号。同时,放大器对反馈电路也很重要。

双极型晶体管和 MOS 晶体管能提供三种不同组态的放大模式,在共射组态和共源组态里,信号由放大器的基极或栅极输入,放大后从集电极或漏极输出。在共集组态和共漏组态中,信号由基极或栅极输入,从射极或源极输出。这种组态一般称之为双极型晶体管电路的射随器或 MOS 晶体管电路的源极跟随器。在共基组态或共栅组态中,信号由射极或源极输入,由集电极或漏极输出。每种组态都有唯一的输入电阻、输出电阻、电压增益和电流增益。在许多例子中,复杂电路可以被分割成许多类型的单级放大器来进行分析。

MOS 晶体管与双极晶体管小信号等效电路非常相似。区别主要在小信号参数上。特别是 MOS 晶体管从栅极到源极之间的电阻无限大,相应的双极型晶体管 r_π 为有限值。此外,双极型晶体管的 g_m 值在同样电流偏置下往往比 MOS 晶体管的要大。这些区别在不同的场合有不同的应用。例如,MOS 晶体管比双极晶体管更易实现高输入阻抗放大电路,然而对于实现高增益放大电路,高 g_m 值的双极晶体管则比 MOS 晶体管更易实现。在其他应用中,双极型晶体管的大信号指数特性和 MOS 晶体管的平方特性都有各自的优点。

因此,必须注意两种晶体管之间的异同,才能更好地加以选择和利用。

11.5.1　MOS 集成电路中的单级放大器

1. 共源极

共源极放大器的电路如图 11.26(a)所示。这里,只考虑阻性负载的放大器。漏极电阻用 R_D 来表示。首先对电路的大信号性能进行分析。

当 $V_{in} = V_{GS} < V_{th}$,晶体管 M_1 截止,晶体管没有电流通过,所以 $V_o = V_{DD}$ 。当 V_{in}增加到超过阈值电压时,晶体管进入饱和区,晶体管开始有电流通过。电流随 V_{in}的增大而增大,输出电压也随之减小,一直到 $V_o = V_{DS} = V_{in} - V_{th}$ 为止。此时 M_1 进入线性区。一旦晶体管工作在线性区,它的输出电阻急剧减小,使得晶体管增益也随之减小。

小信号等效电路如图 11.26(b)所示。根据基尔霍夫电流定律(KCL)可以直接得到交流小信号电压增益为 $A_V = -g_m(r_o /\!/ R_D)$。

当 R_D 接近无穷大时,$A_V = -g_m r_o$ 。

理想情况下,输入电阻 $R_I = \infty$,表明 MOS 共源极放大电路有无穷大的电流增益。

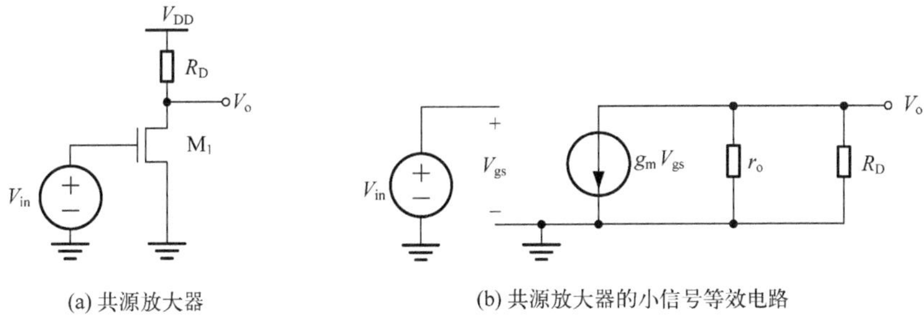

(a) 共源放大器　　(b) 共源放大器的小信号等效电路

图 11.26　共源放大器及其小信号等效电路

值得注意的是，MOS 晶体管的 g_m 与漏电流的平方根有关，输出电阻与漏电流的倒数有关。因此，电压增益与 $\sqrt{I_D}$ 成反比，这与双极型晶体管增益与集电极电流无关的特性相反。

2. 共漏极

共漏放大器即源极跟随器，电路的结构特点是信号从栅极输入，源极输出，如图 11.27(a)所示，小信号等效电路如图 11.27(b)所示。假设 r_o 大，可以忽略。

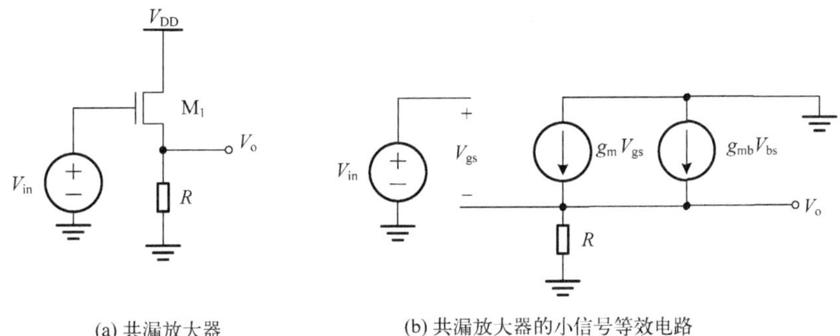

(a) 共漏放大器　　(b) 共漏放大器的小信号等效电路

图 11.27　共漏放大器及其小信号等效电路

考虑到 $V_{gs} = V_{in} - V_o$ 和 $V_{bs} = -V_o$，根据 KCL 可以得到

$$g_m V_{gs} + g_{mb} V_{bs} - \frac{V_o}{R_L} = 0 \tag{11.76}$$

$$g_m (V_{in} - V_o) - g_{mb} V_o - \frac{V_o}{R_L} = 0 \tag{11.77}$$

整理得

$$A_V = \frac{V_o}{V_{in}} = \frac{g_m}{g_m + g_{mb} + \dfrac{1}{R_L}} \tag{11.78}$$

最大增益与负载电阻有关，但是由于体效应的存在使放大器的增益明显小于 1。如果采用先进工艺可以改善体效应的影响，在这种情形下源随器晶体管放在专用的阱内，但这种结构会带来版图面积的增大，其增益变为

$$A_V = \frac{V_o}{V_{in}} = \frac{g_m}{g_m + \dfrac{1}{R_L}} \tag{11.79}$$

当 $R_L \to \infty$时，即为开路输出阻抗，增益接近于 1，所以称之为源随器。

由于 MOS 管的输出电流的压控特性，有

$$I_{\mathrm{o}} = g_{\mathrm{m}} V_{\mathrm{gs}} + g_{\mathrm{mb}} V_{\mathrm{bs}} \tag{11.80}$$

而 $V_{\mathrm{gs}} = V_{\mathrm{bs}} = -V_{\mathrm{o}}$，所以 $I_{\mathrm{o}} = -V_{\mathrm{o}}(g_{\mathrm{m}} + g_{\mathrm{mb}})$，则输出阻抗为

$$R_{\mathrm{o}} = \frac{V_{\mathrm{o}}}{I_{\mathrm{o}}} = \frac{1}{g_{\mathrm{m}} + g_{\mathrm{mb}}} \tag{11.81}$$

3. 共栅极

在共源和共漏放大器中，信号是从 MOS 管的栅极输入的。共栅放大器是指信号从 MOS 管的源极输入，而从漏极输出的放大器，如图 11.28(a)所示，M_1 的栅极接直流电压，以建立适当的工作条件。应当注意，M_1 管的偏置电流流过输入的信号源。共栅放大器的另一种接法如图 11.28(b)所示，M_1 管用恒流源进行偏置，信号通过电容耦合方式输入。

首先分析图 11.28(a)所示电路的大信号特性。为简单起见，假设 V_{in} 从某一个大的正值开始减小。当 $V_{\mathrm{in}} \geqslant V_{\mathrm{b}} - V_{\mathrm{th}}$ 时，M_1 处于截止状态，所以 $V_{\mathrm{out}} = V_{\mathrm{DD}}$。当 V_{in} 较小时，如果 M_1 处于饱和区，可以得到

$$I_{\mathrm{D}} = \frac{1}{2}\mu_{\mathrm{n}} C_{\mathrm{ox}} \frac{W}{L} (V_{\mathrm{b}} - V_{\mathrm{in}} - V_{\mathrm{th}})^2 \tag{11.82}$$

随着 V_{in} 减小，V_{out} 也逐渐减小。最终 M_1 进入线性区，此时

$$V_{\mathrm{DD}} - \frac{1}{2}\mu_{\mathrm{n}} C_{\mathrm{ox}} \frac{W}{L} (V_{\mathrm{b}} - V_{\mathrm{in}} - V_{\mathrm{th}})^2 R_{\mathrm{D}} = V_{\mathrm{b}} - V_{\mathrm{th}} \tag{11.83}$$

共栅极的输入-输出特性曲线如图 11.29 所示。

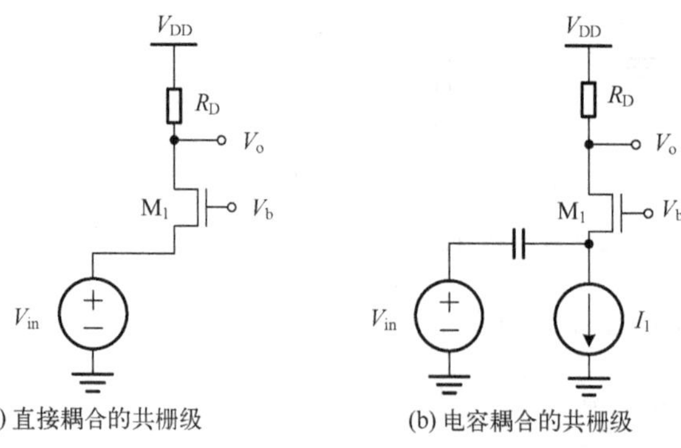

(a) 直接耦合的共栅级　　(b) 电容耦合的共栅级

图 11.28　共栅放大器

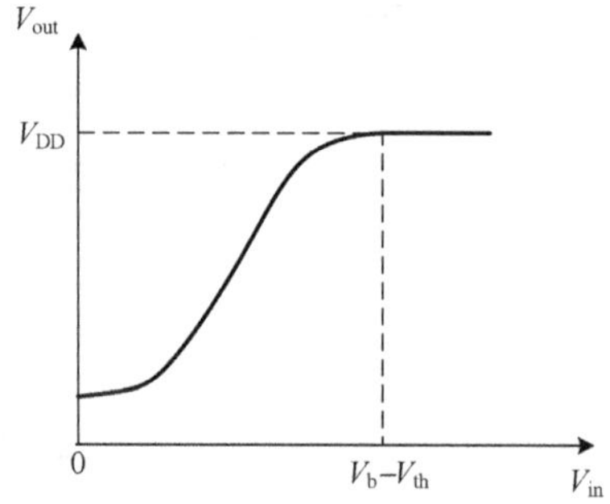

图 11.29　共栅极的输入-输出特性曲线

如果 M_1 为饱和状态，输出电压可以写成

$$V_{\mathrm{out}} = V_{\mathrm{DD}} - \frac{1}{2}\mu_{\mathrm{n}} C_{\mathrm{ox}} \frac{W}{L} (V_{\mathrm{b}} - V_{\mathrm{in}} - V_{\mathrm{th}})^2 R_{\mathrm{D}} \tag{11.84}$$

两边对 V_{in} 求导，可以得到小信号电压增益为

$$\frac{\partial V_{\mathrm{out}}}{\partial V_{\mathrm{in}}} = -\mu_{\mathrm{n}} C_{\mathrm{ox}} \frac{W}{L}(V_{\mathrm{b}} - V_{\mathrm{in}} - V_{\mathrm{th}})\left(-1 - \frac{\partial V_{\mathrm{th}}}{\partial V_{\mathrm{in}}}\right) R_{\mathrm{D}} \tag{11.85}$$

因为 $\partial V_{\mathrm{th}}/\partial V_{\mathrm{in}} = \partial V_{\mathrm{th}}/\partial V_{\mathrm{SB}} = \eta$，可以得到

$$\begin{aligned}\frac{\partial V_{\mathrm{out}}}{\partial V_{\mathrm{in}}} &= \mu_{\mathrm{n}} C_{\mathrm{ox}} \frac{W}{L}(V_{\mathrm{b}} - V_{\mathrm{in}} - V_{\mathrm{th}})(1 + \eta) R_{\mathrm{D}} \\ &= g_{\mathrm{m}}(1 + \eta) R_{\mathrm{D}}\end{aligned} \tag{11.86}$$

值得注意的是，体效应使共栅极的等效跨导变大了。

电路的输入阻抗也很重要。注意：如果 $\lambda = 0$，从图 11.28(a)中 M_1 的源端所看进去的阻抗与图 11.27(a)中从 M_1 源端看进去的阻抗其值相等，即 $1/(g_m + g_{mb}) = 1/[g_m(1+\eta)]$。因此，体效应减小了共栅放大器的输入阻抗。共栅极具有相对较低的输入阻抗，在信号传输中实现阻抗匹配是很有用的。

4. 共源共栅极

共源极中的晶体管能将电压信号转换为电流信号，而共栅极的输入信号为电流信号，将共源和共栅放大电路级联起来的结构称为共源共栅结构。图 11.30 是共源共栅放大器的基本结构，M_1 产生成正比于输入电压 V_{in} 的小信号漏电流，而 M_2 使电流流经 R_D，称 M_1 为输入器件，M_2 为共源共栅器件。

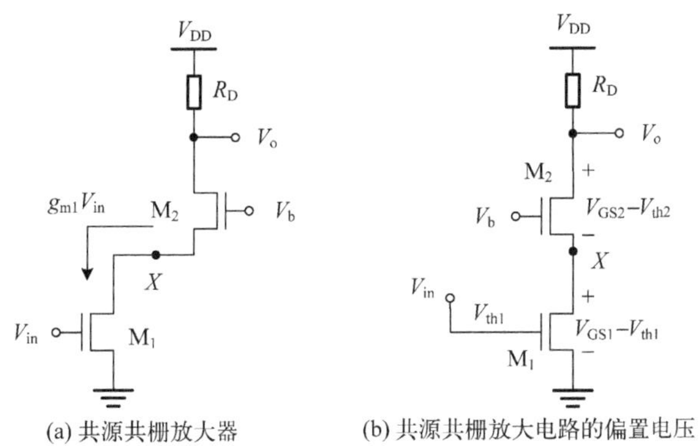

图 11.30　共源共栅放大器及偏置电路

首先分析共源共栅结构的偏置条件。为了保证 M_1 工作在饱和区，必须满足 $V_X \geqslant V_{in} - V_{th1}$。假如 M_1 和 M_2 都处于饱和区，则 V_X 主要由 V_b 决定：$V_X = V_b - V_{GS2}$。因此，$V_b - V_{GS2} \geqslant V_{in} - V_{th1}$，从而可以得到 $V_b \geqslant V_{in} - V_{th1} + V_{GS2}$。为了保证 M_2 饱和，必须满足 $V_{out} \geqslant V_b - V_{th2}$，如果 V_b 的取值使 M_1 处于饱和区边缘，必须满足 $V_{out} \geqslant V_{in} - V_{th1} + V_{GS2} - V_{th2}$。从而保证 M_1 和 M_2 工作在饱和区的最小输出电平等于 M_1 和 M_2 的过驱动电压之和。换句话说，电路中 M_2 管的增加会使电路的输出电压摆幅减小，减小的量至少为 M_2 的过驱动电压。也可以说 M_2“层叠”在 M_1 上。

现在我们分析 V_{in} 从零变化到 V_{DD} 的过程中，图 11.31为共源共栅极输入-输出特性。当 $V_{in} \leqslant V_{th1}$ 时，M_1 和 M_2 处于截止状态，$V_{out} = V_{DD}$，且 $V_X \approx V_b - V_{th2}$（如果忽略亚阈值导通情况），当 V_{in} 超过 V_{th1} 之后，M_1 开始抽取电流，V_{out} 将下降。因为 I_{D2} 增加，V_{GS2} 必定同时增加，故而导致 V_X 下降。如果假定 V_{in} 为足够大的值，会出现两个结果：

① V_X 降到比 V_{in} 低一个阈值电压 V_{th1}，迫使 M_1 进入线性区；

② V_{out} 降到比 V_b 低一个阈值电压 V_{th2}，迫使 M_2 进入线性区。

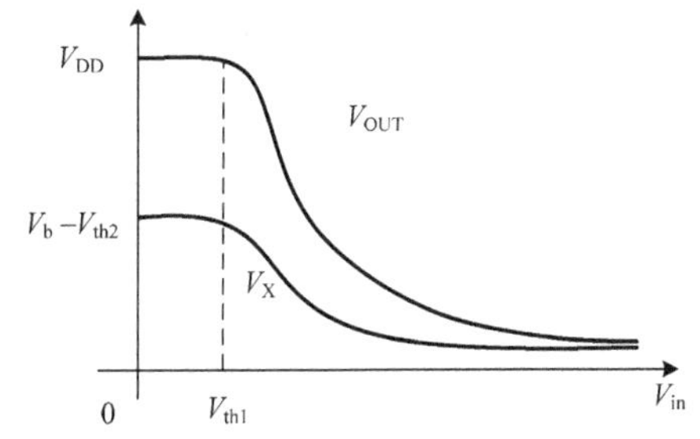

图 11.31　共源共栅极的输入-输出特性

对于不同的器件尺寸和 R_D 以及 V_b，任何一个结果都可能先于另一个发生。例如，如果 V_b 比较低的时候，M_1 会先进入线性区。需要注意的是，如果 M_2 进入深线性区，V_X和 V_{out}将接近相等。

现在分析共源共栅极的小信号特性，假设两个晶体管都工作在饱和区。如果 $\lambda = 0$，因为输入器件产生的漏电流必定流过共源共栅器件，所以电压增益与共源极的电压增益相同。图 11.32所示共源共栅极的小信号等效电路说明电压增益与 M_2 的跨导及体效应无关。

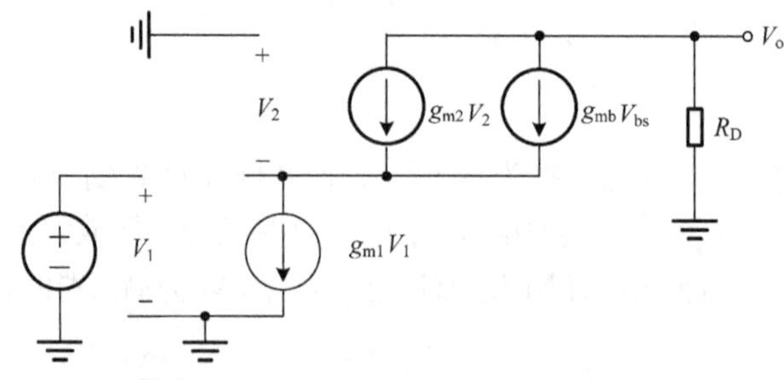

图 11.32 共源共栅极的小信号等效电路

共源共栅结构一个重要的特性就是高输出阻抗。如图 11.33 所示，为了计算 R_{out}，电路可以看成带负反馈电阻 r_{o1}的共源极。因此，可得

$$R_{out} = [1 + (g_{m2} + g_{mb2})r_{o2}]r_{o1} + r_{o2} \tag{11.87}$$

假设 $g_m r_o \geqslant 1$，则有 $R_{out} \approx (g_{m2} + g_{mb2})r_{o2}r_{o1}$ 。也就是说，M_2 将 M_1 的输出阻抗提高至原来的 $(g_{m2} + g_{mb2})r_{o2}$ 倍。如图 11.34(a)所示，共源共栅极可以扩展为三个或更多器件的层叠以获得更高的输出阻抗，但是所需要的额外的电压余度使这样的结构缺少吸引力。例如，三层共源共栅电路的最小输出电压等于三个过驱动电压之和。

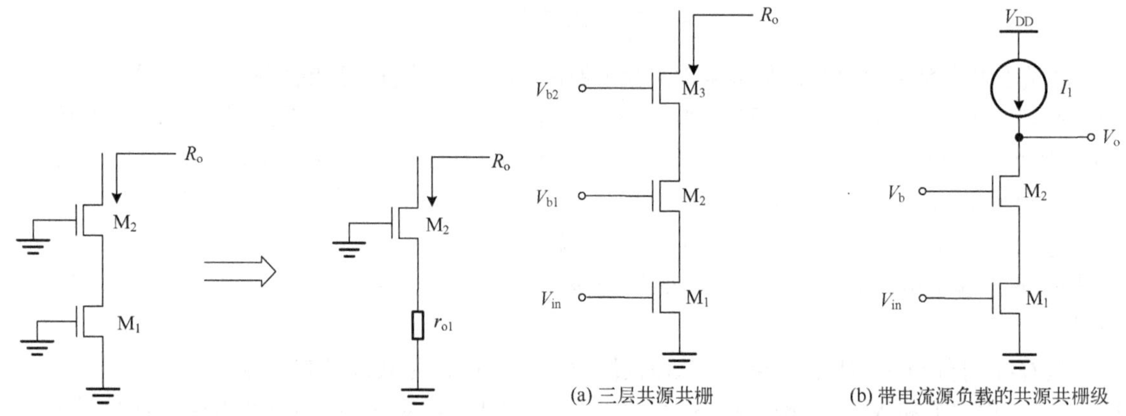

(a) 三层共源共栅　　(b) 带电流源负载的共源共栅级

图 11.33 共源共栅极输出电阻的计算　　图 11.34 多层共源共栅结构

提高增益的方法有两种：第一种是采用共源共栅结构，提高输出阻抗，从而增大增益；第二种是在给定的偏置电流情况下通过增大输入晶体管的沟道长度，增大器件的交流电阻，进而提高增益，因为 $I_D = (1/2)\mu_n C_{ox}(W/L)(V_{GS} - V_{th})^2$ ，所以当晶体管长度变为原来的 4 倍而宽度不变时，过驱动电压增大为原来的 2 倍，晶体管消耗的电压余度与共源共栅极相同。

11.5.2 双极集成电路中的单级放大器

1. 共射放大器

阻性负载的共射放大器电路如图 11.35 所示，电路的负载是电阻 R_C。通过不断增加信号源

V_I的值来估算此放大器的输出特性。

当$V_I=0$时，晶体管T_1截止，基极内没有电流流过，所以集电极电流也为零。因此，R_C两端没有电压降，则$V_o=V_{DD}$。当V_I逐渐增大，T_1进入放大区，开始有电流流过，集电极电流为

$$I_C=I_S\exp\left(\frac{V_I}{V_T}\right) \tag{11.88}$$

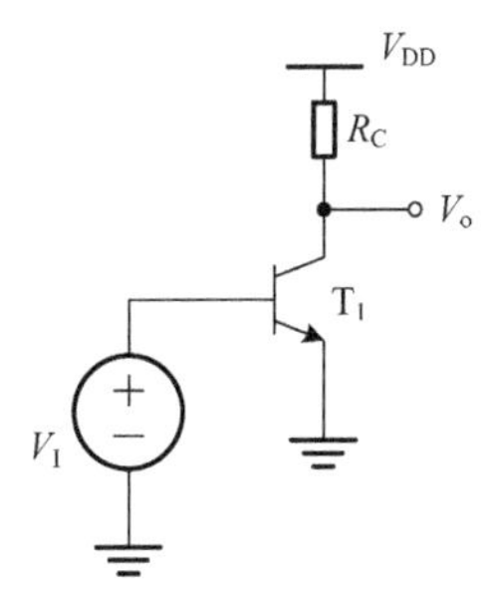

图 11.35　双极共射放大器

图 11.36 给出了共射极放大器等效电路，其大信号等效电路如图 11.36(a)所示，当V_I的值不断增大时，集电极电流呈指数规律增大。集电极电流增大，R_C两端的压降也就增大，一直持续到T_1进入饱和区为止。此时，T_1的集电极和发射极之间的电压为饱和电压，再增大输入电压仅能使输出电压产生非常小的变化。

输出电压等于电源电压减去集电极电阻两端的压降：

$$V_o=V_{DD}-I_CR_C=V_{DD}-R_CI_S\exp\left(\frac{V_I}{V_T}\right) \tag{11.89}$$

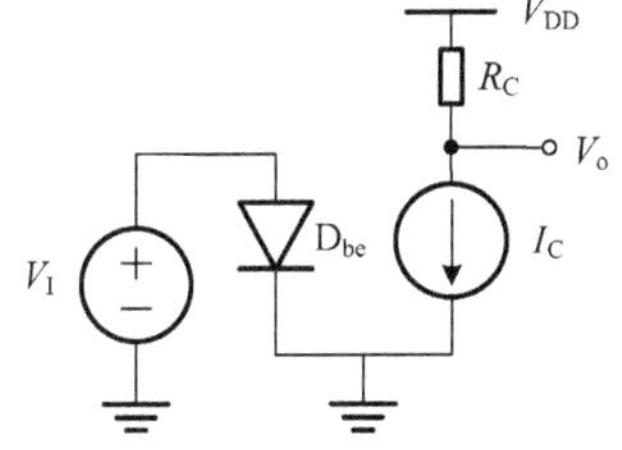

(a) 共发射极放大器的大信号等效电路

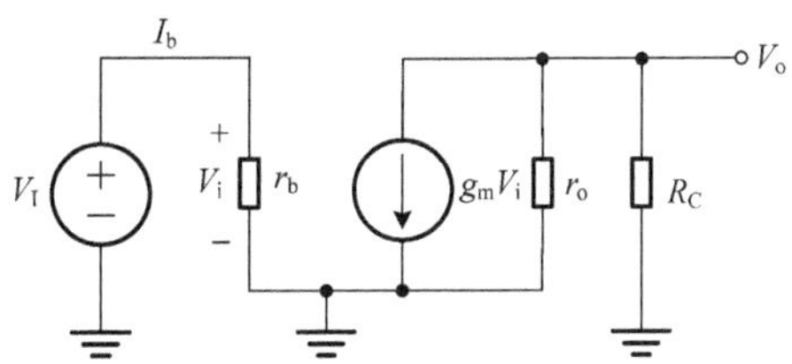

(b) 共发射极放大器的小信号等效电路

图 11.36　共发射极放大器等效电路

分析输出特性得出一个重要结论：当T_1工作在放大状态时，V_I的一个较小的递增变化就会引起V_o一个较大的变化——电路表现出电压放大的能力。

图 11.36(b)为小信号等效电路，计算放大器的增益时不考虑高频模型元件部分，也忽略信号源V_I的内阻和由V_o驱动的任何负载电阻。

小信号分析得出

$$V_o=-g_mV_i(r_o/\!/R_C) \tag{11.90}$$

则电压增益为

$$A_V=\frac{V_o}{V_I}=-g_m(r_o/\!/R_C) \tag{11.91}$$

输入电阻为

$$R_I=r_b \tag{11.92}$$

输出电阻为

$$R_o=r_o/\!/R_C \tag{11.93}$$

如果R_C的值接近无穷大，共射放大器的增益变为

$$A_V=-g_mr_o \tag{11.94}$$

最后，计算短路电流增益，得出

$$I=\frac{I_o}{I_I}=\frac{g_mV_I}{\dfrac{V_I}{r_b}}=g_mr_b=\beta \tag{11.95}$$

共发射极放大器的另一种电路形式如图 11.37(a)所示。很明显,电路在发射极和交流地之间增加了一个电阻 R_E。这个电阻的存在增大了放大器的输出电阻和输入电阻,但却减小了跨导。这个发射极负反馈电阻的存在引起了电压增益的降低。图 11.37(b)所示的等效电路用于计算输入电阻和跨导,图 11.37(c)用来计算输出电阻。

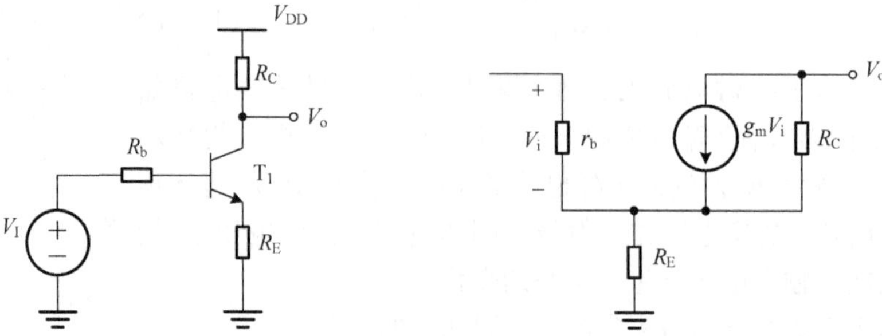

(a) 含有射极负反馈电阻的共发射极放大器　　(b) 含有射极负反馈电阻的小信号等效电路

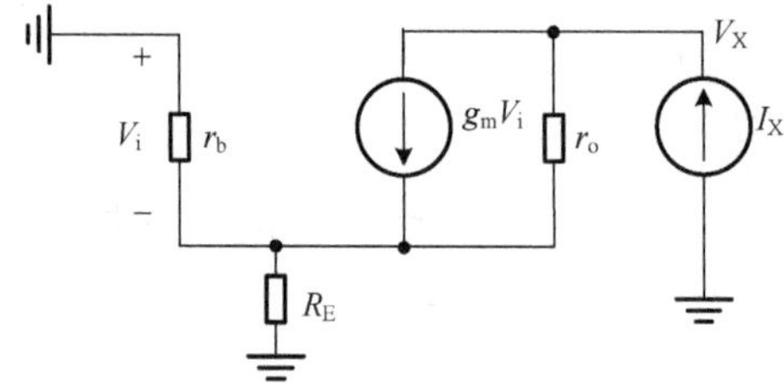

(c) 测试电流I_X用来计算输出电阻

图 11.37　含有射极负反馈电阻的共发射极放大器及其计算模型

首先求输入电阻,假定 $r_o \to \infty$,$R_b = 0$。从图 11.37(a)得到

$$V_I = r_b I_b + (I_b + I_c)R_E = r_b I_b + I_b(\beta+1)R_E = I_b[r_b + (\beta+1)R_E] \tag{11.96}$$

$$R_I = \frac{V_I}{I_b} = r_b + (\beta+1)R_E \tag{11.97}$$

如果 β 很大,可以认为 $R_I \approx r_b + \beta R_E$,因为 $\beta = g_m r_b$,有 $R_I \approx r_b(1+g_m R_E)$。再求跨导,图 11.37(a)中可以看出

$$V_I = r_b I_b + (I_b + I_c)R_E = \frac{I_c}{\beta} r_b + I_c\left(\frac{1}{\beta}+1\right)R_E = I_c\left(\frac{1}{g_m} + R_E + \frac{R_E}{\beta}\right)$$

放大器跨导为

$$G_m = \frac{I_c}{V_I} = \frac{1}{\dfrac{1}{g_m} + R_E + \dfrac{R_E}{\beta}} \tag{11.98}$$

若 β 很大

$$G_m \approx \frac{1}{\dfrac{1}{g_m} + R_E} = \frac{g_m}{1 + g_m R_E} \tag{11.99}$$

求输出电阻时将信号源短路,在输出端施加一个电流为 I_X的测试信号源,如图 11.37(c)所示。首先假设 R_C非常大,可以被忽略。然后,再考虑 I_X流过 r_b与 R_E的并联,有

$$V_i = -I_X(r_b // R_E)$$

同时也考虑到流过 r_o的电流

$$Ir_o = I_X - g_m V_i = I_X + I_X(r_b /\!/ R_E) g_m \tag{11.100}$$

用以上结果可求出电压 V_X

$$V_X = -V_i + I(r_o) r_o = I_X \{ r_b /\!/ R_E + r_o [1 + g_m (r_b /\!/ R_E)] \} \tag{11.101}$$

最后，由 $R_o = V_X / I_X$，得

$$R_o = r_b /\!/ R_E + r_o [1 + g_m (r_b /\!/ R_E)] \tag{11.102}$$

式中，第二项远大于第一项，因此忽略第一项得到

$$R_o = r_o [1 + g_m (r_b /\!/ R_E)] = r_o \left(1 + g_m \frac{r_b R_E}{r_b + R_E}\right) \tag{11.103}$$

如果使用等式 $r_b = \beta / g_m$ 代换分式中分子与分母部分的 r_b，就可得

$$R_o = r_o \left(1 + \frac{g_m R_E}{1 + \frac{g_m R_E}{\beta}} \right) \tag{11.104}$$

若 β 远大于 $g_m R_E$，上式简化为

$$R_o = r_o (1 + g_m R_E) \tag{11.105}$$

最后，通过这些简单的假设估算出含有射极负反馈电阻的共射放大器的电压增益，假定 R_C 的阻值有限：

$$A_V = -G_m (R_o /\!/ R_C) = -\frac{g_m}{1 + g_m R_E} \frac{r_o (1 + g_m R_E) R_C}{r_o (1 + g_m R_E) + R_C} = -\frac{g_m R_C}{1 + g_m R_E + \frac{R_C}{r_o}} \tag{11.106}$$

如果 R_C / r_o 远小于 $1 + g_m R_E$，电压增益简化为：

$$A_V \approx -\frac{R_C}{R_E} \tag{11.107}$$

这个结果非常重要。如果所有假设都符合实际，就可以设计出增益与 g_m 和 β 两变量无关的放大器。

2. 共基放大器

共基放大器的信号由发射极输入，从集电极输出，基极连接到交流地，如图 11.38(a)所示。此电路经常应用在集成电路中——在电流源中用来增大集电极电阻。

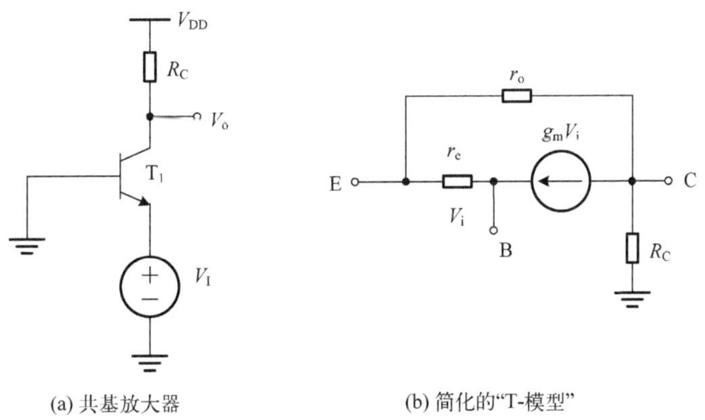

图 11.38　共基放大器和简化的"T-模型"

混合 π 模型是一个精确的模型，但它很难用在该电路中。一种简化的"T-模型"如图 11.38(b)所示，此模型限于低频，并且 R_C 要远小于晶体管的 r_o。注意：当 $R_C \approx r_o$ 时，应考虑 r_o，否则 r_o 被忽略。

简化处理导致了新的电路模型元件 r_e的产生。这个电阻 r_e是 r_b和一个模型化为电阻值 $\frac{1}{g_m}$ 的受控电流源的并联电阻。即

$$r_e = \frac{1}{g_m + \frac{1}{r_b}} = \frac{1}{g_m\left(1 + \frac{1}{\beta}\right)} = \frac{\beta}{g_m(\beta + 1)} = \frac{\alpha}{g_m} \tag{11.108}$$

另外,若 $\beta \gg 1$,则 $r_e \approx V_T / I_C$ 。

通过对电路的观察与分析,输入电阻 $R_I = r_e$,输出电阻 $R_o = R_C$,跨导 $G_m = g_m$ 。据此,得出电压与电流增益为

$$A_V = G_m R_o = g_m R_C \tag{11.109}$$

$$A_I = G_m R_I = g_m r_e = \alpha \tag{11.110}$$

3. **共集放大器(射随器)**

共集电极放大器的信号由基极输入,发射极输出。在这个电路中,输入电阻受负载电阻影响,输出电阻受信号源内阻影响。射极跟随器及其小信号等效电路如图 11.39 所示。

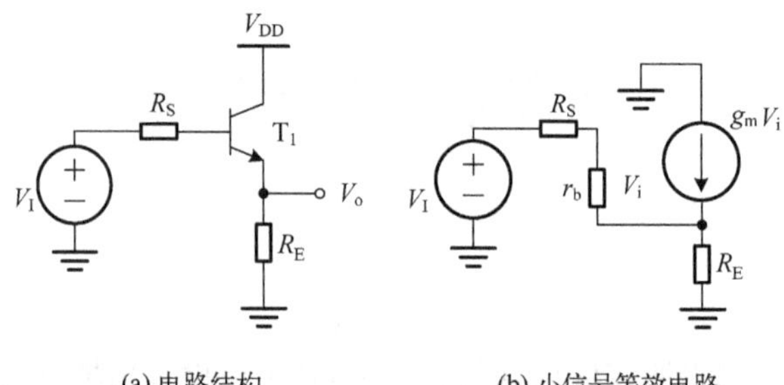

图 11.39 射极跟随器及其小信号等效电路

根据 KCL 可得

$$\frac{V_I - V_o}{R_S + r_b} + g_m \frac{V_S - V_o}{R_S + r_b} r_b = \frac{V_o}{R_E} \tag{11.111}$$

化简并整理,考虑 $\beta = g_m r_b$,可得到电压增益为

$$A_V = \frac{V_o}{V_I} = \frac{1}{1 + \frac{R_S + r_b}{(\beta + 1)R_E}} \tag{11.112}$$

如果用一个测试电流源代替电压源和 R_S,可求得

$$R_I = \frac{V_x}{I_x} = r_b + R_E(\beta + 1) \tag{11.113}$$

输入电阻增加 $\beta + 1$ 倍的发射极负反馈电阻。用一个测试电压源代替 R_E,导出输出电阻

$$R_o = \frac{V_x}{I_x} \approx \frac{1}{g_m} + \frac{R_S}{\beta + 1} \tag{11.114}$$

输出电阻等于基极电阻除以 $\beta + 1$ 再加上 $1/g_m$ 。射随器的主要用途之一是用作“阻抗匹配器”。它具有很高的输入电阻,很低的输出电阻,电压增益接近于 1,但却具有较好的电流放大能力。射随器常常用在放大器输出和低阻抗负载之间,这有助于降低负载对放大器的影响和保持放大器的高增益。

4. 三种基本组态的比较

根据前面的分析，现对共射、共集和共基三种基本组态的性能特点和应用进行比较，简单归纳如下。

(1)共射电路同时具有较大的电压放大倍数和电流放大倍数，输入电阻和输出电阻值比较适中，所以一般只要对输入电阻、输出电阻和频率响应没有特殊要求的地方，均常采用共射电路。因此，共射电路被广泛地用作低频电压放大电路的输入级、中间级和输出级。

(2) 共集电路的特点是电压跟随，这就是电压放大倍数小于但接近于1，而且输入电阻很高、输出电阻很低，由于具有这些特点，常被用作多级放大电路的输入级、输出级或作为隔离用的中间级。

首先，可以利用它作为测量放大器的输入级，以减小对被测电路的影响，提高测量的精度。

其次，如果放大电路输出端是一个变化的负载，那么为了在负载变化时保证放大电路的输出电压比较稳定，要求放大电路具有较低的输出电阻。此时，可以采用射极输出器作为放大电路的输出级。

(3)共基电路的突出特点在于它具有很低的输入电阻，而使晶体管结电容的影响不显著，因此频率响应得到很大改善，所以这种接法常用于宽频带放大器中。另外，由于输出电阻高，共基电路还可以作为恒流源。

11.6　差动放大器

集成运算放大器是一种性能优良的多级直接耦合放大器，它又是一种通用性很强的多功能部件。而差动放大器是集成运算放大器的关键组成部分。差动放大器的电路特点是对称性，对零点漂移具有很强的抑制作用。

11.6.1　MOS 差动放大器

单端信号是指相对于某一固定电位的信号。差动信号定义为两个节点电位之差，且这两个节点的电位相对于某一固定电位大小相等而极性相反。严格地说，这两个节点与固定电位节点的阻抗也必须相等。差动信号的中心电位称为共模电平。

差动工作与单端工作相比，一个重要的优势在于它对环境噪声具有更强的抗干扰能力。特别是对电源波动、温度漂移和两条相邻的受同一干扰的信号线等共模干扰信号，具有很强的抑制能力。

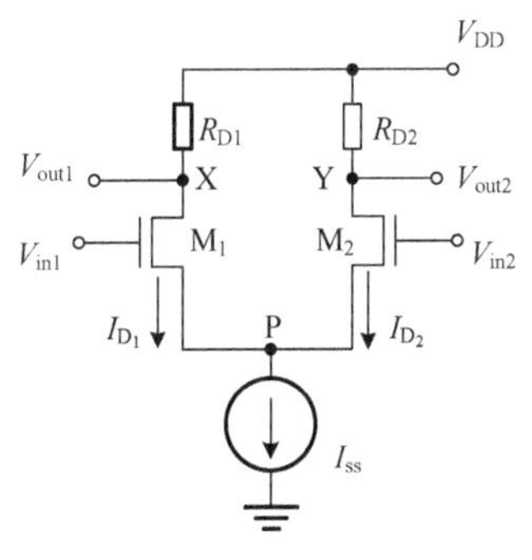

图 11.40　基本差动对

和单端的同类电路相比，差动电路的优势还包括偏置电路更简单和线性度更高。

图 11.40 所示的电路为 MOS 基本差动对电路。M_1、M_2构成差动对，引入电流源 I_{SS}的目的是使 $I_{D1}+I_{D2}$不依赖于输入共模电平$V_{in,CM}$。当$V_{in1}=V_{in2}$时，每个晶体管的偏置电流都为$I_{SS}/2$，输出共模电平等于$V_{DD}-R_D I_{SS}/2$ 。下面对差动输入和共模输入发生变化时电路的大信号特性进行分析。

1. 定性分析

先假设图 11.40 中的差动对管 M_1 和 M_2 为一理想差动对，

即 M_1 和 M_2 的几何尺寸完全相同，电路中的两条支路完全对称。然后使输入差动信号 $V_{in1}-V_{in2}$ 的值从 $-\infty$ 变化到 $+\infty$。如果 V_{in1} 比 V_{in2} 负得多，则 M_1 截止，M_2 导通，$I_{D2}=I_{SS}$。因此，$V_{out1}=V_{DD}$，$V_{out2}=V_{DD}-R_DI_{SS}$。当 V_{in1} 变化到比较接近 V_{in2} 时，M_1 逐渐开始导通，并从 R_{D1} 抽取 I_{SS} 的一部分电流，从而使 V_{out1} 减小。由于 $I_{D1}+I_{D2}=I_{SS}$，所以 M_2 的漏极电流减小，V_{out2} 增大。当 $V_{in1}=V_{in2}$ 时，则有 $V_{out1}=V_{out2}=V_{DD}-R_DI_{SS}/2$。当 V_{in1} 比 V_{in2} 正得多时，流过 M_1 的电流大于流过 M_2 的电流，从而使 V_{out1} 小于 V_{out2}。对于足够大的 $V_{in1}-V_{in2}$，M_1 流过的电流为 I_{SS}，因此 $V_{out1}=V_{DD}-R_DI_{SS}$，$V_{out2}=V_{DD}$。

由以上分析可知，基本差动对电路的最大输出电平为 V_{DD}，最小输出电平为 $V_{DD}-R_DI_{SS}/2$，它们与输入共模电平无关；当 $V_{in1}=V_{in2}$ 时小信号增益达到最大，且随着 $|V_{in1}-V_{in2}|$ 的增大而逐渐减小为零。也就是说，随着输入电压摆幅的增大，电路变得更加非线性。当 $V_{in1}=V_{in2}$ 时，电路处于平衡状态。

图 11.41(a)中用 M_3 来提供尾电流 I_{SS}，假设 $V_{in1}=V_{in2}=V_{in,CM}$，由于电路对称，因此共模输出电平相等，即 $V_{out1}=V_{out2}$。现在讨论当 $V_{in,CM}$ 从 0 变化到 V_{DD} 时电路的共模特性。

当 $0\leqslant V_{in,CM}<V_{th}$ 时，$V_{GS1}<V_{th}$，$V_{GS2}<V_{th}$（V_{th} 为 M_1 和 M_2 的阈值电压），M_1 和 M_2 处于截止状态，则 $I_{D1}=I_{D2}=0$，共模输出 $V_{out1}=V_{out2}=V_{DD}$。虽然 $I_{D3}=0$，但 V_b 足够高，在晶体管 M_3 中形成了反型层，说明 M_3 处于深线性区，可用一个压控电阻来等效，如图 11.41(b)所示。在这种状态下电路不具有信号放大作用。

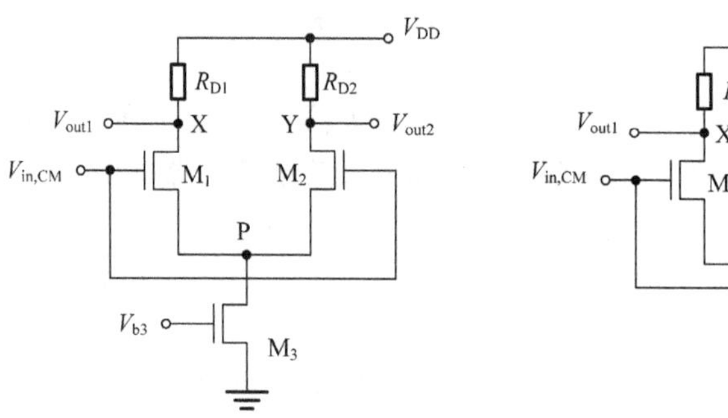

(a) 检测输入共模电压变化的差动对电路

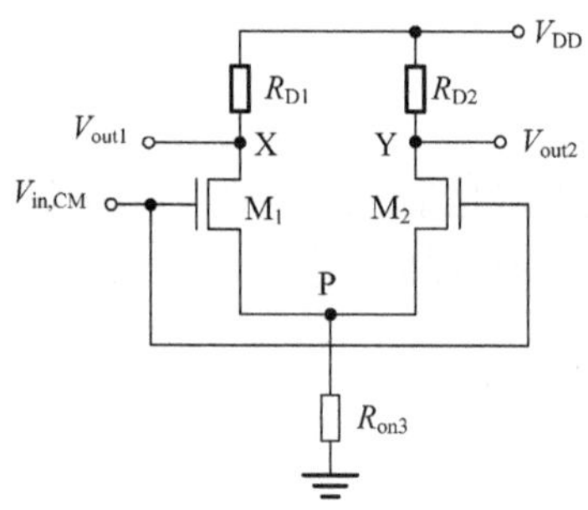

(b) M_3 管工作在深线性区时的等效电路

图 11.41　共模电平分析电路

当 $V_{in,CM}\geqslant V_{th}$ 时，M_1 和 M_2 都导通，电路开始正常工作，I_{D1} 和 I_{D2} 随输入电平的增大而增大，V_P 也随之上升。由于 V_P 跟随 $V_{in,CM}$ 变化，从某种意义上说 M_1 和 M_2 构成了一个源极跟随器，对足够高的 $V_{in,CM}$，M_3 管的漏-源电压（$V_{in,CM}-V_{GS1}$ 或 $V_{in,CM}-V_{GS2}$）将大于 $V_{GS3}-V_{th3}$，使 M_3 管工作在饱和状态，流过 M_1 管和 M_2 管的电流之和保持为一常数。因此电路保持正常工作应满足 $V_{in,CM}\geqslant V_{GS1}+(V_{GS3}-V_{th3})$。

如果 $V_{in,CM}$ 进一步增大，使 $V_{in,CM}>V_{out1}+V_{th}=V_{DD}-R_DI_{SS}/2+V_{th}$ 时，由于 V_{out1} 和 V_{out2} 的相对恒定，则 M_1、M_2 管进入三极管区。这就为输入共模电平设定了上限。$V_{in,CM}$ 允许的范围为

$$V_{GS1}+(V_{GS3}-V_{th3})\leqslant V_{in,CM}\leqslant \min\left[V_{DD}-R_D\frac{I_{SS}}{2}+V_{th},V_{DD}\right] \tag{11.115}$$

由于 M_1 和 M_2 工作在饱和区，每一端的输出可高达 V_{DD}，但最小值约为 $V_{in,CM}-V_{th}$。即输入共模电平越大，允许的输出摆幅就越小。

2. 定量分析

现在以MOS差动对作为输入对其差动输出电压函数的特性进行定量研究。

对于图11.40所示的差动对电路，有$V_{out1}=V_{DD}-R_{D1}I_{D1}$和$V_{out2}=V_{DD}-R_{D2}I_{D2}$。换言之，若$R_{D1}=R_{D2}=R_D$，则$V_{out1}-V_{out2}=R_{D2}I_{D2}-R_{D1}I_{D1}=R_D(I_{D2}-I_{D1})$。假设电路是对称的，$M_1$和$M_2$处于饱和区，且$\lambda=0$，而$P$点电压等于$V_{in1}-V_{GS1}$或$V_{in2}-V_{GS2}$，则差动对的输入差值可表示为

$$V_{in1}-V_{in2}=V_{GS1}-V_{GS2} \tag{11.116}$$

根据饱和区的漏电流方程有

$$(V_{GS}-V_{th})^2=\frac{I_D}{\frac{1}{2}\mu_n C_{ox}\frac{W}{L}} \tag{11.117}$$

因此

$$V_{GS}=\sqrt{\frac{2I_D}{\mu_n C_{ox}\frac{W}{L}}}+V_{th} \tag{11.118}$$

由式(11.116)和式 (11.118)可得

$$V_{in1}-V_{in2}=\sqrt{\frac{2I_{D1}}{\mu_n C_{ox}\frac{W}{L}}}-\sqrt{\frac{2I_{D2}}{\mu_n C_{ox}\frac{W}{L}}} \tag{11.119}$$

为计算输出差动电流$I_{D1}-I_{D2}$。对式(11.119)两边取平方，且$I_{D1}+I_{D2}=I_{SS}$，可得

$$(V_{in1}-V_{in2})^2=\frac{2}{\mu_n C_{ox}\frac{W}{L}}(I_{SS}-2\sqrt{I_{D1}I_{D2}}) \tag{11.120}$$

整理后得

$$\frac{1}{2}\mu_n C_{ox}\frac{W}{L}(V_{in1}-V_{in2})^2-I_{SS}=-2\sqrt{I_{D1}I_{D2}} \tag{11.121}$$

对式(11.121)两边再取平方，再利用$4I_{D1}I_{D2}=(I_{D1}+I_{D2})^2-(I_{D1}-I_{D2})^2=I_{SS}^2-(I_{D1}-I_{D2})^2$，得到

$$(I_{D1}-I_{D2})^2=-\frac{1}{4}\left(\mu_n C_{ox}\frac{W}{L}\right)^2(V_{in1}-V_{in2})^4+I_{SS}\mu_n C_{ox}\frac{W}{L}(V_{in1}-V_{in2})^2$$

因此

$$I_{D1}-I_{D2}=\frac{1}{2}\mu_n C_{ox}\frac{W}{L}(V_{in1}-V_{in2})\sqrt{\frac{4I_{SS}}{\mu_n C_{ox}\frac{W}{L}}-(V_{in1}-V_{in2})^2} \tag{11.122}$$

从式(11.122)可以看出，$I_{D1}-I_{D2}$是$V_{in1}-V_{in2}$的奇函数，当$V_{in1}=V_{in2}$时，$I_{D1}-I_{D2}=0$。当$|V_{in1}-V_{in2}|$从0开始增加时，由于根号之前的因子的上升速度快于根号内的变量下降速度，所以$|I_{D1}-I_{D2}|$也开始增加。

用ΔI_D和ΔV_{in}分别表示$I_{D1}-I_{D2}$和$V_{in1}-V_{in2}$，对式(11.122)两边求偏导并令其为零，可以得到当$\Delta V_{in}=\pm\sqrt{2I_{SS}/(\mu_n C_{ox}W/L)}$时，$\Delta I_D$为最大值$I_{SS}$，表示再增大$\Delta V_{in}$，输出的差模电流也不再增大。实际上，当$\Delta V_{in}$超过此值时，$I_{SS}$全部流过一个晶体管，而另一个则截止电流为0，此时式(11.122)不再有效。图11.42(a)给出了漏电流的特性曲线。

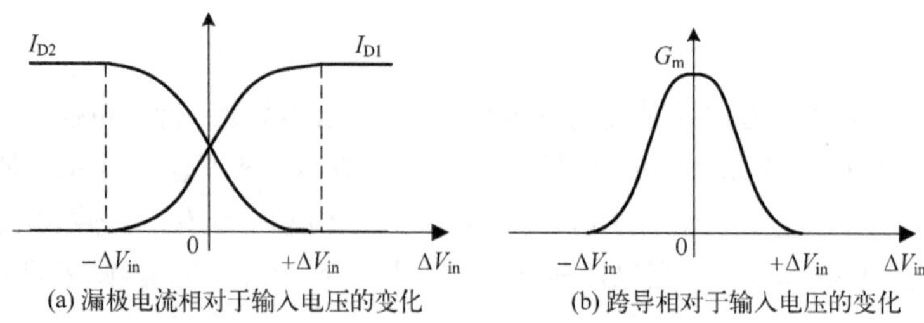

(a) 漏极电流相对于输入电压的变化　　(b) 跨导相对于输入电压的变化

图 11.42　跨导和漏极电流相对于输入电压的变化

由此可知，基本差动对的差动输入信号的有效范围为

$$|\Delta V_{in}| \leqslant \sqrt{\frac{2I_{SS}}{\mu_n C_{ox}\dfrac{W}{L}}} \tag{11.123}$$

上式给出的 ΔV_{in} 值，表示电路允许的最大差动输入范围。ΔV_{in} 与在平衡状态的 M_1 和 M_2 的过驱动电压相关。对一个零差动输入，$I_{D1}=I_{D2}=I_{SS}/2$，有

$$(V_{GS}-V_{th})_{1,2} = \sqrt{\frac{I_{SS}}{\mu_n C_{ox}\dfrac{W}{L}}} \tag{11.124}$$

因此，平衡状态时过驱动电压等于 $\Delta V_{in}/\sqrt{2}$ 。若要保持电路线性特性，同时有较大的 ΔV_{in}，不可避免地要增加 M_1 和 M_2 的过驱动电压。对一个给定的 I_{SS}，只能通过减少 W/L 和晶体管的跨导来实现。

考察 MOS 差动对的跨导 G_m，即为差动对转换特性曲线的斜率。根据跨导的定义对式(11.122)两边求偏导，得

$$G_m = \frac{\partial \Delta I_D}{\partial \Delta V_{in}} = \frac{1}{2}\mu_n C_{ox}\frac{W}{L}\frac{\dfrac{4I_{SS}}{\mu_n C_{ox}W/L}-2\Delta V_{in}^2}{\sqrt{\dfrac{4I_{SS}}{\mu_n C_{ox}W/L}-\Delta V_{in}^2}} \tag{11.125}$$

当 $\Delta V_{in}=0$ 时，$G_m=\sqrt{\mu_n C_{ox}(W/L)I_{SS}}$ ，当 $\Delta V_{in}=\sqrt{2I_{SS}/(\mu_n C_{ox}W/L)}$ 时，G_m 降为 0。显而易见，ΔV_{in} 的值在电路工作中扮演着重要的角色。跨导相对于输入电压的变化如图 11.42(b) 所示。

此外，由于 $V_{out1}-V_{out2}=R_D\Delta I=R_D G_m \Delta V_{in}$，可以写出平衡条件下电路的小信号差动电压增益为

$$|A_V| = \sqrt{\mu_n C_{ox}\frac{W}{L}I_{SS}}\cdot R_D \tag{11.126}$$

假设 M_1 和 M_2 处于饱和区，利用小信号 V_{in1} 和 V_{in2} 分析差动对的小信号特性，也可得到差动电压增益等于 $\sqrt{\mu_n C_{ox} I_{SS} W/L} R_D$ 。因为在平衡状态附近，每个晶体管所承载的电流大约为 $I_{SS}/2$，这个表达式减小到 $g_m R_D$，这里 g_m 表示 M_1 和 M_2 的跨导。

3. 共模响应分析

差动放大器的一个重要性质是能抑制共模不稳定的影响。在理想情况下，即电路完全对称，且 I_{SS} 为理想的电流源，M_1 和 M_2 从 R_{D1} 和 R_{D2} 抽取的电流为 $I_{SS}/2$，与共模输入信号无关，因此理想情况下共模响应为 0。但在实际情况下，电路不可能完全对称，而且电流源的输出阻抗也不

可能为无限大，因此共模输入的微小变化也会在输出端表现出来。

1)电流源非理想

假设电路是对称的，但电流源有一个有限的输出阻抗 R_{SS}，如图 11.43(a)所示。当 $V_{in,CM}$变化时，V_P也将发生变化，因此流经 M_1 和 M_2 的电流增加，从而降低了 V_X和 V_Y。由于电路是对称的，V_X保持与 V_Y相等，所以这两个节点可以短接在一起，如图 11.43(b)所示。M_1 和 M_2 可看作是"并联"相连，因此该电路可简化为如图 11.43(c)所示的电路。注意：组合管 M_1+M_2 的宽度增加为单管的两倍，偏置电流也增加为单管的两倍，因此组合管的跨导也增加为单管的两倍。于是电路的共模增益为

$$A_{V,CM}=\frac{V_{out}}{V_{in,CM}}=-\frac{R_D/2}{1/(2g_m)+R_{SS}} \tag{11.127}$$

式中，g_m表示 M_1和 M_2的跨导，且 $\lambda=\gamma=0$。

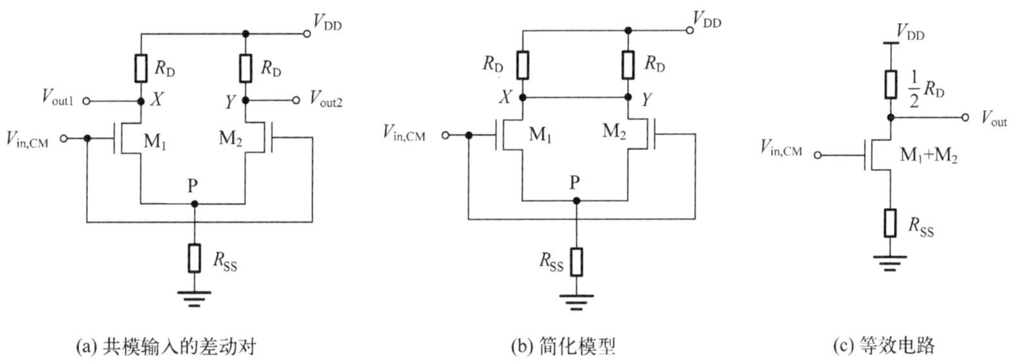

图 11.43　差动器共模输入及模型

2)电阻失配

如图 11.44 所示，假设 $R_{D1}=R_D$，$R_{D2}=R_D+\Delta R_D$，其中 ΔR_D表示电路的一个小的失配，而电路其余部分是对称的。当 $V_{in,CM}$ 增大时，由于 M_1 管和 M_2 管是相同的，I_{D1}和 I_{D2}都增加 $[g_m/(1+2g_mR_{SS})]\Delta V_{in,CM}$，但是 V_X和 V_Y的变化却不相等，分别为

$$\Delta V_X=-\Delta V_{in,CM}\frac{g_m}{1+2g_mR_{SS}}R_D \tag{11.128}$$

$$\Delta V_Y=-\Delta V_{in,CM}\frac{g_m}{1+2g_mR_{SS}}(R_D+\Delta R_D) \tag{11.129}$$

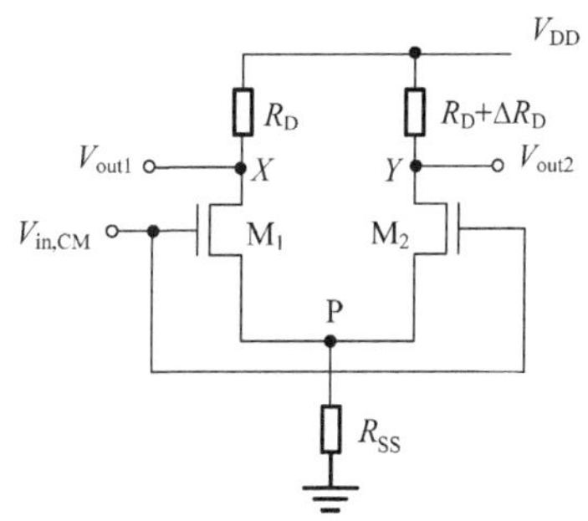

图 11.44　电阻不匹配时电路的共模响应

因此，输入端共模的变化在输出端产生了一个差动成分。电路表现出共模到差模的转换。如果差动对的输入既有差动信号又有共模噪声，则输入共模的变化就损坏放大的差动信号。

3)差动对不匹配

在图 11.45(a)中假设 M_1 管和 M_2 管不匹配，即两晶体管尺寸和阈值电压不一致，导致流过两个晶体管的电流稍微不同，因而跨导也不相同，从而产生电路的不对称。为了计算 $V_{in,CM}$ 到 X 点和 Y 点的增益，由图 11.45(b)的等效电路可得，$I_{D1}=g_{m1}(V_{in,CM}-V_P)$，$I_{D2}=g_{m2}(V_{in,CM}-V_P)$。由此可得

$$(g_{m1}+g_{m2})(V_{in,CM}-V_P)R_{SS}=V_P \tag{11.130}$$

和

$$V_P = \frac{(g_{m1} + g_{m2})R_{SS}}{(g_{m1} + g_{m2})R_{SS} + 1} V_{in,CM} \tag{11.131}$$

从而输出电压为

$$V_X = -g_{m1}(V_{in,CM} - V_P)R_D \tag{11.132}$$

$$= \frac{-g_{m1}}{(g_{m1} + g_{m2})R_{SS} + 1} R_D V_{in,CM} \tag{11.133}$$

以及

$$V_Y = -g_{m2}(V_{in,CM} - V_P)R_D \tag{11.134}$$

$$= \frac{-g_{m2}}{(g_{m1} + g_{m2})R_{SS} + 1} R_D V_{in,CM} \tag{11.135}$$

因而输出端的差动分量可由下式得到

$$V_X - V_Y = -\frac{g_{m1} - g_{m2}}{(g_{m1} + g_{m2})R_{SS} + 1} R_D V_{in,CM} \tag{11.136}$$

换言之，电路将输入共模变化按照以下系数转换为差动误差

$$A_{CM\text{-}DM} = -\frac{\Delta g_m R_D}{(g_{m1} + g_{m2})R_{SS} + 1} \tag{11.137}$$

式中，$A_{CM\text{-}DM}$表示共模到差模的转换，且 $\Delta g_m = g_{m1} - g_{m2}$。

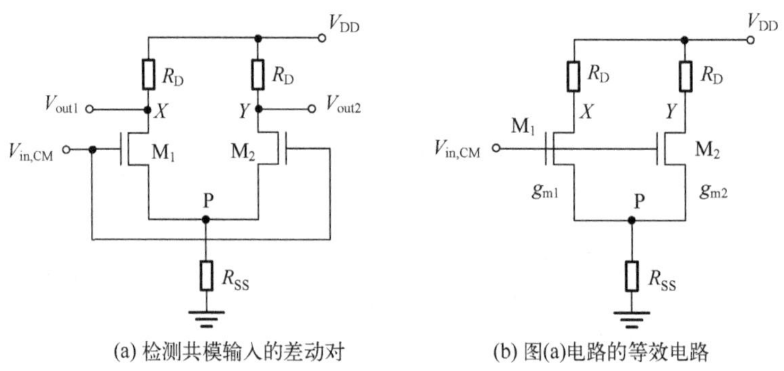

图 11.45　差动对的共模输入

为了合理地比较各种差动电路，由共模变化而产生的不期望的差动成分必须用放大后所需要的差动输出归一化。定义“共模抑制比”(CMRR)如下

$$\text{CMRR} = \left| \frac{A_{DM}}{A_{CM\text{-}DM}} \right| \tag{11.138}$$

式中，A_{DM}为差模电压放大倍数。

如果只考虑 g_m的不匹配，则由分析可以得到

$$|A_{DM}| = \frac{R_D}{2} \frac{g_{m1} + g_{m2} + 4g_{m1}g_{m2}R_{SS}}{1 + (g_{m1} + g_{m2})R_{SS}} \tag{11.139}$$

其中，假设 $V_{in1} = -V_{in2}$。因此

$$\text{CMRR} = \frac{g_{m1} + g_{m2} + 4g_{m1}g_{m2}R_{SS}}{2\Delta g_m} \tag{11.140}$$

$$\approx \frac{g_m}{\Delta g_m}(1 + 2g_m R_{SS})$$

式中，g_m为平均值，即 $g_m = (g_{m1} + g_{m2})/2$。在实际分析中，所有的失配都必须考虑在内。

11.6.2　双极晶体管差动放大器

1. 基本差动放大器

图 11.46 所示的电路为基本双极晶体管差动放大器电路。

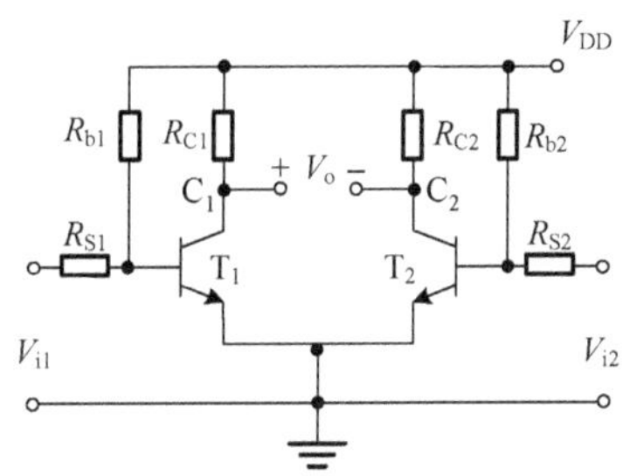

图 11.46　基本双极晶体管差动放大器电路

图 11.47 是信号输入示意图，其中，图 11.47 (a)是共模输入电路，电路中的干扰信号、零点漂移等都可视为共模信号：$V_{ic1}=V_{ic2}=V_{ic}$；图 11.47 (b)是差模输入电路，电路中所加的有用信号就是差模信号：$V_{id1}=-V_{id2}=\frac{1}{2}V_{id}$，$V_{id}=V_{id1}-V_{id2}$。

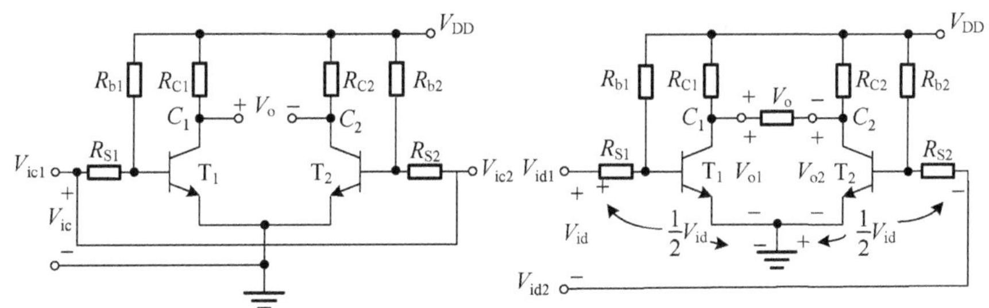

图 11.47　信号输入示意图

基本差动放大器的工作特点是可以实现对差模信号的放大，同时可以实现对共模信号的抑制。

(1)共模电压放大倍数 A_{uc}。

由于 $V_{ic1}=V_{ic2}$，$V_{o1}=V_{o2}$，$V_o=V_{o1}-V_{o2}=0$，因此

$$A_{uc}=\frac{V_{oc}}{V_{ic}}=0 \tag{11.141}$$

(2)差模电压放大倍数 A_{ud}。如图 11.48 所示为差模信号放大示意图。

由于 $A_{u1}=A_{u2}=A_{u单}$，$V_o=V_{o1}-V_{o2}=A_{u1}V_{i1}-A_{u2}V_{i2}=A_{u单}V_{i1}-A_{u单}V_{i2}=A_{u单}(V_{i1}-V_{i2})$，因此

$$A_{ud}=\frac{V_o}{V_{id}}=\frac{A_{u单}(V_{i1}-V_{i2})}{V_{i1}-V_{i2}}=A_{u单}\approx-\frac{\beta R'_L}{R_S+r_{be}} \tag{11.142}$$

其中，$R'_L=R_C/\!/\frac{R_L}{2}$。

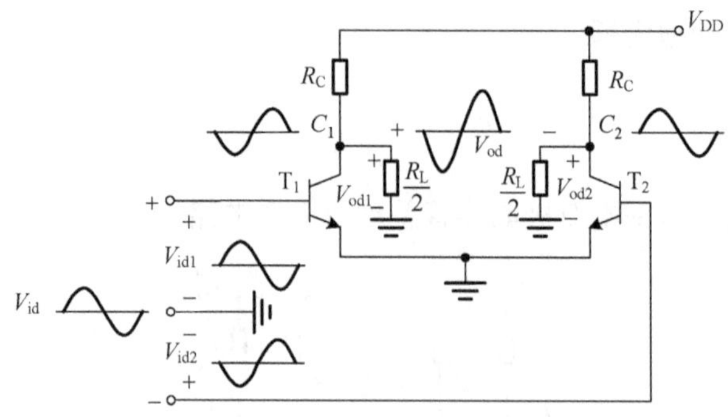

图 11.48　差模信号放大示意图

2. 长尾式差动放大电路

在单端输出的情况下,对称性得不到利用。因此,增加共模反馈电阻 R_e,通过负反馈来抑制零点漂移。为了满足静态的要求,增加负电源 V_{EE},得到如图 11.49 所示的电路。

1)静态计算

由于电路对称,计算半边电路即可。静态时,输入短路,由于流过电阻 R_e 的电流为 I_{E1} 和 I_{E2} 之和,且电路对称,则 $I_{E1}=I_{E2}$。

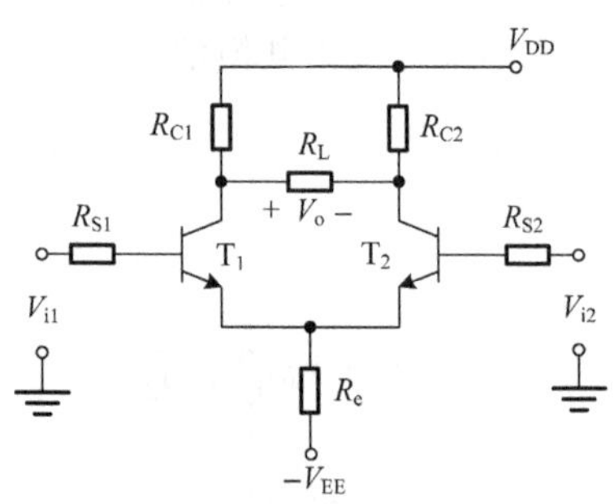

图 11.49　长尾式差动放大电路

由负电源和基极回路有：$V_{EE}-V_{BE}=2I_{E1}R_e+I_{B1}R_{S1}$,而 $I_{B1}=\dfrac{I_{E1}}{1+\beta}$, $R_{S1}=R_{S2}=R_S$,得

$$I_{B1}=\frac{V_{EE}-V_{BE}}{R_S+(1+\beta)2R_e} \tag{11.143}$$

由此可计算出：$I_{C1}=I_{C2}=\beta I_{B1}$,集电极对地的电位 $V_{C1}=V_{C2}=V_{DD}-I_{C1}R_{C1}$。

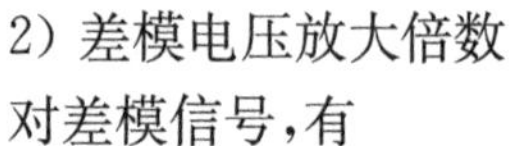

2) 差模电压放大倍数

对差模信号,有

$$V_{id1}=-V_{id2}=\frac{1}{2}V_{id}$$

因此在两管中产生的信号电流方向正好相反,在 R_e 上产生的电流方向相反,即在 R_e 上总的信号电流为零,即没有压降,因此可由图 11.50 电路进行分析。

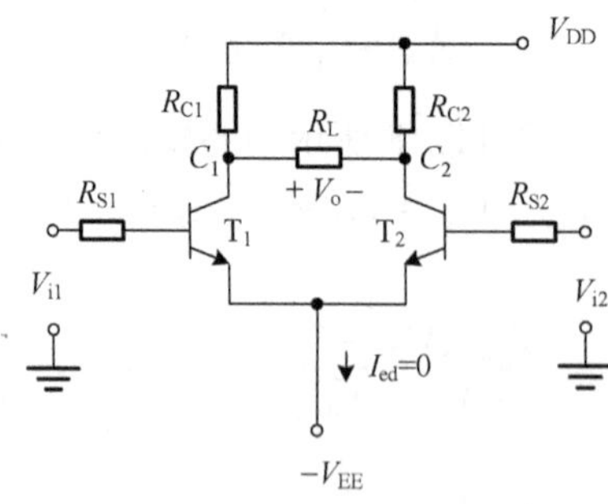

图 11.50　差模交流电路

对双端输入、双端输出，有

$$A_{ud}=\frac{V_{od}}{V_{id}}=\frac{V_{od1}-V_{od2}}{V_{id1}-V_{id2}}=\frac{2V_{od1}}{2V_{id1}}=A_{u1单}\approx-\frac{\beta R_L'}{R_S+r_{be}} \tag{11.144}$$

式中，$R_L'=R_C/\!/R_L/2$ 。即差动放大器的电压放大倍数与单管共射放大器的电压放大倍数相等。

对双端输入、单端输出，有

$$A_{ud}=\frac{V_{od}}{V_{id}}=\frac{V_{od1}}{V_{id1}-V_{id2}}=\frac{V_{od1}}{2V_{id1}}=\frac{1}{2}A_{u1单}\approx-\frac{1}{2}\frac{\beta R_L'}{R_S+r_{be}} \tag{11.145}$$

式中，$R_L'=R_C/\!/R_L$ 。由此可见，在单端输出的情况下电压放大倍数约为双端输出的一半。

总之，差动放大器对差模信号(有用信号)有较大的放大作用。

3)共模电压放大倍数

图 11.51 是共模信号的交流通路，对共模信号，有

$$V_{ic1}=V_{ic2}=V_{ic}$$

因此在两管中产生的共模信号电流方向正好相同，如图 11.51(a)所示是共模信号的交流通路形式之一，在 R_e 上产生的共模信号电流方向相同，即在 R_e 产生的压降为

$$(I_{ec1}+I_{ec2})R_e=2I_{ec1}R_e \tag{11.146}$$

也可以将图 11.51(a)的电路等效为图 11.51(b)所示的共模信号的交流通路形式之二。

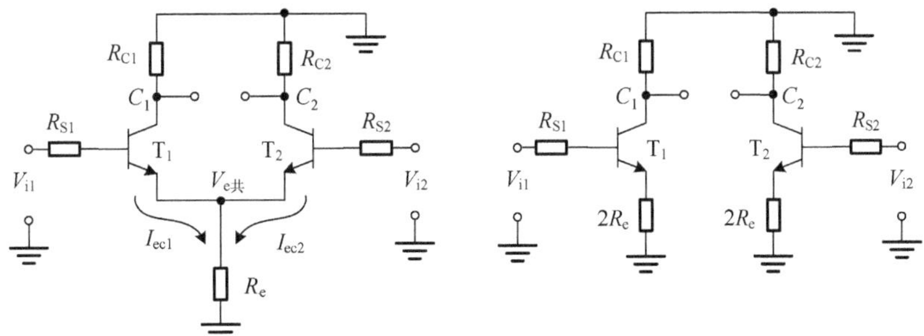

(a) 共模信号的交流通路形式之一　(b) 共模信号的交流通路形式之二

图 11.51　共模信号的交流通路

对双端输入、单端输出，有

$$V_{ic1}=V_{ic2},\quad V_o=V_{oc1}$$

$$A_{uc}=\frac{V_{oc1}}{V_{ic1}}=-\frac{\beta R_L'}{R_S+r_{be}+(1+\beta)2R_e}\approx-\frac{R_L'}{2R_e} \tag{11.147}$$

其值很小，即在单端输出的情况下，靠共模反馈电阻 R_e 抑制零点漂移。

综上所述，差动放大电路电压放大倍数仅与输出形式有关，只要是双端输出，它的差模电压放大倍数与单管基本放大电路相同；如为单端输出，它的差模电压放大倍数是单管基本电压放大倍数的一半，输入电阻都是相同的。

技术拓展：亚阈值设计

随着集成电路技术工艺的不断进步，芯片的时钟频率和集成度越来越高，芯片功能越来越强大，但是高性能和时钟频率对于功耗有着极大的影响，如今降低功耗已经成为集成电路设计的一个重点。不论是数字电路、模拟电路还是数模混合电路，降低功耗都是十分重要的，特别是便携

式设备上的芯片，降低功耗的设计方法已经成为设计中最大的挑战了。对于数字电路来说，由于数字电路只有两个极性，可以使用多种降低功耗的方法，不论是设计上的结构调整，还是时钟门控、多电源电压、衬偏技术，或是采用新工艺降低功耗，这些都已经是可靠成熟的技术，但是对于模拟电路来说，即使是简单地降低电源电压也会严重影响电路的性能，因此模拟集成电路的低功耗设计技术仍然是个难题。

通常在分析 MOS 管工作时，如果栅源电压小于阈值电压，就认为没有任何沟道电流，这是理想状态下的分析。但实际上即使栅源电压小于阈值电压，还是在栅氧化层下形成一个弱反型层，在这个弱反型层内有电流流过，并且这个电流的大小依然受栅源电压的控制。此时的漏电流依然是栅源电压的函数，只不过关系式发生了变化，由以前的平方关系变成了指数关系，如下式所示：

$$I_{ds}=I_{s0}\left[1-\exp\left(-\frac{V_{ds}}{V_t}\right)\right]\exp\left(\frac{V_{gs}-V_{th}-V_{off}}{nV_t}\right)$$

$$I_{s0}=\mu_0\frac{W}{L}\sqrt{\frac{q\varepsilon_{si}N_{ch}}{2\phi_s}}V_t^2$$

式中，V_t是热电压；V_{off}是失调电压，决定了 $V_{gs}=0$ 时的漏极电流；n 是亚阈值区的斜率因子，与沟道长度和界面态密度相关。从上述关系可以看出，可以利用这一跨导特性去设计电路。由于在亚阈值工作区的 MOS 管的漏源电压可以降到 100mV 的数量级，因此可以采用更小的电源电压，同时在亚阈值区工作的 MOS 管电流也非常小，这些特性都有利于降低电路的功耗，目前很多超低功耗的电路中都在采用亚阈值区的设计技术。

基础习题

11-1 图 11.52 中$(W/L)_1=5\ \mu m/1\ \mu m$，$(W/L)_2=(W/L)_3=(W/L)_4=1\ \mu m/1\ \mu m$，设所有管子都处于饱和区。

(1)若要求 M_1的直流电流为 50 μA，求 V_{IN}的值。

(2)计算电路的小信号增益和输出阻抗。

11-2 图 11.53 中 M_1为 n 管，阈值电压为 0.7V，衬底接地。

(1)画出 V_{OUT}关于 V_{IN}的函数曲线草图，V_{IN}从 0 变化到 3V；

(2)假设 M_1工作在饱和区，推导低频的输出阻抗。

11-3 分别画出共源、共漏和共栅单极放大器的电路图及完整小信号模型，并给出各单级放大器的增益及输出阻抗。

11-4 分别写出共基、共射结构单级放大器的电路图并画出它们的完整小信号模型的草图。

11-5 画出如图 11.54 所示电路中 I_{D1}、I_{D2}随 V_{IN1}、V_{IN2}变化的关系(横轴为 $V_{IN1}-V_{IN2}$，纵轴为 I_{D1}、I_{D2})，并计算当 $V_{IN1}-V_{IN2}$的值为多少时，$I_{D1}=I_{D2}$。

11-6 说明图 11.55 所示 nMOS、pMOS 晶体管是工作在什么区域？这两个晶体管能否作为恒流源使用？为什么？I_1、I_2的电流方程分别是什么？

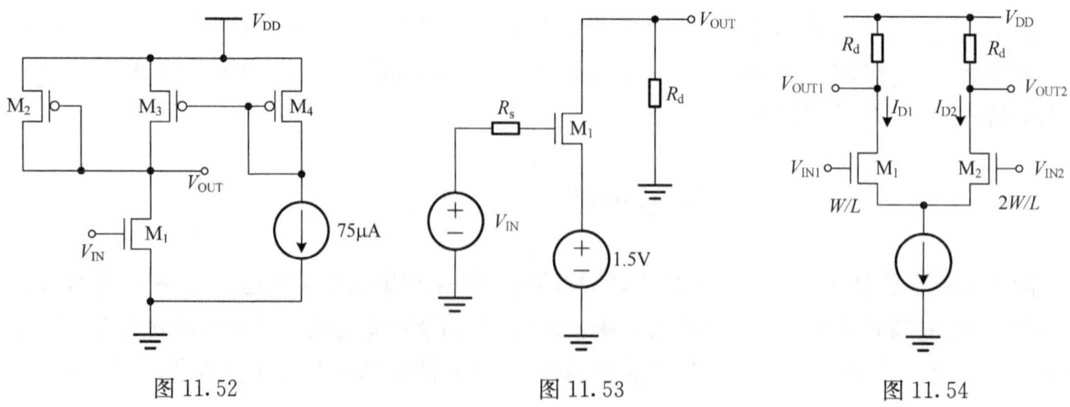

图 11.52　　图 11.53　　图 11.54

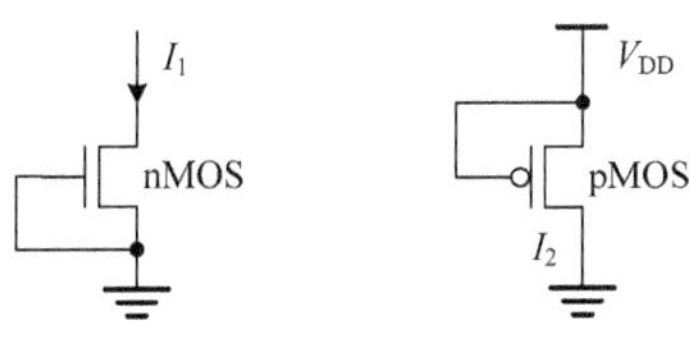

图 11.55

11-7　理想的电压源应该具备什么特性？带隙基准电压源的工作原理是什么？

11-8　差分放大器与单级放大器相比有什么特点？请举例说明。

11-9　请说明共源共栅结构单级放大器与共源极单级放大器相比有什么特点？

高 阶 习 题

11-10　请给图 11.23 设计一种低功耗的启动电路，并进行仿真验证。

11-11　如图 11.27 中的共漏极放大器，一般也称为源极跟随器，请详细分析图中 nMOS 晶体管 M_1 存在衬偏效应时输出与输入关系。

第 12 章　D/A 及 A/D 变换器

随着电子技术的发展，越来越多的产品工作在数字方式下。然而，自然界的各种变量，如电压、电流、温度、压力等都是以模拟形式出现的。因此，在许多电子系统中需要采用数字/模拟(D/A)、模拟/数字(A/D)变换器作为联系数字和模拟信号的"中间桥梁"。D/A 变换器是将数字信号转换成模拟信号的电路，而 A/D 变换器则是将模拟信号转换成数字信号的电路。本章介绍 D/A 变换器和 A/D 变换器的基本原理和常用的类型。

12.1　D/A 变换器基本概念

数字信号是指在时间和幅度上都是离散的信号，其幅度通常都量化为二进制的"0"和"1"。而模拟信号是指在时间和幅度上都是连续变化的信号。D/A 变换器就是将数字信号转换为模拟信号的电路，也称 DAC(digital-to-analog convertor)。

12.1.1　D/A 变换器基本原理

D/A 变换器的输入信号是数字编码信号，输出信号则是以电流或电压形式提供的模拟信号。其基本功能框图如图 12.1 所示。

图 12.1　D/A 变换器基本功能框图

变换器的输入信号是一组由 0 和 1 组成的 N 位二进制数字信号 $b_0, b_1, \cdots, b_{N-1}$，输出的是模拟量 V_{OUT}，它可以是电流或者电压。

从数学意义上讲，任何一个二进制数字信号都可以对应到人们习惯采用的十进制域上的一个模拟量 D'，即

$$D' = 2^{N-1}b_0 + 2^{N-2}b_1 + \cdots + 2^1 b_{N-2} + 2^0 b_{N-1} \tag{12.1}$$

式中，N 是位的总数；$b_0, b_1, \cdots, b_{N-1}$是各位的系数，它们量化为 0 或 1。

如二进制数字信号$(1101)_2 = 1\times 2^3 + 1\times 2^2 + 0\times 2^1 + 1\times 2^0 = 13$。对于数学计算，输出的模拟量没有最大值的限制，理论上，可以从$-\infty$变化到$+\infty$。但是对应到电路中，输出的模拟量通常可以以电流或电压的形式来表示，其输出最大值由电路的特性决定。因此，在 D/A 变换器中往往存在一个最大的模拟量输出值，称为满量程输出值 V_{FS}。此时，输出模拟量 V_{OUT}和输入数字信号之间需要进行归一化处理，其关系可表示为

$$V_{OUT} = V_{FS}\frac{D'}{2^N} \tag{12.2}$$

式中，V_{OUT}为输出模拟量；D'为输入的数字量对应的十进制值；N 为输入的数字信号二进制位数。设 $V_{FS} = KV_{REF}$，且

$$D = \frac{D'}{2^N} \tag{12.3}$$

则式(12.2)可变换成

$$V_{OUT} = KV_{REF}D \tag{12.4}$$

式中，K 为比例因子；V_{REF}是基准电压；D 称为位数已知的数字代码，它可表示为

$$D = \frac{b_0}{2^1} + \frac{b_1}{2^2} + \frac{b_2}{2^3} + \cdots + \frac{b_{N-1}}{2^N} \tag{12.5}$$

因此，一个 N 位的 D/A 变换器的传递函数可写为

$$V_{OUT} = KV_{REF}(b_0 2^{-1} + b_1 2^{-2} + b_2 2^{-3} + \cdots + b_{N-1} 2^{-N}) \tag{12.6}$$

这就是 D/A 变换器的数学形式。它对应的电路原理框图如图 12.2 所示。

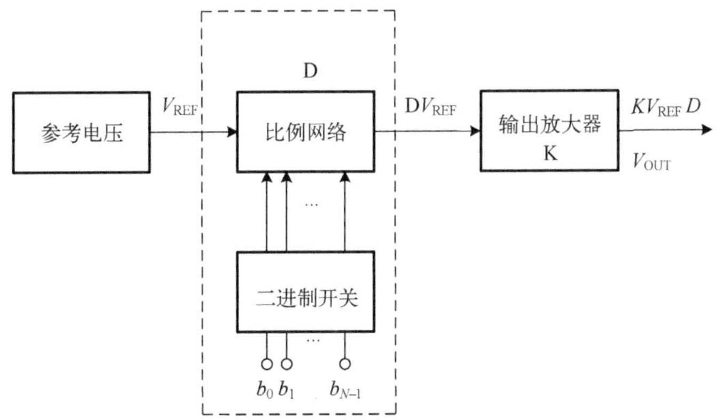

图 12.2　D/A 变换器电路原理框图

一个 N 位的 D/A 变换器的输出也可写成

$$V_{OUT} = V_{FS}(b_0 2^{-1} + b_1 2^{-2} + b_2 2^{-3} + \cdots + b_{N-1} 2^{-N}) \tag{12.7}$$

由式(12.6)和式(12.7)可见，输出量 V_{OUT}是输入二进制数字信号的函数。它有 2^N个离散的电压值，其值由零至最大值，最大值 $V_{OUT,max}$为

$$V_{OUT,max} = V_{FS}\frac{2^N - 1}{2^N} \tag{12.8}$$

它的最小变化间距为

$$\Delta V_{OUT} = \frac{V_{FS}}{2^N} \tag{12.9}$$

式(12.7)中，位系数 b_0称为最高位(MSB)，因此它具有最高的数值权重。1MSB 的变化产生的模拟输出电平位移等于 $V_{FS}/2$。位系数 b_{N-1} 与 N 位输入代码的最后一位相对应，称为最低位(LSB)，它的数值权重最小，每 LSB 变化产生的模拟输出为最小模拟间隔的大小，为 $V_{FS}/2^N$。所以，在式(12.7)所描述的二进制加权 D/A 变换器中，当所有二进制位系数都为零时，输出为零；而当所有位的系数都等于 1 时，则比满刻度输出小 1LSB。图 12.3 为一个 3 位 D/A 变换器的变换特性曲线，它是由一系列台阶组成的阶梯曲线，台阶的数目取决于位数 N，为 2^N。

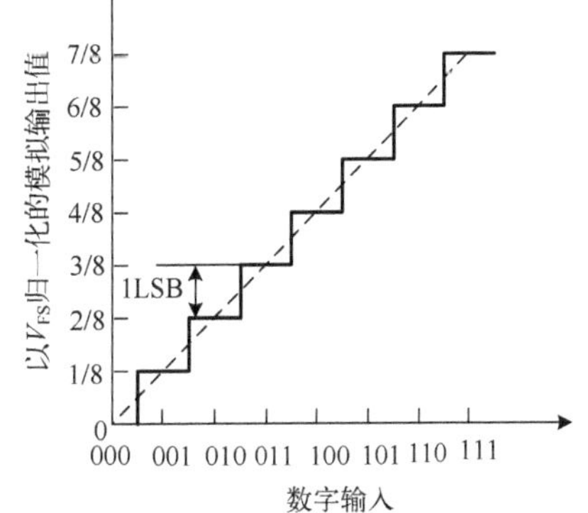

图 12.3　3 位 D/A 变换器的变换特性曲线

在实际应用中，为了实现 D/A 变换器与其他电路的接口，D/A 变换器除了完成基本的数字信号到模拟信号的转换功能外，往往还需要在输入端增加数据锁存器以临时保存从外电路输入进来的数据，保证 D/A 变换器工作

过程中输入数据保持不变。而在输出端需要增加采样保持电路，以便外电路能够正确地将转换后的数据读走。另外，其数据输入可以是并行方式，也可以是串行方式。实际应用中的D/A变换器功能框图如图12.4所示。

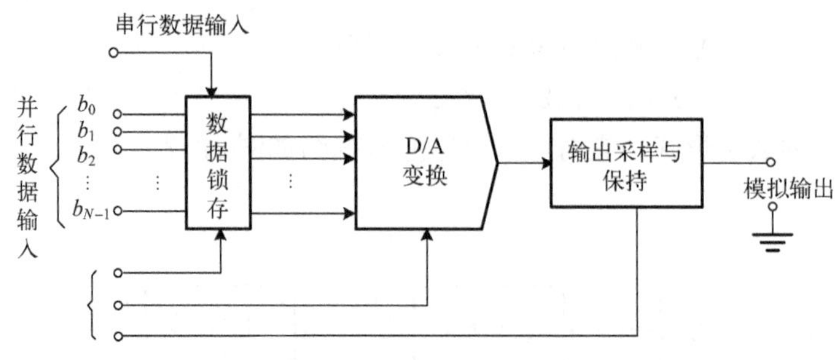

图12.4　实际应用中的D/A变换器功能框图

12.1.2　D/A变换器的分类

D/A变换器大致可以按输出信号类型、按能否作乘法运算和按工作原理这三种情况来分类。当按输出信号类型分类时，有电流输出型和电压输出型。电流输出型指输出信号为电流的D/A变换器。电压输出型是指输出信号为电压的D/A变换器。

当按能否作乘法运算分类时，可分为乘算型和非乘算型。从式(12.4)可以看出，D/A变换器的输出为基准电压V_{REF}和输入数字代码D的乘积，如果D/A变换器中的基准电压可变，则称为乘算型D/A变换器，否则属于非乘算型D/A变换器。当按工作原理分类时，可分为电流定标D/A变换器、电压定标D/A变换器和电荷定标D/A变换器。在下节D/A变换器的基本类型中将详细介绍这三种类型的D/A变换器。

12.1.3　D/A变换器的主要技术指标

D/A变换器的主要技术指标有分辨率、建立时间、反应时间以及与转换精度相关的一些技术指标，如失调误差、增益误差、非线性误差等。

1. 分辨率

分辨率定义为模拟输出电压可被分离的等级数。一个N位的D/A变换器最多有2^N个模拟输出电压。位数越多，其分辨率越高。因此，更多的时候直接用位数来表示分辨率。

2. 建立时间

建立时间是将一个数字量转换为稳定模拟信号所需的时间，也可以认为是转换时间。一般来说，电流输出型D/A变换器建立时间较短，而电压输出型D/A变换器则较长。

3. 反应时间

反应时间定义为从输入数字码改变到模拟输出信号建立并满足给定精度所需要的时间。反应时间和建立时间有所区别，反应时间包括数字码转换成模拟值所需的延迟以及建立时间。

4. 转换精度

转换精度属于 D/A 变换器的静态特性，是与时间无关的特性，反映静态工作时实际模拟输出接近理想特性的程度。用失调误差、增益误差、非线性误差和单调性等指标来描述。在介绍这些指标之前，先引入无限精度特性曲线的概念。对于 D/A 变换器的变换特性曲线，当位数 N 趋于无穷大时，其 1LSB 将趋于 0，变换特性的阶梯曲线将变为直线，该直线就称为 D/A 变换器的无限精度特性曲线，如图 12.3 中的虚线所示。

失调误差也叫漂移误差，定义为输入为 0 时的模拟输出值。理论上，输入 $D=0$ 对应的模拟输出电压应该是 0V。如果输出电压不等于 0V，则称 D/A 变换器存在失调。可以把失调看作是转换特性曲线的平移，如图 12.5 所示。

增益误差又称比例误差，是指变换器实际的转换曲线和理想的无限精度特性曲线在输入 D 为全 1 时的差异。理论上，输入 D 为全 1 时对应的模拟输出电压应该是 V_{FS}。如果输出电压不等于 V_{FS}，则称 D/A 变换器存在增益误差。如果 D/A 变换器的无限精度特性曲线的斜率不等于理想情况的斜率，则称 D/A 变换器存在增益误差，如图 12.6 所示的 D/A 变换器，其增益误差为

$$增益误差=V_{OUT}-V_{OUT'}$$

式中，V_{OUT} 为输入 D 为全 1 时的理想输出；$V_{OUT'}$ 为输入 D 为全 1 时的实际输出。

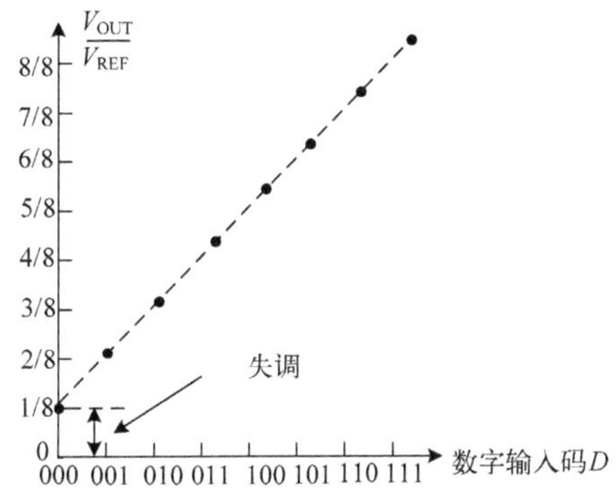

图 12.5　3 位 D/A 变换器的失调误差示意图

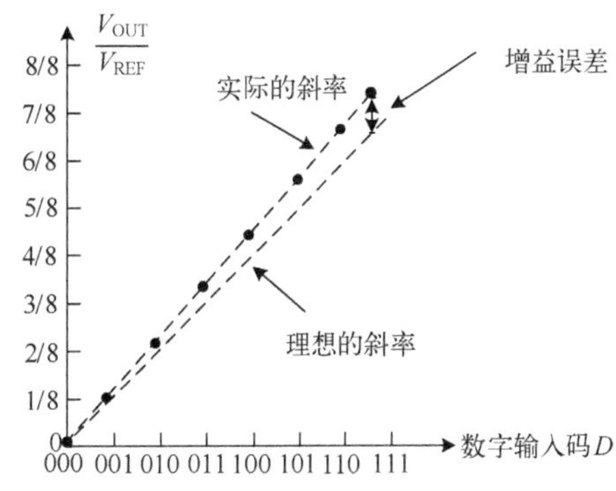

图 12.6　3 位 D/A 变换器的增益误差示意图

非线性误差表示实际转换曲线和理想曲线的最大偏差。它是变换器中各元件参数值存在误差等诸多综合因素引起的。

微分非线性误差(DNL)定义为数字码每增加 1LSB 时实际转移曲线对应的模拟电压变化量与理想的模拟电压变化量之差，通常微分非线性误差指的实际转移曲线对应的模拟电压变化量与理想的模拟电压变化量之差的最大值。

积分非线性误差(INL)定义为数字码每增加 1LSB 时实际转移曲线对应的模拟电压与理想的模拟电压之差，通常积分非线性误差指的实际转移曲线对应的模拟电压与理想的模拟电压之差的最大值。

12.2　D/A 变换器的基本类型

上节简要介绍过 D/A 变换器的几种分类，本节主要按照工作原理分类来介绍基本 D/A 变换电路。根据其工作原理，D/A 变换电路可分为电流定标电路、电压定标电路和电荷定标电路。

12.2.1　电流定标 D/A 变换器

1. 基本电路

电流定标 D/A 变换器的工作原理是在电路内部产生一组二进制加权电流，然后根据输入数字信号的值将它们有选择地取和，从而在输出端以模拟电压或电流形式输出。图 12.7 为电流定标 D/A 变换器的基本电路。它由接在基准电压 V_{REF} 上的二进制加权电阻网络产生二进制加权电流，经运算放大器将电流相加并转换成电压后输出。开关 $S_0, S_1, \cdots, S_{N-1}$ 根据位系数 $b_0, b_1, \cdots, b_{N-1}$ 的值是 0 还是 1 置于 1 或 2 位置。输出电流在运算放大器 A 的反相输入端处相加，得到的输出电压 V_o 为

$$V_o = -I_o R_o = -\frac{V_{REF}}{R} R_o (b_0 + b_1 2^{-1} + b_2 2^{-2} + \cdots + b_{N-1} 2^{-N+1}) \tag{12.10}$$

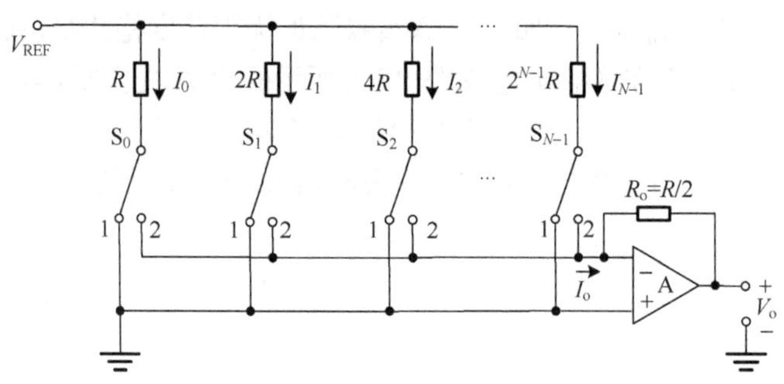

图 12.7　电流定标 D/A 变换器的基本电路

若取 $R_o = R/2$，则可得

$$V_o = -V_{REF}(b_1 2^{-1} + b_2 2^{-2} + \cdots + b_N 2^{-N}) \tag{12.11}$$

这与 D/A 变换器的数学形式一致。此电路中各支路电阻值与二进制加权电流值成反比。电阻的分布范围随二进制位数的增加而迅速地增大，因此最高位(MSB)支路的电阻与最低位(LSB)支路的电阻有如下关系

$$\frac{R_{MSB}}{R_{LSB}} = \frac{1}{2^{N-1}} \tag{12.12}$$

例如，对 8 位分辨率的 D/A 变换器来说，其加权电阻网络需要一组阻值范围从 R 至 $128R$ 的精密电阻，实际的集成电路工艺很难满足该匹配性要求。

2. R-$2R$ 梯形网络电路

D/A 变换器的一种十分常用的结构是使用 R-$2R$ 梯形网络电路，如图 12.8 所示。它能克服二进制加权电阻网络中电阻范围过大的缺点。

考虑图 12.8 所示的 R-$2R$ 梯形网络，任何节点向右看去的电阻等于两个 $2R$ 电阻并联。通过分析可以得出

$$I_0 = \frac{1}{2}\frac{V_{REF}}{R} = \frac{V_{REF}}{R} \cdot 2^{-1} \tag{12.13}$$

同时，节点 1 处的电压是节点 0 处的电压的一半，得到

$$I_1 = \frac{1}{2} I_0 = \frac{V_{\mathrm{REF}}}{R} \cdot 2^{-2} \tag{12.14}$$

同理，可以得到节点 $N-1$ 处的电流

$$I_{N-1} = \frac{V_{\mathrm{REF}}}{R} \cdot 2^{-N} \tag{12.15}$$

这样，R-$2R$ 阶梯即可用于获得二进制加权电流。相对于二进制加权电阻网络，这种电路电阻阻值范围小，能够获得较高的精度。

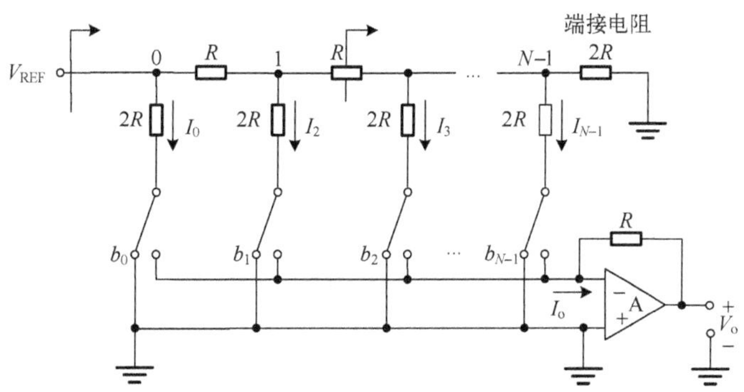

图 12.8　R-$2R$ 梯形网络电流定标 D/A 变换器

前面关于各支路电流的推导没有考虑各支路开关的导通电阻，事实上，开关的导通电阻会引起转换误差。为了解决这一问题，可以采用增加“伪开关”的电路结构，如图 12.9 所示。在各横向支路上增加保持常通状态的开关，称之为“伪开关”。假设连接电阻 $2R$ 的各支路开关电阻为 ΔR，则各横向支路上与 R 串联的伪开关电阻值取实际开关电阻的一半（若用 MOSFET 作为开关，则其沟道宽度取实际开关的一半）。这时，任何横向支路的总电阻 R' 为

$$R' \approx R + \frac{\Delta R}{2} \tag{12.16}$$

任何纵向支路的电阻为 $2R+\Delta R$，是横向支路电阻的两倍。这样就保持了 R'-$2R'$ 的关系。当然，末端的电阻也应串联一个与 $2R$ 开关尺寸相同的“伪开关”。

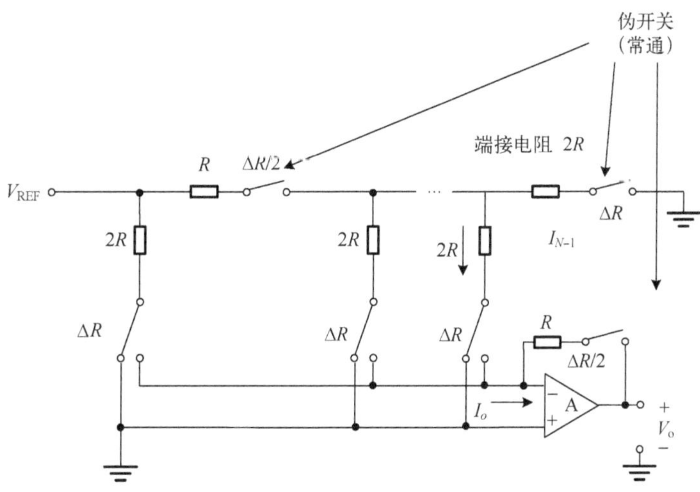

图 12.9　采用“伪开关”抵消开关电阻的影响

3. 电流驱动型

改善电阻网络型 D/A 变换器精度的一种方法是采用电流源替代电阻，称为电流驱动型 D/A 变换器。

图 12.10 给出了一个普通电流驱动型 D/A 变换器。这种结构采用二进制权重电流源，只需要 N 个不同大小的电流源。由于电流源的大小为二进制权重，输入编码是最简单的二进制数，不需要编码器。

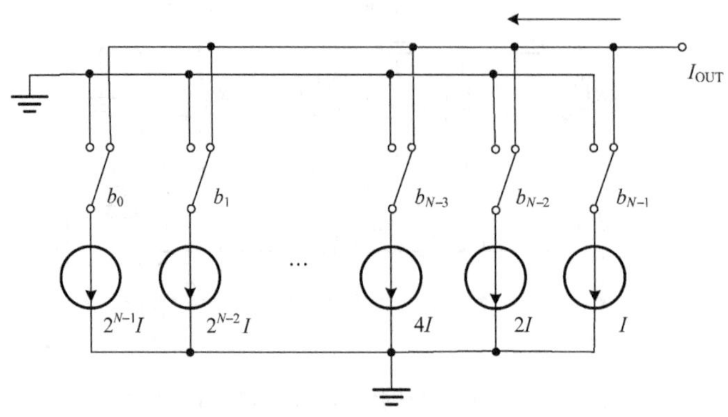

图 12.10　普通电流驱动型 D/A 变换器

从图 12.10 中，可看出输出电流 I_{out} 为

$$I_{out} = 2^{N-1}Ib_0 + 2^{N-2}Ib_1 + \cdots + 2^0 Ib_{N-1} = 2^N I\left(\frac{b_0}{2} + \frac{b_1}{2^2} + \cdots + \frac{b_{N-1}}{2^N}\right) \tag{12.17}$$

这种电流驱动型 D/A 变换器的优点是不需接输出缓冲器可直接驱动电阻负载。但存在问题是采用二进制编码输入，开关切换瞬间可能引起很大的电流或电压尖峰；同时也存在最大电流源与最小电流源的匹配性很难保证的问题。

另一种采用单位电流源的电流驱动型 D/A 变换器的结构如图 12.11 所示。这种 D/A 变换器需要一组电流源，每个电流源的大小为一个单位电流。数字输入位不是二进制编码，而是采用温度计码编码形式。温度计码的特点是当二进制的值对应为十进制的 K 时，编码的 LSB 到第 K 位 D_K，其值都是 1，D_K 以上的位都是 0。1 和 0 的分界点上下浮动，类似于温度计，温度码由此而得名。3 位二进制码和温度计码对应的关系如表 12.1 所示。温度计码信号控制电流源连

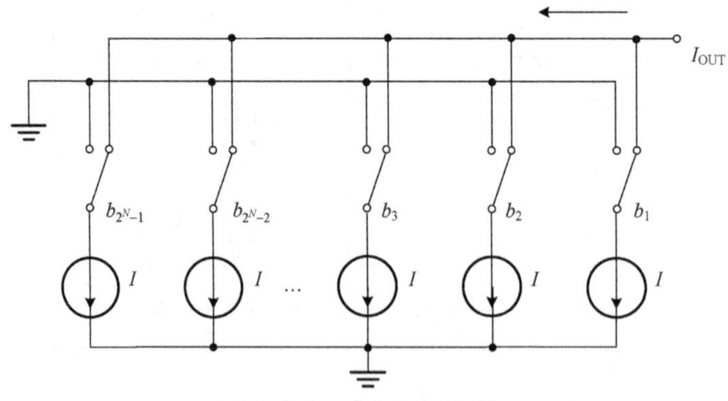

图 12.11　采用单位电流源的电流驱动型 D/A 变换器

接到 I_{OUT} 的数量，其余电流源为了保证匹配则连接到其他求和节点（这里是地）。这种电流驱动型 D/A 变换器的优点是不需接输出缓冲器可直接驱动电阻负载，每次变化的位数少，电流或电压尖峰小。但存在需要复杂的译码单元的缺点，N 位 D/A 变换器共需要 2^N-1 个开关。

表 12.1　二进制码和温度计码对应关系

二进制码	000	001	010	011	100	101	110	111
温度计码	0000000	0000001	0000011	0000111	0001111	0011111	0111111	1111111

12.2.2　电压定标 D/A 变换器

电压定标 D/A 变换器是将若干个阻值相同的电阻串联在基准电压和地之间，根据输入的数字信号选择不同的分压值来输出模拟电压值。图 12.12 所示为一个 3 位电压定标 D/A 变换器电路原理图。一个 N 位变换器串联的电阻个数是 2^N，故 3 位 D/A 变换器需串联 8 个电阻。每个电阻两端的电压等于输出电压变化的 1LSB（最低位）或 $V_{FS}/2^N$。输出电压由译码开关矩阵产生，通过一个电压跟随器输出。

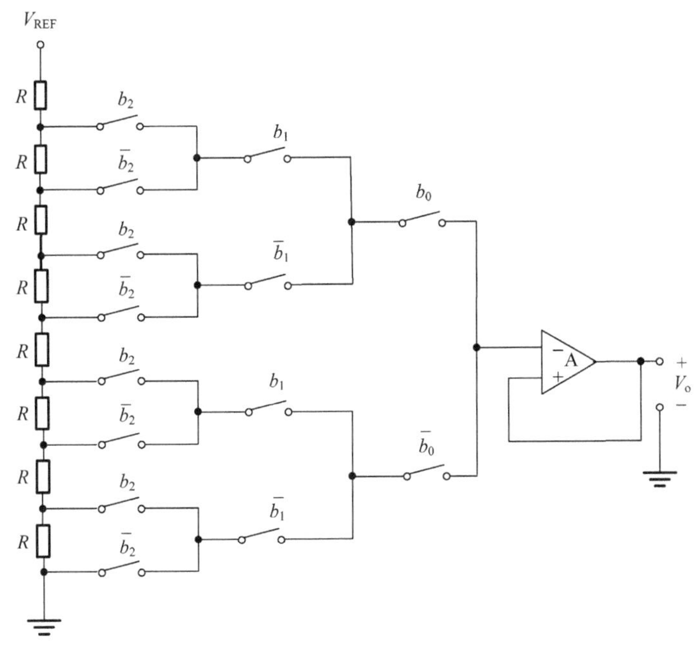

图 12.12　3 位电压定标 D/A 变换器电路原理图

电路工作原理如下：图 12.12 中 b_0 对应于 MSB，b_2 对应于 LSB，它们作为开关矩阵的控制信号控制各开关的开通和关断，设对应的逻辑电平为 1 时开关闭合。当输入代码为 000 时，$\overline{b_0}$，$\overline{b_1}$，$\overline{b_2}$ 开关都闭合，输出电压为 0V。与此类似，如果输入代码为 100，则模拟开关 b_0，$\overline{b_1}$，$\overline{b_2}$ 闭合，输出电压为 $V_{REF}/2$，正好等于 1MSB。

由于采用 MOSFET 很容易实现模拟开关，因此电压定标型 D/A 变换器适合用 MOS 工艺实现。这种类型的 D/A 变换器通常具有良好的精度，但缺点是对于位数较多的 D/A 变换器，它所需要的元件太多，面积大。

12.2.3 电荷定标 D/A 变换器

电荷定标 D/A 变换器是利用电容的电荷分配原理来产生模拟输出电压。其电荷定标的基本原理如图 12.13 所示。图中电路由 2 个电容和 2 个开关构成,2 个电容的一端接开关 S_0,电容 C_A的另一端接地,C_B则通过开关 S_1周期性地在地和基准电压 V_{REF}之间转换。电路工作在两种模式:复位模式和采样模式。在复位模式下,S_0 和 S_1都接地,此时 C_A和 C_B都放电,输出电压 $V_X=0$。之后进入采样模式,打开 S_0,将 S_1接至基准电压 V_{REF}。可得此时 Vx 为

$$V_X = V_{REF}\frac{C_B}{C_A + C_B} \tag{12.18}$$

上式说明,输出电压正比于与基准电压 V_{REF}相连的电容器的电容量,反比于总的电容量。

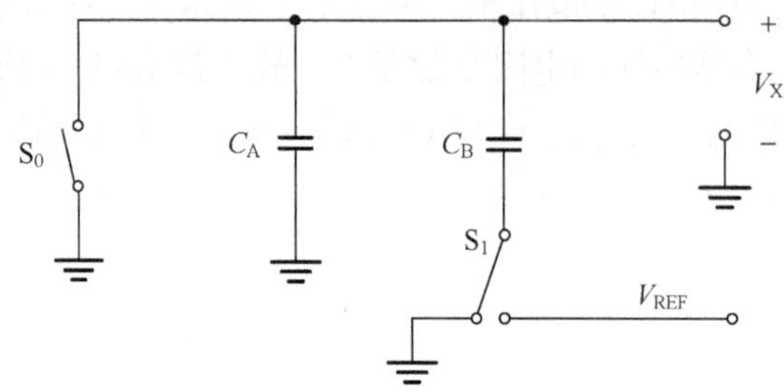

图 12.13 电荷定标原理说明

图 12.14 为电荷定标 D/A 变换器原理示意图。在复位模式,所有开关都接地。此时所有的电容都放电,输出电压 $V_o=0V$。在采样模式,S_0 打开,b_0 到 b_{N-1}控制的各个开关受对应输入数字信号的控制。如果逻辑电平为 1,则将所对应的开关和 V_{REF} 接通;若为零,则对应的开关保持接地。根据图 12.13 电路工作原理的分析结果,可得出在采样模式,图 12.14 电路的输出电压可表示为

$$V_o = V_{REF}\frac{C_{eq}}{C_{tot}} \tag{12.19}$$

式中,C_{eq}是连接到 V_{REF}的各电容容量之和;C_{tot}为电容矩阵的总电容量。

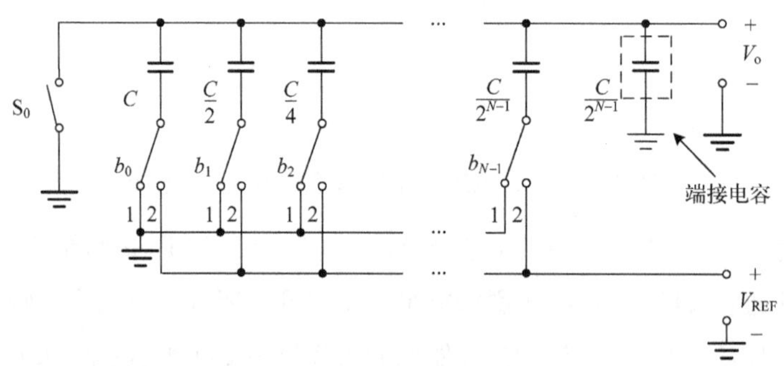

图 12.14 电荷定标 D/A 变换器原理示意图

C_{eq}取决于各个位系数,$b_0, b_1, \cdots, b_{N-1}$,可表示为

$$C_{eq} = b_0 C + \frac{b_1 C}{2} + \frac{b_2 C}{2^2} + \cdots + \frac{b_{N-1} C}{2^{N-1}} \tag{12.20}$$

式中,C 是二进制加权矩阵中的最大电容,它对应于输入数据的 MSB。矩阵中的总电容量 C_{tot} 为

$$C_{\text{tot}} = C + \frac{C}{2} + \frac{C}{2^2} + \cdots + \frac{C}{2^{N-1}} + \frac{C}{2^{N-1}} = 2C \tag{12.21}$$

由式(12.19)～式(12.21)可得到采样模式的输出电压为

$$V_o = V_{\text{REF}}(b_0 2^{-1} + b_1 2^{-2} + \cdots + b_{N-1} 2^{-N}) \tag{12.22}$$

这就是所需要的与 N 位二进制输入代码相应的模拟输出电压。

电荷定标 D/A 变换器因为采用电容网络，没有直流功耗，所以具有低功耗的特点。但缺点是对于位数较多的变换器，需要大的电容比，其 MSB 与 LSB 之间的电容比为

$$\frac{C_{\text{MSB}}}{C_{\text{LSB}}} = 2^{N-1} \tag{12.23}$$

因此，这种结构的 D/A 变换器通常限于 8 位以内。

12.3　A/D 变换器的基本概念

A/D 变换器具有与 D/A 变换器相反的功能，它是将模拟输入信号转换成数字信号输出。

12.3.1　A/D 变换器基本原理

A/D 变换器基本功能框图如图 12.15(a)所示。输出可以是串行的，也可以是并行的。在串行输出时，数字数据的传输从最高位(MSB)开始，一次传送一位，逐位传送。在并行输出时，数据作为一个二进制代码，同时出现在 N 个并联的端口上，每一个端口对应于输出数字代码的一位。在多数情况下，总是采用并行输出方式，因为它比串行方式处理数据的速度高。串行输出方式的优点是接口电路简单。

在实际应用中，A/D 变换器除了基本的 A/D 变换功能，通常还需要集成一些外围电路的接口功能，如图 12.15(b)所示。一个 A/D 变换器往往可以连接多个模拟输入通道，因此需要包含输入多路选择器，以选择当前需要进行转换的通道进行 A/D 变换。同时，为了保证在 A/D 变换期间，模拟输入信号的稳定，需要有采样保持电路。在输出端，为了将 A/D 变换器与外围总线电路进行接口，通常还需要输出选通模块，将转换完的数据暂存起来在系统需要的时候将数据送到总线上。除此之外，还必须包含逻辑控制电路来控制 A/D 变换器中各个电路模块的工作。

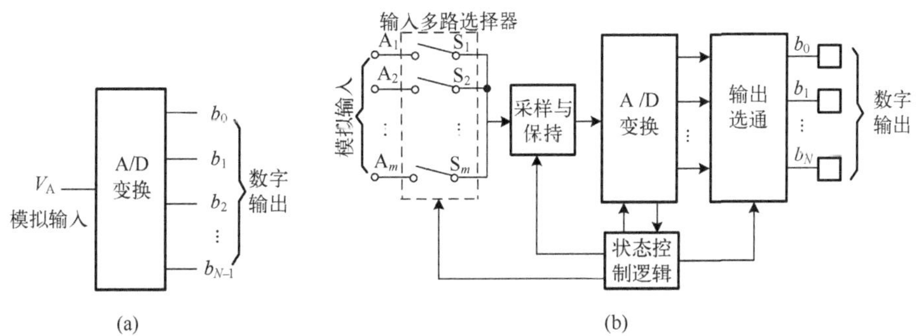

图 12.15　A/D 变换器基本功能框图

12.3.2　A/D 变换器的分类

A/D 变换器是许多电子系统中十分关键的部分。它被广泛应用于工业过程控制、数据采集

系统、测量分析系统、通信、医疗、图像和音频等领域。应用场合不同，对 A/D 变换器提出的性能要求也不同。目前已开发出许多种适用于各种应用领域的 A/D 变换器，设计者可以根据应用场合及不同用途选择不同的结构。在高精度应用领域，变换的精度和稳定度是主要参数；而在高速应用领域，则要求高的变换速度。这些要求往往是矛盾的，因此一般说来，高速高精度的 A/D 变换器设计是一个难点。

常用的 A/D 变换器结构分为以下几类。

(1)在变换周期中对定时电容器充电或放电的积分型 A/D 变换器。

(2)利用逐次试探误差产生数字输出的逐次逼近式 A/D 变换器。

(3)对采样值增量进行量化编码的 Σ-ΔA/D 变换器。

(4)在一个单一的步骤内，完成所有各位变换的全并行 A/D 变换器，也称闪烁 A/D 变换器。

(5)高速高精度的流水线 A/D 变换器。

无论哪一种 A/D 变换器都有一个设定的满量程电压 V_{FS}，被变换的电压 V_A应小于 V_{FS}。所以当变换后的数字位数为 N 时，变换器输出的数字代码由下式给出：

$$D = \frac{V_A}{V_{FS}} = \frac{b_0}{2} + \frac{b_1}{2^2} + \cdots + \frac{b_{N-1}}{2^N} \tag{12.24}$$

12.3.3 A/D 变换器的主要技术指标

A/D 变换器的许多指标与 D/A 变换器类似，但还有一些细微的差别。它主要包括分辨率、转换时间(速率)、量化误差等。

1. 分辨率

和 D/A 变换器类似，A/D 变换器的分辨率定义为可以输出的不同数字代码的个数。一个 N 位的 A/D 变换器最多有 2^N 个不同的数字代码输出。位数越多，其分辨率越高。因此，更多的时候直接用位数来表示分辨率。

2. 转换时间(速率)

转换时间是完成一次从模拟量到数字量所需要的时间，在输出端模拟电压的变化量。不同结构的 A/D 变换器，其转换时间(速度)也不同。积分型 A/D 变换器属于慢速变换器，其转换时间在毫秒数量级；逐次比较型 A/D 变换器属于中速变换器，它的转换时间在微秒级；而全并行 A/D 变换器则属于快速变换器，它的转换时间在纳秒级。

3. 量化误差

由于模拟信号是连续变化的，数字信号是离散的，因而二者之间不可能完全对应，而会存在一定的误差，这种误差习惯上称为量化误差。它定义为 A/D 变换器的有限分辨率阶梯状传输特性曲线与无限精度传输特性曲线之间的最大偏差。通常为 1LSB 或 1/2LSB。

根据量化时的处理方式，A/D 变换器分为舍入式和舍尾式两种。对于一个 N 位 A/D 变换器，当模拟输入从零变至满刻度(FS)读数时，将有 2^N个输出状态和 2^N-1 个状态间的跃变，各分立输出电平间最小的量化间隔 ΔV_o为

$$\Delta V_o = 1\text{LSB} = \frac{V_{FS}}{2^N} \tag{12.25}$$

图 12.16 给出舍入式和舍尾式 A/D 变换器转换特性。舍入式是指在模拟输入值从 0 变化到满刻度的过程中，当其值与当前数字代码对应的模拟值之差小于 $1/2\Delta V_o$ 时，保持当前的数字代码不变，否则取下一个数字代码，如图 12.16(a)所示。舍尾式是指在模拟输入值从 0 变化到满刻度的过程中，当其值小于下一个数字代码对应的模拟值时，保持当前的数字代码不变，直到它大于等于下一个数字代码对应的模拟值才取下一个数字代码，如图 12.16(b)所示。

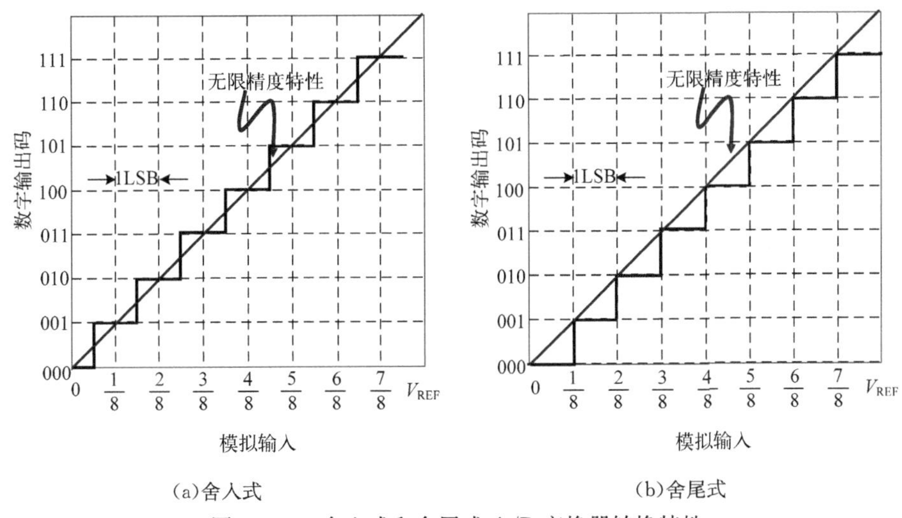

图 12.16　舍入式和舍尾式 A/D 变换器转换特性

从图(12.16)可以看出，对于舍入式 A/D 变换器，其量化误差为

$$\frac{1}{2}\mathrm{LSB} = \frac{V_{FS}}{2^{N+1}} \tag{12.26}$$

而对于舍尾式 A/D 变换器，其量化误差则为

$$1\mathrm{LSB} = \frac{V_{FS}}{2^{N}} \tag{12.27}$$

12.4　A/D 变换器的常用类型

12.4.1　积分型 A/D 变换器

积分型 A/D 变换器是将模拟输入信号变换成时间信号，通过对时间的计数来完成模拟信号到数字信号的转换的。目前较常用的积分型 A/D 变换器是双斜率积分型 A/D 变换器。其结构如图 12.17 所示，包含有积分器、比较器，以及一些控制电路和开关、时钟、计数器等电路。其工作原理如下：当 A/D 变换器接到启动脉冲后，控制电路首先将开关 S_2 闭合，使积分电容完全放电，并将计数器清零。开关 S_1 连至模拟输入电压 $-V_A$（为了说明问题方便，假定模拟输入电压为负，且在 0 至 $-V_{FS}$ 之间变化）。在变换周期开始的第一阶段，开关 S_2 打开，输入信号进行指定时间的积分，计数至 2^N 个时钟周期。在此期间输出电压的上升斜率为

$$\left(\frac{\mathrm{d}V_X}{\mathrm{d}t}\right)_{\mathrm{I}} = \frac{+V_A}{R_1C_1} \tag{12.28}$$

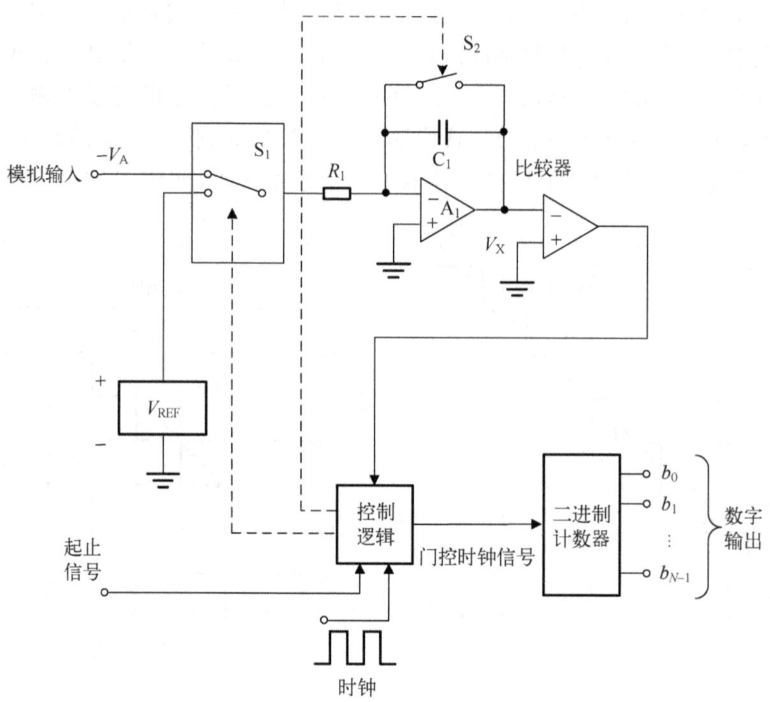

图 12.17 双斜率积分型 A/D 变换器方框图

在计数至 2^N 个时钟周期时，计数器恢复为零，开关 S_1 接至 V_{REF}，积分器的输出电压线性下降，其下降斜率为

$$\left(\frac{dV_X}{dt}\right)_{II}=-\frac{V_{REF}}{R_1C_1} \tag{12.29}$$

在这一阶段，计数器对时钟脉冲进行计数，当积分器输出电压降至零时，比较器改变状态，计数器停止计数，结束变换。在此基准积分阶段内，计数器的累积计数 n 便与模拟电压的数字值等效，即有

$$n=-V_A\frac{2^N}{V_{REF}} \tag{12.30}$$

图 12.18 为不同模拟输入时，变换器两个工作阶段内积分器的输出波形。在第一阶段，时钟脉冲数固定为 2^N 个，所以斜坡电压的上升斜率取决于模拟输入信号，模拟输入值越大，积分结束时 V_X 点的电压越大。而在第二阶段，斜坡电压下降的斜率固定，第一阶段结束时 V_X 点的电压越大，它下降到零所需的时间越长，则计数器的计数值 n 越大。因此，计数值 n 与输入电压成正比。

双斜率积分型 A/D 变换器的变换精度与积分时间常数（R_1C_1 乘积）及时钟频率无关，这是因为积分时间常数和时钟频率对斜坡电压的上升和下降的影响相等。因此，可在很大程度上减小由时间或温度影响而造成的长期漂移。双斜率积分型 A/D 变换器具有如下特点。

(1)结构简单，精度较高（可高达 22 位分辨率），但是速度很慢。

(2)与普通积分型 A/D 变换器相比，由于积分利用两个时间的比值，所以能消除大部分线性误差的影响。

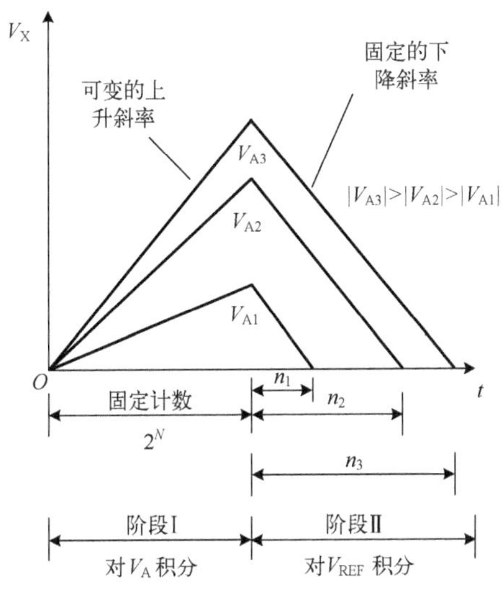

图 12.18　双斜率积分器输出波形

12.4.2　逐次逼近式 A/D 变换器

逐次逼近式(SAR)A/D 变换器是低采样速率、中高分辨率应用中的常见结构。其结构方框图如图 12.19所示，由一个逐次逼近寄存器、一个 D/A 变换器和一个比较器组成一个反馈环。其工作原理如下：在开始变换之前，先将逐次逼近寄存器清零。转换开始后，在第一节拍，控制电路将寄存器最高位(MSB)预置为"1"，其余位保持"0"，该输出经 D/A 变换器转换为对应的模拟信号，该模拟信号在比较器中与输入信号 V_A进行比较。若 V_A大于 D/A 变换器输出的模拟信号，则保留最高位的"1"；否则，将最高位变为"0"，这样就确定了数字输出的最高位。然后，按同样的方法逐位比较，直到最低位(LSB)，寄存器最后的状态就是 A/D 变换器的 N 位输出。控制电路对每次逼近都执行一个开始/停止功能，各次逼近动作由时钟信号同步。在由 MSB 至 LSB 各位的试探都完成后，控制电路发出一个状态信号，允许数字输出。

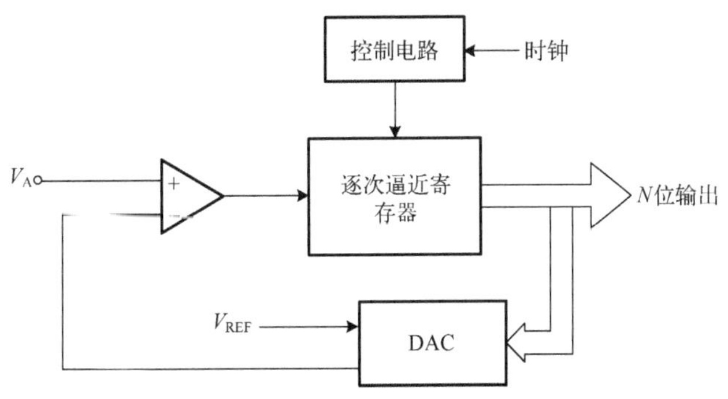

图 12.19　逐次逼近式 A/D 变换器方框图

图 12.20 说明一个 3 位逐次逼近式 A/D 变换器的判断程序。虚线表示 101 输出代码的判断步骤。容易看出，当需要 N 位分辨率时，只需 N 次逼近。由于每一次逼近占用一个时钟周期，全部变换过程需要 N 个时钟周期。

逐次逼近式 A/D 变换器的精度主要取决于逐次逼近寄存器和 D/A 变换器的位数，位数越

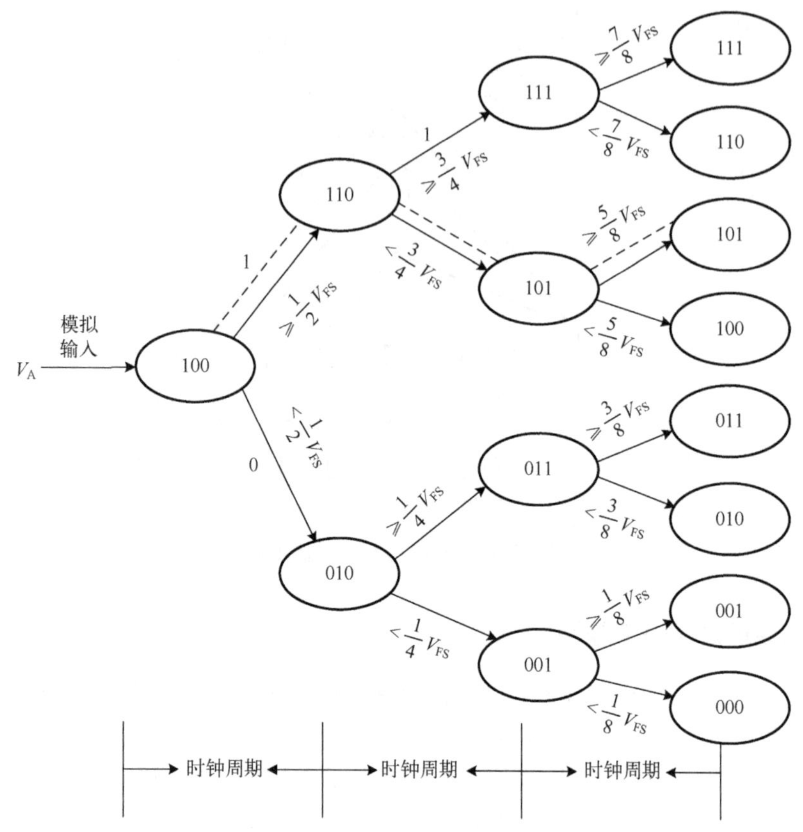

图 12.20　3 位逐次逼近式 A/D 变换器判断程序

多,精度越高,但转换时间也越长;其速度受 D/A 变换器建立时间、逻辑控制、比较器等因素限制。

逐次逼近式 A/D 变换器的优点在于其功耗可随采样速率而改变,可实现低功耗、高分辨率、高精度,被广泛地应用于便携/电池供电仪表、笔输入量化器、工业控制和数据/信号采集器等。但是由于算法原因,需要 N 个时钟周期才能完成转换,速度较慢,但比积分型 A/D 变换器速度要快。

12.4.3　Σ-ΔA/D 变换器

Σ-ΔA/D 变换器是根据前一采样值与后一采样值之差(即所谓的增量)进行量化编码。其结构如图 12.21 所示,可分为模拟和数字两大部分:Σ-Δ 调制器和数字滤波器。Σ-Δ 调制器由差分放大器、积分器、比较器和一位 A/D 变换器组成。Σ-Δ 调制器以远大于奈奎斯特频率的采样率对模拟信号进行采样和量化,输出一位的数字位流;数字滤波器滤除大部分经 Σ-Δ 调制器整形后的量化噪声,并对一位的数据位流进行减取样,得到最终的量化结果。其工作过程是:输入模拟信号采样值 V_A 与来自一位 A/D 变换器的信号相减,将该量化误差送入积分器进行积分;然后将积分结果作为比较器的输入进行量化,得到数字序列;该数字序列又经一位 A/D 变换器反馈至求和节点,形成闭合的反馈环路,从而使输出数字序列对应的模拟平均值等于输入信号的采样平均值。如果采样值的采样率满足采样定律,这时的数字输出序列就是它对应的数字转换值。该数据流再经过数字滤波,便得到 N 位数字输出。由于 Σ-Δ 调制器以远大于奈奎斯特频率的速

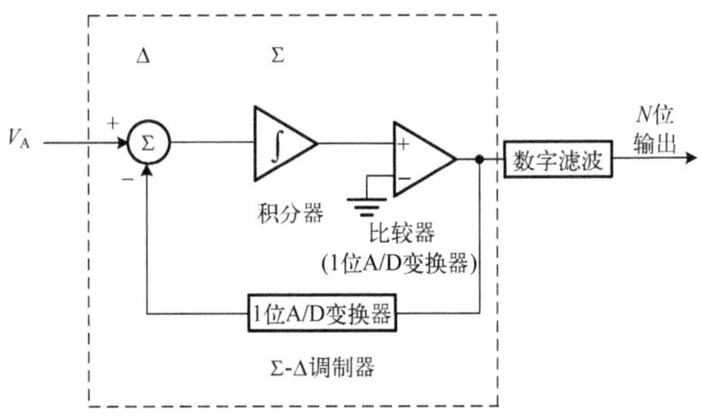

图 12.21 Σ-Δ 型 A/D 变换器结构框图

度进行采样和量化，因此又称为过采样 Σ-ΔA/D 变换器。

Σ-ΔA/D 变换器一个最为突出的优点是具有较高的转换精度，一般都在 12 位或 12 位以上，如 ADI 公司推出的 AD7760 具有 20 位分辨率、2.5Msps 采样频率；ADS1232 是 TI 公司推出的一个精密的 24 位转换器；目前最高分辨率的 AD7177 具有 32 位分辨率、10ksps 采样频率。可见 Σ-ΔA/D 变换器的分辨率最高已达 32 位，是已知结构中精度最高的转换器。同时，它的串行接口输出、外围器件少和低功耗等特点也使它便于使用。但是，它的转换速率低，只能用于低频或直流信号测量的应用中。因此，Σ-ΔA/D 变换器主要应用于高精度数据采集，特别是数字音响系统，多媒体地震勘探仪器，声呐、电子测量，频率合成等领域。

12.4.4 全并行 A/D 变换器

全并行 A/D 变换器又称闪烁(Flash)A/D 变换器，是已知结构中速度最快的转换器。如图 12.22所示是一个 Flash A/D 变换器的结构框图。

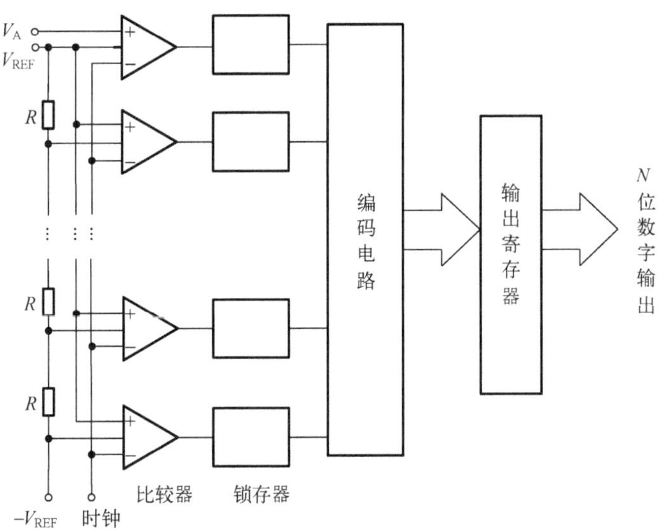

图 12.22 Flash A/D 变换器的结构框图

模拟输入电压 V_A直接与各参考电压比较，当各参考电压都低于 V_A时，所有对应的比较器输出都是高电平；而当各参考电压都高于 V_A时，所有对应的比较器输出都是低电平，比较器的这种输出格式叫作温度计码。在理想情况下，编码电路寻找哪两个比较器的输出状态从高到低转换，然后输出相应的二进制编码数字信号。

对一个 N 比特的 Flash A/D 变换器，需要产生 2^N-1 级参考电压，这就需要 2^N 个不同的电阻，同时还需要 2^N-1 个比较器。由此可见，Flash A/D 变换器的分辨率受较大的版图面积、过大的输入电容与大量比较器所产生的功耗等限制。而且结构重复的并联比较器如果参数不匹配，还会造成静态误差。同时，该类 A/D 变换器由于比较器的亚稳压、编码气泡，还会产生“火花码”。对于这种情况，可以通过在 A/D 变换器前加一个采样-保持电路来抑制。所以，Flash A/D 变换器适合于一些高速、低分辨率(通常不会超过 8 位)的场合，主要用于数字存储示波器、图像处理、雷达和一些军事用途。另外，可以通过一些技术改进，使 Flash A/D 变换器以高精度运行，如并联运行技术、并行与加权技术相结合、加权与复用技术相结合等。

12.4.5　流水线 A/D 变换器

流水线 A/D 变换器是高速高精度 A/D 变换器。其工作原理简单地说就是将逐次逼近型 A/D 变换器在时间上的串行工作转化为单元电路的流水线串行工作。由于每拍可采样一个数据，可保证高速高精度，只是从输入到输出比较结果需 K 拍延时。

如图 12.23 所示为 K 级流水线 A/D 变换器的结构框图。其最前端为专门的采样-保持电路(SHA)，后接 K 级单元电路。其中每一级转换 n 位，最后由输出寄存器将各级数字输出组合得到转换结果，则整体转换精度为 $N=n_1+\cdots+n_i+\cdots+n_k$。每一级电路结构相似，包括采样-保持电路(SHA)、低精度数模转换电路(DAC)、低精度闪烁型(Flash)模数转换电路(ADC)、模拟减法电路和级间增益电路。由此可见，流水线结构的硬件规模随位数增加线性增加，而并行结构则呈指数关系。

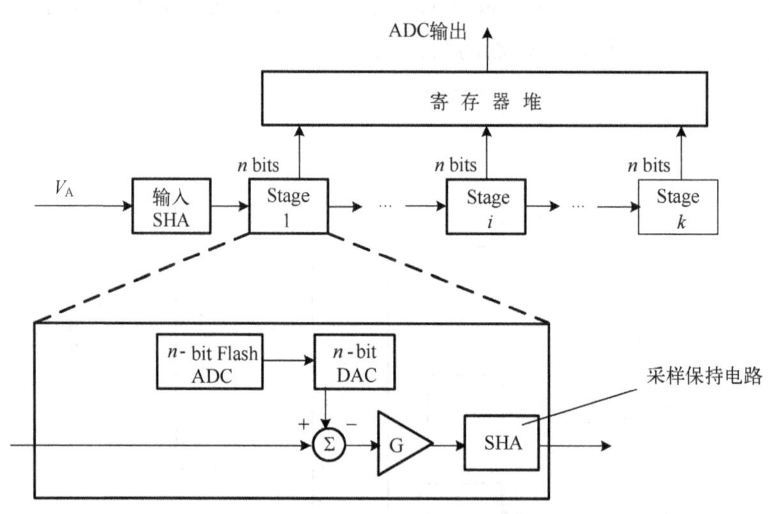

图 12.23　K 级流水线 A/D 变换器结构框图

转换开始时，输入信号先被采样-保持，保持的信号由第一级的低精度 A/D 变换器转换为 n 位的数字信号，再由低精度的 D/A 变换器转换为模拟信号，该信号与原保持信号相减，所得冗余电压由级间放大器放大并作为下一级的输入。以下各级重复上述过程。任何时刻相邻级工作相位相反，当第一级处理输入实时采样信号的同时，第二级处理第一级上次输入采样信号的被放大的冗余信号。由于各级同步处理来自上次输入采样的冗余量，这样对于同一输入采样，各级在不同时刻输出数字结果。这就需要数字锁存器来同步各级的输出。每一次的转换要保证两个运放的建立时间。

流水线 A/D 变换器是一种常用模数转换结构，其转换速率较高，消耗的芯片面积和功耗较低，常用于无线通信、电荷耦合器件（charge-coupled device，CCD）图像数据处理、超声监测等高速应用领域。

技术拓展：A/D 变换器的发展方向

随着计算机和通信产业的迅猛发展，A/D 变换器正逐步向高速、高精度和低功耗方向发展。

1)结构上

低电压、低功耗、高速 A/D 变换器目前常采用的五种主要电路结构有：逐次逼近型、闪烁型、折叠-内插型、流水线型和 Σ-Δ 型。一方面，由于转换速度、功耗、分辨率等因素之间的相互制约，在系统应用中必须根据实际需要选择适当的 A/D 变换器电路结构和技术指标。另外，还可以根据不同的速度、分辨率、功耗和成本等因素要求，对 A/D 变换器的结构进行改造、组合，如折叠流水结构、双通道流水结构、分裂 A/D 变换器、逐次逼近型 A/D 变换器等。另一方面，由于模拟电路设计对电路单元的匹配要求较高，所以新结构将尽可能地减少模拟单元，多采用数字电路，便于系统集成。但目前结构简化方面的进展比较慢。

2)工艺上

目前用于制造 A/D 变换器的工艺技术几乎涉及 BJT、MOS、BiCMOS、SoI、GeSi、GaAs 等所有半导体技术。其中 CMOS 和 BCD 是主流工艺技术。由于当前系统的集成度越来越高，受 A/D 变换器的输入电压范围影响，BCD 工艺逐渐成为关键的工艺技术。

3)新的研究方向

从 A/D 变换器的发展来看，无论采用何种结构、何种工艺，A/D 变换器永恒的目标都是高速高精度。在高速研究方向上，一方面基于先进的工艺节点，另一方面大多数采用时间交织、电压时间并行处理等技术。在高精度研究方向上，在一定的工艺精度下，想要提高 A/D 变换器的精度，一方面是使用 Σ-Δ 等低速高精度结构，另一方面则需要借助一定的校正算法，尤其是加入数模混合校正算法，可进一步提升 A/D 变换器的精度。

基 础 习 题

12-1 简单给出 D/A 变换器的基本原理。

12-2 给出 D/A 变换器的主要技术指标及含义。

12-3 试比较几种常用的 D/A 变换器的优缺点。

12-4 一个 D/A 变换器有 10V 的满量程输出，且分辨率小于 40mV，问此 D/A 变换器至少需要多少位？

12-5 在图 12.24 所示的 T 型 D/A 变换器中，设 $N=8$，$V_{REF}=10V$。当输入分别为 10000000 及 01111111 时，求输出电压值。

12-6 画出一个简单的用 CMOS 传输门实现的电压定标的 3 位 D/A 变换器。

12-7 D/A 变换器的设计原则应从几个方面权衡？

12-8 简单给出 A/D 变换器的基本原理。

12-9 给出 A/D 变换器的主要技术指标及含义。

12-10 试比较几种常用 A/D 变换器的优缺点，并指出它们在原理上各有何特点。

12-11 一个 4 位逐次逼近型 A/D 变换器，若满量程电压为 5V，请画出输入电压为 2.8V 时的判决图。

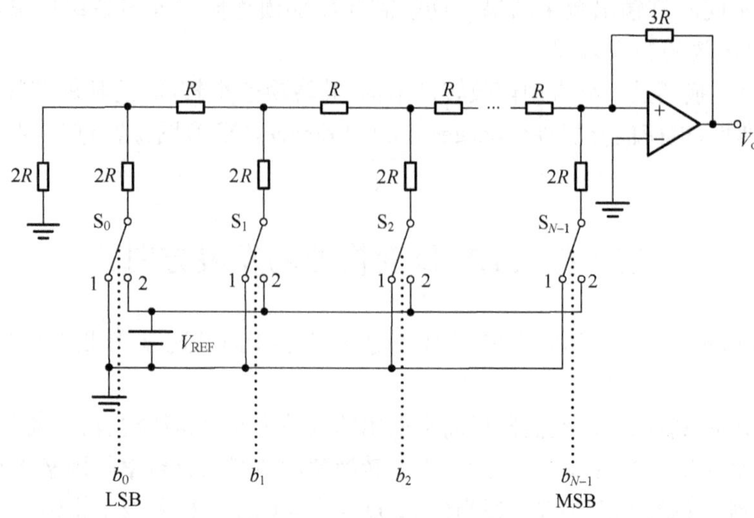

图 12.24　T 型 D/A 变换器

高阶习题

12-12　讨论 12 位流水线 A/D 变换器，如果每一级输出带有误差校正的 1.5 位，分析工作原理，并举例说明。

参考文献

艾伦．2011. CMOS模拟集成电路设计．2版．冯军，李智群译．北京：电子工业出版社.

BAKER R J. 2008. CMOS电路设计、布局与仿真．2版．刘艳艳，张为，等译．北京：人民邮电出版社.

BAKER R J, LI H W, BOYCE D E. 2007. CMOS circuit design, layout, and simulation. 北京：机械工业出版社.

柴田直，山本隆一，富永四志夫，等．1986. Basic course for VLSI technology. 东京：平凡社.

甘学温．1999. 数字CMOS VLSI分析与设计基础．北京：北京大学出版社.

高德远，樊晓桠，张盛兵，等．2003. 超大规模集成电路——系统和电路的设计原理．北京：高等教育出版社.

谷口研二．2004. CMOSアナログ回路入门．东京：CQ出版社.

韩俊刚，杜慧敏．2001. 数字硬件的形式化验证．北京：北京大学出版社.

HODGES D A, JACKSON H G, SALEH R A. 2005. 数字集成电路分析与设计——深亚微米工艺．3版．蒋平安，王新安，陈自力，等译．北京：电子工业出版社.

荒井英辅．2000. 集成电路A、B. 邵春林，蔡凤鸣，译．北京：科学出版社.

贾松良．1987. 双极型集成电路分析与设计基础．北京：电子工业出版社.

KANG S M, LEBEBICI Y. 2005. CMOS数字集成电路——分析与设计．3版．王志功，窦建华，等译．北京：电子工业出版社.

拉扎维．2005. 模拟CMOS集成电路设计．陈贵灿，等译．西安：西安交通大学出版社.

李伟华．2009．VLSI设计基础．2版．北京：电子工业出版社.

林丰成，竺红卫，李立．2008. 数字集成电路设计与技术．北京：科学出版社.

刘刚，雷鑑铭，高骏雄，等．2009. 微电子器件与IC设计基础．2版．北京：科学出版社.

刘树林，张华曹，柴春长．2005. 半导体器件物理．北京：电子工业出版社.

潘中良．2006. 数字电路的仿真与验证．北京：国防工业出版社.

RABAEY J M, CHANDRAKASAN A, NIKOLIC B. 2004. 数字集成电路：电路、系统与设计．2版．周润德，译．北京：电子工业出版社.

沈理．2006. SoC/ASIC设计、验证和测试方法学．广州：中山大学出版社.

孙肖子．2008. CMOS集成电路设计基础．2版．北京：高等教育出版社.

王志功，沈永朝．2004. 集成电路设计基础．北京：电子工业出版社.

岩田穆，角男英夫．2008. 超大规模集成电路——基础·设计·制造工艺．彭军，译．北京：科学出版社.

杨之廉．2003. 集成电路导论．北京：清华大学出版社.

YEO K S, ROFAIL S S, GOH W L. 2003. 低压低功耗CMOS/BiCMOS超大规模集成电路．周元兴，张志龙，等译．北京：电子工业出版社.

张兴等．2005. 微电子学概论．北京：北京大学出版社.

张延庆，张开华，朱兆宗．1986. 半导体集成电路．2版．上海：上海科学技术出版社.

朱正涌，张海洋，朱元红．2009. 半导体集成电路．2版．北京：清华大学出版社.

MATSUZAWA A. 2010a. An ultra-low-power analog and ADC circuit. IEEE International Solid-State Circuits Conference (ISSCC). San Francisco: 518-519.

MATSUZAWA A. 2010b. Analog circuits: stump the panel. IEEE International Solid-State Circuits Conference (ISSCC). San Francisco: 528-529.

MIYAJI K, TANAKAMARU A, HONDA K, et al. 2010. 70% read margin enhancement by Vth mismatch self-repair in SRAM with asymmetric pass gate transistor by zero additional cost, post-process, local electron in jection. IEEE Symposium on VLSI Circuits, (4): 41.